| 现代通信网络技术丛书 |

# 5G/5G-Advanced
## The New Generation Wireless Access Technology
### Third Edition

# 5G-Advanced NR增强标准

## 下一代无线通信技术

（原书第3版）

[瑞典] 埃里克·达尔曼　　斯特凡·巴克浮　　约翰·舍尔德　著
　　　（Erik Dahlman）　（Stefan Parkvall）　（Johan Sköld）

刘阳　朱怀松　[加] 周晓津　译

机械工业出版社
CHINA MACHINE PRESS

5G/5G-Advanced: The New Generation Wireless Access Technology, Third Edition
Erik Dahlman, Stefan Parkvall, Johan Sköld
ISBN: 9780443131738

Copyright © 2024 Elsevier Ltd. All rights reserved.
Authorized Chinese translation published by China Machine Press.

《5G-Advanced NR 增强标准：下一代无线通信技术（原书第 3 版）》（刘阳 朱怀松 [加] 周晓津 译）
ISBN: 978-7-111-78683-2

Copyright © Elsevier Ltd and China Machine Press. All rights reserved.

No part of this publication may be reproduced or transmitted in any form or by any means, electronic or mechanical, including photocopying, recording, or any information storage and retrieval system, without permission in writing from Elsevier (Singapore) Pte Ltd. Details on how to seek permission, further information about the Elsevier's permissions policies and arrangements with organizations such as the Copyright Clearance Center and the Copyright Licensing Agency, can be found at our website: www.elsevier.com/permissions.

This book and the individual contributions contained in it are protected under copyright by Elsevier Ltd and China Machine Press (other than as may be noted herein).

This edition of 5G/5G-Advanced: The New Generation Wireless Access Technology is published by China Machine Press under arrangement with Elsevier Ltd.

This edition is authorized for sale in Chinese mainland (excluding Hong Kong SAR, Macao SAR and Taiwan). Unauthorized export of this edition is a violation of the Copyright Act. Violation of this Law is subject to Civil and Criminal Penalties.

本版由 Elsevier Ltd 授权机械工业出版社在中国大陆地区（不包括香港、澳门特别行政区及台湾地区）出版发行。

本版仅限在中国大陆地区（不包括香港、澳门特别行政区及台湾地区）出版及标价销售。未经许可之出口，视为违反著作权法，将受民事及刑事法律之制裁。

本书封底贴有 Elsevier 防伪标签，无标签者不得销售。

**注意**

本书涉及领域的知识和实践标准在不断变化。新的研究和经验拓展我们的理解，因此须对研究方法、专业实践或医疗方法作出调整。从业者和研究人员必须始终依靠自身经验和知识来评估和使用本书中提到的所有信息、方法、化合物或本书中描述的实验。在使用这些信息或方法时，他们应注意自身和他人的安全，包括注意他们负有专业责任的当事人的安全。在法律允许的最大范围内，爱思唯尔、译文的原文作者、原文编辑及原文内容提供者均不对因产品责任、疏忽或其他人身或财产伤害及/或损失承担责任，亦不对由于使用或操作文中提到的方法、产品、说明或思想而导致的人身或财产伤害及/或损失承担责任。

北京市版权局著作权合同登记　图字：01-2023-6227 号。

**图书在版编目（CIP）数据**

5G-Advanced NR 增强标准：下一代无线通信技术：原书第 3 版 /（瑞典）埃里克·达尔曼，（瑞典）斯特凡·巴克浮，（瑞典）约翰·舍尔德著；刘阳，朱怀松，（加）周晓津译 . -- 北京：机械工业出版社，2025.7.
（现代通信网络技术丛书）. -- ISBN 978-7-111-78683-2
Ⅰ . TN929.538
中国国家版本馆 CIP 数据核字第 2025V91A19 号

机械工业出版社（北京市百万庄大街 22 号　邮政编码 100037）
策划编辑：朱　劼　　　　　　　　　　　责任编辑：朱　劼　王华庆
责任校对：李荣青　赵玉鑫　张雨霏　景　飞　责任印制：单爱军
保定市中画美凯印刷有限公司印刷
2025 年 9 月第 1 版第 1 次印刷
186mm×240mm · 32.25 印张 · 819 千字
标准书号：ISBN 978-7-111-78683-2
定价：149.00 元

电话服务　　　　　　　　　网络服务
客服电话：010-88361066　　机 工 官 网：www.cmpbook.com
　　　　　010-88379833　　机 工 官 博：weibo.com/cmp1952
　　　　　010-68326294　　金 书 网：www.golden-book.com
封底无防伪标均为盗版　　　机工教育服务网：www.cmpedu.com

# 译　者　序

本书作者 Erik Dahlman、Stefan Parkvall 和 Johan Sköld 对于移动通信行业的许多同行来说并不陌生。从 3G 时代开始他们就撰写了相关著作，4G 时代又出版了基于 3GPP 标准的专著，这些著作广受好评，并成为无线通信技术领域的畅销书。凡是参与过 3GPP 相关工作或者阅读过 3GPP 标准的同行，一定都对其流程的繁复、标准的丰富深有感触，迫切希望有一本深入浅出而又翔实准确的著作能够对相关标准做一番梳理，以帮助读者尽快建立起对 5G NR 标准的系统性把握。

本书第 1 版是一本开创性著作，对 5G NR 的 3GPP 标准做了全面解读和梳理，提供了对 5G NR 标准的准确、易读的描述，以及对 NR 物理层结构、高层协议、射频和频谱的详细解读。不仅如此，它还提供了对 5G NR 标准的洞察：不仅描述技术本身，而且揭示技术决策背后的成因，即常常萦绕在读者心头的问题——标准为什么做出这样的规定？第 1 版发行后广受关注，时隔两年，5G 也已经从书本里走入我们的实际生活中。第 2 版于 2020 年 9 月出版，相较于第 1 版增加了对 Release 16 的全面解读和对 Release 17 的展望。近来关于 5G-Advanced 和 6G 的技术讨论越来越多。第 3 版于 2023 年 11 月出版，对 Release 17 进行了全面解读，并对 Release 18 的核心技术进行了展望。

本书的翻译工作主要是在业余时间进行的。虽然在移动通信行业工作多年，但作为译者，在翻译过程中心情还是很忐忑的，既要忠实于原著，又要尊重中文的表达方式。尽管我们已经尽最大努力来保证译文的信、达、雅，但由于时间紧、任务急，译作之中肯定存在疏漏，恳请读者不吝指正，我们希望在后续版本里能够改正这些不足之处。

在翻译工作中，译者得到了作者的大力支持。我们要感谢爱立信公司和爱立信的同事们给予的热情帮助，他们提出了很多建议和意见。我们还要感谢家人们永远的支持，这是激励我们不断前行的动力。

不同的人对于移动通信如何影响当今社会也许有不同的看法，但毋庸置疑的是，移动通信已经彻底改变了我们的生活方式。5G 的持续发展将使得这一改变更加广泛和深入。我们希望本书的出版能为 5G 和 6G 事业在中国的发展尽一点力量。"他山之石，可以攻玉"，技术是为了创造更加美好的生活！Tech for good！

刘　阳　朱怀松　周晓津<br>
2025 年 2 月于爱立信大厦

# 前　　言

基于3GPP NR(New Radio，新空口)技术的5G无线接入网的部署目前正在顺利进行。与基于LTE技术的4G网络相比，5G提供了更好的移动宽带性能，包括高达10Gbit/s的数据速率和更低的时延。5G远不止于此，它还提供具有新的可靠性水平和极低时延的服务。5G的发展还包括对各种垂直领域和新部署场景的广泛支持。

本书描述了截至2023年春季NR的有关信息。第1章提供了简要的介绍，第2章描述了标准化过程和相关组织，比如众所周知的3GPP和ITU。第3章介绍了可用于移动通信的频段，并讨论了寻找新频段的过程。

有关LTE及其演进的概述见第4章。尽管本书的重点是NR，但对LTE的简要概述作为后续章节的背景介绍是必要的。原因之一是LTE和NR都是由3GPP开发的，因此具有共同的背景并共享一些技术组件。NR中的许多设计选择也是基于LTE的经验做出的。此外，LTE对整个5G无线接入仍然很重要，不仅是某些物联网应用的重要组成部分，而且在双连接场景中与5G/NR协同工作方面也是如此。

第5章提供了NR的概述。可以单独阅读，以获得对NR的高层次理解，也可以作为对后续章节的概要介绍。

第6章概述了NR中的总体协议结构，然后在第7章中描述了NR的总体时/频域结构。

多天线处理和波束赋形是NR的重要组成部分。第8章概述了支持这些功能的信道测量工具，第9章介绍了整体传输信道处理，第10章介绍了相关控制信令。如何使用这些功能来支持不同的多天线方案和波束赋形功能是第11章和第12章的主题。

重传功能和调度分别是第13章和第14章的主题，随后是第15章的功率控制和第16章的小区搜索以及第17章的随机接入。

与LTE共存和互通是NR的重要组成部分，尤其是在依赖LTE进行移动和初始接入的非独立部署场景中，第18章对此做了介绍。

第19~27章重点介绍了NR在Release 16、Release 17和Release 18中的演进所带来的一些主要新功能。第19章讨论了TDD网络对远程干扰的管理。接入非授权频谱的内容见第20章。第21章和第22章讨论了机器类型通信的增强功能，第21章侧重于超可靠、低时延通信和工业物联网，第22章介绍了RedCap终端和小数据传输。第23章介绍了多播和广播业务的增强功能。第24章描述了接入回传一体化，其中NR不仅用于接入链路，还用于回传。第25章介绍了NR对所谓的非地面网络的支持，在实践中通过卫星和高空平台接入5G。车载通信和NR Sidelink设计是第26章的主题。定位功能见第27章。

第28章的主题是射频(RF)要求，涉及大频率范围和多标准无线设备的频谱灵活性。第29章讨论了毫米波范围内较高频段的RF实现。

最后，第30章展望了未来NR的发布和即将推出的6G技术。

# 致　　谢

　　感谢所有为本书的写作提供帮助的爱立信公司的同事，包括对本书有关内容直接提供建议和意见，以及参与开发 NR 和 5G 这一宏大的下一代无线接入项目。

　　标准化过程涉及来自全球各地的工作者，在此感谢无线通信业的所有同人，特别是 3GPP RAN 工作组的努力。没有他们的工作和对标准化的贡献，这本书就不可能存在。

　　最后，非常感谢家人在撰写本书的漫长过程中给予我们的宽容和支持。

# 目　　录

译者序
前言
致谢

## 第 1 章　5G 概述 ·············· 1
### 1.1　移动通信的演进——从 1G 到 5G ··············· 1
### 1.2　3GPP 和移动通信的标准化 ········· 2
### 1.3　下一代无线接入技术——5G/NR ··· 3
#### 1.3.1　5G 应用场景 ············· 3
#### 1.3.2　LTE 向 5G 演进 ········· 3
#### 1.3.3　NR——新的 5G 无线接入技术 ··············· 4
#### 1.3.4　5GCN——新的 5G 核心网 ··· 4

## 第 2 章　5G 标准化 ············ 5
### 2.1　标准化和监管概述 ············· 5
### 2.2　ITU-R 从 3G 到 6G 的活动 ······ 6
#### 2.2.1　ITU-R 的角色 ············ 6
#### 2.2.2　IMT-2000 和 IMT-Advanced ··············· 7
#### 2.2.3　ITU-R WP5D 中的 5G 和 IMT-2020 ··············· 8
#### 2.2.4　IMT-2030 和面向 6G 的 ITU-R 工作 ··········· 9
### 2.3　5G 和 IMT-2020 ············· 10
#### 2.3.1　IMT-2020 的使用场景 ····· 10
#### 2.3.2　IMT-2020 的能力集 ······ 11
#### 2.3.3　IMT-2020 的性能要求 ···· 14
#### 2.3.4　IMT-2020 的候选技术和评估 ··· 16
### 2.4　3GPP 标准化 ················· 17
#### 2.4.1　3GPP 流程 ··············· 17
#### 2.4.2　作为 IMT-2020 候选技术的 3GPP 5G 规范 ········· 19

## 第 3 章　5G 频谱 ··············· 21
### 3.1　移动系统的频谱 ··············· 21
#### 3.1.1　ITU-R 为 IMT 系统定义的频谱 ······ 21
#### 3.1.2　5G 的全球频谱状况 ······ 24
### 3.2　NR 的频段 ···················· 25

## 第 4 章　LTE 概述 ············· 31
### 4.1　LTE Release 8——基本的无线接入 ······ 31
### 4.2　LTE 演进 ····················· 33
### 4.3　频谱灵活性 ··················· 35
#### 4.3.1　载波聚合 ················· 35
#### 4.3.2　授权辅助接入 ············ 36
### 4.4　多天线增强 ··················· 37
#### 4.4.1　增强的多天线传输 ······· 37
#### 4.4.2　多点协作和传输 ········· 37
#### 4.4.3　增强的控制信道结构 ···· 38
### 4.5　高密度、微蜂窝和异构部署 ···· 38
#### 4.5.1　中继 ······················ 39
#### 4.5.2　异构部署 ················· 39
#### 4.5.3　微蜂窝开关 ·············· 39
#### 4.5.4　双连接 ··················· 40
#### 4.5.5　动态 TDD ··············· 40
#### 4.5.6　WLAN 互通 ············· 40
### 4.6　终端增强 ····················· 41
### 4.7　新场景 ························ 41
#### 4.7.1　机器类型通信 ············ 41
#### 4.7.2　降低时延 ················· 42
#### 4.7.3　终端到终端通信 ········· 42
#### 4.7.4　V2V 和 V2X ············· 43
#### 4.7.5　飞行器 ··················· 43
#### 4.7.6　多播/广播 ················ 44

## 第 5 章　NR 概述 ··············· 45
### 5.1　Release 15 中的 NR 基础知识 ······ 46

| | | |
|---|---|---|
| 5.1.1 | 高频段操作和频谱灵活性 | 46 |
| 5.1.2 | 极简设计 | 47 |
| 5.1.3 | 向前兼容 | 47 |
| 5.1.4 | 传输方案、部分带宽和帧结构 | 48 |
| 5.1.5 | 双工方式 | 50 |
| 5.1.6 | 低时延支持 | 51 |
| 5.1.7 | 调度和数据传输 | 51 |
| 5.1.8 | 控制信道 | 52 |
| 5.1.9 | 以波束为中心的设计和多天线传输 | 52 |
| 5.1.10 | 初始接入 | 54 |
| 5.1.11 | 互通和与LTE共存 | 54 |
| 5.2 | NR演进和5G-Advanced | 55 |
| 5.2.1 | 多天线增强 | 56 |
| 5.2.2 | 载波聚合和双连接增强 | 57 |
| 5.2.3 | 移动性增强 | 58 |
| 5.2.4 | 终端节能增强 | 59 |
| 5.2.5 | 交叉链路干扰缓解和远程干扰管理 | 59 |
| 5.2.6 | 接入回传一体化/网络控制中继器 | 60 |
| 5.2.7 | NR与非授权频谱 | 61 |
| 5.2.8 | 扩展到52.5GHz以上 | 61 |
| 5.2.9 | 智能交通系统、车联网和直通链路 | 62 |
| 5.2.10 | 机器类型通信和物联网 | 62 |
| 5.2.11 | 定位 | 64 |
| 5.2.12 | 非地面网络 | 65 |
| 5.2.13 | 广播和多播 | 65 |
| 5.2.14 | 覆盖增强 | 66 |
| 5.2.15 | 小于5MHz带宽的NR | 66 |
| 5.2.16 | 扩展现实 | 66 |
| 5.2.17 | 无人飞行器和无人机 | 67 |
| 5.2.18 | 双工灵活性 | 67 |
| 5.2.19 | 网络能效增强 | 67 |
| 5.2.20 | 人工智能和机器学习 | 68 |

**第6章 无线接口架构** 69

| | | |
|---|---|---|
| 6.1 | 系统总体架构 | 69 |
| 6.1.1 | 5G核心网 | 69 |
| 6.1.2 | 无线接入网 | 71 |
| 6.2 | 无线协议架构 | 73 |

| | | |
|---|---|---|
| 6.2.1 | 服务数据适配协议——SDAP | 76 |
| 6.2.2 | 分组数据汇聚协议——PDCP | 76 |
| 6.2.3 | 无线链路控制 | 77 |
| 6.2.4 | 媒体接入控制 | 78 |
| 6.2.5 | 物理层 | 84 |
| 6.3 | 调度 | 86 |
| 6.4 | 服务质量 | 88 |
| 6.5 | 无线资源控制 | 89 |
| 6.5.1 | RRC状态机 | 91 |
| 6.5.2 | 无线链路监测 | 92 |
| 6.6 | 移动性 | 92 |
| 6.6.1 | 网络控制的移动性 | 93 |
| 6.6.2 | 条件切换 | 96 |
| 6.6.3 | 双激活协议栈 | 97 |
| 6.6.4 | L1/L2触发的移动性 | 97 |
| 6.6.5 | 空闲态移动性——小区重选 | 98 |
| 6.6.6 | 终端跟踪 | 98 |
| 6.6.7 | 寻呼 | 99 |

**第7章 总体传输结构** 101

| | | |
|---|---|---|
| 7.1 | 传输机制 | 101 |
| 7.2 | 时域结构 | 103 |
| 7.3 | 频域结构 | 105 |
| 7.4 | 部分带宽 | 108 |
| 7.5 | NR载波频域位置 | 110 |
| 7.6 | 载波聚合 | 111 |
| 7.7 | 补充上行 | 113 |
| 7.7.1 | 与载波聚合的关系 | 114 |
| 7.7.2 | 上行控制信令 | 115 |
| 7.8 | 双工方式 | 115 |
| 7.8.1 | 时分双工 | 116 |
| 7.8.2 | 频分双工 | 118 |
| 7.8.3 | 时隙格式和时隙格式指示 | 118 |
| 7.9 | 天线端口 | 121 |
| 7.10 | 准共址 | 123 |

**第8章 信道测量** 125

| | | |
|---|---|---|
| 8.1 | 信道状态信息参考信号：CSI-RS | 125 |
| 8.1.1 | CSI-RS的基本结构 | 125 |
| 8.1.2 | CSI-RS配置的频域结构 | 128 |
| 8.1.3 | CSI-RS配置的时域特性 | 128 |
| 8.1.4 | CSI-IM干扰测量 | 129 |
| 8.1.5 | 零功率CSI-RS | 129 |

| | | |
|---|---|---|
| 8.1.6 | CSI-RS 资源集 | 130 |
| 8.1.7 | 跟踪参考信号 | 130 |
| 8.1.8 | 物理天线映射 | 131 |
| 8.2 | 终端测量和上报 | 132 |
| 8.2.1 | 上报数量 | 132 |
| 8.2.2 | 测量资源 | 132 |
| 8.2.3 | 上报类型 | 133 |
| 8.3 | 探测参考信号：SRS | 134 |
| 8.3.1 | SRS 序列和 Zadoff-Chu 序列 | 135 |
| 8.3.2 | 多端口 SRS | 136 |
| 8.3.3 | SRS 跳频 | 136 |
| 8.3.4 | SRS 时域结构 | 137 |
| 8.3.5 | SRS 资源集 | 137 |
| 8.3.6 | 物理天线映射 | 137 |

## 第 9 章 传输信道处理 … 139

| | | |
|---|---|---|
| 9.1 | 概述 | 139 |
| 9.2 | 信道编码 | 140 |
| 9.2.1 | 为每个传输块添加 CRC | 140 |
| 9.2.2 | 码块分段 | 140 |
| 9.2.3 | NR 信道编码 | 141 |
| 9.3 | 速率匹配和物理层 HARQ 功能 | 142 |
| 9.4 | 加扰 | 144 |
| 9.5 | 调制 | 144 |
| 9.6 | 层映射 | 144 |
| 9.7 | 上行 DFT 预编码 | 144 |
| 9.8 | 多天线预编码 | 145 |
| 9.8.1 | 下行预编码 | 145 |
| 9.8.2 | 上行预编码 | 146 |
| 9.9 | 资源块映射 | 147 |
| 9.10 | 下行预留资源 | 149 |
| 9.11 | 参考信号 | 151 |
| 9.11.1 | 基于 OFDM 的上下行传输所使用的 DM-RS | 152 |
| 9.11.2 | 基于 DFT 预编码的 OFDM 上行传输所使用的 DM-RS | 156 |
| 9.11.3 | 相位跟踪参考信号 | 157 |

## 第 10 章 物理层控制信令 … 158

| | | |
|---|---|---|
| 10.1 | 下行 | 158 |
| 10.1.1 | 物理下行控制信道 | 159 |
| 10.1.2 | 控制资源集 | 161 |
| 10.1.3 | 盲解码和搜索空间 | 166 |
| 10.1.4 | 下行调度分配：DCI 格式 1_0、1_1、1_2 和 1_3 | 171 |
| 10.1.5 | 上行调度授权：DCI 格式 0_0、0_1、0_2 和 0_3 | 175 |
| 10.1.6 | 时隙格式指示：DCI 格式 2_0 | 179 |
| 10.1.7 | 抢占指示：DCI 格式 2_1 | 179 |
| 10.1.8 | 上行功率控制命令：DCI 格式 2_2 | 179 |
| 10.1.9 | SRS 控制命令：DCI 格式 2_3 | 179 |
| 10.1.10 | 上行取消指示：DCI 格式 2_4 | 179 |
| 10.1.11 | 软资源指示：DCI 格式 2_5 | 180 |
| 10.1.12 | DRX 激活：DCI 格式 2_6 | 180 |
| 10.1.13 | 寻呼提前指示和动态 TRS 控制：DCI 格式 2_7 | 180 |
| 10.1.14 | Sidelink 调度：DCI 格式 3_0 和 3_1 | 180 |
| 10.1.15 | 多播/广播调度：DCI 格式 4_0、4_1 和 4_2 | 180 |
| 10.1.16 | 网络控制中继器的波束指示：DCI 格式 5_0 | 180 |
| 10.1.17 | 指示频域资源的信令 | 180 |
| 10.1.18 | 指示时域资源的信令 | 183 |
| 10.1.19 | 指示传输块大小的信令 | 185 |
| 10.2 | 上行 | 186 |
| 10.2.1 | PUCCH 的基本结构 | 187 |
| 10.2.2 | PUCCH 格式 0 | 188 |
| 10.2.3 | PUCCH 格式 1 | 190 |
| 10.2.4 | PUCCH 格式 2 | 191 |
| 10.2.5 | PUCCH 格式 3 | 192 |
| 10.2.6 | PUCCH 格式 4 | 193 |
| 10.2.7 | PUCCH 传输使用的资源和参数 | 194 |
| 10.2.8 | 通过 PUSCH 传输的上行控制信令 | 195 |

## 第 11 章 多天线传输 … 197

| | | |
|---|---|---|
| 11.1 | 简介 | 197 |
| 11.2 | NR 下行多天线预编码 | 200 |
| 11.2.1 | 类型 I CSI | 202 |
| 11.2.2 | 类型 II CSI（Release 15 部分） | 203 |

11.2.3 Release 16 增强的类型 II CSI … 204
11.2.4 端口选择 … 206
11.3 上行多天线预编码 … 207
11.3.1 基于码本的传输 … 207
11.3.2 基于非码本的预编码 … 209

# 第 12 章 波束管理 … 212
12.1 初始波束建立 … 213
12.2 波束调整 … 213
12.2.1 下行发送端波束调整 … 213
12.2.2 下行接收端波束调整 … 214
12.2.3 上行波束调整 … 215
12.3 波束指示和 TCI … 215
12.3.1 Release 15/16 关于 TCI 状态的定义 … 215
12.3.2 Release 17 统一 TCI 框架 … 216
12.4 波束恢复 … 218
12.4.1 波束失败检测 … 219
12.4.2 新备选波束的认定 … 219
12.4.3 终端恢复请求和网络响应 … 219
12.5 多收发节点传输 … 220
12.5.1 非相干联合传输 … 221
12.5.2 用于 URLLC 的下行 Multi-TRP … 222
12.5.3 用于 URLLC 的上行 Multi-TRP … 225

# 第 13 章 重传协议 … 226
13.1 带软合并的 HARQ … 227
13.1.1 软合并 … 230
13.1.2 下行 HARQ … 231
13.1.3 上行 HARQ … 232
13.1.4 上行确认的定时 … 232
13.1.5 HARQ 确认的复用 … 233
13.2 RLC … 236
13.2.1 序列编号和分段 … 236
13.2.2 确认模式和 RLC 重传 … 239
13.3 PDCP … 243

# 第 14 章 调度 … 245
14.1 动态下行调度 … 245
14.1.1 载波聚合 … 246
14.1.2 下行抢占处理 … 247
14.2 动态上行调度 … 248

14.2.1 上行优先级处理和逻辑信道复用 … 250
14.2.2 调度请求 … 253
14.2.3 缓存状态报告 … 253
14.2.4 功率余量报告 … 254
14.3 调度和动态 TDD … 255
14.4 无动态授权的传输——半持续调度和配置授权 … 256
14.5 节能机制 … 257
14.5.1 不连续接收 … 258
14.5.2 唤醒信号 … 259
14.5.3 从节能角度考虑的跨时隙调度 … 260
14.5.4 小区休眠 … 260
14.5.5 带宽自适应 … 262
14.5.6 PDCCH 监听控制 … 263
14.5.7 寻呼提前指示 … 265

# 第 15 章 上行功率和定时控制 … 267
15.1 上行功率控制 … 267
15.1.1 功率控制基线 … 267
15.1.2 基于波束的功率控制 … 269
15.1.3 PUCCH 功率控制 … 270
15.1.4 多个上行载波情况下的功率控制 … 271
15.2 上行定时控制 … 271

# 第 16 章 小区搜索和系统信息 … 274
16.1 SSB … 274
16.1.1 基本结构 … 274
16.1.2 频域位置 … 276
16.1.3 SSB 的周期 … 276
16.1.4 PSS 和 SSS 的详细结构 … 276
16.2 SS 突发集——时域上多个 SSB … 278
16.3 PBCH 和 MIB … 280
16.4 小区定义和非小区定义的 SSB … 281
16.5 剩余系统信息 … 282

# 第 17 章 随机接入 … 285
17.1 步骤 1——前导码的发送 … 286
17.1.1 RACH 配置和 RACH 资源 … 286
17.1.2 前导码的基本结构 … 288

17.1.3 长前导码和短前导码 ············ 289
17.1.4 SSB 索引到 RACH 时机和前导码的映射 ············ 291
17.1.5 前导码的功率控制和功率抬升 ············ 292
17.1.6 NTN 的前导码发送 ············ 292
17.2 步骤 2——随机接入响应 ············ 292
17.3 步骤 3/4——竞争解决 ············ 293
17.3.1 消息 3 ············ 293
17.3.2 消息 4 ············ 294
17.4 补充上行的随机接入 ············ 294
17.5 初始接入之后的随机接入 ············ 295
17.5.1 切换中的随机接入 ············ 295
17.5.2 SI 请求的随机接入 ············ 295
17.5.3 通过 PDCCH Order 重新建立同步 ············ 296
17.6 两步 RACH ············ 296
17.6.1 两步 RACH——步骤 A ············ 297
17.6.2 两步 RACH——步骤 B ············ 299
17.6.3 选择两步 RACH 还是四步 RACH ············ 300

## 第 18 章 LTE/NR 互通和共存 ············ 301
18.1 LTE/NR 双连接 ············ 301
18.1.1 部署场景 ············ 302
18.1.2 架构选项 ············ 303
18.1.3 单发工作 ············ 303
18.2 LTE/NR 共存 ············ 304

## 第 19 章 TDD 网络中的干扰处理 ············ 307
19.1 远程干扰管理 ············ 308
19.1.1 集中式和分布式干扰处理 ············ 310
19.1.2 RIM 参考信号 ············ 312
19.1.3 RIM-RS 的资源 ············ 312
19.2 交叉链路干扰 ············ 313
19.2.1 终端侧干扰测量 ············ 314
19.2.2 小区间协调 ············ 314

## 第 20 章 NR 非授权频谱技术 ············ 316
20.1 NR 的非授权频谱 ············ 317
20.1.1 5GHz 频段 ············ 317
20.1.2 6GHz 频段 ············ 318
20.1.3 60GHz 频段 ············ 319

20.2 非授权频谱的技术组件 ············ 319
20.3 非授权频谱中的信道接入 ············ 320
20.3.1 动态信道接入流程（LBE）············ 321
20.3.2 半静态信道接入流程（FBE）············ 326
20.3.3 载波聚合和宽带操作 ············ 327
20.4 下行数据传输 ············ 329
20.4.1 下行 HARQ ············ 330
20.4.2 参考信号 ············ 332
20.5 上行数据传输 ············ 332
20.5.1 FR1 中的交织传输 ············ 332
20.5.2 上行数据传输的动态调度 ············ 333
20.5.3 上行数据传输的预配置调度授权 ············ 334
20.5.4 上行探测参考信号 ············ 335
20.6 下行控制信令 ············ 336
20.6.1 CORESET ············ 336
20.6.2 PDCCH 盲检和搜索空间组 ············ 336
20.6.3 下行调度分配——DCI 格式 1_0 至 1_3 ············ 337
20.6.4 上行调度授权——DCI 格式 0_0、0_1、0_2 和 0_3 ············ 338
20.6.5 下行反馈信息——DCI 格式 0_1 ············ 340
20.6.6 时隙格式指示——DCI 格式 2_0 ············ 341
20.7 上行控制信令 ············ 341
20.7.1 PUCCH 承载上行控制信令 ············ 341
20.7.2 PUSCH 承载上行控制信令 ············ 344
20.8 初始接入 ············ 344
20.8.1 动态频率选择 ············ 344
20.8.2 小区搜索、发现突发和独立模式 ············ 344
20.8.3 随机接入 ············ 346

## 第 21 章 工业物联网和 URLLC 增强 ············ 348
21.1 上行抢占 ············ 349
21.1.1 上行取消 ············ 350
21.1.2 用于动态调度的上行功率提升 ············ 350
21.2 上行冲突解决 ············ 351
21.3 配置授权和半持续调度 ············ 352
21.4 PUSCH 资源分配增强 ············ 353
21.5 下行控制信道 ············ 354

| | | |
|---|---|---|
| 21.6 | 反馈增强 | 355 |
| 21.7 | 具备 PDCP 复制的多连接 | 356 |
| 21.8 | 非授权频谱中的 IIoT 和 URLLC | 357 |
| 21.9 | 时间敏感网络的时间同步 | 357 |

## 第 22 章 RedCap 和小数据传输 360

| | | |
|---|---|---|
| 22.1 | RedCap 终端 | 360 |
| 22.1.1 | 减少带宽和初始接入 | 361 |
| 22.1.2 | 单通路接收天线 | 362 |
| 22.1.3 | 半双工 FDD | 362 |
| 22.1.4 | 降低高层复杂度 | 363 |
| 22.1.5 | DRX 增强及邻区测量 | 363 |
| 22.2 | 小数据传输 | 364 |
| 22.2.1 | SDT 的触发 | 364 |
| 22.2.2 | 随机接入的 SDT | 364 |
| 22.2.3 | 配置授权的 SDT | 365 |

## 第 23 章 多播和广播业务 367

| | | |
|---|---|---|
| 23.1 | 单播、多播、广播 | 367 |
| 23.2 | 信道结构 | 368 |
| 23.3 | 下行数据传输 | 370 |
| 23.3.1 | 单频网 | 371 |
| 23.3.2 | 公共 MBS 频率资源 | 371 |
| 23.4 | HARQ 重传 | 372 |
| 23.5 | 下行控制信令 | 373 |
| 23.6 | 调度 | 375 |
| 23.6.1 | 调度多播业务 | 375 |
| 23.6.2 | 调度广播业务 | 375 |
| 23.6.3 | 调度广播控制信息 | 376 |
| 23.6.4 | 单播、多播和广播的复用 | 376 |
| 23.7 | 移动性 | 377 |

## 第 24 章 接入回传一体化 378

| | | |
|---|---|---|
| 24.1 | IAB 架构 | 379 |
| 24.2 | IAB 频谱 | 381 |
| 24.3 | IAB 节点的初始接入 | 382 |
| 24.4 | IAB 节点传输定时 | 382 |
| 24.4.1 | MT 传输定时 | 382 |
| 24.4.2 | DU 发送定时和 OTA 定时对齐 | 384 |
| 24.5 | DU/MT 交互 | 385 |
| 24.5.1 | MT 资源配置 | 386 |
| 24.5.2 | DU/MT 灵活协调 | 387 |
| 24.6 | IAB 的移动性 | 390 |
| 24.7 | 网络控制中继器 | 391 |
| 24.7.1 | NCR 发送定时 | 392 |
| 24.7.2 | NCR 波束管理和接入链路波束指示 | 392 |
| 24.7.3 | 选择性转发 | 393 |

## 第 25 章 非地面 NR 接入 394

| | | |
|---|---|---|
| 25.1 | 卫星基础知识 | 395 |
| 25.1.1 | 卫星轨道及其特性 | 395 |
| 25.1.2 | 星历数据和开普勒元素 | 396 |
| 25.1.3 | 透明和可再生载荷 | 397 |
| 25.1.4 | 固定波束和可控波束 | 398 |
| 25.2 | 基于 NR 的 NTN | 398 |
| 25.2.1 | NTN 频谱 | 398 |
| 25.2.2 | 上下行时间对齐的扩展 | 399 |
| 25.2.3 | 上下行传输之间的时序关系 | 400 |
| 25.2.4 | HARQ 操作和 HARQ 进程数 | 402 |
| 25.2.5 | 非地面网络中的移动性 | 403 |
| 25.3 | Release 18 中的 NTN 扩展 | 404 |
| 25.3.1 | 毫米波频段的 NTN | 404 |
| 25.3.2 | 覆盖增强 | 404 |
| 25.3.3 | 网络验证的 UE（终端）位置 | 405 |

## 第 26 章 Sidelink 通信 406

| | | |
|---|---|---|
| 26.1 | NR Sidelink——发送和部署场景 | 406 |
| 26.2 | Sidelink 通信的资源 | 408 |
| 26.3 | Sidelink 物理信道 | 410 |
| 26.3.1 | PSSCH/PSCCH | 411 |
| 26.3.2 | PSFCH | 412 |
| 26.4 | 资源分配 | 413 |
| 26.4.1 | 资源分配模式 1 | 413 |
| 26.4.2 | 资源分配模式 2 | 414 |
| 26.5 | Sidelink HARQ | 419 |
| 26.5.1 | HARQ 反馈 | 419 |
| 26.5.2 | HARQ 重传 | 420 |
| 26.6 | 其他 Sidelink 过程 | 421 |
| 26.6.1 | Sidelink 功率控制 | 421 |
| 26.6.2 | Sidelink 信道探测和 CSI 报告 | 421 |
| 26.7 | Sidelink 同步 | 422 |
| 26.7.1 | Sidelink SS/PSBCH 块 | 422 |
| 26.7.2 | 同步过程 | 424 |

26.8 Sidelink 进一步增强 ············ 425
   26.8.1 毫米波频谱（FR2）的增强 ···· 425
   26.8.2 非授权频谱的支持 ············ 426
   26.8.3 载波聚合 ···················· 426

## 第27章 定位 ························· 427
27.1 基于下行的定位 ·················· 428
27.2 基于上行的定位 ·················· 430

## 第28章 射频特性 ····················· 432
28.1 频谱灵活性的影响 ················ 432
28.2 不同频率范围的射频要求 ·········· 434
28.3 信道带宽和频谱利用率 ············ 435
28.4 终端射频要求的总体结构 ·········· 437
28.5 基站射频要求的总体结构 ·········· 438
   28.5.1 NR 基站射频传导要求和辐射
       要求 ························· 438
   28.5.2 NR 不同频率范围的基站类型 ··· 439
28.6 NR 射频传导要求概述 ············· 439
   28.6.1 发射机传导特性 ·············· 440
   28.6.2 接收机传导特性 ·············· 441
   28.6.3 区域性要求 ·················· 441
   28.6.4 通过网络信令通知特定频段的
       终端要求 ···················· 442
   28.6.5 基站类型 1-C 和 1-H 的基站
       等级 ························· 442
28.7 传导输出功率电平要求 ············ 443
   28.7.1 基站输出功率和动态范围 ····· 443
   28.7.2 终端输出功率和动态范围 ····· 443
28.8 发射信号质量 ···················· 444
   28.8.1 EVM 和频率误差 ············· 444
   28.8.2 终端带内发射 ················ 444
   28.8.3 基站时间对齐 ················ 444
28.9 无用发射要求 ···················· 444
   28.9.1 实现因素 ···················· 445
   28.9.2 带外域的发射模板 ············ 445
   28.9.3 邻道泄漏比 ·················· 447
   28.9.4 杂散发射 ···················· 448
   28.9.5 占用带宽 ···················· 449
   28.9.6 发射机互调 ·················· 449
28.10 传导灵敏度和动态范围 ··········· 449
28.11 接收机对干扰信号的敏感度 ······· 449
28.12 NR 的射频辐射要求 ·············· 451

   28.12.1 基站类型 1-O 和 2-O 的基站
        等级 ······················ 451
   28.12.2 FR2 的终端辐射要求 ········ 452
   28.12.3 FR1 的基站辐射要求 ········ 452
   28.12.4 FR2 的基站辐射要求 ········ 453
28.13 多标准无线基站 ·················· 454
28.14 工作在非连续频谱 ················ 456
28.15 多频段能力基站 ·················· 457

## 第29章 毫米波射频技术 ············· 460
29.1 ADC 和 DAC ···················· 460
29.2 本振和相位噪声 ·················· 461
   29.2.1 自由振荡器和锁相环的相位
       噪声特性 ···················· 462
   29.2.2 毫米波信号生成的挑战 ······· 463
29.3 功放效率和无用发射的关系 ······· 465
29.4 滤波器 ·························· 467
   29.4.1 模拟前端滤波器 ·············· 467
   29.4.2 插损和带宽 ·················· 468
   29.4.3 滤波器实现示例 ·············· 468
29.5 接收机噪声系数、动态范围和带宽的
    影响 ···························· 471
   29.5.1 接收机和噪声系数模型 ······· 471
   29.5.2 噪声因子和噪底 ·············· 472
   29.5.3 压缩点和增益 ················ 473
   29.5.4 功率谱密度和动态范围 ······· 473
   29.5.5 载波频率和毫米波技术 ······· 474
29.6 总结 ···························· 476

## 第30章 5G 持续演进及迈向 6G 的
## 第一步 ························· 477
30.1 NR 一般增强 ···················· 477
30.2 双工演进 ······················· 478
30.3 AI/ML ·························· 478
30.4 网络能效 ······················· 479
30.5 零能耗终端和环境物联网 ········· 479
30.6 通信感知一体化 ················· 479
30.7 通往 6G 之路 ···················· 480
30.8 结束语 ························· 482

参考文献 ······························ 483

附录 技术术语表 ······················ 488

# 第1章

# 5G 概述

## 1.1 移动通信的演进——从 1G 到 5G

过去 40 多年来,世界见证了五代移动通信系统的发展,如图 1-1 所示。

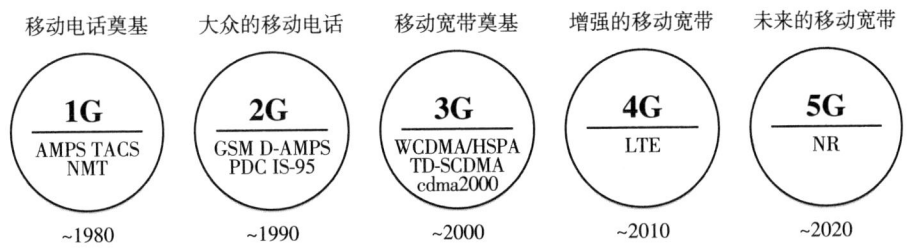

图 1-1 移动通信发展史

第一代移动通信始于 1980 年左右,使用的是模拟传输,主要技术有北美制定的高级移动电话系统(Advanced Mobile Phone System,AMPS)、北欧国家(当时由政府控制)的公共电话网络运营商联合制定的北欧移动电话(Nordic Mobile Telephony,NMT),以及在英国等地使用的全接入通信系统(Total Access Communication System,TACS)。基于第一代技术的移动通信系统只限于提供语音服务,不过,这是历史上移动电话首次可供普通民众使用。

第二代移动通信出现于 20 世纪 90 年代早期,其特点是在无线链路上引入了数字传输。虽然其目标服务仍然是语音,但是数字传输使得第二代移动通信系统也能提供有限的数据服务。最初存在几种不同的第二代技术,包括由许多欧盟国家联合制定的全球移动通信系统(Global System for Mobile communication,GSM)、数字高级移动电话系统(Digital AMPS,D-AMPS)、由日本提出并且仅在日本使用的个人数字蜂窝(Personal Digital Cellular,PDC),以及稍后发展出来的基于 CDMA 的 IS-95 技术。随着时间的推移,GSM 从欧洲扩展到世界,并逐渐成为第二代技术中的绝对主导。正是由于 GSM 的成功,第二代系统把移动电话从一个小众用品变成了一个世界上大多数人使用的生活必需品。

第三代移动通信通常称为 3G,出现于 21 世纪初。3G 是朝着高质量移动宽带迈出的真正一步,尤其是借助于称为 3G 演进的高速分组接入(High Speed Packet Access,HSPA)[19]技术,使无线互联网的快速接入成为可能。此外,相对于早期的基于频分双工(Frequency Division Duplex,FDD)对称频谱的移动通信技术(即网络到终端和终端到网络的链路各自使用不同的频谱,见第 7 章),3G 首次引入了基于时分双工(Time Division Duplex,TDD)非对称频谱的移动通信技术。

在 2010 年左右,采用 LTE 技术[26]的第四代(4G)移动通信"粉墨登场"。LTE 技术在 HSPA 的基础上提供更高的效率和增强的移动宽带体验,即终端用户的数据速率更高。这有赖于能提供更大传输带宽的基于 OFDM 的传输技术以及更先进的多天线技术。此外,相对于 3G 采用一种特殊的与支持对称频谱不同的无线接入技术来支持非对称频谱,LTE 采用相同的无线接入技术来支持 FDD 和 TDD 工作模式,即对称和非对称频谱。这样,LTE 就实现了全球统一的移动通信技术。在第 4 章,我们还会详细讨论 LTE 的演进是如何把移动通信网络的范围扩展到非授权频谱的。

目前,无线通信时代已经快速进入以 NR 无线接入技术为代表的第五代(5G)。5G 进一步增强了移动宽带体验,远超 4G,同时将移动通信扩展到可以应用于移动宽带之外的广泛新用例。

## 1.2  3GPP 和移动通信的标准化

移动通信成功的关键是存在被许多国家认可的技术规范和标准。这些规范和标准保证了不同供应商的终端设备和基础设施的可部署性和互操作性,并且使终端设备和签约服务可以实现全球化运营。

正如之前提到的,第一代 NMT 技术就是由多个北欧国家共同制定的,使得终端设备在这几个国家范围内都能有效工作。接下来的 GSM 移动通信技术规范和标准的制定也是由欧洲的一些国家共同完成的。相关工作在 CEPT 进行,CEPT 后来改名为欧洲电信标准化协会(European Telecommunications Standards Institute,ETSI)。所以从一开始,GSM 终端就能在很多国家正常工作,涵盖了大量的潜在用户。这个巨大的共同市场对终端有极大的需求,催生了五花八门的手机品牌,大大降低了终端的价格。

不过,制定真正的全球性移动通信标准的最关键一步是 3G 技术标准,特别是 WCDMA 的制定。起初 3G 技术标准的制定工作也是在不同区域展开的,分别在欧洲(ETSI)、北美(TIA、T1P1)、日本(ARIB)等地进行。然而,GSM 的成功已经表明技术覆盖广度的重要性,特别是终端的通用性和成本方面。而且显而易见的是,虽然不同的区域性标准化组织都在分别进行自己的工作,但是研究的技术具有很多相似性。特别是欧洲和日本,都在研究不同但非常类似的宽带 CDMA(Wideband CDMA,WCDMA)技术。

最终,在 1998 年,各个区域性标准化组织走到一起,成立了第三代合作伙伴项目(Third-Generation Partnership Project,3GPP),其目标是基于 WCDMA 来完成 3G 技术规范的制定。稍后,一个平行的组织(3GPP2)也成立了,其任务是制定 3G 技术的替代技术——cdma2000,作为第二代 IS-95 的演进。这两个有着各自 3G 技术(WCDMA 和 cdma2000)的组织(3GPP 和 3GPP2)随后共存了许多年。不过,随着时间的推移,3GPP 完全占据主导,并且进一步延伸到 4G(LTE)和 5G(NR)技术的制定,尽管名字还是保持为 3GPP。今天,3GPP 是世界上制定移动通信技术规范的唯一重要组织。

## 1.3 下一代无线接入技术——5G/NR

关于 5G 移动通信的讨论开始于 2012 年左右。在许多讨论中，5G 这个术语特指被称为 NR 或"新空口"(New Radio) 的 5G 新型无线接入技术。不过，5G 也常常被用在更宽泛的语境中，意指移动通信在 5G 时代发展的一系列新的应用场景。

### 1.3.1 5G 应用场景

谈到 5G，一般常会提到三种应用场景：增强移动宽带通信(eMBB)，大规模机器类型通信(mMTC)，以及超可靠低时延通信(URLLC)，如图 1-2 所示。

- eMBB 大致是指今天的移动宽带服务的直接演进，它支持更大的数据流量和进一步增强的用户体验，比如，支持更高的终端用户数据速率。
- mMTC 指的是支持大量终端的服务，比如远程传感器、机械手、设备监测。这类服务的关键要求包括：非常低的终端造价、非常低的终端能耗、超长的终端电池使用时间（至少要达到几年）。一般而言，这类终端每台只消耗和产生相对来说比较小的数据量，因此并不需要支持很高的数据速率和频谱效率。
- URLLC 类服务要求非常低的时延和极高的可靠性，这类服务涉及交通安全、自动控制、工厂自动化等。

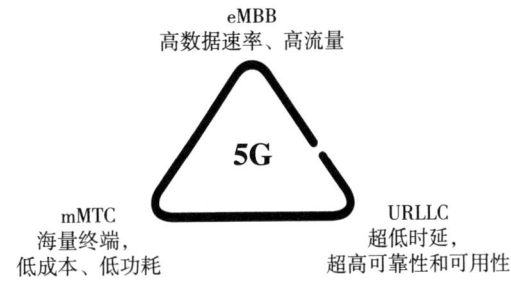

图 1-2 高层 5G 应用场景分类

需要指出的是，将 5G 应用场景分成三个不同的类别在某种程度上是人为的，主要目的是简化技术规范的定义。实际上有很多应用场景不能被精确地归入这三类。比如，可能会有这样的服务，它需要非常高的可靠性，但是对于时延要求不高。还有的应用场景可能要求终端的成本很低，但并不需要电池的使用寿命非常长。

### 1.3.2 LTE 向 5G 演进

LTE 技术规范的第一个版本是在 2009 年提出的。之后，LTE 不断演进以提供增强的性能和扩展的能力。这包括对移动宽带的增强、支持更高的实际可达到的终端用户数据速率以及更高的频谱效率。不过，LTE 演进的重要方面还包括应用场景的扩展，特别是支持配有超长寿命电池的低成本终端，以满足大规模 MTC 应用的需求。因此，用于大规模 MTC 的 LTE 衍生技术也将在 5G 时代继续发挥重要作用，并可以被视为整个 5G 系统的一部分。如第 6 章所述，当 5G 在所谓的非独立模式下运行时，LTE 也是整个 5G 解决方案的重要组成部分。虽然讲解 LTE 演进不是本书的主要目的，但是第 4 章将会对 LTE 及其演进的现状进行概述。

### 1.3.3 NR——新的 5G 无线接入技术

尽管 LTE 是一种非常强大的技术,但是业界在 2015 年左右已经认识到,当时设想的 2020 年以后的全部应用场景所要求的性能和能力仅通过 LTE 的演进是难以有效满足的。此外,自 LTE 产生以来的技术进步为那些难以甚至不可能在 LTE 的直接演进中有效引入的新技术方案铺平了道路。3GPP 为了确保其技术能够满足未来应用场景的需求,并充分发挥新技术的潜力,启动了一种称为新空口(New Radio,NR)的新 5G 无线接入技术开发。2015 年秋天举行的一次研讨会确定了 NR 的研究范围,具体的技术工作则开始于 2016 年春季。NR 标准的第一个版本完成于 2017 年底,这是为了满足在 2018 年进行 5G 早期部署的商业需求。

NR 借用了 LTE 的很多结构和功能。但是,作为一种新的无线接入技术,NR 不需要像 LTE 演进那样考虑向后兼容的问题。NR 的要求也比 LTE 的要求更多更广,因而技术解决方案也会有所不同。

第 2 章将讨论与 NR 有关的标准化活动,第 3 章是对频谱的概述,对 LTE 及其演进的简要描述在第 4 章。本书的主要部分(第 5~30 章)将详细描述当前 NR 技术标准的现状,最后一章是对 NR 未来发展的展望。

### 1.3.4 5GCN——新的 5G 核心网

除了定义 NR 这一新的 5G 无线接入技术,3GPP 也定义了一个新的 5G 核心网,称作 5GCN。新的 5G 无线接入将连接到 5GCN。不过,5GCN 也能为 LTE 的演进提供连接。同时,当 NR 和 LTE 运行在所谓的非独立组网模式(non-standalone mode)下时,NR 也可以连接到传统的 EPC 核心网,第 6 章将对此做进一步描述。对 5G 核心网的详细描述请参阅文献[84]。

# 第 2 章

# 5G 标准化

移动通信系统的研究、开发、实现和部署是国际上无线产业界通力合作的结果,而产业界对整个无线通信系统的统一规范也是在这一过程中完成的。这一工作很大程度上依赖于全球和区域性的政府监管活动,特别是对频谱使用的监管,而频谱是所有无线技术的重要组成部分。本章描述监管和标准化的环境,这在过去、现在和将来对于定义无线通信系统都是非常重要的。

## 2.1 标准化和监管概述

在移动通信领域,有许多组织参与技术规范和标准的制定以及相关监管活动。它们大致可以分为三种:标准化组织、监管机构、行业论坛。

**标准化组织**(Standards Developing Organization,SDO)负责为移动通信系统开发和制定技术标准,以便业界可以据此生产和部署标准化的产品,从而使产品之间具有互操作性。组成移动通信系统的绝大部分设备,包括基站和移动终端,在某种程度上都是标准化的。尽管厂家有一定的在产品中采用特有解决方案的自由度,但是显然易见通信协议必须依赖于详尽的标准。SDO 通常是非营利的行业组织,不为政府所控制。不过,政府经常授权它们针对某一领域制定标准,从而使这类标准具有较高的级别。

有的国家有自己的 SDO,但由于通信产品的全球化趋势,绝大多数 SDO 是区域性的并且参与全球合作。比如,GSM、WCDMA/HSPA、LTE 和 NR 的技术标准都是由 3GPP 制定的,而 3GPP 是一个由欧洲的 ETSI、日本的 ARIB 和 TTC、美国的 ATIS、中国的 CCSA、韩国的 TTA 和印度的 TSDSI 等七个区域性和国家级 SDO 组成的全球性组织。各个 SDO 的透明度和开放度有所不同,但 3GPP 的所有技术规范、会议文档、报告、电子邮件讨论组都是公开和免费的,即使对于非会员也是如此。

**监管机构**(regulatory bodies and administration)是政府性组织,它对移动系统和其他电信产品的销售、部署和运维提出合规合法方面的要求。监管机构的最重要任务之一就是管控频谱的使用,为移动运营商获得部分无线频谱用于运营设定授权条件。另一个任务是通过认证流程对产品的"市场准入"进行监管,以保证终端、基站和其他设备通过型式认证(type approval),并符合相关的监管要求。

频谱监管不仅在国家层面由国家机构执行,也可以通过区域性机构(如欧洲的 CEPT/ECC、美国的 CITEL、亚洲的 APT)来执行。在全球层面,频谱监管是由国际电信联盟(International

Telecommunications Union，ITU)负责的。监管机构规定每一段频谱可用于何种服务，以及设定更详细的要求，比如对发射机无用发射的限制等。监管机构还可以通过监管活动间接地对产品标准提出要求。2.2 节将进一步解释 ITU 参与对移动通信技术提出要求的情况。

**行业论坛**(industry forum)是由产业界领导的组织，目的是推广特定的技术或者其他产业热点。在移动产业界，行业论坛往往由运营商引导，但也有一些供应商创建的产业联盟。比如，GSM 联盟(GSM Association，GSMA)致力于推动基于 GSM、WCDMA、LTE 和 NR 的无线通信技术。行业论坛的其他例子还有由运营商组织创立的下一代移动网络(Next Generation Mobile Networks，NGMN)——对移动系统的演进提出需求，以及 5G Americas——作为一个区域性产业联盟倡导 5G 和后 5G 技术在整个美洲的发展和转型。

图 2-1 展示了参与移动系统监管和技术规范制定的不同组织之间的关系。这张图还显示了移动产业界的图景，即供应商开发产品、提供给市场、同运营商议价，同时运营商采购并部署移动系统。这一流程强烈依赖 SDO 所发布的技术标准，而市场准入则依赖地区或者国家层面的产品认证。请注意，欧洲的区域性 SDO(ETSI)基于欧盟的要求制定用于产品认证(通过 CE 标志)的协调标准(harmonized standard)。这些

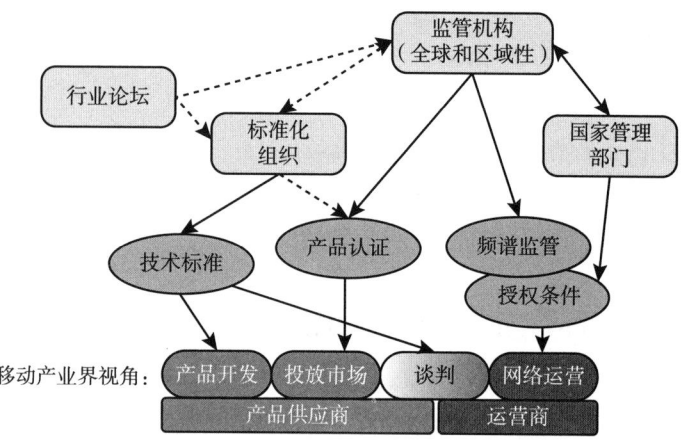

图 2-1　标准化组织、监管机构、行业论坛和移动产业界之间的关系

标准在欧洲以外的国家也被用于产品认证。图 2-1 中，实线箭头表示的是正式文档，比如技术标准、建议书和监管授权，它们规定了技术和监管要求。虚线箭头表示的是更间接的介入，比如通过联络函和白皮书的方式。

## 2.2　ITU-R 从 3G 到 6G 的活动

### 2.2.1　ITU-R 的角色

ITU-R 是国际电信联盟的无线通信部门。ITU-R 负责保证所有无线通信服务都能够有效和经济地使用无线频谱。ITU-R 下属的各个研究小组和工作组分析和定义无线频谱的使用条件并撰写报告和建议书。ITU-R 的终极目标，是通过对无线电规则(radio regulations)和区域性协议的执行，"确保无线通信系统能够无干扰地工作"。无线电规则[46]是关于无线频谱使用的、国际性的、具有约束力的条约。世界无线电通信大会(World Radio-communication Conference，WRC)每 3~4 年举行一次。WRC 对无线电规则进行修改和更新，从而对全球无线频谱的使用产生相应的影响。

考虑到移动通信技术(如 NR、LTE 和 WCDMA/HSPA)的技术规范是在 3GPP 完成的,ITU-R 有责任把这些技术规范转变为全球标准,尤其是为那些没有被 3GPP 包含的 SDO 所涵盖的国家。ITU-R 为移动服务等不同的服务定义相应的无线频谱,其中某些频谱被分配给国际移动电信(International Mobile Telecommunications,IMT)系统。ITU-R 的 5D 工作组(WP5D)负责 IMT 系统中无线系统方面的全部工作,涵盖 3G 及其以上的各代移动通信系统。WP5D 在 ITU-R 的最主要任务就是负责 IMT 陆地部分的议题,包括技术、运营和频谱相关的问题。

WP5D 并不为 IMT 制定技术规范,而是和其他区域性标准化组织联合对 IMT 进行定义,维护一系列 IMT 建议书和报告,包括一系列无线接口规范(Radio Interface Specifications,RSPC)。这些建议书包括每一代 IMT 的无线接口技术(Radio Interface Technology,RIT)"系列",每一种技术都被平等对待。RSPC 包含对每个无线接口的概述,以及对详细规范的引用列表。实际的规范由各个 SDO 维护,RSPC 提供对这些规范的参考索引。以下是已有的和计划中的 RSPC 建议书:

- IMT-2000:ITU-R 建议书 M.1457[47]包含六个不同的 RIT,包括 WCDMA/HSPA 等 3G 技术。
- IMT-Advanced:ITU-R 建议书 M.2012[43]包含两个不同的 RIT,其中最重要的是 4G/LTE。
- IMT-2020:ITU-R 建议书 M.2150[123]包含两个 RIT 和两个 SRIT,其中最重要的是 5G NR 的 RIT 和 SRIT。
- IMT-2030:计划于 2030 年完成一项新的 ITU-R 建议,其中包含 6G 技术的 RIT。

每个 RSPC 都会不断更新以反映其所参考的详细规范中的新变化,比如 3GPP 的 WCDMA 和 LTE 规范中的新变化。SDO 和合作伙伴项目(现在主要是 3GPP)为 RSPC 的更新提供输入。

## 2.2.2 IMT-2000 和 IMT-Advanced

ITU-R 在第三代移动通信上的工作开始于 20 世纪 80 年代。最初的名字是未来公用陆地移动通信系统(Future Public Land Mobile Telecommunication Systems,FPLMTS),后来改名为 IMT-2000。在 20 世纪 90 年代后期,世界各地的 SDO 也在做与 ITU-R 类似的工作,即开发新一代移动系统。IMT-2000 的第一个 RSPC 于 2000 年发布,3GPP 的 WCDMA 是其中一个 RIT。

接着 ITU-R 开始了 IMT-Advanced 的工作,它是指 IMT-2000 之后具有新无线接口和新能力的系统。ITU-R 在框架建议书[39]中定义了这些新的能力,图 2-2 展示了这张"厢式货车图"。ITU-R 向 IMT-Advanced 能力的演进与 4G(即 3G 之后的下一代移动技术)相呼应。

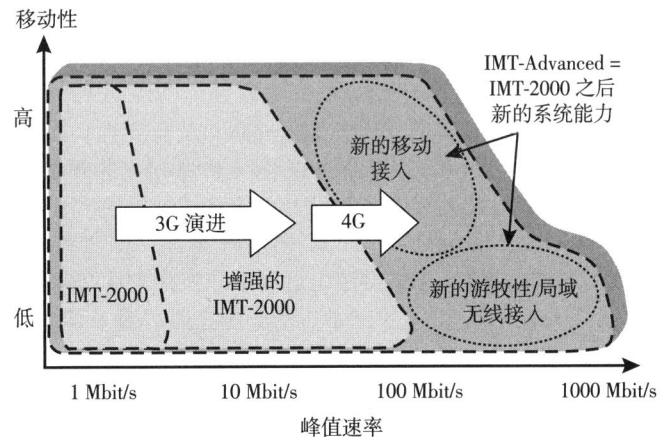

图 2-2 IMT-2000 和 IMT-Advanced 的能力,基于 ITU-R 建议书 M.1645[39]所描述的框架

作为 IMT-Advanced 的候选技术之一，3GPP 向 ITU-R 提交了 LTE 演进技术。它是 3GPP LTE 规范的一个新版本（Release 10），也是不断演进的 LTE 的一个有机组成部分。为了向 ITU-R 提交，这项候选技术被命名为 LTE-Advanced，LTE 规范从 Release 10 之后都使用这个名字。在 ITU-R 工作的同时，3GPP 以 ITU-R 要求[10]为基础，提出了自己对 LTE-Advanced 的技术要求。

ITU-R 流程的目的就是通过民主协商对各个候选技术进行协调。ITU-R 最后决定在 IMT-Advanced 的第一个版本中包含两种技术，即 LTE-Advanced 和基于 IEEE 802.16m 的 WirelessMAN-Advanced[35]。这两者可以看作 IMT-Advanced 技术中的"姐妹"，如图 2-3 所示。不过在两者之中，LTE 已经成为目前 4G 技术的主导。

### 2.2.3 ITU-R WP5D 中的 5G 和 IMT-2020

ITU-R WP5D 于 2012 年开始着手下一代 IMT 系统的工作，即 IMT-2020。它着眼于 2020 年之后 IMT 陆地部分的进一步发展，对应于通常所说的"5G"，即第五代移动系统。ITU-R 建议书 M.2083[45]对 IMT-2020 的框架和目标做了概述，这份建议书常被称作"愿景"建议书。它迈出了描绘 IMT-2020 发展的第一步：IMT 未来的角色，IMT 如何服务于社会，市场分析，用户和技术趋势，频谱形势等。考虑到用户趋势、未来的角色和市场，一系列的使用场景被提了出来，涵盖以人为中心的通信和以机器为中心的通信。这些确定的使用场景包括：增强移动宽带通信（eMBB）、超可靠低时延通信（URLLC）、大规模机器类型通信（mMTC）。

为了满足增强移动宽带体验的需要并适应新的、扩展的使用场景，IMT-2020 必须对其能力集合进行扩展。愿景建议书[45]描述了一系列关键能力以及相应的目标值，对 IMT-2020 的要求提供了总体指导。2.3 节将进一步讨论关键能力和相应的使用场景。

ITU-R WP5D 同时还编写了一份关于"IMT 陆地系统未来技术趋势"[41]的报告，重点关注 2015—2020 年这一时间段。报告通过分析 IMT 系统的技术和操作特性，以及这些特性如何随着 IMT 技术的演进而不断完善，研究了 IMT 技术的未来发展趋势。这份技术趋势的报告实际上和 3GPP Release 13 及之后的 LTE 相关，而愿景建议书展望的是 2020 年以后的情况。IMT-2020 的一个新特点是它可以在潜在的、新的 6GHz 以上的 IMT 频段运行，包括毫米波。出于这个考虑，WP5D 专门编写了一个单独的报告来研究无线电波传播、IMT 特性、支持技术，以及在高于 6GHz 频段的部署问题[42]。

WRC-15 讨论了 IMT 潜在的新频段并为 WRC-19 增设了一个会议议程项 1.13，用来讨论为移动业务和未来 IMT 的发展分配额外频谱的可能性。在 24.25~86GHz 之间的许多频段被认为是可能的候选。在 WRC-19 上，议程项 1.13 确定了可供 IMT 系统使用的几个新波段。第 3 章将对特定的频段及其在全球使用的可能性进行描述。

WRC-15 之后，ITU-R WP5D 根据愿景建议书[45]和之前的其他研究成果，继续为 IMT-2020 系统定义要求和设计评估方法。这项工作按照 IMT-2020 的工作计划（图 2-3），于 2017 年年中完成。它的成果是 2017 年末发布的三份文献，进一步定义了 IMT-2020 要实现的性能和特性。这些性能和特性也将用于评估阶段：

- 技术要求：ITU-R M.2410[49]报告针对 IMT-2020 无线接口技术性能定义了 13 项最基本的要求。这些要求很大程度上是基于愿景建议书[45]中对关键能力的描述。2.3 节对此有进一步阐述。
- 评估指南：ITU-R M.2412[48]报告定义了用来评估最基本要求的详细的方法论，包括测试环境、评估配置和信道模型等。更多细节见 2.3 节。
- 提交模板：ITU-R M.2411[50] 报告定义了用来提交待评估候选技术的具体模板。根据上面的两份报告 M.2410 和 M.2412，它还具体描述了评估标准，以及对业务、频谱和技术性能的要求。

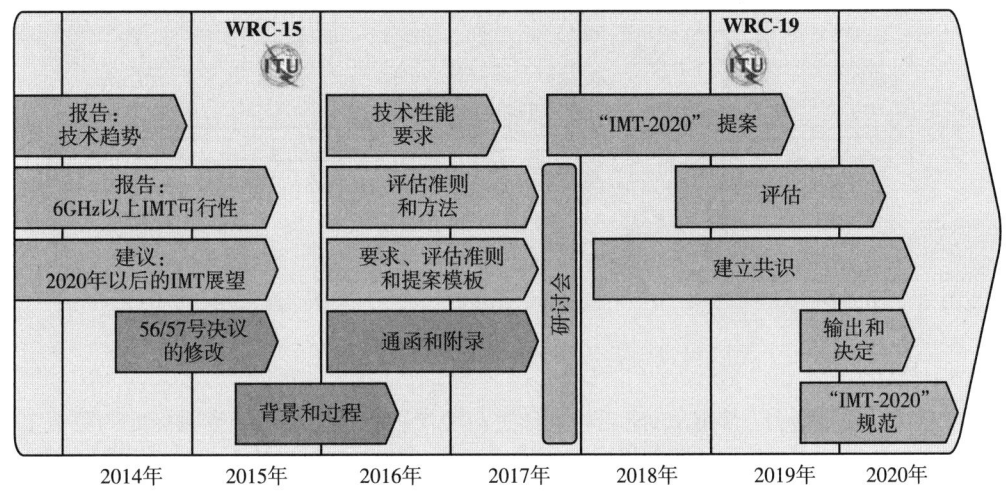

图 2-3 ITU-R WP5D 的 IMT-2020 工作计划[38]

IMT-2020 的流程以通函的形式告知其他外部组织。在 2017 年 10 月举行的关于 IMT-2020 的研讨会之后，IMT-2020 流程正式开始接收候选提案。6 个候选技术倡导者提交了 7 个候选方案，见 2.3.4 节。

图 2-3 中的 IMT-2020 工作计划展示了完整的时间线，从 2014 年开始技术趋势和"愿景"，接下来在 2018 年开始对候选提案进行提交和评估，最后在 2021 年初发布了 IMT-2020 的 RSPC，比原计划稍晚。

## 2.2.4 IMT-2030 和面向 6G 的 ITU-R 工作

ITU-R WP5D 在 2021 年迈出了迈向下一代移动系统的第一步，并将在 2030 年左右为 IMT-2030（更常见的名称为 6G）制定新的 RSPC。目前 ITU-R 中 IMT-2030 的时间计划如图 2-4 所示，图中描述了与 IMT-2020 的工作过程相类似的步骤和目标。与 IMT-2020 的主要区别在于 IMT-2030 的总时间跨度延长了大约 3 年，为定义要求和评估过程以及进行最终评估和建立共识预留了更多时间。

作为第一步，ITU-R 在 2022 年发布了一份关于"2030 年及以后陆地 IMT 系统的未来技术趋势"的报告[122]。该报告首先概述了 IMT 的新兴服务和应用，然后详细介绍了新兴的通用技术趋势和促成因素，另外还阐述了可以增强无线接口和无线网络的具体技术。

IMT-2030 的框架和目标将在一项新的计划于 2023 年完成的 ITU-R 建议书中进行描述。该建议书将涵盖 IMT-2030 的推动因素和社会考虑、用户和应用趋势、技术趋势和频谱影响等。它还会描述 IMT-2030 的一组扩展使用场景和功能，并按照系统的能力要求对用例进行分组。

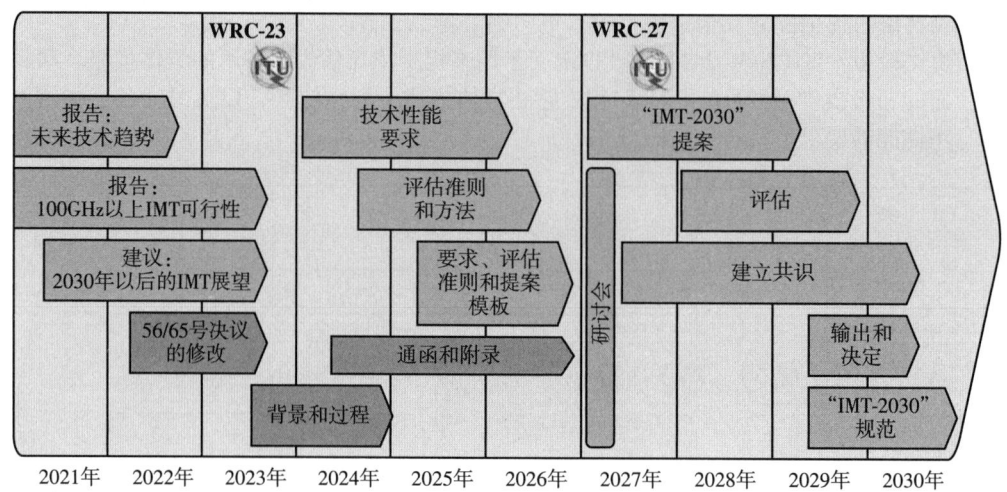

图 2-4 ITU-R WP5D 的 IMT-2030 工作计划[124]

基于系统所需的能力，WRC-23 之后将继续进行关于技术性能要求和评估标准的更多工作，从而在 WRC-27 之后完成技术方案的提交和评估，并在 2030 年前制定 IMT-2030 的详细规范。

## 2.3　5G 和 IMT-2020

图 2-3 描述了 ITU-R 的 IMT-2020 时间表中最重要的几个时间节点。首先 ITU-R 制定了 IMT-2020 的愿景建议书 ITU-R M.2083[45]，勾勒出所期望的使用场景以及相应的能力要求，然后定义了更详细的 IMT-2020 要求。正如评估指南所指出的那样，候选技术需要根据这些要求接受评估。要求和评估指南是在 2017 年年中完成的。

在要求明确之后，候选技术就可以提交给 ITU-R 了。提交的候选技术将根据 IMT-2020 要求进行评估，那些满足要求的技术作为 IMT-2020 规范[123]的一部分获得批准和发布。关于 ITU-R 流程的进一步细节可参见 2.2.3 节。

### 2.3.1　IMT-2020 的使用场景

5G 的一个主要推动力就是要满足大量新的用例。ITU-R 在 IMT 愿景建议书[45]中定义了三个使用场景。ITU-R 的 IMT-2020 流程采纳了移动通信产业界、不同区域性组织以及运营商组织的输入，并把它们综合为以下三个场景：

- 增强移动宽带通信（eMBB）：使用 3G 和 4G 移动系统的主要驱动力来自移动宽带，对于 5G 而言移动宽带仍然是最重要的使用场景。用户需求不断增长以及新的应用不断涌现对增强移动宽带提出了新的需求。由于 eMBB 的用途广泛，它可以覆盖许多不同的用例，也带来了不同的挑战，包括热点覆盖和广域覆盖，前者着眼于高速率、高用户密度和对高容量的需要，后者面临的挑战是移动性和无缝用户体验，而对速率和用户密度要求较低。增强移动宽带场景主要是针对以人为中心的通信。

- 超可靠低时延通信（URLLC）：这一场景涵盖以人为中心的通信和以机器为中心的通信，后者常被称为关键机器类型通信（Critical Machine Type Communication，C-MTC）。这一场景的用例的特点是对时延、可靠性和高可用性有严格的要求。比如有安全要求的车辆间的通信、工业设备的无线控制、远程医疗手术以及智能电网中的分布式自动化。以人为中心的用例实例包括 3D 游戏和"触觉互联网"，其特点是低时延和超高数据速率。
- 大规模机器类型通信（mMTC）：这是一个纯粹的以机器为中心的使用场景，主要特点是终端数量巨大、数据量小且传输不频繁、对延迟不敏感。大量的终端可能导致局部连接的密度极高，当然真正的挑战是一个系统当中能容纳的终端总数以及如何降低终端成本。对于那些在人烟稀少的地点部署的 mMTC 终端，还要求它们的电池使用寿命非常长。

图 2-5 描述了这些使用场景以及一些相关的例子。这三个场景并没有涵盖所有可能的使用案例，而是提供了一个对大多数可预见的使用情况的分类，以用来分析、确定 IMT-2020 的无线接口技术所需要的关键能力。即便今天我们还无法预见或者描述，但将来肯定会有新的使用案例出现。这就意味着新的无线接口必须具有高度的灵活性以便能接纳这些新的用例，同时所定义的关键能力也要足够灵活，以支持那些来自新用例的新需求。

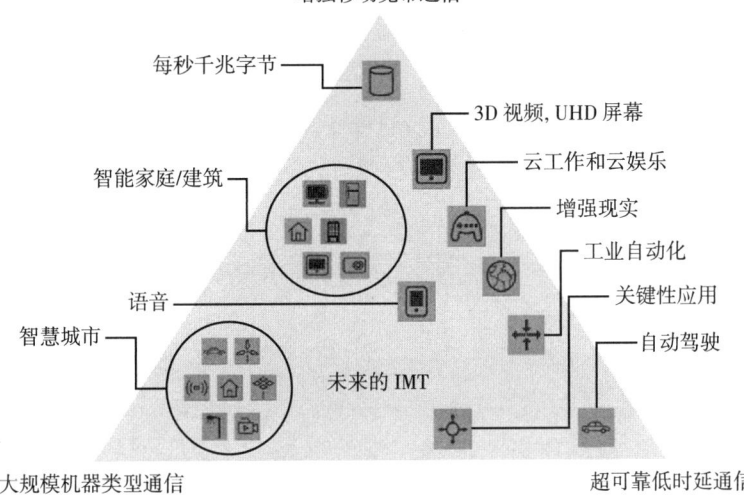

图 2-5　IMT-2020 用例和使用场景的匹配（节选自 ITU-R 于 2015 年 9 月发布的 ITU-R M.2083 建议书《IMT 愿景——2020 年及以后 IMT 未来发展的框架和总体目标》，经 ITU 许可使用）

### 2.3.2　IMT-2020 的能力集

作为 IMT 愿景建议书[45]所描述的 IMT-2020 框架的一部分，ITU-R 定义了一系列 IMT-2020 技术所需要的能力。这些能力是为了支持由区域性组织、研究项目、运营商、监管机构等提出的 5G 用例和使用场景。IMT 愿景建议书[45]一共定义了 13 个能力，其中 8 个被称为关键能力（key capability）。图 2-6 和图 2-7 所示的两个"蜘蛛网"描绘了这 8 个关键能力。

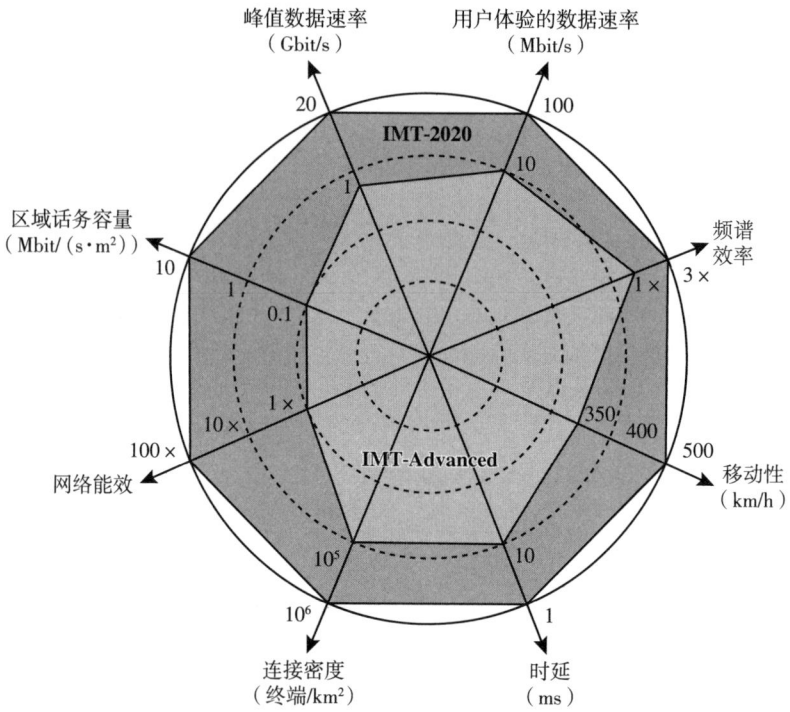

图 2-6 IMT-2020 关键能力(节选自 ITU-R 于 2015 年 9 月发布的 ITU-R M. 2083 建议书《IMT 愿景——2020 年及以后 IMT 未来发展的框架和总体目标》,经 ITU 许可使用)

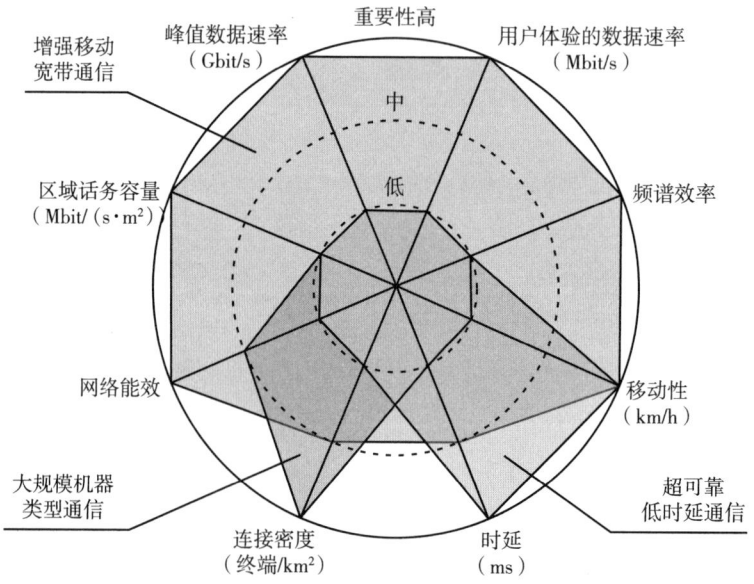

图 2-7 ITU-R 关键能力和三个使用场景之间的关系(节选自 ITU-R 于 2015 年 9 月发布的 ITU-R M. 2083 建议书《IMT 愿景——2020 年及以后 IMT 未来发展的框架和总体目标》,经 ITU 许可使用)

图 2-6 描述了 IMT-2020 关键能力及其示意性的目标值,其目的是为目前正在制订的更详细的 IMT-2020 要求提供一个初步的宏观指导,用于后续对候选技术进行评估。可以看出,这些目标值有的是绝对数值,有的是相对于 IMT-Advanced 能力的相对数值。这些关键能力的目标值不需要同时达到,甚至某些目标在一定程度上是相互排斥的。图 2-7 说明了每个关键能力在实现 ITU-R 设想的三种使用场景中的"重要性"。

峰值数据速率(peak data rate)一直是一个备受关注的指标,但实际上它是一个理论话题。ITU-R 将峰值数据速率定义为在理想条件下可实现的数据速率的最大值,这意味着产品研发当中的瑕疵或者网络部署对信号传播的实际影响等并未考虑进去。所以它是一个依赖性的关键性能指标(Key Performance Indicator,KPI),因为它严重依赖于运营商部署时可用的频谱资源。此外,峰值数据速率取决于峰值频谱效率,即归一化带宽的峰值数据速率:

$$峰值数据速率 = 系统带宽 \times 峰值频谱效率$$

因为在 6GHz 以下的现有 IMT 频段没有大的可用带宽,真正的高数据速率更容易在更高的频率上实现。这就导致在室内和热点环境中可以实现最高的数据速率,因为在这些地方那些对较高频率不太有利的传播特性没有那么严重。

用户体验的数据速率(user experienced data rate)是指对大多数用户而言,在一个大的覆盖区域中可以实现的数据速率。它可以定义为第 95 百分位数的用户数据速率。它不仅依赖于可用频谱,而且依赖于系统是如何部署的。5G 对城区和郊区的广域覆盖设定了 100Mbit/s 的目标速率,对室内和热点环境则期望能达到一致的 1Gbit/s 数据速率。

频谱效率(spectrum efficiency)给出了频谱的每赫兹和每个"扇区"的,或者更确切地说是每单位无线设备(又称为发射接收点(Transmission Reception Point,TRP))的平均数据吞吐量。它是配置网络的重要参数。实际上 4G 系统已经实现了很高的频谱效率水平,5G 的目标确定为 4G 频谱效率的三倍,但实际能增长多少很大程度上取决于部署场景。

区域话务容量(area traffic capacity)是另一个依赖性能力,它不仅依赖于频谱效率和可用带宽,而且还依赖于网络部署的密集程度:

$$区域话务容量 = 频谱效率 \times 可用带宽 \times TRP 密度$$

IMT-2020 假定在更高频率上有更多可用的频谱,并且可以采用非常密集的网络部署。在这一前提下,IMT-2020 设定的区域话务容量比 4G 增加了 100 倍。

如前所述,网络能效(network energy efficiency)作为一种能力的重要性与日俱增。ITU-R 设定的总体目标是 IMT-2020 无线接入网在提供增强能力的同时,其能耗不应大于今天部署的 IMT 网络。这个目标意味着网络能效(即每比特数据消耗的能量)减少的比例至少应该与预期的 IMT-2020 相对于 IMT-Advanced 流量增加的比例持平。

前五个关键能力对于增强移动宽带使用场景而言是最重要的,而移动性和数据速率能力不需要同时具有同等重要性。例如,相对于广域覆盖场景,在热点环境中用户体验的数据速率和峰值数据速率会非常高,但移动性较低。

时延(latency)定义为数据包从源地址传送到目的地址的过程中在无线网络所耗用的时长。这对 URLLC 使用场景而言是一个关键能力。ITU-R 认为需要将时延减少到 IMT-Advanced 的十分之一。

移动性(mobility)作为关键能力定义为移动速度,考虑到高铁的场景,它的目标是 500km/h,

仅比 IMT-Advanced 有适度增长。不过作为一项关键能力，它对于 URLLC 使用场景中高速车辆的关键通信至关重要，并且要求同时具有低时延。请注意，所有使用场景都没有要求同时满足高移动性和高用户体验数据速率。

连接密度（connection density）定义为每单位面积连接的或可接入的终端总数。该目标与具有高密度连接终端数量的 mMTC 使用场景相关，不过在 eMBB 场景中，一个拥挤的办公室里也可以产生高连接密度。

除了图 2-6 中给出的 8 种能力，参考文献[45]中还定义了以下 5 种额外能力：

- 频谱和带宽灵活性（spectrum and bandwidth flexibility）：系统设计能够灵活处理不同的场景，特别是在不同频段上工作的能力，包括比今天更高的频率和更宽的带宽。
- 可靠性（reliability）：所提供的服务可用性高。
- 可恢复性（resilience）：在自然或人为破坏期间及之后（例如主电源发生故障）网络继续正常运行的能力。
- 安全和隐私（security and privacy）：包括用户数据和信令的加密和完整性保护，以及用户隐私等几个方面，它是为了防止未经授权的用户跟踪，保护网络免受黑客、欺诈、拒绝服务和中间人攻击等行为的破坏。
- 运行寿命（operational lifetime）：设备储能容量所能支持的运行时间。这对于需要较长电池寿命（例如超过 10 年）的机器类型终端尤为重要，因为出于经济的或者实际的原因，对其进行常规维护非常困难。

需要注意的是，以上这些能力的重要性并不一定比图 2-6 所示的能力低，尽管后者被称为"关键能力"。它们的主要区别在于"关键能力"更容易量化，而上述这五项能力不易量化，是偏向于定性的能力。

### 2.3.3 IMT-2020 的性能要求

基于愿景建议书[45]中描述的使用场景和能力，ITU-R 制定了一系列 IMT-2020 技术性能的最低要求。这体现在 ITU-R M.2410[49] 报告中，并将作为评估 IMT-2020 候选技术的基准（见图 2-3）。该报告描述了 14 个技术参数和相应的最低要求。表 2-1 对此做了总结。

表 2-1 IMT-2020 最低技术性能要求总览

| 参数 | 最低技术性能要求 |
| --- | --- |
| 峰值数据速率 | 下行：20Gbit/s<br>上行：10Gbit/s |
| 峰值频谱效率 | 下行：30bit/(s·Hz)<br>上行：10bit/(s·Hz) |
| 用户体验的数据速率 | 下行：100Mbit/s<br>上行：50Mbit/s |
| 第 5 百分位数的用户频谱效率 | 3 倍于 IMT-Advanced |
| 平均频谱效率 | 3 倍于 IMT-Advanced |
| 区域话务容量 | 10Mbit/(s·m$^2$)（eMBB 室内热点） |

(续)

| 参数 | 最低技术性能要求 |
|---|---|
| 用户面时延 | eMBB：4ms<br>URLLC：1ms |
| 控制面时延 | 20ms |
| 连接密度 | 每平方千米 1 000 000 终端 |
| 网络能效 | 涉及 eMBB 的两个方面：<br>a. 高负荷时数据传输效率高<br>b. 空载时能量消耗低<br>所用技术应支持高休眠比和长休眠时长 |
| 可靠性 | 针对 URLLC 场景，在市区宏站的覆盖边缘，在 1ms 内传输 32 字节的层 2 协议数据单元（Protocol Data Unit，PDU），成功率为 $1-10^{-5}$ |
| 移动性 | 10km/h、30km/h 和 120km/h 速度下的归一化业务信道数据速率，约为 IMT-Advanced 指标的 1.5 倍<br>对 500km/h 高速车辆的要求（IMT-Advanced 最大支持速率为 350km/h） |
| 移动中断时间 | 0ms |
| 带宽 | 至少 100MHz，在高频段可达 1GHz。应支持可伸缩的带宽 |

ITU-R M.2412[48]给出了 IMT-2020 无线接口候选技术的评估指南，其模板遵循了之前对 IMT-Advanced 做评估时的形式。评估指南描述了对 14 项技术性能的最低要求进行评估的方法，外加两项附加要求：所支持的频段和所支持的业务范围。

评估在愿景建议书[45]使用场景导出的五个测试环境（test environment）中进行。每个测试环境都有很多评估配置（evaluation configuration），这些配置描述了在评估的仿真和分析中所使用的详细参数。这五个测试环境是：

- 室内热点（indoor hotspot）-eMBB：办公室和购物中心的室内隔离环境，针对静止人群和行人，用户密度非常高。
- 密集市区（dense urban）-eMBB：具有高用户密度和流量负载的城市环境，针对行人和车辆用户。
- 郊区（rural）-eMBB：农村环境，覆盖范围面积较大，针对行人、车辆和高速车辆。
- 市区宏站（urban macro）-mMTC：一个有连续覆盖范围的城市宏观环境，针对大量连接的机器类型终端。
- 市区宏站（urban macro）-URLLC：城市宏观环境，针对超可靠和低时延通信。

对每个候选技术，有三种基本方法可以评估其是否满足要求：

- 仿真：这是评估技术性能要求的最精准的方法，包括无线接口的系统级或链路级仿真，或两者都做。对于系统级仿真，ITU-R 定义了对应于一组测试环境的部署场景，例如室内、密集市区等。进行仿真评估的要求包括：平均的和第 5 百分位数的频谱效率、连接密度、移动性和可靠性。
- 分析：某些要求可以通过基于无线接口参数的计算来进行评估，或者从其他性能值导出。通过分析进行评估的要求包括：峰值频谱效率、峰值数据速率、用户体验数据速率、区域流量大小、控制面和用户面时延以及移动中断时间等。
- 检查：某些要求可以通过审核和评定无线接口技术的功能来进行评估。通过检查进行评估的要求包括：带宽、能效、对广泛的各种业务的支持和所支持的频带。

一旦候选技术提交给 ITU-R 并进入流程，评估阶段就会开始。评估可以由提交者（"自我评估"）来做或者由外部评估小组完成，可以是对一个或多个候选提案进行完整评估，也可以是部分评估。

### 2.3.4 IMT-2020 的候选技术和评估

如图 2-3 所示，IMT-2020 的工作计划历时 7 年并在 2020 年完成。向 IMT-2000 提交候选技术的详细步骤在 WP5D 商定流程[92]中有详细说明。

候选技术提案可以是一个单独的无线接口技术（RIT），也可以是一套无线接口技术（SRIT）。以下描述了在 IMT-2020 最低要求的框架下提案的准入条件，以及如何判断一个提案是 RIT 还是 SRIT：

- RIT 需要满足至少三个测试环境的最低要求：eMBB 下的两个测试环境和 mMTC 或 URLLC 下的一个测试环境。
- 一个 SRIT 由许多相互补充的 RIT 组件组成，每个 RIT 组件满足至少两个测试环境的最低要求，而作为一个 SRIT 整体上至少满足涵盖三个使用场景的至少四个测试环境的最低要求。

在 2019 年 7 月 2 日的正式截止日期之前，许多 IMT-2020 候选技术提案被提交到 ITU-R。每份提案都包括特征模板、合规模板、链路预算模板和自我评估报告。来自 6 个不同候选技术的倡导者总共提交了 7 份提案。

根据对所有提案的评估结果以及对一些提案进行合并，以下 RIT/SRIT 被包含在 ITU-R 建议书 M.2150[123]的详细规范中，并于 2022 年更新：

- 3GPP 5G-SRIT：这个来自 3GPP 的 SRIT 由 NR 和 LTE 两个 RIT 组件组成。每个 RIT 组件和完整的 SRIT 都符合准入条件。自我评估报告包含在 3GPP TR 37.910[93]中。
- 3GPP 5G-RIT：这是 3GPP 提交的包含 NR 的 RIT。它满足所有使用场景的所有测试环境。与 3GPP 5G-SRIT 使用相同的自我评估报告[93]。
- 5Gi：TSDSI 提交的 RIT 基于 3GPP 5G NR 技术，并且对规范做了一系列有限更改。随 RIT 还提交了一份独立评估报告。
- DECT 5G-SRIT：ETSI/DECT 论坛提交了一份 SRIT，包含 DECT-2020 作为第一个 RIT 组件和 3GPP 5G NR 作为第二个 RIT 组件。提案参考了 3GPP 的 NR 提案以及文献[93]中与 NR 有关的 3GPP 自我评估方面的内容。

值得注意的是，上述所有最终提交的 RIT/SRIT 提案要么直接基于 5G NR，要么将 5G NR 作为一个 RIT 组件。

另外还有一份被提交的附加 RIT 由增强型超高吞吐量（EUHT）技术组成。在 2022 年完成最终评估后，得出的结论是该候选技术不能被宣布为合格的无线接口技术，因此没有被纳入详细规范中。

## 2.4 3GPP 标准化

基于 ITU-R 建立的 IMT 系统框架，使用 WRC 指定的频谱，旨在满足对更高性能不断增长的需求，对具体的移动通信技术进行规范的任务就落在 3GPP 等组织的身上。实际上，3GPP 编写了 2G GSM、3G WCDMA/HSPA、4G LTE 和 5G NR 的技术标准。3GPP 技术是世界上使用最广泛的移动技术。2022 年，全球 90 亿移动用户中超过 95% 的用户[28]使用的是 3GPP 技术。为了理解 3GPP 的工作方式，有必要了解其技术规范的编写过程。

### 2.4.1 3GPP 流程

制定移动通信技术规范不是一次性工作，而是一个持续的往复过程。为了满足对业务和功能的新的需求，规范是不断发展演进的。不同标准化组织的流程有所不同，但通常都包括图 2-8 所示的四个阶段：

1）需求，确定规范要达到的目标。
2）架构，确定主要构件和接口。
3）详细规范，详细规定每个接口。
4）测试和验证，确保接口规范适用于最终生产的设备。

这些阶段是重叠且循环往复的。例如，如果技术解决方案需要，在后期阶段可以添加、更改或删除需求。同样，具体规范中的技术方案也可能因为测试和验证阶段发现的问题而发生改变。

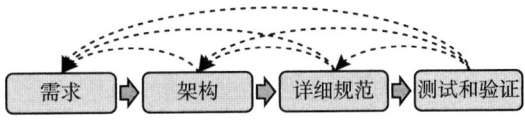

图 2-8 标准化阶段和往复过程

规范的制定从需求阶段开始，它确定规范要实现的目标。这个阶段通常较短。

架构阶段确认协议规范的架构，即要求得以满足的原则。架构阶段决定了需要进行标准化的参考点和接口。这个阶段通常很长，过程中可能发生需求改变的情况。

架构阶段之后，详细规范阶段开始。它规定每个接口的详细信息。在制定接口的详细规范过程中，标准化组织可能会发现需要重新审视架构阶段甚至需求阶段的某些决策。

最后是测试和验证阶段。通常它不是实际规范的一部分，而是通过供应商自己的测试以及供应商之间的互操作测试来进行。这个阶段是对规范的最终验证。在测试和验证阶段可能会发现规范中的错误，这些错误可能会导致对详细规范的变更。虽然不常见，但有时也可能需要对架构或需求进行更改。要验证规范就需要产品，因此，在详细规范阶段之后（或期间）厂家会开始产品的实现。当用于验证设备是否满足技术要求的测试规范趋于稳定时，测试和验证阶段就结束了。

通常，从规范制定完成到商用产品面市大约需要一年时间。

3GPP 由三个技术规范组（Technical Specifications Groups，TSG）组成（见图 2-9），其中 TSG 无线接入网（Radio Access Network，RAN）负责定义无线接入的功能、要求和接口。TSG RAN 包括六个工作组（Working Group，WG）：

1）RAN WG1，负责物理层规范。

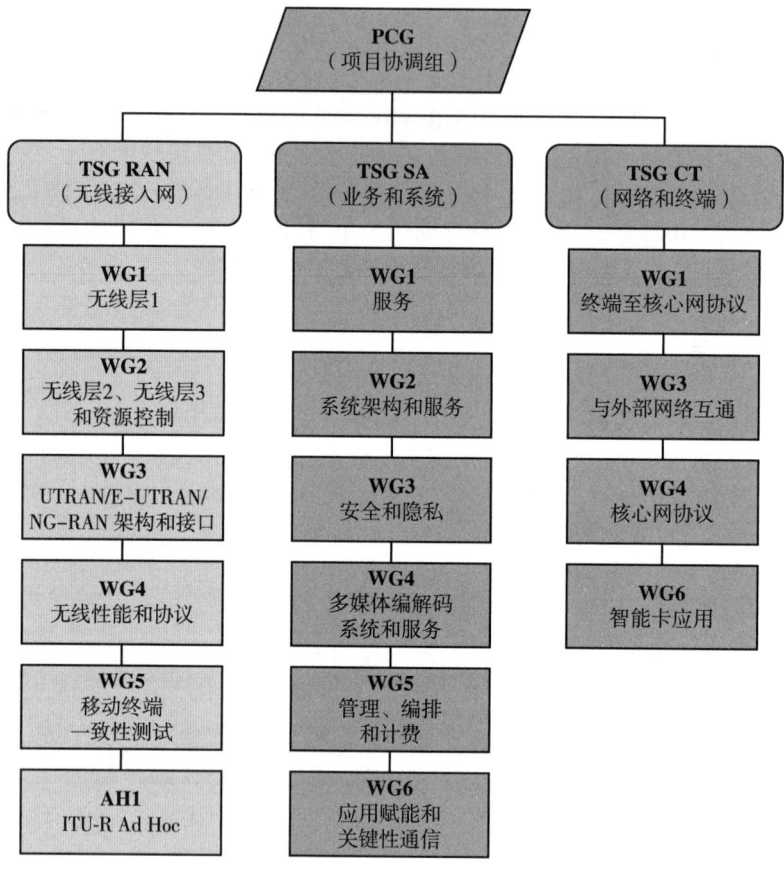

图 2-9 3GPP 组织

2) RAN WG2，负责层 2 和层 3 无线接口规范，还负责资源控制。

3) RAN WG3，负责固定的 RAN 接口，如 RAN 节点之间的接口，以及 RAN 和核心网之间的接口。

4) RAN WG4，负责射频（RF）和无线资源管理（Radio Resource Management，RRM）性能要求。

5) RAN WG5，负责终端一致性测试。

6) RAN AHG ITU，是一个永久性的专门小组，作为一个活动中心来保证 3GPP 和 ITU-R 之间的信息和文档的适当流动。

2020 年以前，还有另外一个 RAN WG6 小组，负责 GSM/EDGE（以前在一个称为 GERAN 的 TSG 中）和 HSPA（UTRAN）的标准化。这些领域中的所有剩余活动都已被 TSG RAN 直接接管。3GPP 的标准化活动现在集中在 4G 和 5G 上。

3GPP 在工作中会考虑相关的 ITU-R 建议书，其工作成果也会提交给 ITU-R，作为 IMT-2000、IMT-Advanced 以及现在 IMT-2020 的一部分。3GPP 的合作伙伴有义务确定自己的区域性要求，这些要求可能会导致标准规范中不同的选项。例如，一些区域特有的频段和本地的特殊保护性要求。3GPP 在制定标准规范的过程中会考虑全球漫游和终端流通的要求。这意味着许多区域性要求本质上将成为对所有终端的全球性要求,因为漫游终端必须满足所有区域性要求中最严格的要求。因此,规范中的区域性选项更多是针对基站而非终端。

在每次 TSG 会议后,可能会对所有版本的规范进行更新。TSG 每年举行四次会议。3GPP 的文档分为不同的版本,其中每个版本与先前版本相比都有一些新添加的功能。这些功能是在由 TSG 建立和运作的工作项目中定义的。LTE 规范从 Release 8 开始制定,LTE Release 10 是 ITU-R 批准的第一个 IMT-Advanced 技术版本,也是第一个被称作 LTE-Advanced 的版本。从 Release 13 开始,LTE 的市场名称更改为 LTE-Advanced Pro。有关 LTE 的概述参见第 4 章。关于 LTE 无线接口的更多详细信息参见文献[26]。

NR 的第一个版本是 3GPP Release 15,市场上称为 5G。从 Release 18 开始,NR 的市场名称更改为 5G-Advanced。第 5 章对 NR 进行了概述,还有关于 NR 的更多细节贯穿在本书中。

3GPP 技术规范(Technical Specification,TS)包含多个系列,编号为 TS XX.YYY,其中 XX 是规范的系列编号,YYY 是系列中某个规范的编号。3GPP 的无线接入技术由以下规范系列定义:

- 25 系列:UTRA(WCDMA/HSPA)的无线部分。
- 45 系列:GSM/EDGE 的无线部分。
- 36 系列:LTE,LTE-Advanced 和 LTE-Advanced Pro 的无线部分。
- 37 系列:与多种无线接入技术有关的部分。
- 38 系列:NR 的无线部分(5G 和 5G-Advanced)。

## 2.4.2 作为 IMT-2020 候选技术的 3GPP 5G 规范

当 ITU-R 开始着手下一代接入技术的定义和评估时,3GPP 也开始定义下一代 3GPP 无线接入技术。2015 年,3GPP 举办了关于 5G 无线接入的研讨会,并于 2016 年初举办了第二次研讨会,开始了制定 5G 评估标准的征程。评估将遵循 LTE-Advanced 所使用的流程,当时 LTE-Advanced 经评估提交给 ITU-R,并作为 IMT-Advanced 的一部分被批准为 4G 技术。NR 的评估和提案按照 2.2.3 节中描述的 ITU-R 时间表进行。

3GPP TSG RAN 在 TR 38.913[94]中规定了 5G 无线接入的场景、要求和评估标准,这与 ITU-R 报告[48-49]相一致。正如 IMT-Advanced 评估时的情况,3GPP 对下一代无线接入的评估可能比 ITU-R 对 ITU-R WP5D 定义的 IMT-2020 无线接口技术的评估覆盖的范围更广,并且要求更严格。

NR 的标准化工作开始于 Release 14 的一个研究项目,Release 15 又新建立了一个工作项目以继续这项工作,并制定出第一批 NR 规范。Release 15 的第一批 NR 规范于 2017 年 12 月发布,完整的 NR 规范则于 2018 年中期面世。随着在 NR 方面的持续工作,3GPP 从 2019 年年中开始发布 Release 16 的 NR 规范。关于 NR 规范制定的时间安排和 NR 版本内容的更多信息,参阅第 5 章。

在 2018 年 2 月举行的 ITU-R WP5D 会议上,3GPP 首次提交了作为 IMT-2020 候选技术的 NR 技术提案。NR 既是本身作为 RIT 提交,也和 LTE 一起作为 SRIT(Set of component RIT)提交。这次会议上共提交了以下三个候选技术,每个提案都包含 3GPP 制定的 NR 技术:

- 3GPP 提交了一个名为 5G 的候选技术,包含两个提案内容:第一个是包含 NR 和 LTE 两个 RIT 组件的 SRIT,第二个是一个单独的 NR RIT。

- 韩国提交了一个以 3GPP 为参考的包含 NR 的 RIT。
- 中国提交了一个以 3GPP 为参考的包含 NR 的 RIT。

2018 年和 2019 年期间，作为 2.3.4 节所述流程的一部分，特征模板、合规模板、链路预算模板和自我评估报告等材料被进一步提交到 ITU-R。3GPP TSG RAN 进行的自我评估记录收纳在 3GPP TR 37.910[93] 中。

在 2020 年期间，3GPP 陆续向 ITU-R WP5D 提供了进一步的输入文档，这些文档将成为 ITU-R 正在制定的 IMT-2020 详细规范的一部分。在 ITU-R[123] 发布的 IMT-2020 全球规范中，3GPP 的提案作为 3GPP 5G-SRIT 和 3GPP 5G-RIT 被纳入在内，详见 2.3.4 节。

# 第 3 章

# 5G 频谱

## 3.1 移动系统的频谱

历史上，第一代和第二代移动业务被分配在 800MHz~900MHz 的频段，以及少量更低或更高的频率上。当 3G(IMT-2000)开始部署时，主要使用 2GHz 频段，随着 3G 和 4G 的 IMT 业务不断发展，新的更低和更高的频段也被采用，目前已经横跨 450MHz~6GHz 的范围。虽然对每一代新的移动通信都会定义新的、以前未采用的频段，但用于前几代移动通信的旧频段也会被用于新的一代。3G 和 4G 引入时是如此，5G 也是如此。

不同频率的频段具有不同的特点。较低频率频段的传播特性适合城市、郊区和乡村环境的广域覆盖部署场景。高频率频段的传播特性使它较难用于广域覆盖，并且正是出于这个原因，高频率频段更多用于在密集部署场景中增加容量。

随着 5G 的引入，更具挑战的 eMBB 使用场景和相关的新业务在密集部署场景中需要更高的数据速率和更大的容量。许多早期的 5G 部署会使用前几代移动通信的频段，而 24GHz 以上的频段被视为对 6GHz 以下频段的补充。由于 5G 要求极高的数据速率和局部区域的超高流量，更高频率频段甚至高于 60GHz 的频段在部署时也会被考虑。鉴于它们的波长，这些频段通常被称为毫米波频段。

3GPP 不断在 LTE 和 NR 标准中定义新的频段。许多新的频段是专门为 NR 定义的，毫米波频段就是如此。NR 标准既定义了上下行链路隔离的对称频段，也定义了上下行链路共享单个频段的非对称频段。对称频段用于频分双工(Frequency Division Duplex，FDD)，而非对称频段用于时分双工(Time Division Duplex，TDD)。NR 的双工方式在第 7 章中有进一步描述。需要注意的是，一些非对称频段被定义为补充下行(Supplementary Downlink，SDL)频段或补充上行(Supplementary Uplink，SUL)频段。这些频段通过载波聚合与其他频段的上下行链路配对，如 7.6 节所述。

### 3.1.1 ITU-R 为 IMT 系统定义的频谱

ITU-R 规定了供移动业务使用的频段，特别是用于 IMT 系统的频段。其中许多频段最初是分配给 IMT-2000(3G)的，新的频段则是随着 IMT-Advanced(4G)的引入而随后增加的。事实上，这些规定对于具体技术和哪一代而言是"中性"的，因为所做的规定是对 IMT 通用的，与哪一代或者哪种无线接口技术无关。ITU-R 针对不同业务和应用进行全球频谱指派的工作，结果体现在 ITU 无线电规则[46]中。全球 IMT 频段的使用在 ITU-R 建议书 M.1036[44]中描述。

ITU 无线电规则[46]的频率列表中并没有直接列出 IMT 使用的频段，而是列出为移动业务分配的频段，然后在脚注里说明该频段可供希望部署 IMT 的管理部门使用。频率使用规定主要是按区域划分的，但在某些情况下也按国家和地区进行划分。所有脚注仅提及"IMT"，因此没有具体提及是哪一代的 IMT。一旦 ITU-R 分配了一个频段，区域或地方的主管部门应该据此为所有的或者特定的某一代 IMT 技术定义一个频段。在许多情况下，区域或地方的管理部门是"技术中立"的，即它们允许频段用于任何类型的 IMT 技术。这意味着所有现有的 IMT 频段都是 IMT-2020(5G)的潜在频段，正如这些频段被用于之前的几代 IMT 系统一样。

世界无线电管理大会(World Administrative Radio Congress)WARC-92 确定了 1885~2025MHz 频段和 2110~2200MHz 频段可用于 IMT-2000。在这 230MHz 的 3G 频谱中，2×30MHz 用于 IMT-2000 的卫星部分，其余用于陆地部分。这段频谱中的部分频段曾在 20 世纪 90 年代用于部署 2G 蜂窝系统，特别是在美洲。2001—2002 年日本和欧洲 3G 的首次部署就是在这个频段中完成的，因此它通常被称为 IMT-2000"核心频段"。

在世界无线电通信大会⊖WRC-2000 上，考虑到 ITU-R 预测 IMT-2000 还需要额外增加 160MHz 频谱，因此为 IMT-2000 确定了附加的频谱。确定的频谱包括之前用于 2G 移动系统的 806~960MHz 和 1710~1885MHz 频段，以及 2500~2690MHz 的"新"的 3G 频谱。对之前分配给 2G 的频段的重新指派也表明了对现有 2G 移动系统向 3G 演进的认可。WRC-07 确定了 IMT 的附加频谱，涵盖 IMT-2000 和 IMT-Advanced。增加的频段为 450~470MHz、698~806MHz、2300~2400MHz 以及 3400~3600MHz，但频段具体的适用性因地区和国家而异。WRC-12 没有为 IMT 确定额外的频谱，但该议题列入了 WRC-15 的议程。WRC-12 还决定研究 694~790MHz 频段在 1 区(欧洲、中东和非洲)的移动业务中的使用。

WRC-15 是一个重要的里程碑，它为 5G 奠定了基础。首先它为 IMT 确定了一组新的频段，其中许多频段确定在全球范围或接近全球范围内被 IMT 所用：

- 470~694/698MHz(600MHz 频段)：确定在美洲和亚太地区的一些国家使用。对于 1 区，它被列为一个 IMT 新议程，即将在 WRC-23 上讨论。
- 694~790MHz(700MHz 频段)：此频段确定全部用于 1 区，因而成为全球 IMT 频段。
- 1427~1518MHz(L 频段)：为所有国家和地区确定的新的全球频段。
- 3300~3400MHz：为许多国家和地区确定的全球频段，欧洲和北美除外。
- 3400~3600MHz(C 频段)：成为所有国家和地区的全球频段，之前已经在欧洲使用。
- 3600~3700MHz(C 频段)：为许多国家确定的全球频段，但非洲和亚太地区的一些国家除外。在欧洲自 WRC-07 开始已经在使用。
- 4800~4990MHz：为亚太地区少数几个国家确定的新频段。

3300~4990MHz 的频率范围对于 5G 有特殊意义，因为它是更高频段中的新频谱。这意味

---

⊖ 世界无线电管理大会(WARC)于 1992 年重组，更名为世界无线电通信大会(WRC)。

着它非常适合需要高数据速率的新应用场景,并且也适用于大规模 MIMO 的实现,因为含有很多阵元的天线阵列在这类频段上可以以合理的尺寸实现。由于这一频率范围是之前尚未广泛应用于移动系统的新频谱,因此在该频谱中分配较大的频谱块将会更加容易,从而可以提供更宽的射频载波并最终达到更高的终端用户数据速率。

在 WRC-15 会议上为 WRC-19 指定了一个议程项目 1.13,以确定 IMT 对 24GHz 以上高频段的使用。根据 ITU-R 在 WRC-15 之后进行的研究,WRC-19 为 IMT 确定了一组新频段,主要针对 IMT-2020 和 5G 移动业务。新的频段主要分配给移动业务,而且大多数频段会与固定业务和卫星业务共用。新频段包括以下共 13.5GHz 的频段范围,目前主要分配给移动业务使用:

- 24.25~27.5GHz
- 37~43.5GHz
- 45.5~47GHz
- 47.2~48.2GHz
- 66~71GHz

WRC-19 针对这些频段的一部分商定了特殊的技术条件,具体来说就是定义了频率范围为 23.6~24.0GHz 和 36.0~37.0GHz 的地球探测卫星系统(Earth Exploration Satellite Systems, EESS)的保护限值。新频段的范围如图 3-1 所示。

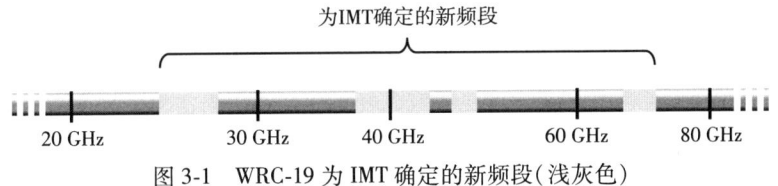

图 3-1 WRC-19 为 IMT 确定的新频段(浅灰色)

WRC-19 还为即将到来的 WRC-23 制定了议程项目,以考虑进一步为 IMT 确定频段。如前所述的两个频段已经在一些国家和地区分配给 IMT 使用,但目前还要进一步考虑如下频段供其他地区使用:

- 3300~3400MHz
- 3600~3800MHz
- 6425~7025MHz
- 7025~7125MHz
- 10.0~10.5GHz

值得注意的是,还有大量其他频段被确定用于移动业务,但并非专门针对 IMT。这些频段通常也用于某些地区或国家的 IMT 系统。

不同的地区对分配给 IMT 的频段的使用各有不同,这意味着没有一个单独的频段可用于全球漫游。不过,各地区经过大量努力已经定义了可用于全球漫游的最小频段集。通过这种方式,多频段终端可以提供有效的全球漫游能力。由于 WRC-15 确定的许多新频段是全球性的或近乎全球性的,因此终端只要支持较少的频段就可以实现全球漫游,这还有助于扩大终端和网络部署的规模效益。

## 3.1.2　5G 的全球频谱状况

世界各国都有强烈的意愿为 5G 的部署提供频谱。这是由运营商和行业组织推动的，比如全球移动供应商协会（Global mobile Suppliers Association，GSA）[33]和 DIGITALEUROPE[27]，而且也得到各个国家和地区监管机构的支持。在标准化方面，3GPP 将行动的重点放在明显引起广泛兴趣的频段上（完整的频段列表见 3.2 节）。这些感兴趣的频段可以分为低频、中频和高频三类。

低频频段对应于现有的 2GHz 以下的 LTE 频段，适合作为网络覆盖层，提供广域和深度的覆盖，包括室内覆盖。低频频段中最令人感兴趣的是 600MHz 和 700MHz 频段，对应于 3GPP NR 频段 n12、n13、n14、n28、n71 和 n83（完整的频段列表见 3.2 节）。由于这些频段不是很宽，因此低频频段中定义的最大信道带宽为 20MHz。

对于 5G 的早期部署，美国考虑把 600MHz 频段用于 NR，而 700MHz 频段被欧洲定义为所谓的先锋频段之一。此外，在 2GHz 以下的许多额外的 LTE 频段被标记为可能的"重耕"频段，并且已为它们分配了 NR 频段号。由于这些频段通常已经部署用于 LTE，因此预计 NR 将在后期逐步部署在这些频段上。

中频频段在 2~6GHz 的范围内，可以通过更宽的信道带宽提供覆盖、容量和高数据速率。全球最感兴趣的是 3300~4200MHz 这一频率范围，3GPP 已指定的 NR 频段 n77 和 n78 就在其中。由于中频频段较宽，信道带宽可高达 100MHz。长期来看，可以在该频率范围内为每个运营商分配高达 200MHz 的频谱，然后通过使用载波聚合可以达到在整个带宽上的部署。

3300~4200MHz 的频率范围广受全球关注，虽然各地区略有不同：3400~3800MHz 是欧洲的先锋频段，而中国和印度正在计划分配 3300~3600MHz，日本正在考虑 3600~4200MHz。北美（3550~3700MHz 和初步讨论中的 3700~4200MHz）、拉丁美洲、中东、非洲、印度、澳大利亚等地也考虑使用类似的频率范围。WRC-15 上共有 45 个国家签署了为 IMT 确定的 3300~3400MHz 频段。中国（主要是 4800~5000MHz）和日本（4400~4900MHz）对更高的频段也很感兴趣。此外，在 2~6GHz 范围内许多潜在的 LTE"重耕"频段已经被确定为 NR 频段。

在 5125~5925MHz 和 5925~7125MHz 范围内的频段被定义用于 NR-U 非授权操作，详情见第 20 章。

高频频段指位于 24GHz 以上的毫米波。这类频段最适合于需要超高容量的本地热点覆盖，并且可以提供非常高的数据速率。最令人感兴趣的是 24.25~29.5GHz 的频率范围，其中 3GPP 为 NR 指定了频段 n257 和 n258。这些频段的信道带宽高达 400MHz，而且通过载波聚合可以实现更高的带宽。

如前所述，毫米波频段对于 IMT 部署而言是新的频谱。美国在较早时就确定了将 27.5~28.35GHz 用于 5G，而 24.25~27.5GHz 这一频段（也称为"26GHz 频段"）是欧洲的先锋频段。全球各国也正在考虑使用更大的 24.25~29.5GHz 频率范围内的不同部分。日本首选使用 27.5~29.5GHz 的频率范围，而韩国计划使用 26.5~29.5GHz。总的来说，这个频段可以被视为具有地区性差异的全球频段。美国也计划使用 37~40GHz，包括中国在内的许多其他国家也在考虑使用 40GHz 附近的频率范围。

在 6~24GHz 的频率范围内还没有为 IMT 确定任何频段。不过 WRC-23 的一个议程项目将考虑 10~10.5GHz 频段，还有一些地区和国家正在考虑这个范围内的其他频段。3GPP 在

Release 16[106]中对如何在7～24GHz频率范围内实现NR进行了全面的技术研究。

对于57～71GHz的频率范围，频段n263作为非授权频谱可用于NR-U操作，详情见第20章。

## 3.2 NR的频段

5G NR既可以部署在3G UTRA和4G LTE使用的现有IMT频段中，也可以部署在WRC-19为IMT定义的新频段，以及将来由WRC或区域性机构可能确定的频段中。全球移动业务的一个基本特点就是无线接入技术能工作在不同频段上。大多数2G、3G、4G和5G终端都有多频段支持能力，涵盖了世界不同地区所使用的频段，以提供全球漫游能力。从无线接入功能的角度来看，频段的影响是有限的，而且NR的物理层规范并不对使用的频段做任何假定。不过，由于NR将横跨如此大范围的频谱，因此某些配置将仅适用于某些特定的频率范围。这包括NR参数集的差异化应用（见第7章）。

虽然许多RF技术要求与频段无关，但是不同频段也会有不同的特定要求。NR当然是这样，而前几代移动通信技术也是如此。频段特定的RF要求的例子包括：允许的最大发射功率、带外（Out-Of-Band，OOB）泄漏限制和接收器阻塞水平。造成这种差异的原因是外部的限制，通常是由监管机构提出来的，还有一些限制是标准化过程中运营环境的不同而造成的。

对NR而言，由于频段范围非常宽，因此频段间差异更为明显。对于在24GHz以上的毫米波频段上的NR操作，终端和基站都将采用一些新技术，并且将更多地使用大规模MIMO、波束赋形和高集成度的先进天线系统。这就造成了不同频段之间的差异，包括如何定义RF要求，如何测量RF性能以进行性能评估，以及如何设置性能要求的目标值。因此，目前3GPP将频段划分为两个频率范围：

- 频率范围1（FR1）包括410～7125MHz范围内的所有现有频段。
- 频率范围2（FR2）包括24.25～52.6GHz范围内的所有频段。

在未来的3GPP版本中，这些频率范围可以被扩展，或者会增加新的频率范围。第28章将进一步讨论频率范围对RF要求的影响。

NR使用的频段包括对称频谱和非对称频谱，要求灵活的双工配置。因此，NR既支持FDD也支持TDD。NR还为SDL或SUL定义了一些频段。7.7节将对这些功能做进一步描述。

3GPP定义了工作频段（operating band），一个工作频段是指由一组特定RF要求所规定的上行和/或下行链路的一个频率范围。每个工作频段都有一个编号。当相同的频率范围被定义为不同无线接入技术的工作频段时，它们使用相同的编号，但以不同的方式书写。4G LTE频段使用阿拉伯数字（1、2、3等），而3G UTRA频段使用罗马数字（Ⅰ、Ⅱ、Ⅲ等）。被重新分配给NR的LTE工作频段通常被称作"LTE重耕频段"。

3GPP为NR制定的Release 17规范包含FR1中的61个工作频段和FR2中的7个工作频段。NR频段从n1到n512的编号方案遵从以下规则：

1）对于LTE重耕频段中的NR频段，NR复用LTE的频段号，只需在前面添加"n"。

2）NR的新频段使用以下数字：

① n65至n256预留给FR1中的NR频段（其中某些频段可以额外用于LTE）。

② n257 至 n512 预留给 FR2 中的 NR 新频段。

该方案为 NR"预留"了频段号并且向后兼容 LTE(和 UTRA),并且不会造成任何新的 LTE 编号超过 256——这是目前可能的最大值。任何新的仅用于 LTE 的频段也可以使用小于 65 的未使用的数字。在 Release 17 中,FR1 中的工作频段在 n1 到 n104 的范围内,见表 3-1。FR2 中的频段在 n257 到 n263 的范围内,见表 3-2。图 3-2~图 3-5 对 NR 的所有频段进行了总结,并且显示了相对应的 ITU-R 所定义的频率分配。

表 3-1　3GPP 为 NR 定义的 FR1 工作频段

| NR 频段 | 上行范围/MHz | 下行范围/MHz | 双工方式 | 主要国家和地区 |
|---|---|---|---|---|
| n1 | 1920~1980 | 2110~2170 | FDD | 欧洲、亚洲 |
| n2 | 1850~1910 | 1930~1990 | FDD | 美洲(亚洲) |
| n3 | 1710~1785 | 1805~1880 | FDD | 欧洲、亚洲(美洲) |
| n5 | 824~849 | 869~894 | FDD | 美洲、亚洲 |
| n7 | 2500~2570 | 2620~2690 | FDD | 欧洲、亚洲 |
| n8 | 880~915 | 925~960 | FDD | 欧洲、亚洲 |
| n12 | 699~716 | 729~746 | FDD | 美国 |
| n13 | 777~787 | 746~756 | FDD | 美国 |
| n14 | 788~798 | 758~768 | FDD | 美国 |
| n18 | 815~830 | 860~875 | FDD | 日本 |
| n20 | 832~862 | 791~821 | FDD | 欧洲 |
| n24 | 1626.5~1660.5 | 1525~1559 | FDD | 美国 |
| n25 | 1850~1915 | 1930~1995 | FDD | 美洲 |
| n26 | 814~849 | 859~894 | FDD | |
| n28 | 703~748 | 758~803 | FDD | 亚洲/太平洋地区 |
| n29 | N/A | 717~728 | N/A | 美国 |
| n30 | 2305~2315 | 2350~2360 | FDD | 美国 |
| n34 | 2010~2025 | 2010~2025 | TDD | 亚洲 |
| n38 | 2570~2620 | 2570~2620 | TDD | 欧洲 |
| n39 | 1880~1920 | 1880~1920 | TDD | 中国 |
| n40 | 2300~2400 | 2300~2400 | TDD | 欧洲、亚洲 |
| n41 | 2496~2690 | 2496~2690 | TDD | 美国、中国 |
| n46 | 5150~5925 | 5150~5925 | TDD | (NR-U) |
| n48 | 3550~3700 | 3550~3700 | TDD | 美国 |
| n50 | 1432~1517 | 1432~1517 | TDD | 欧洲 |
| n51 | 1427~1432 | 1427~1432 | TDD | 欧洲 |
| n53 | 2483.5~2495 | 2483.5~2495 | TDD | |

（续）

| NR 频段 | 上行范围/MHz | 下行范围/MHz | 双工方式 | 主要国家和地区 |
|---|---|---|---|---|
| n54 | 1670~1675 | 1670~1675 | TDD | |
| n65 | 1920~2010 | 2110~2200 | FDD | 欧洲 |
| n66 | 1710~1780 | 2110~2200 | FDD | 美洲 |
| n67 | N/A | 738~758 | SDL | |
| n70 | 1695~1710 | 1995~2020 | FDD | 美洲 |
| n71 | 663~698 | 617~652 | FDD | 美洲 |
| n74 | 1427~1470 | 1475~1518 | FDD | 日本 |
| n75 | N/A | 1432~1517 | SDL | 欧洲 |
| n76 | N/A | 1427~1432 | SDL | 欧洲 |
| n77 | 3300~4200 | 3300~4200 | TDD | 欧洲、亚洲 |
| n78 | 3300~3800 | 3300~3800 | TDD | 欧洲、亚洲 |
| n79 | 4400~5500 | 4400~5500 | TDD | 亚洲 |
| n80 | 1710~1785 | N/A | SUL | |
| n81 | 880~915 | N/A | SUL | |
| n82 | 832~862 | N/A | SUL | |
| n83 | 703~748 | N/A | SUL | |
| n84 | 1920~1980 | N/A | SUL | |
| n85 | 698~716 | 728~746 | FDD | |
| n86 | 1710~1780 | N/A | SUL | 美洲 |
| n89 | 824~849 | N/A | SUL | |
| n90 | 2496~2690 | 2496~2690 | TDD | 美国 |
| n91 | 832~862 | 1427~1432 | FDD | |
| n92 | 832~862 | 1432~1517 | FDD | |
| n93 | 880~915 | 1427~1432 | FDD | |
| n94 | 880~915 | 1432~1517 | FDD | |
| n95 | 2010~2025 | N/A | SUL | |
| n96 | 5925~7125 | 5925~7125 | TDD | （NR-U） |
| n97 | 2300~2400 | N/A | SUL | |
| n98 | 1880~1920 | N/A | SUL | |
| n99 | 1626.5~1660.5 | N/A | SUL | |
| n100 | 874.4~880 | 919.4~925 | FDD | |
| n101 | 1900~1910 | 1900~1910 | TDD | |
| n102 | 5925~6425 | 5925~6425 | TDD3 | （NR-U） |
| n104 | 6425~7125 | 6425~7125 | TDD | |

表 3-2　3GPP 为 NR 定义的 FR2 工作频段

| NR 频段 | 上下行范围/MHz | 双工方式 | 主要地区 |
| --- | --- | --- | --- |
| n257 | 26 500~29 500 | TDD | 亚洲、美洲(全球) |
| n258 | 24 250~27 500 | TDD | 欧洲、亚洲(全球) |
| n259 | 39 500~43 500 | TDD | 全球 |
| n260 | 37 000~40 000 | TDD | 美洲(全球) |
| n261 | 27 500~28 350 | TDD | 美洲 |
| n262 | 47 200~48 200 | TDD | |
| n263 | 57 000~71 000 | TDD | (NR-U) |

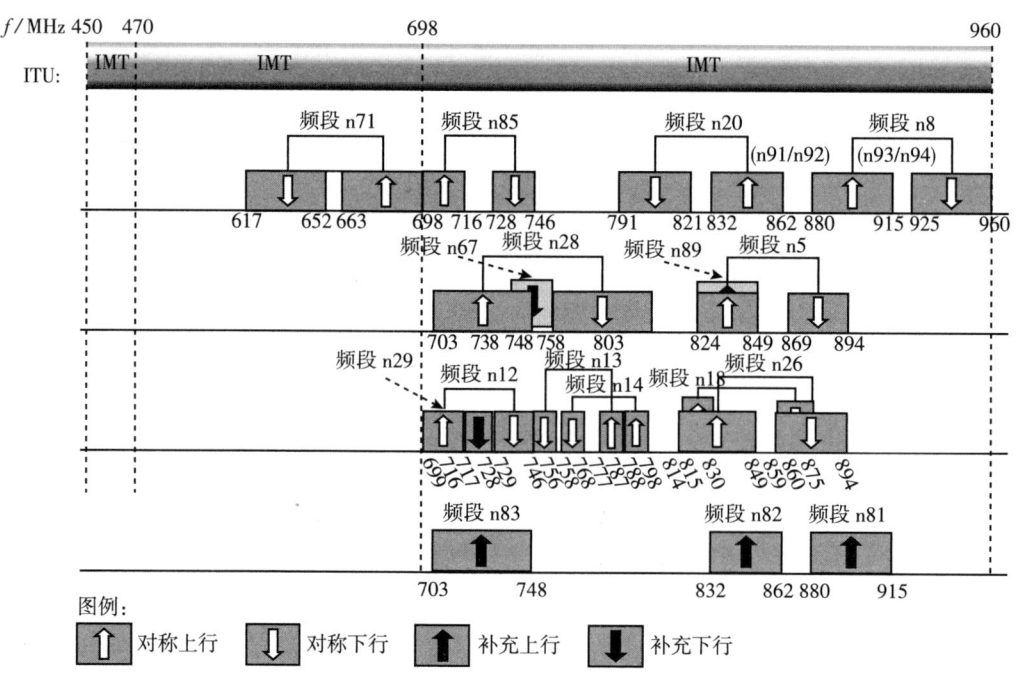

图 3-2　3GPP Release 17 规定的 NR 在 1GHz 以下的工作频段(FR1)，以及对应的 ITU-R 分配(比例尺有调整)

某些频段是部分或完全重叠的。大多数情况下这可以解释为各地区对 ITU-R 定义的频段在实施上的差异。同时，为了实现全球漫游，频段之间有较多的共同部分又是所期望的。通过最初全球的、区域性的以及本地的频谱管理工作，首批频段被指派给 UTRA。随后整个 UTRA 频段在 3GPP Release 8 被转移到 LTE 规范中。后续版本中又为 LTE 增加了其他频段。在 Release 15 中，许多 LTE 频段被转移到 NR 规范中。

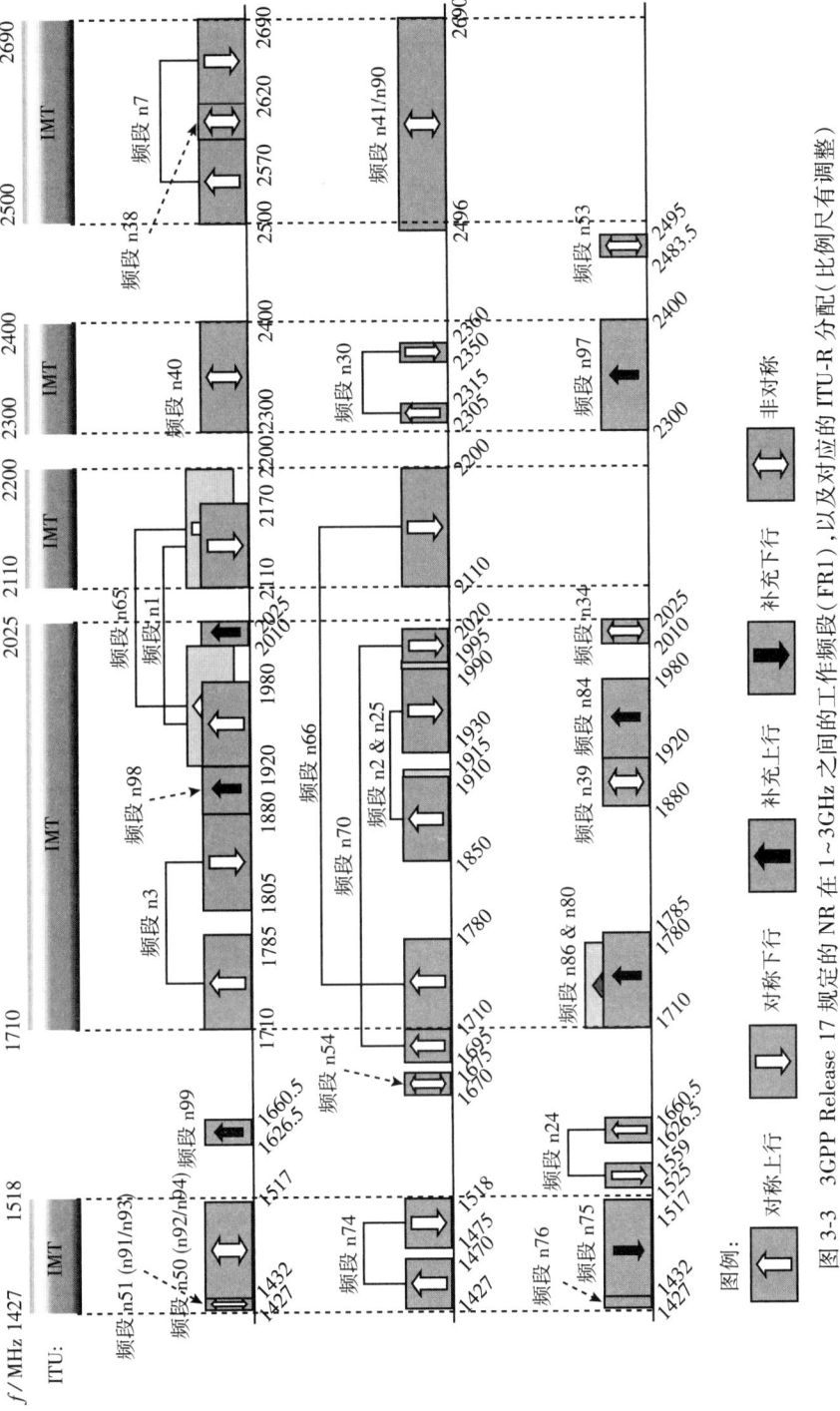

图 3-3 3GPP Release 17 规定的 NR 在 1~3GHz 之间的工作频段(FR1),以及对应的 ITU-R 分配(比例尺有调整)

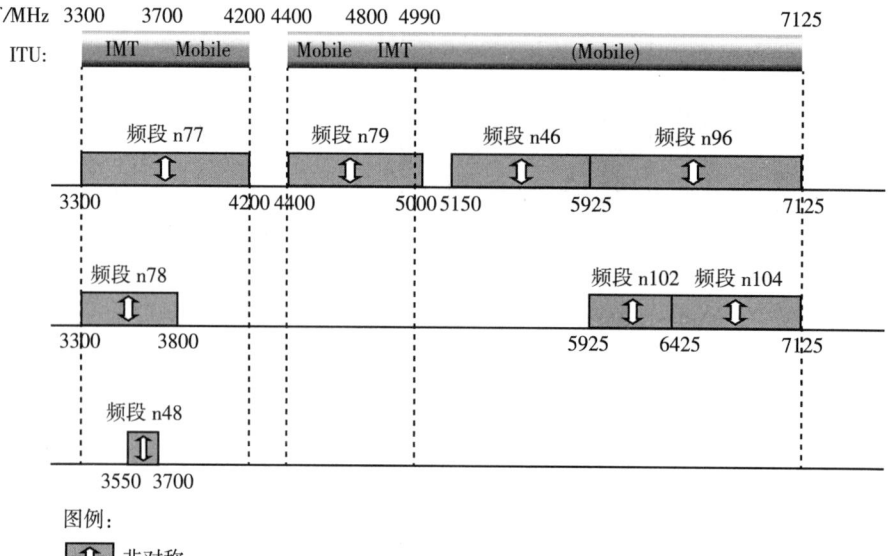

图3-4 3GPP Release 17 规定的 NR 在 3~7GHz 之间的工作频段(FR1)，以及对应的 ITU-R 分配(比例尺有调整)

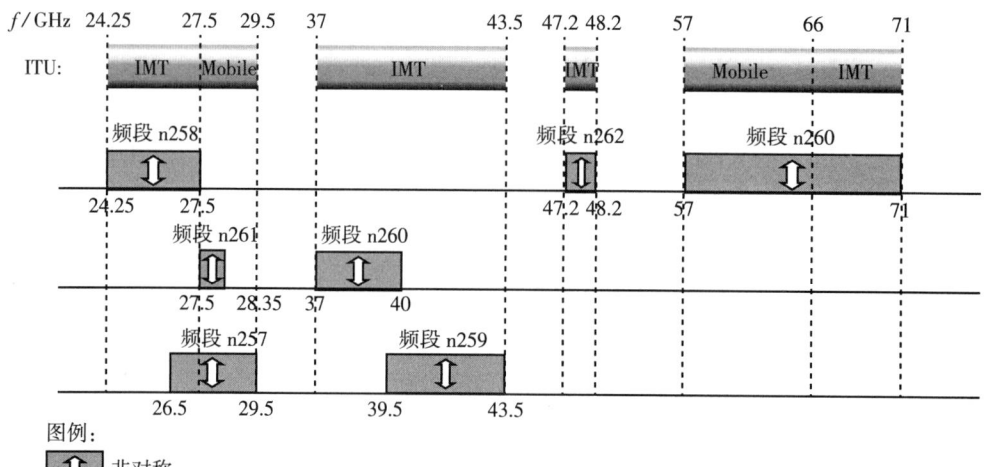

图3-5 3GPP Release 17 规定的 NR 在 24GHz 以上的工作频段(FR2)，以及对应的 ITU-R 分配（比例尺有调整）

# 第 4 章

# LTE 概述

本书的重点是新的 5G 无线接入技术——NR。不过，作为后续章节的背景知识，有必要先对 LTE 做一番简介。其中一个原因是 LTE 和 NR 都是由 3GPP 制定的，有共同的背景，并且 NR 复用了 LTE 的若干技术构件。NR 许多设计上的选择也是基于 LTE 的经验。此外，LTE 是 5G 无线接入的重要组成部分，随着 NR 的发展，LTE 也会继续向前演进。有关 LTE 的详细描述可参见文献[26]。

LTE 的标准化工作始于 2004 年年底，其总体目标是提供支持分组交换数据的新无线接入技术。LTE 规范的第一版(Release 8)于 2009 年完成，商用网络于 2009 年年底开始运营。Release 8 之后的版本在多个方面为 LTE 引入了更多的功能和能力，如图 4-1 所示。Release 10 和 13 特别有意义。Release 10 是 LTE-Advanced 的第一个版本，而 2016 年年末完成的 Release 13 是 LTE-Advanced Pro 的第一个版本。请注意，这两个名称都不意味着破坏了向后兼容性。相反，它们代表了演进过程中的步骤，由于这些步骤中引入新特性的数量足够多，因此值得赋予一个新名称。在本书写作时，3GPP 已经制定完成 Release 17，并正在开发 Release 18。这些版本的主要关注点是 NR，但也有一些增强功能与 LTE 衍生技术大规模机器类型通信相关。

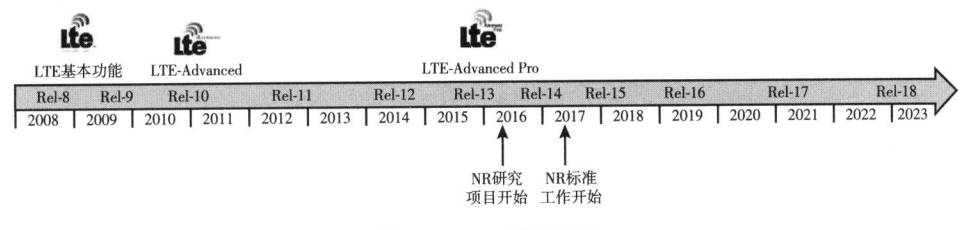

图 4-1 LTE 及其演进

## 4.1 LTE Release 8——基本的无线接入

Release 8 是 LTE 的第一个版本，它构成了后续所有 LTE 版本的基础。在制定 LTE 无线接入方案的同时，3GPP 还制定了新的核心网规范，称作演进的分组核心网(Evolved Packet Core，EPC)[60]。

LTE 的一个重要诉求是频谱灵活性。在 1~3GHz 的载频范围内，LTE 支持一系列不同的载波带宽，最高可达 20MHz。频谱灵活性的另一个表现是 LTE 可以用一个通用的设计分别支持频分双工（Frequency Division Duplex，FDD）和时分双工（Time Division Duplex，TDD），即对称频谱和非对称频谱的使用，尽管二者的帧结构不同。LTE 规范制定工作的重点主要是针对有屋顶天线和小区相对较大的宏蜂窝网络。因此对于 TDD 来说，上下行链路的分配本质上是静态的，而且所有小区的上下行分配是一致的。

LTE 中的基本传输方案是正交频分复用（Orthogonal Frequency Division Multiplexing，OFDM）。OFDM 对多径效应的鲁棒性以及对时频域使用的灵活性，使其成为一个有吸引力的选择。此外，当与 LTE 固有的空分复用（SDM）技术结合使用时，OFDM 还能使接收机复杂度保持在一个合理的水平。由于 LTE 主要是为宏蜂窝网络设计的，且载频可高达几个吉赫兹，一个较好的子载波间隔选择是 15kHz，循环前缀大约为 4.7μs$^{\ominus}$。在 20MHz 的频谱分配中，共有 1200 个子载波。

因为上行链路的可用传输功率明显低于下行链路，LTE 设计最后选择了一个具有低峰均比（peak-to-average ratio）的方案用于上行链路，以保证较高的功放效率。选择 DFT 预编码的 OFDM 就是为了达到这一目的，而上行链路使用的参数集与下行链路相同。DFT 预编码 OFDM 的缺点是接收端复杂度较大，不过由于 LTE Release 8 不支持上行链路的空分复用，当时并没有把它当作一个主要问题。

时域上，LTE 传输以 10ms 一帧为单位，每帧包括 10 个 1ms 子帧。1ms 的子帧对应于 14 个 OFDM 符号，是 LTE 中最小的可调度单元。

小区特定参考信号是 LTE 的基础。不管下行链路是否有数据发送，基站都会连续发送一个或多个参考信号（每层一个）。对于 LTE 的设计目标（即针对相对较大的小区，每个小区有许多用户）而言，这是一个合理的设计。小区特定参考信号有许多用处：用于相干解调的下行信道估计；用于调度的信道状态报告；用于终端侧频率误差校正；用于初始接入和移动性测量等。参考信号的密度取决于小区中传输层的数量，比如对于 2×2 MIMO 的场景，每个子帧的 14 个 OFDM 符号中的 4 个符号上每 3 个子载波中的一个被用于参考信号。因此在时域上，两个参考信号之间的间隔大约是 200μs，在如此短的时间内，要想关闭发射机以降低功耗不太现实。

LTE 在上行和下行的数据传输主要是动态调度的。为了顺应通常是快速变化的无线条件，可以使用基于信道的调度。对于每个 1ms 子帧，调度器决定哪些终端可以发送或接收以及使用哪些频率资源，而且还可以通过调整 Turbo 码的码率以及将调制方式从 QPSK 变换到 64QAM 来选择不同的数据速率。为了处理传输错误，LTE 使用了基于软合并的快速 HARQ（fast Hybrid ARQ with soft combining）。在接收下行数据时，终端向基站指示解码的结果，然后基站可以重传没有被正确接收的数据块。

调度决策通过物理下行控制信道（Physical Downlink Control Channel，PDCCH）下发给终端。如果要在同一子帧中对多个终端进行调度——这是常见场景，则需要多个 PDCCH，每个 PDCCH 调度一个终端。子帧的第一个到第三个 OFDM 符号用于物理下行控制信道的传输。每个控制信道跨越整个载波带宽，从而使频率分集最大化。这意味着所有终端必须支持全载波

---

$\ominus$ 还有一种可能是 16.7μs 的扩展循环前缀，但在实际应用中很少使用。

带宽，最大到 20MHz。终端的上行控制信令，比如用于下行调度的 HARQ 确认和信道状态信息，承载在物理上行控制信道（Physical Uplink Control Channel，PUCCH）上，它的基本持续时间是 1ms。

多天线方案，尤其是单用户 MIMO，是 LTE 的一个组成部分。借助于大小为 $N_A \times N_L$ 的预编码矩阵，多个传输层被映射到最多四个天线上，其中 $N_L$ 是层数，也称为传输的秩（rank），它小于或等于天线数 $N_A$。传输秩以及具体的预编码矩阵可以由网络根据终端计算和报告的信道状态测量结果来选择，这也称作闭环空分复用（closed-loop spatial multiplexing）。另一种做法是，在没有闭环反馈的情况下进行预编码的选择。下行链路中最多可以达到四层，不过商业部署通常仅用到两层。上行链路只可以进行单层传输。

空分复用时如果选择秩为 1 的传输，则预编码矩阵变为 $N_A \times 1$ 的预编码矢量，这时它所做的就是（单层）波束赋形（beam-forming）。这种波束赋形可以更具体地称为基于码本的（codebook-based）波束赋形，因为它只能根据预先定义的一组有限的波束赋形（预编码器）矢量来进行赋形。

有了以上所述的基本功能，使用 20MHz 的双层传输，LTE Release 8 理论上能够在下行链路提供高达 150Mbit/s 的峰值数据速率，上行链路达到 75Mbit/s。在时延方面，LTE 在 HARQ 机制中提供 8ms 往返时间，并且（理论上）在 LTE RAN 中提供小于 5ms 的单向时延。在实际中，对于一个精心部署的网络，包括传输和核心网处理在内的总体端到端时延降到 10ms 左右是有可能的。

Release 9 为 LTE 增加了一些较小的增强，如支持多播/广播、定位和一些多天线优化。

## 4.2　LTE 演进

3GPP Release 8 和 9 构成了 LTE 的基本版本，提供了一个功能强大的移动宽带标准。另外，为了满足新的要求和期望，基本版本之后的版本提供了其他新的功能和额外的增强功能。图 4-2 展示了 LTE 推出十多年以来在一些主要领域的发展演进，后面将详细描述。有关每个版本的更多信息可以在 3GPP 为每个新版本准备的发布说明中找到。

LTE Release 10 标志着 LTE 演进的开始。Release 10 的一个主要目标是确保 LTE 无线接入技术完全符合 IMT-Advanced 的要求，因此 LTE-Advanced 这一名称通常指 LTE Release 10 及更高版本。但是，除了 ITU 的要求，3GPP 还为 LTE-Advanced 定义了自己的目标和要求[10]。这些目标和要求既扩展了国际电联的要求，也包含更具挑战的额外要求。其中一个重要的要求是向后兼容。实际上这意味着早期发布的 LTE 终端应该能够接入支持 LTE Release 10 的运营商网络，尽管这些终端无法使用该网络所有的 Release 10 功能。向后兼容原则很重要，所有 LTE 版本都支持这一原则，但这也限制了功能增强的可能性。在定义新的标准（比如 NR）时这些限制并不存在。

LTE Release 10 于 2011 年年初完成，引入的功能包括：通过载波聚合增强了 LTE 的频谱灵活性，进一步扩展了对多天线传输的支持，支持中继功能以及在异构网络部署中对小区间干扰协调的改进。

LTE Release 11 进一步扩展了 LTE 的性能和功能。2012 年年底完成的 Release 11 最显著的特性之一是用多点协作（Coordinated Multi-Point，CoMP）进行发送和接收的无线接口功能。

Release 11 中的其他改进包括载波聚合的增强、新的控制信道结构（EPDCCH）和对更先进的终端接收机的性能要求。

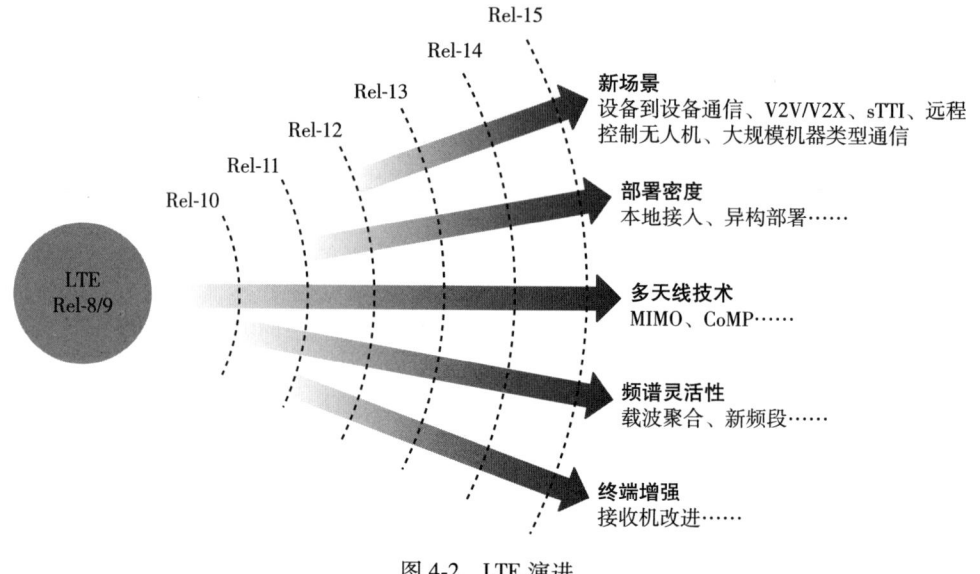

图 4-2 LTE 演进

Release 12 于 2014 年完成，该版本聚焦微蜂窝方面的功能，包括双连接、微蜂窝开关、（半）动态 TDD 等功能，以及引入了直接的终端到终端通信和针对低复杂度终端的大规模机器类型通信等新场景。

Release 13 于 2015 年年底完成，标志着 LTE-Advanced Pro 的开始。有时市场营销也把它称为 4.5G，当作 LTE 早先发布的 4G 版本和 5G NR 空口之间的技术过渡。Release 13 的亮点包括：授权辅助接入（license-assisted access）支持非授权频谱作为授权频谱的补充，对机器类型通信的更好支持，以及对载波聚合、多天线传输和终端到终端通信等方面的增强。Release 13 对大规模机器类型通信的支持进一步加强，并引入了窄带物联网（NB-IoT）技术。

Release 14 于 2017 年春季完成。除了对早期版本中引入的一些功能的增强，例如对非授权频谱操作的增强，它还增加了对车辆到车辆（Vehicle-to-Vehicle，V2V）通信的支持和车辆到任何对象（Vehicle-to-everything，V2X）通信的支持，同时支持了使用较小子载波间隔的广域广播功能。在 Release 14 中还包含一组移动性增强功能，尤其是先通后断（make-before-break）切换和无 RACH（RACH-less）切换，可以在终端具有双接收机通路的情况下减少切换中断时间。

Release 15 在 2018 年中期完成。这个版本中功能增强的例子有：通过 sTTI 功能显著减少时延；使用飞行器进行通信。对大规模机器类型通信的支持在几个版本中不断得到改进，Release 15 也包括这方面的增强。

2019 年年底完成的 Release 16 通过提高上行探测信号的容量增强了对多天线的支持，另外还增加了对地面广播业务的支持，并且进一步增强了对大规模机器类型通信的支持。Release 16 通过增强先通后断切换功能——也称为双激活协议栈（Dual Active Protocol Stack，DAPS），进一步提高了移动性能，也就是终端在建立目标小区无线链路的同时继续维持源小区无线链路(包括数据流)。另外，Release 16 还引入了可配置的条件切换功能，即可以预配置一组小区，终端发起的到这些小区的切换由网络配置的规则来触发执行。总之，把 LTE 扩展到传统移动宽带以外的新用例是 LTE 后期版本的重点，未来 LTE 的演进也将继续。这也是 5G 总体发展的重要组成部分，这表明 LTE 仍然保持其重要地位，并且对整个 5G 无线接入技术的发展也是至关重要的。

2021 年年底完成的 Release 17 包含了少量 LTE 增强功能，因为 3GPP 更主要关注在 NR 演进。支持卫星上的大规模机器类型通信和为基于 LTE 的广播增加一组新的带宽配置是主要的增强领域。

## 4.3 频谱灵活性

LTE 的第一个版本已经提供了一定的频谱灵活性，包括多带宽支持和 FDD/TDD 联合设计等。在后续版本中，通过使用载波聚合和授权辅助接入(LAA)支持对非授权频谱的使用，这种灵活性有了进一步提升，可以支持更大的带宽和碎片化的频谱。

### 4.3.1 载波聚合

LTE 的第一个版本(Release 8)已经广泛支持在具有不同特点的频谱资源上进行网络部署，支持对称和非对称频段，带宽范围从 1MHz 到 20MHz。LTE Release 10 提出的载波聚合(Carrier Aggregation，CA)则进一步扩展了传输带宽。载波聚合把多个分量载波聚合在一起，共同用于单个终端的收发。在 Release 10 中可以聚合最多五个分量载波，每个分量载波可以有不同的带宽，聚合后总的传输带宽最高达 100MHz。所有分量载波需要有相同的双工工作方式。在 TDD 情况下，还要求各分量载波的上下行配比一致。后续的版本放宽了这一要求。可聚合的分量载波的数量增加到 32 个，从而使总带宽可以达到 640MHz。由于每个分量载波都使用 Release 8 的帧结构，从而确保了向后兼容。因此，对于 Release 8 和 Release 9 的终端，每个分量载波将表现为 LTE Release 8 载波，而对于有载波聚合能力的终端，则可以使用总的聚合带宽，以达到更高的数据速率。一般情况下，下行和上行可以聚合不同数量的分量载波。这非常有助于降低终端的复杂度，因为这样可以只在需要很高数据速率的下行链路上进行载波聚合，而不会增加上行链路的复杂度。

分量载波在频率上可以是不连续的，因此载波聚合可以使用碎片化频谱(fragmented spectra)。拥有碎片化频谱的运营商可以基于其总的可用频谱带宽来提供高速数据服务，即使其拥有的频谱不是一整块宽带连续频谱。

从基带的角度来看，图 4-3 中的三个例子没有区别，LTE Release 10 对这些配置场景都可以支持。但它们在射频实现上的复杂度有很大差别。第一种情况是复杂度最小的。因此，尽管载波聚合被包含在基本规范中，但并非所有终端都能支持。此外，比起物理层和相关信令的规范，Release 10 的射频规范对载波聚合有一些限制，不过在后续版本中可以支持在更大数量的频段内或频段间的载波聚合。

Release 11 为 TDD 的载波聚合提供了额外的灵活性。在 Release 11 之前，所有分量载波都需要有相同的上下行配比。在使用不同频段进行聚合的情况下，这可能造成不必要的限制，因为每个频段中的配置可能受限于与该频段中其他无线接入技术的共存。聚合不同上下行配比的一个值得注意的地方是终端可能需要同时接收和发送以便充分利用两个载波。因此，与先前版本不同，TDD终端可能像FDD终端一样，需要一个双工滤波器。Release 11还提出了对频段间和非连续频段内聚合的射频要求，以及对更大的跨频段聚合场景的支持。

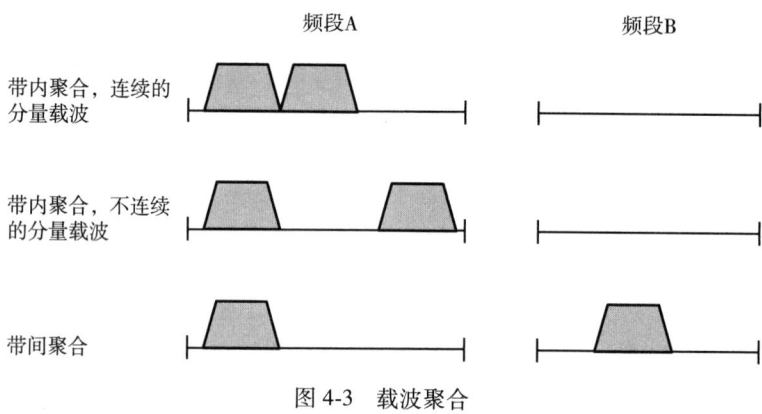

图4-3 载波聚合

与仅支持一种双工类型内的载波聚合的早期版本不同，Release 12定义了FDD和TDD载波之间的聚合。FDD和TDD聚合可以有效利用运营商的频谱资产，还可以用于通过FDD载波上的连续上行传输来改善TDD的上行覆盖。

Release 13把可聚合的载波数量从5增加到32，从而使下行链路的最大带宽可达640MHz，理论峰值数据速率约为25Gbit/s。增加分量载波数量的主要目的是容纳非授权频谱中的大量带宽，这将在下面结合授权辅助接入做进一步讨论。

载波聚合是迄今为止LTE最成功的功能增强之一，并且每个版本都添加了对新的频段组合的支持。

### 4.3.2 授权辅助接入

LTE最初是为授权频谱设计的，即运营商拥有对特定频率范围的单独授权。授权频谱有很多好处，比如运营商可以进行网络规划并控制干扰情况，但是，获得授权频谱往往需要付出相应的成本，并且授权频谱的数量是有限的。因此，使用未经授权的频谱作为补充，在局部区域中提供更高的数据速率和更高的容量就成为一个有吸引力的选择。一种可能是用Wi-Fi作为LTE网络的补充，不过，通过授权和非授权频谱之间更紧密的耦合，可以实现更高的性能。因此，LTE Release 13引入了授权辅助接入（License-Assisted Access，LAA），通过载波聚合机制在下行把非授权频谱中的载波（主要在5GHz范围内）与授权频谱中的载波聚合起来，如图4-4所示。移动性、关键控制信令和需要高服务质量的服务使用授权频谱中的

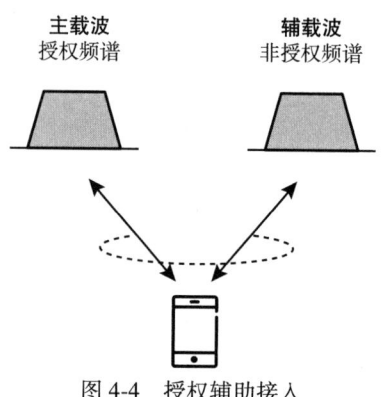

图4-4 授权辅助接入

载波,而要求较低的业务可以使用非授权频谱中的载波。使用场景是运营商控制的微蜂窝部署。与其他系统(特别是和 Wi-Fi)公平地共享频谱资源是 LAA 的一个重要特征,因此它采用一种先听后说(Listen-Before-Talk,LBT)机制。在 Release 14 中,授权辅助接入增加了对上行传输的支持。在 Release 15 中进一步增加了对自主上行传输方面的增强。3GPP 标准中的 LTE 技术对非授权频谱仅支持授权辅助接入,即要求至少有一个授权载波,但是在 3GPP 以外,MulteFire 联盟已经在 3GPP 标准的基础上制定了非授权频谱的独立组网模式。

## 4.4 多天线增强

在 LTE 的不同版本中都有对多天线支持的增强,下行传输层数增加到 8 层,上行引入了空分复用,传输层数可达 4 层。其他增强包括全维度 MIMO 和二维波束赋形,以及引入多点协作传输。

### 4.4.1 增强的多天线传输

在 Release 10 中对下行链路的空分复用进行了增强,以支持多达 8 个传输层。这可以看作是对 Release 9 的 2 层波束赋形的扩展,以支持多达 8 个天线端口和 8 个对应的传输层。结合对载波聚合的支持,在 100MHz 频谱的情况下,Release 10 中的下行数据速率最高可达 3 Gbit/s。在 Release 13 中,如果使用 32 个分量载波、8 层空分复用和 256QAM,则最高速率可以增加到 25Gbit/s。

LTE Release 10 在上行引入了多达 4 层的空分复用。结合上行载波聚合功能,使用 100MHz 频谱的上行数据速率可高达 1.5Gbit/s。上行空分复用包含一个基站控制的基于码本的方案,这意味着该框架也可用于上行发射端波束赋形。

LTE Release 10 中多天线增强的重要成果是引入了增强的下行参考信号结构,从而进一步把信道估计和获取信道状态信息的功能分开。这样做的目的是更好地实现天线部署的创新,以及更方便地引入新的功能,比如灵活地进行更精细的多点协作和传输。

在 Release 13 和 Release 14 中,引入了对大规模天线阵列的进一步支持,主要是提供更多的信道状态反馈信息。更大的信息自由度可以用于更好地决定波束赋形的仰角和方位角,也可以应用在大规模多用户 MIMO 场景中,即使用相同的时频资源同时为若干空间分离的终端提供服务。这些功能增强有时被称为全维度 MIMO(Full-Dimension MIMO,FD MIMO),通过配置大量方向可控的天线单元,这些增强功能成为迈向大规模 MIMO 的关键一步。在 Release 16 中增加了对多天线传输的进一步增强,改进了上行探测参考信号的容量和覆盖范围,以更好地解决 TD-LTE 网络部署中大规模 MIMO 的性能问题。

### 4.4.2 多点协作和传输

LTE 的最初版本就包含对传输点之间协作的专门支持,称为小区间干扰协作(Inter-Cell Interference Coordination,ICIC),它的目的是控制小区之间的干扰。不过,对这种协作功能的显著增强是在 LTE Release 11 中完成的,传输点之间可以实现更加动态的协作。

Release 8 的 ICIC 仅定义了基站之间的一些特定消息,以协助小区之间的(缓慢的)协作。Release 11 则侧重于无线接口功能和终端功能,以提供对不同协作方式的支持,包括对多个传输点的信道状态反馈的支持。这些功能统一称作多点协作(Coordinated Multi-Point,CoMP)发送/接收。参考信号结构的改进也是支持 CoMP 的重要组成部分,Release 11 引入的增强的控制信道结构也是如此,详见下文。

对 CoMP 的支持包括**多点协作**(multipoint coordination),即向某个终端的信号传输由一个特定传输点实现,但调度和链路自适应在多个传输点之间进行协作。还有**多点传输**(multipoint transmission),即对终端的传输来自多个发送点,传输可以在不同传输点之间动态切换(dynamic point selection,**动态点选择**)或者由多个传输点联合完成(joint transmission,**联合传输**)(见图 4-5)。

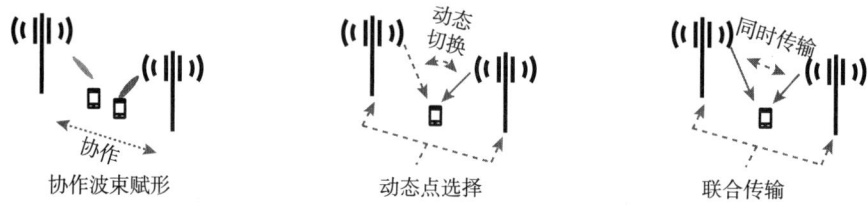

图 4-5 CoMP 的不同类型

同样,可以对上行协作进行类似的划分,即分为(上行)多点协作和多点**接收**(reception)。通常,上行 CoMP 主要在网络侧实现,对终端的影响很小,几乎看不到对无线接口规范的影响。

Release 11 中的 CoMP 假定网络中存在"理想的"回传网络。实际上,这指的是使用低延迟光纤把集中式基带处理单元连接到天线站点。Release 12 引入了针对非集中式基带处理的较宽松回传场景的增强。这些增强主要包括在基站之间定义新的 X2 消息,用来交换所谓的 CoMP 假设信息,即潜在的协作资源分配和相关的增益/开销等。

### 4.4.3 增强的控制信道结构

Release 11 中引入了一种新的补充性控制信道结构,以支持 ICIC。通过这种补充性结构的引入,不仅可以利用新参考信号结构的额外灵活性来传输数据(Release 10 的情况),还可以把这种灵活性用于传输控制信令。因此,这种新的控制信道结构可以被视为许多 CoMP 方案的先决条件,同时它也对波束赋形和频域干扰协调有好处。增强的控制信道结构还可以支持 Release 12 及其后续版本中实现 MTC 增强的窄带操作。

## 4.5 高密度、微蜂窝和异构部署

作为提供超高容量和数据速率的手段,微蜂窝和密集部署一直是 LTE 多个版本的关注点。中继、异构部署、微蜂窝开关、双连接、动态 TDD 和 WLAN 互通是这些版本中功能增强的具体例子。4.3.2 节中讨论的授权辅助接入是另外一个主要针对微蜂窝的功能。

### 4.5.1 中继

对 LTE 而言，中继意味着终端首先连接到中继节点，而中继节点通过 LTE 无线接口再连接到宿主小区（donor cell）（见图 4-6）。从终端的角度看，中继节点表现为普通小区。这样做简化了终端的实现并且使中继节点可以向后兼容，也就是说，LTE Release 8 和 Release 9 的终端也可以经由中继节点接入网络。本质上，中继节点是通过无线链路连接到网络其余部分的低功率基站。

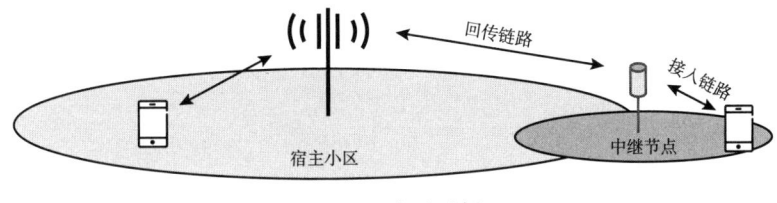

图 4-6 中继示例

### 4.5.2 异构部署

异构部署是指具有不同发射功率和重叠覆盖范围的网络节点的混合部署（见图 4-7）。典型的例子是放置在宏蜂窝覆盖区域内的微微蜂窝节点。尽管在 Release 8 中已经支持这样的部署，但 Release 10 引入了新的方法来处理可能的层间干扰，比如微微蜂窝层和与其重叠的宏蜂窝层之间的干扰。Release 11 引入的多点协作技术进一步丰富了支

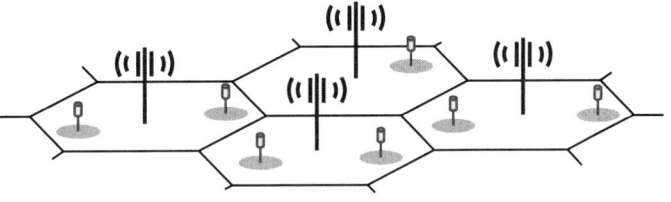

图 4-7 在宏蜂窝区域异构部署微微蜂窝节点的例子

持异构部署的手段。Release 12 为改善微微蜂窝层和宏蜂窝层之间的移动性做了进一步增强。

### 4.5.3 微蜂窝开关

在 LTE 中，不管小区内的业务活动如何，都会不断发送小区特定的参考信号和系统信息。一个原因是让处于空闲模式的终端能够检测到小区的存在；如果小区什么都不发送，那么终端就没有任何信号可以测量，因此也不会检测到小区的存在。此外，在大型宏蜂窝网络部署中，在任一时刻至少有一部终端处于活跃状态的可能性很大，因此小区必须连续发送参考信号。

但是，在由许多相对较小的小区组成的密集部署中，在某些场景下，很可能并非所有小区都需要同时为一个终端提供服务。这时对终端的下行干扰可能会很严重，因为来自相邻的甚至可能是空闲小区的干扰信号会使终端体验到的信噪比极差，尤其是存在大量视距传播的

时候。为了解决这个问题，Release 12 引入了根据业务情况打开或者关闭单个小区的机制，以减少小区间的干扰并且降低功耗。

### 4.5.4 双连接

双连接意味着终端同时连接到两个小区，如图 4-8 所示。而在通常情况下，终端仅连接到一个小区。双连接的好处有：用户平面聚合，即终端可以接收来自多个基站的数据传输；控制面和用户面分离；上行和下行分离，即下行发送和上行接收使用不同的节点。在某种程度上，双连接可以被看作载波聚合扩展到非理想回传的情况。双连接框架也非常有助于将诸如 WLAN 等其他无线接入方式集成到 3GPP 网络中。双连接对于 NR 非独立组网模式的运行也是必不可少的，其中 LTE 负责提供移动性和初始接入，后续章节将有进一步描述。

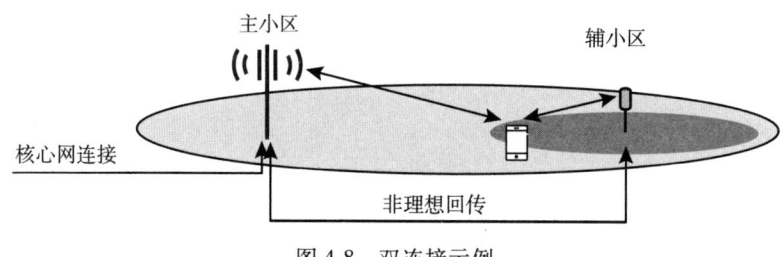

图 4-8 双连接示例

### 4.5.5 动态 TDD

在 TDD 模式下，上行链路和下行链路在时域上共享相同的载波频率。在 LTE 以及许多其他的 TDD 系统中，空口资源被静态地分配给上行链路和下行链路。在较大的宏蜂窝网络中进行上下行的静态分配是合理的，因为小区中有较多用户并且上行和下行的小区级聚合负载相对稳定。不过，随着人们对局域网络部署的兴趣增加，与目前的广域部署情况相比，TDD 将变得更加重要。一个原因是非对称的频谱分配在不适合广域覆盖的较高频段中更为常见。另一个原因是广域 TDD 网络中许多令人困扰的干扰问题在天线低于屋顶的小基站部署场景中并不存在。已有的广域 FDD 网络可以搭配节点输出功率通常较低的 TDD 局域网络层来提高网络容量和数据速率。

通过局域覆盖节点收发数据的终端数量可能非常少，为了更好地处理局域覆盖场景中业务动态变化很大的情况，使用动态 TDD 会很有益处。在动态 TDD 中，网络可以动态地把资源分配给上行或下行使用，以匹配瞬时的业务情况。相比于传统的上下行链路的静态资源划分，动态 TDD 可以改善用户性能。为了利用这些优势，LTE Release 12 引入了对动态 TDD 的支持，3GPP 中此功能的正式名称是：增强型干扰抑制和业务自适应(enhanced Interference Mitigation and Traffic Adaptation，eIMTA)。

### 4.5.6 WLAN 互通

3GPP 架构允许集成非 3GPP 接入技术，例如 WLAN 和 CDMA2000[12]。实际上，这些解决方案把非 3GPP 接入网络直接连接到 EPC，因此对于 LTE 无线接入网络而言是不可见的。这种 WLAN 互通方式的一个缺点是缺乏网络控制：即便终端驻留在 LTE 上可以有更好的用户体验，终端也许还是会选择接入 Wi-Fi。这种情况的一个例子是，LTE 网络轻载而 Wi-Fi 网络负载很重。因此，Release 12 引入了网络辅助终端进行接入选择。简言之，网络配置一个信号强度阈值，以控制终端应何时选择 LTE、何时选择 Wi-Fi。

Release 13 进一步增强了 WLAN 互通功能，即 LTE RAN 会对终端何时使用 Wi-Fi、何时使用 LTE 给出更加明确的控制。此外，Release 13 还包括 LTE-WLAN 聚合功能，即通过使用非常类似于双连接的框架，LTE 和 WLAN 可以在 PDCP 层进行聚合。在 Release 14 中还添加了其他增强功能。

## 4.6 终端增强

从根本上讲，终端供应商可以以任意方式设计终端接收机，只要它支持标准所定义的最低要求即可。终端供应商也有动力对接收机性能进行很大提升，因为这可以直接转化为更高的用户数据速率，从而促进终端的销售。但是，网络侧也许无法充分利用此类接收机的优势，因为它可能不知道哪些终端具有更佳的性能。因此，网络要按照对终端的最低要求来部署。在某种程度上，对更高级接收机类型的性能要求进行定义可以缓解这一矛盾，因为配备有高级接收机的终端的最低性能是已知的（即下限肯定符合标准定义的最低要求）。Release 11 和 Release 12 都致力于接收机的改进，比如 Release 11 取消了一些开销信号。Release 12 提供了更多的通用方案，包括网络辅助的干扰消除与抑制（Network-Assisted Interference Cancellation and Suppression，NAICS），其中网络侧可以为终端提供信息以协助小区间的干扰消除。

## 4.7 新场景

LTE 最初的设计是为了移动宽带系统，旨在提供高数据速率和广域的高容量。LTE 在演进的过程中不断增加新功能以提高网络容量和数据速率，同时不断进行功能增强使 LTE 更适合于新的用例。一个主要例子是大规模机器类型通信，支持如传感器等大量低成本终端连接到蜂窝网络。另一个例子是支持在没有网络覆盖的区域，例如灾区进行通信操作，这是通过在 LTE 中引入终端到终端（Device-to-Device）通信来实现的。V2V/V2X 和远程控制无人机是新场景的其他用例。

### 4.7.1 机器类型通信

机器类型通信（Machine-Type Communication，MTC）是一个非常宽泛的术语，基本涵盖了机器之间所有类型的通信。虽然 MTC 应用涵盖大量不同的应用，其中许多应用尚未被发现，但可以把它们划分为两大类：大规模 MTC 和超可靠低时延通信（Ultra-Reliable Low-Latency Communication，URLLC）。

大规模 MTC 场景的例子包括不同类型的传感器、机械手以及类似的终端。这些终端通常要求成本低廉、能耗极低，从而能有超长的电池寿命。同时，这些终端产生的数据量通常很小，也不需要满足超低时延的苛刻要求。URLLC 类的应用则是诸如交通安全、交通控制或用于工业过程的无线连接之类的应用，以及需要非常高的可靠性、可用性和低时延的通用场景。

为了更好地支持大规模 MTC，3GPP 规范提供了 eMTC 和 NB-IoT 两种并行互补的技术。

MTC 领域的标准化工作始于 Release 12，其中引入了新的低端终端类别，即 Category 0，支持最高 1Mbit/s 的数据速率。为了降低终端功耗还定义了省电模式。这些对 MTC 的增强通常被称为增强型 MTC（eMTC）或 LTE-M。Release 13 进一步改善了对 MTC 的支持，定义了增强覆盖范围并支持 1.4MHz 终端带宽（不依赖系统带宽）的 Category-M1，以进一步降低终端成本。对于网络而言，这些终端就是普通的 LTE 终端，尽管能力有限，但是可以在一个载波上与功能更强大的 LTE 终端共存。eMTC 技术在随后的版本中得到进一步改进，以提高频谱效率并减少控制信令的数量。

窄带物联网（Narrow-Band Internet-of-Things，NB-IoT）是始于 Release 13 的 MTC 的另一个分支，它是针对比 Category-M1 成本更低、数据速率更小（250kbit/s 或更低）的终端，带宽为 180 kHz，并且覆盖范围进一步增强。由于使用了子载波间隔为 15kHz 的 OFDM，NB-IoT 可以在 LTE 载波上进行带内部署、在单独分配的频谱上带外部署或者部署在 LTE 的保护带中，从而为运营商提供高度的灵活性。上行还支持在单频（single tone）上传输，以最低的数据速率获得非常大的覆盖范围。NB-IoT 使用与 LTE 相同的高层协议（MAC、RLC 和 PDCP），并增加了适用于 NB-IoT 和 eMTC 的更快的连接建立功能，因此可以很容易集成到现有的网络部署中。

eMTC 和 NB-IoT 已经在多个版本中不断演进，并且在 5G 网络的大规模机器类型通信中也发挥了重要作用。随着 NR 的引入，宽带业务将逐渐从 LTE 向 NR 转移，然而在未来的许多年里，大规模机器类型通信仍将依赖于 eMTC 和 NB-IoT。因此，在已经用于大规模机器类型通信的现有载波上部署 NR 的特殊方法已经包含在 NR 标准中（见第 18 章）。此外，Release 17 中 LTE 演进的重点将主要是大规模机器类型通信，这证实了最新几个协议版本的发展趋势。在 Release 17 中，引入了在 NTN 支持 eMTC 和 NB-IoT，即通过卫星连接这些终端设备，这一支持在 Release 18 中得到了进一步改进。

在 LTE 较晚版本中增加了对 URLLC 的进一步支持。具体例子包括 Release 15 中的 sTTI 功能（见下文）以及有关 URLLC 可靠性方面的工作。

### 4.7.2 降低时延

在 Release 15 中已经开展了降低总体时延的工作，并定义了所谓的短 TTI（short TTI，sTTI）功能。sTTI 功能的目的是支持需要超低时延的用例，例如工厂自动化。它使用的技术与 NR 中所用的类似，例如传输时长只有几个 OFDM 符号并且降低终端处理时延，这些功能以向后兼容的方式添加到 LTE 中。这使得在现存网络中提供低时延服务成为可能，但是与 NR 的全新设计相比 LTE 的低时延设计会有一些局限性。

### 4.7.3 终端到终端通信

蜂窝系统（包括 LTE）的设计出发点是终端需要连接到基站才能进行通信。在大多数情况下这是一种有效的方式，因为终端感兴趣的内容服务器通常并不在终端附近。不过，如果终端想要和相邻的终端进行通信，或者仅是检测一下附近是否存在感兴趣的终端，以网络为中心的通信可能不再是最佳的方式。同样，在公共安全领域，例如在灾难情况下，搜救人员通常需要在没有网络覆盖的情况下也能进行通信。

为了解决这类问题，Release 12 引入了网络辅助的使用部分上行频谱实现的终端到终端通信（见图 4-9）功能。开发这一功能时考虑了两种应用场景，一是在网络覆盖范围内和覆盖范围外实现用于公共安全的通信，二是在网络覆盖范围内发现相邻终端以用于商业用途。

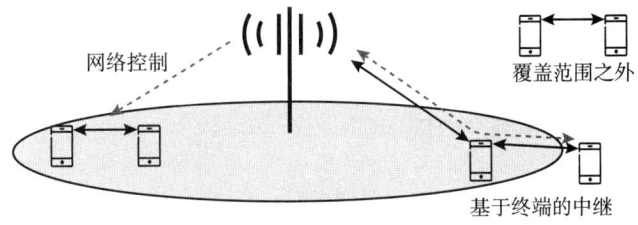

图 4-9 终端到终端通信

在 Release 13 中，终端到终端通信进一步得到增强，引入了中继解决方案以扩展覆盖范围。终端到终端通信也是 Release 14 中 V2V 和 V2X 工作的基础。

### 4.7.4 V2V 和 V2X

智能交通系统（Intelligent Transportation System，ITS）是指旨在提升交通安全性和提高效率的服务。出于安全目的的车辆到车辆通信就在此范畴，例如当前方车辆发生故障时向后方车辆传送消息。另一个例子是车辆编队，几辆卡车彼此非常接近并且跟随车队的第一辆卡车行进，以节省燃料并且减少二氧化碳排放。车辆和基础设施之间的通信也很有用处，例如，在拥堵时获取有关交通状况，以及最新的天气和替代路线的信息（见图 4-10）。

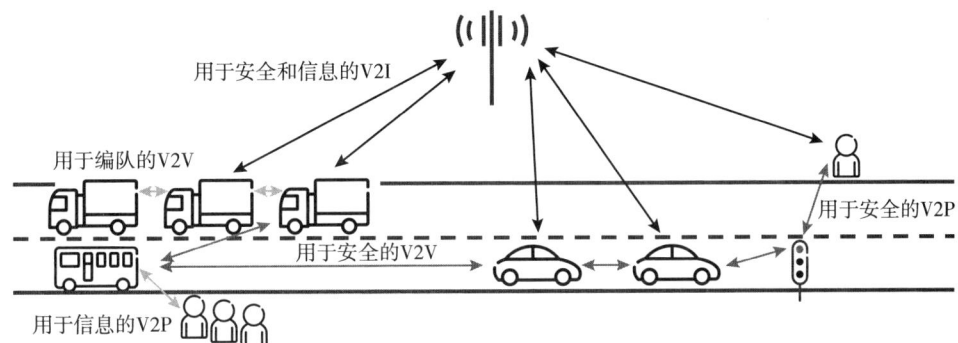

图 4-10 V2V 和 V2X 示例

3GPP 在 Release 12 中引入了终端到终端通信技术。在 Release 14 中，3GPP 将终端到终端通信技术与网络中服务质量的增强特性相结合，对智能交通领域的功能做了进一步提升。在 3GPP 标准中车辆之间的通信以及车辆和基础设施之间的通信采用相同的技术，这样既可以提高性能，也可以降低成本。

### 4.7.5 飞行器

Release 15 中与飞行器相关的工作包括以无人机作为通信中继为非覆盖区域提供蜂窝覆

盖，以及为各种工业和商业应用提供对无人机的远程控制。由于地面与空中无人机之间的传播条件与地面网络不同，Release 15 研究制定了新的信道模型。由于与无人机存在视距传播的基站数目巨大，因此对无人机的干扰也和对终端的干扰不同，这需要采用波束赋形等干扰抑制技术以及功率控制增强机制。

### 4.7.6 多播/广播

多媒体广播多播业务（Multimedia Broadcast Multicast Services，MBMS）可以使用一个传输将同一内容同时传递到多个终端，自 Release 9 起就成为 LTE 的一部分。Release 9 的重点是支持单频网络，使用 LTE 最初的 15kHz 子载波间隔，在多个小区范围内以半静态和协作的方式发送相同的信号，也可称为多媒体广播单频网络（Multimedia Broadcast Single-Frequency Network，MBSFN）。

Release 13 中增加了另外一种模式，**单小区点对多点**（Single-Cell Point-To-Multipoint，SC-PTM）作为 MBSFN 的补充，这种模式仅针对单个小区中的广播业务。所有发送的数据都是动态调度的，但并不是面向单个终端，而是由多个终端同时接收相同的广播数据。

为了更好地支持在更广范围建立仅用于广播的 MBSFN 载波，Release 14 中引入了新的 1.25kHz 子载波间隔参数集以获得更长的循环前缀。这种技术的正式名称为增强型 MBMS（enhanced MBMS，eMBMS），但有时也称为 LTE 广播。在 Release 16 中增加了进一步的增强功能，称为基于 LTE 的 5G 地面广播（LTE-based 5G terrestrial broadcast）。其中额外引入了 2.5kHz 和 0.37kHz 的子载波间隔，相应的循环前缀分别为 100μs 和 400μs，从而支持在大功率/高塔场景下的超广域广播传输。在 Release 17 中，增加了对 6MHz、7MHz 和 8MHz 带宽的支持。

# 第 5 章

# NR 概述

NR 的开题研讨会于 2015 年秋季召开，在此基础上，作为 3GPP Release 14 的一个研究项目，NR 的技术工作于 2016 年春季开始启动，如图 5-1 所示。在研究项目阶段对多种不同的技术解决方案进行了研究，而考虑到时间紧迫，即使还未进入工作项目阶段也已经做出了一些技术决定。NR 的工作在 Release 15 时进入工作项目阶段，在 2017 年年底，即在 2018 年中期关闭 3GPP Release 15 之前，第一版 NR 标准问世。在 Release 15 关闭之前发布这个中间版本，是为了满足早期 5G 商业部署的要求。

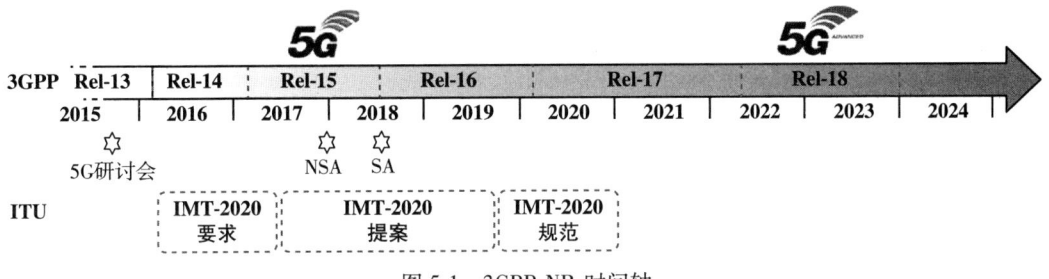

图 5-1　3GPP NR 时间轴

2017 年 12 月发布的第一个 NR 标准仅限于 NR 非独立组网的场景（见第 6 章），即 NR 终端依赖于 LTE 进行初始接入和对移动性的支持。最终的 Release 15 规范也支持 NR 的独立组网模式。NR 的独立组网和非独立组网之间的差异，影响的主要是高层协议和与核心网的接口，两种情况下的基本无线技术都是相同的。

Release 15 完成之后，更多的功能被添加到 NR 的后续版本中，以提高网络性能并解决新的用例和部署场景。在引入 NR 之后的 3GPP 版本中，Release 18 尤其值得注意，因为它标志着 5G-Advanced 的开始。这个名称并不意味着向后兼容的中断，其实在这方面，Release 18 与任何其他 NR 版本没有什么不同。准确地说，自从 Release 15 以来增加的功能数量已经足够多，足以出于营销目的而催生一个新的名称。

除了 NR 无线接入技术，3GPP 还制定了新的 5G 核心网，其实现的功能与无线接入无关，但也是一个完整的无线网络中不可或缺的。不过，NR 无线接入网也可以连接到称为演进分组核心（Evolved Packet Core，EPC）网的传统 LTE 核心网。实际上，在非独立组网模式下就是这种情况,其中 LTE 和 EPC 处理连接建立和寻呼等功能,NR 负责提供数据速率和容量的增强。

本章的其余部分将对 NR 无线接入做概要介绍,包括基本设计原则和 NR Release 15 中最重要的技术构件,以及 NR 在 Release 16 及其后续版本中的演进。本章可以单独阅读,以便初步了解 NR,也可以作为随后的第 6~29 章的引论。后续章节将提供 NR 的更多技术细节。

## 5.1 Release 15 中的 NR 基础知识

NR Release 15 是 NR 的第一个版本。Release 15 的重点是 eMBB 和一定程度上的 URLLC 类型的服务。对于大规模机器类型通信,仍然可以使用基于 LTE 的诸如 eMTC 和 NB-IoT[26,55] 等技术,它们也可以提供很好的性能。NR 的设计考虑了在与 NR 载波重叠的载波上支持基于 LTE 的大规模 MTC(见第 18 章),从而整合了整个系统处理各种业务的能力。

与 LTE 相比,NR 带来了许多好处,主要包括:
- 利用更高频率的频段作为额外的频谱,以支持超宽传输带宽和高数据速率。
- 极简(ultra-lean)设计,改进网络能效,减少干扰。
- 向前兼容,为未来的未知用例和技术做好准备。
- 低时延,以提高性能并支持新的用例。
- 以波束为中心的设计,广泛使用波束赋形和大规模天线,不仅用于数据传输(在某种程度上 LTE 已经提供了这一能力),还用于控制平面的流程,比如初始接入。

上述前三项可归类为设计原则(或设计要求),下面将首先对其进行讨论,然后讨论 NR 使用的关键技术构件。

### 5.1.1 高频段操作和频谱灵活性

NR 的一个主要特点是大幅拓展了用于部署无线接入技术的频谱范围。不久前 LTE 才开始支持 3.5GHz 的授权频谱和 5GHz 的非授权频谱,而 NR 从第一次发布起就支持从 1GHz 到 52.6 GHz⊖ 之间的授权频谱,在 Release 16 中又扩展到非授权频谱,并且高于 52.6GHz 的频谱也已经在 Release 17 的计划之中。

高频率的毫米波段提供了大量的频谱和非常宽的传输带宽,可以实现非常高的业务容量和数据速率。然而,更高的频率也意味着更严重的无线信道衰减,从而限制网络覆盖范围。虽然先进的多天线发射和接收技术在某种程度上可以弥补这样的影响(这是 NR 采用以波束为中心的设计原则的原因之一),但仍然会造成覆盖范围的较大缩减,特别是在非视距(non-line-of-sight)和室外到室内的传播条件下。因此在 5G 时代,低频段的使用依然是无线通信的重要组成部分。尤其是较低和较高频谱(例如 2GHz 和 28GHz)的联合工作可以带来实质性的益处。较高频率的载波层有大量的频谱,因此即使覆盖范围有限,也可以为大部分用户提供服务。这可以减少带宽有限的低频频谱上的负担,从而使低频频谱可以着重服务于无线环境较差的用户[62]。

使用高频段的另一个挑战来自监管方面。出于某些非技术因素,辐射水平的监管规则定

---

⊖ 52.6GHz 的上限是由一些非常特殊的频谱现状造成的。

义以 6GHz 为分界线，低于 6GHz 时采用基于 SAR 的限制，高于 6GHz 时则采用类似 EIRP 的限制。由于终端类型（手持终端、固定终端等）的不同，这可能会导致发射功率的下降，使链路预算比起仅考虑传播条件时面临更大的挑战。不过这也进一步彰显出低频和高频联合工作的优势。

### 5.1.2 极简设计

当前移动通信技术的一个问题是，无论用户业务大小如何，网络节点总要承载一定量的信号传输。这些信号，有时被称为"常开"（always-on）信号，包括用于检测基站的信号，用于系统信息的广播信号，以及用于信道估计的常开参考信号等。在 LTE 的典型业务条件下，这种传输仅构成整个网络传输的一小部分，因此对网络性能的影响相对较小。但是，在高峰值数据速率的超密集网络中，每个网络节点的平均业务负载一般相对较低，相比之下常开信号的传输量就成为整个网络传输量不可忽视的一部分。

常开信号的传输有如下两个负面影响：
- 强制形成了网络能效的上限。
- 会对其他小区造成干扰，从而降低实际的数据速率。

极简设计原则旨在最大限度地减少常开信号的传输，从而实现更好的网络能耗性能和更高的可用数据速率。

相比之下，LTE 的设计主要是基于小区特定参考信号，终端可以认为这些信号始终存在并在信道估计、跟踪、移动性测量等过程中使用它们。在 NR 中，基于极简设计原则，LTE 的许多这样的流程被重新考虑或修改。例如，与 LTE 相比，NR 中的小区搜索过程被重新设计，以支持极简设计原则。另一个例子是解调参考信号的结构，NR 需要解调参考信号主要是在有数据传输的时候，其他时候则不需要。

### 5.1.3 向前兼容

NR 标准制定的一个重要目标是无线接口设计的高度向前兼容。这里，向前兼容指的是无线接口的设计为其未来的演进留出足够的空间，即能够为未来新的业务需求和特性引入新的技术和服务，同时仍能支持同一载波上的传统终端。

确实，在本质上很难保证向前兼容。不过，根据前几代移动通信技术演进的经验，3GPP 设定了以下几条与 NR 向前兼容相关的基本设计原则[3]：
- 在不会对未来的向后兼容造成问题的前提下，最大化可以灵活使用的或者可以保留的时频资源。
- 尽量减少常开信号的发送。
- 把和物理层功能相关的信号和信道放置在可配置、可分配的时频资源内。

根据上面的第三点，3GPP 规范应尽可能避免规定在固定的时频资源上进行信号传送。这样可以保持对未来的灵活性，允许今后引入新型传送方式，同时减少对传统信号和信道的影响。这不同于 LTE 中采用的方法，比如 LTE 使用的同步 HARQ 协议，它意味着上行重传必须发生在初始传输之后的某个固定时间点上。与 LTE 相比，为避免不必要的资源阻塞，NR 中的控制信道要灵活得多。

请注意，NR 的这些设计原则与上述极简设计目标是部分一致的。NR 中还可以配置预留资源，即可以把某些时频资源配置为不用于任何传输，因而保留用于未来无线接口的扩展。在 LTE 和 NR 载波重叠的情况下，同样的机制也可用于 LTE 和 NR 共存。

### 5.1.4 传输方案、部分带宽和帧结构

与 LTE[26]的情况相似，由于 OFDM 对多径效应的鲁棒性以及在定义不同信道和信号的结构时对时域和频域的易操控性，OFDM 也成为最适合 NR 的信号波形。不过，不同于 LTE 把 DFT 预编码的 OFDM 当作上行链路中唯一的传输方案，NR 使用传统的、非 DFT 预编码的 OFDM 作为上行链路的基准传输方案，这是因为后者的接收机结构在结合空分复用之后变得更加简单，同时还缘于一个总的诉求，即 NR 希望在上行和下行使用相同的传输方案。不过，同样是出于与 LTE 类似的缘故，在 NR 中 DFT 预编码可以用作上行传输机制的补充，它的优点是可以通过减少立方度量（cubic metric）[57]来提高终端侧功率放大器的效率。立方度量是用来测量特定信号波形所需的额外功率回退的指标。

为了涵盖各种不同的部署场景，即从低于 1GHz 载波频率的大型小区到具有非常宽频段的毫米波部署，NR 支持灵活的 OFDM 参数集，子载波间隔范围可以从 15kHz 至最大 960kHz（在 Release 15 和 16 中，最大子载波间隔为 240kHz），循环前缀时长相应地按比例变化。小的子载波间隔的优点是以合理的开销提供相对较长（按绝对时间计）的循环前缀，而更大的子载波间隔则适合处理高频情况下增大的相位噪声，并且以合理数量的子载波数来支持更大的带宽。NR 可使用的子载波数最大为 3300 个，子载波间隔 15/30/60/120/480/960kHz 所对应的最大载波带宽分别为 50/100/200/400/1600/2000MHz。需要注意的是，最大子载波间隔 960kHz 和最大子载波数量 3300 个不会同时使用（理论上最大载波带宽可以达到 3200MHz）。如果需要的带宽大于最大的单载波带宽，则可以使用载波聚合。

尽管 NR 的物理层规范是与频段无关的，但并不是 NR 支持的所有参数集都适用于所有频段（见图 5-2）。因此，对于每个频段，无线要求是针对参数集的某个子集来定义的，如图 5-2 所示。频率范围 0.45~7.125GHz 在 NR 规范中通常称为频率范围 1（Frequency Range 1, FR1）⊖，而 24.25~71GHz 称为 FR2。Release 17 中把 FR2 扩展到最高 71GHz 后，FR2 有时被划分为 FR2-1（包含原来 FR2 的 24.25~52.6GHz 频率范围）和 FR2-2（包含 52.6~71GHz 频率范围）。目前，在 7.125GHz 和 24.25GHz 之间没有定义 NR 的频谱。不过，基本的 NR 无线接入技术是与频谱无关的，NR 规范可以很容易地扩展到覆盖其他频谱，例如从 7.125GHz 到 24.25GHz 之间的频谱。

在 LTE 中，所有终端都支持 20MHz 的最大载波带宽。但是，由于 NR 中不同大小的载波带宽的种类很多，要求所有终端都支持最大载波带宽显然是不合理的。这一点影响到 NR 规范设计的几个方面，使之不同于 LTE，例如稍后讨论的控制信道设计的不同。此外，NR 允许终端侧采用接收机带宽自适应（receiver-bandwidth adaptation）以降低终端能耗。带宽自适应是指使用相对较窄的带宽来监听控制信道和接收中等速率的数据，并且仅在需要支持非常高的数据速率时才动态打开宽带接收机。

---

⊖ 最初，FR1 上限为 6GHz，但后来扩展到 7.125GHz 以容纳 6GHz 频段的非授权频谱。

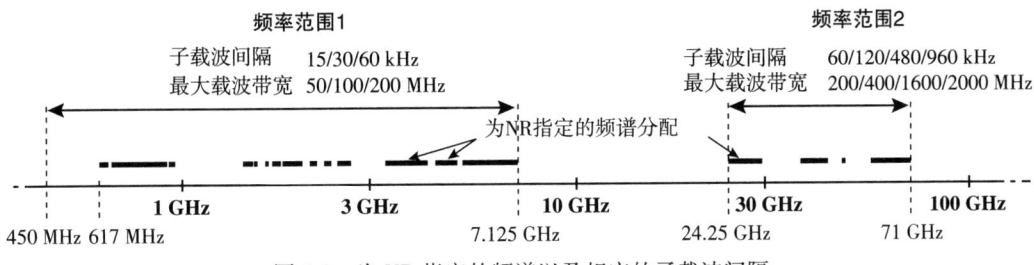

图 5-2　为 NR 指定的频谱以及相应的子载波间隔

为了应对这两个挑战，NR 定义了部分带宽（bandwidth part）的概念，用来指示终端可以在哪部分载波带宽上以特定参数集接收信号传输。尽管目前 NR 在同一时刻仅支持一个激活的部分带宽，但如果终端有能力同时接收多个部分带宽，原则上可以在单个载波上把针对该终端的不同参数集的传输混合在一起。

NR 的帧结构如图 5-3 所示，其中 10ms 的无线帧被划分为 10 个 1ms 的子帧。子帧又被划分为时隙，每个时隙包含 14 个 OFDM 符号，而以毫秒计的时隙长度取决于参数集。对于 15kHz 的子载波间隔，NR 时隙具有与 LTE 子帧相同的结构，这有助于二者的共存。由于时隙被定义为固定数量的 OFDM 符号，因此较大的子载波间隔意味着较短的时隙长度。原则上这可用于支持低时延传输，但由于循环前缀在子载波间隔增加时也会缩小，因此这并不是一种在所有部署中都可行的办法。子载波间隔（和循环前缀）的选择主要是基于部署场景。为了获得低时延，NR 提供了一种灵活的手段，即允许使用一个时隙的一部分（有时称作"微时隙"（mini-slot））进行传输。这种传输还可以抢占另一个终端正在进行的基于时隙的传输，以便即时传送要求低时延的数据。

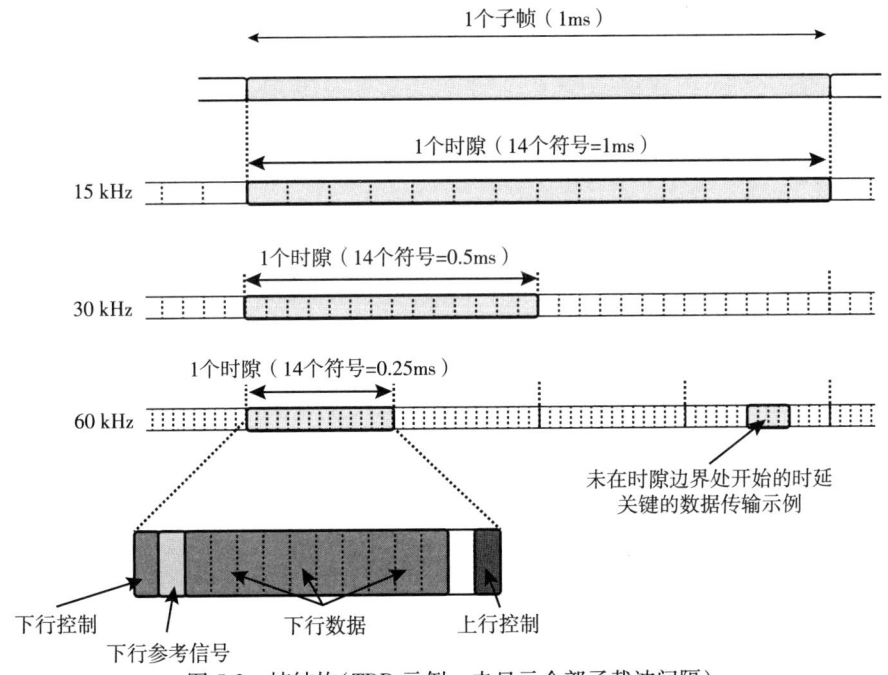

图 5-3　帧结构（TDD 示例，未显示全部子载波间隔）

在时隙内部开始数据传输(即未从时隙边界处开始传输)的灵活性对于在非授权频谱上的操作也是有用的。在非授权频谱中,发射机通常需要在开始传输之前确保无线信道未被其他传输占用,这个过程通常称为"先听后说"(Listen-Before-Talk,LBT)。显然,一旦发现信道可用,应该立即开始传输,而不需要等到时隙边界处,以避免其他发射机在信道上发起传输。

"微时隙"传输在毫米波领域也是非常有用的,因为在毫米波部署中通常可用带宽非常大,甚至几个 OFDM 符号就足以承载可用净荷。"微时隙"传输对于下面讨论的模拟波束赋形(analog beamforming)的情形尤其适用,此时基站无法将发向多个终端的不同波束在频域上进行复用,而仅能在时域上复用。

与 LTE 不同,NR 没有小区特定参考信号,而是完全依赖于用户特定的解调参考信号来做信道估计。这不仅能够实现有效的波束赋形和多天线操作,而且还符合前述的极简设计原则。与小区特定参考信号不同,解调参考信号只在有数据发送时才会被发送,从而可以提高网络能效并减少干扰。

NR 总体的时频域结构(包括部分带宽的概念)将在第 7 章中描述。

## 5.1.5 双工方式

选择何种双工方式通常由可用的频谱分配来决定。在较低频段,频谱分配通常是成对的,意味着可以采用频分双工(FDD),如图 5-4 所示。在较高频段,越来越普遍的频谱分配是非对称的,因此需要使用时分双工(TDD)。鉴于 NR 比 LTE 支持的载波频率高很多,对非对称频谱的有效支持成为 NR 的一个非常重要的组成部分。

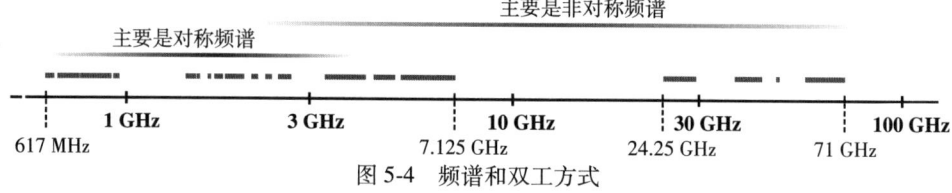

图 5-4 频谱和双工方式

NR 在对称和非对称频谱中的操作可以使用同一个帧结构,而不像 LTE 那样使用两种不同的帧结构(在 Release 13 中引入对非授权频谱的支持后,扩展到三种帧结构)。基本的 NR 帧结构支持半双工和全双工操作。在半双工中,终端无法同时发送和接收,比如 TDD 和半双工 FDD。在全双工中,终端可以同时发送和接收,FDD 就是典型的例子。

如上所述,在更高频段上非对称频谱的分配更为常见,因此 TDD 的重要性不断增加。由于高频段的传播条件特点,这些频段不太适用于广域覆盖的较大小区,但是对于实现局域覆盖的较小小区非常适用。此外,广域 TDD 网络中的一些干扰问题,在传输功率较低、天线安装低于屋顶的局域部署中不太明显。与具有大量活动终端的较大小区的部署相比,在小区较小且部署密集的情况下,每个小区的业务变化很快。为了应对这种情况,动态 TDD,即在上下行传输方向之间动态分配和重新分配时域资源,是 NR 的一个关键技术构件。这与上下行分配不随时间变化的 LTE 形成鲜明对比⊖。动态 TDD 能够应对业务的快速变化,业务快速变化

---

⊖ 在后来的 LTE 版本中,eIMTA 功能可以允许某些上下行分配的动态性。

在密集部署且每小区用户数量相对较少的场景中尤其明显。例如，如果一个用户单独处在一个小区中并且需要下载一个很大的文件，那么大部分资源集中在下行，上行只占很小一部分。几秒钟后，情况可能就会有所不同，大部分容量需求可能会转移到上行方向。

动态 TDD 的基本原理是终端监听下行控制信令并遵循调度决策。如果终端被指示进行发送操作，就进行上行发送，否则就尝试接收下行传输。上下行的分配完全在调度器的控制之下，任何业务变化都可以被动态地跟踪。在某些部署场景下可能并不需要动态 TDD，因此在必要时可以通过对动态 TDD 方案的动态性进行限制来达到非动态的效果，这比试图将动态性添加到 LTE 这种半静态设计中更为简单。例如，在天线安装在屋顶上方的广域宏蜂窝网络中，小区间的干扰要求对小区之间上下行的分配进行协调。在这种场景下，仿照 LTE 的半静态分配进行工作比较适宜。这可以通过适当的调度行为来实现。还可以半静态地配置某些或所有时隙的传输方向，此时终端不必在已知预留给上行的时隙上监听下行控制信道，从而可以降低终端能耗。

## 5.1.6 低时延支持

对超低时延的支持是 NR 的一个重要特点，并且影响到 NR 的很多设计细节。一个例子是使用"前置"的参考信号和控制信令，如图 5-3 所示。通过把参考信号和携带调度信息的下行控制信令置于发送的起始位置，并且不使用跨 OFDM 符号的时域交织，终端可以立即开始处理接收的数据而无须事先缓冲，从而最小化解码的时延。另一个支持低时延的例子是在部分时隙上进行数据传输（有时称为"微时隙"传输）。

与 LTE 相比，NR 对终端（和网络）处理时间的要求显著提高。比如，终端必须在接收到下行数据传输之后大约一个时隙（甚至更短，取决于终端能力）的时间做出 HARQ 确认响应。类似地，从接收到上行授权到传输上行数据的时间也在大致相同的范围之内。

MAC 和 RLC 等更高层协议的设计也考虑了低时延的情况，比如报头结构的设计使得数据包的处理能够在不知道传输数据量的情况下开始进行（见第 6 章）。这在上行方向上尤其重要，因为在接收到上行授权之后，到数据传输开始之前，终端可能仅有几个 OFDM 符号的时间进行数据打包处理。相比之下，LTE 协议的设计要求 MAC 和 RLC 协议层在任何处理发生之前知晓要传输的数据量，这使得对超低时延的支持更为困难。

## 5.1.7 调度和数据传输

无线移动通信的一个关键特征是，由频率选择性衰落、距离相关的路径损耗，以及其他小区和终端的发射引起的随机干扰变化所导致的瞬时信道条件的大幅快速变化。与其试图对抗这些变化，不如通过信道相关调度来利用这些变化，信道相关调度（channel-dependent scheduling）支持用户间动态共享时频资源（详见第 14 章）。动态调度也用在 LTE 中，总体上 NR 的调度框架与 LTE 类似。基站中的调度器基于从终端获得的信道质量报告进行调度决策。发送给被调度终端的调度决策还考虑了不同的业务优先级要求和 QoS 要求。

每个终端监听若干个用于传输下行控制消息（Downlink Control Information，DCI）的物理下行控制信道（Physical Downlink Control Channel，PDCCH），通常每时隙一次，不过对于需要非常低时延的业务，可以配置更密集的监听频次。一旦检测到有效的 PDCCH，终端将服从调度决策，接收（或发送）NR 中称为传输块的一个数据单元。

在下行数据传输时，终端对下行传输进行解码。鉴于 NR 支持非常高的数据速率，信道编码数据传输采用低密度奇偶校验（Low-Density Parity-Check，LDPC）码[64]。LDPC 码易于实现，特别是在较高码率时比 LTE 中使用的 Turbo 码复杂度低。

终端采用具有增量冗余的混合自动重传请求（HARQ）向基站报告解码的结果（见第 13 章）。在数据接收出错时，网络可以重传数据，并且终端可以对多次传输尝试中的软信息进行合并。但是，在这种情况下重传整个传输块可能效率不高。因此，NR 支持更细粒度的重传，即码块组（Code-Block Group，CBG）的重传。码块组在处理抢占（preemption）时也很有用。例如，到第二台终端的紧急传送也许仅使用一个或几个 OFDM 符号，因此仅会在某些 OFDM 符号上对第一台终端造成大的干扰。在这种情况下，仅重新传输受干扰的 CBG 可能就够了，而不必重传整个数据块。在抢占传输发生时，还可以通知第一台终端哪些时频资源会受到影响，从而使终端在处理接收操作时可以考虑到这些影响。

虽然动态调度是 NR 的基本操作，但是也可以通过配置来实现不需要动态授权的收发操作。在这种情况下，会预先给终端配置可（周期性地）用于上行数据发送（或下行数据接收）的资源。一旦终端有可传数据，就可以立即开始上行发送而无须经过调度请求和调度授权的操作周期，从而实现更低的时延。

### 5.1.8 控制信道

NR 的操作需要一系列物理层控制信道用于传送下行控制信息（DCI），例如调度决策，以及上行控制信息（UCI）用于在上行提供反馈信息。第 10 章提供了对这些控制信道结构的详细描述。

下行控制信道称作 PDCCH（Physical Downlink Control Channel，物理下行控制信道）。NR 的下行控制信道与 LTE 相比的一个主要差异是更加灵活的时频结构，NR 的 PDCCH 可以在一个或多个控制资源集（COntrol REsource SET，CORESET）上传输，即可以配置为仅占用部分载波带宽，这一点与使用全载波带宽传输 PDCCH 的 LTE 不同。这是为了兼容具有不同带宽能力的终端，以及遵从前述的向前兼容原则。与 LTE 相比的另一个主要差异是对控制信道波束赋形的支持，这需要一种不同的参考信号设计，其中每个控制信道都有自己的专用参考信号。

上行控制信息（例如 HARQ 确认、用于多天线操作的信道状态反馈、用于待发送上行数据的调度请求）的传输使用物理上行控制信道（Physical Uplink Control Channel，PUCCH）。根据信息量和 PUCCH 传输持续时间的不同，有若干不同的 PUCCH 格式。短 PUCCH 在时隙的最后一个或两个符号中发送，并且可以支持非常快速的 HARQ 确认反馈，以实现所谓的自包含时隙（self-contained slot），这时从数据传输结束到终端接收确认的延迟大约是一个 OFDM 符号的长度，相当于几十微秒，具体取决于所使用的参数集。LTE 中这一数值接近 3ms。这是低时延如何影响 NR 设计的另一个例子。如果短 PUCCH 的持续时间太短以至于不能提供足够的覆盖，也可以采用更长的 PUCCH 持续时间。

由于物理层控制信道的信息块比数据传输的小并且不使用 HARQ，因此其编码机制选用的是极化码[17]和 Reed-Muller 码。

### 5.1.9 以波束为中心的设计和多天线传输

NR 的一个关键特征是支持使用大量方向可控的天线单元进行发送和接收。大量的天线单元在较高频段主要用于波束赋形以扩大覆盖范围,而在较低频段可以实现全维度 MIMO,有时称为大规模 MIMO,并且能够实现通过空间隔离来规避干扰。

NR 的信道和信号(包括用于控制和同步的信道和信号)的设计都支持波束赋形(见图 5-5)。大规模多天线操作需要获得信道状态信息(Channel-State Information,CSI),CSI 既可以从终端对下行链路传输的 CSI 参考信号所反馈的 CSI 报告中获取,也可以利用信道互易性通过对上行链路进行测量来获取。

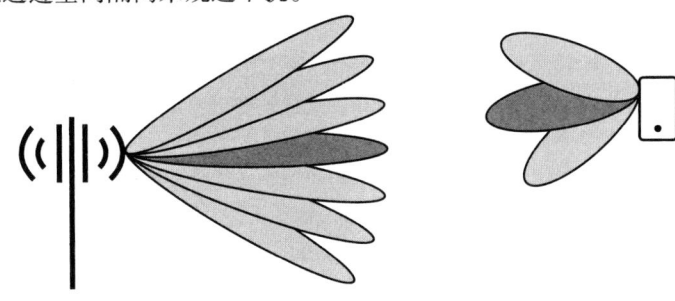

图 5-5 NR 的波束赋形

为了保持产品实现的灵活性,NR 不仅支持模拟波束赋形,也支持数字预编码和数字波束赋形(见第 11 章)。从实现角度来看,至少在最初阶段,高频段可能需要模拟波束赋形,其波束赋形是在数模转换之后。模拟波束赋形的限制是,在给定时刻接收或发射波束只能在一个方向上赋形,并且需要波束扫描,即相同的信号在多个 OFDM 符号但不同的发射波束中重复发送。波束扫描保证了任何信号都可以通过高增益、窄波束的传输达到整个预期的覆盖区域。

NR 标准规定了用于波束管理过程的信令,例如可以给终端发送指示以辅助其选择一个用于接收数据和控制信令的接收波束(在模拟接收波束赋形的情况下)。当天线数量很大时,波束变得很窄,因而波束跟踪可能会失败。因此,标准还定义了波束恢复过程,波束恢复过程可以由终端来触发。此外,一个小区可以有多个传输点,每个传输点可以有多个波束,波束管理过程支持对终端透明的移动性,即在不同传输点的波束之间的无缝切换。并且,通过使用上行信号可以实现以上行为中心的、基于互易性的波束管理。

随着大规模天线在较低频段的应用,在上下行对用户进行空间分离的可能性增大了,但这要求发射机能够了解信道状态。NR 通过使用 DFT 矢量线性组合的高分辨率信道状态信息反馈,或者通过支持信道互易性的上行探测参考信号,扩展了对多用户空分复用场景的支持。

为了支持多用户 MIMO 的传输,NR 标准规定了 12 个(Release 17 中增加到 24 个)正交解调参考信号,而一个 NR 终端下行最多可以接收 8 层 MIMO,上行最多 4 层(Release 17 中增加到 8 层)。此外,由于高频段载波的相位噪声功率增加,可能造成较大调制星座图(例如 64QAM)的解调性能下降,因此在 NR 中还引入了一个可配置的相位跟踪参考信号。

分布式 MIMO 意味着终端可以在每个时隙接收多个独立的物理数据共享信道(PDSCH),以实现从多个传输点到同一用户的同步数据传输。本质上,一些 MIMO 层从一个站点发送,而其他层从另一个站点发送。Release 15 中的分布式 MIMO 可以通过适当的网络部署来实现,而 Release 16 中支持的多传输点(multi TRansmission Point,multi-TRP)功能对此做了进一步增强。

多天线传输以及关于 NR 多天线预编码的详细内容将在第 11 章中描述,而波束管理是第 12 章的主要内容。

### 5.1.10 初始接入

初始接入过程包括：终端找到要驻留的小区，接收必要的系统信息，通过随机接入请求连接到网络。第 16 和 17 章中描述的 NR 初始接入的基本结构与 LTE[26] 的相应功能类似：

- 一对下行信号，即主同步信号（Primary Synchronization Signal，PSS）和辅同步信号（Secondary Synchronization Signal，SSS），用于使终端可以查找网络、同步到网络和识别网络。
- 一个与 PSS/SSS 一起发送的下行物理广播信道（Physical Broadcast Channel，PBCH）。PBCH 携带最少量的系统信息，包括指示其他广播系统信息在哪里传输。在 NR 的语境中，PSS、SSS 和 PBCH 被统称为同步信号块（Synchronization Signal Block，SSB）。
- 一个四阶段随机接入过程，一开始是在上行发送随机接入前导码（random-access preamble）。从 Release 16 开始也支持两阶段随机接入过程。

但是，就初始接入而言，LTE 和 NR 之间存在一些重要差异。这些差异主要来自极简原则和以波束为中心的设计，这两者都影响了 NR 的初始接入过程，并部分导致了与 LTE 不同的解决方案。

在 LTE 中，PSS、SSS 和 PBCH 位于载波的中心，并且每 5ms 发送一次。因此，终端只要在每个可能的载波频率上停留至少 5ms 的时间，如果一个特定载波频率上存在一个载波，终端就肯定能接收到至少一个 PSS/SSS/PBCH 传输。在没有任何先验知识的情况下，LTE 终端必须在 100kHz 的载波栅格上搜索所有可能的载波频率。

为了遵从极简原则并实现更高的 NR 网络能效，默认情况下 SSB 每 20ms 发送一次。因为相继的 SSB 之间的时间间隔比较长，与 LTE 中的相应信号和信道相比，搜索 NR 载波的终端必须在每个可能的频率上停留更长的时间。为了在保持终端复杂度与 LTE 相当的同时缩短总体搜索时间，NR 支持一种用于 SSB 的稀疏频率栅格（sparse frequency raster）。这意味着与 NR 载波（载波栅格，carrier raster）可能的位置相比，SSB 潜在的频域位置可能会更加稀疏。因此，SSB 通常不会位于 NR 载波的中心，这对 NR 的设计造成了影响。

稀疏的 SSB 栅格可以显著缩短小区初始搜索时间，同时由于 SSB 周期较长，网络能效可以显著提高。

作为提高覆盖范围的一种手段，尤其是在较高频率的情况下，下行 SSB 发送和上行随机接入的接收都支持网络侧波束扫描。需要指出的是，波束扫描是 NR 设计提供的一种可能性，并不意味着必须使用它。特别是在较低频率上可能并不需要波束扫描。

### 5.1.11 互通和与 LTE 共存

由于在较高频率上提供全覆盖是比较困难的，因此与较低频率上的系统进行互通就变得非常重要。上行和下行链路之间的不平衡是常见的情况，特别是如果二者处于不同的频段中。与移动终端相比，基站较高的发射功率使得下行链路可实现的数据速率通常是由带宽受限造成的，这表明应该在更高的频谱上使用下行链路，那里提供的带宽可能也更大。相比之下，上行链路通常是功率受限的，因此上行对较大带宽的需求并不高。另外，尽管较低频谱可用带宽较少，但由于其无线信道衰减较小，因此在较低频谱上也可以实现更高的数据速率。

通过互通，高频 NR 系统可以作为低频系统的补充（详见第 18 章）。低频系统可以是 NR 或者 LTE，NR 可以与其中任何一个系统互通。互通可以在不同层级上实现，包括 NR 内的载波聚合、具有公共分组数据汇聚协议（PDCP）层的双连接⊖以及切换。

然而，较低频段通常已经被当前的技术（主要是 LTE）所占用。此外，在不久的将来还有计划在额外的低频段上部署 LTE。因此，LTE/NR 频谱共存（spectrum coexistence），即运营商在与现有 LTE 相同的频谱上部署 NR，已经被确定为在较低频谱上实现早期 NR 部署而不减少 LTE 频谱数量的可行方式。

在 3GPP 中确定了两个 LTE/NR 共存场景并用以指导 NR 设计：

- 第一个场景，如图 5-6 的左侧部分所示，在下行和上行都存在 LTE/NR 共存的情况。注意，这在对称和非对称频谱情况下都适用，尽管图中只给出了对称频谱。
- 第二个场景，如图 5-6 右侧部分所示，仅在上行传输方向上有共存，通常在较低频率对称频谱的上行部分中共存，而 NR 下行传输是在 NR 专用的频谱中，通常在较高频率处。该场景试图解决上面讨论的上下行不平衡的问题。NR 支持的补充上行（Supplementary UpLink，SUL）是专门处理此场景的。

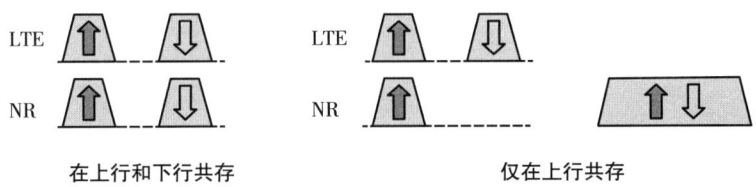

图 5-6 LTE/NR 共存示例

NR 的 15kHz 子载波间隔的参数集与 LTE 兼容，它使得 NR 和 LTE 拥有相同的时频资源网格，因此是实现二者共存的基本手段之一。此时，NR 灵活的、可以小到一个符号粒度的调度机制可以用来避免与关键的 LTE 信号发生冲突，例如 LTE 的小区特定参考信号、CSI-RS 以及用于 LTE 初始接入的信号和信道等。为向前兼容而引入的预留资源（见 5.1.3 节）方式也可用于进一步增强 NR 和 LTE 的共存。预留资源可以配置为与 LTE 中的小区特定参考信号相匹配，从而在下行链路上实现 NR-LTE 叠加（overlay）的增强。

## 5.2 NR 演进和 5G-Advanced

Release 15 为 NR 奠定了基础，提供了一个功能强大的 5G 标准。为了进一步提高性能并满足新的用例和部署场景，Release 16 提供了额外的增强，并标志着 NR 演进的开始，这一演进将在随后版本中一直持续。从 Release 18 开始，5G-Advanced 的名称将用于强调与第一版 NR 相比的显著增强。

---

⊖ 在 2017 年 12 月的 Release 15 中只支持 NR 和 LTE 之间的双连接。NR 和 NR 之间的双连接是 Release 15 2018 年 6 月最终版本的一部分。

从较高层次上讲，NR 中的增强功能可以分为以下两类，如图 5-7 所示：
- 改进现有功能，例如多天线增强、载波聚合增强、移动性增强和节能改进。
- 解决新部署场景和垂直行业的新功能，例如接入和回传一体化、支持非授权频谱、智能交通系统和工业物联网，以及非地面网络（NTN）。

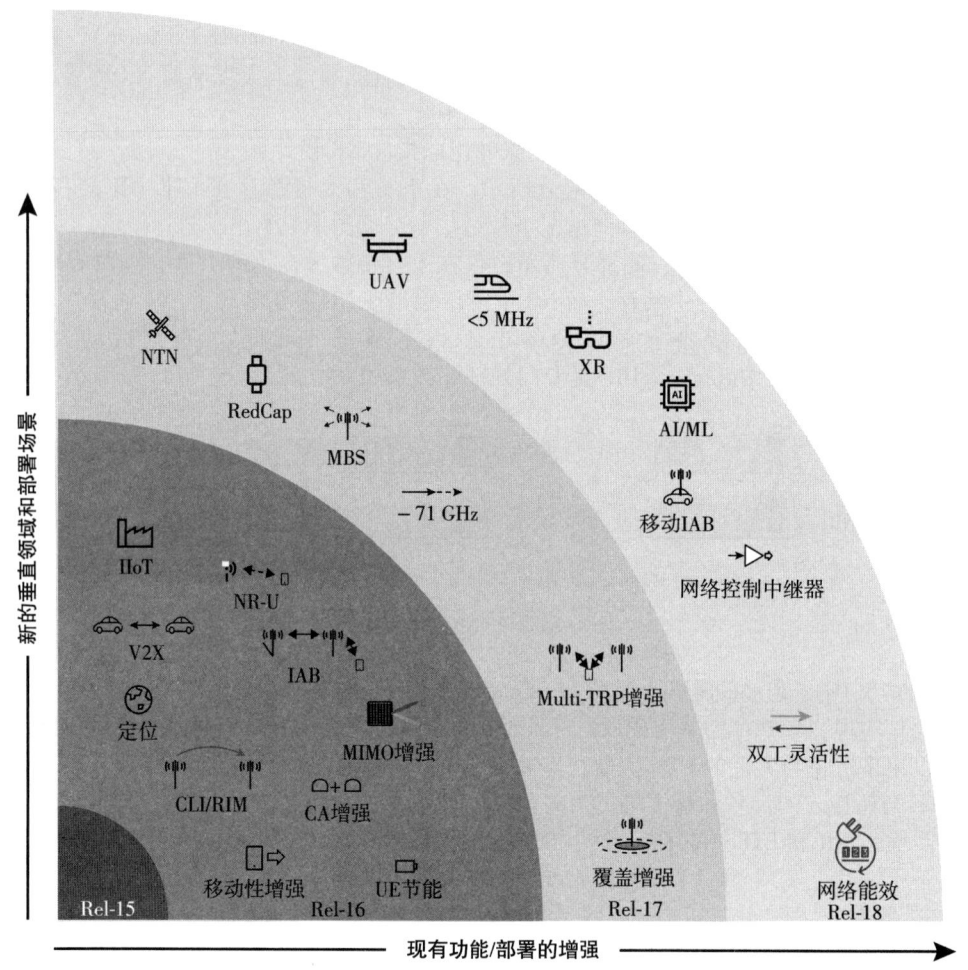

图 5-7 NR 演进说明

显然，这两个类别之间没有明确的界限，分类可以有许多不同的方式。图 5-7 只是为了便于讨论而给出的一个结构化的说明图。下面将简要概述这些增强功能。

## 5.2.1 多天线增强

Release 16 中的多天线增强涵盖了在第 11 章和第 12 章中将要详细描述的几个方面。首先是通过定义一个新的码本增强了用于 MU-MIMO 的 CSI 报告，可以提高吞吐量并减少开销。波束恢复过程也得到改进，减小了波束失效所带来的影响。最后，还增加支持了从多个发送点到单个终端的传输方式——通常称为多收发节点（Multi-TRP），以及必要的控制信令增强。Multi-TRP 可以为从基站到终端的信号阻塞提供额外的鲁棒性，这对于 URLLC 场景尤其重要。

在 Release 16 的基础上，Release 17 主要解决波束管理、Multi-TRP 增强和基于互易性的操作，如图 5-8 所示。

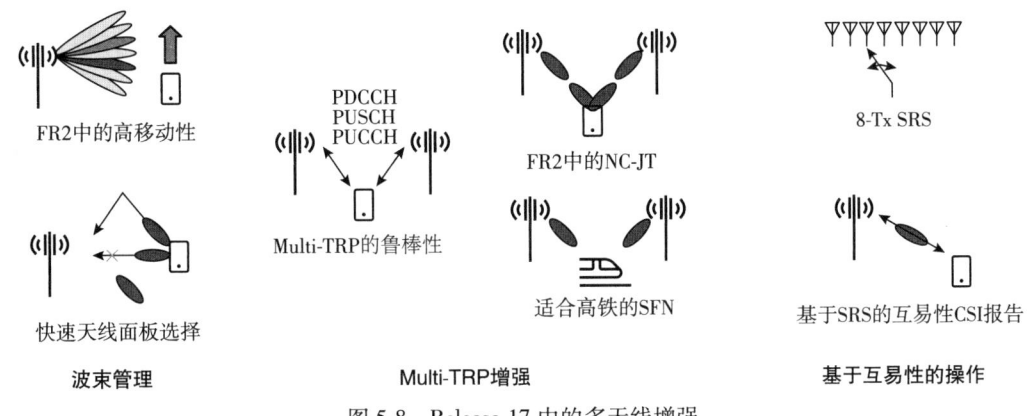

图 5-8　Release 17 中的多天线增强

基于传输配置指示（Transmission Configuration Indicator，TCI）框架，波束管理从一开始就是 NR 的一部分。在 Release 17 中，对 TCI 框架进行了修订，通过关注终端使用相同波束进行接收和发送的常见场景达到减少开销的目的。Release 16 中仅对 PDSCH 有效的基于 DCI 的波束切换扩展到覆盖所有信道。

在 Release 16 中引入的 Multi-TRP 功能仅能用于 PDSCH，在 Release 17 中扩展到可用于 PUSCH、PDCCH 和 PUCCH。CSI 报告方案被扩展以更好地支持非相干联合传输。Release 17 还引入了高速列车的增强功能，针对的场景是在高速列车中，两个传输点之间的终端可能会经历很大的多普勒频移，但终端与两个传输点的多普勒频移将具有相反的符号。

Release 17 还引入了额外的 CSI 码本，允许利用部分信道互易性来减少报告开销，即使对于基于 FDD 的网络部署也是可用的。为了实现这一点，还引入了对 SRS 四个以上天线端口的支持，以及更灵活的 SRS 触发机制。

Release 18 继续多天线演进，并在增强的 CSI 报告方面进一步增强，用于相干联合传输和多用户 MIMO 容量提升。

## 5.2.2　载波聚合和双连接增强

从 NR 的第一个版本开始，双连接和载波聚合就是 NR 的一部分。它们的一个主要用途就是提高总体数据速率。考虑到大多数数据业务的突发性特点，为了从载波聚合产生的高数据速率中获益，快速建立和激活附加载波是非常重要的。如果不能快速激活附加载波，数据业务可能在附加载波被激活之前就结束了。永久激活终端的所有载波虽然可以解决时延方面的问题，但是从功耗角度来看是不现实的。因此，Release 16 提供了对服务小区和相邻小区的早期测量报告功能，以及减少激活附加小区的信令开销和时延的机制。通过各种早期测量得到的知识，网络能够快速选择适当的 MIMO 方案。在没有早期报告的情况下，网络只能使用效率较低的单层传输，直到获得必要的信道状态信息。

在 LTE 等早期无线接入技术中，由于 RRC 信令的加密功能要等到有关安全协议的（复杂）信令流程完成以后才能开始生效，在此之前的 RRC 信令将不被加密，因此会导致测量报告要延迟到加密功能生效以后才能被发送。在这种情况下，网络侧需要一定的时间才能完全获得终端侧的无线信道状况并据此进行相应的数据调度。然而，在 NR 中引入的新的 RRC_INACTIVE 状态下，可以保留终端的上下文（包括安全配置），并且在终端不活动周期后恢复 RRC 连接，而不需要大量的信令交互。这为更早发出测量报告和更快建立载波聚合和双连接提供了可能性。例如，Release 16 可以在终端进入 RRC_INACTIVE 状态时启用测量配置，并在 RRC 连接恢复过程中发出测量报告。

Release 16 还通过在具有不同参数集的调度载波和被调度载波上支持跨载波调度，来增强对具有不同参数集的载波共存的支持。这个功能最初计划作为 Release 15 的一部分，但是由于时间原因推迟到 Release 16 中发布。

一个相对常见的场景是使用载波聚合时主载波在较低频段上，而辅载波在较高频段上。通过这种方式，可以实现较低频段中更稳健的传播条件与较高频段中明显更多的可用传输带宽的强强联合。然而，在 Release 17 之前，上述配置中较高频段的载波不能通过跨载波调度去调度较低频段载波上的传输。这可能导致 PDCCH 容量成为瓶颈，因为大部分调度信息会在相对窄带的低频段载波上发送。为了解决这一问题并增加 PDCCH 容量，在 Release 17 中也可以从较高的频段进行跨载波调度。

双连接框架在 Release 17 中也得到一些更新，例如更快的辅载波激活速度⊖。这允许辅载波保持在低功率状态，但可以快速激活以适应突发业务。

Release 18 中继续推进载波聚合演进，除了其他功能之外，引入了用单个 DCI 调度多个载波的方案，以减少信令开销（在 Release 18 之前的版本中，每个被调度的载波都需要一个 DCI）。

### 5.2.3 移动性增强

移动性对于任何蜂窝系统都是必不可少的，NR 从一开始就在这一领域拥有广泛的功能。不仅如此，NR 还通过在时延和鲁棒性方面的增强进一步提高了移动性能。

执行切换所需的时间即切换时延需要尽量小。在高频范围内，波束赋形技术被广泛使用。由于使用了波束扫描，在高频段的切换中断时间可能比低频段大。因此，Release 16 引入了诸如双激活协议栈（Dual Active Protocol Stack，DAPS）之类的增强功能，它本质上是一种先通后断的切换解决方案，可以显著减少中断时间。

处理小区间移动性和切换的基本方法是使用来自终端的测量报告，例如针对相邻小区接收功率的报告。当网络基于这些报告决定需要执行切换时，它将指示终端与新小区建立连接。终端遵循这些指令，一旦与新小区建立了连接，就会用确认消息进行响应。这个过程在大多数情况下工作良好，但是终端在服务基站经历信号质量突然下降的情况下，它可能无法在连

---

⊖ 在 3GPP 规范中，主载波称为 PCell，辅载波称为 SCell，见第 7 章。

接丢失之前接收到切换命令。为了缓解这种情况，Release 16 提供了条件切换功能，终端被提前通知要切换到的候选小区，以及何时执行切换到特定候选小区的一组条件。这样，即使来自服务小区的空口链路经历了非常突然的质量下降，终端也可以自己判断何时执行切换操作，从而保持与网络的连接。在 Release 17 中，条件切换被扩展到在双连接场景中，也可用于辅小区组（在 Release 16 中仅限于主小区组）。

Release 18 引入了额外的移动性增强，例如，L1/L2 触发的移动性（LTM），以促进比基于 RRC 信令的传统移动性机制更快的小区间移动性。在 LTM 中，通过 RRC 配置多个候选小区，并且 L1/L2 信令用于在预配置的候选小区之间快速切换。这可以被视为对早期 NR 版本中基于 L1/L2 的波束管理的扩展。

### 5.2.4 终端节能增强

从终端用户的角度来看，终端功耗是一个非常重要的方面。NR 的第一个版本中已经有一些机制来帮助降低终端功耗，最主要的是不连续接收和带宽自适应。从较高层次上讲，这些增强的机制就是可以快速打开/关闭仅在主动传输数据时才需要的功能特性。例如，在传输数据时，高数据速率和低时延是重要的，因此 NR 会采用缩短控制信令和相关数据之间延迟的功能特性，以及大层数的灵活 MIMO 方案。但当不主动进行数据传输时，这些性能要求就显得无关紧要，这时可以放松时延预算并减少 MIMO 层数，从而有助于减小终端功耗。因此，Release 16 增强了跨时隙调度，包括终端不需要在与相关 PDCCH 相同的时隙中准备接收数据，增加了基于 PDCCH 的唤醒信号，并引入了快速(去)激活小区休眠等功能，所有这些功能将在第 14 章中讨论。在 Release 16 中，终端可以通过信令表明从连接态转移到空闲态或非激活态的偏好，终端还可以向网络提供辅助信息，以建议使自身节能增益最大化的参数集，这些都是终端节能增强的其他示例。

Release 17 中在终端节能领域做出进一步增强。例如，当终端在连接态下在低移动性场景中操作以节省能量时，可以放松无线链路监测和波束故障检测。还可以通过在搜索空间之间动态切换或者通过在数据突发之后直接跳过 PDCCH 检测来调整 PDCCH 机制。在空闲态下，基于新的 DCI 格式的寻呼提前指示（Paging Early Indicator，PEI）可以用于向终端指示寻呼是否将在即将到来的寻呼时机发生。这样终端可以节约准备接收 PDSCH 上的潜在寻呼消息所需的能量，参见第 14 章。

### 5.2.5 交叉链路干扰缓解和远程干扰管理

交叉链路干扰（Crosslink Interference，CLI）处理和远程干扰管理（Remote Interference Management，RIM）是 Release 16 中添加的两个增强功能，用于处理 TDD 系统中的干扰场景，如图 5-9 所示。第 19 章将进一步详细讨论这两个增强功能，下面仅做简要概述。

CLI 主要针对使用动态 TDD 的微蜂窝部署，并引入新的测量方法来检测下行链路和上行链路之间的交叉干扰，即其中一个小区的下行传输干扰到相邻小区的上行接收（反之亦然）。调度器根据终端和相邻小区的测量结果对调度策略进行改进，以减轻交叉链路干扰所造成的影响。

RIM 的目标是广域 TDD 部署，在这种情况下，某些天气条件会产生大气波导，从而导致来自非常遥远的基站的干扰。大气波导是一种罕见的现象，但当它发生时，几百千米以外的基站的下行传输可能会对数千个基站的上行接收造成非常强的干扰。大气波导对网络性能的影响是显著的。有了 RIM，可以对出现问题的干扰场景使用自动化方式进行管理，而不是像现在一样主要采用人工干预的方法。

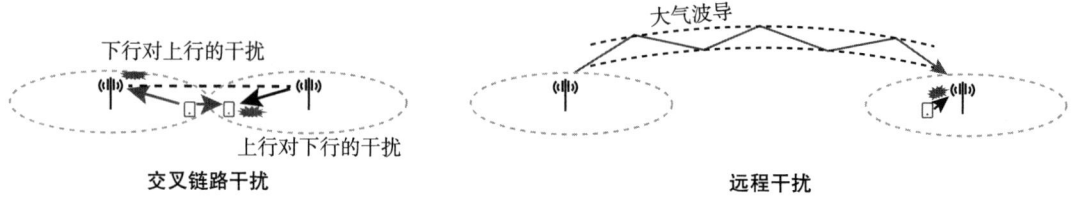

图 5-9　交叉链路干扰（左）和远程干扰（右）

### 5.2.6　接入回传一体化/网络控制中继器

接入回传一体化（Integrated Access and Backhaul，IAB）将 NR 扩展到支持无线回传，作为一种可以替代光纤回传的回传方案。因此，NR 既可以用于从网络中心到分布式小区站点的无线链路，也可以用于小区站点之间的无线链路。这样，可以简化在密集城市网络中的微蜂窝部署工作，也使得用于特殊事件的临时站点部署成为可能。

IAB 可用在 NR 工作的任何频段。然而，由于毫米波的可用频谱数量大，预计毫米波将是 IAB 最相关的频谱。由于较高的频谱通常是不成对的，这也意味着 IAB 会在回传链路上主要以 TDD 方式工作。

图 5-10 显示了使用 IAB 的网络基本结构。IAB 节点通过（IAB）宿主节点连接到网络，宿主节点本质上是使用传统（非 IAB）回传的普通基站。IAB 节点创建自己的小区，并在连接到它的终端上显示为普通基站。因此，IAB 不会对终端造成任何影响，而只是一个网络特性。这一点很重要，因为这样可以允许旧式（Release 15）终端通过 IAB 节点接入网络。其他 IAB 节点可以通过 IAB 节点创建的小区连接到网络，从而实现多跳无线回传。

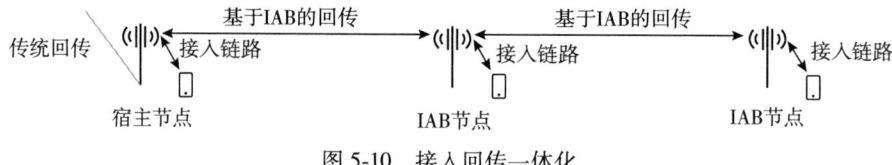

图 5-10　接入回传一体化

在 Release 18 中进一步扩展了 IAB，增强了对移动 IAB 节点的支持，包括完全的宿主间移动性。这允许将 IAB 节点放置在公共汽车上。

中继器可以作为 IAB 节点的替代方案。中继器的基本功能是接收、放大和重传所接收的模拟信号。中继器多年来一直是蜂窝系统的一部分，但 Release 18 引入了对网络控制中继器的支持。例如，网络控制允许在中继器-终端链路上进行调度器控制的波束赋形，这可以提高中继器的覆盖范围并减少由中继器引起的干扰。

关于 IAB 和网络控制中继器的更多细节参见第 24 章。

## 5.2.7 NR 与非授权频谱

频谱可用性是无线通信的重要组成部分，而在非授权频谱中的大量可用频谱对于提高 3GPP 系统的数据速率和容量具有很大的吸引力。在 Release 16 中，NR 增强了在非授权频谱中的操作。NR 支持类似于 LTE 授权辅助接入的方式，其中终端通过授权载波连接到网络，并且通过载波聚合框架使用一个或多个非授权载波来提高数据速率。然而，与 LTE 不同的是，NR 还支持独立的非授权频谱操作，而无须授权频谱中载波的支持，如图 5-11 所示。与 LTE-LAA 相比，这将大大增加 NR 在非授权频谱中部署的灵活性。

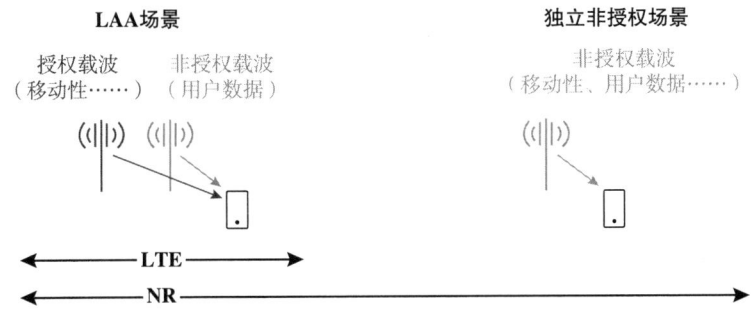

图 5-11 非授权频谱中的 NR。授权辅助操作(左)和完全独立场景(右)

Release 16 提供了一个全球性框架，既可以在现有的 5GHz 非授权频段(5150~5925MHz)中工作，也可以在如 6GHz 的新频段(5925~7125MHz)中工作。在 Release 17 中，NR 的频谱范围扩展到最大 71GHz，并且允许使用 60GHz 的非授权频谱。

对于在非授权频谱中操作的几个非常重要的关键原则已经在 Release 15 中成为 NR 的一部分，例如极简传输和灵活的帧结构，不过在 Release 16 中又增加了新的机制，最引人注目的是用于支持先听后说(Listen-Before-Talk，LBT)的信道接入过程，第 20 章中有详细描述。NR 基本上重用与 LAA 相同的信道接入机制，只是做了一些增强。事实上，LTE 和 NR 都使用相同的多标准规范[88]。从共存的角度来看，重用为 LTE-LAA 开发的机制(在很大程度上也用于 Wi-Fi)是非常有益的。在 3GPP 的研究中，已经证明将一个 Wi-Fi 网络替换为在非授权频谱中工作的 NR 网络可以提高网络性能，不仅对于迁移到 NR 网络的部分，而且对于剩余的 Wi-Fi 网络，性能都有所提高。

## 5.2.8 扩展到 52.5GHz 以上

Release 17 中的一个主要增强是将 FR2 的上限从 52.6GHz 扩展到 71GHz。52.6~71GHz 的频谱范围被称为 FR2-2⊖，可用于授权频谱和非授权频谱，但扩展的原因之一是为了纳入 60GHz 频段的非授权频谱。支持 52.6GHz 以上频率对 NR 有几个方面的影响，其中包括相位噪

---

⊖ 24.5~52.6GHz 的范围被称为 FR2-1。FR2-1 和 FR2-2 一起形成 FR2。

声。相位噪声可以通过更先进的接收机算法来处理，并且不一定需要更大的子载波间隔。然而，为了避免 FFT 大小对载波带宽有不必要的限制，NR 将子载波间隔扩展到 480kHz 和 960kHz，以便能够利用高达 2GHz 的载波带宽。

### 5.2.9 智能交通系统、车联网和直通链路

智能交通系统（Intelligent Transportation Systems，ITS）是 NR Release 16 中一个新的垂直行业用例。ITS 提供了一系列交通服务和交通管理服务，这些服务将共同改善交通安全，并减少交通拥堵、燃料消耗和环境影响。相关的例子包括车辆编队、避免碰撞、合作换道和远程驾驶等。为了实施智能交通系统，不仅需要车辆与固定基础设施之间的通信，还需要车辆之间的通信。

与固定基础设施的通信显然通过网络的上下行链路就可以解决。为了处理车辆之间（Vehicle-to-Vehicle，V2V）的直接通信，Release 16 引入了第 26 章中描述的直通链路（Sidelink）。Sidelink 还将作为 Release 17 中与 ITS 无关的其他增强功能的基础，因此可以看作一个与任何特定垂直应用无关的通用增强功能。除了 Sidelink 之外，为上下行空口引入的许多增强功能也与支持 ITS 服务相关。特别是超可靠低时延通信（URLLC）非常有助于实现远程驾驶服务。

Sidelink 不仅支持物理层单播传输，还支持组播和广播传输。单播传输，即两个终端直接通信，可以采用依赖于 CSI 反馈、HARQ 和链路自适应的先进的多天线方案。当传输的信息（如安全消息）与邻近多个终端相关时，可以使用广播和多播模式。在广播和多播模式中，虽然 HARQ 也是可能的，但是不太适合使用基于反馈的传输方式。

Sidelink 可以工作在网络覆盖范围内、覆盖范围外和部分覆盖的情况下（见图 5-12），并且可以使用所有 NR 频段。当存在蜂窝网络覆盖时，基站还可以扮演调度所有 Sidelink 传输的角色。

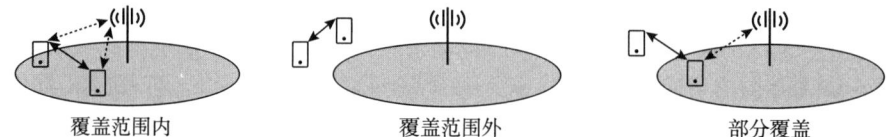

覆盖范围内　　　　　　　覆盖范围外　　　　　　　部分覆盖

图 5-12　覆盖范围内基于网络控制的终端到终端通信

在 Release 17 中，Sidelink 设计被推广为同样适用于 V2X 以外的用例，例如可穿戴设备。资源分配机制更新以满足很多终端有限的电池容量，这对于 V2X 应用来说并不是什么问题，因为在 V2X 应用中终端可以使用车辆电池。Release 17 还支持 Sidelink 中继，即使用中间设备作为中继节点来扩展网络覆盖。

Release 18 在这一领域做了进一步的增强，包括支持 Sidelink 载波聚合、支持在非授权频谱中操作以及潜在扩展到 FR2 频谱范围。

### 5.2.10 机器类型通信和物联网

机器类型通信和物联网是非常宽泛的术语，涵盖了广泛的用例和场景，包括：

- 低功耗广域网(Low-Power Wide-Area，LPWA)，也称为大规模物联网，其特点是低成本终端的数量庞大，每个终端都有适度的数据速率要求并且电池寿命很长。
- 超可靠低时延通信(URLLC)，有时被称为关键应用物联网，其中可靠性和时延是最重要的要求。
- 非时延关键的工业应用，也称为宽带物联网，例如监控摄像头，要求数据速率可以达到每秒几十兆比特，终端成本合理并且时延要求宽松。

鉴于这三个领域的要求差别很大，因此需要使用不同的功能和技术，如图5-13所示。

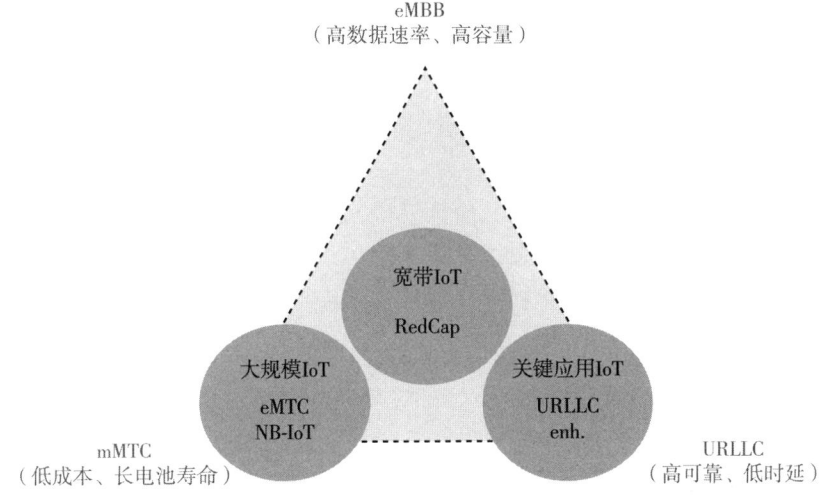

图5-13　不同物联网技术的相对定位

如前所述，LTE衍生的NB-IoT和eMTC技术[26]为LPWA提供了良好的服务。尽管NB-IoT和eMTC在NR标准化之前就已经存在，但NR中的频谱共享机制使这些技术能够紧密集成到NR载波中，形成一个集成化的解决方案。

URLLC的支持从一开始就是NR的一部分。然而，为了扩大所适用的工业物联网用例集，并更好地支持新的用例，如工厂自动化、配电和运输行业(包括远程驾驶用例)，Release 16增加了一些增强功能以提高可靠性，并进一步减少了Release 15中本已较低的时延。时间敏感网络(Time-Sensitive Networking，TSN)是增强的另一个目标领域，其中时延的变化和准确的时钟分布与低时延本身一样重要。另一个例子是对终端内和终端之间的业务流进行优先级排序的机制。例如引入了上行抢占机制，可以取消正在进行的低优先级的上行传输，以及增强的功率控制以增加高优先级上行传输的功率。概括来说，第21章中描述的许多添加功能可以被视为一系列较小的改进，这些改进共同显著提高了NR在URLLC领域的性能。

Release 17中对工业物联网和URLLC做了进一步增强，旨在提高频谱效率和系统容量，并改进对时间敏感通信的支持。这些增强包括PUCCH重复、CSI报告、HARQ相关信令、终端内复用和TSN辅助信息等。Release 17还对在受控环境中工作的非授权频谱中的URLLC提升了支持。在这样的环境中，干扰变化通常较小，并且可以简化信道接入流程，以避免通常在其他情况下遇到的随机回退。

过去，非时延关键应用通常使用更简单的LTE终端，例如LTE类别1~4的终端。这些类别比 NB-IoT 和 eMTC 能力强,但比 NR 能力差。对于那些要求比 eMTC/NB-IoT 更高但是又不需要全套 NR 功能的用例场景,Release 17 提供的基于 NR 的解决方案是引入了降低能力(Reduced Capability,RedCap)终端。这些终端是 NR 终端,但通过限制一些特性,其复杂度低于常规 NR,如图 5-14 所示。RedCap 在 Release 18 中进一步发展,增强了 DRX 处理并进一步降低了数据速率。第 22 章对 RedCap 进行了更详细的讨论。

除了 RedCap,Release 17 还引入了针对小数据传输的增强功能,提供一种方法来减少物联网应用中经常遇到的少量和不频繁的载荷所造成的开销。这是通过允许上行数据传输处于非活动状态并且在传输小数据包之前不强制转换到连接态来实现的。

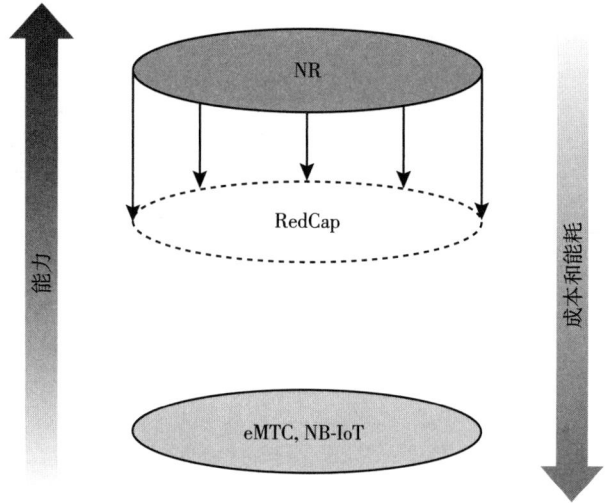

图 5-14 NR、RedCap 及 eMTC/NB-IoT 之间的关系

### 5.2.11 定位

物流和生产制造等一系列应用都需要精确的定位,不仅涉及室外定位,还包括室内定位。因此,NR 在 Release 16 中进行了相应扩展以提供更好的定位支持。全球导航卫星系统(Global Navigation Satellite Systems,GNSS)在蜂窝网络的辅助下,多年来一直被用于定位。GNSS 虽然能够提供精确的定位,但通常仅限于卫星可见的室外区域,因此其他定位方法也是非常重要的。

从架构角度来看,NR 的定位与 LTE 类似,基于使用位置服务器。位置服务器负责收集与定位相关的信息(如终端能力、辅助数据、测量、位置估计等),并将其分发给参与定位过程的其他实体。定位的方法有很多种,包括基于下行和基于上行的,可以单独使用或需要组合使用的,目的是满足不同场景的定位精度要求,如图 5-15 所示。

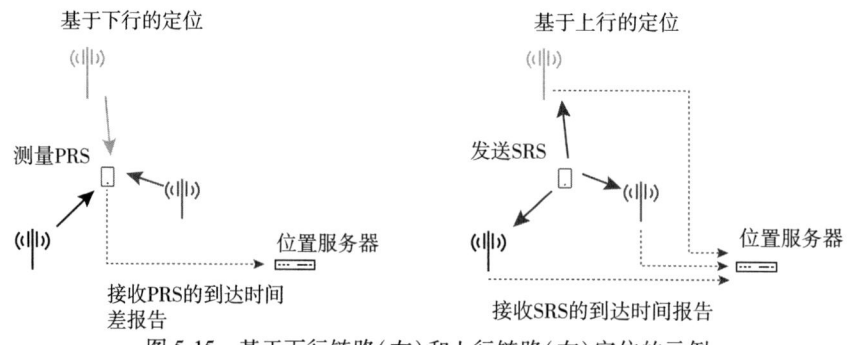

图 5-15 基于下行链路(左)和上行链路(右)定位的示例

定位参考信号(Positioning Reference Signal, PRS)是一种新的参考信号, 用于支持基于下行的定位。与 LTE 相比, PRS 具有更规则的结构和更大的带宽, 使得对到达时间的估计可以更加清晰和精确。终端可以测量和报告从多个不同基站接收的 PRS 的到达时间差, 定位服务器则使用这些报告来确定终端的位置。如果不同的 PRS 在不同的波束中传输, 则报告可以间接地给出终端所在的基站的方向信息。

基于上行的定位是基于终端发送的探测参考信号(Sounding Reference Signal, SRS), 为提高定位精度, Release 16 对 SRS 有所扩展。使用(扩展的)SRS, 基站可以测量和报告到达时间、接收功率、到达角(如果使用接收机波束赋形)以及下行发送和上行 SRS 接收之间的时间差。所有这些从基站收集的测量结果都被传送到位置服务器以确定终端位置。

定位需要准确的时间。如果不同的信号经过不同的 RF 链路, 则到达时间可能不同。Release 17 可以支持将已知通过相同 RF 处理的信号组合在一起, 从而改善了定时知识以获得更好的定位估计。Release 17 中的其他增强功能包括基于角度的定位、RRC_INACTIVE 状态下的定位以及减少总体定位时延的各种工具。在 Release 18 中, 增加了对 RedCap 终端定位的支持, 以及带宽聚合和可以提高精度的载波相位定位。

定位功能和相关的参考信号是第 27 章讨论的主题。

## 5.2.12 非地面网络

地面网络可以提供非常高的容量和良好的覆盖, 并且是部署蜂窝网络的典型方式。然而, 在某些区域建设地面网络的成本颇高甚至是不可行的。海洋覆盖就是一个明显的例子, 另外在非常偏远的地区, 由于用户数量非常少, 可能由于成本太高而无法部署地面网络。鉴于近年来发射卫星的成本降低, 非地面网络可以作为地面网络的补充, 在容量不是主要问题的偏远地区提供网络覆盖。

在 Release 17 中, NR 增加了对非地面网络(Non-Terrestrial Networks, NTN)的支持, 包括近地轨道(LEO)和地球静止轨道(GEO)卫星星座。Release 17 的两个增强功能是为了在 NTN 中解决由非常高的多普勒频移和非常长的往返时间所带来的两个挑战, 第 25 章有更详细的描述。

## 5.2.13 广播和多播

NR 的第一个版本中的数据传输主要面向单个用户的数据, 并且用户数据的传输协议和无线资源管理过程都是针对这一点而设计的。然而, 在某些用例中多个用户可能对相同的数据感兴趣。广播和电视广播网络是两个众所周知的用相同的内容覆盖非常大区域的网络示例, 而没有或有限地针对单个用户进行数据传输。其他可能与蜂窝系统更相关的向多个终端传送相同数据的例子是急救人员, 调度员需要同时与一组急救人员通信, 另一个例子是对多个终端同时进行软件升级。

为了更好地解决这些类型的场景中的问题, Release 17 在 NR 中引入了广播和多播功能, 如第 23 章所述。在移动通信系统中提供广播/多播业务意味着同时向多个终端提供相同的信息, 这在许多情况下与向终端单独进行传输相比减少了网络资源需求。

## 5.2.14 覆盖增强

覆盖是蜂窝网络最重要的需求之一。在很大程度上,满足一定数据速率的网络覆盖取决于网络部署的因素,例如传输功率和站点间距离。

在 Release 17 中,引入了几个较小的增强来改善上行覆盖,而上行覆盖通常受限于 PUSCH 的性能。信道估计可以跨 PUSCH 和 PUCCH 并且跨多个时隙联合进行。这允许 gNB 通过对连续发送的多个时隙上的信道估计进行滤波来改进信道估计。单个传输块可以在多个时隙上传输,结合跨多个时隙的信道估计,使性能得到提升。另外对 PUCCH 重复的动态控制也有所增强。

在 Release 18 中引入了进一步的增强,例如上行信号在 OFDM 和 DFTS-OFDM 之间的动态切换。

## 5.2.15 小于 5MHz 带宽的 NR

NR 的设计在本质上是灵活的,可以支持较大范围的载波带宽。NR 最小的载波带宽是 5MHz,这对于典型的移动网络运营商来说是足够小的,并且足以支持 SSB 所需的 20 个资源块。然而,对于某些用例场景,特别是铁路通信和一些公共安全应用,可用的频谱分配可能小于 5MHz。为了适应这些用例,Release 18 在不重新设计 SSB 结构的情况下将最小载波带宽减少到约 3MHz。因此,这些变化主要与 RAN4 相关,例如对信道栅格等方面的修改[113]。

## 5.2.16 扩展现实

扩展现实(XR)是一个涵盖虚拟现实(VR)、增强现实(AR)和混合现实(MR)的总括术语。在虚拟现实中,计算机生成的三维场景通常通过每只眼睛一个显示器的 VR 眼镜呈现给用户。通过跟踪头部运动,虚拟场景被更新以跟随用户的运动。在增强现实中,计算机生成的场景被叠加到真实世界中。在这种情况下,移动也会被跟踪,并且随着用户移动而更新场景。混合现实是指介于 AR 和 VR 之间的用例。

XR 领域的发展很快,具有合理尺寸和重量的 XR 眼镜开始商业化。这引发了人们对在蜂窝网络中支持这类应用的巨大兴趣,因此 3GPP 研究了对 NR 的潜在增强,以更好地支持 XR 服务[114]。XR 在几个方面都要求很高。首先,视频信息需要相对较高的数据速率,包括下行到 XR 眼镜的数据和上行从头戴式摄像机发出的数据都是如此。其次,低时延也是至关重要的,因为如果计算机生成的图片更新得不够迅速,用户可能会有晕车的感觉。有时使用术语"运动的光子时延"来表示 XR 的时延,它不仅包含数据传输部分,还包含所执行的任何视频编码和视频处理。最后,在具有多个 XR 用户的网络中的容量要求也可能非常大。

尽管 NR 不需要特殊的增强就可以支持 XR,但 Release 18 仍然包含了一些增强功能,以增加此类业务的容量[115]。这些增强主要与更高效的调度有关,例如对配置授权的增强和对缓存状态报告的改进。与典型 XR 帧速率匹配的 DRX 机制是另一个增强功能,旨在延长使用这类业务的设备的电池寿命。

## 5.2.17 无人飞行器和无人机

无人飞行器(Unmanned Aerial Vehicle,UAV)也称为无人机,是指没有任何飞行员或机组人员的飞机。尽管无人机最初是为军事应用而开发的,但它们也很快找到了多种非军事用途,例如航空照片、监控和货物运输等。使用蜂窝网络控制这些无人机是一个有吸引力的选择,因此 Release 18 在这一领域引入了许多增强功能[116]。NR 最初是为地面使用而设计的,地面上有基站和终端,但灵活的 NR 框架有助于直接支持无人机终端在空中飞行。与全地面部署相比,一个主要区别是无人机可以同时看到多个小区,这促使 3GPP 引入了基于多个小区的邻区测量报告。引入的其他增强功能包括由高度触发的终端测量报告和飞行路径报告。

## 5.2.18 双工灵活性

NR 旨在支持广泛的双工技术——动态 TDD、半双工 FDD 和全双工 FDD。所有这些双工技术都假设基站(或终端)的发送和接收至少在时间或频率上是分开的。这种分离极大地简化了自干扰的处理。真正的全双工操作,即在相同的时间/频率资源上同时发送和接收,将面临显著的干扰,这种干扰既是需要处理的问题,但也可能带来好处。例如,TDD 网络中的延迟受到上行和下行链路划分的强烈影响,上下行分隔在广域网中通常是半静态设置的,并且在无线信道处于"正确方向"(上行链路用于上行数据,下行链路用于下行数据)之前无法传输数据。如果可以在任何时间点传输数据,而不用考虑静态上下行划分,就可以降低时延。在某些情况下,如果数据可以同时(连续)在两个方向上传输,会具有覆盖和容量优势。如果要获得这些好处,正确处理自身干扰,甚至更重要的是处理小区间干扰是至关重要的,也是极具挑战性的[117-118]。

为了研究全双工的可行性和潜在效益,在 Release 18 中进行了一项研究[119]。重点是 gNB 处的子带全双工和终端处的传统 TDD 操作。在子带全双工中,上行传输可以发生在部分下行时隙中,如图 5-16 所示。自干扰抑制可以通过适当的天线设计、线性化和数字干扰消除来实现。

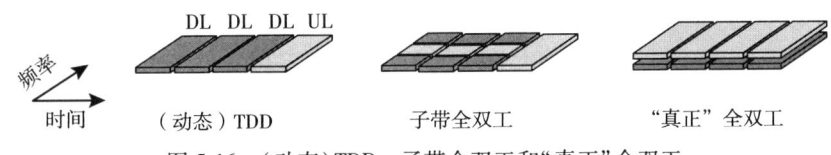

图 5-16 (动态)TDD、子带全双工和"真正"全双工

## 5.2.19 网络能效增强

无论是从成本角度还是从环境角度(减少二氧化碳排放)来看,网络能源效率对运营商来说都是一个非常重要的方面。这在 5G 设计的早期就被发现,也是极简设计背后的主要原因之一(见 5.1.2 节)。5G 无线网络的实施利用了超精简设计的优势,现代 5G 无线终端消耗的能量远低于相应的 4G 终端。为了进一步提高网络能效,Release 18 包含一个关于 NR 网络节能的

研究项目[120]。该项目研究了一系列技术，例如无 SSB 小区和基站的 DRX/DTX。其中一些技术可能会成为 Release 19 的一部分，而且对未来的 6G 设计也是有价值的。

### 5.2.20 人工智能和机器学习

近年来，人工智能（Artificial Intelligence，AI）和机器学习（Machine Learning，ML）已经成功应用于图像识别和自然语言交互等各种问题。毋庸置疑，AI/ML 也被应用于许多其他领域，无线通信网络也不例外，大量论文研究了 AI/ML 在无线资源管理和物理层相关问题中的适用性。能够得益于 AI/ML 的问题领域尚未有定论，但一般来说，可以访问大量数据进行训练的复杂非线性问题可能比有限的、数学上定义明确的（线性）问题受益更多。如今，无线资源管理，例如辅载波激活和切换决策，可以在没有明确规范支持的情况下使用 AI/ML 来实现。

为了研究 AI/ML 在蜂窝通信中的适用性以及可能需要什么规范来支持，3GPP 在 Release 18 中开始了一项研究[121]，重点关注以下三个领域：

- CSI 反馈，例如减少开销和提高准确性。
- 波束管理，例如波束预测，以减少开销并实现更准确的波束选择。
- 定位，例如在不同（非视距）场景中提高定位精度的方法。

该研究还将在 3GPP 业界推广 AI/ML 技术，并落实有关 AI/ML 的增强如何在规范中体现，这从 NR 演进的角度以及对未来 6G 标准的制定都是非常有价值的。

# 第 6 章

# 无线接口架构

本章首先对 NR 无线接入网及核心网的架构做一个总体概述，然后分别描述无线接入网的用户面和控制面协议。

## 6.1 系统总体架构

3GPP 在制定 NR（New Radio）无线接入技术的同时，也重新考虑了无线接入网（Radio-Access Network，RAN）和核心网（Core Network，CN）的总体系统架构，包括二者之间功能划分的问题。

RAN 负责整个网络中所有与无线相关的功能，例如调度、无线资源管理、重传协议、编码以及各种多天线方式。这些功能将在后续章节中详细讨论。

5G 核心网负责与无线接入无关但是实现一个完整网络同样需要的功能。这些功能包括鉴权、计费功能以及端到端连接的建立等。之所以把这些功能归在核心网而不是集成到 RAN 中，是因为这样做可以使核心网服务于多种无线接入技术。

NR 无线接入网既可以连接到 5G 核心网，也可以连接到被称为演进分组核心网（Evolved Packet Core，EPC）的传统 LTE 核心网上。实际上 NR 的非独立组网模式就是这种情况，即使用 LTE 和 EPC 来处理连接建立和寻呼等功能。因此，LTE 和 NR 的无线接入方案和它们各自的核心网都是密切相关的，而不像 3G 转换到 4G 时那样，4G LTE 无线接入技术无法连接到 3G 核心网。

虽然本书侧重于 NR 无线接入技术，但是作为背景材料，很有必要对 5G 核心网做简要的概述，比如它是如何连接到 RAN 的。有关 5G 核心网的详细描述参见文献[84]。

### 6.1.1 5G 核心网

5G 核心网建立在 EPC 的基础上，与 EPC 相比有三个方面的增强：基于服务的架构（service-based architecture）、支持网络切片以及控制面和用户面分离。

基于服务的架构是 5G 核心网的基础。这意味着 3GPP 规范侧重于描述核心网提供的服务和功能，而不是核心网节点本身。这样做是很自然的，因为今天的核心网通常已经高度虚拟化,核心网功能一般都运行在通用计算机硬件上。

网络切片(network slicing)是 5G 研究中常见的术语。一个网络切片是服务于特定业务或客户需求的一个逻辑网络,它是在基于服务的架构中选择必要的功能配置组合在一起而构成的。举例来说,可以构造一个网络切片来支持具有完全移动性的移动宽带应用,或者可以构造另一个网络切片来支持特定的非移动但有低时延要求的工业自动化应用。这些切片将运行在共同的、基础性的物理核心网和无线网络上,但从最终用户应用的角度来看,它们像是运行在各自独立的具有独特功能的网络中。在许多方面,网络切片类似于在同一个物理计算机上配置多个虚拟计算机。边缘计算(用户应用的一部分在靠近核心网边缘的地方运行以满足低时延要求)也可以构成这种网络切片的一部分。

5G 核心网架构强调控制面和用户面的分离,包括两者容量的独立扩展(scaling)。例如,如果需要更多的控制面容量,可以单独扩容控制面而不必同时对用户面进行扩容。

总体上,5G 核心网的架构如图 6-1 所示。该图使用了基于服务的表示方法,其中服务和功能是关注的焦点。在 3GPP 标准中,还有一个替代性的参考点描述方法,侧重于功能之间点到点的交互,但图 6-1 中没有对此进行描述。

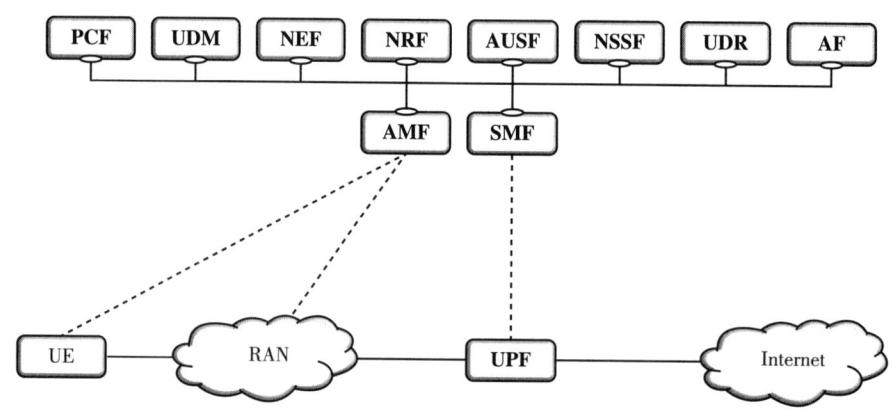

图 6-1 5G 核心网架构(基于服务的表示方法)

用户面的功能实体包括用户面功能(User Plane Function,UPF),它是 RAN 与诸如互联网之类的外部网络之间的网关,负责处理数据包路由和转发、数据包检测、服务质量处理和数据包过滤、流量测量等。UPF 还可以在需要时作为(不同 RAT 之间)移动性的锚点。

控制面包含多个功能实体。会话管理功能(Session Management Function,SMF)处理终端[也称为用户设备(User Equipment,UE)]的 IP 地址分配、策略实施的控制以及一般会话管理功能等。接入和移动性管理功能(Access and Mobility Management Function,AMF)负责核心网和终端之间的控制信令、用户数据的安全性、空闲态移动性和鉴权。在核心网(更具体地说是 AMF)和终端之间运行的功能有时被称为非接入层(Non-Access Stratum,NAS),以区别于接入层(Access Stratum,AS)。接入层处理终端和无线接入网之间的功能。

此外,核心网还可以处理其他类型的功能,例如:负责策略规则的策略控制功能(Policy Control Function,PCF)、负责鉴权认证和接入授权的统一数据管理(Unified Data Management,UDM)、网络能力开放功能(Network Exposure Function,NEF)、NF 存储功能(NF Repository Function,NRF)、处理鉴权功能的鉴权服务器功能(Authentication Server Function,AUSF)、为

服务于特定终端而进行切片选择的网络切片选择功能(Network Slice Selection Function，NSSF)、统一数据存储(Unified Data Repository，UDR)，以及应用功能(Application Function，AF)等。这些功能在本书中没有进一步讨论，读者可以参考文献[13]和参考文献[84]以了解更多细节。

值得注意的是，核心网功能的具体实现可以是多种多样的。比如，所有功能可以在单个物理节点中实现，也可以分布在多个节点上，或者运行在云平台上。

以上描述的是新的5G核心网，它是和NR无线接入一起由3GPP同时制定的，能够处理NR和LTE无线接入。然而，为了能够在现有网络中尽早引入NR，还可以将NR连接到LTE的核心网EPC。在图6-2中这种方式标示为"选项3"，并且也被称为"非独立组网"(non-standalone operation)，即在这一选项中控制面功能由LTE承载，例如初始接入、寻呼和移动性。标记为eNB和gNB的节点将在下一节中详细讨论。这里读者可以将eNB和gNB分别理解为LTE和NR的基站。

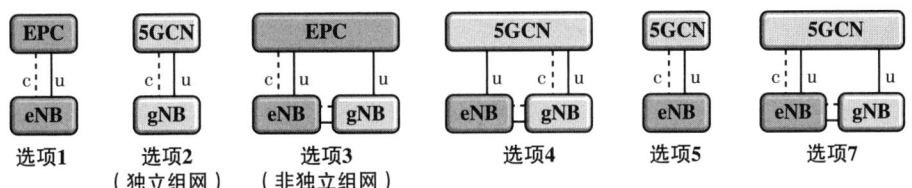

图6-2 核心网和无线接入网的不同组合

在选项3中，eNB连接到EPC核心网。所有控制面功能由LTE处理，NR仅用于为用户面数据提供服务。gNB连接到eNB，来自EPC的用户面数据可以由eNB转发到gNB。选项3的其他变种包括：选项3a和选项3x。在选项3a中，eNB和gNB的用户面直接连接到EPC。在选项3x中，仅有gNB的用户面连接到EPC，并且到eNB的用户面数据通过gNB来路由。

对于独立组网，gNB直接连接到5G核心网，如图6-2中的选项2所示。此时用户面和控制面功能均由gNB处理。选项1是LTE网络架构，选项4、5和7则显示了将LTE的eNB连接到5GCN的各种可能性。

## 6.1.2 无线接入网

无线接入网有两种连接到5G核心网的节点类型：
- gNB，通过使用NR的用户面和控制面协议为NR终端提供服务。
- ng-eNB，通过使用LTE的用户面和控制面协议为LTE终端提供服务⊖。

一个既包含用于LTE无线接入的ng-eNB节点也包含用于NR无线接入的gNB节点的无线接入网称为NG-RAN。为简单起见，下文将直接使用RAN来称呼这种无线接入网。此外，下文将假定RAN连接到5G核心网，因此将使用诸如gNB等5G术语。换句话说，这些描述将以5G核心网和基于NR的RAN为假设前提，如图6-2中的选项2所示。但是如前所述，NR的第

---

⊖ 图6-2已经做了简化，没有区分连接到EPC的eNB和连接到5GCN的ng-eNB。

一个版本采用的是选项3，即NR连接到EPC的非独立组网模式。虽然在节点和接口的命名上略有不同，但它们的原理是类似的。

gNB（或ng-eNB）负责一个或多个小区中的所有无线相关的功能，例如无线资源管理、接入控制、连接建立、用户面数据路由到UPF、控制面信息路由到AMF以及QoS流管理等。需要注意的是，gNB是一个逻辑节点而非产品的物理实现。gNB的一个常见的产品实现形态是三扇区基站，即一个基站处理三个小区的信号发射和接收。但是也可以有其他实现方式，例如一个基带处理单元连接几个射频拉远单元。这些射频拉远单元可以是属于同一个gNB的大量室内小区或沿高速公路部署的若干小区。因此，基站是gNB的一个可能的实现方式，但不是等价的概念。

从图6-3中可以看出，gNB通过NG接口连接到5G核心网，具体地说是通过NG用户面（NG-u）连接到UPF，并通过NG控制面（NG-c）连接到AMF。出于负载均衡和冗余的目的，一个gNB可以连接到多个UPF和AMF。

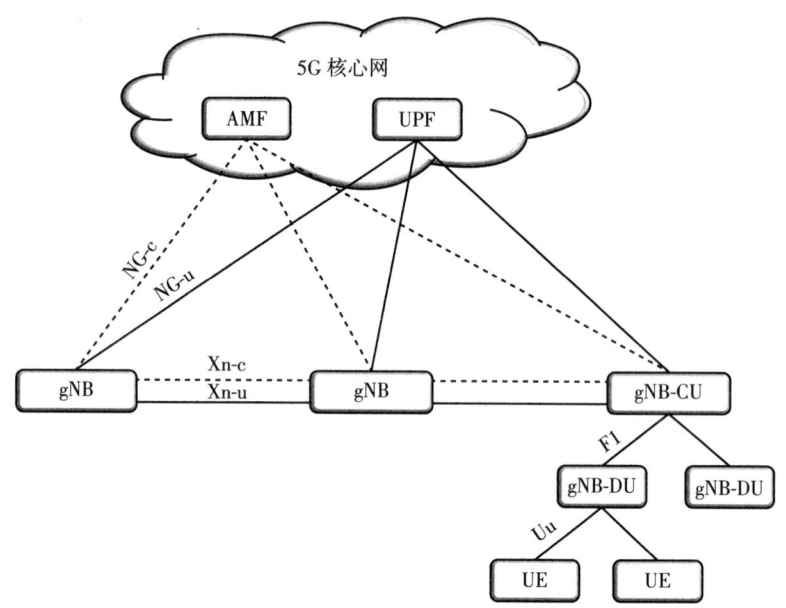

图6-3　无线接入网接口

gNB彼此之间的Xn接口主要用于支持双连接，以及通过数据包转发来支持相邻小区之间无损的激活态移动性。Xn接口还可用于多小区的无线资源管理（Radio Resource Management，RRM）功能。

NR标准中还可以将gNB分成两个部分，即一个中央单元（gNB-CU）和一个或多个分布式单元（gNB-DU），gNB-CU和gNB-DU之间通过F1接口连接。在这种分离式gNB的情况下，RRC、PDCP和SDAP协议驻留在gNB-CU中，其余的协议（RLC、MAC、PHY）位于gNB-DU中。然而，在实践中无线资源管理是分离的，跨越了CU和DU，因为一些资源信息在CU中，而另一些资源信息在DU中。因此，DU决定大部分RRC配置，并将相关信息发送到CU，CU再将其转发到UE。这增加了CU-DU分离的复杂性，并且在实践中，CU和DU通常是共存的并在同一节点中实现。

gNB（或 gNB-DU）与终端之间的接口称为 Uu 接口。

对于要进行通信的终端，至少需要在终端和网络之间建立一个连接。终端至少要连接到一个小区来处理它的所有上下行传输。所有数据流（包括用户数据和 RRC 信令）都由该小区处理。这是一种简单而可靠的方法，适用于各种部署场景。但是在某些情况下，允许终端通过多个小区连接到网络可能是有好处的。比如用户面聚合的情况，即来自多个小区的数据流被聚合在一起以提高数据速率。另一个例子是控制面和用户面分离的场景，其中控制面的通信由一个节点处理，用户面的数据由另一个节点处理。把一个终端连接到两个小区㊀的场景称为双连接（Dual Connectivity）。

LTE 和 NR 之间的双连接尤为重要，因为它是使用选项 3 进行非独立组网的基础，如图 6-4 所示。基于 LTE 的主小区负责处理控制面和（潜在的）用户面信令，基于 NR 的辅小区仅负责处理用户面数据，旨在提高数据速率。

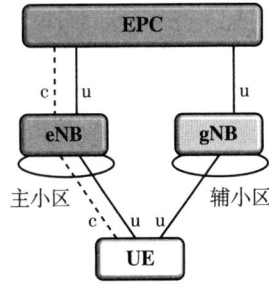

图 6-4　使用选项 3 的 LTE-NR 双连接

NR 与 NR 之间的双连接没有包含在 2017 年 12 月的 Release 15 版本中，而是在 2018 年 6 月的 Release 15 最终版本中发布。

## 6.2　无线协议架构

在描述了网络整体架构之后，可以继续讨论支持用户面和控制面的 RAN 的协议架构。图 6-5 描述了 RAN 的协议架构（如前一节所述，AMF 不是 RAN 的一部分，但为了提供一个完整的描述，AMF 被包含在图 6-5 中）。此外，来自互联网的用户数据经由核心网中的 UPF 进入 SDAP，这在图 6-5 中并未显示出来。

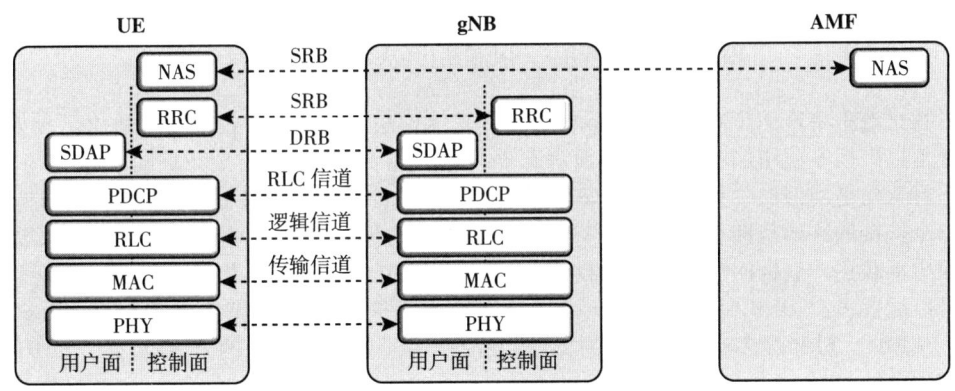

图 6-5　用户面和控制面协议架构

---

㊀　实际上是两个小区组，即主小区组（Master Cell Group，MCG）和辅小区组（Secondary Cell Group，SCG），载波聚合当中所提及的主小区组和辅小区组意味着每个组中都存在多个小区。

NR 用户面协议架构中下行链路的一个概览如图 6-6 所示（协议层的名称随后将会讨论）。尽管存在一些差异，NR 的协议层很多与 LTE 类似。其中一个区别是当 NR 用户面连接到 5G 核心网时 NR 对 QoS 的处理方式。此时用户面 SDAP 协议层支持一个或者多个 QoS 流，每个 QoS 流承载具有不同 QoS 要求的 IP 数据包。当 NR 连接到 EPC 核心网时，则不使用 SDAP。

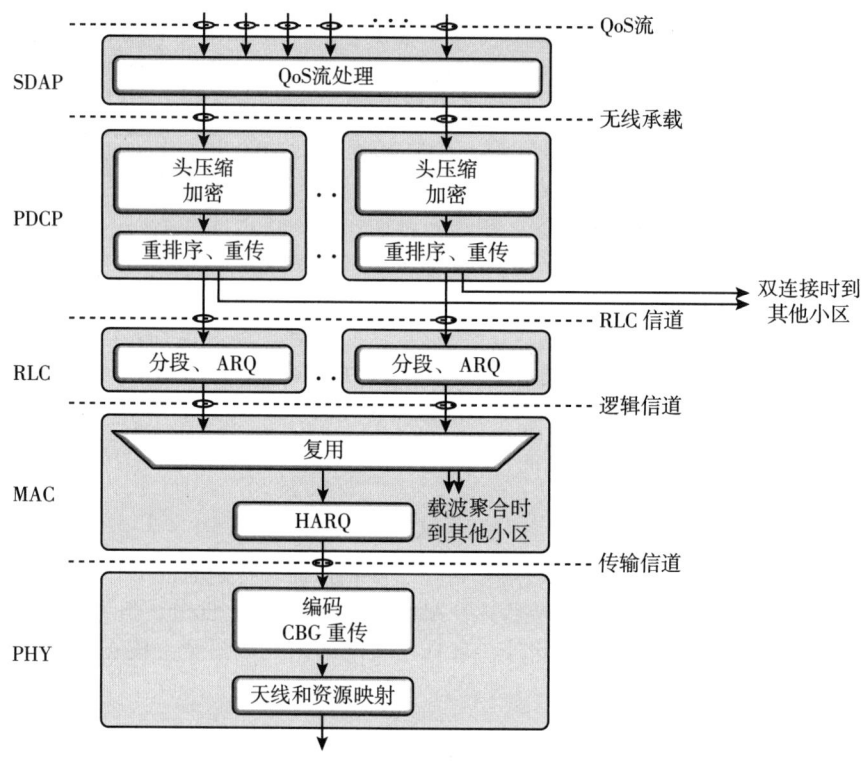

图 6-6　NR 下行用户面协议架构（从终端的角度看）

后续讨论中将进一步阐明，图 6-6 中所示的功能模块并非在所有情况下都适用。例如，基本系统信息广播不使用加密，而控制面消息处理不通过 SDAP。上行用户面协议架构与图 6-6 中的下行架构是类似的，只是在像传输格式选择和逻辑信道复用的控制方面存在一些差异。

每个连接的终端都拥有一个或多个 PDU 会话，每个 PDU 会话具有一个或多个 QoS 流和在用户面中承载用户数据的数据无线承载（Data Radio Bearer，DRB）。为了处理不同的业务优先级，可以配置多个 DRB。类似的还有用于处理控制面消息的信令无线承载（Signalling Radio Bearer，SRB）。SRB 最多有四种不同的类型：SRB0 用于公共信道中的 RRC 消息，SRB1 用于专用信道中的 RRC 消息（和搭载的 NAS 消息），SRB2 用于配置安全性后的 NAS 消息，SRB3 用于非独立组网模式下的特定 RRC 消息。

下面对无线接入网的不同协议实体进行概述，后续章节将有更详细的描述。

- 服务数据适配协议（Service Data Adaptation Protocol，SDAP）负责根据 QoS 要求将 QoS 承载映射到无线承载。LTE 中不存在该协议层，但在 NR 中当用户面连接到 5G 核心网时，新的 QoS 处理需要这一协议实体。

- 分组数据汇聚协议（Packet Data Convergence Protocol，PDCP）实现 IP 数据包的头压缩、加密和完整性保护。在切换时 PDCP 还执行数据包重传、按序递交和删除重复数据⊖等操作。在双连接的承载分离情况下，PDCP 可以提供数据包路由和复制。来自不同小区的数据包复制和传输可以为可靠性要求很高的业务提供分集。终端的每个无线承载都配置一个 PDCP 实体。
- 无线链路控制（Radio-Link Control，RLC）负责数据分段和重传。RLC 层以 RLC 信道的形式向 PDCP 提供服务。终端配置的每个 RLC 信道（对应每个无线承载）都有一个 RLC 实体。与 LTE 相比，NR 中的 RLC 层不支持数据按序递交给更高的协议层，这个改进是为了减少时延，下面将做进一步解释。
- 媒体接入控制（Medium-Access Control，MAC）负责逻辑信道复用、HARQ 重传以及调度和调度相关的功能。gNB 中的上下行调度功能位于 MAC 层。MAC 层以逻辑信道的形式向 RLC 层提供服务。NR 改变了 MAC 层的报头结构，从而可以更有效地支持低时延的处理。
- 物理层（Physical Layer，PHY）负责编解码、调制、解调、多天线映射以及其他典型的物理层功能。物理层以传输信道的形式向 MAC 层提供服务。

图 6-7 以示例的方式总结了下行数据通过所有协议层的处理流程：给定三个 IP 数据包，其中两个在一个无线承载上，一个在另一个无线承载上。在这个示例中共有两个无线承载，并且一个 RLC SDU 被分段，在两个不同的传输块中进行传送。上行传输的数据流处理与此类似。

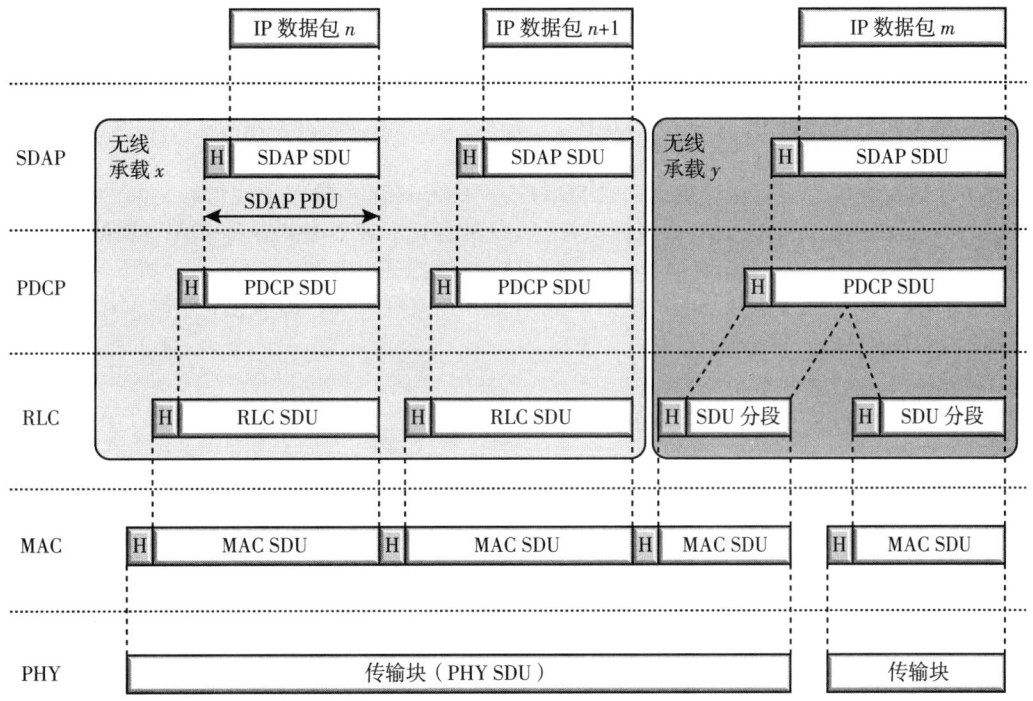

图 6-7 用户面数据流示例

---

⊖ 3GPP 2017 年 12 月的 NR 版本不支持重复数据检测，在 2018 年 6 月的版本中支持。

SDAP 协议将 IP 数据包映射到不同的无线承载上。在该示例中，IP 数据包 $n$ 和 $n+1$ 被映射到无线承载 $x$ 上，而 IP 数据包 $m$ 被映射到无线承载 $y$ 上。通常，来自或者去往更高协议层的数据实体被称为服务数据单元（Service Data Unit，SDU），而来自或者去往较低协议层的数据实体被称为协议数据单元（Protocol Data Unit，PDU）。因此，SDAP 的输出是 SDAP PDU，等价于 PDCP SDU。

PDCP 协议对每个无线承载执行（可选的）IP 报头压缩，然后进行加密。根据配置决定是否添加 PDCP 报头，报头信息包含终端解密所需的信息，以及用于重传和按序递交的序列号。PDCP 层的输出被转发给 RLC 层。

如果需要，RLC 层对 PDCP PDU 进行分段，并添加 RLC 报头，其中包含用于重传处理的序列号。与 LTE 不同，NR 的 RLC 层不向更高协议层提供数据按序递交服务。原因是重排序机制会带来额外的时延，这种延迟可能对需要非常低时延的服务造成损害。如果确实有需要，可以由 PDCP 层提供按序递交。

RLC PDU 被转发到 MAC 层，MAC 层对多个 RLC PDU 进行复用并添加 MAC 报头以形成传输块。请注意，MAC 报头分布在整个 MAC PDU 中，即与某个 RLC PDU 相关的 MAC 报头紧挨着放在该 RLC PDU 之前。这与 LTE 是不同的，LTE 中所有 MAC 报头信息都位于整个 MAC PDU 的开始位置。NR 之所以作如此改变，是为了高效地处理低时延的场景。NR 的这种结构允许"在线"（on the fly）组装 MAC PDU，因为在报头字段计算出来之前，不需要组装完整的 MAC PDU。这样就减少了 MAC PDU 的处理时间，从而减少了整体时延。

本章的其余部分对 SDAP、RLC、MAC 和物理层进行概述。

### 6.2.1 服务数据适配协议——SDAP

SDAP 层仅在用户面存在，负责来自 5G 核心网的 QoS 流到数据无线承载之间的映射，以及对上下行链路中的数据包做 QoS 流标识符（QFI）的标记。在 NR 中引入 SDAP 的原因是在连接到 5G 核心网时对 QoS 进行处理，6.4 节将有更详细描述。在这种情况下，如 6.4 节所述，SDAP 负责 QoS 流和无线承载之间的映射。如果 gNB 连接到 EPC，即非独立组网模式的情况下则不需要使用 SDAP。

### 6.2.2 分组数据汇聚协议——PDCP

PDCP 执行 IP 报头压缩以减少通过无线接口传输的比特数。头压缩机制基于鲁棒性头压缩（ROHC）框架[36]，这是一组标准化的头压缩算法，也被应用于其他几种移动通信技术。PDCP 还负责加密以防止窃听，对于控制面还提供完整性保护以确保控制消息来自正确的信息源。在接收端，PDCP 执行相应的解密和解压缩操作。

PDCP 还负责重复数据包的删除和（可选的）对数据包的按序递交，用于如 gNB 内切换的场景。在切换时，PDCP 将未送达的下行数据包从旧的（源）gNB 转发到新的（目标）gNB。在切换时，由于 HARQ 的缓存被清空，终端中的 PDCP 实体还将负责对尚未送达 gNB 的所有上行数据包进行重传。在这种情况下，一些 PDU 可能通过旧 gNB 和新 gNB 的两个连接被重复接收。此时 PDCP 将删除重复接收的数据包。PDCP 还可以被配置为执行重排序功能以便确保 SDU 按序递交到更高协议层（如果需要的话）。

PDCP 中的重复数据包处理功能也可用于提供额外的分集增益。在发射端，数据包首先被复制，然后在多个小区中发送，增加了至少有一个副本被接收到的可能性。这对需要超高可靠性的业务而言非常有用。在接收端，PDCP 的重复删除功能则删除掉所有重复项。这实质上相当于选择分集。

双连接是 PDCP 发挥重要作用的另一个领域。在双连接中，终端连接到两个小区，通常是两个小区组⊖，即主小区组（Master Cell Group，MCG）和辅小区组（Secondary Cell Group，SCG）。两个小区组可以分属于不同的 gNB。一个无线承载通常由一个小区组来处理，但是也存在承载分离的情况，即一个无线承载由两个小区组分别处理。此时 PDCP 负责在 MCG 和 SCG 之间分配数据，如图 6-8 所示。

Release 15 的 2018 年 6 月版本以及后续的 NR 版本提供了对双连接的通用支持，而 2017 年 12 月的 Release 15 版本则仅支持 LTE 和 NR 之间的双连接——这对于选项 3 的非独立组网尤其重要，如图 6-4 所示。基于 LTE 的主小区负责控制面及（可能的）用户面信令，而基于 NR 的辅小区仅负责处理用户面，主要是为了提高数据速率。

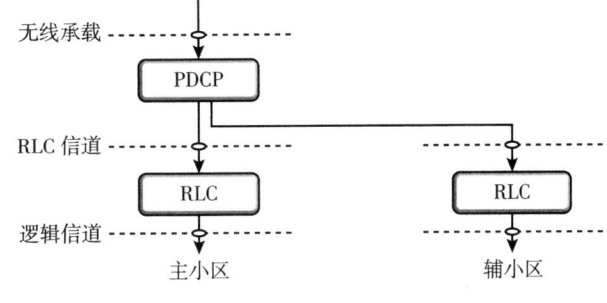

图 6-8 承载分离的双连接

## 6.2.3 无线链路控制

RLC 协议负责将来自 PDCP 的 RLC SDU 分割为适当大小的 RLC PDU。RLC 还对错误接收的 PDU 进行重传处理，以及删除重复的 PDU。根据服务类型，RLC 可以配置为以下三种模式之一：透明模式、非确认模式和确认模式。每种模式实现上述 RLC 的部分或全部功能。顾名思义，透明模式是透明的，并且不添加报头。非确认模式支持分段和重复检测，而确认模式还额外支持错误数据包的重传。

NR 的 RLC 与 LTE 相比的一个主要差异是不保证向上层按序递交 SDU。从 RLC 中去掉按序递交功能可以减少总体时延，因为后续数据包不必等待之前丢失的数据包完成重传才能被递交到高层，而是可以直接被转发。另一个区别是从 RLC 协议中去掉了 SDU 级联功能，从而在收到上行调度授权之前可以预先组装 RLC PDU。这也有助于减少整体时延，如第 13 章所述。

图 6-9 显示了作为 RLC 主要功能之一的分段功能。该图中还包含相对应的 LTE 功能，在 LTE 中 RLC 还支持级联。RLC 根据调度器的调度决定选择一定的传输数据量，也就是选择传输块的大小。作为 NR 整体低时延设计的一部分，在上行传输的情况下，上行调度决策在传输之前几个 OFDM 符号的时间内才会告知终端。在 LTE 具有级联功能的情况下，在获知调度决策之前无法组装 RLC PDU，这会给上行传输造成额外的延迟，因而不能满足 NR 的低时延要

---

⊖ 之所以提出"小区组"这个概念还有一个目的，就是用于载波聚合的场景，此时每个小区组中都有多个小区，每个小区都对应一个聚合载波。

求。通过从 RLC 中去掉级联功能，可以预先组装 RLC PDU，并且在接收到调度决策时，终端仅需将适当数量的 RLC PDU 转发到 MAC 层，而该数量取决于被调度的传输块大小。为了完全填充一个传输块，最后一个 RLC PDU 可以只包含 SDU 的一个分段。分段的操作很简单，在接收到调度授权时，终端把填充传输块所需的数据填入进去，并更新报头以指明它是分段的 SDU。

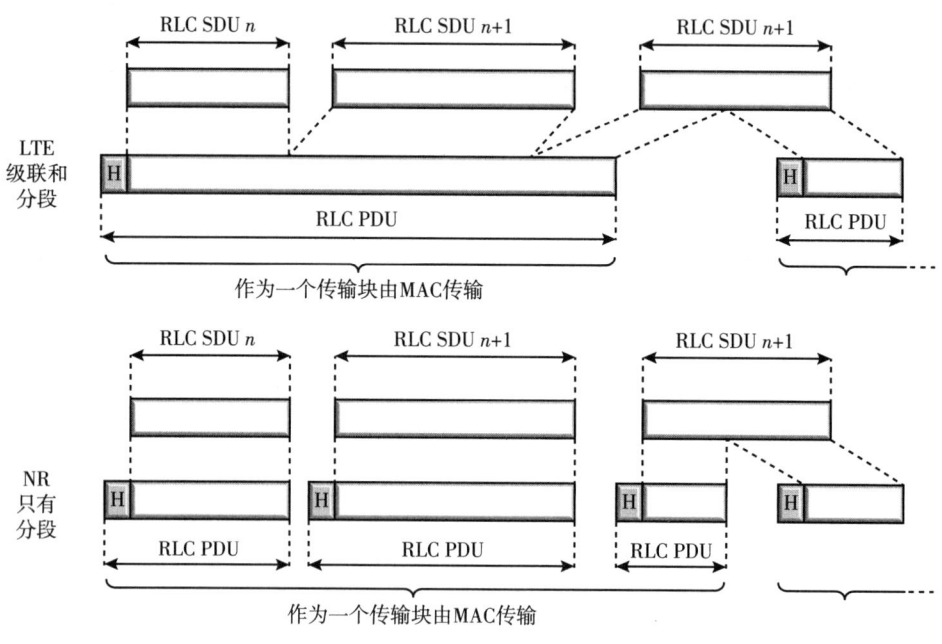

图 6-9　RLC 分段功能

RLC 重传机制还负责向高层提供无差错数据递交。为此，在接收方和发射方的 RLC 实体之间运行有重传协议。通过监测接收到的 PDU 报头中所指示的序列号，接收方 RLC 实体可以识别丢失的 PDU（RLC 序列号独立于 PDCP 序列号）。然后接收方会反馈状态报告给发送方的 RLC 实体，以请求重发丢失的 PDU。基于所接收到的状态报告，发射方的 RLC 实体可以做出适当的反应并在需要时重新发送丢失的 PDU。

尽管 RLC 能够处理由于噪声和不可预测的信道变化等引起的传输错误，但是在大多数情况下，无差错传输是由 MAC 层的 HARQ 协议来处理的。因此，在 RLC 中使用重传机制似乎是多余的。但是，正如将在第 13 章中讨论的那样，实际上并非如此。事实上，在 RLC 层和在 MAC 层采用的两种重传机制所使用的反馈信令不同，决定了这两种重传机制都是有用武之地的。

有关 RLC 的更多细节将在 13.2 节中进一步描述。

## 6.2.4　媒体接入控制

MAC 层负责逻辑信道复用、HARQ 重传、调度及其相关功能，也对不同参数集进行处理。

当使用载波聚合时，MAC 还负责跨多个分量载波的数据复用和解复用。

### 1. 逻辑信道和传输信道

MAC 以逻辑信道的形式向 RLC 层提供服务。逻辑信道由其携带的信息类型所定义，通常分为控制信道（用于传输 NR 系统运行所需的控制和配置信息）与业务信道（用于传输用户数据）。NR 的逻辑信道类型包括：

- 广播控制信道（Broadcast Control Channel，BCCH），用于从网络向小区中的所有终端发送系统信息。在接入系统之前，终端需要获取系统信息以了解系统的配置方式以及在小区内正常运行所需遵守的规则。请注意，在非独立组网模式下，系统信息是由 LTE 系统提供的，NR 侧则不使用 BCCH。
- 寻呼控制信道（Paging Control Channel，PCCH），用于在网络中寻呼小区位置信息未知的终端。因此，寻呼消息需要在多个小区中发送。请注意，在非独立组网模式下，寻呼由 LTE 系统负责，NR 侧不使用 PCCH。
- 公共控制信道（Common Control Channel，CCCH），当终端没有到网络的 RRC 连接时，用于在随机接入过程中传输控制信息。SRB0 在 CCCH 上承载。
- 专用控制信道（Dedicated Control Channel，DCCH），用于在网络和终端之间传输控制信息。该信道用于对一个终端进行专有配置，例如配置各种参数。专用控制信道承载 SRB1、SRB2 和 SRB3。
- 专用业务信道（Dedicated Traffic Channel，DTCH），用于在网络和终端之间传输用户数据。这是一个用于传输所有的单播上下行用户数据的逻辑信道类型，承载一个或多个 DRB。

NR 的后续版本引入了对多播/广播传输和 Sidelink 通信的支持，需要额外的逻辑信道类型如下：

- MBS 业务信道（MTCH），用于传输多播/广播用户数据，见第 23 章。
- MBS 控制信道（MCCH），用于 MBS 相关控制信息，见第 23 章。
- Sidelink 广播控制信道（SBCCH），用于广播 Sidelink 相关控制信息，见第 26 章。
- Sidelink 公共控制信道（SCCH），用于 Sidelink 控制信息，见第 26 章。
- Sidelink 业务信道（STCH），用于终端之间的 Sidelink 用户数据。

物理层以传输信道的形式为 MAC 层提供服务。传输信道的定义是信息如何通过无线接口以何种方式传输。传输信道上的数据被组织成传输块。每个传输块有一个相关联的传输格式（Transport Format，TF），它指定了如何通过无线接口传送传输块。传输格式包括传输块的大小、调制编码方式以及天线映射的信息。通过改变传输格式，MAC 层可以实现不同的数据速率，这一过程称为传输格式选择（Transport Format Selection）。

NR 定义了以下几种传输信道类型：

- 广播信道（Broadcast Channel，BCH）具有由 3GPP 规范指定的固定传输格式。BCH 用于传输部分 BCCH 系统信息，更具体地说叫作主信息块（Master Information Block，MIB），如第 16 章所述。
- 寻呼信道（Paging Channel，PCH）用于传输 PCCH 逻辑信道的寻呼信息。PCH 支持不连续接收（Discontinuous Reception，DRX），允许终端只在预先定义的时刻醒来以接收 PCH 信息，从而节省电池电量。

- 下行共享信道（Downlink Shared Channel，DL-SCH）是用于在 NR 中传输下行数据的主要传输信道。它支持 NR 的关键特性，包括动态速率自适应、时域和频域上的信道相关调度、具有软合并的 HARQ 和空分复用。它还支持 DRX 以降低终端功耗，同时也提供始终在线的体验。DL-SCH 还用于传输未映射到 BCH 的部分 BCCH 系统信息（参见上面的广播信道）。每个终端在其连接的每个小区中都有一个 DL-SCH。从终端的角度来看，在接收系统信息的时隙中还存在一个额外的 DL-SCH。
- 上行共享信道（Uplink Shared Channel，UL-SCH）是与 DL-SCH 相对应的用于传输上行数据的上行传输信道。
- 随机接入信道（Random-Access Channel，RACH）用于随机接入过程，（由于历史原因）也被定义为传输信道，尽管它并不承载传输块。

在 Release 16 中引入了额外的传输信道类型，以支持 Sidelink 通信（详见第 26 章）：

- Sidelink 广播信道（SL-BCH），用于处理 Sidelink 广播信息。
- Sidelink 共享信道（SL-SCH），用于承载 Sidelink 用户数据等。

MAC 功能的一部分是对不同逻辑信道的复用以及逻辑信道到相应传输信道的映射。逻辑信道类型和传输信道类型之间的映射如图 6-10 所示。该图清楚地表明 DL-SCH 和 UL-SCH 是下行和上行的主要传输信道。图中还包括相应的物理信道（后面会有进一步描述），并且展示了传输信道和物理信道之间的映射。

为了支持优先级处理，MAC 层可以将多个逻辑信道复用到一个传输信道上，其中每个逻辑信道拥有自己的 RLC 实体。在接收端，MAC 层负责相应的解复用并将 RLC PDU 转发至它们各自的 RLC 实体。为了支持接收端的解复用，需要使用 MAC 报头。与 LTE 相比，为了支持低时延操作，NR 的 MAC 报头的放置方式有所改进。所有 MAC 报头信息不再固定放置在 MAC PDU 的开始处（这样意味着在获知调度决策以及 MAC PDU 中应包含的 SDU 之前，无法开始组装 MAC PDU），而是把对应于某个 MAC SDU 的子报头直接放置在该 SDU 之前，如图 6-11 所示。这就使得在接收到调度决策之前可以对 PDU 进行预处理。如果有必要，可以附加填充比特使传输块大小与 NR 中支持的传输块大小保持一致。

子报头包含发出 RLC PDU 的逻辑信道标识（LCID）和以字节为单位的 PDU 长度指示⊖。子报头中还包含一个标志字段指示长度指示的大小，以及一个供将来使用的预留比特。LCID 通常使用 6bit，可以表示最多 32 个不同的逻辑信道和 32 个保留值，LCID 也可以扩展到 8bit 或 16bit，称为 eLCID。这在 IAB 中是有用的，因为 IAB 中可能有大量的逻辑信道需要由宿主节点来处理。

除了复用不同的逻辑信道，MAC 层还可以将 MAC 控制信元插入到传输块中，并通过传输信道传输。MAC 控制信元用于带内控制信令，可以用 LCID 字段中的预留值进行标识，其中 LCID 值指示控制信息的类型。根据用途不同，NR 支持固定和可变长度的 MAC 控制信元。对于下行传输，MAC 控制信元位于 MAC PDU 的开始处，而对于上行传输，MAC 控制信元位于 MAC PDU 结尾处紧挨着填充比特（如果存在）之前的位置。同理，这种放置方式是为了有利于终端的低时延操作。

---

⊖ LCID 0 表示 CCCH，LCID 1~32 表示不同的 DCCH/DTCH/MTCH，其余 LCID 值保留或用于 MAC 控制信元。

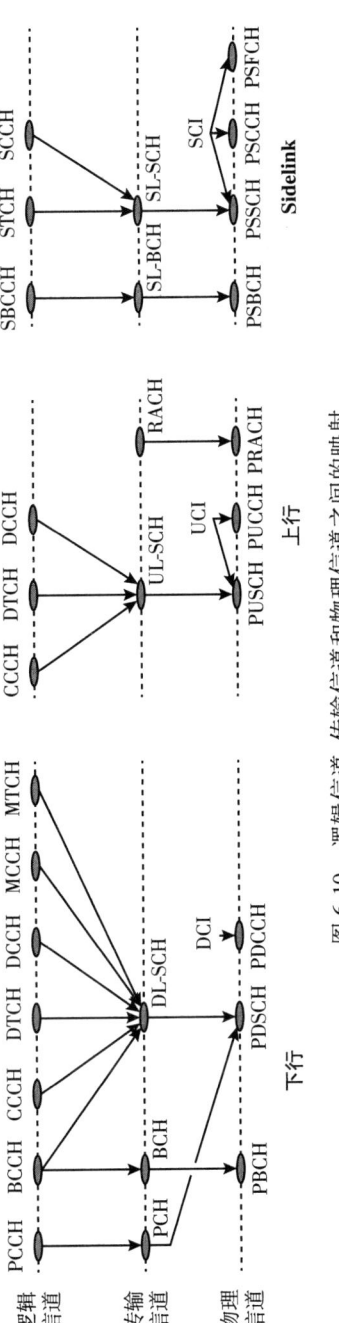

图 6-10 逻辑信道、传输信道和物理信道之间的映射

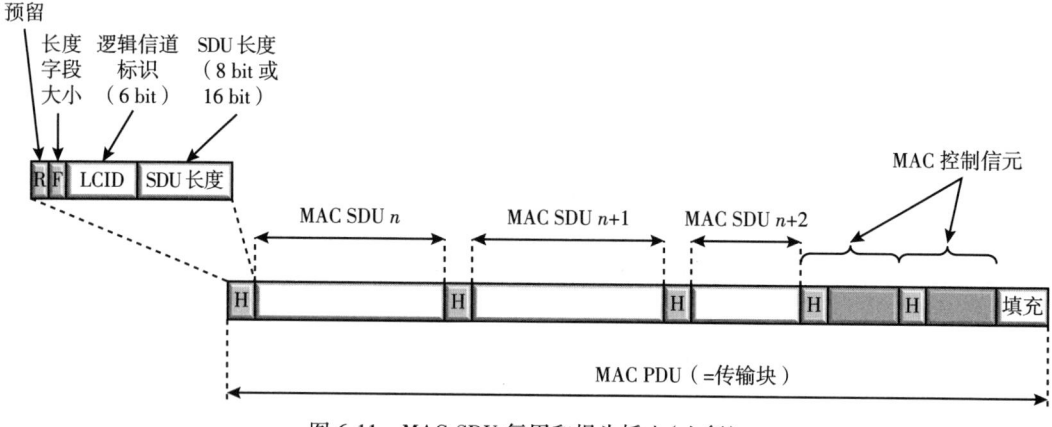

图 6-11 MAC SDU 复用和报头插入(上行)

如上所述,MAC 控制信元用于带内控制信令。它提供比 RLC 更快的发送控制信令的方式,而不必受物理层 L1/L2 控制信令(PDCCH 或 PUCCH)在有效净荷大小和可靠性方面的限制。MAC 控制信元有很多种,用于各种不同的目的,例如:

- 与调度相关的 MAC 控制信元,如用于辅助上行调度的缓存状态报告和功率余量报告,第 14 章将有描述,以及在配置半持续调度时使用的配置授权确认 MAC 控制信元。
- 与随机接入相关的 MAC 控制信元,例如 C-RNTI 和竞争解决 MAC 控制信元。
- 定时提前 MAC 控制信元,处理定时提前量,如第 15 章所述。
- 激活/去激活已配置的分量载波。
- DRX 相关的 MAC 控制信元。
- 激活/去激活 PDCP 重复包检测。
- 激活/去激活 CSI 报告和 SRS 传输(见第 8 章)。

在载波聚合的情况下,MAC 实体还负责在不同分量载波之间或者小区之间分发每个数据流的数据。载波聚合的基本原理是每个分量载波的用户面是在物理层分别处理的,包括相关的控制信令和 HARQ 重传,而载波聚合在 MAC 层以上是不可见的。因此,载波聚合主要体现在 MAC 层,如图 6-12 所示,其中逻辑信道(包括所有 MAC 控制信元)被复用以形成每个分量载波的传输块,每个分量载波有自己的 HARQ 实体。

载波聚合和双连接场景下终端都需要连接到多个小区。尽管二者之间存在这种相似性,但本

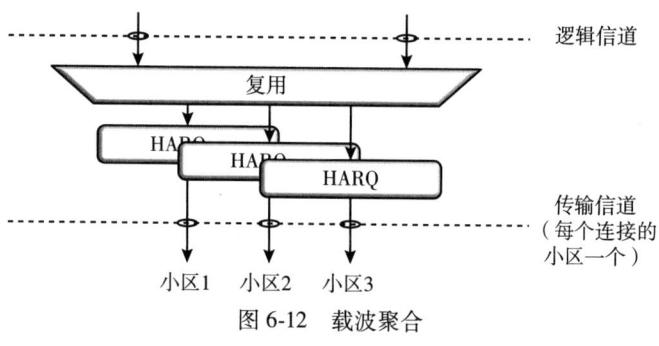

图 6-12 载波聚合

质上还是有差异的,主要看不同小区之间是如何密切协作的,以及它们是否位于相同的 gNB 中。

载波聚合意味着非常紧密的协作,所有小区属于同一个 gNB。通过一个联合调度器对终端连接的所有小区实施联合调度决策。

双连接则允许小区间更松散的协作方式,不同小区可以属于不同的 gNB,甚至使用不同

的无线接入技术，比如非独立组网模式下的 NR-LTE 双连接的情形。与载波聚合不同，双连接的一个缺点是，由于小区之间松散的协作方式以及与此相关联的延迟，通常会导致双连接可以达到的数据速率大致与双连接中的最佳链路相当。

载波聚合和双连接还可以结合在一起，这也是引入主小区组和辅小区组这两个术语的原因。在每个小区组中可以使用载波聚合。

### 2. 带软合并的 HARQ

带软合并的 HARQ 对传输差错具有鲁棒性。由于 HARQ 重传的速度很快，许多业务容许一次或多次重传，因此 HARQ 形成了隐式(闭环)的速率控制机制。HARQ 协议是 MAC 层的一部分，而实际的软合并⊖操作由物理层处理。

并非所有类型的业务都适合使用 HARQ。例如广播传输，要将相同的信息传送给多个终端，通常就不依赖于 HARQ。因此，HARQ 仅用于 DL-SCH 和 UL-SCH，当然最终 HARQ 的使用取决于 gNB 的具体实现⊖。

NR 的 HARQ 协议使用多个并行的停止-等待进程，如图 6-13 所示。当接收到一个传输块时，接收机尝试对传输块进行解码，并通过一个 1bit 的确认位来通知发射机解码的结果，指示解码是否成功或者是否需要重传传输块。需要注意的是，使用多个并行 HARQ 进程可能导致通过 HARQ 机制递交的数据出现乱序。例如，图 6-13 中的传输块 3 在需要重传的传输块 2 之前被成功解码。对于许多应用来说这是可接受的，如果不可接受，则可以通过 PDCP 协议提供按序递交。按序递交可能导致更长的时延。在图 6-13 的示例中，编号为 3、4 和 5 的数据包需要延迟递交，直到编号为 2 的数据包被正确接收，然后再将它们传递到高层，而在不需按序递交的情况下，每个数据包可以在被正确接收之后立即递交。

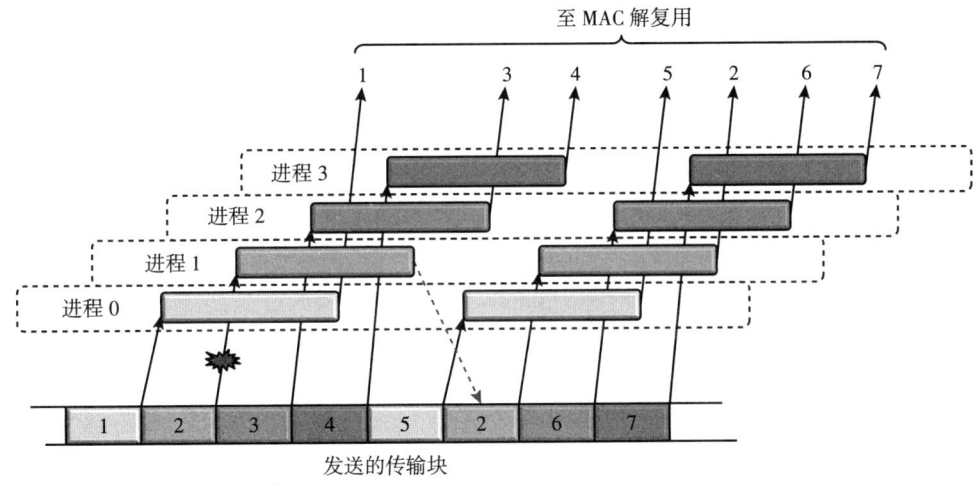

图 6-13 多个并行的 HARQ 进程

---

⊖ 软合并是在信道解码之前或者作为信道解码的一部分来完成的，所以很明显是物理层的功能。而且，每个 CBG 重传的处理也是正式的物理层功能。

⊖ SL-SCH 也支持 HARQ，参见第 26 章。

异步HARQ协议既用于上行也用于下行，异步HARQ需要一个显式的HARQ进程号来指示每个传输所对应的HARQ进程。在异步HARQ协议中，对重传的调度原则上与对初传的调度类似。之所以在上行使用异步协议而非LTE的同步协议，是因为这是支持没有固定上下行配比的动态TDD所必需的。异步HARQ的另一个优点是为处理不同数据流和终端之间的优先级提供了更好的灵活性，这有利于向Release 16中的非授权频谱操作扩展。

NR中HARQ机制的一个增强功能是基于码块组（CodeBlock Group，CBG）的重传，这一增强对于非常大的传输块或者一个传输块被另一个抢先传输的传输块部分干扰时非常有用。作为物理层信道编码的一部分，传输块被分割成一个或多个码块，纠错编码应用于每个码块，以便保持信道编码合理的复杂度。因此，即使对于适中的数据速率，每个传输块也可能包含多个码块，而在吉比特每秒的数据速率下，每个传输块可以有高达数百个码块。在许多情况下，特别是如果干扰是突发性的并且只干扰了时隙中的少量OFDM符号，传输块中可能只有少量码块遭到破坏，而大多数码块可以被正确接收。所以为了正确接收整个传输块，只需要重传错误的码块就足够了。同时，如果HARQ机制需要对单个码块进行定位，则控制信令的开销将会太大，因此就提出了码块组这个概念。如果配置了基于CBG的重传，则针对每个CBG都会提供反馈，从而仅有错误接收的码块组才会被重传（见图6-14）。

HARQ机制能够快速纠正由噪声或不可预测的信道变化引起的传输差错。如前所述，RLC也可以请求重传，乍一看这似乎是没有必要的。不过，通过反馈信令的不同可以看出为什么存在这两种重传机制：HARQ可以提供快速重传，但由于反馈中也可能存在差错，导致一般情况下残留错误率太高而影响到业务质量，例如难以实现较好的TCP性能；RLC可以确保几乎无差错的数据递交，但是它比HARQ协议的重传速度要慢。因此，HARQ和RLC结合在一起就可以提供一个往返时间短并且保证可靠数据递交的有吸引力的组合。

### 6.2.5 物理层

物理层功能包括：编码、物理层HARQ处理、调制、多天线处理以及将信号映射到相应的物理时频资源上。物理层还负责传输信道到物理信道的映射，如图6-10所示。

如前所述，物理层以传输信道的形式向MAC层提供服务。上下行数据传输分别使用UL-SCH和DL-SCH传输信道类型。在载波聚合的情况下，终端可以在每个分量载波上有一个DL-SCH（或UL-SCH）。

一个物理信道对应于一组用于传送一个特定传输信道的时频资源，每个传输信道映射到相应的物理信道上，如图6-10所示。有的物理信道有对应的传输信道，有的物理信道则没有对应的传输信道。后者被称为L1/L2控制信道，用于传送下行控制信息（Downlink Control Information，DCI）——为终端提供用于正确接收和解码下行数据传输的必要信息，以及上行控制信息（Uplink Control Information，UCI）——为调度器和HARQ协议提供关于终端状况的信息，以及与Sidelink传输结合使用的Sidelink控制信息（Sidelink Control Information，SCI）。

NR定义了以下物理信道类型：
- 物理下行共享信道（Physical Downlink Shared Channel，PDSCH），用于单播数据传输的主要物理信道，也用于传输例如寻呼信息、随机接入响应消息和部分系统信息。
- 物理广播信道（Physical Broadcast Channel，PBCH），承载终端接入网络所需的部分系统信息。

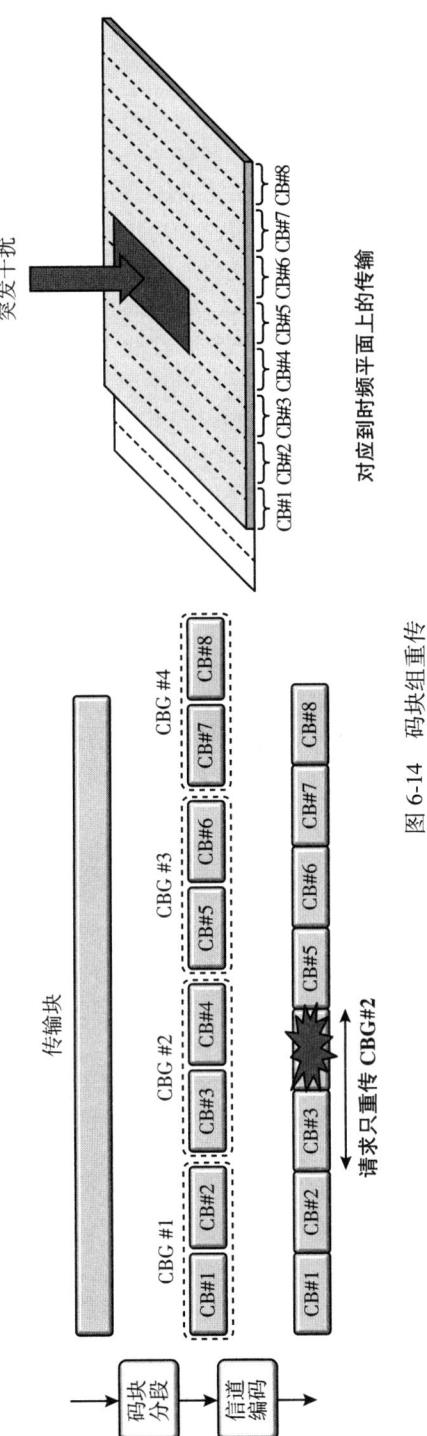

图 6-14 码块组重传

- 物理下行控制信道(Physical Downlink Control Channel，PDCCH)，用于传输下行控制信息，主要是调度决策即用于接收 PDSCH 的必要信息，以及用于启用 PUSCH 上行传输的调度授权。
- 物理上行共享信道(Physical Uplink Shared Channel，PUSCH)，是 PDSCH 的上行对应信道。每个终端的每个上行分量载波最多有一个 PUSCH。
- 物理上行控制信道(Physical Uplink Control Channel，PUCCH)，终端使用它来发送 HARQ 确认——以便向 gNB 指示是否已成功接收到下行传输块，发送信道状态报告以协助下行信道相关调度，以及请求资源来发送上行数据。
- 物理随机接入信道(Physical Random-Access Channel，PRACH)，用于随机接入。

请注意，某些物理信道特别是用于传输下行和上行控制信息的物理信道(PDCCH 和 PUCCH)没有相对应的传输信道映射。Release 16 中引入的 Sidelink 定义了新的物理信道，包括物理直通链路控制信道(Physical Sidelink Control Channel，PSCCH)、物理直通链路共享信道(Physical Sidelink Shared Channel，PSSCH)、物理直通链路反馈信道(Physical Sidelink Feedback Channel，PSFCH)和物理直通链路广播信道(Physical Sidelink Broadcast Channel，PSBCH)，有关详细信息参见第 26 章。

## 6.3 调度

NR 无线接入的一个基本原则是共享信道传输，即在用户之间动态共享时频资源。调度器(scheduler)是 MAC 层的一部分，它以频域中的资源块(Resource Block，RB)以及时域中的 OFDM 符号和时隙为单位来控制上下行无线资源分配。Sidelink 调度将在第 26 章中进行讨论，本节不再进一步讨论。

调度器的基本工作方式是动态调度，gNB 通常每个时隙进行一次调度决策，并将调度信息发送给所选择的一组被调度终端。尽管每时隙调度是通常的情况，但是调度决策和实际数据传输并不局限于必须在时隙边界处开始或者结束。突破这一限制对于低时延以及第 7 章中所提到的非授权频谱都非常有帮助。

上行和下行调度在 NR 中是分开的，并且上行和下行调度决策可以彼此独立地进行(在半双工的情况下受制于双工方式的限制)。

下行调度器负责(动态地)控制基站对哪些终端进行下行传输，以及在哪些资源块集合上传输这些终端的 DL-SCH。传输格式选择(传输块大小的选择、调制方式和天线映射)和下行传输的逻辑信道复用是由 gNB 控制的，如图 6-15a 所示。

上行调度器的功能与此类似，即(动态地)控制哪些终端将在它们各自的 UL-SCH 上进行发送以及使用哪些上行时频资源(包括分量载波)。尽管 gNB 调度器决定终端的传输格式，不过需要指出的是，上行调度决策并没有显式地对特定逻辑信道做调度，而是做的终端级别的调度。因此，虽然 gNB 调度器控制了被调度终端的可传数据量，但是选择哪些无线承载上的数据来传输则是终端根据一组由 gNB 配置的参数规则来决定的。图 6-15b 对此做了说明，其中 gNB 调度器控制传输格式，而终端控制逻辑信道复用。

尽管调度策略依赖于具体的产品实现并且 3GPP 并没有对此做特别的规定，但是一般而言，大多数调度器的总体目标是利用不同终端的信道变化，优先选择当下处于较有利的时频域信道条件下的终端进行传输，这通常称作信道相关调度（channel-dependent scheduling）。

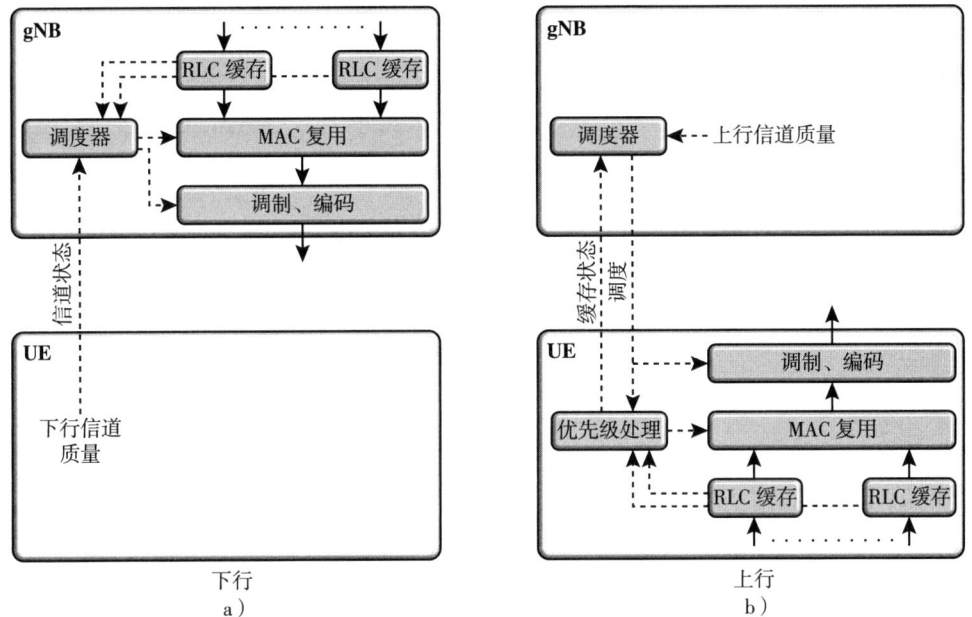

图 6-15 在 a）下行链路和 b）上行链路中的传输格式选择

信道状态信息（Channel-State Information，CSI）为下行信道相关调度提供支持。CSI 是由终端报告给 gNB 的，反映了时频域中即时的下行信道质量，以及在空分复用的情况下采取适当的天线信号处理所需的信息。对于上行，如果 gNB 想要估计某些终端的上行信道质量以便进行信道相关调度，所需的信道状态信息可以基于该终端所发送的探测参考信号来获得。为了帮助上行调度器做决策，终端可以使用 MAC 控制信元将缓存状态和功率余量信息发送给 gNB。不过，仅当终端获得有效的调度授权时才能传送上述信息。在没有调度授权时，作为上行 L1/L2 控制信令结构的一部分，终端可以向基站发送一个调度请求指示，表明自己需要上行资源（见第 10 章）。

虽然动态调度是基本的工作模式，但是在没有动态授权的情况下，也存在发送和接收数据的可能性。配置授权和半持续调度可以用于减少控制信令开销。Release 17 还引入了小数据传输，允许在没有显式动态调度的情况下作为随机接入过程的一部分传输少量数据。

下行可以使用半持续调度方案。终端会事先收到一个半静态调度模式的配置通知，然后在 L1/L2 控制信令（该控制信令还包括诸如要使用的时频资源和调制编码方式等参数）将配置激活之后终端就可以根据预先配置的模式开始接收下行数据传输。

上行配置授权有类型 1 和类型 2 两种方式，二者非常相似，区别在于如何进行激活。类型 1 通过 RRC 配置所有参数，包括要使用的时频资源和调制编码方式，然后终端根据配置的参数激活上行传输。类型 2 则类似于半持续调度，由 RRC 配置调度模式，然后使用 L1/L2 信令完成激活，激活信令包含所有必要的传输参数（除了周期是由 RRC 信令提供的）。类型 1 和类型 2 的一个共同点是，终端只在有数据要传输时才会在上行发送。

为了向终端发送调度决策,每个终端都需要有一个在小区内的唯一标识。为此,需要使用小区无线网络临时标识符(C-RNTI)。NR 中还定义了很多其他标识符,例如用于传输寻呼消息、系统信息和各种控制消息的标识符,见表 6-1。这些标识符中的一部分将在后续章节中进行讨论。

表 6-1 不同的 RNTI 及其目的

| RNTI | 目的 |
| --- | --- |
| C-RNTI | 终端标识,在小区内唯一,在动态调度数据时使用 |
| MCS-C-RNTI | 类似于 C-RNTI,但具有不同的调制和编码方案 |
| CS-RNTI | 终端标识,用于半持续/配置授权调度 |
| P-RNTI | 用于寻呼 |
| SI-RNTI | 用于调度系统信息 |
| RA-RNTI | 用于随机接入响应 |
| TC-RNTI | 临时 C-RNTI,在随机接入时使用 |
| MSGB-RNTI | 用于两步随机接入过程中 MSGB 的传输 |
| TPC-PUSCH-RNTI | 用于传输 PUSCH 功率控制命令 |
| TPC-PUCCH-RNTI | 用于传输 PUCCH 功率控制命令 |
| TPC-SRS-RNTI | 用于传输 SRS 功率控制命令 |
| INT-RNTI | 用于传输抢占指示 |
| SFI-RNTI | 用于传输时隙格式指示 |
| SP-CSI-RNTI | 用于激活 PUSCH 上的半持续 CSI 报告 |
| CI-RNTI | 取消指示,用于取消上行传输 |
| PS-RNTI | 用于控制 DRX 行为 |
| SL-RNTI | 用于动态调度的 Sidelink 传输 |
| SLCS-RNTI | 用于配置的 Sidelink 传输 |
| SL 半持续调度 V-RNTI | 用于 V2X 传输 |
| AI-RNTI | 在发送可用性指示时使用 |
| G-RNTI | 用于动态调度 MBS PTM 传输 |
| G-CS-RNTI | 配置的多播传输调度 |
| MCCH-RNTI | 动态调度的 MCCH 传输(用于 MBS) |
| PEI-RNTI | 寻呼提前指示 |
| CG-SDT-CS-RNTI | 当 SDT 与配置授权一起使用时用于重传 |
| NCR-RNTI | 用于控制网络控制中继器 |

## 6.4 服务质量

服务质量(QoS)处理对于网络切片的实现至关重要。如前所述,对于每个连接的终端,存在一个或多个 PDU 会话,每个 PDU 会话包含一个或更多 QoS 流和数据无线承载。根据时延或需要的数据速率等 QoS 要求，IP 包被映射到 QoS 流，这是核心网中 UPF 功能的一部分。每个数据包可以被标记一个 QoS 流标识符（QoS Flow Identifier，QFI）用于辅助上行 QoS 处理。下一步是将 QoS 流映射到数据无线承载上，这是在无线接入网中的 SDAP 层完成的。这样，核心网负责感知服务的要求，而无线接入网仅负责将 QoS 流映射到无线承载上。QoS 流到无线承载的映射不一定是一一对应的，多个 QoS 流可以映射到同一个数据无线承载上（见图 6-16）。

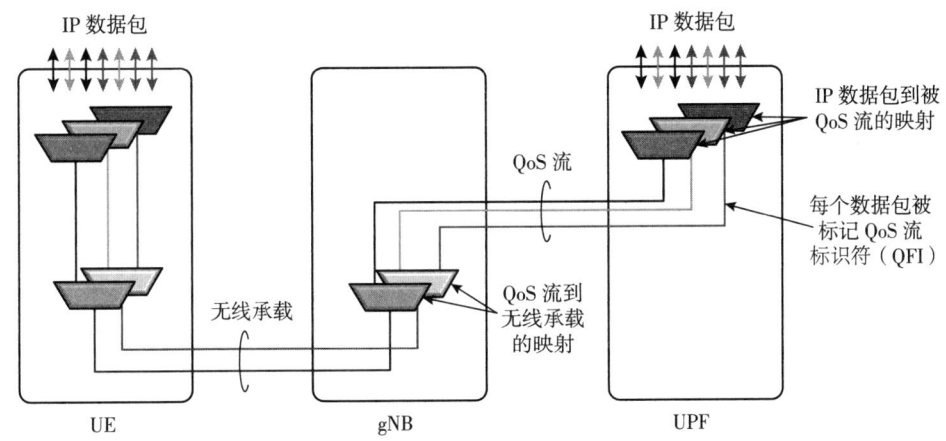

图 6-16　PDU 会话中的 QoS 流和无线承载

在上行链路中，有两种控制 QoS 流到数据无线承载的映射方式：反射映射和显式映射。

在反射映射方式中，终端首先在 PDU 会话的下行数据包中检测 QFI。这使得终端可以了解 IP 流与 QoS 流和无线承载之间的映射关系，然后终端对于上行业务也使用相同的映射关系。

在显式映射的情况下，QoS 流到数据无线承载的映射关系是通过 RRC 信令配置给终端的。

## 6.5　无线资源控制

控制面由 NAS 和 RRC 组成，并负责连接建立、移动性、安全性和其他功能。在终端和网络之间建立连接是一个复杂的过程，需要许多步骤，包括终端和网络之间的信令，以及网络节点和功能实体之间的信令（连接建立流程的简化示例见图 6-17）。

NAS 控制面功能位于核心网的 AMF 和终端之间，包括鉴权、安全性、注册管理和移动性管理（如下文所述，寻呼是移动性管理的一个子功能）等功能。另外作为会话管理功能的一部分，它还负责为终端分配 IP 地址。

无线资源控制（Radio Resource Control，RRC）控制面功能工作于 gNB 的 RRC 层和终端的 RRC 层之间。RRC 负责处理与 RAN 相关的控制面过程，包括：

- 系统信息广播，使终端得到与小区通信的必要信息。第 16 章介绍了如何获取系统信息。
- 发送核心网发起的寻呼消息，以通知终端收到入呼连接请求。当终端未连接到小区时处于RRC_IDLE状态(下面有进一步描述)，此时系统会使用寻呼机制。当终端处于非激活态时，也可以从无线接入网发起寻呼。发送系统信息更新指示是寻呼机制的另一种用途，地震海啸警报系统(Earthquake and Tsunami Warning System，ETWS)和商业移动预警服务(Commercial Mobile Alert Service，CMAS)也是如此，这两个系统用于发送公共警报消息。

- 连接管理，负责建立无线承载和移动性，功能包括建立RRC上下文，也就是为终端和无线接入网之间的通信配置所需的参数。

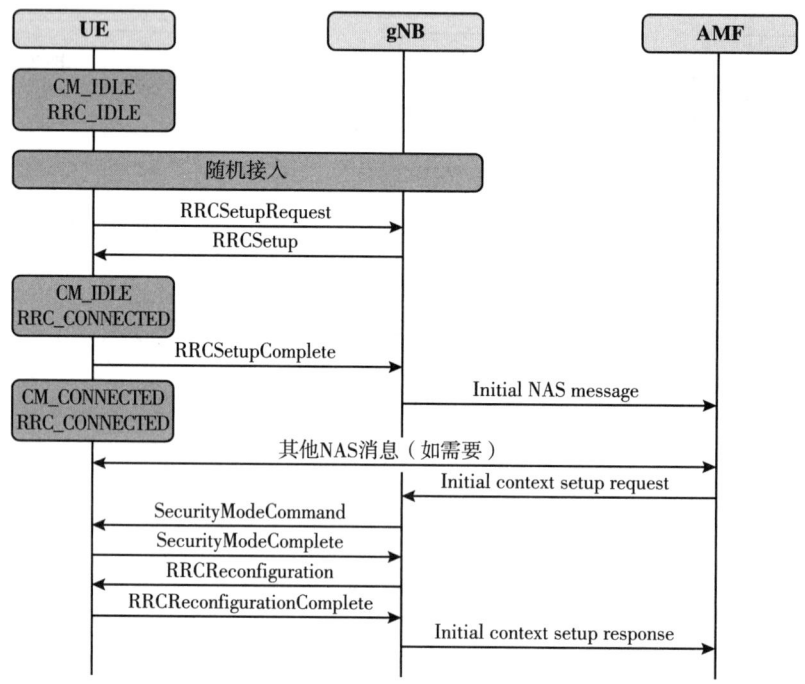

图6-17 连接建立流程(简化版)

- 移动性功能，比如小区选择/重选，详见下文。
- 测量配置和测量报告。
- 终端能力的处理，当连接建立后，终端在网络请求时将告知网络它具有哪些能力，因为并非所有终端都能支持3GPP标准中描述的所有功能。网络在传输数据时需要考虑这些能力，例如终端支持的最大MIMO层数。

RRC消息通过信令无线承载(Signaling Radio Bearer，SRB)发送给终端，经过的协议层(PDCP、RLC、MAC和PHY)在6.2节有详细描述。在连接建立过程中，SRB(更准确地说是SRB0)被映射到公共控制信道(CCCH)，一旦连接建立起来，SRB1、SRB2和SRB3则被映射到专用控制信道(DCCH)。MAC层可以复用控制面数据和用户面数据，并且这些数据可以在同一个传输块中发送给终端。前面提到的MAC控制信元也可以在某些特殊情况下用于无线资源的控制，这时满足低时延是最为重要的，因而可以放弃加密、完整性保护和可靠传输。

### 6.5.1 RRC 状态机

对于绝大多数无线通信系统，根据业务活动的不同，终端可以处于不同的状态。NR 也是如此，NR 终端共有三种 RRC 状态，即 RRC_IDLE、RRC_CONNECTED 和 RRC_INACTIVE（见图 6-18）。前两种 RRC 状态 RRC_IDLE 和 RRC_CONNECTED 类似于 LTE 中的对应状态，而 RRC_INACTIVE 是在 NR 中引入的新状态，在最初的 LTE 设计中并不存在。此外，终端还有两种核心网状态 CM_IDLE 和 CM_CONNECTED，取决于终端是否已经建立与核心网的连接，此处不做进一步讨论。

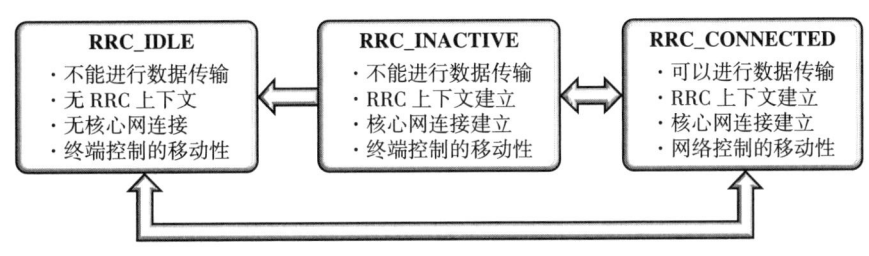

图 6-18 RRC 状态

在处于 RRC_IDLE 状态时，无线接入网中还不存在终端的 RRC 上下文，即不存在终端与网络之间通信所需的参数，此时终端不属于任何小区。从核心网的角度来看，此时终端处于 CM_IDLE 状态。此时无法进行数据传输，终端为了减少电池电量消耗，大部分时间处于休眠状态。在下行，处于空闲态的终端周期性地醒来以便从网络接收寻呼消息（如果有的话）。此时终端对移动性的处理是通过小区重选（见 6.6.5 节）以及核心网发起的寻呼来实现的。上行同步也不会被维护，唯一可能发生的上行传输是第 17 章中讨论的终端为了转移到连接态而发起的随机接入。在终端转移到连接态后，终端侧和网络侧都会建立 RRC 上下文。

在终端处于 RRC_CONNECTED 状态时，RRC 上下文已经建立，终端和无线接入网络之间通信所需的全部参数对于双方都是已知的。从核心网的角度来看，此时终端处于 CM_CONNECTED 状态。在连接态下终端所属的小区已经确定，用于终端和网络之间信令交互的终端标识 C-RNTI 也已经分配给终端。在连接态下终端可以进行数据收发，也可以通过配置不连续接收（Discontinuous Reception，DRX）来降低终端功耗（14.5 节对 DRX 有更详细描述）。由于连接态下在 gNB 中已经建立了 RRC 上下文，因此终端结束 DRX 并恢复数据传输的速度相对较快，因为此时不需要通过信令流程来建立连接。在连接态下移动性由无线接入网管理，6.6.1 节有详细描述，终端向网络提供相邻小区的测量报告，网络控制终端执行相关的切换操作。此时上行时间对齐有可能已经丢失，从而需要通过随机接入过程来建立时间对齐，并且像第 17 章中所描述的那样维持时间对齐，以便进行数据传输。

LTE 仅支持空闲态和连接态两种 RRC 状态⊖。为了减少终端功耗，实际上常见做法是使

---

⊖ 这适用于连接到 EPC 的 LTE 网络。从 Release 15 开始，也可以将 LTE 连接到 5G 核心网，在这种情况下 LTE 也支持非激活态。

用空闲态作为主要的睡眠状态。然而，由于对许多智能手机应用而言小数据包的传输非常频繁，结果会导致核心网中大量的空闲态和激活态之间的终端状态转换。这些转换是以信令负荷和时延为代价的。因此，为了减少信令负荷和时延，NR 中定义了第三种终端状态：RRC_INACTIVE 状态。

在 RRC_INACTIVE 状态时，RRC 上下文保持在终端和 gNB 中。核心网连接也保持不变，即从核心网角度看，终端处于 CM_CONNECTED 状态。因此，为了进行数据传输终端从 RRC_INACTIVE 状态转移到连接态的速度很快，不需要核心网信令的参与。此时 RRC 上下文已经存在于网络中，非激活态到激活态的转换可以在无线接入网中处理完成。同时，终端可以按照与空闲态下类似的方式进入睡眠，移动性的处理也依然是通过小区重选的方式进行，即不需要网络的介入。除了 Release 17 中引入的小数据传输增强之外，RRC_INACTIVE 状态下不能进行数据传输。因此，RRC_INACTIVE 状态可以视为空闲态和连接态的混合⊖。

### 6.5.2 无线链路监测

终端一旦建立了无线链路进入连接态，就会执行无线链路监测（Radio-Link Monitoring，RLM）流程，即通过监测 PDCCH 传输的误块率（block error rate）来评估无线信道的质量。根据 SSB 或 CSI-RS 上的 SINR（Signal-to-Interference-and-Noise Ratio），终端计算相应的误块率。如果误块率超过 10%，则终端进入不同步状态。除非误块率在特定时间内下降到 2%（进入同步状态的阈值）以下，否则终端会宣告无线链路失败（Radio-Link Failure，RLF）。在宣告无线链路失败后，终端会尝试通过选择合适的小区并执行随机接入来重新建立连接，就像建立初始连接那样。对于下一节中讨论的一些切换过程，更具体来说就是 DAPS 和 CHO，终端在检测到无线链路失败时，将选择一个预配置的目标小区尝试执行切换。如果在一定时间内连接重建不成功，则终端进入空闲态，随后需要经过完整的连接建立过程才能重新建立到网络的连接。

## 6.6 移动性

高效的移动性处理是任何移动通信系统的关键部分，NR 也不例外。移动性是一个很大且相当复杂的领域，涵盖的技术点不仅包括来自终端的测量报告，也包括无线接入网中实现的私有切换判决算法，既需要核心网的参与，还涉及如何更新传输网中的数据路由。移动性也可以发生在不同的无线接入技术之间，例如 NR 和 LTE 之间。把整个移动性技术领域的细节详细描写清楚就能够写满一本书，因此下面只提供一个针对无线接入网方面的简要总结。

终端在处于空闲态、非激活态或者连接态时会使用不同的移动性原则。在连接态使用网络控制的移动性，其中终端测量并报告相邻候选小区的信号质量，并且网络决定何时切换到

---

⊖ 在 LTE Release 13 中，引入了 RRC 挂起/恢复机制，以提供和 NR 中的 RRC_INACTIVE 相似的功能。但是，在 RRC 挂起/恢复过程中，无法保持与核心网的连接。

另一个小区。对于非激活态和空闲态，终端自主地使用小区重选来处理移动性。下面简要介绍这两种机制。

### 6.6.1 网络控制的移动性

在连接态下，终端与网络已经建立了连接。在这种情况下，移动性的目的是确保终端在网络中移动时保持这种连接性，而不会出现任何通信中断或明显的通信质量退化。实现此目标的基础是网络控制的移动性，包括两种类型：波束级移动性和小区级移动性，二者均基于经过滤波的测量，如图6-19所示。

波束级移动性由较低协议层即MAC层和物理层来处理，基本上属于第12章所讨论的波束管理的范畴。移动过程中终端保持在同一个小区中。

与之相对应，小区级移动性则意味着终端会改变服务小区。网络为终端配置对候选小区执行的测量类型、测量的滤波算法以及何时向网络发送事件触发的测量报告。由于网络负责确定终端何时应该移动到不同的小区，因此网络在小区级别上知道终端的位置（或者可能具有更细的粒度，但这与本讨论无关）。改变服务小区通常涉及RRC信令，因此执行速度比波束级移动性慢，但是在3GPP后续版本中引入了诸如条件切换和L1/L2触发的移动性之类的增强，可以加快服务小区的改变。

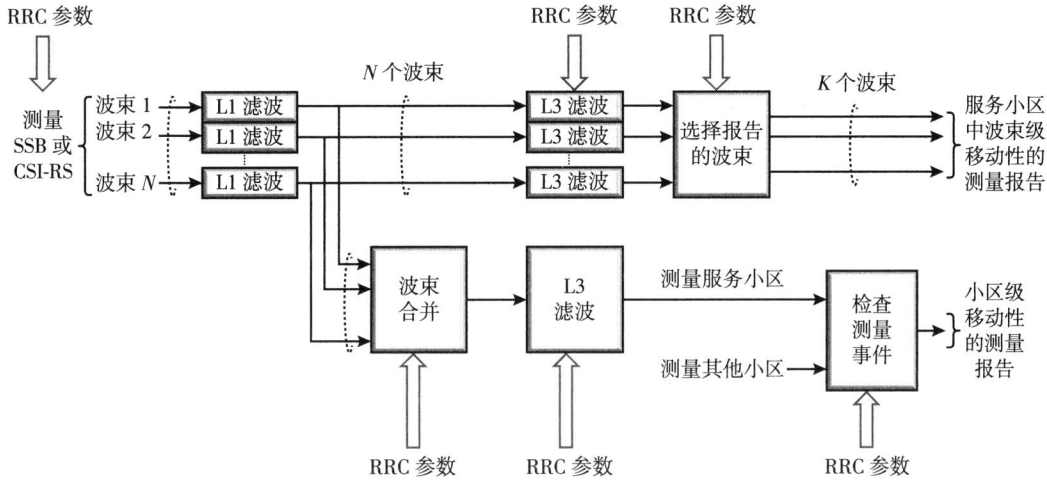

图6-19 小区级和波束级移动性的测量和滤波说明

当终端处于连接态时需要连续执行小区级的移动性，其第一步是使用第16章中描述的小区搜索机制来搜索候选小区。小区搜索可以在与当前连接小区相同的频率上进行，也可以在其他频率（甚至其他无线接入技术）上进行。在后一种情况下，终端可能需要使用网络配置的测量间隔，在测量间隔期间终端停止数据接收并且接收机被临时调谐到另一个频率以执行测量。

一旦找到候选小区，终端会测量候选小区的参考信号接收功率（RSRP，功率测量）或参考信号接收质量（RSRQ，SINR测量）。在NR中，通常是对SSB进行测量，但是也可以测量CSI-RS。

测量时通常会配置和使用滤波，例如在几百毫秒的时间内求平均值。如果不做平均值滤波，测量报告的结果可能会波动很大，并导致不正确的切换决策，或者可能导致终端在两个小区间反复来回切换即乒乓切换。为了保证系统的稳定运行，切换决策应该基于平均信号强度，而不应该把毫秒级的快速衰落考虑在内。

测量事件是终端将测量结果报告给网络之前应满足的条件。在 NR 中，可以配置以下六种不同的 RAT 内触发条件或事件：

- A1（服务小区优于阈值）。一种用法是，如果终端在切换完成之前突然移回信号良好的覆盖范围内，则取消正在进行的切换。
- A2（服务小区比阈值差）。该事件不涉及对服务小区以外的小区的任何测量，因此可以用于在终端移动到靠近服务小区边界时触发切换。
- A3（邻区比 SpCell 好过一定偏移量），它将服务小区与候选小区进行比较。因此，当终端向服务小区边缘移动并且另一个小区变得比当前小区更好时，可以触发切换。
- A4（邻区优于阈值），它只考虑候选小区的信号强度。一种可能的用途是出于负载均衡的原因而触发切换。
- A5（SpCell 比阈值 1 差而邻区比阈值 2 好），使用方式与 A3 事件类似。
- A6（邻区比 SpCell 好过一定偏移量），用于在载波聚合场景中确定使用哪些 SCell。

以 A3 事件（邻区比 SpCell 好过一定偏移量）为例，如图 6-20 所示。A3 事件将候选小区上的滤波测量值（RSRP 或 RSRQ）与终端当前服务小区的相同指标进行比较。如果当前服务小区和候选小区的发射功率不同，可以配置一个小区特定偏移量来影响测量事件的触发条件。另外需要配置一个阈值，以避免当两个小区之间的测量结果差异非常小时触发事件。如果候选小区的测量值比当前小区好得幅度超过小区特定偏移加上阈值，则触发 A3 测量事件，终端在经过预先配置的延迟之后，向网络发送测量报告。测量报告可以被配置为重复多次，以确保其到达 gNB。也可以配置在满足退出事件条件时进行上报。

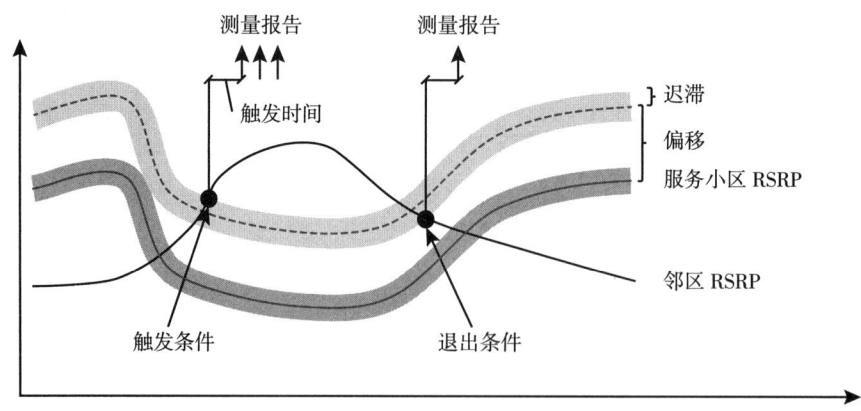

图 6-20　A3 事件示例

尽管上面的描述是针对 A3 事件，但其他事件可以按照相同的框架进行配置。对事件的选择和使用的配置取决于网络中针对特定部署实施的移动策略。除了 RAT 内事件 A1~A6，还有其他类型的事件用于 RAT 间移动性（B1、B2 事件）、干扰水平（I1 事件），以及支持中继的测量(X1、X2、Y1、Y2 事件)和 Sidelink(C1、C2 事件)。另外还可以设定周期性测量报告。

使用可配置的测量事件的目的是避免向网络发送不必要的测量报告。事件驱动报告的另一种替代方法是周期性报告，但在大多数情况下使用周期性报告的开销明显更高，因为这时测量报告需要足够频繁以说明终端在网络中的移动。从上行开销的角度来看，不频繁的周期性报告更为可取，但也会增加错过重要切换时机的风险。通过测量事件的配置可以做到只有在情况发生变化时才发送测量报告，这显然是一个更好的选择[72]。

当网络接收到测量报告时，可以决定是否执行切换。切换决策也可以考虑除了测量报告之外的其他信息，例如候选目标小区中是否有足够的容量来支持切换。即使没有接收到测量报告，网络也可以决定将终端切换到另一个小区，例如出于负载均衡的目的。如果网络决定将终端切换到另一个小区，会涉及一系列消息交互，简要说明如图 6-21 所示。

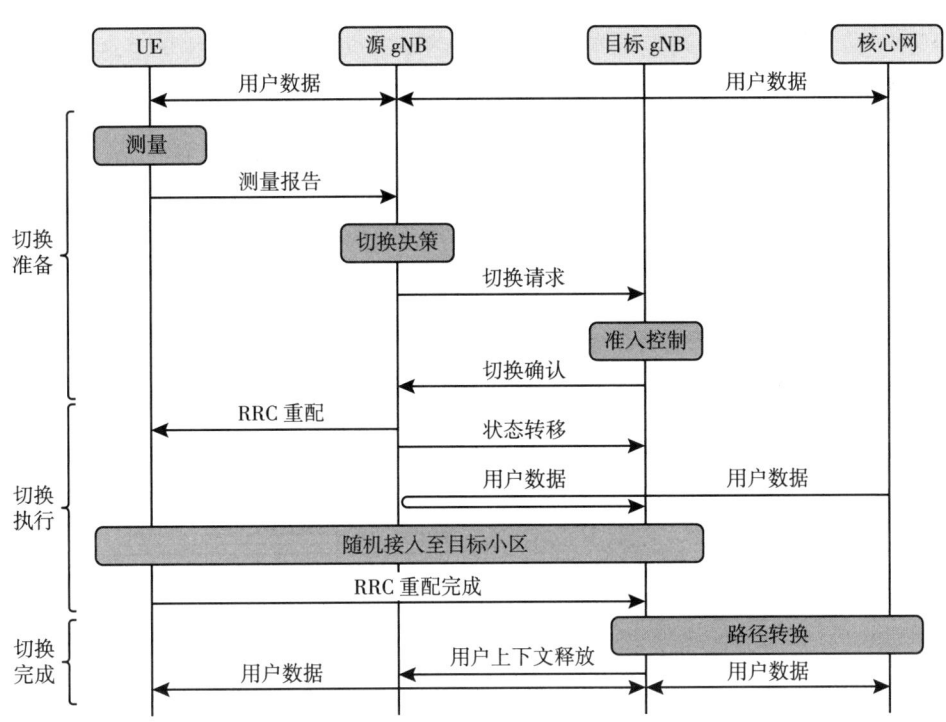

图 6-21 连接态切换(简图)

源 gNB 向目标 gNB 发送切换请求(如果源小区和目标小区属于同一 gNB，则不需要此消息，因为目标小区的情况 gNB 已经知道)。如果目标 gNB 接受切换请求(目标 gNB 可能拒绝切换请求，例如如果该小区中负载过高)，则源 gNB 指示终端切换到目标小区。这是通过向终端发送 RRC 重配消息来完成的，消息中包含终端接入目标小区所需的信息。为了能够连接到新小区，终端需要获得上行同步。因此，终端被指示向目标小区发起随机接入。一旦建立了同步，终端就向目标小区发送切换完成消息，指示终端已经成功连接到新小区。并行地，终端在源 gNB 中缓存的所有数据被转移到目标 gNB，并且新的下行数据将被重新路由到目标小区

(现在是服务小区)。图 6-21 中的切换完成部分还包括网络内部的信令，如将数据路由路径切换到目标小区和释放源小区中的终端上下文。

## 6.6.2 条件切换

上述传统的、网络控制的切换过程是适用于大多数情况的良好基线解决方案。然而，它要求终端在切换过程中保持与源小区的连接，直到切换完成并且终端连接到目标小区。在接收信道质量可能发生突然变化的情况下，存在这样的风险，即终端和源小区之间的无线信道质量可能恶化到最坏情况下终端无法从源小区接收切换命令的水平。这将导致无线链路失败，迫使终端进入空闲状态并重新建立连接，这显然会导致严重的连接中断问题。

为了在这种情况下提供额外的鲁棒性，Release 16 引入了条件切换（CHO）机制作为补充。在条件切换中，网络为终端配置候选小区列表以及对于每个候选小区应该触发切换的条件。例如，触发条件可以是候选小区的 RSRP 比当前服务小区更好。在配置终端之前，源小区确保候选目标小区能够接受潜在的切换。当触发条件满足时，终端自主发起切换，包括对目标小区进行随机接入，并向目标小区发送 RRC 重配完成消息，表示切换已经完成，如图 6-22 所示。这样，尽管来自源小区的信道质量突然下降，也不存在丢失切换命令的风险。一旦条件切换完成，终端就释放条件切换配置。还有一些网络内部消息未在图 6-22 中显示，例如用于处理核心网和目标 gNB 之间的数据路由，类似于网络控制切换的情况。需要注意的是，L3 切换命令优先于条件切换。

如第 25 章所述，条件切换在扩展 NR 以支持非地面网络时也发挥着重要作用。

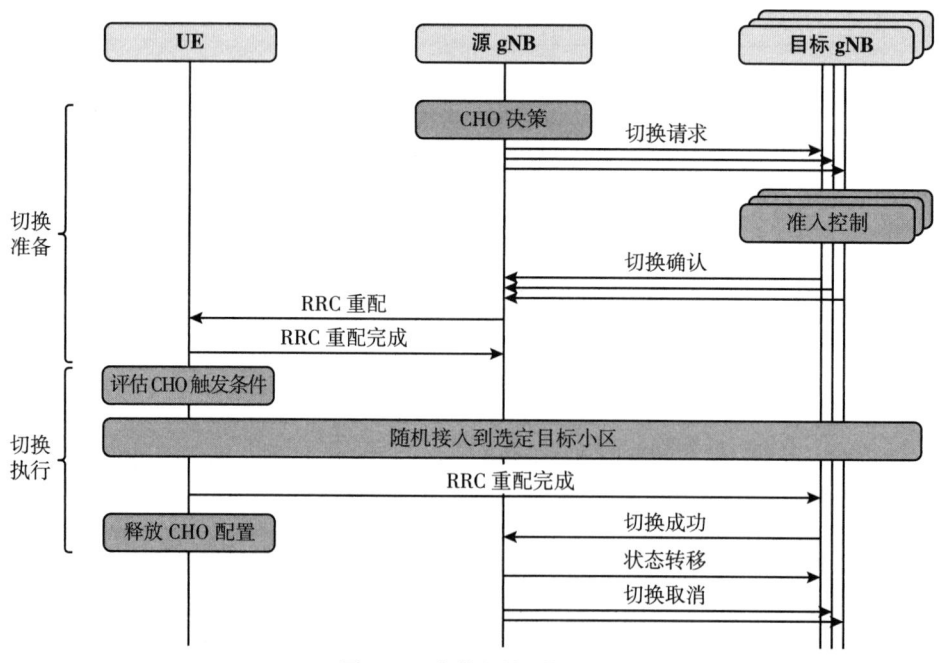

图 6-22　条件切换（简图）

## 6.6.3 双激活协议栈

网络控制的移动性在从源小区切换到目标小区时使用如上所述的 RRC 信令。RRC 信令的处理和建立到目标小区的连接需要一些时间，可能导致切换过程中数据传输的短暂中断。在大多数情况下，这不是一个问题，但最好还是尽量减少这种中断时间。为了解决这一问题，Release 16 支持双激活协议栈（Dual Active Protocol Stack，DAPS），以实现先通后断类型的切换，从而减少切换中断时间。在 DAPS 中，源小区和终端之间的数据传输在终端与目标小区建立连接时继续进行，并且只有当建立了新连接后，终端才与源小区断开连接。从切换中断时间的角度来看，DAPS 是有益的，但要求终端能够同时维持两个连接。尽管 DAPS 将所有上行数据发送到源小区，直到对目标小区的随机接入过程已经完成，但是在该过程期间需要维持对两个小区的上行控制信息的传输，以支持下行数据递交。这增加了终端的复杂度。

## 6.6.4 L1/L2 触发的移动性

如上所述，DAPS 的一个缺点是需要维持到多个小区的上行传输。在不需要维护双协议栈复杂性的情况下减少切换中断时间的另一种方式，是在 Release 18 中引入的 L1/L2 触发的移动性（L1/L2-Triggered Mobility，LTM）。使用 LTM，终端被预先设置一组候选小区，类似于使用条件切换所做的那样。终端与源小区进行通信，并且在候选小区上进行测量，也就是说，这是与传统的网络控制的移动性类似的方法。然而，这里所说的测量是 L1 测量，而不是传统移动性测量报告使用的在相当长时间内做平均的 L3 测量。此外，测量报告通过 L1/L2 信令而不是 RRC 信令发送到 gNB。这大大加快了测量和报告流程的速度。

基于 L1/L2 测量报告，gNB 可以做出决定切换到预先配置的小区之一，并使用 MAC 控制信元通知终端。终端可以应用存储的配置连接到目标小区，并指示 LTM 过程成功完成，如图 6-23 所示。

切换中断时间中的一个主要因素是获取下行同步。为了减少这段时间，可以在发送测量报告和执行切换命令之前获取到候选目标小区的下行同步。这可以进一步加速切换过程。

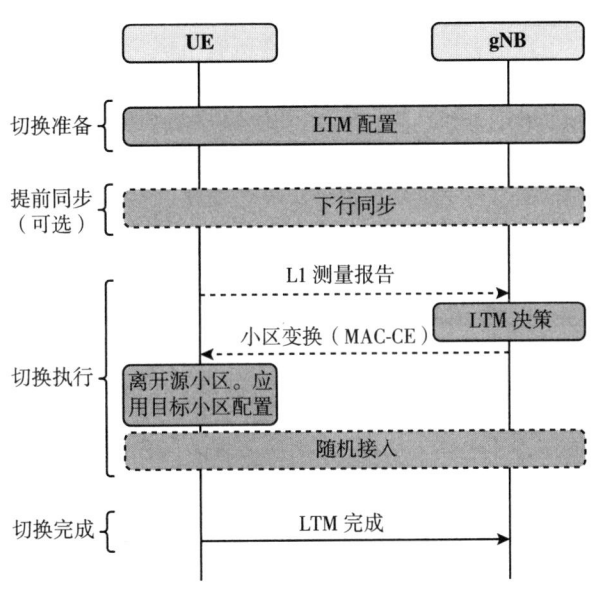

图 6-23 L1/L2 触发的移动性（简图）

LTM 支持同频和异频切换，但所有小区都需要属于同一个 gNB，也就是说，使用 LTM 不能进行 gNB 间切换。

### 6.6.5 空闲态移动性——小区重选

小区重选是终端在空闲态和非激活态下的移动性机制。终端自己会找到并选择最佳的小区来驻留，并且网络不会直接参与移动性事件（除了向终端提供配置之外）。使用不同于连接态的切换方案的一个原因是要求不同。例如这时不需要担心任何切换中断，因为没有正在进行的数据传输。另一方面，低功耗也是一个重要考虑因素，因为终端通常在绝大部分时间都处于空闲态。

为了找到最佳的小区驻留，类似于第 16 章中描述的小区初始搜索那样，终端试图搜索并测量 SSB。一旦终端发现其他小区 SSB 的接收功率与当前小区相比强过一定阈值，就读取新小区的系统信息（SIB1），以确定是否被允许驻留到新小区。

从终端发起数据传输的角度来看，终端不需要向网络更新位置信息，并且到目前为止描述的空闲态移动性过程就足够了。如果上行有数据要传输，终端可以启动通过随机接入从空闲（或非激活）态到连接态的状态转移。然而，也可能存在需要从网络传输到终端的数据，因此需要一种机制来确保终端可以被网络访问到。这种机制称为寻呼，网络可以通过寻呼消息通知终端。在 6.6.7 节描述寻呼消息的传输之前，将讨论寻呼消息传输的区域，这是寻呼机制的一个关键方面。

### 6.6.6 终端跟踪

理论上，网络可以通过在所有小区广播寻呼消息从而在整个网络覆盖范围内寻呼终端。然而，这显然意味着非常高的寻呼消息传输开销，因为绝大多数发送寻呼消息的小区中目标终端并不存在。另一方面，如果寻呼消息仅在终端所在的小区中发送，则需要在小区级别上跟踪终端。这意味着每当终端移出一个小区的覆盖范围而进入另一个小区的覆盖范围时，必须给网络发送通知。这也会导致非常高的系统开销，因为在这种情况下，终端需要使用信令通知网络其最新的位置。因此，通常采用的是这两个极端之间的折中方案，即仅在小区组级别上跟踪终端：

- 仅当终端进入当前小区组之外的小区时，网络才接收有关终端的新位置信息。
- 寻呼终端时，寻呼消息仅在小区组内的所有小区中广播。

在 NR 中，尽管在空闲态和非激活态这两种情况下小区分组与连接态有所不同，但跟踪的基本原则对于二者是相同的。

如图 6-24 所示，多个 NR 小区组成更大的 RAN 区（RAN Area），每个 RAN 区由一个 RAN 区标识符（RAN Area Identifier，RAI）标识。多个 RAN 区组成更大的跟踪区（tracking area），每个跟踪区由一个跟踪区标识符（Tracking Area Identifier，TAI）标识。

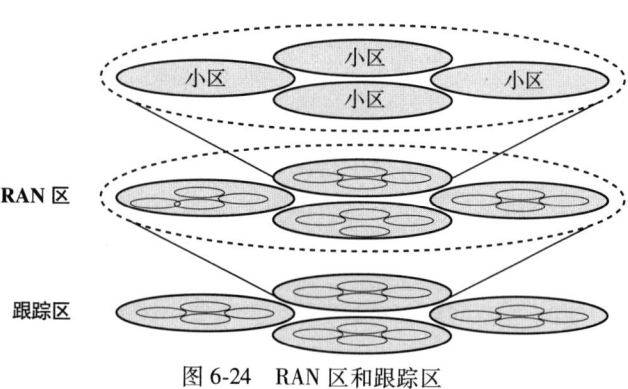

图 6-24 RAN 区和跟踪区

因此，每个小区属于一个 RAN 区和一个跟踪区，这些标识是小区系统信息的一部分。

跟踪区是核心网级别的终端跟踪的基础。每个终端由核心网指派一个 UE 注册区（UE registration area），它包含一个跟踪区标识符列表。当终端进入一个小区，而该小区所属的跟踪区不属于网络指派的 UE 注册区时，终端就会发起网络接入以接入到无线网和核心网，并执行 NAS 注册更新（NAS registration update）。核心网登记终端的位置并更新终端的 UE 注册区，实际上就是为终端提供包含新 TAI 的新 TAI 列表。

为终端分配一组 TAI（即一组跟踪区）的原因是，如果终端在两个相邻跟踪区的边界上来回移动，可以避免重复的 NAS 注册更新。通过将旧 TAI 保持在更新的 UE 注册区内，如果终端移回旧的 TAI，则不需要做新的更新。

RAN 区是无线接入网级别的终端跟踪的基础。处于非激活态的 UE 可以被分配一个 RAN 通知区（RAN notification area），该区域包括以下任意一项：
- 小区标识列表。
- RAI 列表，实际上就是 RAN 区列表。
- TAI 列表，实际上就是跟踪区列表。

请注意，第一项等价于每个 RAN 区仅包含一个小区，而最后一项等价于 RAN 区与跟踪区重叠的情况。

RAN 通知区更新的流程类似于 UE 注册区更新。当终端进入一个无论直接或间接（通过 RAN 区或者跟踪区）都不包含在 RAN 通知区内的小区时，终端就接入网络执行 RRC RAN 通知区更新。无线网络登记终端的位置并更新终端的 RAN 通知区。由于跟踪区的改变总是隐含着终端 RAN 区的改变，因此每当终端执行 UE 注册区更新时，都隐含附带有 RAN 通知区更新的 RRC 流程。

## 6.6.7 寻呼

寻呼用于在终端处于空闲态或非激活态时由网络发起建立连接，也可用于在任何终端状态下向终端传送系统信息更新指示或公共警告信息⊖。使用与 DL-SCH 上的"普通"下行数据传输相同的机制，移动终端针对用于寻呼目的的特殊 RNTI（P-RNTI）来监听 L1/L2 下行调度控制信令。由于在小区级别上不知道终端的位置（除非终端处于连接态），寻呼消息通常在跟踪区（对于核心网发起的寻呼）或 RAN 通知区（对于 RAN 发起的寻呼）内的所有小区中发送。

在检测到针对 P-RNTI 的 PDCCH 后，终端检查 PDCCH 的内容。PDCCH 中有一个 2bit 的短消息指示字段，用于指示 PDCCH 上是否承载了短消息，以及是否携带了 PDSCH 调度信息或者两者都有。

短消息与所有终端相关，不管终端处于空闲态、非激活态还是连接态。在 PDCCH 上承载了短消息的情况下，PDCCH（除了其他字段外）会包含一个 8bit 的短消息字段。8bit 中的一个比特用于指示是否（部分）系统信息（具体来说是除了 SIB6、7、8 以外的 SIB）已发生更新。如果该比特的值为 1，终端将重新获取更新后的 SIB，具体过程见第 16 章。类似地，8bit 中的另一个比特用于指示接收到公共警告消息，例如正在发生的地震。

---

⊖ 这些警告信息被称为地震海啸预警系统（ETWS）和商业移动预警服务（CMAS）。

寻呼消息像用户数据一样在 PDSCH 上传输,并且 PDCCH 包含接收 PDSCH 传输所需的调度信息。只有处于空闲态或非激活态的终端才关心寻呼消息,因为处于连接态的终端可以通过其他方式与网络联系。DL-SCH 上的一条寻呼消息可以包含对多个终端的寻呼。处于空闲态或非激活态的终端接收到寻呼消息时,会检查其中是否包含自己的终端标识。如果包含,则终端启动随机接入过程从空闲/非激活态转移到连接态。由于在空闲态和非激活态下上行定时是未知的,终端不能发送 HARQ 反馈,因此具有软合并的 HARQ 不用于寻呼消息。

一个有效的寻呼机制除了可以传递寻呼消息外,还应该节能。因此,使用不连续接收可以使终端在空闲态或非激活态的大部分时间内进入睡眠而不需要做接收处理,并且只需要在预定义的时间间隔,即寻呼时机内短暂地醒来。寻呼时机的时长可以是一个或多个连续时隙,在寻呼时机内终端使用 P-RNTI 监听 PDCCH。如果终端在寻呼时机内检测到针对 P-RNTI 的 PDCCH,则按照前面描述的方式处理寻呼消息;否则按照寻呼周期进入休眠,直到下一个寻呼时机。Release 17 为寻呼提供了额外的增强功能,可以通过寻呼时机的提前指示进一步降低终端功耗,详细信息请参见 14.5.7 节。

寻呼时机由系统帧号、终端标识和网络配置的寻呼周期等参数决定。因为空闲态的终端还没有分配 C-RNTI,所以寻呼消息中使用的终端标识是所谓的 5G-S-TMSI,它是用户与运营商签约时绑定的终端标识。对于 RAN 发起的寻呼,还可以使用为终端预先配置的标识。由无线接入网和核心网发起的寻呼都可以配置不同的寻呼周期(每 32、64、128 或 256 帧寻呼一次)。

由于不同的终端拥有不同的 5G-S-TMSI,因此终端要计算不同的寻呼实例以检查自己是否被寻呼。因此,从网络角度来看,寻呼可以比每 32 帧一次更加频繁地发送,并非所有终端都可以在所有寻呼时机内被寻呼,而是分布在图 6-25 所示的可能的寻呼实例上。此外,从网络角度来看短寻呼周期的成本是最小的,因为不用于寻呼的资源可以用于正常的数据传输而不会被浪费。然而从终端角度来看,短寻呼周期会增加功耗,因为终端需要频繁地唤醒以监听寻呼消息。因此,最好的配置是找到快速寻呼和低终端功耗之间的平衡。

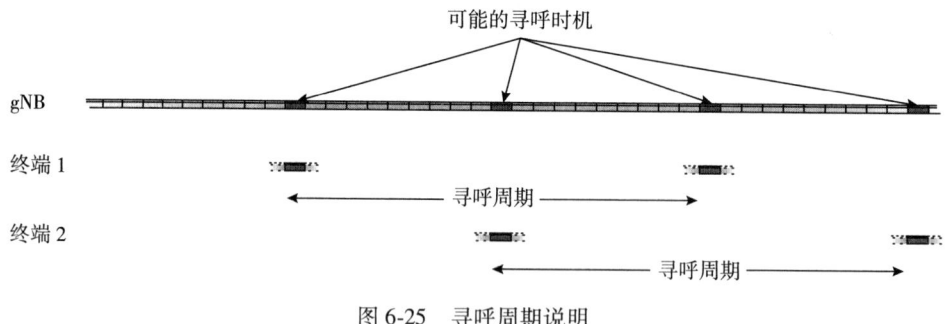

图 6-25 寻呼周期说明

# 第 7 章

# 总体传输结构

在具体讨论 NR 的上下行传输细节之前，本章描述了基本的 NR 传输时频资源，具体包括：部分带宽（BWP）、补充上行、载波聚合、双工方式、天线端口以及准共址等概念。

## 7.1 传输机制

OFDM 不但具有良好的时间色散鲁棒性，而且可以为各种物理信道和信号灵活地定义时频资源，所以 NR 采用 OFDM 作为其上下行传输的基本机制。不同于 LTE 下行使用 OFDM 而上行使用 DFT 预编码 OFDM，NR 的上下行传输均采用了 OFDM 传输机制。同时 NR 也把 DFT 预编码 OFDM 作为上行传输的可选机制。引入 DFT 预编码 OFDM 的好处是可以降低立方度量（cubic metric），使终端可以获得较高的功放效率。但是，DFT 预编码也会存在下列缺点：

- 导致空分复用接收机，或者说 MIMO 接收机的设计非常复杂。这在最初的 LTE 设计中不是问题，因为 LTE 协议的最初版本上行是不支持空分复用的。但是随着网络的演进，人们发现上行空分复用越来越重要。
- 上下行传输机制保持一致的设计在某些场景下会带来好处，上行特有的 DFT 预编码 OFDM 会破坏这种一致性。比如为了支持直通链路（Sidelink，即终端间的直接通信），LTE 的终端必须同时实现 OFDM 接收机和 DFT 预编码 OFDM 接收机。而由于 NR 终端已经支持了 OFDM 的接收和发送，所以 NR 标准 Release 16 引入的 Sidelink 更加容易实现，具体描述参考第 26 章。

因此，NR 标准使用 OFDM 作为上行传输的基本传输机制，而把 DFT 预编码作为可选。同时 NR 还限制 DFT 预编码只能在单层传输中使用，而 OFDM 可以支持上行最大 4 层传输。终端必须支持 DFT 预编码 OFDM，这样网络可以在需要的时候配置终端上行传输使用 DFT 预编码[一]。

OFDM 设计的一个主要课题就是选择合适的参数集（numerology），特别是子载波间隔和循环前缀（cyclic prefix）的长度。选择较大的子载波间隔可以减小频偏和相噪对接收性能的影响。此外，从终端实现的角度来看，子载波间隔增大可以减小 FFT 长度，这样终端可以较为方便地处理更大的带宽。子载波间隔越大，一定长度的循环前缀所引入的相对开销也会随之增加。

---

[一] 对于随机接入的上行传输机制，网络是通过系统信息来通知终端的。

因此在选择子载波间隔的时候，需要综合考虑循环前缀的开销以及多普勒扩展/频移和相噪产生的影响。

对 LTE 而言，主要的应用场景是 3GHz 以下的载波频率，用以支持室外蜂窝小区的部署。因此，LTE 选择了 15kHz 的子载波间隔和大约 4.7μs 的循环前缀这样一种配置。

而 NR 需要支持更多的场景，载波频率的范围也从不到 1GHz 到高频毫米波，单一的配置已经无法满足各种场景的需要。对于低频载波，载波的频率从不到 1GHz 到若干吉赫兹。因为低频载波可以支持半径比较大的小区，所以循环前缀的长度需要达到若干微秒才能够抵抗较大的时延扩展。因此，NR 使用和 LTE 类似的子载波间隔，比如 15kHz 或者 30kHz。对于高频毫米波载波，相位噪声的影响会更加明显，因此需要更大的子载波间隔。由于高频的传播特性，小区半径一般比较小，时延扩展会比较小，不需要过长的循环前缀来抵抗时延扩展。同时，高频一般都会采用波束赋形技术，这也有助于降低时延扩展。因此，在高频应用场景下，则需要配置更高的子载波间隔和更短的循环前缀。

基于上面的讨论，NR 需要一个可以扩展的参数集。NR 协议以 15kHz 的子载波间隔为基线，支持灵活的子载波间隔配置。更大的 NR 子载波间隔等于基线子载波间隔 15kHz 乘以 2 的幂。之所以选择 15kHz 为基线，主要考虑 NR 和 LTE 以及基于 LTE 的 NB-IoT 和 eMTC 技术的共存问题。共存问题对 NR 非常重要，有些运营商采用了 NB-IoT 或者 eMTC 技术支持机器类型通信。与一般的智能机不同的是，这种类型终端的服务期一般会很长，有的甚至达到 10 年乃至更久。如果不能很好地处理共存问题，运营商不得不推迟 NR 标准的升级，直到现有的机器类型通信终端退网。另一个例子是，有些运营商频谱资源受限。频谱受限的问题使得运营商不得不考虑通过时分复用把 LTE 和 NR 部署在同一个载波上，这样也就对 NR 提出了和 LTE 共存的要求。LTE 共存的问题将会在第 18 章展开讨论。

因此，NR 的子载波间隔以 15kHz 为基线，并可以从 15kHz 扩展到 240kHz，循环前缀的长度则等比例下降，见表 7-1。注意 240kHz 的配置只能用于 SSB（见 16.1 节），而不能用于常规的数据传输。NR 标准 Release 17 引入了 480kHz 和 960kHz 这两种新的子载波间隔来支持最大载波频率从原来的 52.6GHz 推高到 71GHz。尽管相位噪声会随着载波频率增加而增加，但是推出这两种新的子载波间隔更多为了在大带宽下不增加 FFT 大小。单纯考虑相位噪声，120KHz 的子载波间隔足以支持接收端的相噪补偿。

尽管 NR 标准对物理层的设计做到了和频段无关，但对不同的频段，NR 仅要求终端支持参数集的一个子集，具体描述参见第 28 章。

一个 OFDM 符号持续时间包括有效符号时间 $T_u$ 和循环前缀时间 $T_{CP}$。有效符号时间 $T_u$ 取决于子载波间隔，见表 7-1。而循环前缀时间 $T_{CP}$ 在 LTE 的设计中采用了两组不同的定义，即常规循环前缀和扩展循环前缀。扩展循环前缀造成了更多的开销，但能够更好地抵抗传输过程中造成的时延扩展，因此 LTE 设计了扩展循环前缀。但是在实际的 LTE 部署中，扩展循环前缀并没有被广泛地采用（除了用于 MBSFN 传输）。这使得在 LTE 单播传输中，扩展循环前缀成为一个事实上无用的设计。考虑到这个情况，NR 标准只定义了常规循环前缀。但是有一个特殊情况，就是 60kHz 的子载波间隔⊖，仍然定义了常规循环前缀和扩展循环前缀，具体原因后续解释。

---

⊖ 60kHz 子载波间隔是一个可选特性，并非所有终端都支持。

为了精确描述定时相关概念，NR 规定了一个基本时间单位 $T_c = 1/(480\,000 \times 4096)$[①]。所有 NR 相关时间的定义都被描述为这个基本时间单位的整数倍。这个基本时间单位 $T_c$ 对应子载波间隔 480 kHz 下 4096 点 FFT 的收发机时域抽样的间隔。这一点和 LTE 定义基本时间单位的方法类似，只不过 LTE 的基本时间单位 $T_s = 64T_c$。

表 7-1 NR 支持的子载波间隔

| 子载波间隔/kHz | 有用符号长度 $T_u/\mu s$ | 循环前缀 $T_{CP}/\mu s$ | | 备注 |
| --- | --- | --- | --- | --- |
| | | 常规循环前缀 | 扩展循环前缀 | |
| 15 | 66.7 | 4.7 | — | FR1 必选 |
| 30 | 33.3 | 2.3 | — | FR1 必选 |
| 60 | 16.7 | 1.2 | 4.2 | 可选 |
| 120 | 8.33 | 0.59 | — | FR2 必选 |
| 240 | 4.17 | 0.29 | — | FR2 必选 |
| 480 | 2.08 | 0.15 | — | Release 17 引入 |
| 960 | 1.04 | 0.073 | — | Release 17 引入 |

## 7.2 时域结构

从时域上来看，NR 标准的传输由长度为 10ms 的帧组成。每个帧被划分为 10 个等时间长度的子帧，每个子帧 1ms。每个子帧又被进一步划分为若干个时隙，每个时隙由 14 个 OFDM 符号构成。从无线高层协议看来，每个帧都由一个系统帧号（System Frame Number，SFN）标识。SFN 可以用来标识一些较长周期（超过一个帧）的传输，比如寻呼休眠模式周期。SFN 是一个以 1024 为模的循环计数器，即循环周期为 1024 个帧或者 10.24s。为了标注更长的时间，比如大约 3h，NR 标准 Release 17 引入了超帧号（Hyper Frame Number，HFN）。每当 SFN 循环一次，HFN 则加一。

对于 15kHz 子载波间隔，NR 的时隙结构和长度与 LTE（配置常规循环前缀的情况下）完全相同，如上所述，这有助于两者的共存。因此，子载波间隔为 15kHz 的 NR 时隙结构设计需要考虑和 LTE 的设计对齐，即第一个和第八个 OFDM 符号的循环前缀会比其他符号的循环前缀略长。

更大 NR 子载波间隔是基线子载波间隔乘以 $2^n (n=1,2,\cdots)$，也可以看成每个参数集都是把基线子载波间隔的 OFDM 的符号长度切成 $2^n (n=1,2,\cdots)$ 个 OFDM 符号（见图 7-1）。无论哪种子载波间隔，一个时隙始终包括 14 个 OFDM 符号。这种设计有助于不同参数集下 OFDM 符号边界对齐，使得不同参数集配置在同一个载波上的设计更加简单。在 NR 标准中，更大的子载波间隔表示为 $2^\mu \times 15$kHz，而 $\mu$ 在 NR 标准里面被称为子载波间隔配置（subcarrier spacing configuration）。如图 7-1 所示，每个时隙都有两个 OFDM 符号包含更长的循环前缀[②]。

---

[①] $T_c$ 用于表示一个非常短的持续时间。

[②] 这也意味着 60/120/240/480/960kHz 的子载波间隔的时隙长度不完全是 0.25/0.125/0.0625/0.031 25/0.015 625ms，因为一些时隙具有多余的时域抽样，而其他时隙没有。

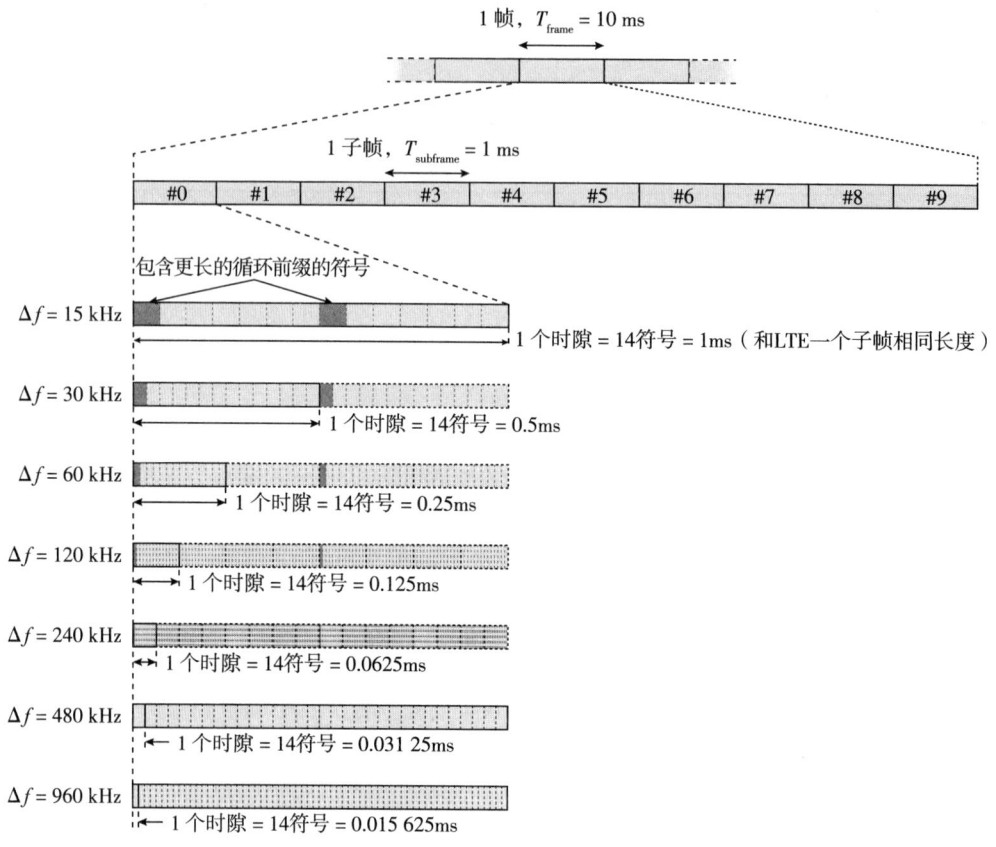

图 7-1 NR 中关于帧、子帧和时隙的定义

无论何种参数集配置,NR 标准固定一个子帧的时间长度为 1ms,这 1ms 中包含 $2^\mu$ 个时隙。这种规律的设计就是为了产生一个和参数集配置无关的时间基准。因为时隙是调度的基本单元,统一的时间基准有利于在一个载波上同时配置若干不同的参数集。对 LTE 而言,由于只有一种子载波间隔,所以没有 NR 的这些问题。

由于时隙是由固定数目的 OFDM 符号组成的,更高的子载波间隔会导致更小的时隙长度,或者更小的时间调度粒度,从原理上来说就会更加适合时延要求高的传输。为了保证循环前缀开销不会过大,循环前缀也会随着子载波间隔增加而相应减小,这样就不太适合高时延扩展的传输。对这种情况,NR 标准引入了一种特殊的配置,即子载波间隔配置为 60kHz,同时又保持循环前缀和 15kHz 配置的循环前缀长度相似。也就是在 60kHz 子载波间隔的配置下引入了扩展循环前缀,通过增加循环前缀的传输开销来满足传输时延的要求。因此,在为特定的部署场景选择子载波间隔的时候,应该综合考虑如载波频率、空口传输带来的时延扩展、是否需要和 LTE 在同一个载波上共存等问题。

另一个支持时延敏感业务的方法就是把传输的持续时间和时隙的长度解耦。不同于通过调整子载波间隔来控制时隙长度的方法,对时延敏感的业务,解耦这种方法可以依据业务量的大小,选择占用任意个数的 OFDM 符号进行传输,或者从任意 OFDM 符号开始传输而不需要等待时隙的开头。也就是说 NR 可以使用一个时隙的一部分来传输数据,我们也称之为微时隙(mini-slot)传输。这样时隙就仅仅是一个和参数集相关的时间单位,与传输持续时间解耦。

NR 标准定义这种仅仅占用部分时隙来传输的方法有多个原因,如图 7-2 所示。一个原因是如上讨论,可以支持时延敏感业务的传输。而且这种传输可以抢占另一个终端正在进行中且持续时间较长的传输,从而允许需要非常低延迟的数据的即时传输。这一点会在 14.1.2 节中详细讨论。

第二个原因是可以支持模拟波束赋形,这会在第 11 章和第 12 章中详细讨论。模拟波束赋形在一个时刻只能发出一个波束,网络需要通过时分复用来服务不同终端,这样每个终端都可以占用非常大的带宽。几个 OFDM 符号的传输持续时间就可以满足绝大多数业务传输的需要。

最后一个原因是有利于在非授权频谱的部署。尽管非授权频谱的支持在 NR 标准 Release 15 中没有引入,但是 NR 标准 Release 16 开始支持非授权频谱。在非授权频谱中,普遍使用先听后说(Listen Before Talk,LBT)的技术。只有发送端确认无线空口信道空闲了,才能够发送自己的信号。如果发现无线空口空闲下来,终端或者网络会希望能够立即发送自己的信号,以防止其他终端占用无线空口信道。如果发送端需要等待一个时隙的开始才能够发送数据,其他终端就有可能在这个等待时间内抢占信道。

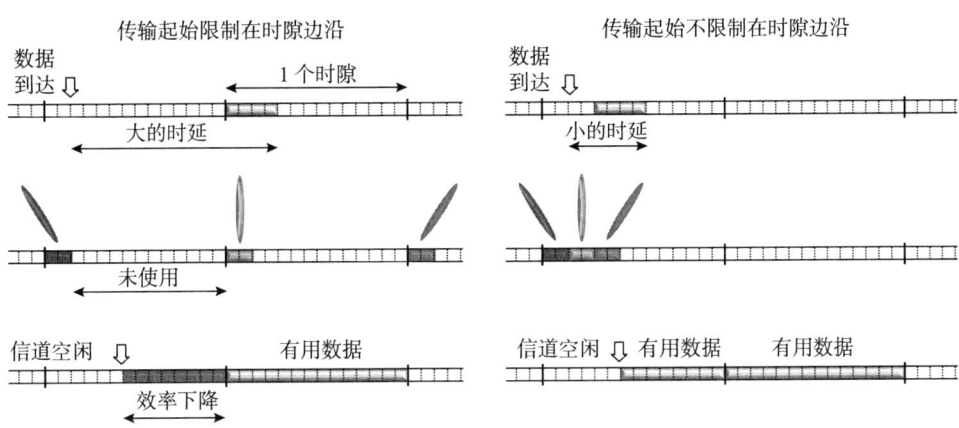

图 7-2 解耦传输时间和时隙边沿,可以获得更低的传输时延(上)、更加有效的波束扫描(中)和更好的支持非授权频谱(下)

## 7.3 频域结构

LTE 的最初设计是要求所有的 LTE 终端都能够处理 20MHz 的带宽。因为 LTE 一个载波的最大带宽只有 20MHz,所以要求所有终端都能够支持整个载波带宽是合理的。但是 NR 标准需要支持更大的载波带宽,NR 标准 Release 15 定义一个载波最大可以支持 400MHz 的带宽,而 NR 标准 Release 17 定义最大可以支持 2GHz 的带宽。强制所有 NR 终端去支持这么大的载波带宽从终端成本的角度来考虑是不合理的,因此协议允许终端只支持一部分的载波带宽。同时为了提高载波的利用效率,不同终端所使用的部分带宽不能局限在载波中心频点附近,这意味着 NR 必须有不同于 LTE 的直流子载波处理方案。

LTE 不使用直流子载波进行传输。因为直流子载波非常容易受到一些干扰的影响，比如本振泄漏造成的干扰。所有的 LTE 终端支持整个载波带宽，因此它们是共享同一个直流子载波，即载波的中心频点。直接丢弃直流子载波是非常简单有效的机制⊖。但是 NR 的终端，可能不是以载波频率为中心，由于支持的部分带宽被分配在不同的频域位置上，对应的直流子载波也对应到不同的位置，DC 子载波也用于数据传输，如图 7-3 所示，NR 必须处理直流子载波信号质量下降的问题。

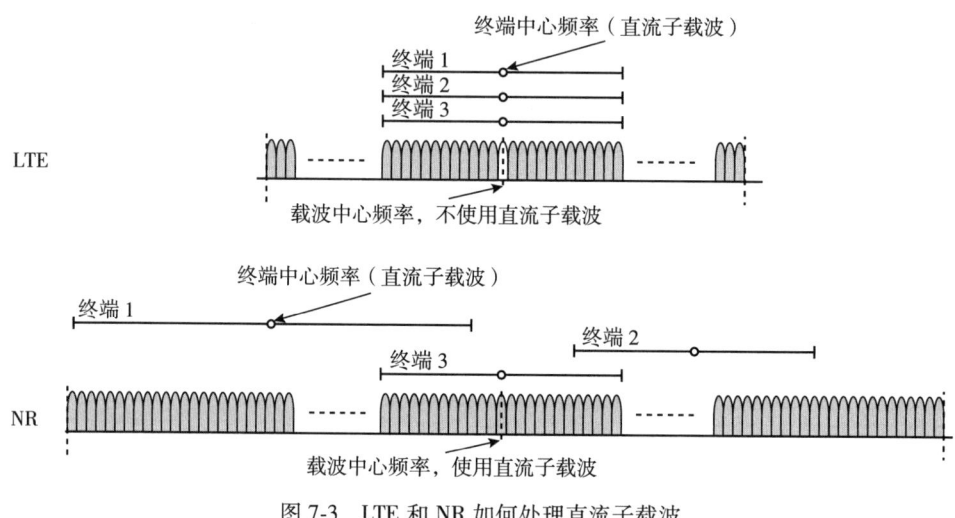

图 7-3　LTE 和 NR 如何处理直流子载波

资源单元（resource element）定义为一个 OFDM 符号上的一个子载波。资源单元是 NR 标准里最小的物理资源。如图 7-4 所示，在频域上 12 个连续的子载波称为一个资源块（resource block）。

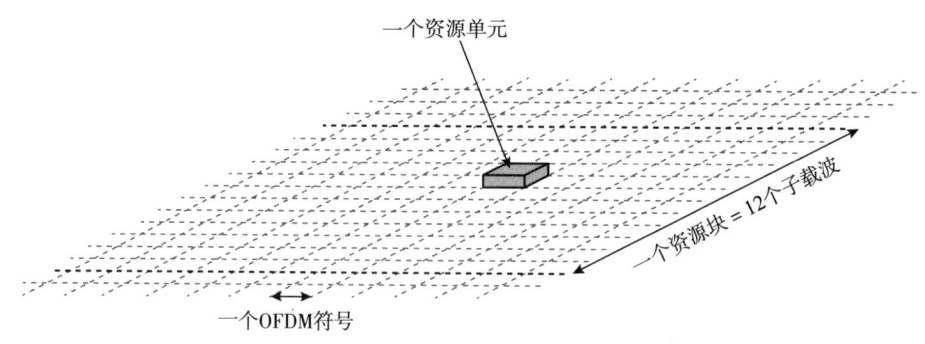

图 7-4　资源单元和资源块

---

⊖　在载波聚合的情况下，如果多个载波使用同一个功放，直流子载波也会和各个载波的中心频点不同。

请注意，NR 标准对资源块的定义和 LTE 不同。一个 NR 的资源块是一个在频域上一维的度量。而 LTE 对资源块的定义是一个两维的度量，即频域上 12 个子载波，时域上一个时隙。NR 中采用了新的资源块定义方法，主要是因为 NR 的传输在时域上是非常灵活的，而 LTE 中一次传输就会固定占用一个完整的时隙⊖。

NR 标准在一个载波上可以支持多种参数集。虽然一个资源块固定包括 12 个子载波，但由于不同的子载波间隔，不同的参数集导致一个资源块在频域上占用的实际带宽却并不相同。不过 NR 规定不同参数集下的资源块之间的起始位置是始终保持对齐的。因此在完全相同的频率范围内，系统可以配置两个子载波间隔为 $\Delta f$ 的资源块，也可以配置一个子载波间隔为 $2\Delta f$ 的资源块。在 NR 标准中，为了便于描述不同参数集的资源块在频域上的位置以及不同参数集的 OFDM 符号在时域上的位置，引入了资源网格的概念。每个天线端口（天线端口概念的介绍见 7.9 节），每一种子载波间隔都有一个对应的资源网格。这个资源网格从频域来看包括整个载波带宽，从时域来看包括一个子帧，如图 7-5 所示。

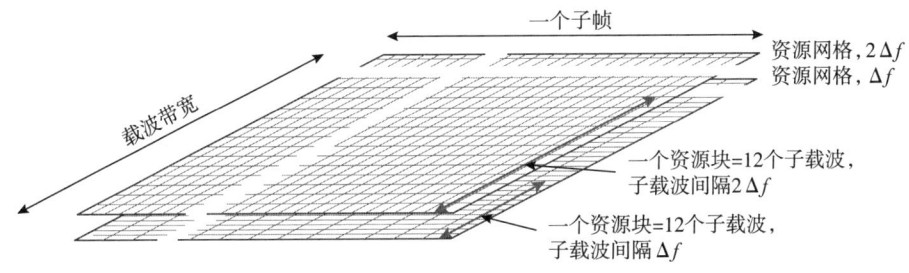

图 7-5　两个不同子载波间隔对应的资源网格

资源网格实际上是从终端的角度来描述符合某一种参数集的信号。在 LTE 中，由于只有一种参数集，所有的终端都支持整个载波带宽，所以容易定义资源块位置。但是在 NR 中，如果终端仅仅支持部分带宽，同时又存在若干参数集，想标识资源位置就需要一个公共的参考点，这个公共参考点称为 A 点(point A)。配合 A 点这个概念，NR 标准又引入了公共资源块（Common Resource Block，CRB）和物理资源块（Physical Resource Block，PRB）两个概念⊖。参考 A 点位于 0 号公共资源块的 0 号子载波位置。不同的子载波间隔在频域上 A 点的位置是相同的。这个点作为一个频域标识位置的参考点，可以在实际载波频域范围之外。初始接入过程中，当终端检测到 SSB 之后（见第 16 章），系统通过系统信息 SIB1，将 A 点的具体位置发给终端。

物理资源块的概念用来描述资源块在实际传输中的相对位置。如图 7-6 所示，对于子载波间隔为 $\Delta f$ 的物理资源块，相对于参考点 A，0 号物理资源块实际上是第 $m$ 个公共资源块。类似地，对于子载波间隔为 $2\Delta f$ 的物理资源块，相对于参考点 A，0 号物理资源块实际上是第 $n$ 个公共资源块。每一个参数集都会独立定义一个物理资源块在公共资源块中的

---

⊖ 在 LTE 中，有一些特殊情况，比如 LTE TDD 中，在特殊子帧 DwPTS 的传输就不会占用整个时隙。

⊖ 还有第三种类型资源块定义，称为虚拟资源块（Virtual Resource Block，VRB）。虚拟资源块和物理资源块一一映射，用来描述 PDSCH/PUSCH 的映射，见第 9 章。Release 16 中定义了交织资源块以支持非授权频谱，见第 20 章。

起始位置(即在图 7-6 的例子中, $m$ 和 $n$ 即为参数集子载波间隔为 $\Delta f$ 和子载波间隔为 $2\Delta f$ 的起始位置)。为了满足载波的带外发射要求(见第 28 章),系统需要设计滤波器。为每种参数集都定义一个独立的起始位置,可以方便为不同的参数集设计不同的滤波器参数。因为子载波间隔越大,所需要的保护带宽就越大,因此不同的参数集就需要设计不同的起始位置。如图 7-6 所示,子载波间隔为 $2\Delta f$ 的物理资源块离载波边缘更远,可以避免过于陡峭的滤波器要求;子载波间隔为 $\Delta f$ 的物理资源块离载波边缘更近,这样频谱的利用效率就更高。

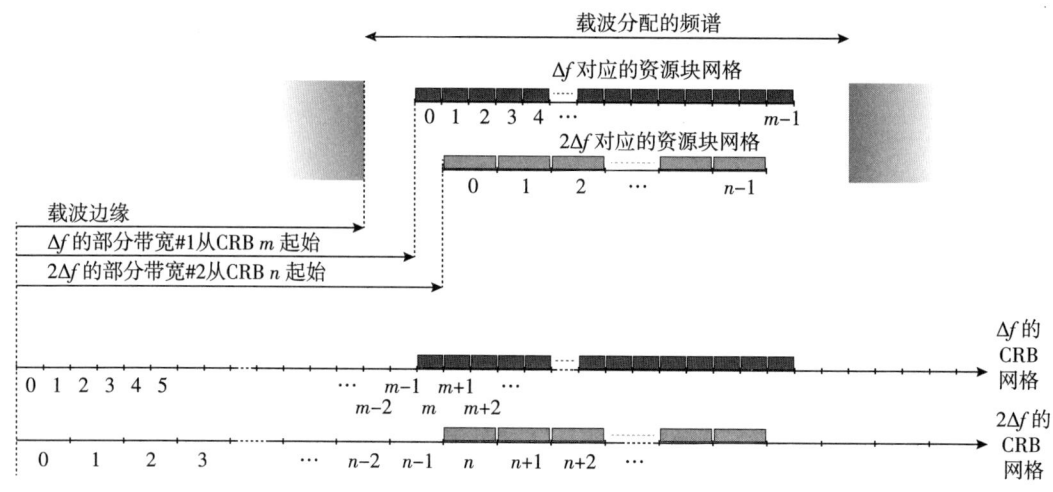

图 7-6 公共资源块和物理资源块

对终端而言,第一个可用的资源块就是频域上资源网格的起始位置,是由网络通知终端的。请注意,部分带宽的第一个资源块和第一个可用的资源块可以相同也可以不同,具体参考 7.4 节部分带宽。

NR 标准 Release 15 定义一个载波最大可以支持 400MHz 的带宽,而 NR 标准 Release 17 定义一个载波最大可以支持 2GHz 的带宽。最大载波带宽 50/100/200/400/1600/2000MHz 分别对应子载波间隔 15/30/60/120k/480/960Hz(见第 5 章⊖)。对于最小的载波带宽的定义,尽管在射频指标里面规定(见第 28 章)为 11 个资源块的频域宽度,但是如果一个载波需要支持终端发现载波并同步到该载波上,则必须支持最少 20 个资源块以容纳 SSB(见第 16 章)。

## 7.4 部分带宽

如上文所述,在 LTE 的设计中,是默认所有终端均能够处理最大 20MHz 的整个载波带宽。这避免了协议的复杂性,比如简化了前面描述的如何处理直流子载波的问题。虽然这种硬性规定会略微提高终端的成本,但是并不明显,还能让控制信道占用的频域资源分散到整个载

---

⊖ 对 960kHz 子载波间隔,不是所有的 3300 个子载波可用(如果都可用,可以达到 3.2GHz 带宽)。

波带宽里,获得一定的频率分集增益。

由于 NR 需要支持非常大的载波带宽,因此让所有的终端都可以接收整个载波带宽是不合理的。如果不要求所有终端都具备接收整个载波带宽的能力,NR 标准就需要为如何处理不同带宽能力的终端引入特别设计。如果要求所有终端都可以接收整个载波带宽,除了前面说的终端成本需要考虑之外,终端接收大带宽信号所引起的功耗增加也是一个重要的考虑因素。像 LTE 那样,把下行控制信道占用的频域资源分散到整个带宽内会显著提高终端的功耗。因此在 NR 标准设计中,引入了一个新的技术,即接收机带宽自适应(receiver-bandwidth adaptation)。通过接收机带宽自适应技术,终端只在一个较小的带宽上监听下行控制信道,以及接收少量的下行数据传输,当终端有大量的数据接收的时候,则打开整个带宽进行接收。

为了更好地支持这两种功能(支持没有能力处理整个载波带宽的终端以及接收机带宽自适应),NR 标准定义了一个新的概念:部分带宽(Bandwidth Part,BWP),如图 7-7 所示。部分带宽定义了从公共资源块的某个位置起始的一组连续的资源块。每个部分带宽都对应一种参数集(子载波间隔和循环前缀长度)。

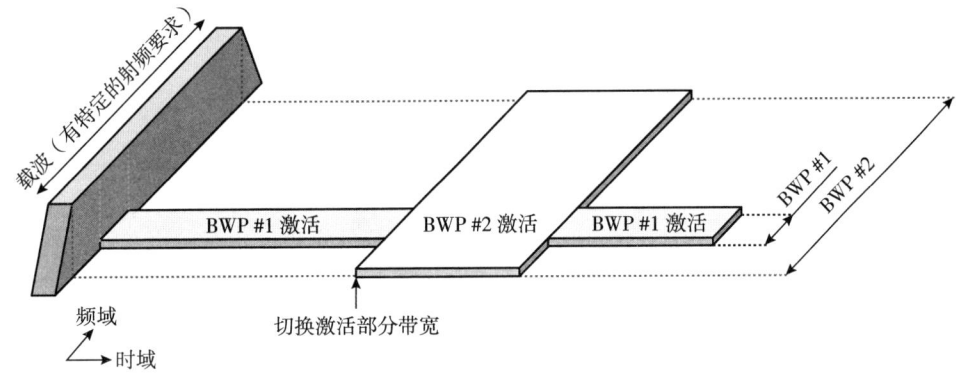

图 7-7 利用部分带宽的概念来实现带宽自适应

当一个终端进入连接态时,终端会通过 PBCH 信道获得控制资源集(Control Resource Set,CORESET,见 10.1.2 节)。通过 CORESET,终端可以知晓如何找到调度剩余系统信息的控制信道信息(详见第 16 章)。从 PBCH 中获得的 CORESET 同时还定义和激活了下行的初始部分带宽。而上行初始部分带宽的信息则是从下行 PDCCH 调度的系统信息中获得的。对非独立组网,终端上下行所使用的初始部分带宽均是通过 LTE 载波传递的配置信息中获得的。

当终端连接网络后,在每个服务小区最多可以被配置 4 个下行部分带宽和最多 4 个上行部分带宽。对 SUL 操作(见 7.7 节),在补充上行载波上可以配置 4 个额外的上行部分带宽。

在任意一个特定时刻,服务小区只会有一个配置的下行部分带宽,称为激活下行部分带宽(active downlink bandwidth part)。同样,服务小区也只会有一个配置的上行部分带宽,称为激活上行部分带宽(active uplink bandwidth part)。对非对称频谱,终端可以默认激活下行部分带宽和激活上行部分带宽的中心频点相同。这样,终端可以用一个本振支持上行和下行传输,简化了实现。gNB 可以利用下行控制信令(调度信息,见第 10 章)来激活或者去激活部分带宽，因此可以在不同的部分带宽间快速地切换。

网络在准备下行传输的时候，会认为终端没有能力接收激活部分带宽之外的信号。也就是说，发送给该终端的 PDCCH 或者 PDSCH 都必须处在激活部分带宽之内，而且发送给该终端的 PDCCH 和 PDSCH 也必须使用激活部分带宽所对应的参数集。因为一个载波同一时刻只能激活一个部分带宽⊖，这意味着终端同一时刻在某个载波上只需要接收一种参数集的信号。如果网络需要终端对激活部分带宽之外的频域进行移动性相关测量，需要配置相应测量间隔（measurement gap）给终端，类似于小区间测量。在测量间隔期间，由于网络会认为终端在测量激活部分带宽之外的频域，因此终端不会监听下行控制信道。

对上行传输，终端仅支持在激活上行部分带宽传输 PUSCH 和 PUCCH。

通过上面的讨论，一个自然的问题是：在 NR 标准中，为什么需要设计载波聚合和部分带宽两种机制，而不是只定义载波聚合一种机制？从某种程度上说，载波聚合和带宽自适应功能相似。但是从射频的指标来看，二者有明显区别。对载波聚合机制，每个分量载波（component carrier）都有一系列的射频要求，比如带外发射指标（见第 28 章），但是在一个载波内部的部分带宽没有这些射频要求，标准仅针对载波提出射频指标要求，而且从 MAC 层的实现来看二者也有区别，比如混合自适应重传就不能中途改变分量载波。

## 7.5 NR 载波频域位置

从原理上来说，一个 NR 的载波可以在任意频点上配置。和 LTE 类似，NR 的物理层协议上并没有什么设计会限制 NR 载波中心频点或者载波所处的频带。但实际上 NR 仍然需要限制可能的载波的中心频点位置。这样不仅能够简化射频部分的实现，还便于协调处于同一个频段但来自不同运营商的载波配置。例如在 LTE 中，就定义了 100kHz 的载波栅格，NR 中也定义了类似的概念。和 LTE 略有不同的是 NR 的栅格粒度更细，并且有多个等级：

- 小于 3GHz 的载波频率，使用 5kHz 的栅格粒度。
- 3~24.25GHz 的载波频率，使 15kHz 的栅格粒度。
- 24.25GHz 以上的载波频率，使用 60kHz 的栅格粒度。

这种和频段，或者说和子载波间隔相关的栅格粒度设计，可以较好地兼容 100kHz 栅格粒度的 LTE 部署（载波频点在 3GHz 以下）。

在 LTE 中，载波栅格决定了一个终端在做初始接入过程中需要搜寻的载波频点位置。因此，随着 NR 的载波带宽越来越大，NR 支持的频段越来越多，栅格的粒度也越来越细，终端在小区初搜过程中就需要花费越来越多的时间去找寻具体频点所处的位置。为了降低终端的实现复杂度，同时也为了降低小区搜索的时延，NR 又定义了一个更稀疏的同步栅格（synchronization raster），也就是 NR 终端初始接入过程中频域上搜寻的粒度。这样 NR 就和 LTE 不同，LTE 的同步信号始终配置在载波中心，而 NR 由于不同的栅格的限制，同步信号可能并不在载波中心（见图 7-8 以及第 16 章）。

---

⊖ NR 从原理上可以支持多个激活部分带宽，但是目前为止并没有发现这种配置的应用场景。因此，终端在一个载波上行或者下行方向，也只需要支持一个激活部分带宽。

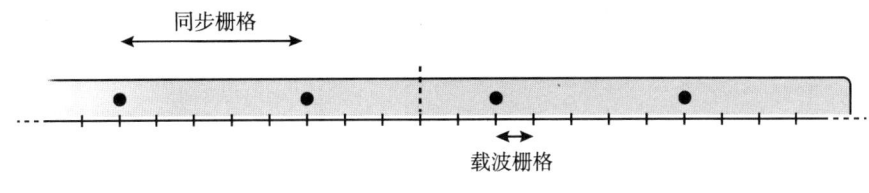

图 7-8 NR 载波栅格

## 7.6 载波聚合

NR 标准的第一个版本就定义了载波聚合的功能。和 LTE 载波聚合类似，多个 NR 的载波可以聚合在一起，同时为一个终端服务。这样就可以使该终端获得更大的服务带宽，相应地也就获得更大的传输速率。载波聚合并不需要所有载波在频域上连续，甚至不需要限制载波处在同一个频段内，这样就形成了三种场景：

- 频段内聚合，每个分量载波在频域上连续分布。
- 频段内聚合，每个分量载波在频域上非连续分布。
- 频段间聚合，每个分量载波在频域上非连续分布。

尽管从标准上来说，三种情况类似，但是在实现中，射频部分设计复杂度会有很大差别。

NR 标准的载波聚合可以支持最多 16 个载波的聚合。这些载波可以是不同的载波带宽，也可以是不同的双工方式。通过 16 个载波的聚合，可以为终端汇集 16×400MHz=6.4GHz 的服务带宽。而 NR 标准 Release 17 则定义一个载波最大可以支持 2GHz 的带宽，16 个载波的聚合可以达到 32GHz 的带宽。这都远远超出了典型的频谱分配需求，而且这些大的子载波间隔也无法在所有的频率范围内使用。

从终端看来，支持载波聚合的终端可以同时在多个分量载波上收发数据，不支持载波聚合的终端则可以接入一个分量载波收发数据。因此，除非特别指出，下面章节的物理层相关描述在载波聚合配置下都可以用于每个分量载波。这里需要指出的是，如果配置为多个半双工（TDD）载波的跨频段聚合，在特定时刻，各个载波的收发方向是可以不同的。这就意味着一个具备载波聚合能力的 TDD 终端需要设计双工滤波器，而这对无载波聚合能力的终端而言是不必要的。

NR 标准对载波聚合的描述中，也经常使用小区这个名词。也就是说，支持载波聚合的终端可以从多个小区收发数据。这些聚合的小区中，只有一个小区称为主小区（Primary Cell，PCell），这个小区是终端接入的小区，其他小区则称为辅小区（Secondary Cell，SCell），是进入连接态后由网络配置的。网络可以快速地激活或者去激活辅小区来满足业务需求的变化。不同的终端可以配置不同的小区作为主小区，或者说主小区配置是针对每个终端的。此外，上行和下行可以聚合不同的载波（或者小区），实际部署中，往往下行比上行聚合更多的载波。背后的原因一是下行业务通常比上行业务量大，二是因为相对于同时支持多个下行载波聚合，同时支持多个上行载波聚合，终端射频的实现复杂度高。

载波聚合也可以与双连接相结合，如图 7-9 所示。在这个情况下，除了主小区组中的主小区和辅小区外，辅小区组中也有一个主小区，称为主辅小区（PSCell）。主辅小区用于建立辅区组的初始接入。辅小区组可以包含一个或多个辅小区。在许多情况下,每个小区组的信令消息仅在主小区和主辅小区上传输。为此,合称主小区和辅主小区为 SpCell。

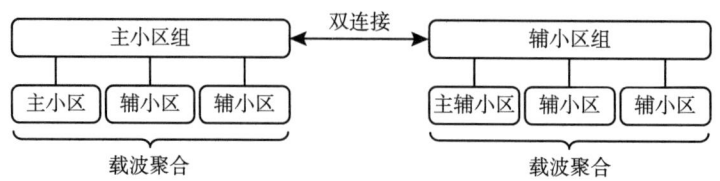

图7-9 主小区、辅小区和主辅小区

每个载波的调度授权和调度指派,或者说下行链路的控制信息,会单独发送。也就是说,对于发送到终端的每个载波的调度授权或指派,均存在一个 PDCCH。在 NR 标准 Release 18 中,也允许使用单个 DCI 来调度多个载波,这有助于减少控制信令开销。

调度授权可以和传输数据在同一个载波上发送,这种情况称为自调度(self scheduling)。也可以将调度授权和传输数据放在不同的载波上发送,这种情况称为跨载波调度(cross-carrier scheduling),如图 7-10 所示。大多数情况下使用自调度就满足网络的需求。在 NR 标准 Release 17 之前,主小区上的传输始终使用自调度。但是考虑到通常主小区处于较低频率,在较高频率上有一个或多个辅小区。将主小区放置在低频有助于覆盖,但是由于低频的带宽限制,只允许主小区自调度会因此可能导致 PDCCH 资源的限制。因此,协议允许辅小区通过跨载波调度主小区。

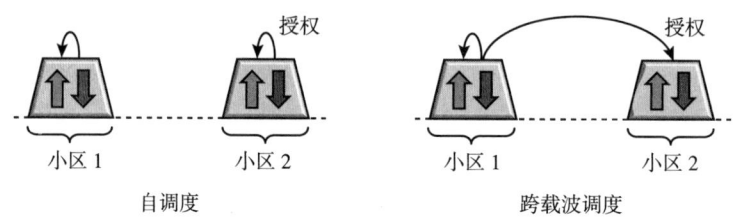

图7-10 自调度和跨载波调度

## 上行控制信令

与工作在单载波的情况类似,载波聚合也需要支持层 1/层 2 的控制信令。上文描述了下行的控制信令,载波聚合同时也需要上行的控制信令。比如 gNB 需要终端通过上行反馈 HARQ 的确认信息,这样 gNB 就可以知道下行数据传输成功与否。载波聚合的基线设计是把上行反馈信息在主小区上传输,这样规定便于支持非对称载波聚合(终端支持的下行载波和上行载波数不同)。但是如果一个终端被配置多个下行载波,却配置了一个上行载波,上行载波将承载大量的反馈信息。为了避免上行过载,NR 标准允许配置两个 PUCCH 组,如图 7-11 所示,第一个组的上行反馈配置在上行主小区,另一个组的上行反馈承载的小区称为 PUCCH 辅小区(PUCCH Secondary Cell,PUCCH-SCell)。

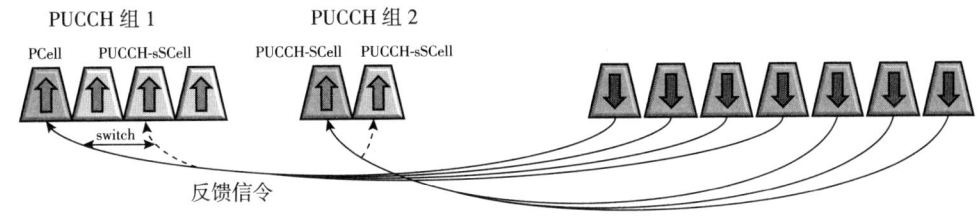

图 7-11 多个 PUCCH 组

对 TDD 系统，为了等待上行时隙，上行链路 PUCCH 的传输可能不得不被推迟，这将增加总的延迟。为了缓解这种情况，NR 标准 Release 17 引入了 PUCCH 小区切换，如第 21 章所述。这允许将 PUCCH 切换到另一个小区，称为 PUCCH 切换小区（PUCCH-sSCell）。可以为每个 PUCCH 组配置一个 PUCCH 切换小区。切换可以是动态的，也可以是半静态的。动态是通过 DCI 中的 PUCCH 小区指示选择两个半静态配置的小区中的哪一个应该用于 PUCCH 传输。半静态则是通过半静态模式来选择两个半静态配置的小区中的哪一个应该用于 PUCCH 传输。

如果配置了载波聚合，终端可以在多个载波上接收或者发送数据（这一般只有在需要最高速率的时候才需要）。因此，在保持载波聚合配置不变的情况下，NR 可以去激活一些不使用的载波。激活或者去激活分量载波都是通过 MAC 层信令（具体来说就是 MAC 控制信元，见 6.2.4 节）来完成的。MAC 层控制信令包括一个位图，每个比特指示一个配置的辅小区是否应该激活或者去激活。

## 7.7 补充上行

除了载波聚合，NR 标准还支持补充上行（Supplementary Uplink，SUL）技术。如图 7-12 所示，补充上行表明一个传统的包含上行和下行的载波对，会有一个关联或者补充的上行载波。该补充上行载波一般都部署在低频。比如一个载波工作在 3.5GHz 频段，会配置一个 800MHz 的补充上行载波。图 7-12 描述的是一个传统的包含上行和下行的对称频谱，和一个补充上行

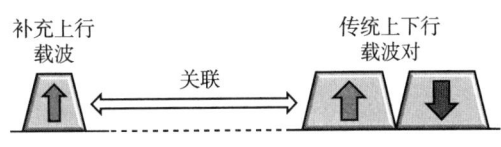

图 7-12 补充上行载波配合传统上下行载波对

载波。但是要注意补充上行载波也可以补充非对称频谱，即 TDD 载波。比如 SUL 的传统载波对可以配置为 3.5GHz 非对称频谱。

载波聚合的主要目的是通过增加终端的可用频率资源来达到更高的峰值速率。而补充上行主要目的是扩展上行覆盖，通过使用低频载波提高功率受限区域的上行速率。此外，非补充上行载波的上行带宽会比补充上行载波的上行带宽大很多，这样，在空口质量比较好的情况下，比如终端离基站距离很近，终端可以使用非补充上行载波来获得较高的速率，而当空口质量变差的时候，由于低频载波路损较小，终端就会使用处在低频的补充上行载波来获得相对非补充载波较高的速率。所以，补充上行的目的就是获得两个载波上行速率的包络。在任意时刻，终端只能使用一个上行载波，这样做可以简化协议的设计，特别是射频实现的难度（比如规避各种互调问题）。这样，就可以总结出载波聚合和补充上行的区别：

- 在载波聚合中，两个或者多个载波被聚合在一起。一般各个载波都有类似的带宽，并且工作在相邻的频点上。聚合载波的目的是聚合载波的带宽，或者说频率资源，以获得较高的速率。
- 上行载波聚合，每个上行载波都有自己对应的下行载波，可以很方便地支持多个上行载波同时调度。对于补充上行，终端只能在补充上行或非补充上行二者之一发送，而不能同时在补充上行以及非补充上行同时发送数据。

图 7-13 示例一个补充上行的应用场景。在 LTE 的频谱资源里配置补充上行载波。这样补充上行载波就需要处理 LTE 和 NR 共存的场景（具体参见第 18 章）。在很多对称频谱 LTE 的部署中，LTE 承载的上行流量显著小于下行流量，因此对称频谱的 LTE 上行频谱就没有得到充分利用。这样在 LTE 上行频谱部署一个 NR 的补充上行载波，就既能明显提高 NR 的用户体验，又不会对已有的 LTE 产生太大影响。

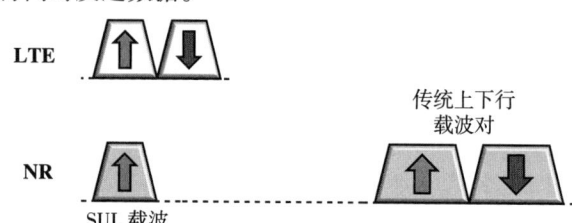

图 7-13 补充上行载波和 LTE 上行载波共存

最后，补充上行还可以降低时延。TDD 系统的上行和下行传输是通过时域进行划分的，这样何时能够进行上行传输就会有明确的限制。但是如果绑定 TDD 载波和部署在对称频谱上的补充上行载波，一些时延敏感的数据就可以无视 NR 正常载波的上下行时间限制，通过补充载波立即发送上行，从而达到降低传输时延的效果。当然，这并非补充上行特有的，载波聚合也可以得到类似的好处。

### 7.7.1 与载波聚合的关系

尽管补充上行和上行载波聚合相似，但二者有一些本质区别。

在载波聚合中，每个上行载波都有一个与之关联的下行载波。每个下行载波都对应一个小区，这样不同的上行载波在载波聚合的场景下，对应不同的小区，如图 7-14 左半部分所示。

与此对应，补充上行载波没有一个关联的下行载波，补充上行载波和传统上行载波一起共享相同的下行载波。因此，补充上行载波没有一个对应的单独属于自己的小区。在补充上行的场景下，小区有一个下行载波和两个上行载波，如图 7-14 右半部分所示。

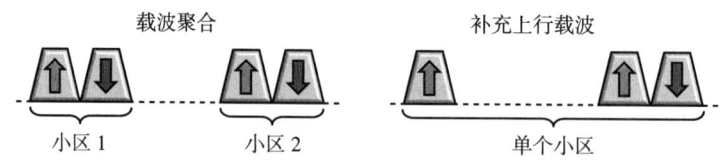

图 7-14 载波聚合和补充上行载波

请注意，从原则上来说，载波聚合可以把多个载波聚合在一起，那么其中被聚合的载波就可以是补充上行载波。举个例子，一种两小区（两个 UL/DL 载波对）载波聚合的情况下，其中一个小区是补充上行小区。但是，现有标准还没有定义任何频段组合可以支持这种载波聚合和补充上行的组合。

一个相关的问题是，如果有补充上行，那么有没有补充下行？答案是有。因为载波聚合允许下行载波的数量大于上行载波的数量，这样就可以把一些下行载波看成补充下行载波。比如一个常见的场景是在非对称频谱上部署一个额外下行载波，然后和一个在对称频谱上的载波聚合来提高系统容量。要支持这些应用场景，在现有载波聚合的基础上，没有必要再定义额外的机制。因此，补充下行这个概念主要用于讨论频谱相关话题（见第3章）。

### 7.7.2 上行控制信令

在补充上行的情况下，网络通过显式的信令（RRC信令）配置终端是在补充上行载波上还是在传统的（非补充上行）载波上发送PUCCH。

对于PUSCH的传输，可以配置终端在PUCCH所在的载波上发送PUSCH，也可以配置终端在补充上行载波和非补充上行载波上动态切换。如果是要支持动态切换，在网络下发的上行调度授权（scheduling grant）信令中，就需要包括补充上行或非补充上行的指示（SUL/non-SUL indicator）。该指示用来指明网络调度PUSCH在哪个载波上发送。终端不会在补充上行载波和非补充上行载波上同时发送PUSCH。

如10.2节所述，当一个终端通过PUCCH传输UCI的时候，在同一个载波上恰巧也调度传输PUSCH，这个终端需要把UCI复用在PUSCH，然后仅传输PUSCH。对补充上行也有相同的规定，即终端不能同时在PUSCH和PUCCH上发送信号，即使PUSCH和PUCCH在不同的载波上，也不允许同时发送。在这种情况下，终端还是要把UCI复用在PUSCH上，然后仅仅传输PUSCH。

还有一种技术可以达到补充上行类似效果，称为双连接。终端可以同时连接低频的LTE和高频的NR。这样如果让上行的数据传输由LTE承载，终端也可以获得类似在补充上行传输数据的效果。但是这个时候，与NR下行传输相关的上行控制信令只能在NR的上行载波上传输，因为每个系统的层1和层2（L1/L2）的控制信令只能在系统内部传输。而使用补充上行，不光上行数据可以在低频传输，上行控制信令也可以在低频传输，最大化地利用低频上行覆盖好的特点。还有一种替代补充上行的配置方法是使用载波聚合，但是载波聚合必须在低频也配置一个下行载波。

## 7.8 双工方式

NR标准的一个关键特性就是灵活的频谱利用。除了可以灵活配置下行传输带宽，NR的基础架构还支持在频域或者时域上分离上行传输和下行传输，这样不管是半双工还是全双工，NR都有一套统一的帧结构，极大地提高了频谱利用的灵活性（见图7-15）。

- TDD（时分双工）：上行传输和下行传输使用同一个载波频率，仅仅通过时间来区分。
- FDD（频分双工）：上行传输和下行传输使用不同的频率，但是可以同时收发。
- 半双工FDD：上行传输和下行传输使用不同的频率以及不同的时间，适合工作在对称频谱上的低成本的终端。

原理上来说，NR的基本结构支持全双工。全双工的上行传输和下行传输既不需要时间来区分，也不需要频率来区分。当然这样会引入严重的下行对上行干扰问题，相应的解决办法还在研究阶段。NR 标准 Release 18 研究了如何通过子带全双工这个受限的方式来达到全双工。

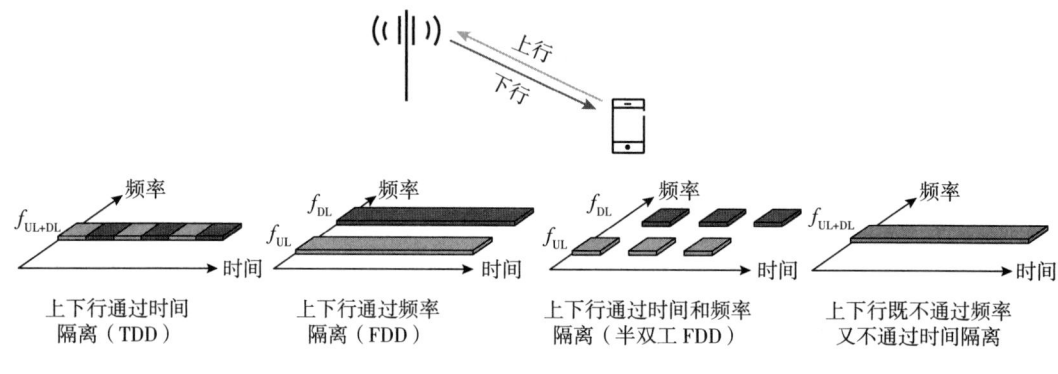

图 7-15 双工方式

LTE 也支持 TDD 和 FDD，但是和 NR 不同的是，LTE 为 TDD 和 FDD 分别定义了一套帧结构[○]，NR 则只定义了一套帧结构。除此之外，不同于 LTE 上下行的分配不随时间动态变化[○]，NR 还可以动态改变上下行在时域上的分配。这种动态 TDD 也是 NR 的一项关键技术。

## 7.8.1 时分双工

在 TDD 下，单个载波在时域上被划分为上行传输部分和下行传输部分，这种划分是小区级的。上行传输和下行传输在时间上是不会重叠的。所以从一个小区或者从终端看来，TDD 被划归为半双工操作。

在 LTE 中，上行和下行在时域上的资源是半静态配置，也就是配置之后一直保持不变。NR 使用了动态 TDD 技术，可以由调度器动态配置一个时隙或者部分时隙为上行或下行。通过这种动态配置，系统可以快速适应上下行业务需求的变化。特别是在密集部署的情况下，每个基站只服务于少数几个终端，所以动态适应上下行业务需求变化对密集部署尤为重要。对于密集部署，或者一些和周边小区相对隔离的小区，基站间干扰可以得到较好的控制。基站不需要过多考虑周边基站的上下行情况，可以独立地调整上下行配置。如果无法满足站间隔离的要求，基站也可以通过站间协调来做出上下行配置的决定。当然如果需要，也可以直接限制上下行动态调整，改为静态操作。这和 LTE Release 12 中引入的 eIMTA 技术非常相似。

站点间协调有用的一个例子是传统的宏蜂窝广域部署。在这种广域宏类型部署中，由于覆盖的原因，基站天线通常位于屋顶之上。也就是说，与终端相比，基站的天线相对远离地面。这可能导致小区基站之间的(接近)视距直线传播。再加上这些类型的网络中传输功率的相对较大差异，来自一个小区站点的高功率下行链路传输可以显著影响在相邻小区中接收微

---

○ 最初 LTE 只支持为 FDD 设计的帧结构类型 1，以及为 TDD 设计的帧结构类型 2。但是在后期的 LTE 版本中，又加入了帧结构类型 3，用来支持非授权频谱。

○ 在 LTE Release 12 中，eIMTA 可以支持上下行分配随着时间变化。

弱上行链路信号的能力，如图7-16所示。当然，除了下行对上行的干扰，还可能存在来自上行对下行链路传输的干扰。尽管这通常不是问题，因为这种来自上行的干扰仅影响小区中的一部分终端用户。

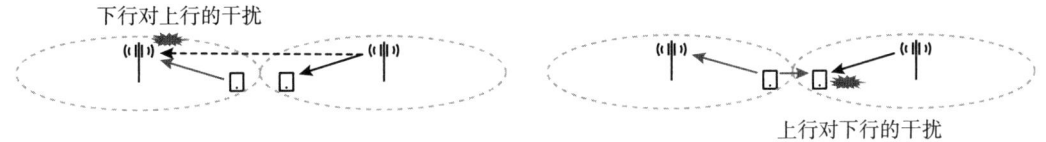

图7-16　TDD网络的干扰场景

处理干扰的经典方法是对网络中所有小区采取相同的方式（半）静态划分上下行资源。这样，一个小区的上行接收与相邻小区的下行发送在时域上永远不会重叠。给一个特定传输方向（上行或下行）分配的时隙（或通常来说，时域资源）集合在整个网络中是相同的，这可以看作小区间协调的一种简单形式，尽管是以（半）静态为基础。静态或者半静态的TDD分配也会有助于和LTE共存，例如在LTE载波和NR载波共用相同站点和相同频段的情况下。这种上下行静态或者半静态分配的限制在基站中非常容易实现，可以使用固定的模式配置上下行。参见7.8.3节，NR也可以半静态地配置一些或者所有的时隙为上行或者下行。因为对于终端，如果提前知道一些时隙配置为上行，就不需要再在这些时隙上监听下行控制信道，这样会降低终端能耗。

TDD系统本质上是一个半双工系统，所以就必须为上行和下行的切换配置一个足够长的保护间隔。这个间隔不用于下行或者上行传输，仅仅是为了方便终端从下行状态切换到上行状态，反之亦然。保护间隔通过时隙格式定义，保护间隔的长度设计一般考虑这样几个因素：

- 保护间隔必须足够长，以保证网络和终端的电路能够从下行切到上行。现在终端一般都能够在很短的时间完成切换，可以达到20μs这个级别乃至更小，这样在绝大多数TDD应用场景下，保护间隔带来的开销都是可以接受的。
- 保护间隔长度必须能够确保上行信号和下行信号不会冲突。为了保证上行信号在基站端切换到下行状态之前能够到达基站，终端需要提前发送上行信号。这个提前量是由定时提前（Timing Advance）机制来保证的（见图7-17）。基站采用定时提前机制来控制每个终端的上行定时，将在第15章中详细说明。这样保护间隔就必须足够长，终端从完成接收网络发送的下行信号，然后切换到上行发送状态，依然能够满足上行发送的定时提前。定时提前与终端到基站的距离成正比，小区半径越大，则需要的保护间隔越大。
- 最后，选择保护间隔还需要考虑基站间的干扰。在一个多小区的网络中，当相邻小区的下行信号经过一定的传播时延到达本小区的时候，要么本小区处在保护间隔内，要么本小区

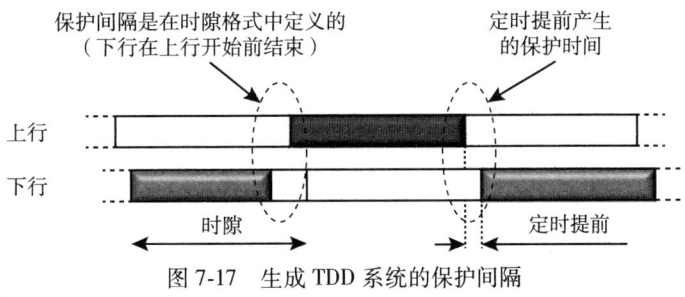

图7-17　生成TDD系统的保护间隔

虽然处在上行接收状态，但是邻小区的下行信号已经衰减到非常低的水平，不足以影响上行信号的接收。因此，保护间隔必须足够大，否则邻站的下行信号就会干扰本小区的上行接收。在实际网络部署中，邻站干扰的大小和传播环境非常相关，即便设计了一个足够大的保护间隔，依然可能有一些残留的干扰会影响上行接收开始的一部分，因此会尽量避免把干扰敏感的上行信号放在上行开始的时候传输。第 19 章会进一步描述 TDD 网络保护间隔的设置以及 NR 标准 Release 16 对干扰处理的增强。

### 7.8.2 频分双工

在 FDD 下，上行传输和下行传输分别被承载在不同的载波上，在图 7-15 中，分别由 $f_{UL}$ 和 $f_{DL}$ 来表示。因此，上行传输和下行传输在时域上是可以同时发生的，上下行的隔离也是通过接收/发射滤波器，也就是双工滤波器来完成的。当然，频域上需要保证上下行双工有足够的隔离带宽。

尽管 FDD 小区上下行可以同时工作，但是某些终端可能在某个特定频段上支持全双工或者只支持半双工，即是否能够支持上下行同时发送/接收。因为不需要采用全双工滤波器，半双工可简化终端的实现复杂度，降低终端成本。这对一些价格敏感的低端终端非常重要。另外，在一些特定的频段，过小的双工频率间隔给双工滤波器的实现带来很大挑战，这种情况下终端也会采用半双工。对于这种情况，全双工是否支持与频段有关，一个终端可以在某些频段上只支持半双工，在其他频段上支持全双工。需要注意全双工或者半双工能力都是终端的特性，无论连接何种能力的终端，基站都需要统一支持全双工。也就是说，基站需要在接收一个终端的上行信号的同时，为另一个终端发送下行信号。

对网络而言，半双工仅仅意味着某个终端最高的上下行速率受到限制，但是对整个小区的容量影响不大。因为基站可以同时调度多个终端，这样网络依然可以同时进行上行和下行传输。网络因为事实上工作在全双工模式，也不需要定义一个保护时间间隔。传输的结构和定时关系对全双工和半双工 FDD 是完全一样的，因此小区可以同时支持全双工和半双工的 FDD 终端混合工作，仅仅是在调度的时候考虑特定终端半双工能力的限制。

### 7.8.3 时隙格式和时隙格式指示

回到 7.2 节对时隙结构的讨论，有一组时隙用于上行传输，另一组时隙用于下行传输，因此需要定义两组时隙。两组的定时有一个时间偏移，这个偏移由前面说的定时提前决定。但在不强调定时提前的情况下，有时也会在描述中忽略这个时间偏移，把两组时隙画成相同的定时。

依赖于终端是否支持全双工，比如 FDD，或者半双工，比如 TDD，一个时隙有时不会全部用于上行或者下行传输。如图 7-17 所示，下行传输必须在时隙结束前提前结束，以使终端可以提前切换到上行状态。为了支持各种场景，NR 标准定义了一组时隙格式。每个时隙格式都规定了时隙的哪些 OFDM 符号可以用于上行，哪些 OFDM 符号可以用于下行，哪些 OFDM 符号可以灵活定义。有关灵活这种状态的定义下文还会详细描述，但是灵活 OFDM 符号的一个典型应用就是在半双工模式下定义必要的保护间隔。部分 NR 支持的时隙格式在图 7-18 中描述。从图 7-18 中可以看出有完全下行的时隙格式和完全上行的时隙格式，这两种时隙格式一般用在全双工模式（FDD），用在半双工模式（TDD）的是部分上行部分下行的时隙格式。

时隙格式的称呼有时候会让人误以为 NR 标准仅仅把时隙划分为上行或者下行时隙，忽略了 NR 支持一个时隙既有上行也有下行的配置。对于一个下行时隙的时隙格式，应该理解为下行传输占用了标志为下行或者灵活的 OFDM 符号。同样，对于一个上行时隙的时隙格式，应该理解为上行传输占用了标志为上行或者灵活的 OFDM 符号。TDD 系统需要的保护间隔都应该利用标志为灵活的 OFDM 符号。

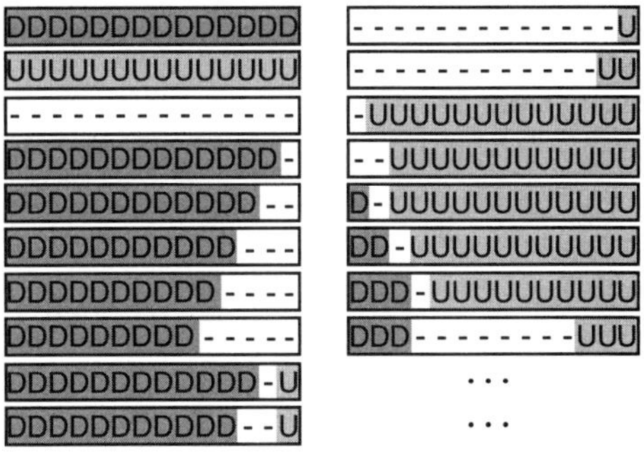

如上所述，NR 标准支持的一个关键技术是动态 TDD，即网络调度器可以动态地决定传输方向。对半双工的终端，因为不能同时收发信号，所以网络必须把资源分开，分别用作上行传输和下行传输。在 NR 中，网络支持三种不同的信令方式，来通知终端上行和下行的资源：

图 7-18 部分 NR 支持的时隙格式（"D"表示下行，"U"表示上行，"-"表示灵活）

- 动态信令通知被调度的终端。
- 使用半静态的 RRC 信令。
- 一组终端共享的动态时隙格式指示。

这些方法可以混合使用来决定瞬时传输的方向。尽管 NR 描述的是动态 TDD，但这个框架也可以用于半双工操作，包括半双工 FDD。

第一种方法，即动态信令通知被调度的终端，是让终端监听下行控制信令，然后根据下行信令里的调度授权或调度分配来进行相应的发送或接收。对半双工终端，终端会假设所有的 OFDM 符号都是下行符号，直到收到了上行发送的指令。至于半双工终端上下行不能同时工作的限制，是由基站调度器来保证的。对全双工终端就没有这些限制，基站调度器可以独立地对上行和下行进行调度。

这种方法提供了一个简单但灵活的框架，但是如果网络事先知道未来的上下行分配，比如为了和现存的 TDD 终端共存或者满足一些频谱管理规定，网络也可以将这类信息提前通知终端。举个例子，如果终端知道接下来一组 OFDM 符号会被分配给上行传输，就没有必要再去监听和这些 OFDM 符号上下行分配相关的控制信令。这样有助于减少终端能耗。因此，NR 标准提供了使用半静态的 RRC 信令通知终端上下行的分配方法，这是一种可选的方法。

RRC 信令的模式把 OFDM 符号划分为下行符号、上行符号，以及灵活符号。对于半双工终端，如果一个符号被标记为下行符号，则该终端就不能进行上行传输，同样，如果一个符号被标记为上行符号，该终端也不能进行下行接收。灵活符号的意思是终端没有办法通过该 RRC 信令判断究竟是上行还是下行方向。对这些灵活符号，终端依然需要去监听调度控制信令，如果发现了调度信息，则根据调度信息进行上行或下行的传输。因此，完全依赖调度信令实现动态 TDD 和 RRC 信令里面把所有 OFDM 符号标记为灵活符号是等效的。

RRC 信令模式包含最多两个"下行-灵活-上行"的指示序列。序列可以指示以 0.5~10ms 为周期的一段时间内 OFDM 符号的传输方向，这个周期也是可配的。除此之外，可以配置两种模式：一种是小区级的上下行指示，该指示通过系统信息通知终端；另一种是终端级的上下行指示，该指示通过 RRC 信令单独通知给终端。终端如果收到这两种配置，会把两种模式合并起来。一些小区级的灵活符号会被终端级的上行或者下行所替换。如果小区级和终端级都指示为灵活符号,那么合并后这个符号依然为灵活符号,如图 7-19 所示。

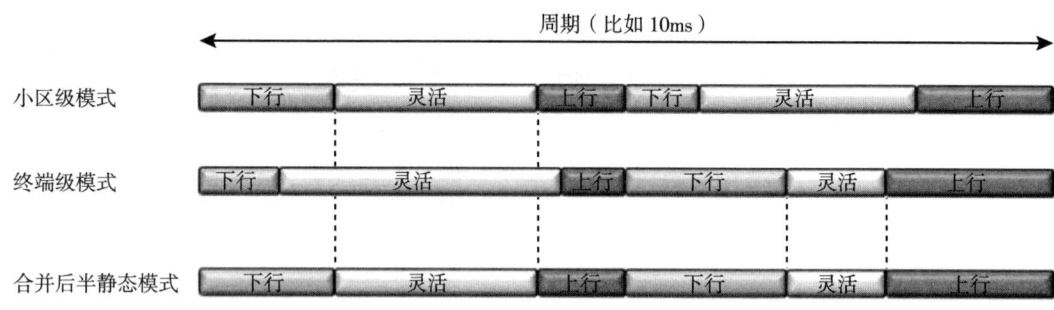

图 7-19 小区级和终端级上下行模式配置合并示例

第三种模式是通过动态的信令来把上行下行分配发送给一组终端。这组终端会同时监听一个特殊的下行控制信息,该控制信息称为时隙格式指示(Slot Format Indicator,SFI)。与前面两种机制类似,该机制也是指示 OFDM 符号是下行、上行符号还是灵活符号。该信令可以指示一个或者多个时隙。

终端从控制信令中收到 SFI 的值,该值就是 SFI 表格的索引。这里 SFI 表格指的是一张通过 RRC 信令在终端配置的表格,表格里面每一行都对应了一组预设的下行、灵活、上行的模式。收到 SFI 后,根据索引查表得到一个或多个时隙的上下行模式,如图 7-20 所示。NR 标准里预定义了很多种可能的模式,如图 7-18 或者图 7-20 左半部分所示。SFI 表格里预定义的模式均选自 NR 标准。SFI 这种指示方式也可以用于小区间交互上下行模式的信息(跨载波指示)。

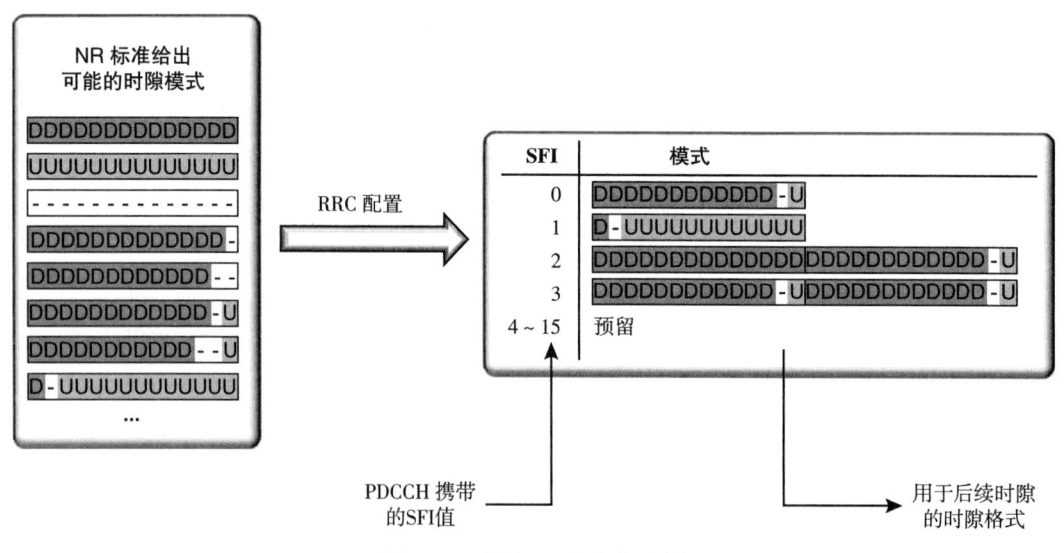

图 7-20 配置 SFI 表格的示例

因为接收动态调度的终端可以通过调度信令得知载波目前是用于上行传输还是下行传输，所以被一组终端共享的动态时隙格式指示这种配置方式主要用于非调度（non-scheduled）终端。这为网络提供了一种否决先前配置的方法。比如网络先前配置了终端周期性发送上行探测信号（Sounding Reference Signal，SRS），或者网络先前配置了终端测量下行的信道状态信息参考信号（Channel-State Information Reference Signal，CSI-RS）。如第 8 章所述，这些用于评估信道质量的操作，是通过半静态方式配置给终端的。而动态覆盖这些周期型配置对实现动态 TDD 的网络很有帮助（见图 7-21 的示例）。

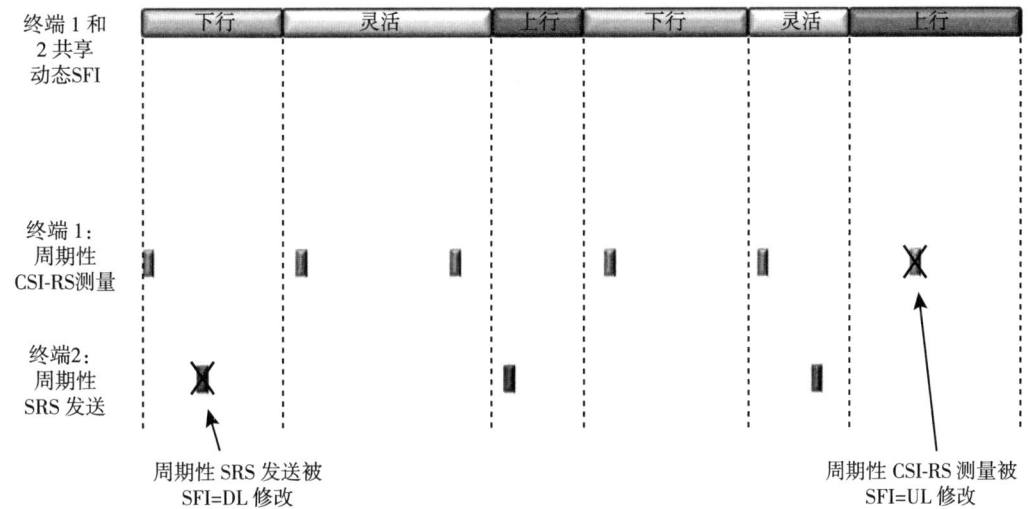

图 7-21　通过 SFI 控制周期性 CSI-RS 测量以及 SRS 发送

但是 SFI 不能改变半静态的 RRC 信令配置的上下行配置，也不能改变上下行动态信令配置的上下行配置。终端会无视 SFI，依然按照半静态配置或动态信令配置进行上行传输或者下行传输。但是 SFI 可改写那些被半静态或动态信令配置为灵活的符号，令这些原来是灵活的符号可以被 SFI 配置为下行或者上行。SFI 还可以配置预留 OFDM 符号，如果 SFI 和半静态信令都指示一个符号是灵活符号，那么这个符号就会被预留下来不进行传输，这是一个非常有用的配置方法。比如可以为其他无线接入技术或者后续的 NR 标准演进提供一些预留资源。

上面的描述主要聚焦在半双工终端特别是 TDD 技术上。但实际上，SFI 完全可以用在全双工，比如 FDD 技术，比如在 FDD 系统中用来改写周期性 SRS 发送。只不过 FDD 有两个独立的载波，一个是下行载波，一个是上行载波，这样就需要两个 SFI，每个载波对应一个 SFI。在协议里，两个 SFI 的需求是通过多时隙来实现的，SFI 的一个时隙用来指示下行，另一个时隙用来指示上行。

## 7.9　天线端口

下行多天线技术是 NR 标准的一项关键技术。不同天线的下行信号会使用不同的多天线预编码（见第9章），经历不同的无线信道，到达终端接收机[○]。

通常来说，终端需要能够知道不同的下行信号经历的无线信道之间的关系。比如终端需要知道对一个特定的下行传输数据，哪些参考信号可以用来进行信道估计。再比如终端需要知道如何给网络上报信道状态信息，这些信道信息可以帮助网络进行调度和链路自适应。

基于这样的考虑，NR标准引入了天线端口（antenna port）这个概念，这个概念和LTE天线端口的定义类似。一个天线端口定义为当一个OFDM符号通过一个天线端口传输时，它所经历的信道和在该天线端口传输的其他OFDM符号传输经历的信道是相同的。或者换个表述方式，终端认为两个传输的信号是否经历相同的无线信道取决于这两个信号是否通过同一个天线端口发送[○]。

实际上，至少对下行而言，每个天线端口都可以对应一个特定的参考信号。终端接收机可以用这个参考信号来进行信道估计。参考信号也可以帮助终端来获得该天线端口的信道状态信息。

表7-2中列举了NR标准定义的天线端口。从该表可看出，天线端口的编号是有一定结构的。这种结构化的天线端口编号对不同用途的天线端口进行分类。比如从1000开始编号的下行天线端口用于PDSCH传输。不同PDSCH传输层采用不同的编号，比如1000和1001标记了一个双层PDSCH传输。不同的端口和对应的用途会在后续的章节中详细描述。即便上行和下行可能使用了同一个天线端口的编号，但是并不是指同一个天线端，也就是说上行、下行和Sidelink都是独立的天线编号。

表 7-2 NR 标准定义的天线端口

| 天线端口 | 上行 | 下行 | Sidelink |
| --- | --- | --- | --- |
| 0000-系列 | PUSCH 和关联的 DM-RS | — | — |
| 1000-系列 | SRS、预编码 PUSCH | PDSCH | PDSCH |
| 2000-系列 | PUCCH | PDCCH | PDCCH |
| 3000-系列 | — | CSI-RS | CSI-RS |
| 4000-系列 | PRACH | SSB | SSB |
| 5000-系列 | — | PRS | PSFCH |

注：Release 16 引入了定位参考信号（PRS）和 Sidelink，分别见第27章和第26章。

这里需要强调的是，天线端口的概念是一个逻辑概念，并不和一个特定的物理天线对应：
- 两组不同的信号，每组都是以相同的方式通过多个物理天线发送。从终端接收机的角度来看，两组信号通过一个相同的等效信道传播。两组信号实际上是经历了多个天线信道"加和"所产生的信道，可以看成一个单独的天线端口发送出两组信号。
- 两组信号，每组都是通过相同的多个物理天线，但是不同的预编码方式（发送端预编码不为终端所知）发送。因为对于所有不为终端所知的发送端预编码都可以看成整个无线信道的一部分，所以两组信号从接收机来看实际上经过了不同的信道，也就是从

---

○ 一个未知的发送端预编码，从接收端看来都是整体无线信道的一部分。

○ 对一个特定的天线端口，更具体地说是天线端口对应的解调参考信号，即这个天线端口对应的等效信道只有在一个调度周期内才能认为是不变的。

不同的天线端口发出。需要注意的是，如果发送端预编码为终端所知，这样两组信号又可以看成从同一个天线端口发出。

这些概念的理解有助于引入下一节准共址的概念。

## 7.10 准共址

两组信号通过不同的物理天线发送，也就是两组信号经历的等效信道不同。尽管经历的信道不完全相同，但是等效信道的大尺度特性在很多情况下是相同的。比如，从同一个终端来看，从同一个站址但是不同物理天线端口上发出来的两组信号，信号经历的信道会不相同，但是比如多普勒扩展、多普勒频移、平均时延扩展还有平均增益这些大尺度特性还是相近的，并且信道带来的平均延迟也是近似的。如果终端知道两个天线端口有相近的大尺度特性，会帮助接收机设置信道估计参数。

对单天线发送，准共址的概念很好理解，但是 NR 标准大量使用诸如多天线传输、波束赋形、多个物理位置的基站天线对同一终端同时发送等技术。这些情况下，一个小区多个天线端口有可能在大尺度特性上也不相同。

因此相对于天线端口，NR 标准又引入了准共址（Quasi-Colocation，QCL）的概念。一个终端接收机可以认为准共址的天线端口发送的信号所经历的信道是不同的，但是从大尺度上来说又是相同的，包括上述的平均时延扩展、多普勒扩展和多普勒频移、平均时延空域接收机参数。NR 标准给出了两个天线端口是否在某些情况下某个信道特性可以认为是准共址的定义。网络会通过信令显式地通知终端不同的天线端口是否是准共址的。

准共址这个概念其实已经在 LTE 后续的版本中引入，作为临时参数。但是由于 NR 更广泛地使用了波束赋形技术，准共址的概念被扩展到了空域。空域的准共址，或者更正式地说 QCL-Type D 或空域接收参数准共址，是波束管理的一个重要部分。在实际应用中，空域准共址描述了两组信号通过同一个物理站址和同一个方向的波束进行发送。在这个情况下，如果当接收端知道从一个接收波束方向可以较好地接收其中一组信号，那么使用相同的接收波束，另一组准共址信号也可以获得较好的接收性能。一个典型场景，NR 会配置特定传输信号之间准共址，比如 PDSCH 和 PDCCH 传输和一些参考信号准共址，这些参考信号可以是 CSI-RS 或者 SSB。这样终端可以基于参考信号的测量，选择出最优的终端接收波束。而这个最优的接收波束，对下行数据 PDSCH 和 PDCCH 的接收也是一个很好的选择。

总结起来，NR 标准定义了四种不同的准共址类型：

- QCL-Type A：多普勒扩展、多普勒频移、平均时延以及平均时延扩展的准共址。
- QCL-Type B：多普勒扩展和多普勒频移的准共址。
- QCL-Type C：多普勒频移和平均时延的准共址。
- QCL-Type D：空域接收参数的准共址。

因为准共址的框架非常灵活，如果需要，未来的 NR 标准会引入更多的准共址类型。

因此，QCL 关系有助于终端接收信号或信道。终端从一个信号估计得到的属性可以用于另一个信道或信号的信道估计。在图 7-22 中，从 SSB 获得的多普勒频移和平均延迟可用于改进基于 TRS 的时间和频率漂移估计，并在下一步中用于改进 PDCCH 和 PDSCH 的基于 DM RS 的信道估计。TRS 将在下一章中进行讨论，关于 QCL 关系在多天线传输中的使用，请参阅第 11 章。因为该框架本身是通用的，如有必要，可以在未来的协议版本中添加其他 QCL 类型。

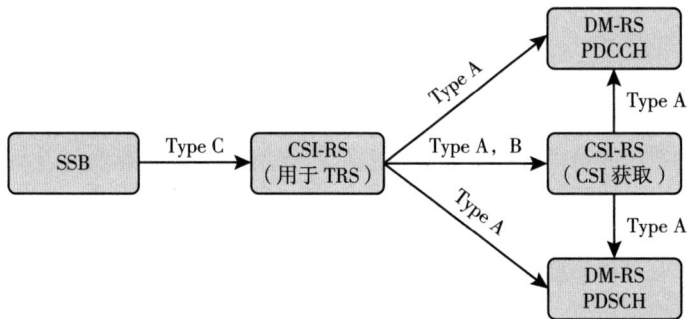

图 7-22　不同信道和信号 QCL 关系的示例

# 第 8 章

# 信道测量

在无线通信技术中，发送端经常利用探测到的无线信道信息来辅助传输。这些无线信道信息可以是非常粗略的，比如无线信道的路损。知道路损相关信息，就可以在发送端进行发射功率控制。无线信道信息也可以是非常详尽的，发送端知道无线信道在时域、频域以及空域上准确的信道幅度和相位信息。发送端甚至可以利用接收端受到的干扰等信息来辅助传输。

这些信息可以通过无线链路的发送端或者接收端测量获得，比如关于下行信道的特性可通过终端的测量获取。测量得到的信息会上报给网络，这样网络就可以依据这些测量来为后续下行传输设置合适的发送参数。还可以依据信道的互易性，即认为上行和下行信道在有些信道特性上是相同的，这样网络可以测量上行信道来估计相关下行信道的信息。

对于上行信道信息的获取，原则上和下行类似：

- 网络可以通过测量得到上行信道特性，然后直接通知终端，或者直接控制后续的上行传输参数。
- 依据信道互易性，终端可以通过下行测量直接获得上行信道信息。

不管使用何种方式获取信道信息，都需要通过特定的信号来测量、估计无线信道的特性。本章将会描述 NR 是如何利用参考信号来支持信道测量的。我们会详细描述参考信号，包括：下行信道状态信息参考信号（Channel-State-Information Reference Signal，CSI-RS）和上行探测参考信号（Sounding Reference Signal，SRS）。我们还会描述 NR 下行物理层测量的框架，以及相应的终端如何向网络上报。

## 8.1 信道状态信息参考信号：CSI-RS

CSI-RS 是 NR 下行信道测量的最重要的一个工具。CSI-RS 除了可以提供详细的信道探测来辅助选择下行传输参数，还可以用于支持波束管理和移动性。

### 8.1.1 CSI-RS 的基本结构

CSI-RS 最多可以支持 32 个不同的天线端口，每一个天线端口都是一个需要探测的信道。在 NR 标准里，每个终端都可以独立地配置 CSI-RS。这里需要注意的是，这并不意味着每个发送的 CSI-RS 信号都只能被一个终端接收。标准允许同一个 CSI-RS 配置给多个终端,也就是这个 CSI-RS 被上述的多个终端共享。

如图 8-1 所示,频域上一个资源块及时域上一个时隙内,单端口的 CSI-RS 只占用一个资源单元。原则上,CSI-RS 可以配置在资源块的任意位置,但实际上为了避免和其他的下行物理信道或者物理信号冲突,CSI-RS 的配置会有一些限制。一个终端会假设一个配置的 CSI-RS 不会和下列信号冲突:

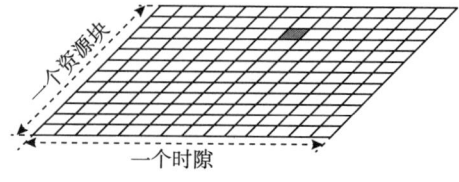

图 8-1 一个资源块/时隙内的单端口 CSI-RS 由一个资源单元组成

- 任何为该终端配置的 CORESET,具体参考 10.2 节。
- 与 PDSCH 传输相关的解调参考信号,具体参考 9.11 节。
- 同步信号块,具体参考第 16 章。

一个多端口的 CSI-RS 可以看成多个互相正交的信号复用在一组资源单元上。复用的方法一般包括:

- 码域复用(Code-Division Multiplexing,CDM),意味着不同的天线端口的 CSI-RS 实际上使用了完全相同的一组资源单元,发送端通过正交的码字来将不同的 CSI-RS 信号复用调制在一起。
- 频域复用(Frequency-Division Multiplexing,FDM),意味着不同的天线端口的 CSI-RS 实际上使用了一个 OFDM 符号内不同的子载波。
- 时域复用(Time-Division Multiplexing,TDM),意味着不同的天线端口的 CSI-RS 实际上使用了一个时隙内不同的 OFDM 符号。

如图 8-2 所示,不同天线端口的 CSI-RS 之间的 CDM 可以是:

- 在频域连续的两个相邻子载波上的 CDM(2×CDM),这样就可以支持两个天线端口 CSI-RS 的码域复用。
- 在频域连续的两个相邻子载波,以及在时域上连续的两个 OFDM 符号上的 CDM(4×CDM),这样就可以支持 4 个天线端口 CSI-RS 的码域复用。
- 在频域连续的两个相邻子载波,以及在时域上连续的 4 个 OFDM 符号上的 CDM(8×CDM),这样就可以支持 8 个天线端口 CSI-RS 的码域复用。

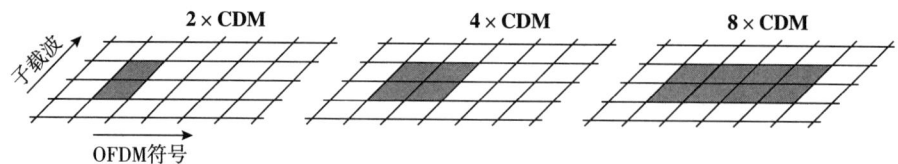

图 8-2 不同 CDM 方式复用多天线端口 CSI-RS

不同的 CDM 方式(见图 8-2),再联合 FDM 和(或)TDM 一起使用,就可以支持不同的多天线端口 CSI-RS 的映射。通常来说,一个 N 端口的 CSI-RS 在一个资源块/时隙内,总共会占用 N 个资源单元⊖。

---

⊖ 有一个例外,为支持 TRS,NR 定义了"密度为 3"的 CSI-RS(见 8.1.7 节)。

图 8-3 描述了如何把两端口 CSI-RS 通过 CDM 复用在两个相邻的资源单元上。换句话说，两端口 CSI-RS 和图 8-2 中描述的 2×CDM 的结构是完全一样的。

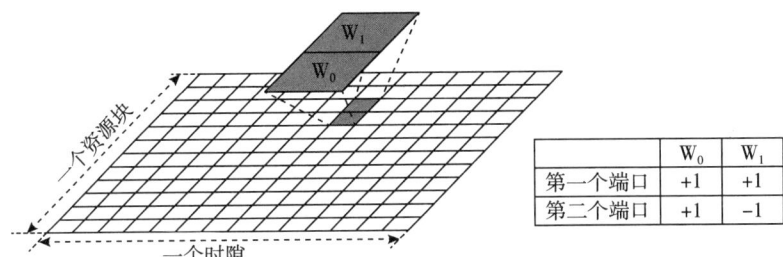

图 8-3 两端口 CSI-RS 使用 2×CDM 复用的结构，以及端口间正交模式

当超过两个天线端口的 CSI-RS 映射的时候，从某种程度上来说得到了一定的灵活性，即对于一个给定的天线端口数，可以有多种 CSI-RS 结构，这些结构分别使用了不同的 CDM、TDM 和 FDM 的组合。

这里列举一个 8 端口 CSI-RS 的例子，通过不同的正交模式，产生了三种结构（见图 8-4）：

- 频域上，每两个相邻的资源单元使用一次 2×CDM，总共使用 4 次频域复用（见图 8-4 左）。所有的 CSI-RS 资源全部集中在一个 OFDM 符号的 8 个子载波上。
- 频域上，每两个相邻的资源单元使用一次 2×CDM，然后同时使用时域复用和频域复用（见图 8-4 中）。所有的 CSI-RS 资源全部集中在两个 OFDM 符号的 4 个子载波上。
- 时域和频域上，4 个资源单元使用一次 4×CDM，然后同时使用时域复用和频域复用（见图 8-4 右）。所有的 CSI-RS 资源全部集中在两个 OFDM 符号的 4 个子载波上。

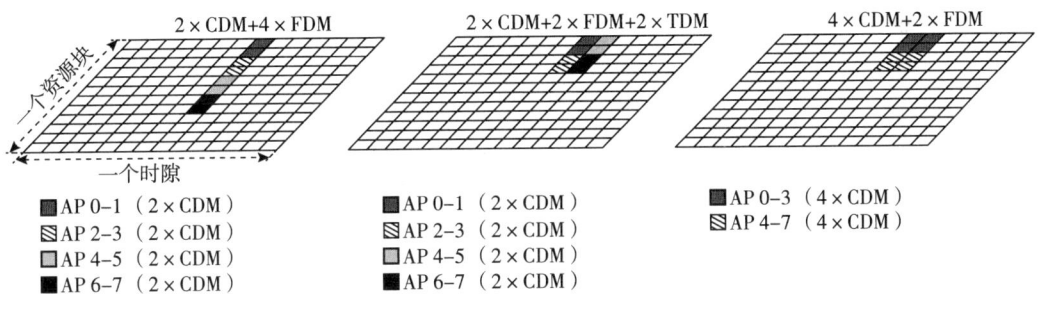

图 8-4 8 端口 CSI-RS 的三种不同的结构

最后，图 8-5 描述了一种可能的 32 端口的结构，其中包括了 8×CDM，然后同时使用 4 次频域复用。这个例子还表明如果是频域复用，实际上可以不占用连续的子载波。同样，如果是时域复用，也可以使用非连续的 OFDM 符号。

对多天线端口的 CSI-RS，端口从码域开始顺序编号，然后是频域，最后是时域。如图 8-4 所示，对 2×CDM，相邻两个天线端口 CSI-RS 通

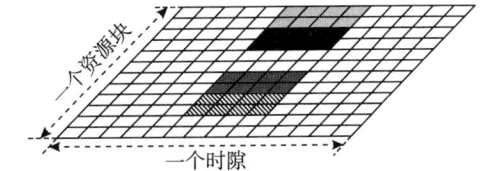

图 8-5 32 端口 CSI-RS 支持的三种结构中的一种

过 CDM 复用在一起，而对 4×CDM，相邻四个天线端口 CSI-RS 通过 CDM 复用在一起。对于 FDM+TDM 的情况（见图 8-4 中），端口 0 到端口 3 是在相同的 OFDM 符号内发送，端口 4 到端口 7 一起在另外一个 OFDM 符号内发送。这样端口 0 到端口 3 通过 TDM 来区分端口 4 到端口 7。

### 8.1.2 CSI-RS 配置的频域结构

当针对某部分带宽配置 CSI-RS 的时候，CSI-RS 的频域就限制在对应的部分带宽之内，同时使用该部分带宽对应的参数集。

从频域上看，CSI-RS 可以配置在整个部分带宽上，也可以只配置在其中一部分上。对一部分这种情况，CSI-RS 占据的带宽以及起始位置都是 CSI-RS 配置的参数。

在配置的 CSI-RS 带宽内，可以为每个资源块都配置 CSI-RS。这种模式称为 CSI-RS 密度为 1。也可以每两个资源块配置一个 CSI-RS，这种模式称为 CSI-RS 密度为 1/2。对后一种情况，CSI-RS 的配置信息必须指出这两个资源块中具体是哪个承载 CSI-RS（奇数资源块还是偶数资源块）。但是对 4、8 和 12 个天线端口的 CSI-RS，目前协议不支持 CSI-RS 密度 1/2 的配置。

对于单端口的 CSI-RS 配置，协议支持配置 CSI-RS 密度为 3。这种配置表明在一个资源块内有三个子载波承载 CSI-RS。这种 CSI-RS 配置会用于跟踪参考信号（Tracking Reference Signal，TRS）（详见 8.1.7 节）。

### 8.1.3 CSI-RS 配置的时域特性

上文描述的每个资源块发送 CSI-RS，都是在某个特定的时隙发送 CSI-RS。从时域上来看，通常 CSI-RS 可以配置为周期性发送、半持续发送或者非周期性发送。

对于 CSI-RS 周期性发送，终端会认为 CSI-RS 的传输每 $N$ 个时隙就会重复一次。这里 $N$ 的取值最小可以到 4，就是说 CSI-RS 每 4 个时隙就会发送一次。$N$ 的取值最大可以到 640，就是说 CSI-RS 每 640 个时隙才发送一次。除了周期，终端还需要知道在周期内的时隙偏移，才能正确找到 CSI-RS 的时域位置，如图 8-6 所示。

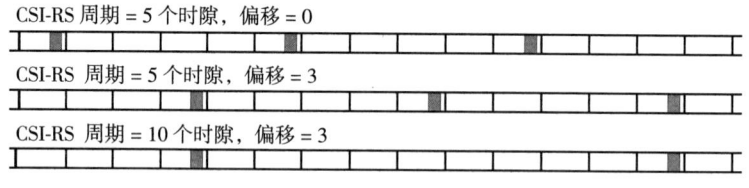

图 8-6 周期性 CSI-RS 发送示例

对于半持续 CSI-RS 发送，也会配置一个 CSI-RS 的发送周期和时隙偏移，这一点和周期性 CSI-RS 发送完全一样。但是，实际上 CSI-RS 是否真正发送取决于 MAC 控制信元（MAC Control Element，MAC-CE）（见 6.2.4 节）。MAC 控制信元可以激活/去激活 CSI-RS 的发送。当 CSI-RS 的发送被激活后，终端会认为 CSI-RS 将按照配置的周期以及时隙偏移周期性地发送，直至收到显式的去激活命令。类似地，当CSI-RS的发送被去激活，终端会认为网络不再发送CSI-RS直到重新激活。

对于非周期性CSI-RS发送，网络不会配置CSI-RS的周期或者时隙偏移。网络会通过DCI信令通知终端每一次CSI-RS的发送。

需要注意的是，严格来说，周期性发送、半持续发送或非周期性发送都不是CSI-RS的特性，而是CSI-RS资源集（resource set）（见8.1.6节）的特性。因此，不论是激活/去激活半持续CSI-RS，还是触发一次非周期性CSI-RS发送，都是针对CSI-RS资源集的操作。

### 8.1.4 CSI-IM 干扰测量

通过对CSI-RS的测量，终端可以获得CSI-RS所在的信道信息。当然，除了估计信道信息之外，终端还可以通过把CSI-RS所在时频资源上接收到的总信号刨除CSI-RS的信号，获得干扰相关的信息。

NR标准还设计了一种专门用来估计干扰水平的资源，称为CSI-IM（Interference Measurement）资源。

图8-7列举了两种不同的CSI-IM结构。每种结构都使用了4个资源单元，但是时频结构不同。和CSI-RS类似，CSI-IM的资源在资源块和时隙的分布也是灵活的，时频分布位置也是CSI-IM的配置参数的一部分。

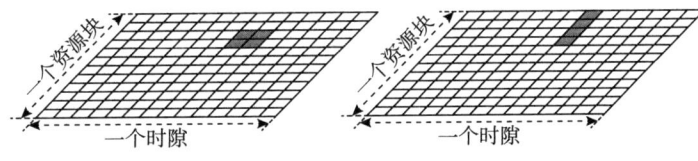

图8-7 CSI-IM的可选结构

CSI-IM资源的时域特性和CSI-RS一样，也可以分为周期性发送、半持续发送（通过MAC CE来激活或者去激活）和非周期发送（通过DCI来触发）。除此之外，CSI-IM周期性发送和半持续发送的周期配置范围也和CSI-RS的配置范围一致。

在典型的配置下，CSI-IM对应的资源单元上不会发送任何信号，也就是说本小区在这些资源上是保持静默的。而在邻小区，对应资源上依然进行正常的下行发送，因此通过对诸如CSI-IM资源的功率测量，就可以让终端估计出由邻区下行传输所产生的干扰水平。

因为小区内的CSI-IM资源上不会进行传输，网络需要通知UE相应的资源单元为ZP-CSI-RS资源（下一节描述细节）。

### 8.1.5 零功率CSI-RS

上面关于CSI-RS的描述，实际上针对的是非零功率（Non-Zero-Power, NZP）CSI-RS。实际上，NR标准还定义了零功率（Zero-Power, ZP）CSI-RS。

如果一个终端被调度了PDSCH传输，所占用的资源包括了一些配置了CSI-RS的资源单元，那么这个终端就需要在PDSCH速率匹配以及资源映射的时候，跳过这些资源单元，这对同一个终端是没有什么问题的。但是如果一个终端调度的PDSCH传输资源块里包括了为其他终端配置的CSI-RS资源单元，也需要让该终端跳过这些CSI-RS占用资源。这种情况下PDSCH必须绕过这些用于CSI-RS的资源单元进行速率匹配。问题是该终端并不知晓这些需要它跳过的 CSI-RS 资源，所以 NR 标准设计了零功率 CSI-RS 这个概念，来通知终端接收 PDSCH 的时候跳过相应的 CSI-RS 资源来进行速率匹配。

一个 ZP-CSI-RS 对应一组资源单元，这些资源单元和 NZP-CSI-RS 有相同的结构。对于 NZP-CSI-RS，终端对其进行测量，得到相关信道信息。对于 ZP-CSI-RS，终端仅仅认为其占用的资源单元不能被 PDSCH 占用。

需要强调的是，尽管协议在取名的时候有零功率这样的字眼，但是终端不能认为这些资源单元上没有任何发送功率。如上所述，一个 ZP-CSI-RS 可能是其他终端配置的 NZP-CSI-RS。在 NR 标准里，一个终端不能做出关于 ZP-CSI-RS 的资源上有何承载的假设，唯一能确认的就是 PDSCH 传输不能占用这些 ZP-CSI-RS 所处的资源单元。

### 8.1.6 CSI-RS 资源集

除了配置 CSI-RS，网络可以为终端配置一个或者多个 CSI-RS 资源集，正式的名称是 NZP-CSI-RS 资源集。每个资源集都包括一个或者多个配置的 CSI-RS。资源集用在测量上报配置中，用来指示终端需要做的测量和上报对象（详见 8.2 节）。尽管 NZP-CSI-RS 资源集的名字包含 CSI-RS，实际上，该集合还可以包括指向一组同步信号块的指针（见第 16 章）。在一些终端的测量中，尤其是关于波束管理和移动性相关的测量，终端可以依赖集合中包括的 CSI-RS 或者同步信号块。

如上所述，CSI-RS 可以配置为周期发送、半持续发送或者非周期发送。上文也说，这些特性严格来说不是 CSI-RS 的特性，而是 CSI-RS 资源集的特性。所有包含在一个半持续资源集里的 CSI-RS 会被 MAC CE 命令同时激活或者去激活。同样，对非周期资源集里面的所有 CSI-RS，都会被 DCI 命令同时触发。

类似地，一个终端也会被配置 CSI-IM 资源集，该资源集包含了若干 CSI-IM。对半持续配置的资源集，整个集合会被同时激活；对非周期配置的资源集，整个集合也会被 DCI 同时触发。

### 8.1.7 跟踪参考信号

由于晶振的非理想性，为了保证成功的下行接收，终端必须在时域和频域上不停地去跟踪并补偿。网络可以配置跟踪参考信号辅助终端完成这个任务。跟踪参考信号并不是 CSI-RS，而是一个资源集。该资源集包含多个周期性发送的 NZP-CSI-RS。更准确地说，一个跟踪参考信号包含 4 个单端口、密度为 3 的 CSI-RS。这些 CSI-RS 分布在两个连续的时隙上（见图 8-8）。资源集内的 CSI-RS，也就是 TRS，可以配置周期为 10ms、20ms、40ms 或者 80ms。注意，TRS 具体使用的资源单元（包括子载波和 OFDM 符号）依配置命令而不同，但是每个时隙内的两个 CSI-RS 在时域上的间距恒定为 4 个 OFDM 符号。参考信号在时域上的间隔就限制了最大可以估计的频率误差。类似地，参考信号在频域上的间隔（4 个子载波）就限制了最大可以估计的定时误差。

NR 标准还定义了一种 TRS 结构。这种结构和图 8-8 所示的 TRS 在每个时隙内的结构是一样的。但是，这种 TRS 只包括两个 CSI-RS，分布在一个时隙内，而图 8-8 所示的 TRS 包括 4 个 CSI-RS，分布在 2 个连续的时隙内。

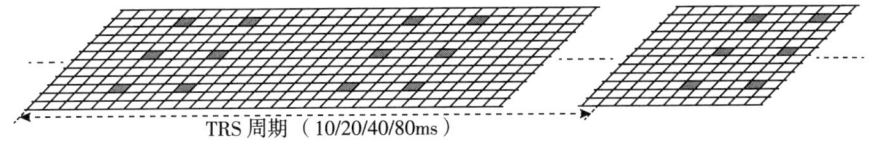

图 8-8　TRS 包括 4 个单端口、密度为 3 的 CSI-RS，分布在两个连续的时隙上

对 LTE，CRS 就起到了 TRS 的作用。但是和 LTE 的 CRS 相比，NR 的 TRS 因为只有一个天线端口，并且在 TRS 周期内也只占用两个时隙，因此比 LTE 引入更少的开销。

## 8.1.8　物理天线映射

在第 7 章中，我们描述了天线端口的概念，也介绍了天线端口和参考信号的关系。而一个多端口 CSI-RS 则定义为可以为一组天线端口对应的信道提供探测的参考信号。但是一个 CSI-RS 端口经常并不是直接映射到一个物理天线上，也就是说终端通过 CSI-RS 探测的信道往往不是物理无线对应的无线信道。更常见的配置是在 CSI-RS 映射到物理天线前，先对 CSI-RS 进行各种变换（尤其是线性变换），或者说通过一个空间滤波器，如图 8-9 中字母 F 所示。此外，存在物理天线个数（如图 8-9 中字母 N 所示）远远大于 CSI-RS 端口个数的情况<sup>⊖</sup>。当终端通过 CSI-RS 进行信道探测的时候，无论是 N 个物理天线，还是空间滤波器 F，对终端都是不可见的。从终端看来，就是一个针对 M 端口 CSI-RS 进行信道估计，得到 M 个 "信道" 的过程。

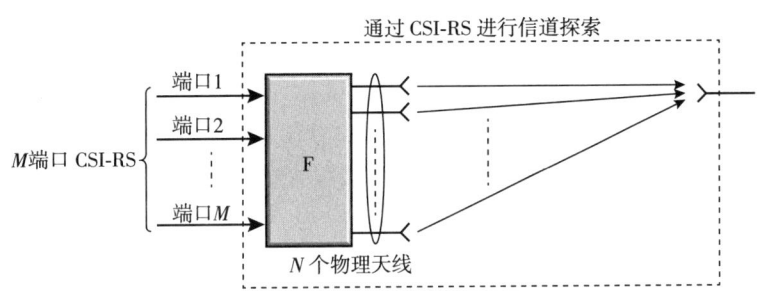

图 8-9　在映射到物理天线之前，CSI-RS 会通过空间滤波器 F

针对不同的 CSI-RS 端口，空间滤波器 F 的设计可能也各不相同。比如网络可以对每一个配置的 CSI-RS 都设计一个不同的空间滤波器，这样可以把 CSI-RS 波束赋形到不同的方向，如图 8-10 所示。尽管实际上两个 CSI-RS 使用同一组天线和同一组物理信道，但是从终端看来，就是网络通过两个不同的信道，发送了两个 CSI-RS。

尽管空间滤波器 F 对终端不可见，但是终端依

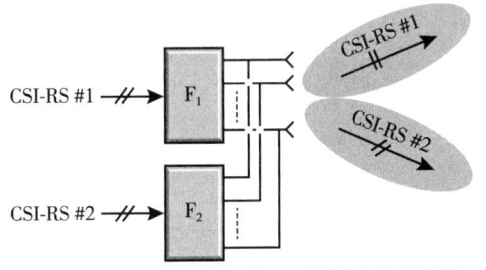

图 8-10　不同的 CSI-RS 使用不同的空间滤波器

---

⊖　让端口数目 M 大于天线数目 N 没有实际意义。

然需要对滤波器 F 做出一定假设。滤波器 F 和第 7 章介绍的天线端口的概念相关，如果两个信号使用相同的物理天线以及相同的空间滤波器进行发送，终端就可以认为这两个信号是从同一个天线端口发送的。

比如在下行多天线传输（见第 11 章）中，一个终端通过测量 CSI-RS，向网络上报下行传输推荐的预编码矩阵。网络则依照终端的建议，把推荐的预编码矩阵用于传输层到天线端口的映射。也就是说，当终端推荐预编码矩阵的时候，终端会假设网络未来进行下行数据传输，会把通过预编码映射到天线端口的数据再经过相同的空间滤波器最终映射到物理天线上，这个空间滤波器就是 CSI-RS 向物理天线映射时所使用的空间滤波器 F。

## 8.2 终端测量和上报

基于网络的配置，NR 终端可以执行不同的测量。对大多数配置的测量，终端需将测量结果上报给网络。测量的配置和对应的上报方式通过上报配置（report configuration）来完成，在 3GPP 协议[15]中，称为 CSI-ReportConfig⊖。上报配置包括：

- 测量上报数量，确认多少测量项需要上报。
- 测量对象，测量的下行资源，从而可以得出上报的数量。
- 上报的实际方式，比如何时上报，使用哪个上行物理信道承载上报。

### 8.2.1 上报数量

一个测量报告需要明确指出终端需要报告多少测量项。比如一个测量报告可以包括三项，即信道质量指示（Channel-Quality Indicator，CQI）、秩指示（Rank Indicator，RI）和预编码矩阵指示（Precoder-Matrix Indicator，PMI），合起来称为信道状态信息（Channel-State Information，CSI）。当然，测量报告可以只包括一项，比如指示报告接收信号强度，或者称为参考信号接收功率（Reference-Signal Received Power，RSRP）。RSRP 是一项关键的测量，一般用在高层无线资源管理（Radio-Resource Management，RRM）。NR 标准不但在无线资源管理中沿用了 RSRP 测量上报，同时也在层 1 引入了 RSRP 上报，比如用在波束管理功能（见第 12 章）。在层 1 的 RSRP 上报一般就直接称为 L1-RSRP，表明该上报不是那种层 3 的、供高层使用并需要长时间滤波的 RSRP 上报。

### 8.2.2 测量资源

一个测量除了需要指明测量项，还需要指明测量针对的是哪些资源或者说哪些下行信号。这是通过将上报配置和一个或者若干个资源集关联起来完成的（资源集的概念描述详见 8.1.6 节）。

一个测量资源配置会与至少一个 NZP-CSI-RS 资源集相关联，终端会利用该 NZP-CSI-RS 资源集对信道特性进行测量。如 8.1.6 节所述，NZP-CSI-RS 资源集可以包括一组配置的 CSI-RS 或者一组同步信号块。比如用于波束管理的 L1-RSRP 测量上报，就是针对一组同步信号块

---

⊖ 请注意，这里我们讨论的是物理层测量和上报，并不是讨论通过 RRC 信令进行的高层上报。

或者一组 CSI-RS 进行的。

注意资源配置总是关联一个资源集。通常情况下，测量上报都是针对一组 CSI-RS 或者一组同步信号块。

有些情况下，资源配置里有可能只包括单个参考信号。比如与传统支持链路自适应以及多天线预编码的方式类似，终端仅仅配置了一个资源集，该资源集只包含一个多端口 CSI-RS。终端通过对这一个多端口 CSI-RS 的测量，向网络上报 CQI、RI 和 PMI。

与之对应的是，有些关于波束管理的应用，需要配置多个 CSI-RS 或者多个同步信号块。每个 CSI-RS 或者每个同步信号块都对应一个波束。终端需要对资源集里面的一组参考信号进行测量，然后上报网络，以支持波束管理功能。

在有些情况下，终端执行的测量并不需要向网络上报。一个例子就是终端需要执行下行发送过程中，接收端（即终端）波束赋形的测量，这会在第 12 章详细讨论。在这种情况下，终端需要使用不同的接收波束来测量下行发送的参考信号。但是测量的结果并不需要向网络上报，该测量结果仅仅供终端自己内部接收使用。尽管不需要向网络上报测量结果，但网络依然需要向终端配置测量的参考信号。在这种情况下，需要上报的传输数目为无(None)。

## 8.2.3 上报类型

一个测量除了需要指明测量项和测量针对的是哪些资源，上报配置还需要指明终端可以何时基于何种承载向网络上报测量结果。

和 CSI-RS 的传输方式类似，终端测量上报也可以分为周期性上报、半持续上报和非周期上报。

顾名思义，周期性上报需要配置一定的上报周期。周期性上报总是通过物理信道 PUCCH 承载。因此，对周期性上报，资源配置需要包括用来上报的周期性 PUCCH 资源。

对半持续上报，一个终端需要配置周期性发生上报的实例，这一点和周期性上报一致。但是，实际上上报是否发生完全由 MAC 层信令控制（MAC CE 通过激活、去激活命令控制）。半持续上报可以通过周期分配的 PUCCH 承载，也可以通过半持续分配的 PUSCH 承载。后者往往用来承载净荷比较大的上报。

非周期上报则通过 DCI 信令触发，更准确地说是通过上行调度授权（DCI 格式 0_1）里面的 CSI 请求字段来指示。DCI 为之分配了最多 6bit 来指示。6bit 的每种组合都对应一个配置的非周期上报，也就是说最多可以激活 63 个不同的非周期上报[⊖]。

非周期上报总是通过调度 PUSCH 来承载。因为 PUSCH 的调度也需要上行调度授权，所以触发非周期上报的命令也同样包含在上行调度授权里面，而不是其他的 DCI 格式。

需要注意，对非周期上报，上报配置可以包括需要测量的多个资源集，每个资源集都有自己的参考信号（包括 CSI-RS 或者同步信号块）。DCI 的 CSI 请求字段为每个资源集分配了一个特定的值。通过 CSI 请求，网络可以针对不同测量对象进行相同类型的上报。当然，这种配置效果原则上也可以通过配置多个上报配置来达到，即每个上报配置里都有相同的上报配置和上报类型，但是却针对不同的资源配置。

---

⊖ 如果是全零，则表明没有一个被激活。

这里请不要混淆周期性、半持续和非周期上报与在8.1.3节描述的周期性、半持续和非周期 CSI-RS。比如非周期上报和半持续上报都可以基于针对周期性 CSI-RS 的测量。同时，周期性上报仅仅能够建立在对周期性 CSI-RS 的测量上。表 8-1 列举了协议允许的关于上报类型和资源类型的各种组合。

表 8-1 NR 支持的上报类型和资源类型的组合

| 上报类型 | 资源类型 | | |
|---|---|---|---|
| | 周期性 | 半持续 | 非周期 |
| 周期性 | 是 | — | — |
| 半持续 | 是 | 是 | — |
| 非周期 | 是 | 是 | 是 |

## 8.3 探测参考信号：SRS

为了对上行信道进行探测，网络会配置终端发送探测参考信号(SRS)。因为 SRS 和 CSI-RS 都是用来探测信道的(只不过方向不同)，所以二者有很多相似之处。SRS 和 CSI-RS 还可以作为 QCL 的参考，即网络可以配置其他物理信道和 SRS 或 CSI-RS 准共址。因此，如果网络和终端通过 SRS 和 CSI-RS 得知合适的接收波束，接收机就可以把该接收波束用于接收其他尚不知最优接收波束的物理信道。

但是 SRS 和 CSI-RS 在具体实现细节上还是有很大区别的：
- SRS 最多支持 4 个天线端口，而 CSI-RS 最多支持 32 个天线端口。
- 作为上行信号，SRS 信号具有较低的立方度量[57]，这样可以提高终端功放的效率。

SRS 基本的时频资源结构如图 8-11 所示。在第一个 NR 标准 Release 15 里，SRS 会扩展到 1 个、2 个或者 4 个连续的 OFDM 符号，而放置 SRS 的 OFDM 符号会配置在一个时隙 14 个符号中的最后 6 个符号。后续 NR 标准扩展到一个时隙的 14 个符号，也就是整个时隙。这种灵活的配置依然有局限，SRS 传输必须限制在一个时隙内部，不可以跨过时隙的边界。

在频域上，SRS 的位置呈梳状结构(comb)，也就是每 $N$ 个子载波才会选择一个子载波承载 SRS，图 8-11 显示了 comb-2 或者 comb-4。comb 的结构允许不同终端发送的 SRS 信号会通过频域复用在相同的频率范围上，如图 8-12 所示。有些情况下，不同的天线端口也可以复用在相同的 SRS 资源上。NR 标准 Release 15 和 16 仅支持 comb-2 和 comb-4，而 NR 标准 Release 17 开始，扩展到 comb-8，也就是 SRS 映射到每 8 个子载波上的一个子载波。

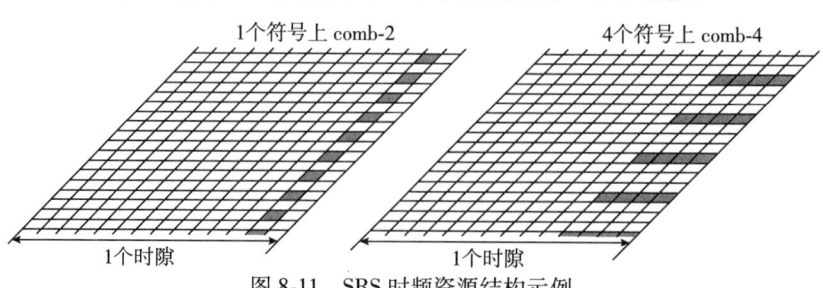

图 8-11 SRS 时频资源结构示例

## 8.3.1 SRS 序列和 Zadoff-Chu 序列

SRS 通过一组频域上的资源来发送，其发送的序列是基于 Zadoff-Chu 序列。由于 Zadoff-Chu 序列的特殊性质，NR 标准中多处使用了该序列，特别是上行传输方向。

一个长度为 $M$ 的 Zadoff-Chu 序列定义如下：

$$z_i^u = e^{-j\frac{\pi u i(i+1)}{M}} \quad 0 \leq i < M \qquad (8\text{-}1)$$

由式(8-1)可知，一个 Zadoff-Chu 序列由参数 $u$ 决定。一般称 $u$ 为 Zadoff-Chu 根索引 (root index)。对一个固定长度(为 $M$)的 Zadoff-Chu 序列，有一些根索引能生成唯一 Zadoff-Chu 序列。这种根索引的个数就等于与 $M$ 互质(relative prime)的整数个数。因此，人

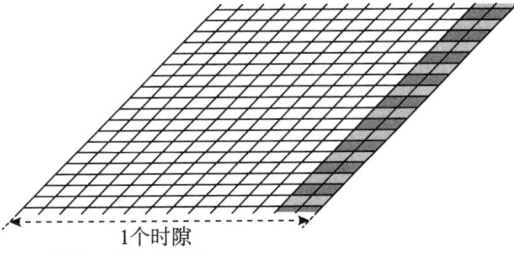

图 8-12 基于梳状结构的 SRS 频域复用，comb-2 配置下 2 个终端复用

们往往关注 $M$ 恰为质数的情况，因为这个长度会拥有最多可用的 Zadoff-Chu 序列。准确地说，在序列长度 $M$ 为质数的情况下，可以找到 $M-1$ 个不同的 Zadoff-Chu 序列。

Zadoff-Chu 序列一个关键的特点就是经过离散傅里叶变换，生成的新序列依然是 Zadoff-Chu 序列⊖。从式(8-1)可知，Zadoff-Chu 序列的另外一个特点就是恒定的时域幅度，时域信号的恒定幅度有助于提高功放效率。而且，由 Zadoff-Chu 序列经过傅里叶变换依然是 Zadoff-Chu 序列可知，Zadoff-Chu 序列从时域上看是恒定幅度，从频域上看也是恒定幅度。频域上恒定幅度则意味着序列经过任意非零循环移位与原序列零相关。这也就是说，同一个 Zadoff-Chu 序列在时域上的经过不同的循环移位所产生的两个序列信号之间是正交的。

尽管引入一个长度为质数的 Zadoff-Chu 序列，就可以获得更多的可用 Zadoff-Chu 序列，但是由于 SRS 的序列长度并不是质数，因此采用了扩展 Zadoff-Chu 序列来生成 SRS 序列。扩展 Zadoff-Chu 序列是基于一个长度为质数 $M$ 的 Zadoff-Chu 序列，$M$ 是小于或者等于期望的 SRS 序列长度的最大质数。而扩展 Zadoff-Chu 序列就是将该长度为 $M$ 的 Zadoff-Chu 序列在频域上进行循环扩展生成。因为是在频域上扩展生成，所以依然保持完美的循环自相关，但是在时域上幅度会产生波动。

对于长度等于或者超过 36 的 SRS，都会使用扩展 Zadoff-Chu 序列。长度为 36 的 SRS 恰好对应 comb-2 下 6 个资源块的 SRS 或者 comb-4 下 12 个资源块的 SRS。对于长度小于 36 的 SRS，NR 标准通过计算机穷举的方法，找到了一组合适的序列，这些频域上平坦的序列具有良好的时域包络特性。至于为什么小于 36 的 SRS 不使用扩展 Zadoff-Chu 序列，主要是因为找不到足够的可用 Zadoff-Chu 序列。

NR 标准中，对使用 Zadoff-Chu 序列的信号，都会使用和 SRS 相同的上述设计准则(诸如上行 DM-RS，见 9.11.1 节)。

---

⊖ 逆操作显然也成立，对 Zadoff-Chu 序列进行逆 DFT 操作，依然生成 Zadoff-Chu 序列。

### 8.3.2 多端口 SRS

如果 SRS 需要支持多天线端口的信道探测,对 comb-2 和 comb-4,NR 标准规定不同的端口使用相同的资源单元,并且使用相同的基础 SRS 序列。各个天线端口发送的 SRS 通过把基础序列进行不同的相位旋转来相互区别,如图 8-13 所示。对 comb-8 和 4 天线端口而言,成对的天线端口使用相同的相位旋转,但利用 comb 的不同移位,来放置到不同的频域位置。

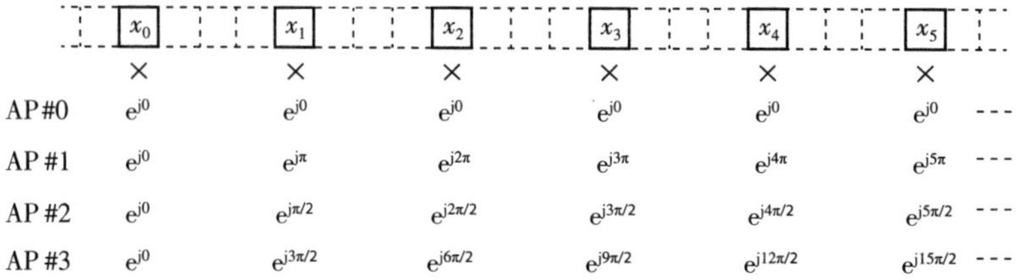

| | $x_0$ | $x_1$ | $x_2$ | $x_3$ | $x_4$ | $x_5$ | |
|---|---|---|---|---|---|---|---|
| | × | × | × | × | × | × | |
| AP #0 | $e^{j0}$ | $e^{j0}$ | $e^{j0}$ | $e^{j0}$ | $e^{j0}$ | $e^{j0}$ | --- |
| AP #1 | $e^{j0}$ | $e^{j\pi}$ | $e^{j2\pi}$ | $e^{j3\pi}$ | $e^{j4\pi}$ | $e^{j5\pi}$ | --- |
| AP #2 | $e^{j0}$ | $e^{j\pi/2}$ | $e^{j2\pi/2}$ | $e^{j3\pi/2}$ | $e^{j4\pi/2}$ | $e^{j5\pi/2}$ | --- |
| AP #3 | $e^{j0}$ | $e^{j3\pi/2}$ | $e^{j6\pi/2}$ | $e^{j9\pi/2}$ | $e^{j12\pi/2}$ | $e^{j15\pi/2}$ | --- |

图 8-13 对频域基础 SRS 序列进行不同的相位旋转来区分天线端口(comb-4 SRS)

如图 8-13 所示,频域的相位旋转可以等效为时域的循环移位。尽管此操作数学上可以称为频域的相位偏移,但 NR 标准中统一称为循环移位(cyclic shift)。

### 8.3.3 SRS 跳频

理想情况下,单次 SRS 传输应覆盖整个目标频段。然而,有限的终端发射功率,使得某些情况下,例如对于非常宽的 SRS 带宽和高路径损耗,导致太低的接收功率谱密度和相应的低质量信道测量。

为了实现更高的瞬时功率谱密度,NR 支持 SRS 跳频,其中 SRS 传输在每个时刻仅覆盖有限的频率范围,然后在频率上"跳跃"以覆盖整个目标频带。如图 8-14 所示,可以基于时隙(时隙间跳跃)或在时隙内(时隙内跳跃)进行跳跃。

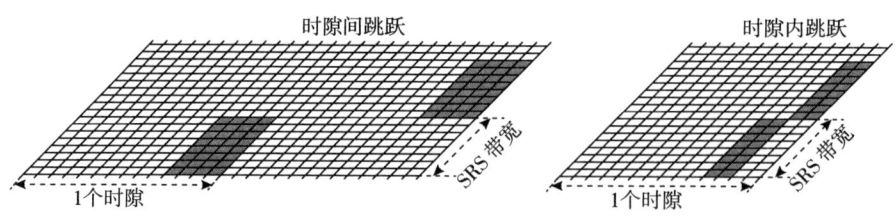

图 8-14 SRS 跳频

NR 标准 Release 15 中引入的 SRS 跳频仅支持四个资源块的最小每跳带宽。为了允许更窄的瞬时 SRS 带宽,Release 17 引入了部分 SRS 传输(partial SRS transmission)的概念。有了部分 SRS 传输,瞬时带宽可以通过频率比例因子 $P_F$ 来减小,该频率比例因子可以取值 2 或 4,从而允许瞬时 SRS 带宽小到单个资源块。尽管部分 SRS 传输在形式上被视为独立的,作为 SRS 跳频的补充，但实际上，它也可以被视为最小每跳带宽为一个资源块而非四个资源块的跳频。

### 8.3.4 SRS 时域结构

和 CSI-RS 类似，SRS 可以配置为周期性、半持续和非周期发送。
- 周期性 SRS 发送：网络会配置 SRS 的周期以及周期内的时隙偏移信息给终端，终端依照网络配置进行周期性的发送。
- 半持续 SRS 发送：和周期性 SRS 类似，网络也会配置 SRS 周期和时隙偏移。与半持续 CSI-RS 相似，网络需要通过 MAC CE 信令激活或者去激活半持续 SRS 发送。
- 非周期 SRS 发送：网络通过 DCI 命令来触发 SRS 的发送。

对非周期 SRS 发送，Release 17 允许更加灵活的配置。可以通过 DCI 来指示一个时间偏移（SRS offset indicator，见第 10 章表 10-2 和表 10-3），这个时间偏移表明 SRS 发送时隙和收到 DCI 时隙的间隔。而在早期标准版本里，这个时间偏移是一个固定的值。

需要注意的是，和 CSI-RS 类似，无论激活/去激活，触发半持续 SRS 发送，还是触发非周期 SRS 发送，都是针对一个特定的 SRS 资源集，而不是一个 SRS 资源。而一个 SRS 资源集往往包括多个 SRS 资源，如下节所述。

### 8.3.5 SRS 资源集

和 CSI-RS 类似，网络可以为一个终端配置一个或者多个 SRS 资源集，每个 SRS 资源集都包含一个或者多个 SRS。如上描述，一个 SRS 可以周期性发送、半持续发送或非周期发送，但是在一个 SRS 资源集中的所有 SRS 都必须是同一类型。或者说，周期性、半持续或者非周期是一个 SRS 资源集的特性。

网络为终端配置多个 SRS 资源集可以有多种目的，可能是为了上行和下行的多天线预编码，也有可能为了上行和下行的波束管理。

终端发送非周期 SRS，或者准确地说，发送一个非周期 SRS 资源集里包括的一组 SRS，是由 DCI 命令触发的。标准规定 DCI 格式 0_1（上行调度授权）和 DCI 格式 1_1（下行调度分配）均可触发非周期 SRS 发送。DCI 命令里面包括 2bit 的 SRS-request 来激活传输，也就是说网络可以最多指示终端配置的 3 个 SRS 资源集中的一个发送 SRS（2 bit 可以表示 4 种状态，其中 3 种表示激活哪个 SRS 资源集，1 种表示不激活）。

### 8.3.6 物理天线映射

和 CSI-RS 类似，SRS 端口一般不会直接映射到物理天线，而是通过某个空间滤波器 F 把 $M$ 个 SRS 端口映射到 $N$ 个物理信道上，如图 8-15 所示。

为了保证终端不管如何旋转，依然可以和网络保持连接，NR 终端会以很高的频率调整终端多个天线面板的指向。在这种情况下，SRS 会通过滤波器 F 将 SRS 天线端口映射到天线面板上的一组物理天线。这样每个天线面板都会有一个不同的空间滤波器 F，如图 8-16 所示。

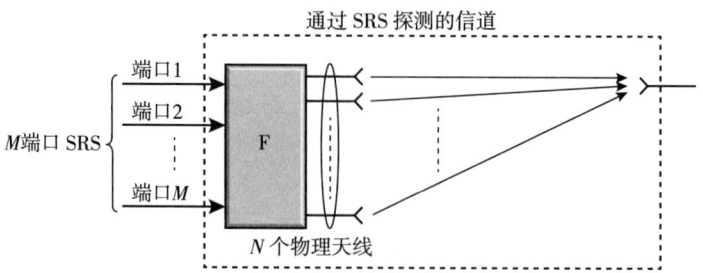

图 8-15 在映射到物理天线前，SRS 会通过空间滤波器 F

和下行的空间滤波器类似，空间滤波器虽然被当成等效信道的一部分而对接收端不可见，但这个滤波器确实对接收机产生了实际的影响。比如网络会要求终端发送 SRS 来探测信道，然后网络就会基于测量结果向终端推荐上行发送的预编码矩阵。而终端需要将预编码矩阵和 SRS 的空间滤波器 F 合并用以上行传输。再比如，网络调度终端使用与 SRS 发送天线端口相同的天线端口进行上行传输，这不但意味着终端会使用和 SRS 传输相同的空间滤波器 F，还意味着终端使用和 SRS 传输相同的天线面板或波束。

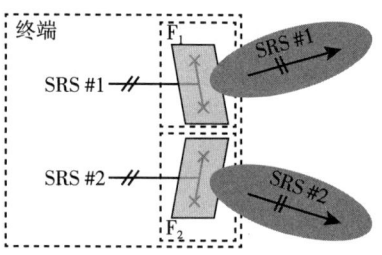

图 8-16 不同的 SRS 使用不同的空间滤波器

# 第 9 章

# 传输信道处理

本章将重点介绍上下行物理层功能,如信道编码、调制、多天线预编码、资源块映射和参考信号结构。

## 9.1 概述

物理层以传输信道的形式,向 MAC 层提供服务。NR 标准为下行传输定义了三种不同的传输信道:下行共享信道(Downlink Shared Channel, DL-SCH)、寻呼信道(Paging Channel, PCH)以及广播信道(Broadcasting Channel, BCH)。不过,后两种信道在 NR 非独立组网中不使用。NR 为上行传输只定义了一种传输信道⊖:上行共享信道(Uplink Shared Channel, UL-SCH)。NR 传输信道处理流程和 LTE 基本类似(见图 9-1)。上行下行的处理都非常类似,图 9-1 所示的结构适用于下行的 DL-SCH、BCH 和 PCH,以及上行的 UL-SCH。但是映射到物理信道 PBCH 的传输信道 BCH 结构略有不同,详见第 16 章,RACH 详见第 17 章。

每个传输时间间隔(Transmission Time Interval, TTI)内的每个分量载波上,一个传输信道会递交最多两个长度可变的传输块给物理层,然后通过空口传输给对端。两个传输块只适用于空分复用超过四层的情况,而这种情况只会出现在下行信噪比极高的场景⊖。因此,在绝大多数场景下,每个 TTI 以及每个分量载波上只会有一个传输块被递交。

每个传输块都会添加一个 CRC 来检测传输错误,同时还会利用 LDPC 编码来纠正错误。速率匹配以及物理层的 HARQ 功能把编码

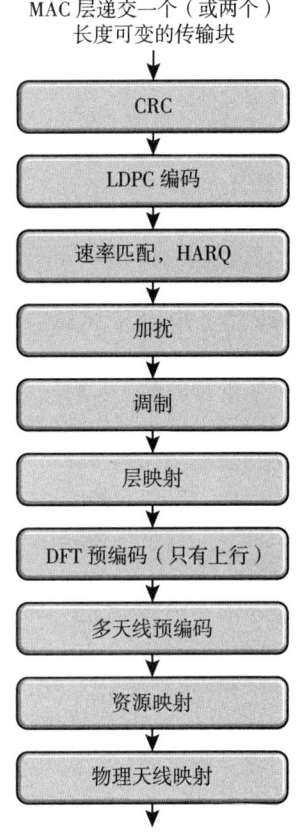

图 9-1 传输信道处理流程

---

⊖ 严格来说,随机接入信道也可以定义为一种传输信道类型。但是 RACH 只发送层 1 的前导码,不会发送传输块形式的用户数据。

⊖ Release 18 上行空分复用也可以支持超过 4 层。

比特的数目适配到调度的物理资源上。信道编码后的数据被加扰之后进入调制器，并最终以调制符号的形式映射到包括空域在内的物理资源上。上下行的区别是：上行系统有可能配置 DFT 预编码，而下行不支持 DFT 预编码。除此之外，上下行的区别主要集中在天线映射和与之相关的参考信号设计上。

下面的小节会依次介绍传输信道处理的各个步骤。对于载波聚合，处理的步骤在各个分量载波上相同。由于上下行的处理基本一致，因此会对每个步骤都同时介绍上下行。当然，如果上下行处理有所区别，也会特别指出。

## 9.2 信道编码

图 9-2 描述了一个信道编码的基本流程，后续小节会一一详细介绍。首先对每个传输块都会添加 CRC，用以检测错误，然后将码块分段。对每个码块都会分别进行 LDPC 编码和速率匹配，其中速率匹配需要支持物理层 HARQ 处理。接下来再将编码的数据级联起来形成一个编码传输块的比特序列。

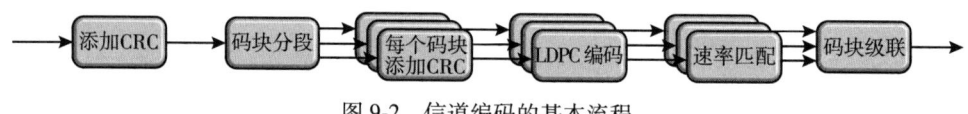

图 9-2　信道编码的基本流程

### 9.2.1 为每个传输块添加 CRC

处理的第一步就是为每个传输块计算一个 CRC，并且将 CRC 添加到传输块的尾部。CRC 可以帮助接收端检测解码的传输块是否有错，如果有错，系统可以通过 HARQ 来触发一次重传请求。

CRC 的大小取决于传输块的长度。如果传输块长度大于 3824bit，那么 CRC 的长度为 24bit，如果小于 3824bit，那么 CRC 的长度为 16bit。

### 9.2.2 码块分段

NR 标准使用的 LDPC 编码器支持一定的码块长度，对于基图 1（base graph 1）最大码块长度为 8424bit；对于基图 2，最大码块长度为 3840bit。当真实的码块长度超过这个最大长度的时候，就需要执行码块分段。码块连同 CRC 一起会被切割为若干个长度相同⊖的码块。如图 9-3 所示。

从图 9-3 中可以看出，码块分段也会带来额外的 CRC，与前面所述传输块 CRC 相同，长度也是 24bit，但是基于不同的多项式。每个分段后形成的码块都会添加一个 CRC。当然，如果不需要分段，则不会添加任何额外的码块级别的 CRC。

---

⊖　NR 可能的传输块长度总能被划分为等长的小码块。

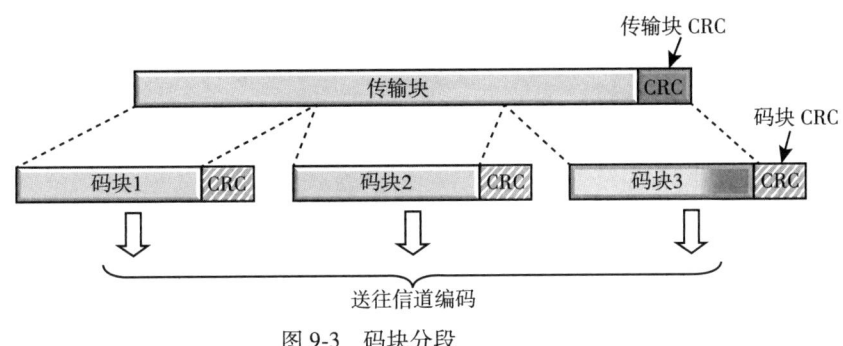

图 9-3　码块分段

码块分段的情况下传输块的 CRC 似乎是冗余的，并会带来不必要的开销，因为每个码块的 CRC 合在一起就隐含着这个传输块的正确性信息。但是，为了能够处理码块组（Code-Block Group，CBG）级别的重传（第 13 章会详细描述），需要为每个码块提供错误检测的能力。这里 CBG 重传意味着只有那些有错的码块组会被重传，而不是把整个传输块重传，这会有效提高频谱效率。即便终端没有配置 CBG 重传，每个码块的 CRC 依然有助于接收端在重传的时候仅仅针对那些有错的码块解码，有助于降低终端处理负荷。此外，码块级 CRC 也可以提高系统的错误检测能力。注意，码块分段只是针对那些大的传输块，因此增加传输块 CRC 的相对开销并不大。

### 9.2.3　NR 信道编码

NR 信道编码采用 LDPC 编码。尽管 LDPC 编码在 20 世纪 60 年代就被设计出来[32]，却一直被世人所忽视。到了 20 世纪 90 年代[56]，人们又重新发现了 LDPC 的好处。从纠错能力上来说，LDPC 和 LTE 中的 Turbo 编码性能近似，但 LDPC 的实现复杂度低，特别是高码率时有明显优势，所以 NR 标准采用了 LDPC 编码。

LDPC 基于一个稀疏（低密度）奇偶校验（sparse parity check）矩阵 $H$，所生成的每个码字 $c$ 都满足 $Hc^T=0$。设计一个好的 LDPC 某种程度上就是找到一个好的稀疏奇偶校验矩阵 $H$，这里"稀疏"意味着相对简单的解码。一般通过一张连接顶部 $n$ 个变量节点和底部 $n-k$ 个限制节点的图来表示稀疏奇偶校验矩阵。这种标记方法可以方便人们分析 $(n,k)$ LDPC 码。这也是为什么在 NR 标准里使用基图来描述 LDPC。关于 LDPC 原理的详细描述超出了本书的范围，有兴趣的读者可以参考文献[64]。

NR 标准采用的是奇偶校验矩阵的核心部分具有双对角（dual-diagonal）结构的准循环（quasi-cyclic）LDPC 码。这种 LDPC 码的解码复杂度和码字长度成正比，而且编码的操作也很简单。NR 定义了两个基图，即 BG1 和 BG2，每个基图都代表一个基矩阵。NR 设计两个基图而不是统一为单个基图是为了能够有效处理不同的净荷长度和编码速率。当编码器以中、高编码速率支持一个非常大的净荷长度（意味着高速的上传或者下载）的时候，使用适用于低编码速率的 LDPC 效率会很低。但是 NR 为了适应某些恶劣的空口环境，又必须支持非常低的编码速率。所以，最终 NR 采用 BG1，用于编码速率从 1/3～22/24（换算成小数形式就是 0.33～0.92）；同时采用 BG2，用于编码速率从 1/5～5/6（换算成小数形式就是 0.2～0.83）。经过速率匹配，最高的编码速率可以增加至 0.95，超出该最高速率终端就无法解码。如图 9-4 所示，

NR 会根据传输块大小以及初传编码速率决定使用 BG1 还是 BG2。

基图，或者说该基图对应的基矩阵定义了 LDPC 的编码结构。为了支持可变的净荷长度，NR 标准定义在基矩阵上可以使用 51 种不同的扩充尺寸（lifting size）和移位因子（shift coefficient）。简单来说对一个任意的扩充尺寸 Z：基矩阵中的"1"都可以被替换为一个维度为 Z×Z 矩阵，该矩阵由一个单位矩阵经过"移位因子"个循环移位产生；而基矩阵中的"0"则被

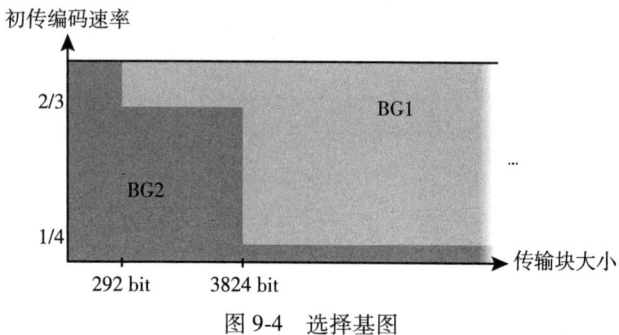

图 9-4 选择基图

一个 Z×Z 的全零矩阵代替。这样就可以在保持 LDPC 结构基本不变的情况下，根据不同的净荷大小，灵活生成不同大小的奇偶校验矩阵。NR 标准定义了 51 种奇偶校验矩阵，为了支持这 51 种矩阵支持的长度之外的净荷，可以在编码前添加已知的填充比特以满足校验矩阵的需要。由于 NR 的 LDPC 码是系统码，所以在传输之前可以移除这些填充比特。

## 9.3 速率匹配和物理层 HARQ 功能

速率匹配和物理层 HARQ 功能的引入主要有两点目的：一是提取出合适数量的编码比特以匹配到分配的传输物理资源上；二是替 HARQ 协议生成不同的冗余版本。PDSCH 或者 PUSCH 究竟能传输多少比特不仅仅取决于调度的资源块和 OFDM 符号数目，还取决于调度资源中有多少资源单元用于其他用途。这些用于其他用途的资源单元包括承载参考信号的资源单元、控制信道的资源单元以及系统信息的资源单元。除此之外，下行有可能定义一些预留的资源单元用于向后兼容，支持未来的新特性（见 9.10 节）。所有这些都会影响调度资源中真正能用于 PDSCH 的资源单元的数目。

速率匹配会针对每个码块独立执行。首先，将固定数目的系统比特打孔，取决于码块大小，被打孔的系统比特比率可以高达 1/3。剩余的编码比特会被写入一个环形缓冲区，从没有被打掉的系统比特开始写入，然后是奇偶校验比特，如图 9-5 所示。这样每次传输究竟要传输哪些比特就取决于环形缓冲区中要传输的比特长度以及起始位置，而起始位置则取决于冗余版本（Redundancy Version，RV）。这样，针对同一组信息比特，通过选择不同的冗余版本，就产生了不同的编码比特。其中 RV0 和 RV3 对应的环形缓冲区读取的起始位置，可以支持自解码，或者说在绝大多数场景包含系统比特。这也是为什么 RV3 对应的起始位置不是正好九点钟方向，如图 9-5 所示。RV3 起始位置在 9 点位置之后，这样可以包含更多的系统比特。

在接收端，通过软合并（soft combining）来支持 HARQ，如 13.1 节所述。接收到的软比特会写入缓冲区，这样如果有 HARQ 重传，重传的比特都会和缓冲区中以前传输的软比特合并，这样每次解码就会得到两种类型的增益。一种是两次传输对应同一个编码比特，这就会在接收端得到能量合并的增益；另一种得到额外的奇偶校验比特，这会在接收端得到编码增益（等效于编码速率下降）。

软合并需要在接收端准备一个缓冲区,但是由于绝大多数的传输会在第一次就成功,这就会导致缓冲区的利用率不高。同时,缓冲软比特需要考虑最大的传输块,对终端有较高的内存要求,因此需要在成本和性能之间寻求平衡。有限缓冲的速率匹配如图9-6所示。原则上终端缓冲的比特存放在环形缓冲区内,NR标准把终端支持的接收机软缓冲区的大小看作终端的一项能力,允许部分终端仅仅支持有限缓冲区大小的速率匹配。

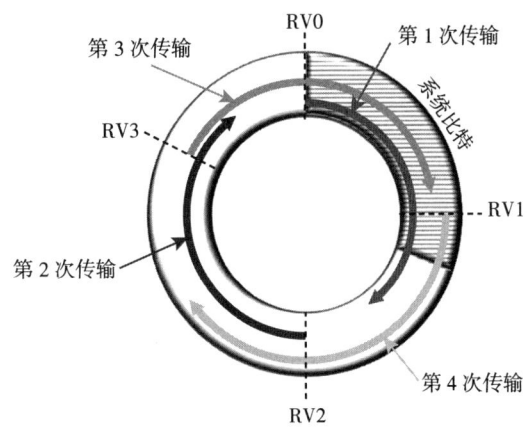

对于下行传输,终端最多需要支持缓冲区的大小为最大传输块 2/3 编码速率对应的软比特。这种对软比特缓冲区的限制仅仅针对最大的传输块长度,或者说限制了最大速率。如果终端传输比较小的传输块,依然可以缓冲所有的软比特,甚至缓冲低至母码速率的软比特。

图 9-5 用于增量冗余的环形缓冲区示例

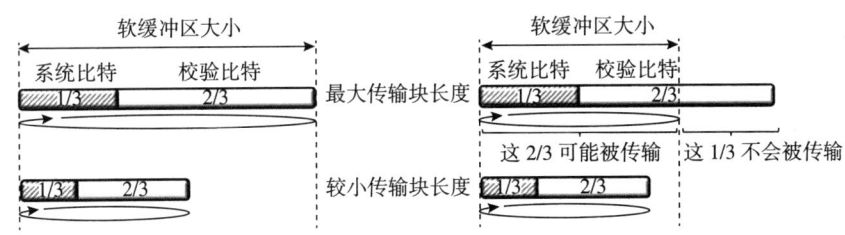

图 9-6 有限缓冲的速率匹配

对于上行传输,一般认为 gNB 拥有足够的缓冲区,无论传输块大小都可以缓冲全部的软比特进行全缓冲速率匹配。当然,对一些缓冲区大小受限的 gNB,也可以通过 RRC 信令配置,像下行传输那样设置对软比特缓冲区的限制。

发送端速率匹配最后的步骤是通过块交织器,把编码数据进行交织,然后进行比特收集。从环形缓冲区中读取的数据会按照一行接着一行的方式写入块交织器,然后再按照一列接着一列的方式从交织器读出。交织器的行数和调制阶数有关,这样可以让一列中的比特正好对应一个调制符号⊖(见图9-7)。交织的目的是让系统比特能够在调制符号中分散开来,这样可以提升性能。最后通过比特收集把各个码块的比特级联在一起。

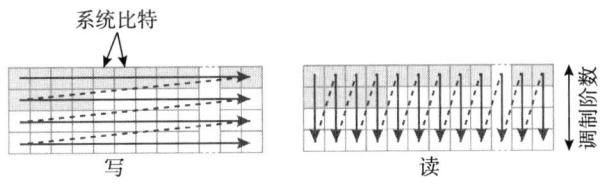

图 9-7 比特交织(图例为 16QAM 调制模式)

---

⊖ 这种结构改进了高阶调制的性能。

## 9.4 加扰

加扰是将 HARQ 码块输出的编码比特和一个加扰序列进行比特级的乘法。没有加扰的话，至少从原理上来说，接收机无法有效压制干扰。对相邻小区的下行传输采用不同的扰码，或者对不同的终端上行发送采用不同的扰码，干扰信号解扰后就会被随机化。这种随机化非常有助于充分利用信道编码的处理增益。

上行和下行的加扰序列都和终端的标识（也就是 C-RNTI）有关。每个终端都会配置一个加扰标识，如果没有配置加扰标识，则默认采用物理层小区标识。这样就可以保证终端之间或者小区之间拥有不同的加扰序列。此外，如果对一次下行传输使用了两个传输块（用于支持高于 4 层的传输），那么这两个传输块会使用不同的扰码序列。

## 9.5 调制

调制的目的是把加扰后的比特转换为一组复数表示的调制符号。NR 标准的上行传输和下行传输支持的调制模式包括：QPSK、16QAM、64QAM 以及 256QAM。除此之外，在使用 DFT 预编码的情况下，NR 标准的上行传输还支持 π/2-BPSK，这样可以降低立方度量[57]，提升功放效率，进而可以提高覆盖。注意，如果不配置 DFT 预编码，立方度量主要受限于 OFDM，所以没有必要支持 π/2-BPSK。Release 17 进一步定义了 FR1 下行调制可以使用 1024QAM。

## 9.6 层映射

层映射的目的是将调制的符号映射到各个层上。映射的方式和 LTE 类似，以层数为模，把第 $n$ 个符号映射到第 $n$ 层上。一个编码的传输块最多可以映射到 4 层上。对下行传输，可以支持 8 层，则将另一个传输块映射到 5~8 层上，映射方式和前 4 层映射方式一致。

这里所描述的多层传输都是指 OFDM 传输，对于部分上行传输使用的 DFT 预编码，则仅支持单层传输。对于 DFT 预编码，如果要支持多层传输，会给接收机带来较高的复杂度。而引入 DFT 预编码的初衷是提高覆盖。而在覆盖受限的场景下，接收信噪比往往很低，无法支持空分复用，所以单个终端不需要支持多层传输。

## 9.7 上行 DFT 预编码

DFT 预编码仅仅用于上行传输⊖。对于下行传输，或者没有配置 DFT 预编码的上行传输，这个步骤是透明的。

对用于上行的 DFT 预编码，多个数据块（每块长度为 $M$ 个符号）需要通过一个长度为 $M$ 的 DFT，如图 9-8 所示。这里 $M$ 代表的物理意义是此次传输分配的子载波数目。使用 DFT 预编码

---

⊖ Release 18 允许通过上行调度授权动态切换 OFDM 和 DFT 预编码的 OFDM。

的目的是降低立方度量，提升功放效率。从 DFT 实现的复杂度考虑，DFT 的长度应该被限制为 2 的幂。但是这个规定会限制上行传输分配的资源数目，从而影响调度器的灵活性。从灵活性的角度，应该支持各种长度的 DFT。NR 标准最终规定采用了和 LTE 类似的折中方案，即分配的资源大小的质因数只能是 2、3 和 5。比如

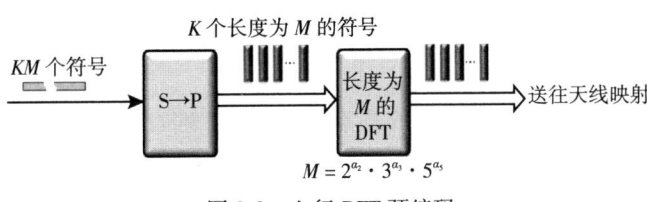

图 9-8  上行 DFT 预编码

60、72 或者 96 都是允许的长度，但是 84 就不可以⊖。这样 DFT 的实现就可以简化为相对简单的基 2、基 3 和基 5 的 FFT 处理的组合。

## 9.8 多天线预编码

多天线预编码的目的是将若干传输层通过预编码矩阵映射到一组天线端口。在 NR 标准里，上下行的预编码和多天线操作是不同的，基于码本的预编码只对上行传输可见。详细的描述请参考第 11 章和第 12 章。

### 9.8.1 下行预编码

对下行传输，解调参考信号（DM-RS）被用于信道估计，因此 DM-RS 和 PDSCH 传输会使用相同的预编码（见图 9-9）。所以，预编码对接收机而言并不可见，接收机会把预编码看成整体信道的一部分。这与第 8 章描述 CSI-RS 和 SRS 的空间滤波器对接收机透明的机制相似。从本质上来说，任何下行传输，多天线预编码都可以看成一个对接收端透明的空间滤波器。

但是，为了支持 CSI 上报，终端需要假设一个网络使用的预编码矩阵 $W$。终端会假设下行数据通过多天线预编码被映射到 CSI-RS 的天线端口，同时终端可以通过 CSI-RS 测量天线端口并上报网络。尽管终端上报了 CSI-RS 的测量结果，网络依然可以按照自己的理解改变预编码矩阵。

为了处理接收端波束赋形，或者通常情况下具有不同空间特性的多个接收天线，可以定义 QCL 关系。通过配置 QCL，网络关联了 DM-RS 端口组（也就是用于 PDSCH 传输的天线端口⊖）和 CSI-RS、SSB 使用的天线端口。调度分配中会包括传输配置索引（Transmission Configuration Indication，TCI）信息，该信息指示了 QCL 的关系，这样终端就可以知道应该如何进行接收端波束赋形，具体信息请参考第 12 章。

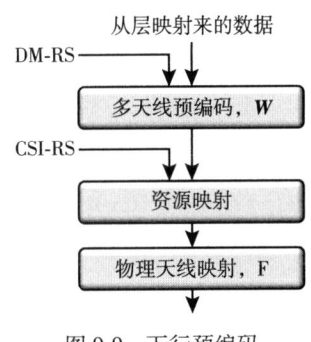

图 9-9  下行预编码

---

⊖ 上行资源分配总是以资源块为单位，而一个资源块包含 12 个子载波，所以 DFT 的长度总是 12 的倍数。
⊖ Multi-TRP 传输情况下，NR Release 16 标准支持两个 DM-RS 端口组的配置。PDSCH 传输的一些层可以通过一个端口组发送，另外的层通过另一个端口组发送。

解调参考信号 DM-RS 会通过分配的下行资源传输，终端也会通过 DM-RS 来估计信道，具体信息请参考第 9.11 节。DM-RS 也包括了用于 PDSCH 的预编码 $W$ 和空间滤波器 F。原则上说，参考信号相关的信息，不论是空口相关的信息还是预编码相关的信息，都有助于帮助终端提升信道估计的性能。

然而在时域上，NR 标准并不允许终端对两次 PDSCH 传输的参考信号间的相关性做出任何假设。这么做的目的是允许网络进行灵活的波束赋形或者空分复用。

在频域上，终端可以对参考信号相关性做出一定的假设。这种相关性范围定义为一个物理资源块组（Physical Resource-block Group，PRG）。终端可以认为在一个 PRG 内的下行预编码保持一致，这种假设可以提升信道估计性能。但是不同 PRG 之间，终端不能假设下行预编码是否保持一致。所以，这实质上是在预编码灵活性和信道估计性能之间寻找一种平衡。PRG 越大，信道估计性能越好，但是预编码的灵活性越差，反之亦然。如图 9-10 所示，gNB 需要指示终端 PRG 的长度，可以是 2 个资源块，也可以是 4 个资源块，甚至可以是整个调度的带宽。网络可以直接配置一个值给终端用于 PDSCH 传输，也可以通过 DCI 动态调整 PRG 长度。除此之外，网络还可以配置终端将 PRG 长度设为整个调度带宽。

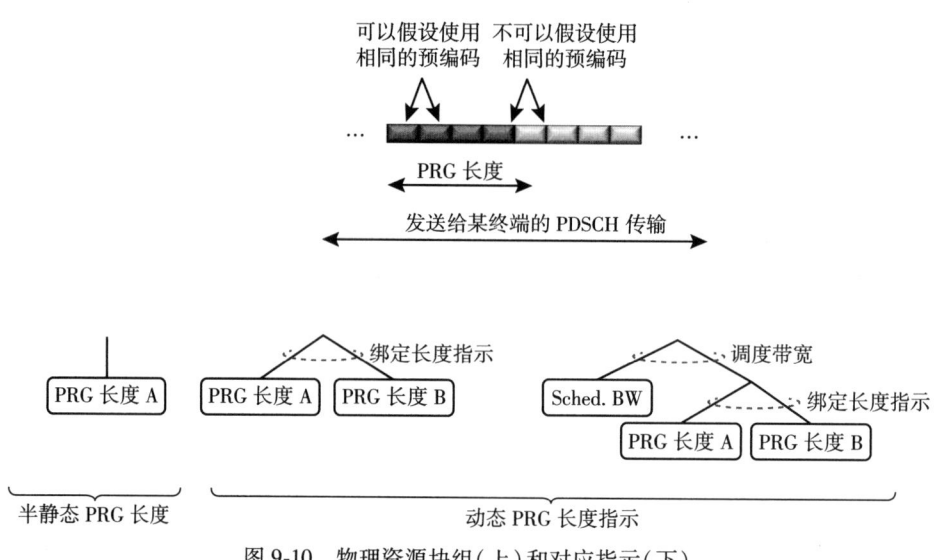

图 9-10　物理资源块组（上）和对应指示（下）

## 9.8.2　上行预编码

与下行类似，上行的解调参考信号也会采用和 PUSCH 相同的预编码。因此，上行预编码对接收机而言不可见，依然被看作整体信道的一部分（见图 9-11）。

然而从调度器的角度看来，因为网络可以通过 DCI 命令中的预编码信息（precoding information）和天线端口（antenna port）两个信元来直接指定一个预编码矩阵 $W$ 用于 PUSCH 的传输，因此实质上网络有可能知道上行多天线预编码信息。终端会使用该网络指定的预编码把不同的层映射到天线端口。DCI 命令指定的这些天线端口上会配置 SRS，而网络就是依赖测量这些 SRS 得到预编码矩阵。因为预编码矩阵 W 是从码本中选择出来的，所以这种预编码技术也称为基于码本的预编码。注意终端选择空间滤波器 F 本质上也可以看成一种预编码。虽然网络不能直接控制 F，但是可以通过 DCI 命令里面的 SRS 资源指示（SRS Resource Indicator，SRI）限制终端 F 的选择范围。

NR 标准还支持网络基于非码本的预编码。对这种非码本的配置，W 退化为单位矩阵，也就是说这个时候预编码完全由 F 控制，而 F 是由终端推荐的。

基于码本的预编码以及基于非码本的预编码都会在第 11 章中详细描述。

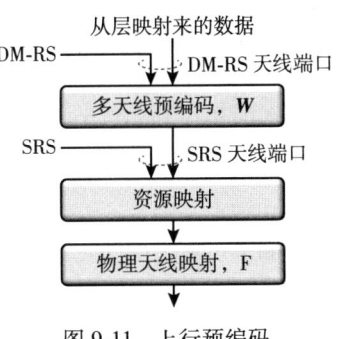

图 9-11　上行预编码

## 9.9　资源块映射

资源块映射就是将发往各个天线端口的调制符号映射到资源块内的资源单元上。这些资源块是由 MAC 层调度器为此次传输分配的。如 7.3 节所述，每个资源块频域上等于 12 个子载波的宽度，数据传输通常会使用多个资源块和多个 OFDM 符号。由调度器决定用于传输的时频资源集合。当然，调度的资源块内有些或全部资源单元也许不会承载传输信道传输，而是用于：

- 解调参考信号（可能包含多用户 MIMO 场景下其他一起调度的终端的参考信号），在 9.11 节中详述。
- 其他类型的参考信号，比如 CSI-RS 和 SRS，见第 8 章。
- 下行 L1 或者 L2 的控制信令，见第 10 章。
- 同步信号以及系统信息，见第 16 章。
- 下行预留的资源（为了提供向前兼容），见 9.10 节。

调度器会使用虚拟资源块和一组 OFDM 符号来定义用于某次传输的时频资源。OFDM 符号，也就是时域资源可以扩展到一个时隙。实际上传输可以从任意一个 OFDM 符号开始，然后在时隙结束之前完成。Release 17 定义了上行的传输块可以跨越多个时隙，有时也被称为跨多时隙的传输块（Transport Block over Multiple Slots，TBoMS）。跨越多个时隙的上行传输可以通过多时隙的信道估计来提高上行覆盖。

调制符号会按照先频域后时域的顺序映射到调度器指定的时频资源。这种先频域后时域的顺序可以降低时延。对高速率传输，每个 OFDM 符号都包含多个码块，终端接收机不需要等待接收完所有的 OFDM 符号，就可以对已收到的 OFDM 符号内的码块进行解码。同样，发射机可以一边处理后续 OFDM 符号，一边发送已经处理好的 OFDM 符号，从而通过这种流水线操作降低时延。如果是按照先时域映射的方式，则发射机必须完成整个时隙的信号处理后才能够开始发送。

包含调制符号的虚拟资源块会映射到 BWP 内的物理资源块上。如图 9-12 所示，依据传输所使用的 BWP，最终可以决定公共资源块以及在载波上准确的频域位置。这里 NR 标准引入虚拟资源块和物理资源块以及相互之间看似复杂的映射过程，是为了适应各种使用场景。

NR 标准定义了两种不同的虚拟资源块向物理资源块的映射方式：非交织映射（见图 9-12

上部)以及交织映射(见图 9-12 下部)。网络可以通过 DCI 命令里面的一个比特来动态控制选择哪种映射方式。

非交织映射意味着一个 BWP 内的虚拟资源块直接映射为该 BWP 的物理资源块。在网络知晓物理资源块空口质量的情况下，调度器通过非交织映射直接选定空口质量好的物理资源块。如图 9-12 所示，6~9 号物理资源块信号质量好，因此调度器通过非交织映射指定传输使用这 4 个物理资源块。

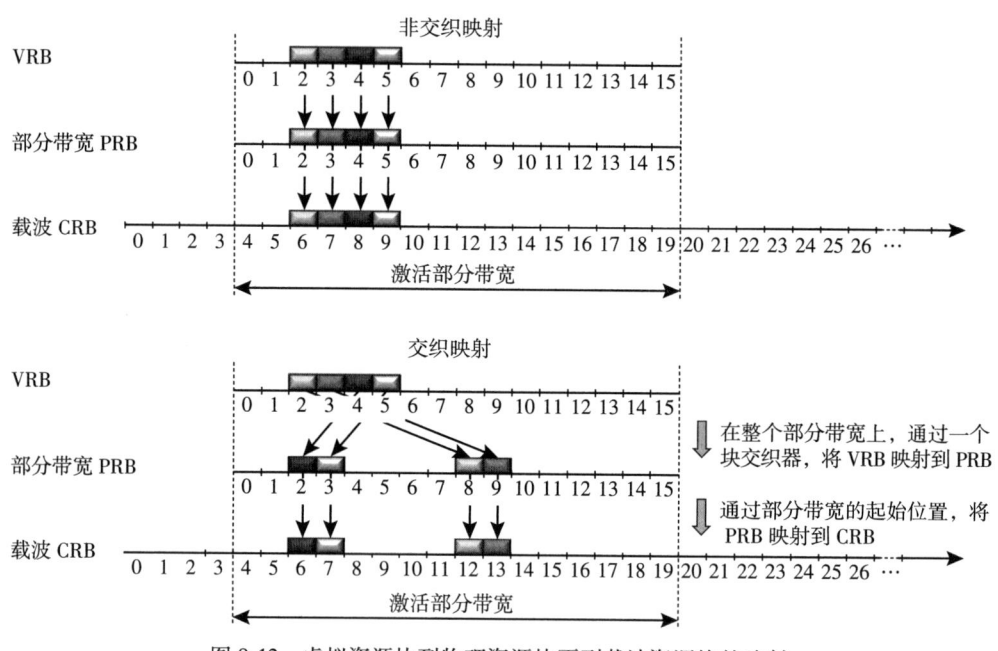

图 9-12　虚拟资源块到物理资源块再到载波资源块的映射

交织映射将虚拟资源块交织映射到物理资源块上。选定的物理资源块以两个或四个为一组，不同的组打散到整个部分带宽上。交织映射会使用一个两行的块交织器，两个或四个为一组的资源块会按列写入、按行读出。网络通过高层信令来通知终端在交织映射中是使用两个还是四个资源块。

引入资源块交织映射是为了获得频率分集，不论大量资源分配，还是少量资源分配，交织资源映射都能带来好处。

对少量资源分配，典型的例子就是语音业务。一般不会让调度器依据信道质量进行调度，因为探测信道质量所需要的反馈信令带来的相对开销太大了。在某些特殊场景下，比如终端快速移动，也会让调度器无法得知准确的信道质量。在这些情况下，通过频域的分集，将传输分散到频域不同位置，本质上也是一种利用信道频域波动的方法。尽管频率分集增益也可以通过资源分配类型 0 获得，但是这种资源分配需要较大的控制信令开销，尤其是对少量资源分配的业务非常不划算。相反，可以使用更加紧凑的资源分配类型 1，由于这种分配方式只能支持连续的资源分配，所以再加上虚拟资源块到物理资源块的交织映射，就可以用较小的控制信令开销得到频率分集。这种方法和 LTE 的分布式资源映射机制非常类似。另外，由于资源分配类型 0 已经支持非常灵活的资源分配，所以交织映射只在资源分配类型 1 下支持。

对于大量的资源分配（传输几乎占据了这个 BWP 大部分的资源块），频率分集依然有其优势。对于一个大的传输块，或者说非常高的传输速率，如 9.2.2 节所述，编码后的数据实际上被分为多个码块。编码后的数据是按照先频域再时域的方式进行映射的，这样就会导致每个码块实际上都被分配到一小段连续的物理资源块上。如果频域上信号质量波动较大，一些码块就会经受比其他码块差得多的传输质量，最终导致整个传输块解码失败。即便空口较为平坦，射频器件的非理想性也有可能造成这种频域上信号质量的波动。如果使用资源块交织映射方式，一个码块尽管占据了连续的虚拟资源块，但是通过交织映射最终会被映射到频域上不同位置的物理资源块。也就是说这种交织的 VRB 到 PRB 的映射本质上就是对一个码块进行频域上信号质量的平均，最终有助于大的传输块成功解码。

上面的讨论主要围绕下行传输。对于上行，NR 在 Release 15 中仅仅规定了对连续分配的射频性能要求，也就是说只有下行支持交织映射。如果想在上行支持频率分集，需要配置跳频模式。调度授权仅指示时隙当中第一组 OFDM 符号上数据传输使用的资源块，接下来的 OFDM 符号上会使用不同的资源块，这些不同的资源块和第一个 OFDM 上使用的资源块之间的偏移量是由网络配置的。网络通过 DCI 命令中的一个比特来动态控制跳频的开启。

## 9.10 下行预留资源

NR 标准一个关键要求是确保向前兼容性。向前的意思是说如果 NR 标准未来引入新的特性，这些特性可以容易地引入系统，即不会引起向后兼容性的问题，对原有已经部署的 NR 网络造成太大的影响。为了满足这一要求，NR 标准设计了若干机制，其中最重要的一个机制就是为下行传输定义了预留资源。预留资源由网络通过半静态的方式对时频资源进行配置，从而使得这些资源周围的 PDSCH 可以进行速率匹配。

预留资源可以分三种方式进行配置：
- 针对一个 LTE 载波配置。这样规避了 LTE 载波的小区参考信号，NR 载波可以部署在 LTE 载波上（LTE/NR 频谱共存），见第 18 章。
- 针对一个 CORESET。
- 针对一组由位图指示的资源集。

NR 标准对上行没有设计预留资源。如实际系统需要避免在一些特定资源上传输，可以通过调度来实现⊖。

配置针对一个 CORESET 的预留资源，可以动态控制控制信令的资源是否可以为数据传输所重用（见 10.1.2 节）。在这种情况下，gNB 可以动态指示这些预留资源是否可以被 PDSCH 使用，这样这些预留资源不必周期性出现，而是在需要的时候可以立刻预留出来。

第三种配置预留资源是针对一组有位图指示的资源集，如图 9-13 所示，通过 2 个位图可以描述预留资源的配置：
- 第一个是关于时域的位图，NR 标准称之为"位图 2（bitmap-2）"。该位图指示一个时隙（或者一对时隙）内的一组 OFDM 符号（或者一对时隙）。

---

⊖ 一个原因是上行仅支持频域连续分配。如果使用位图 1 指示预留资源，会导致频域非连续分配。

- 在位图 2 指示的一组 OFDM 符号内，NR 标准规定了另一个位图，称为"位图 1 (bitmap-1)"。该位图指示任意一组需要被预留的资源块（每个资源块包括 12 个资源单元）。

如果资源集的定义针对整个载波，那么位图 1 的长度就必须和整个载波的资源块总数相等。如果资源集的定义针对特定的 BWP，那么位图 1 的长度就必须和 BWP 的资源块总数相等。

所有由位图 2 指示的 OFDM 符号都拥有相同的位图 1，换句话说，所有被位图 2 指示的 OFDM 符号都会预留相同的资源单元。除此之

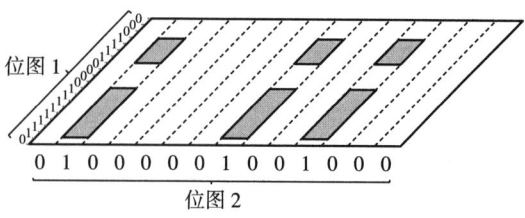

图 9-13　配置预留资源

外，频域上所有预留资源的配置单位都是资源块（由位图 1 指示），也就是说一个（频域）资源块内所有的资源单元或者被预留或者不被预留。

配置为预留的资源，究竟是预留还是用于 PDSCH 传输是通过半静态或者动态的方式控制的。

对于半静态配置，NR 标准使用第三个位图（位图 3，bitmap-3）来指定由位图 1 和位图 2 描述的预留资源或者针对一个 CORESET 的预留资源在哪些时隙上有效。位图 3 的颗粒度等于位图 2 的长度（即一个或两个时隙），其长度为 40 个时隙，这样由三元组{bitmap-1，bitmap-2，bitmap-3}共同定义了 40 个时隙长度的时域周期内哪些资源是预留资源。

对于动态激活事先半静态配置的预留资源，是通过调度分配命令里面的一个指示位来表明特定传输是否需要预留资源。请注意图 9-14 所示假设调度是按照一个时隙的时间粒度进行的，实际上如果传输的持续时间小于一个时隙，预留指示依然可以工作。所以，DCI 中的预留资源激活指示不应该看成对一个特定时隙的指示，而是应该看成对一个特定传输的指示。也就是说调度分配的 DCI 仅仅指示配置的预留资源集在调度分配有效的时间段内是否激活。

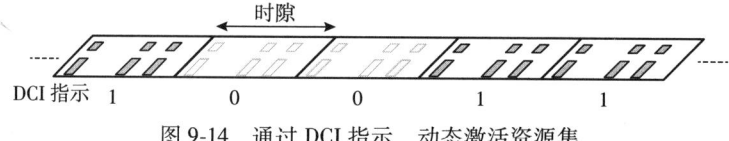

图 9-14　通过 DCI 指示，动态激活资源集

终端可以最多配置 8 个不同的预留资源集，每个资源集可以针对一个 CORESET 或者通过位图来描述。通过配置多个资源集，可以组合成多种预留资源模式，如图 9-15 所示。

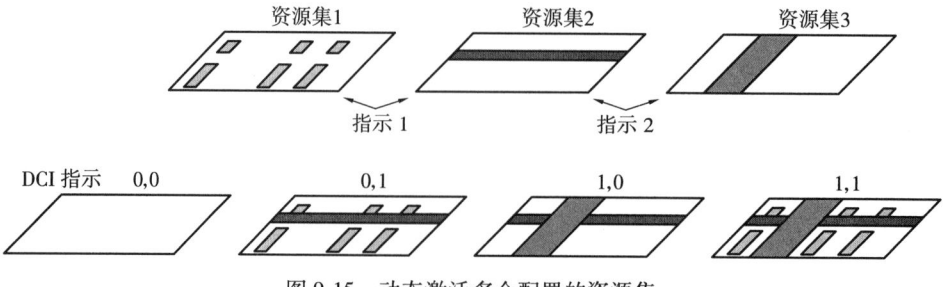

图 9-15　动态激活多个配置的资源集

尽管可以为终端配置最多 8 个不同的资源集并且每个都可以动态激活，但是这 8 个配置并不能通过调度分配命令完全独立地激活。事实上，为了保证合理的控制信令开销，一个调度分配命令里面最多包含两个指示。每个资源集会被归属到这两个指示中的一个，当其中一个指示发出激活、去激活命令之后，属于这个指示的所有资源集都会被相应地激活、去激活。图 9-15 所示的例子就是配置了 3 个资源集，其中资源集 1 和资源集 2 隶属于指示 1，资源集 2 和资源集 3 隶属于指示 2。注意图 9-15 所示的设计模式只是用于说明问题，并不一定在实际网络中使用。

## 9.11 参考信号

参考信号是事先定义的信号，其占用特定的下行时频资源单元。NR 标准规定了若干种不同的参考信号以及不同的发送模式，用于不同场景下的接收。

LTE 的下行解调依赖常开的小区特定参考信号，同样信道质量的估计、定时以及频率跟踪也依赖小区特定参考信号。和 LTE 不同，NR 标准则针对不同的用途使用不同的下行参考信号，这样有助于优化用于特定目的的参考信号。而且这样做也与极简传输的原则相符，不同的参考信号只有在需要的时候才会被传输。其实 LTE 的后续演进版本也逐步向这个方向靠拢，但是 NR 可以最大化这种设计思想，因为 NR 完全不需要像 LTE 那样考虑对传统终端的影响。

NR 的参考信号包括：

- 解调参考信号（DM-RS），用于终端信道估计并进行 PDSCH 的相关解调。这类参考信号仅仅在 PDSCH 传输的资源块中出现。与此类似，用于 PUSCH 的 DM-RS 也帮助 gNB 能够相干解调 PUSCH。用于 PDSCH 和 PUSCH 的 DM-RS 是本节的重点，而用于 PDCCH 和 PBCH 的 DM-RS 则会在第 10 章和第 16 章中详细描述。
- 相位跟踪参考信号（PT-RS），可以看成是用于 PDSCH 或者 PUSCH 的 DM-RS 的一个扩展，以支持相位噪声补偿。和 DM-RS 相比，PT-RS 在时域上更加密集，但是在频域上相对稀疏。PT-RS 如果被配置使用，一定会和 DM-RS 一起出现，相关细节后续描述。
- 信道状态信息参考信号（CSI-RS），用于帮助终端获取下行信道状态信息，还可以配置 CSI-RS 为终端提供定时、频率跟踪以及移动性测量。CSI-RS 已在 8.1 节中详细描述。
- 跟踪参考信号（TRS），是一种稀疏的参考信号，用来帮助终端进行定时、频率跟踪。TRS 实际上是一组特定的 CSI-RS 配置，见 8.1.7 节。
- 探测参考信号（SRS），是一种由终端发送的上行参考信号，用来帮助网络进行上行信道状态估计。SRS 已在 8.3 节中详细描述。
- 定位参考信号（PRS），是一种下行参考信号，用来辅助定位。PRS 在 NR 标准 Release 16 中支持，具体在第 27 章中详细描述。

在下面的小节中，会详细描述用于 PDSCH 或 PUSCH 相干解调的解调参考信号。从每个 OFDM 符号上来看，上行和下行的 DM-RS 拥有相同的结构。对于上行 DFT 预编码的 OFDM，参考信号基于在 LTE 中大量使用的 Zadoff-Chu 序列，这样可以提高功放效率，但局限是调度器只能调度连续的上行频域分配，以及单层传输。本章最后还会讨论 PT-RS 相关内容。

### 9.11.1 基于 OFDM 的上下行传输所使用的 DM-RS

NR 标准对 DM-RS 的设计满足了不同部署场景和用例：前置的设计可以降低处理时延；支持最多 12 个正交的天线端口可以有效地支持 MIMO 的应用；传输持续时间从 2 到 14 个符号，一个时隙可以配置多达 4 个参考信号实例，可以有效支持高速移动的场景。

将 DM-RS 放置在传输的前面，或者称为前置参考信号，有助于系统获得更低的处理时延。这种设计允许接收机更早进行信道估计。而一旦接收机获得了信道估计，无论传输是否结束，接收机可以立刻对已经缓存的接收数据进行相干解调，而不需要将所有数据全部接收缓存下来才能进行处理。这一点也是资源映射的时候先映射到频域的原因。

NR 标准支持两种主要的时域结构，主要区别是第一个 DM-RS 符号的位置不同：

- 映射类型 A（mapping type A），第一个 DM-RS 符号位于时隙内第 2 个或者第 3 个 OFDM 符号。这种映射方式不管实际数据传输的起始位置，始终把 DM-RS 放置在时隙相对边缘的位置。这种映射方式主要用于数据传输占据了时隙绝大部分符号的场景。而放置在下行第 2 个或者第 3 个 OFDM 符号主要是希望 DM-RS 能够放置在时隙最开端的 CORESET 之后。
- 映射类型 B（mapping type B），第一个 DM-RS 符号位于放置数据分配的第一个 OFDM 符号中。DM-RS 的位置不是相对于时隙的起始位置，而是相对于数据传输的起始位置而定。这种映射方式最初主要考虑数据传输占据了一个时隙的一小部分符号的情况，有助于减小时延。

对 PDSCH 传输，DM-RS 不同的映射类型通过 DCI 动态地通知接收端（见 9.11 节）。而对 PUSCH 的传输，DM-RS 不同的映射类型需要半静态配置。

尽管前置参考信号对于降低时延有帮助，但是由于时域上分布不够密集，就不能很好地适应信道的快速变化。为了支持高速移动的场景，一个时隙内可以最多配置额外三个 DM-RS 发送时刻。接收机的信道估计器可以利用这些额外的发送时刻进行更加准确的信道估计，比如通过一个时隙内时域上多个 DM-RS 时刻之间进行插值。但是接收机不能对不同时隙间的 DM-RS 进行插值，因为不同的时隙有可能发送给不同的终端或者使用不同的波束。允许跨时隙的信道估计插值以提高信道估计性能，但这会限制多天线处理或者波束赋形的灵活性。考虑到这一点，Release 17 提供了在多个后续时隙中跨参考符号执行上行信道估计的可能性，以在不需要多天线灵活性的某些情况下改善覆盖。从规范的角度来看，这需要配置终端以确保跨时隙的相位连续性，而信道估计本身的改动则是基站实现方面的问题。

PUSCH 的 DM-RS 在时域上不同的分配可以参见图 9-16。图中包括了持续时间为单个符号的 DM-RS 和持续时间为两个符号的 DM-RS。设计两个符号的 DM-RS 主要是为了支持更多的天线端口。注意：时域 DM-RS 的位置依赖于调度数据的传输持续时间。此外，DM-RS 模式最多有一个时隙长。DM-RS 符号之间的内插不应延伸到调度的传输之外，因为不同的传输可能使用不同的预编码器或波束模式，并且接收必须考虑这一点。然而，Release 17 引入了 PUSCH/PUCCH 跨更长持续时间的上行 DM-RS 跨多个时隙映射。在这种情况下，在终端中配置 DM-RS 捆绑之后，gNB 接收机可以跨多个时隙执行信道估计，这从覆盖角度来看是有益的。

尽管有一些限制，但下行仍使用与上行相同的模式。比如在 NR 标准 Release 15 里，PDSCH 映射类型 B 仅仅支持持续时间 2 个符号、4 个符号和 7 个符号。在 Release 16 中这些限制被解除,协议允许持续时间从 2 个符号到 13 个符号,这样可以更好地支持非授权频谱(见第 20 章),同时也可以更好地支持 NR 和 LTE 之间动态频谱共享。对某些持续时间长度,PDSCH 的映射和 PUSCH 的映射略有不同㊀。

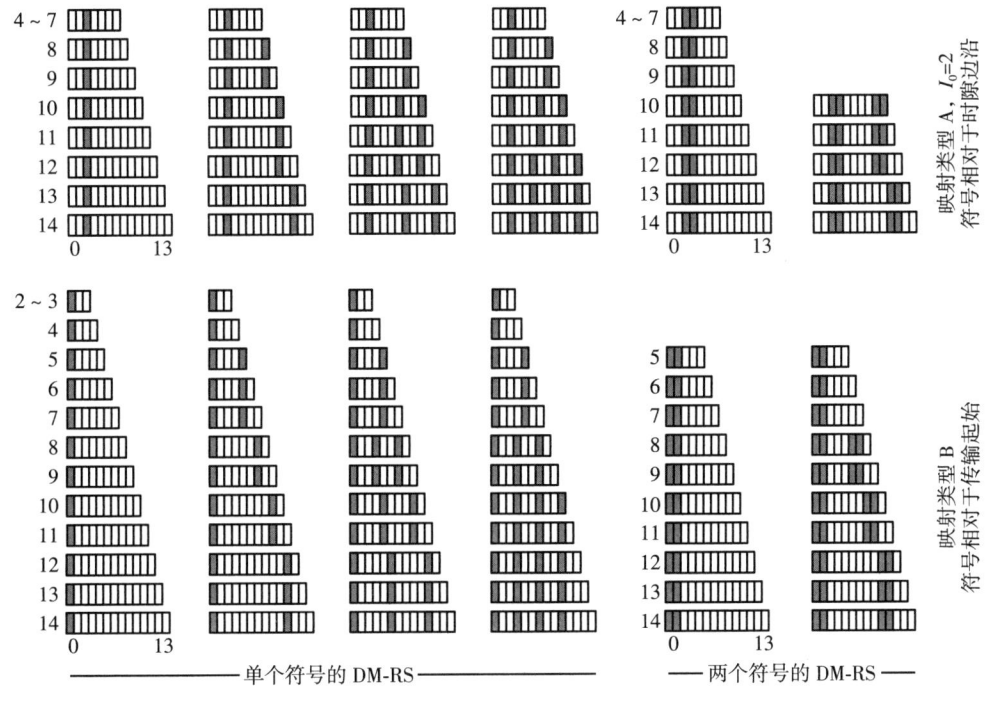

图 9-16  DM-RS 时域分配

一次 DM-RS 发送可以包括多个正交的参考信号。这些参考信号通过频域或者码域进行区分。对持续 2 个符号的 DM-RS,也通过时域进行区分。NR 标准支持配置两种类型的解调参考信号:类型 1 和类型 2。两种类型在频域上的映射方式不同,因此支持的最大正交参考信号个数也不同。对单个符号 DM-RS,类型 1 可以支持最多 4 个正交的 DM-RS 信号;对 2 个符号的 DM-RS,可以支持最多 8 个正交的 DM-RS 信号。对单个符号 DM-RS,类型 2 可以支持最多 6 个正交的 DM-RS 信号;对 2 个符号的 DM-RS,可以支持最多 12 个正交的 DM-RS 信号。在 Release 18 里,类型 1 和类型 2 所支持的正交 DM-RS 信号数目都翻番了,这有助于对抗频选从而提高 MU-MIMO 的空间复用能力。注意,这里不要混淆参考信号类型(1 或者 2)和参考信号映射类型(A 或者 B),不同的映射类型可以和不同的参考信号类型混合搭配。

从频域上看,发送的参考信号功率谱最好具有较小的波动,这有助于获得频域上类似的信道估计质量。这就意味着参考信号在时域的自相关能量要集中。基于 OFDM 的调制,参考信号采用了一个伪随机序列,更准确地说采用了一个长度为 $2^{31}-1$ 的 Gold 序列。这个序列的

---

㊀ 对和 LTE 共存的问题,NR 需要预留资源来避开 LTE 的 CRS。对这种情况,会在时域上移动 PDSCH 的 DM-RS 位置,保证和 LTE 的 CRS 不冲突。

自相关能量高度集中。序列生成对应的是频域上所有的公共资源块（CRB），但是实际传输的时候，没有理由去估计传输使用的频率资源之外的信道，因此只会选取数据传输使用的那些资源块对应参考信号进行传输。为所有的资源块统一产生参考信号序列，在不同的终端使用相同的时频资源时就提供了一套相同的序列，这一点在 MU-MIMO 模式下非常有用（如图 9-17 所示，在 MU-MIMO 模式下，相同资源块对应相同的序列，不同用户可以在这个相同的伪随机序列之上再叠加正交序列，以保持用户间的隔离，后续会进行具体描述）。如果每个终端在使用相同的时频资源的时候底层的伪随机序列是不同的，即便在之上叠加一个正交序列，也没有办法保证参考信号之间的正交性。伪随机序列通过一个可配置的标识来生成，类似于 LTE 中的虚拟小区 ID 的概念。如果网络没有配置标识，则默认采用物理层小区 ID⊖。

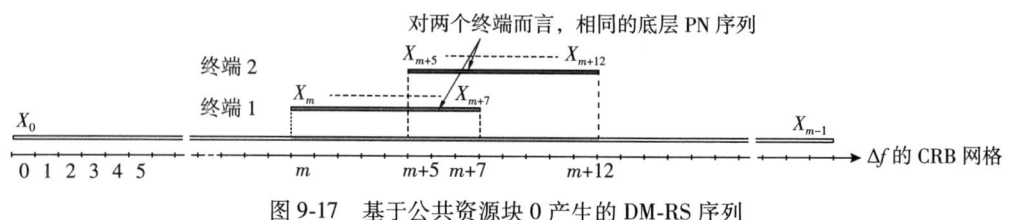

图 9-17　基于公共资源块 0 产生的 DM-RS 序列

　　回到类型 1 参考信号，在配置了参考信号传输的 OFDM 符号上，频域上每隔一个子载波会映射一个参考信号的伪随机序列。图 9-18 所示就是一个仅有前置参考信号配置示例，天线端口⊖1000 和 1001 在频域上使用了偶数编号的子载波。在频域上，在伪随机序列上叠加长度为 2 的正交序列，为这两个端口产生相互正交的两个参考信号（Release 18 定义了长度为 4 的序列，这样可以增加参考信号的个数）。如果可以认为信道在四个连续的子载波上是平坦的，那么接收机端接收的两个参考信号也是正交的。天线端口 1000 和 1001 的参考信号使用相同的子载波，被称为属于 CDM 组 0，二者通过正交序列相互区分。而天线端口 1002 和 1003 的参考信号属于 CDM 组 1，二者共同使用奇数编号的子载波，也是通过正交序列相互区分。在频域上一个 CDM 组内天线端口参考信号通过码分来相互正交，不同 CDM 组间天线端口参考信号通过频分来相互正交。如果需要配置超过 4 个正交的天线端口，会使用两个相邻的 OFDM 符号来承载，上述的在一个 OFDM 符号上的频分和码分方法会在时域上相应扩展，最终可以支持多达 8 个正交的参考信号。

　　DM-RS 类型 2（见图 9-19）和类型 1 的结构类似，但是有一些区别，特别是可以支持的天线端口个数。类型 2 的每个 CDM 组占用相邻的 2 个子载波，然后通过长度为 2 的正交码区分 CDM 组内的 2 个天线端口。每个 CDM 组在一个资源块内只占用 2 组子载波（每组为 2 个相邻子载波），因此总共有 12 个子载波的一个资源块最多可以支持 3 个 CDM 组。和类型 1 类似，系统通过两个 OFDM 符号进行进一步扩展，最多支持 12 个正交的类型 2 参考信号。尽管类型 1 和类型 2 在结构上非常近似，但是二者还是有所区别。类型 1 在频域上更加密集，而类型 2 某种程度上牺牲了频域的密度，换得更多的复用容量，或者说更多支持的正交参考信号。在多用户 MIMO 配置下，这有助于支持更多同时传输的终端。

---

⊖ Release 16 中，CDM 组号也可以包含在生成序列中，以降低发送信号的立方度量。

⊖ 这里使用了下行天线端口的编号，对于上行传输，仅仅是天线端口的编号不同。

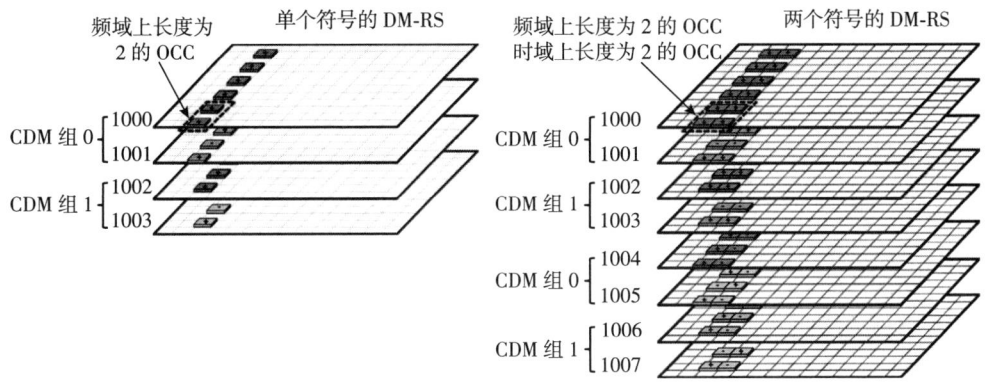

图 9-18 DM-RS 类型 1

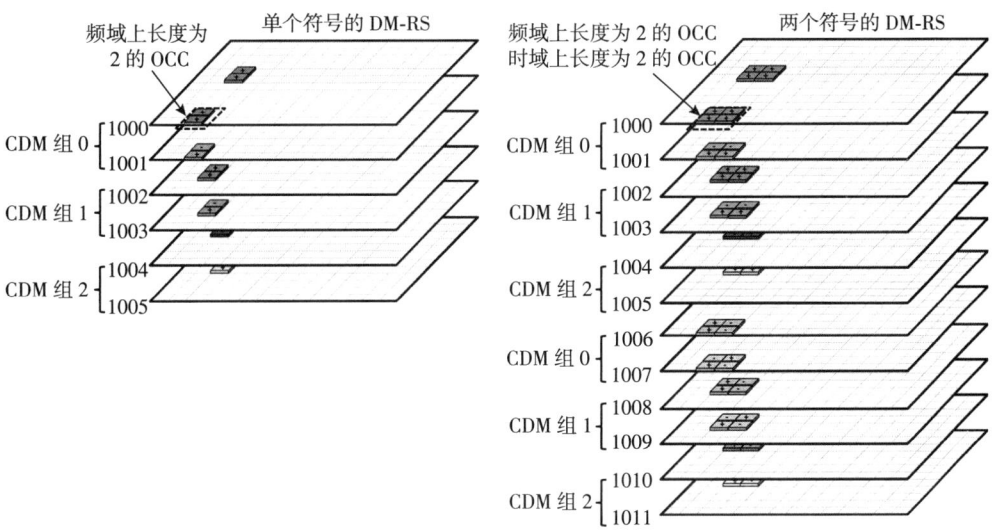

图 9-19 DM-RS 类型 2

Release 18 提供的增强功能将可能的天线端口数量增加了一倍，使类型 1 的天线端口达到 16 个，类型 2 的天线端口达到 24 个。这是通过在频域中使用长度为 4 而不是长度为 2 的正交覆盖码来实现的。这导致更大数量的天线端口，而不会增加 DM-RS 开销。为了充分利用这些增强，无线信道需要更少的频率选择性，否则不同 OCC 之间的正交性会丢失。半静态信令用于确定是使用 Release 15 定义的参考信号还是使用 Release 18 中引入的增强。

传输中使用的参考信号结构是由高层配置以及动态调度命令共同决定的。如果高层配置双符号参考信号，调度命令会指示终端在某次传输中应该使用单符号还是双符号的参考信号。调度命令还会通知终端哪些参考信号会被其他终端使用（或者更准确地说是哪些 CDM 组会被其他终端在此次调度传输中同时使用，见图 9-20）。这样终端在数据映射的时候会避开自己和其他终端的参考信号，这一点就使得网络调度器可以灵活决定多用户 MIMO 配置下同时调度的用户数。对单用户空分复用（或者说单用户 MIMO）配置多个层传输，也是使用这种方法，每一层传输都把一些资源单元预留不用，这些资源单元对应不属于同一个 CDM 组的同一终端的其他层参考信号。通过这种预留操作，就可以避免对其他层参考信号产生层间干扰。

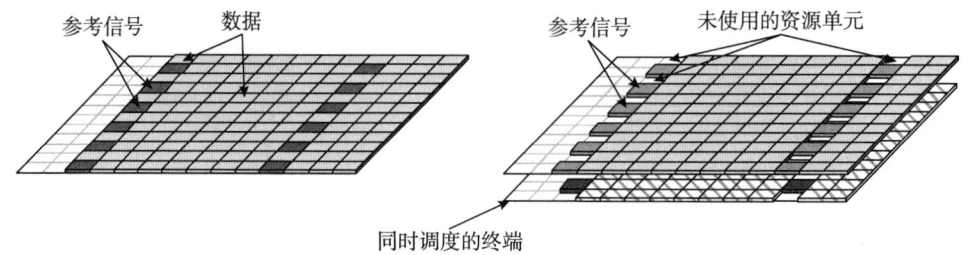

图 9-20　对同时调度的 CDM 组进行速率匹配

上述参考信号设计既用于上行又可以用于下行。注意：对于基于预编码的上行传输（见图 9-11），上行参考信号是在预编码之前加入的。因此，最后传输的参考信号不是上述的结构，而是上述结构预编码后的⊖。

## 9.11.2　基于 DFT 预编码的 OFDM 上行传输所使用的 DM-RS

DFT 预编码的上行传输只支持单层传输，主要适用于覆盖受限的场景。由于 DFT 预编码的主要目的就是降低立方度量，提升功放效率，进而可以提高覆盖，因此参考信号的结构也会与基于 OFDM 的传输使用的参考信号结构有所不同。从原理上来说，参考信号和上行信号在频域进行复用，都会让终端最终发送的总信号立方度量增加，从而降低功放效率。因此，NR 标准用时隙内的特定 OFDM 符号专门承载 DM-RS 的传输，也就是参考信号和 PUSCH 上传输的数据时分复用。这样参考信号自身的结构就保证了在这些符号里较低的立方度量。

在时域，上行参考信号和上述的类型 1 下行参考信号的映射方式一致。由于 DFT 预编码 OFDM 主要用在覆盖受限的场景下，因此不需要支持类型 2 参考信号那样的结构，也就是说对多用户 MIMO 的支持能力不需要那么高。此外，因为多用户 MIMO 不是 DFT 预编码的主要应用场景，所以不需要针对所有的公共资源块来定义一个参考信号序列，针对特定传输的物理资源块定义序列就足够了。

从频域上看，上行参考信号频域功率最好波动较小，这有助于对于参考信号占用的所有频率能够获得类似的信道估计质量。如上节所述，对于 OFDM 传输，这个目标是通过定义一个有较好自相关特性的伪随机序列来达到的。对 DFT 预编码 OFDM，一方面需要保证时域上功率波动小，以便得到较好的立方度量；另一方面又必须满足在不同的长度，或者是针对不同的调度带宽的情况下，都能够找到足够数量的参考信号序列。一种典型的能够满足这两方面要求的序列就是在第 8 章讨论的 Zadoff-Chu 序列。每个 Zadoff-Chu 序列都有一个组索引和序列索引，此外参考信号序列可以通过简单的线性相位旋转得到一组可用的序列，如图 9-21 所示。

---

⊖　一般来说，传输的参考信号还会经过和具体实现相关的多天线处理，也就是 9.8 节描述的空间滤波器 F。因此，这里的"传输"是从协议定义的角度看来的。

尽管 Zadoff-Chu 序列提供了非常低的立方度量，但 PUSCH 采用 π/2-BPSK 调制可以得到更低的立方度量。这样 PUSCH 覆盖就会受限于较高的解调参考信号的立方度量（参考信号的立方度量高于 π/2-BPSK 调制，当然低于 QPSK 或者其他更高阶的调制）。为了缓解参考信号的影响，Release 16 支持一个替代的参考信号序列。这个参考信号序列是一个采用 π/2-BPSK 调制的伪随机序列，除了最短长度的序列外，均是通过计算机搜索的方法找出的序列。

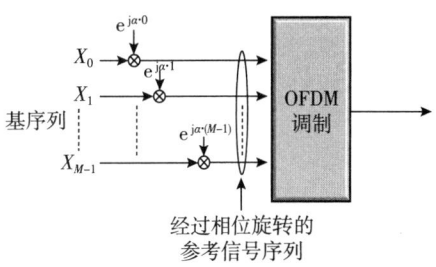

图 9-21 通过对基序列进行相位旋转得到上行参考信号序列

### 9.11.3 相位跟踪参考信号

相位跟踪参考信号（Phase-Tracking Reference Signal，PT-RS）可以看作 DM-RS 的一种扩展。PT-RS 设计用来跟踪在整个传输周期（比如一个时隙）内相位的波动，相位波动可能来自本振的相位噪声，一般越高的载波频率就会对应越大的相位噪声。这种参考信号的设计在 NR 标准中才引入，在 LTE 的设计中就没有类似的信号。这主要是因为 LTE 关注的是低载波频率，因此相位噪声不是特别大的问题。同时，LTE 有小区特定参考信号，某种程度上也能用于跟踪相位波动。因为 PT-RS 设计用来跟踪相位噪声，所以 PT-RS 在时域上密集而在频域上稀疏。PT-RS 只会和 DM-RS 一起出现，而且只有网络配置了 PT-RS 的情况下才会发送 PT-RS。同样，根据当前使用的是 OFDM 还是 DFT-OFDM，PT-RS 的结构也会有所不同。

对 OFDM，PT-RS 占用 PDSCH 或者 PUSCH 传输分配的第一个符号，并从该起始符号开始按 OFDM 符号计数，每计数到 L，PT-RS 就会占用一个 OFDM 符号并复位计数器，然后继续对后续符号计数。重复计数每次遇到 DM-RS 也会复位，因为并不需要在 DM-RS 后面立即插入一个 PT-RS 来估计相位噪声。时域的密度以可配置的方式和调度的 MCS 相关。

在频域上，PT-RS 每两个或者四个资源块发送一次，这是一种较为稀疏的频域结构。频域的密度和调度传输的带宽相关，较高的调度带宽配合较低的 PT-RS 频域密度。对于最小的调度带宽，不需要 PT-RS 传输。

为了降低相同频域资源上不同终端 PT-RS 相互冲突的风险，PT-RS 使用的子载波和资源块的具体位置和终端的 C-RNTI 相关。传输 PT-RS 的天线端口就是 DM-RS 天线端口组内编号最小的天线端口，如图 9-22 所示就是一种 PT-RS 的配置。

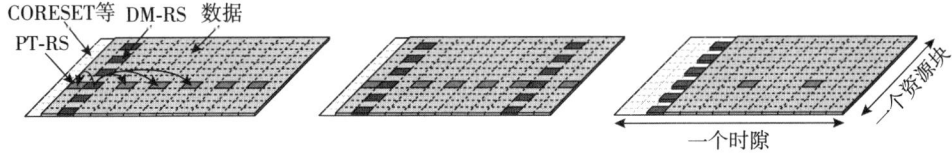

图 9-22 PT-RS 映射到一个时隙和一个资源块的示例

对上行传输 DFT 预编码 OFDM，频域上 PT-RS 插入 DFT 预编码之前，而时域上的映射和 OFDM 的方式完全一致。

# 第10章

# 物理层控制信令

为了支持上下行传输信道的数据传输,需要设计一套与之相关的控制信令。这些控制信令一般被称为 L1/L2 控制信令,即来自物理层(L1)和 MAC 层(L2)的控制信令。

本章详细描述下行控制信令(包括调度授权和调度分配),以及承载终端反馈的上行控制信令。

## 10.1 下行

下行 L1/L2 控制信令包括下行调度分配(使终端知晓如何在一个分量载波上正确接收、解调、解码 DL-SCH)和上行调度授权(使得终端知晓上行分配的资源以及上行 UL-SCH 传输应使用的传输格式)。除此之外,下行控制信令还包括一些特殊功能,比如通知终端一组时隙里上下行的符号信息、抢占指示和功率控制。

NR 标准只定义了一种控制信道,即:物理下行控制信道(Physical Downlink Control Channel, PDCCH)。总体上来说,NR 的 PDCCH 处理和 LTE 类似,都是让终端从可能发送 PDCCH 的一个或者多个搜索空间中盲检 PDCCH。然而,由于 NR 和 LTE 拥有不同的设计目标,并且基于 LTE 的一些部署经验,NR 对 PDCCH 做了一定程度的优化。

- NR 中 PDCCH 占用的资源不会扩散到整个载波带宽上。如第 5 章所描述的,并不是所有的 NR 终端都能够接收整个载波带宽,所以需要设计一种更加通用的控制信道结构。
- NR 中 PDCCH 的设计考虑了针对终端的波束赋形,这一点和 NR 的以波束为中心(beamcentric)的设计理念一致。波束赋形对高频带来的链路预算问题非常有帮助。

上述两点在 LTE Release 11 的 EPDCCH 设计中其实已经被涵盖。但是在实际 LTE 网络部署中,除了 eMTC 之外,EPDCCH 并没有被大规模使用。

LTE 中还定义了另外两种下行控制信道:PHICH 和 PCFICH。在 NR 标准里不需要这两种控制信道。对 PHICH,LTE 是用来处理上行重传的,主要用于服务上行同步 HARQ 传输机制。但是由于 NR 的 HARQ 不论上行还是下行,都统一使用异步 HARQ,所以 NR 就不再需要 PHICH。而对于 PCFICH,因为 NR 中控制资源集(CORESET)的大小不会动态变化,而且将未使用的控制资源用于数据传输,也是通过不同于 LTE 的方式完成的(具体方式下文详细描述),

因此 NR 也不再需要 PCFICH。

在下面的章节中，将会详细介绍 NR 下行控制信道 PDCCH，包括 CORESET 的概念以及 PDCCH 传输所使用的时频资源。首先介绍 PDCCH 的处理，包括信道编码和调制，接着介绍 CORESET 的结构。一个载波可以有多个 CORESET，控制资源集会将资源单元映射到控制信道单元(Control Channel Element，CCE)。一个或者多个 CCE 聚合在一起承载 PDCCH。终端会通过盲检，在搜索空间中检测网络是否有 PDCCH 发送给该终端。如图 10-1 所示，一个 CORESET 可以对应多个搜索空间。在本章最后，会描述下行控制信息(Downlink Control Information，DCI)。

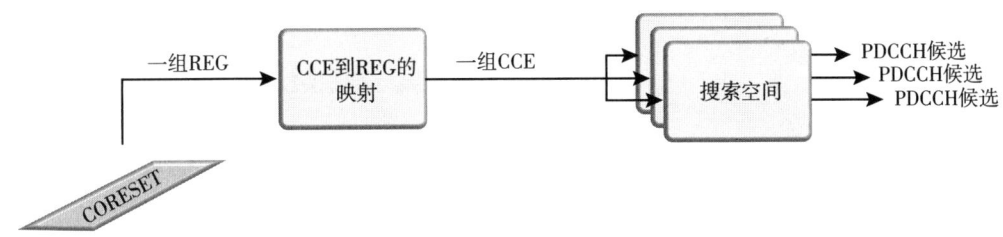

图 10-1　NR 中 PDCCH 处理概览

## 10.1.1　物理下行控制信道

PDCCH 上承载的净荷被称为下行控制信息(DCI)。PDCCH 的处理流程如图 10-2 所示，第一步处理会添加 24bit 的 CRC 校验来帮助检测传输错误并帮助接收机解码。相对于 LTE 的 16bit CRC，NR 的 CRC 的长度增加到 24bit，这样就能更好地避免错误接收控制信息，并且可以帮助终端接收机及早停止后续接收与解码。

NR 会通过扰码操作利用终端标识(RNTI)修改发送的 CRC。当收到 DCI 之后，终端会采用相同的过程，根据接收的净荷计算加扰的 CRC，然后和收到的 CRC 比较。如果相同，就表明 DCI 被正确接收，并且属于该终端。因此，终端的标识是终端接收 DCI 并检测 CRC 的前提，而不是在 DCI 消息中显式标明。这会减小 PDCCH 承载的净荷长度，而且从终端的角度来看，一个 CRC 校验错误的 DCI 和一个发送给其他终端的 DCI 是没有区别的。注意终端的标识并不一定就是 C-RNTI，有时候组 RNTI 或者公共 RNTI 也可以用来标识终端，比如指示终端寻呼或者随机接入响应。

PDCCH 信道编码基于极化码，这是一种较新的编码方式。极化码的核心思想就是把多个无线信道变化为一组无噪声的信道和一组完全为噪声的信道，然后将信息比特在无噪声信道上传输。解码可以有多种实现方式，典型的方法是依次消去法和列表解码。列表解码是利用 CRC 作为解码过程的一部分，这意味着错误检测的能力相应降低。比如列表解码的列表长度为 8 就会导致错误检测损失 3bit 能力。由此 24bit 的 CRC 最终和 21bit 的 CRC 错误检测能力相仿。这也是 NR 比 LTE 采用更多 CRC 比特的一个原因。

不同于传统 LTE 中的咬尾卷积码，极化码需要事先定义信息比特的最大长度，而咬尾卷积可以处理任意长度的信息比特。在 NR 标准中，极化码设计为下行 PDCCH 最大支持 512 个编码比特(速率匹配前)和最多 140 个信息比特。这种长度的定义当然超过了 Release 15 的最大

DCI 长度，这主要是为了支持 NR 对 DCI 净荷未来可能的扩展。为了能够提前终止解码处理，CRC 不是添加在信息比特的尾部，而是分散插入，然后再进行极化编码。解码器也可以根据极化码路径度量提前终止解码处理。

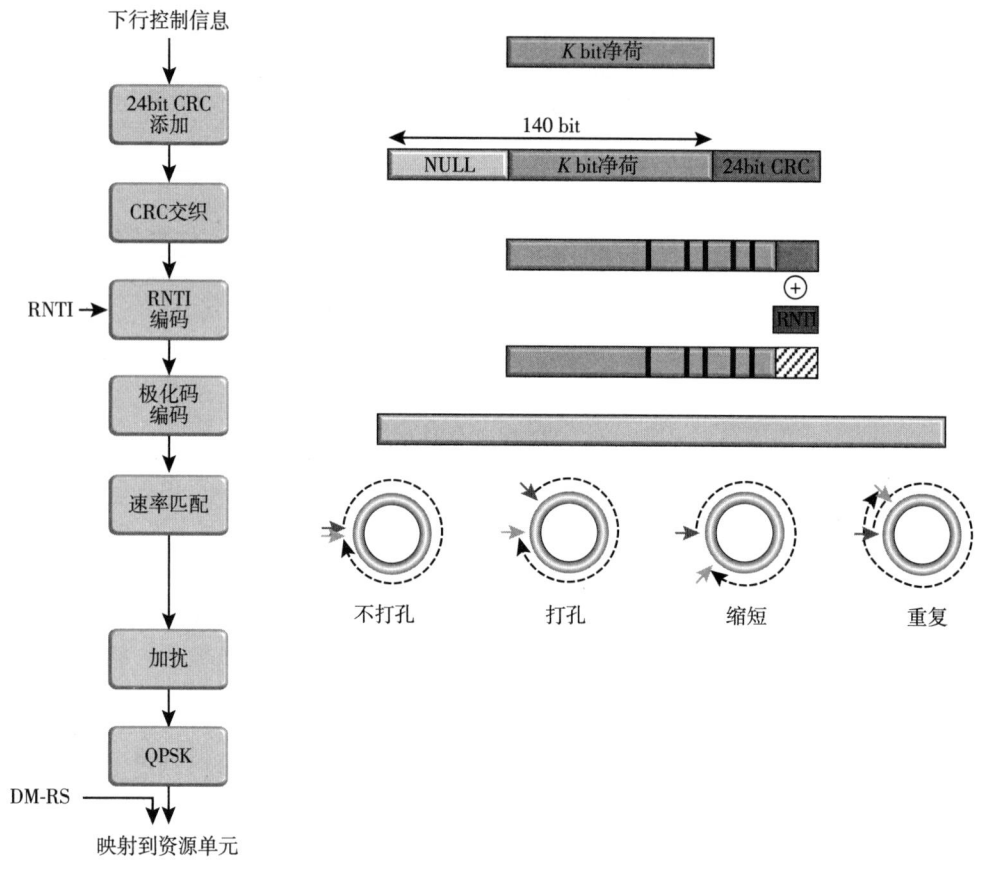

图 10-2　PDCCH 处理流程

速率匹配把编码比特匹配到 PDCCH 传输可用的资源。速率匹配包括缩短、打孔、重复三种模式，将编码比特分为 32 个子块进行块交织之后再进行速率匹配。缩短、打孔、重复三种模式中具体使用哪一个以及何时使用，其规则主要是考虑哪种能够最大化接收性能。

最终经过编码和速率匹配的比特会被加扰，然后调制为 QPSK 模式，映射到 PDCCH 的资源单元上（具体见下文描述）。每一个 PDCCH 都有自己的参考信号，也就是说 PDCCH 可以充分利用天线波束赋形的增益。完整的 PDCCH 处理流程参见图 10-2。

编码和调制后的 DCI 到资源单元的映射是通过控制信道单元（Control-Channel Element，CCE）和资源单元组（Resource Element Group，REG）来完成的。

NR 中一个 PDCCH 可以使用 1、2、4、8、16 个连续的 CCE，其中使用的 CCE 个数又可以称为聚合等级（aggregation level）。CCE 是终端在进行盲检时搜索空间的组成单元，具体参见

10.1.3 节。一个 CCE 包括 6 个 REG，每一个 REG 包括一个 OFDM 符号上的一个资源块。考虑到 DM-RS 的开销，每个 CCE 的 PDCCH 传输有 54 个可用资源单元（考虑 QPSK 调制，即 108bit）。

CCE 到 REG 的映射有交织模式和非交织模式。NR 标准设计两种不同模式的目的和 LTE 设计 EPDCCH 两种映射模式的目的相同，都是通过交织模式来提高频率分集增益，通过非交织模式来提供频选调度的能力以及干扰控制。具体 CCE 到 REG 的映射在下一节 CORESET 的介绍中会详细描述。

### 10.1.2 控制资源集

NR 下行控制信令引入了一个核心概念：控制资源集（CORESET）。一个控制资源集就是一个时间和频率的资源，在该资源上终端试图使用一个或者多个搜索空间解码可能的控制信道。CORESET 的大小和时频位置是由网络半静态配置的。因此，CORESET 在频域上是有可能小于载波带宽的。这对 NR 非常重要，因为 NR 的载波可能带宽非常大，最多达到 400 MHz，因此很多终端无法接收整个带宽信号。

LTE 没有 CORESET 的概念。LTE 标准规定在频域上，下行控制信令利用整个载波带宽来传输，在时域上，1~3 个 OFDM 符号（如果是最小的载波带宽，可以扩充至第 4 个 OFDM 符号）可以传输 PDCCH，也被称为控制区域。如果非要给 LTE 定义 CORESET，那么这个控制区域就是 LTE 的"CORESET"。LTE 让控制信道扩散到整个载波带宽上，一方面是因为 LTE 的终端都支持 20MHz 的最大载波带宽（至少对 LTE Release 8 而言是这样），另一方面也是因为这样做可以获得较好的频率分集增益。但是在后续的 LTE 版本中，比如在 LTE Release 12 中引入的 eMTC 终端，也允许终端不必支持整个载波带宽。LTE 这种将 PDCCH 扩散到整个带宽的设计会导致干扰控制、干扰协调非常难于实现，相邻小区下行 PDCCH 之间很难在频域上相互协调。因此，从 LTE Release 11 开始引入的 EPDCCH 就是为了解决这些问题。但是 LTE 网络依然需要用 PDCCH 支持初始接入，以及为不支持 EPDCCH 的终端提供支持，因此 EPDCCH 并没有在 LTE 现有网络中大规模使用。而 NR 就没有 LTE 这样的兼容性问题，NR 从第一个版本就要求支持灵活的控制信道结构。

一个终端最多可以配置 4 个 BWP，每个 BWP 最多可以配置 3 个 CORESET。CORESET 在频域上的位置可以是所在 BWP 里以 6 个资源块为粒度的任意位置，如图 10-3 所示。但是终端不会去处理任何激活 BWP 之外的 CORESET。

第一个 CORESET（CORESET 0）的信息是初始 BWP 配置信息的 部分。CORESET 0 的信息是独立组网模式下由主信息块（Master Information Block，MIB）提供给终端的。通过 CORESET 0，终端可以得到控制信息，知道如何接收剩余的系统信息。非独立组网模式下 CORESET 0 的位置是在 LTE 载波中发送的。当建立连接之后，网络会通过 RRC 信令为终端配置多个 CORESET，这些

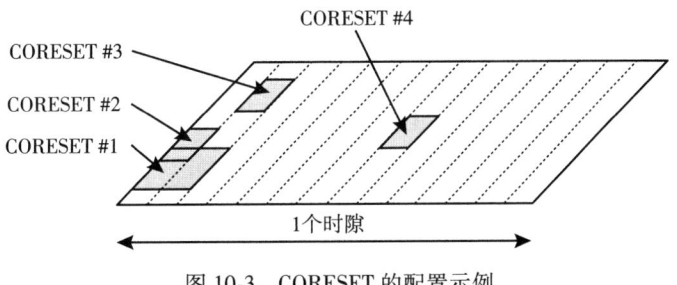

图 10-3 CORESET 的配置示例

CORESET 可能重叠。

在时域，CORESET 最长为 3 个 OFDM 符号，而且可以在一个时隙的任意位置⊖。不过一般为了方便接收数据，都会把 CORESET 放在一个时隙的起始位置。这一点和 LTE 非常类似，LTE 也是把控制信道放在一个子帧的起始位置。但是在 NR 标准里，在某些情况下将 CORESET 配置在非起始位置是有意义的，比如：为了取得非常低的时延，当网络准备好发送的时候，一个时隙已经开始了，如果能够把 CORESET 放在中间，就可以不必等待下一个时隙再发送。这里需要理解 CORESET 是针对一个终端定义的，而且 CORESET 仅仅指示这个终端有可能收到 PDCCH 的位置，并不代表 gNB 是否会发送 PDCCH。

依赖于前置的 PDSCH DM-RS 的具体位置(起始于一个时隙的第 3 个或者第 4 个 OFDM，见 9.11.1 节)，最大 CORESET 的时域长度为 2 个或者 3 个 OFDM 符号。因为典型的配置下 CORESET 位于下行参考信号和下行数据前面。

NR 的 CORESET 的长度是固定的，这有助于网络和终端的实现。从终端看来，如果可以直接解码 PDCCH 而不是先去解码其他信道来知晓 CORESET 大小⊖，这种流水线操作更为简单。采用流水线和实现友好的 PDCCH 结构对于以极低时延为目标的 NR 非常重要。但是从频谱利用率的角度来看，控制资源和数据传输资源之间动态共享确实能够提升效率。因此，NR 不但支持 PDSCH 的数据在 CORESET 结束后立即发送，而且允许终端重用未使用的 CORESET 资源来传输数据，如图 10-4 所示。为了达到这种目的，NR 定义了一个通用的机制(预留资源)来处理这种问题，详见 9.10 节。预留资源可以和 CORESET 重叠，这样通过 DCI 指示的信息就可以让终端知道这些未使用资源是否承载了用户数据。如果 DCI 指示预留，对 PDSCH 的速率匹配就会将数据绕过这些预留资源，也就是绕过 CORESET。如果 DCI 指示可用，PDSCH 就使用这些预留资源来传输数据，也就是使用未占用的 CORESET 资源来传输数据。当然，对调度这个 PDSCH 的 DCI 命令，终端认为承载此 DCI 命令的 PDCCH 资源上面不会承载任何 PDSCH。

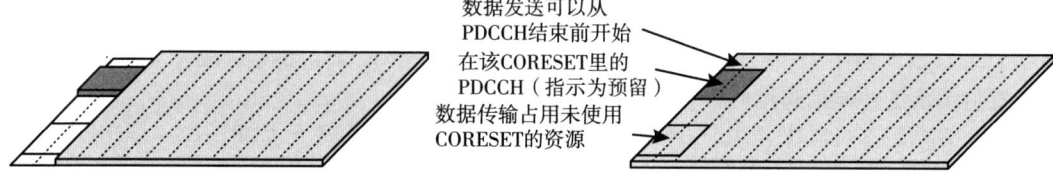

图 10-4 数据传输不重用(左) CORESET 资源和重用(右) CORESET 资源，该例中终端配置两个 CORESET 资源

每个 CORESET 都有一个相关的 CCE 到 REG 的映射方式，映射方式是通过 REG 捆绑(bundle)这个概念来描述的。REG 捆绑是指终端可以认为一组 REG 的预编码是相同的。和 PDSCH 的资源块绑定类似，这个信息有助于提升信道估计的性能。

上文说过 CCE 到 REG 的映射可以分为交织模式和非交织模式，具体选择哪种取决于系统希望获得频率分集增益还是频率选择增益。一个 CORESET 只能有一种映射模式，但一个终端

---

⊖ CORESET 的时域位置是从所关联的搜索空间的配置中获得的。

⊖ LTE 使用 PCFICH 来指示控制区域的具体长度。

配置的多个 CORESET 可以配置为不同的映射模式。为一个终端同时配置不同映射模式在有的时候非常有用，比如若干 CORESET 被配置为非交织模式，这样终端可以获得频选调度模式，同时其余 CORESET 被配置为交织模式，从而当终端由于高速移动无法获得准确的信道状态信息的时候，终端可以随时回退到交织模式。

非交织映射的实现相对简单，REG 捆绑大小固定为 6。这样终端可以认为预编码在整个 CCE 上都是不变的。连续的 6 个 REG 形成一个 CCE。

而交织映射的实现略微复杂。在交织映射模式下，REG 捆绑的大小有两种可能。一种 REG 捆绑大小是 6，对各种 CORESET 的持续时长都可用。另一种 REG 捆绑大小依赖于 CORESET 持续时长，如果 CORESET 持续 1 个或者 2 个 OFDM 符号，则 REG 捆绑大小可以是 2 或者 6；如果 CORESET 持续 3 个 OFDM 符号，则 REG 捆绑大小可以是 3 或者 6。在交织模式下，组成一个 CCE 的 REG 捆绑通过一个块交织器扩展到频域上，由此获得频率分集。块交织器的行数是可配置的，如图 10-5 所示，这有助于处理不同的部署场景。

作为 PDCCH 接收处理的一部分，终端需要利用和候选 PDCCH 相关的参考信号来进行信道估计。PDCCH 使用单天线端口，也就是说网络发送是否使用发射分集或者多用户 MIMO 这些特性对 PDCCH 接收机都是透明的。

PDCCH 拥有自己的解调参考信号，解调参考信号对应的伪随机序列生成方法和 PDSCH 解调参考信号的伪随机序列生成方法相同。频域上都是针对所有公共资源块生成伪随机序列，但是只在发送 PDCCH 的资源块上传输（例外情况会在下文讨论）。但在初始接入阶段，由于公共资源块的位置在系统信息里广播，终端还不知道公共资源块的位置，因此对 PBCH 配置的 CORESET 0，其对应的随机序列是自 CORESET 里面第一个资源块开始生成。

一个候选 PDCCH 的解调参考信号会映射到 REG 中每 4 个子载波中的一个，也就是说引入解调参考信号的开销是 1/4，这个参考信号的密度是高于 LTE 的（LTE 的密度是 1/6）。LTE 之所以可以降低参考信号密度，是因为 PDCCH 解调使用的是小区参考信号，不管是否有 PDCCH，网络都会发送小区参考信号，所以终端可以通过时域和频域的插值获取更好的信道估计质量。使用每个候选 PDCCH 特定的参考信号确实会增加参考信号的开销，但是也会带来好处，比如能够针对各个终端进行波束赋形。通过对控制信道的波束赋形（相对于 LTE 中不赋形的控制信道⊖），NR 控制信道的覆盖和性能都有所提升，这也符合 NR 以波束为中心的设计理念。

当终端尝试对占用了若干个 CCE 的特定候选 PDCCH 进行解码的时候，终端首先计算 REG 捆绑的大小，然后做信道估计。考虑到网络可能在不同 REG 捆绑间使用不同的预编码，所以信道估计针对每个 REG 捆绑单独进行。一般来说，这种捆绑已经能够提供较好的 PDCCH 信道估计性能了。但是网络有可能配置终端以假设一个 CORESET 内所有连续的资源块都使用相同的预编码。这种情况下，终端可以进行频域插值以获得更好的信道估计性能。终端可以利用 PDCCH 之外的参考信号来估计信道，这有时也称为宽带参考信号，如图 10-6 所示。从某种程度上来说，这可以看作 LTE 小区参考信号的模仿版，当然对波束赋形也提出了一定的限制。

---

⊖ LTE 的 EPDCCH 也引入了终端特定参考信号来支持波束赋形。

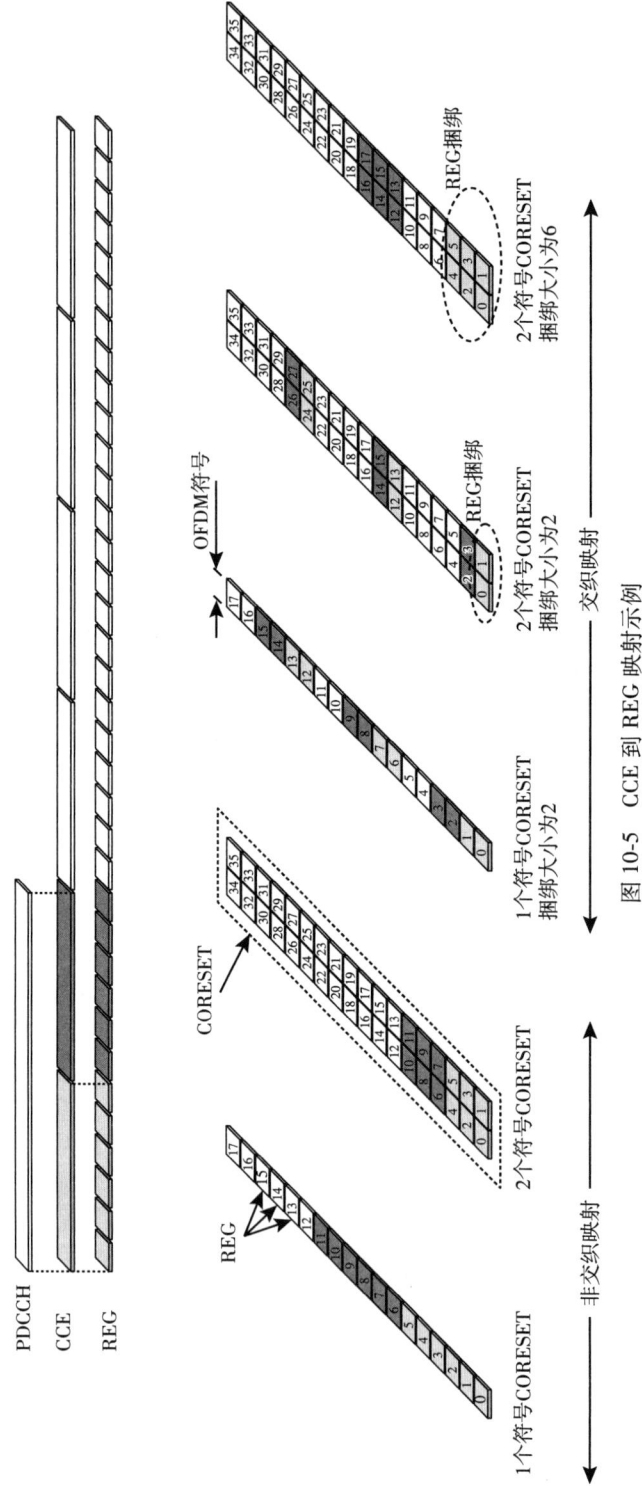

图 10-5 CCE 到 REG 映射示例

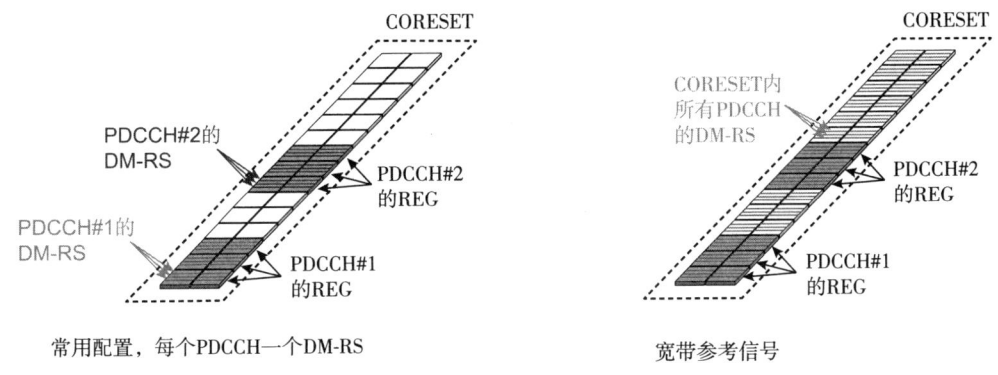

图 10-6　常用参考信号结构(左)和宽带参考信号结构(右)

与信道估计相关的还有准共址概念。如果终端知道两个参考信号是准共址的,可以提高信道估计的性能,这对 PDCCH 非常有用(具体参见第 12 章关于波束管理和空域准共址的描述)。为了实现准共址,每个 CORESET 都会配置一个传输配置指示(Transmission Configuration Indication,TCI),它提供了 PDCCH 天线端口和哪些天线端口准共址的信息。如果终端的一个 CORESET 和一个 CSI-RS 空间共址,终端可以利用 CSI-RS 决定如何接收这个 CORESET 里面的 PDCCH,如图 10-7 所示。在所示例子中,网络为终端配置了 2 个 CORESET,一个 CORESET 有 CSI-RS #1 和 DM-RS QCL,另一个 CORESET 有 CSI-RS #2 和 DM-RS QCL。根据对 CSI-RS 的测量,终端可以选择对两个 CSI-RS 分别最优的接收波束。根据 QCL 信息,当终端在 CORESET#1 上监听可能的 PDCCH 的时候,就会使用合适的接收波束进行接收,同样的原则也适用于 CORESET#2。通过这个方法,终端可以在盲解码的框架下处理多个接收波束。

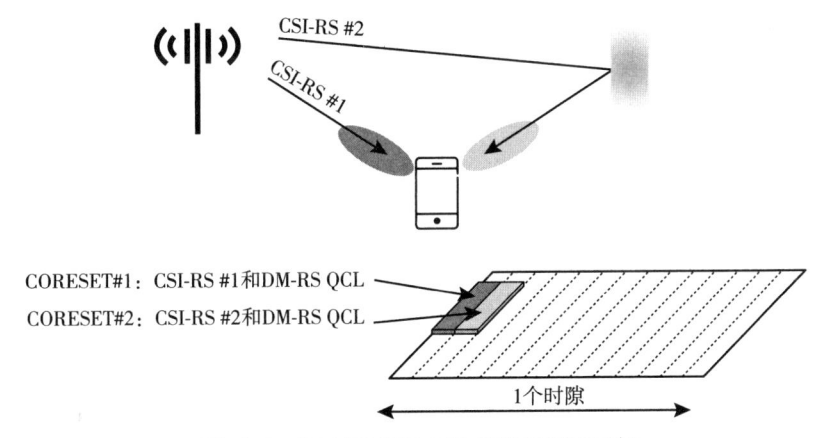

图 10-7　基于 PDCCH QCL 的波束管理示例

如果没有为 CORESET 配置 QCL 相关信息,终端就会默认 PDCCH 和 SSB 之间 QCL,也就是说时延扩展、多普勒扩展、多普勒频移、平均时延以及空域接收参数都和 SSB 相同。这是一个合理的假设,因为这个时候终端已经可以接收并解码 PBCH。

### 10.1.3 盲解码和搜索空间

下行控制信令用于多个场景，因此 DCI 的长度也是不同的。一个 DCI 由两个方面决定：DCI 长度和 DCI 类型。而某次传输的 DCI 格式和长度对终端而言事先并不可知。因此，终端需要盲解码。在盲解码的过程中，终端需要知道编码速率。通过不同的假设(包括静荷长度和使用了多少时频资源)，终端试图解码 DCI。如果网络确实发了控制信息，终端通过判断解码 CRC 是否成功，可以找出有效的控制消息。控制信息的目的(也就是 DCI 类型)需要在盲检的过程中被确认。

通常方法是分别处理 DCI 长度和 DCI 类型。终端先处理 DCI 长度，盲解码不同长度的 DCI。如果解码成功，消息头的前几个比特指示 DCI 类型，这样终端依照 DCI 类型就可以知道如何理解后面的静荷。然而部分由于历史的缘故，NR 标准继承了 LTE 的设计，DCI 的长度和 DCI 的类型共同组成了 DCI 格式，尽管二者之间的耦合较 LTE 更为松散。不同的长度 DCI 属于不同的 DCI 格式，但是也有若干不同的 DCI 格式拥有相同的长度。只有对长度相同但可能包含若干 DCI 格式的情况，才添加若干比特来指示 DCI 类型。

盲解码对终端来说是一个不可忽略的处理负担，下行控制信道设计的很大一部分与降低这种复杂度有关。有两个限制盲解码复杂度的重要手段：一是通过限制在时频域中的位置和不允许任意的聚集级别来限制 PDCCH 候选数；二是限制要监听的 DCI 大小的集合。

上节描述的 CCE 的结构可以帮助终端降低盲解码的尝试次数，但是依然不够。因此，需要设计一种机制来进一步限制终端需要监听的候选 PDCCH 个数。显然从调度器的角度，并不希望限制可用的聚合等级，因为这样会降低调度灵活性，同时让发送端更加复杂。但要求终端在所有配置的 CORESET 里监听所有可能的 CCE 聚合等级，确实给终端的实现带来了过高的复杂度。为了能够一方面限制终端盲解码尝试的最大次数，另一方面尽可能不给调度器引入限制，NR 标准引入了搜索空间(search space)这个概念。一个搜索空间是一组拥有相同聚合等级的由 CCE 构成的候选控制信道，终端在搜索空间中尝试进行解码。因为存在多个聚合等级，终端就有多个搜索空间。一个搜索空间集是关联到同一个 CORESET 的不同聚合等级的搜索空间的集合。因此，通过配置 CORESET 和搜索空间集，终端可以监听具有不同聚合级别但使用相同时频资源的控制信道的存在。不同聚合级别的目的是控制 PDCCH 的码速率，从而能够执行 PDCCH 的链路自适应。聚合等级越高，给定固定 DCI 大小时的码率越低。因此，在信道条件不好的情况下，gNB 将选择比在有利信道条件下更高的聚合等级。

四个部分带宽中的每一个最多可配置 10 个搜索空间集，为每个搜索空间配置一个相关的 CORESET，以及搜索空间何时出现的信息。CORESET 的时域信息不会单独配置，而是直接从搜索空间集配置中获得。搜索空间集配置还包括关于每个聚合等级的 PDCCH 候选数的信息，以及要监听的 DCI 格式，如图 10-8 所示。终端不应该在其活动带宽部分之外接收 PDCCH，这符合部分带宽的总体目的。除此之外还可以通过 PDCCH 完成在不同搜索空间集之间动态切换。该特性的目的是在数据活动较少时降低终端功耗，详见第 14 章。动态搜索空间集切换的另一个用途是在非授权频谱中操作，见第 20 章。

在一个为搜索空间配置的监听时机，终端会试图在该搜索空间内解码候选的 PDCCH。NR 标准总共定义了 5 种不同的聚合等级，即 1、2、4、8、16 个 CCE，也就是说有 5 种搜索空间。最高的聚合等级 16 在 LTE 中是不支持的，而 NR 为了能够支持更高的覆盖要求，支持聚合等级 16。每个搜索空间(或者说每个聚合等级)中可以支持的最大候选 PDCCH 个数是可以配置的。因此，NR 可以在不同聚合等级上灵活分配不同的盲解码次数，这一点比 LTE 更加灵活（LTE 各个聚合等级盲解码的个数是固定的），这主要是因为 NR 的部署场景更加广泛。比如对一个较小的小区，最高的聚合等级很少使用。因此，对于有限的盲解码尝试次数，网络最好将终端配置在较低的聚合等级上以使用这些尝试次数，而不是让终端在那些几乎不能使用的聚合等级上去尝试解码。

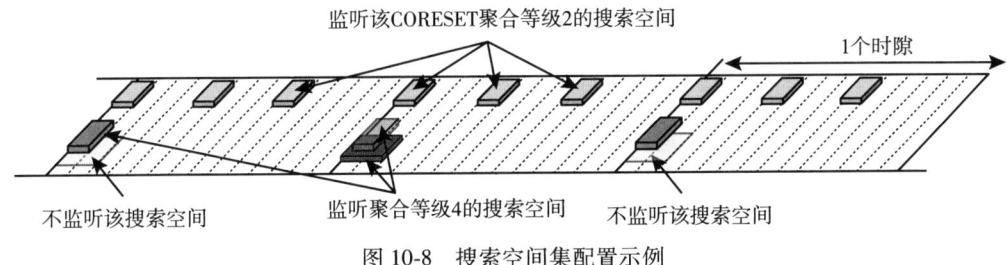

图 10-8　搜索空间集配置示例

搜索空间集 0 是特殊的。它链接到 CORESET 0，并根据 MIB 中的信息进行配置。尽管搜索空间集 0 也可以用于其他目的，但是此搜索空间集的主要目的是能够接收系统的其余信息。其他非 0 的搜索空间集可以使用 RRC 信令来配置，或者利用系统信息的一部分来配置，或者通过使用专用 RRC 信令来配置。

当终端尝试对一个候选 PDCCH 进行解码时，如果 CRC 校验正确，终端会认为这个控制信道信息是有效的，并处理相应信息（比如调度分配、调度授权等）。如果 CRC 校验不正确，终端会认为这个控制信息要么在传输过程中产生了无法恢复的错误，要么认为这个控制信息是发送给其他终端的。无论何种原因，该 PDCCH 会被终端忽略。

只有当网络将承载控制信息的 PDCCH 放在终端搜索空间的 CCE 上时，才可以将控制信息发送给该终端。比如图 10-9 中，终端 A 不会从 CCE 20 开始收到 PDCCH，而终端 B 则可以。同样，终端 A 可以使用 CCE 16~23 接收 PDCCH，而这个时候，终端 B 就不可以在 CCE 聚合等级 4 上接收 PDCCH，因为所有的聚合等级 4 支持的 CCE 都被终端 A 占用。因此，为了更加有效地使用 CCE，网络需要将不同用户的搜索空间尽可能错开（除非所有终端都能够监听全部的 CCE，从复杂度角度看这是不大可能的）。每个终端都会被配置一个或者多个终端特定的搜索空间（UE-Specific Search Space，USS）。终端特定的搜索空间一般小于网络在该聚合等级上需要传输的 PDCCH 个数，因此网络需要设计一种机制来决定终端特定的搜索空间包含哪些 CCE。

一种可能是网络为每个终端都定义一个终端特定的搜索空间，类似于 CORESET 的配置方式。但是这需要显式的信令通知终端并且需要在切换的时候重配置。另一种方式是终端特定搜索空间不是通过信令配置来决定，而是由终端标识，即由 C-RNTI⊖来决定。此外，某个终端在特定聚合等级上监听的 CCE 应该也随着时间进行变化，这样就可以避免两个终端之间始终相互阻塞。如果这两个终端在某个时刻相互冲突，那么在下一个时刻很可能就不再相互冲突。在每个搜索空间内，终端都会尝试利用终端特定的 C-RNTI 来解码 PDCCH。如果能够发现有效的控制信息，比如调度授权，则终端会依照调度命令进行接下来的操作。

---

⊖　有时候会使用其他的标识，比如 CS-RNTI，用于半持续调度，详见第 14 章。还可以使用 MCS-CRNTI，其使用方式与 C-RNTI 相同，但有更健壮的传输，如 10.1.17 节所述。还有其他用于半持续调度和配置授权的 RNTI。

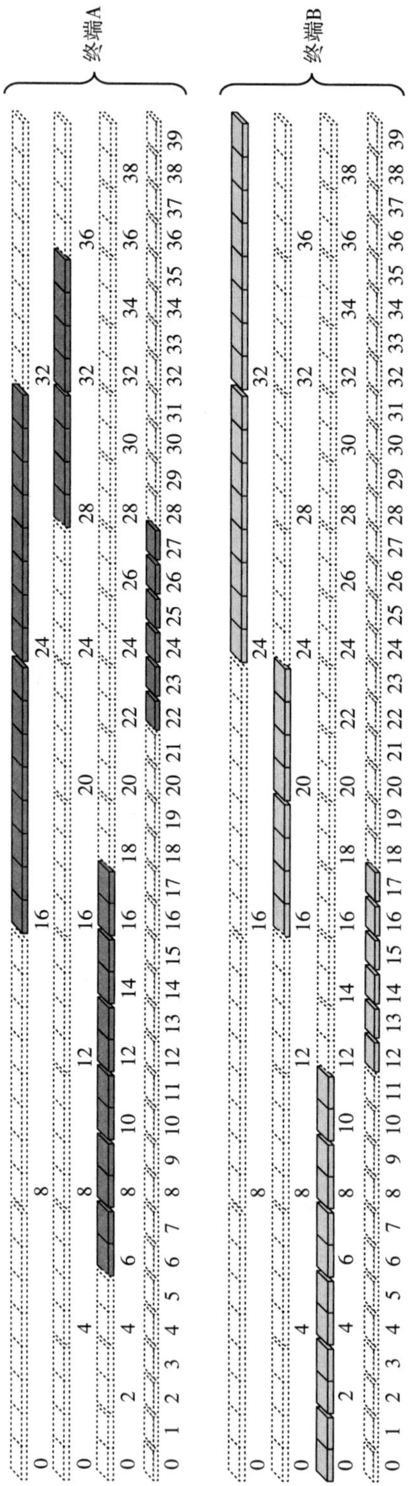

图10-9 两个终端搜索空间的示例

有时候网络希望将信令传输给一组终端，还有一种情况是在随机接入过程中，网络希望将信令传输给一个还没有分配唯一标识的终端。对这些情况，网络需要调度不同的预定义 RNTI，比如用 SI-RNTI 来指示调度系统信息的传输；用 P-RNTI 来指示寻呼消息的传输；用 RA-RNTI 来指示随机接入响应的传输；用 TPC-RNTI 来指示上行功率控制响应；INT-RNTI 用于指示抢占；SFI-RNTI 用于传递时隙相关信息。这些信息均不能依赖单个终端特定的搜索空间，因为会有多个终端需要同时监听该 PDCCH。在这种情况下，NR 标准定义了公共搜索空间（Common Search Space，CSS）的概念⊖。公共搜索空间是一组预定义的 CCE，这个空间被所有的终端所知晓，无论这些终端被分配何种标识。搜索空间是公用的还是特定于终端的，是搜索空间集配置的一部分。

表 10-1 总结了不同的 DCI 格式、搜索空间和 RNTI。DCI 格式的大小在很大程度上取决于配置以及存在哪些字段，因此在不说明相应配置的情况下很难说明 DCI 大小，但是用于上行和下行调度的 DCI 大小一般 70bit 左右（不包括 CRC）。

表 10-1 DCI 格式、搜索空间和 RNTI 的总结

| DCI 格式 | 搜索空间 | 可能的 RNTI[①] | 用途 |
|---|---|---|---|
| 0_0 | USS | C-RNTI | 上行调度（回退） |
| | CSS in PCell | | |
| | CSS in PCell | TC-RNTI | 随机接入过程 |
| 0_1 | USS | C-RNTI | 上行调度 |
| | | SP-CSI-RNTI | 激活半持续 CSI 上报 |
| 0_2 | USS | C-RNTI | 上行调度 |
| | | SP-CSI-RNTI | 激活半持续 CSI 上报 |
| 0_3 | USS | C-RNTI | 多载波上行联合调度 |
| 1_0 | USS | C-RNTI | 下行调度（回退） |
| | CSS in PCell | | |
| | CSS in PCell | SI-RNTI | 系统信息调度 |
| | | RA-RNTI，msgB-RNTI | 随机接入响应 |
| | | TC-RNTI | 随机接入过程 |
| | | P-RNTI | 寻呼消息 |
| 1_1 | USS | C-RNTI | 下行调度 |
| 1_2 | USS | C-RNTI | 下行调度 |
| 1_3 | USS | C-RNTI | 多载波下行联合调度 |
| 2_0 | CSS | SFI-RNTI | 时隙格式指示 |
| 2_1 | CSS | INT-RNTI | 抢占指示 |
| 2_2 | CSS | TPC-PUCCH-RNTI | PUCCH 功控 |
| | | TPC-PUSCH-RNTI | PUSCH 功控 |
| 2_3 | CSS | TPC-SRS-RNTI | SRS 功控 |

---

⊖ 虽然 NR 根据监听不同种类的 RNTI 定义了多个类型的公共搜索空间，不过对搜索空间概念的理解没有影响。

(续)

| DCI 格式 | 搜索空间 | 可能的 RNTI[①] | 用途 |
|---|---|---|---|
| 2_4 | CSS | CI-RNTI | 上行取消指示 |
| 2_5 | CSS | AI-RNTI | IAB 软资源可用 |
| 2_6 | CSS | PS-RNTI | 节能信息 |
| 2_7 | CSS | PEI-RNTI | 寻呼提前指示，动态 TRS 指示 |
| 3_0 | USS | SL-RNTI, SL-CS-RNTI | 调度 NR Sidelink |
| 3_1 | USS | SL-L-CS-RNTI | 调度 LTE Sidelink |
| 4_0 | CSS | MCCH-RNTI, G-RNTI | 调度广播传输 |
| 4_1 | CSS | G-RNTI, G-CS-RNTI | 调度多播传输 |
| 4_2 | CSS | G-RNTI, G-CS-RNTI | 调度多播传输 |
| 5_0 | CSS | NCR-RNTI | 网络控制中继器的波束指示 |

① C-RNTI 应理解为包括 C-RNTI、MCS-C-RNTI 和 CS-RNTI。

如前所述，盲解码对终端来说是不可忽略的处理负担。为了限制终端的复杂度，需要执行一个"3+1"的基线 DCI 长度预算。这意味着一个终端使用 C-RNTI(因此对于调度来说是时间关键)最多检测 3 个不同的 DCI 长度，以及使用其他 RNTI(非时间关键)来检测一个 DCI 长度。在某些情况下，某些终端可能能够执行比"3+1"预算更多的盲解码，但不是全部终端都具有此功能。因此，这意味着若干 DCI 消息(格式)，净荷大小必须对齐以满足终端处理能力的限制。DCI 长度预算由一组复杂的长度对齐规则(有关详细信息，请参见参考文献[90])执行，其中使用了某些 DCI 格式填充以匹配其他 DCI 格式的长度。长度对齐的结果取决于终端必须监听的配置和 DCI 格式集，但是下面列举的典型设置会导致三种不同的 DCI 长度用于调度，一种 DCI 长度用于各种控制目的：

- 由 DCI 格式 0_0/1_0 决定的长度，在终端特定的搜索空间中使用 C-RNTI 进行监听或者在公共搜索空间中使用 C-RNTI 以及各种其他 RNTI 进行监听。
- 由 DCI 格式 0_1 给出的长度，在终端特定的搜索空间中使用 C-RNTI 进行监听。
- 由 DCI 格式 1_1 给出的长度，在终端特定的搜索空间中使用 C-RNTI 进行监听。
- 由 2_x 系列中的 DCI 格式给出的一种长度，在公共搜索空间中进行监听，并使用除 C-RNTI 以外的各种 RNTI。配置需要确保 2_x 系列中所有受监听的格式长度相同。

当然除了上面列举的典型设置，也可以进行其他配置，例如仅使用格式 0_0/1_0 进行调度，从而在配置 2_x 格式时可以有更大的自由度。

"3+1"预算不足以控制终端复杂度，因为即使 DCI 长度的数目是有限的，但由于有多个搜索空间，因此还需要对盲解码尝试的总数进行限制。在 NR 中，盲解码尝试的次数取决于子载波间隔(即时隙持续时间)。对于 15kHz、30kHz、60kHz、120kHz 子载波间隔，每个时隙最多可支持 44、36、22、20 次盲解码尝试，覆盖所有 DCI 长度——选择一个数字可在终端复杂度和调度灵活性之间提供良好的折中。然而，盲解码的数量不仅是复杂度的唯一度量，而且还需要考虑信道估计。对 15kHz、30kHz、60kHz、120kHz 的子载波间隔，所有的 CORESET 加在一起，一个时隙内终端最多可以支持 56、56、48、32 个 CCE。这个最多支持 CCE 数目包括所有 CORESET。这样，依赖于网络配置，最终候选 PDCCH 的个数就受限于盲解码尝试次数或者信道估计数目。CRC 检查的复杂度很低，因此监听多个具有相同净荷大小 RNTI 的代价并不昂贵，而且几乎是"免费的"。

在以后的 NR 版本中，终端可以在更精细的粒度上上报自己的盲解码能力，而不是按时隙定义。为了获得非常低的等待时间，需要给终端非常频繁地配置 PDCCH 监听，例如每隔一个 OFDM 符号。但往往终端被驱动越频繁，其能处理的盲解码尝试次数就越少。该框架还用于处理最大的子载波间隔 480kHz 和 960kHz，由于时隙持续时间非常短，终端有可能无法在每个时隙进行监听，因此盲解码能力是按每组时隙来定义的，并且允许多个 PDSCH 的调度来完成连续的数据传输。这些内容会在本章稍后描述。

根据搜索空间集配置，盲解码尝试的次数可能因时隙而异。如图 10-8 的示例，与其他两个时隙相比，在中间时隙中需要更多的盲解码尝试。或者说三个时隙中的两个时隙中不需要使用终端的所有盲解码能力。为了避免浪费盲解码能力，终端配置可以使得盲解码尝试的次数大于最大允许值，称为超售。优先级规则定义了在这种情况下，终端应该如何在不违反盲解码预算的前提下，优先考虑时隙中的公共搜索空间。

对载波聚合，上述盲解码过程可以直接应用于每个分量载波。相对于单载波，信道估计的数目以及盲解码最大尝试的次数都会相应增加，但是并不会随着分量载波的个数增加而线性增加。

## 10.1.4　下行调度分配：DCI 格式 1_0、1_1、1_2 和 1_3

上面主要描述如何通过 PDCCH 传输 DCI，下面介绍 DCI 的具体内容。首先介绍下行调度分配相关 DCI。下行调度分配 DCI 分为非回退格式（non-fallback format）1_1、回退格式（fallback format）1_0 以及 Release 16 为了增强 URLLC 引入的格式 1_2。格式 1_2 基本上和格式 1_1 内容相同，但许多字段的长度具有更大的可配置性。Release 18 进一步引入了格式 1_3 来支持一个 DCI 调度多个载波的下行传输。

非回退格式 1_1 支持所有的 NR 特性。根据系统配置的特性，一些信息字段有可能出现或者不出现。比如网络没有配置载波聚合这个特性，就不需要在 DCI 中添加和载波聚合相关的信息字段。因此，DCI 格式 1_1 的长度实际上并不是一个固定的数，而是和配置相关。但是由于各个终端都知道自己配置的特性，所以就知道了 DCI 的长度，因此终端可以进行盲检。

回退格式 1_0 的净荷比 1_1 少，因此能支持的 NR 特性也相对有限。格式 1_0 的信息字段通常不可配，因此长度也相对固定。这种回退模式的使用场景，一是用在网络给终端配置一些特性，但是尚不确认终端配置生效的时间段，例如由于传输错误导致终端的配置没有生效；另一个应用场景是减小控制信令的开销，很多情况下对调度一些较小数据的传输使用回退格式就足够了。

DCI 格式 1_2 是在 Release 16 中引入的，作为对 URLLC 业务的增强支持的一部分，参见第 21 章了解更多信息。它提供了与格式 1_1 几乎相同的功能，但在各个字段的长度配置方面允许更大的灵活性，包括为其中几个字段长度可以配置为零。因此，这个格式可以允许更小的 DCI 长度，从而更鲁棒地接收。这个格式还忽略了一些与 URLLC 类型的业务不太相关的字段。

DCI 格式 1_3 是在 Release 18 中引入的，允许利用单个 DCI 在多达四个载波上调度下行传输，与先前版本规定每个载波使用一个 DCI 相比，可以减少控制信令开销，尤其是在需要聚合多个载波的分段频谱分配的情况下。DCI 格式 1_3 提供与格式 1_1 类似的信息字段，但适用于多个载波。一些信息字段(如 PUCCH 相关信息、部分带宽指示和非授权频谱中的信道接入类型)为所有共同调度的载波所共有,而其他信息(主要是资源分配、HARQ 和一些多天线相关信息)则需要为每个调度的载波单独配置。

不同 DCI 格式的部分内容是相同的,见表 10-2。但是由于支持不同的能力,DCI 格式也有些不同(由表项里的上标指明)。DCI 格式承载的下行调度信息可以分成多个组,不同组的信息字段随着 DCI 格式的不同而不同。下行调度分配的 DCI 格式内容描述如下:

表 10-2 通过 C-RNTI 进行下行调度的 DCI 格式 1_0、1_1、1_2 和 1_3

| 信息字段 | | 格式 1_0 | 格式 1_1 | 格式 1_2 | 格式 1_3 |
|---|---|---|---|---|---|
| DCI 格式指示 | | ● | ● | ●[16] | ●[18] |
| 资源信息 | 载波指示 | | ● | ●[16] | |
| | 联合调度小区 | | | | ●[18] |
| | BWP 指示 | | ● | ●[16] | ●[18] |
| | 频域资源分配 | ● | ● | ●[16] | ●[18] |
| | 时域资源分配 | ● | ● | ●[16] | ●[18] |
| | VRB 到 PRB 映射 | ● | ● | ●[16] | ●[18] |
| | PRB 捆绑长度指示 | | ● | ●[16] | ●[18] |
| | 预留资源 | | ● | ●[16] | ●[18] |
| | 零功率 CSI-RS 触发 | | ● | ●[16] | ●[18] |
| | 调度偏移 | | ●[16] | | ●[18] |
| | 信道接入类型和循环扩展 | ●[16] | ●[16] | ●[17] | ●[18] |
| | 休眠指示 | | ●[16] | | |
| 传输块相关信息 | MCS | ● | ● | ●[16] | ●[18] |
| | NDI | ● | ● | ●[16] | ●[18] |
| | RV | ● | ● | ●[16] | ●[18] |
| | MCS,第二个 TB | | ● | | ●[18] |
| | NDI,第二个 TB | | ● | | ●[18] |
| | RV,第二个 TB | | ● | | ●[18] |
| | 优先级指示 | | ●[16] | ●[16] | |
| HARQ 相关信息 | HARQ 进程号 | ● | ● | ●[16] | ●[18] |
| | DAI | | ● | ●[16] | ●[18] |
| | PDSCH 到 HARQ 反馈定时 | ● | ● | ●[16] | ●[18] |
| | CBGTI | | ● | | |
| | CBGFI | | ● | | |
| | PDSCH 组数目 | | ●[16] | | |
| | 一次性 HARQ 请求 | | ●[16] | ●[17] | ●[18] |
| | 请求 PDSCH 组个数 | | ●[16] | | |
| | 新反馈指示 | | ●[16] | | |
| | 增强类型 3 码本指示 | | ●[17] | ●[17] | ●[18] |
| | HARQ 重传指示 | | ●[17] | ●[17] | ●[18] |

(续)

| 信息字段 | | 格式 1_0 | 格式 1_1 | 格式 1_2 | 格式 1_3 |
|---|---|---|---|---|---|
| 多天线相关信息 | 天线端口 |  | ● | ●[16] | ●[18] |
| | TCI |  | ● | ●[16] | ●[18] |
| | SRS 请求 |  | ● | ●[16] | ●[18] |
| | SRS 偏移指示 |  | ●[17] | ●[17] | ●[18] |
| | DM-RS 序列初始化 |  | ● | ●[16] | ●[18] |
| PUCCH 相关信息 | PUCCH 功率控制 | ● | ● | ●[16] | ●[18] |
| | PUCCH 资源指示 |  | ● | ●[16] | ●[18] |
| | PUCCH 小区指示 |  | ●[17] | ●[17] | ●[18] |
| PDCCH 相关信息 | PDCCH 监听控制 |  | ●[17] | ●[17] | ●[18] |

注：对于 Release 15 之后引入的字段，用上标表示首次引入该字段的版本。

- DCI 格式指示(1bit)。这个信息头指示了 DCI 是一个下行分配还是一个上行授权。在多种 DCI 格式长度相同的情况下，这个指示位可以帮助终端区分 DCI 格式(比如 DCI 回退格式 0_0 和 1_0 的长度就是相同的)。
- 资源信息，包括：
  ○ 载波指示(0bit 或者 3bit)。当跨载波调度被配置之后，就需要这个信息字段来指示该 DCI 是针对哪个分量载波。在比如用于给多个终端配置公共信令的时候，回退格式 DCI 里就不包含载波标识，因为不是所有的终端都支持或者被配置了载波聚合。
  ○ 联合调度小区，在 DCI 格式 1_3 中标识该 DCI 调度的小区。
  ○ BWP 指示(0~2bit)。用于激活高层配置的 1~4 个部分带宽，在回退 DCI 中不存在。
  ○ 频域资源分配。这个信息字段指示终端需要接收的 PDSCH 分配在分量载波的哪些资源块上。这个信息字段的长度取决于带宽的大小、资源分配的类型(比如类型 0、类型 1 或者在类型 0 和类型 1 之间动态切换见 10.1.17 节)。格式 0_0 只支持资源分配类型 1。
  ○ 时域资源分配(1~4bit)。这个信息字段指示时域上的资源分配见 10.1.18 节。Release 17 扩展至 6bit 来支持 multi-TRP 操作。
  ○ VRB 到 PRB 映射(0~1bit)。这个信息字段指示采用交织或者非交织的 VRB 到 PRB 的映射(见 9.9 节)，仅仅用于资源分配类型 1。对 DCI 格式 1_3，联合调度的小区使用相同的 VRB 到 PRB 的映射。
  ○ PRB 捆绑长度指示(0~1bit)。这个信息字段指示 PDSCH 捆绑长度(见 9.9 节)。对 DCI 格式 1_3，联合调度的小区使用相同的绑定长度。对 DCI 格式 1_3，联合调度的小区使用相同的 PRB 绑定长度指示。
  ○ 预留资源(0~2bit)。这个信息字段指示终端是否在 PDSCH 传输中使用预留资源(具体参考 9.10 节)。对 DCI 格式 1_3 使用最多 4bit 来指示一个预配置的表格的一个表项。这个表格的每个表项包括一个各个联合调度的小区预留资源指示的列表。
  ○ 零功率 CSI-RS 触发指示(0~2bit)，参考 8.1 节关于 CSI 参考信号的讨论。对联合调度的小区，最多 3bit 来指示一个预配置的表格的一个表项。这个表格的每个表项包括一个各个联合调度的小区的零功率 CSI-RS 触发指示。
- 调度偏移指示(0~1bit)。控制跨时隙调度,用于节电,参考 14.5.3 节的描述。
- 信道接入类型和循环扩展(0~4bit)。用于非授权频谱中,以指示要使用的信道接入过程,参考第 20 章所述。
- 休眠指示(0~5bit),参考 14.5.4 节关于小区休眠和节电的讨论。

● 传输块相关信息:
- MCS(5bit)。这个信息字段指示终端调制方式、编码速率和传输块大小,下文还会详细描述。
- NDI(1bit)。这个信息字段指示新传数据,用以指示终端清除软缓存中的初传数据,见 13.1 节。Release 17 扩展到 8bit 来支持 multi-TRP 的操作。
- RV(2bit)。这个信息字段指示冗余版本,见 13.1 节。Release 17 扩展到 8bit 来支持 multi-TRP 的操作。
- 如果调度 2 个传输块(仅当在 DCI 格式 1_1 中使用空分复用调度 4 层以上的传输时),上述 3 个信息字段会为第二个传输块重复出现一遍。
- 优先级指示(0~1bit)。这个信息字段从 Release 16 开始支持,用来增强 URLLC,指示上行传输(比如 HARQ 反馈)的优先级。对联合调度的小区使用相同的优先级。

● HARQ 相关信息:
- HARQ 进程号(4bit)。这个信息字段指示终端此次传输应该使用哪个 HARQ 进程进行软合并。Release 17 扩展到 5bit 来为卫星通信提供更多的 HARQ 进程。
- DAI(下行分配索引,0bit、2bit、4bit 或者 6bit)。这个信息字段只有在配置了动态 HARQ 码本的情况下才出现,具体参考 13.1.5 节。DCI 格式 1_1 和 1_2 支持各种长度,而 1_0 仅仅支持 2bit。
- PDSCH 到 HARQ 反馈定时(0~3bit)。这个信息字段指示相对于 PDSCH 传输,HARQ 反馈在何时发送。在 DCI 格式 1_3 中对联合调度的小区使用相同的反馈定时。
- CBGTI(CBG 传输信息,0bit、2bit、4bit、6bit 或者 8bit)。这个信息字段指示重传码块组信息,具体参考 13.1.2 节。只有配置了 CBG 重传,并且在 DCI 格式 1_1 的情况下该信息字段才会出现。
- CBGFI(CBG 刷新信息,0~1bit)。这个信息字段指示软缓存刷新,具体参考 13.1.2 节。只有配置了 CBG 重传,并且在 DCI 格式 1_1 的情况下该信息字段才会出现。
- PDSCH 组数目(0~1bit)。在非授权频谱中指示 PDSCH 组,并控制 HARQ 码本,具体参考第 20 章。DCI 格式 1_3 不使用该字段。
- 一次性 HARQ 请求(0~1bit)。在非授权频谱中,为所有载波和 PDSCH 组的 HARQ 进程激活一个 HARQ 反馈,具体参考第 20 章。对 DCI 格式 1_3,联合调度的小区使用相同的一次性 HARQ 请求。
- 请求 PDSCH 组个数(0~1bit)。在非授权频谱中指示 HARQ 反馈仅包括当前 PDSCH 组还是也包括其他 PDSCH 组,具体参考第 20 章。DCI 格式 1_3 不使用该字段。
- 新反馈指示(0~2bit)。在非授权频谱中指示 gNB 是否收到 HARQ 反馈,具体参考第 20 章。
- 增强类型 3 码本指示(0~3bit)。Release 17 为工业 IoT 的增强引入,具体参考第 21 章。对 DCI 格式 1_3,联合调度的小区使用相同的增强类型 3 码本指示。

○HARQ 重传指示(0~1bit)。Release 17 为工业 IoT 的增强引入，具体参考第 21 章。对 DCI 格式 1_3，联合调度的小区使用相同的 HARQ 重传指示。
- 多天线相关信息(不会出现在 DCI 格式 1_0 中)：
  ○天线端口(4~6bit)。该信息字段指示数据传输所使用的天线端口，以及其他终端使用的天线端口，具体参考第 9 章和第 11 章。
  ○TCI(传输配置指示，0bit 或者 3bit)。该信息字段指示下行传输的 QCL 关系，具体参考第 12 章。对 DCI 格式 1_3，这个字段用来指示一个预配置的表格的一个表项。这个表格的每个表项包括一个各个联合调度的小区的 TCI。
  ○SRS 请求(2bit)。该信息字段指示探测参考信号传输请求，具体参考 8.3 节。对 DCI 格式 1_3，这个字段的长度取决于配置的联合调度小区个数。这个字段用来指示一个预配置的表格的一个表项。这个表格的每个表项包括一个各个联合调度的小区的 SRS 请求。
  ○SRS 偏移指示(0~2bit)。用来控制具体那个时隙来发射 SRS 信号。对 DCI 格式 1_3，这个字段的长度取决于配置的联合调度小区个数。这个字段用来指示一个预配置表格的一个条目。这个表格的每个条目包括一个各个联合调度的小区的 SRS 偏移。
  ○DM-RS 序列初始化(0bit 或者 1bit)。该信息字段用来选择 2 个预配置的 DM-RS 序列初始值。
- PUCCH 相关信息：
  ○PUCCH 功率控制(2bit)。该信息字段用来通知终端调整 PUCCH 发射功率。Release 17 定义了两组功率控制字段，一组为主，另一组为辅。这样就能够用来支持 multi-TRP 多点发射。
  ○PUCCH 资源指示(3bit)。该信息字段通知终端从一组配置的资源中选择 PUCCH 的传输资源，具体参考 10.2.7 节。
  ○PUCCH 小区指示(0~1bit)。该信息字段可以动态控制选择 PUCCH 的小区切换。
- PDCCH 相关信息：
  ○PDCCH 监听控制(0~2bit)。该信息字段通过动态控制 PDCCH 监听时机，可以更好地节电，具体参考第 14 章。

DCI 格式 1_0 还用于寻呼(与 P-RNTI 一起)、随机接入响应(与 RA-RNTI 或 msgB-RNTI 一起)、系统信息传递(与 SI-RNTI 一起)或 PDCCH 触发的随机接入过程(与 C-RNTI 一起)。在所有这些情况下，尽管 DCI 长度相同，但 DCI 内容(部分)与概述的内容不同。

## 10.1.5 上行调度授权：DCI 格式 0_0、0_1、0_2 和 0_3

上行调度授权 DCI 分为非回退格式(non-fallback format)0_1 和回退格式(fallback format)0_0。区分回退和非回退两种模式与下行调度分配 DCI 的原因一致，即：回退模式的使用场景，一是用在网络给终端配置一些特性，但是在 RRC 重配期间尚不确认终端配置是否生效；另一个应用场景是为了减小控制信令的开销，很多情况下对调度一些小报文的传输使用回退格式就足够了。在非回退模式下，信息字段出现与否和终端是否配置相应的特性有关。还有第三种用于上行调度的格式——格式 0_2，在 Release 16 中引入以增强对 URLLC 的支持。与下行类似，格式 0_2 基于格式 0_1，但在字段长度方面增加了灵活性，详情见第 21 章。此外，Release 18 又引入了格式 0_3，作为下行格式 1_3 的上行伴随，用于单个 DCI 调度最多四个载波。在这种情况下，一些信息字段是所有载波共有的，而其他字段提供每个载波的独立信息。上行 DCI 格式 0_1 和下行 DCI 格式 1_1 两种 DCI 格式的长度，通过填充冗余比特对齐，这样可以减小盲解码的尝试次数。

不同 DCI 格式部分信息字段的内容是相同的，见表 10-3。但是随着终端能力的不同，有些内容是不同的。上行调度授权 DCI 格式的信息可以分成多个组，每个组内部的信息字段随着 DCI 格式不同而不同。上行调度授权的 DCI 格式的内容描述如下：

表 10-3　上行调度使用的 DCI 格式 0_0、0_1、0_2 和 0_3

| | 信息字段 | 格式 0_0 | 格式 0_1 | 格式 0_2 | 格式 0_3 |
|---|---|---|---|---|---|
| DCI 格式指示 | DCI 格式 | ● | ● | ●[16] | ●[18] |
| | DFI 标志 | | ●[16] | | |
| 资源信息 | 载波指示 | | ● | ●[16] | |
| | 联合调度小区 | | | | ●[18] |
| | UL 或者 SUL | | ● | ●[16] | |
| | BWP 指示 | | ● | ●[16] | ●[18] |
| | 频域资源分配 | ● | ● | ●[16] | ●[18] |
| | 时域资源分配 | ● | ● | ●[16] | ●[18] |
| | 跳频标志 | ● | ● | ●[16] | |
| | 信道接入类型和循环扩展 | ●[16] | ●[16] | ●[17] | ●[18] |
| | 休眠指示 | | ●[16] | | |
| | 调度偏移指示 | | ●[16] | | ●[18] |
| | 无效符号模式指示 | | ●[16] | ●[16] | |
| | 变换预编码 | | ●[18] | ●[18] | |
| 传输块相关信息 | MCS | ● | ● | ●[16] | ●[18] |
| | NDI | ● | ● | ●[16] | ●[18] |
| | RV | ● | ● | ●[16] | ●[18] |
| | UL-SCH 指示 | | ● | ●[16] | ●[18] |
| | 优先级指示 | | ●[16] | ●[16] | ●[18] |
| HARQ 相关信息 | HARQ 进程号 | ● | ● | ●[16] | ●[18] |
| | DAI | | ● | ●[16] | ●[18] |
| | SAI | | | | |
| | CBGTI | | ● | | |
| 多天线相关信息 | DM-RS 序列初始化 | | ● | ●[16] | ●[18] |
| | 天线端口 | | ● | ●[16] | ●[18] |
| | 预编码信息 | | ● | ●[16] | ●[18] |
| | PT-RS 和 DM-RS 关联 | | ● | ●[16] | ●[18] |
| | SRI | | ● | ●[16] | ●[18] |
| | SRS 资源集指示 | | ●[17] | ●[17] | |
| | SRS 偏移指示 | | ●[17] | ●[17] | ●[18] |
| | SRS 请求 | | ● | ●[16] | |
| | CSI 请求 | | ● | ●[16] | ●[18] |

(续)

| 信息字段 | | 格式 0_0 | 格式 0_1 | 格式 0_2 | 格式 0_3 |
|---|---|---|---|---|---|
| 功率控制相关信息 | PUSCH 功率控制 | ● | ● | ●16 | ●18 |
| | Beta 偏移 | | ● | | ●18 |
| | 功控参数集 | | ●16 | ●16 | ●18 |
| PDCCH 相关信息 | PDCCH 监听控制 | | ●17 | ●17 | ●18 |

- DCI 格式指示(1bit)。这个信息头指示了 DCI 是下行分配还是上行授权。
  - DFI 标志(1bit)。仅在非授权频谱中存在,用作报头以指示 DCI 是上行授权还是下行反馈信息(DFI)请求,如第 20 章所述。
- 资源信息,包括:
  - 载波指示(0bit 或 3bit)。当配置了跨载波调度之后,就需要这个信息字段来指示该 DCI 是针对哪个分量载波。回退格式 DCI 0_0 里不包含载波指示。
  - 联合调度小区,在 DCI 格式 0_3 中标识该 DCI 调度的小区。
  - UL 或者 SUL(0bit 或者 1bit)。该信息字段用来指示该授权和一个 SUL 相关还是和一个普通上行传输相关,参考 7.7 节。该信息字段只有在网络通过系统信息配置了 SUL 的情况下才会出现。
  - BWP(部分带宽)指示(0~2bit),用于激活高层信令配置的 1~4 个部分带宽,在回退 DCI 格式 0_0 中不存在。
  - 频域资源分配。这个信息字段指示在一个分量载波上为终端发送 PUSCH 所分配的资源块。这个信息字段的长度取决于带宽的大小、资源分配的类型(比如类型 0、类型 1、类型 2 或者类型 0 和类型 1 之间动态切换,具体参考 10.1.17 节)。回退格式 0_0 只支持资源分配类型 1。
  - 时域资源分配(0~6bit)。这个信息字段指示时域上的资源分配(具体参考 10.1.18 节)。Release 16 最多支持 6bit,用于增强对 URLLC 的支持,见第 21 章。
  - 跳频标志(0 或者 1bit)。这个信息字段指示在资源分配类型 1 的情况下,是否使用跳频。
  - 信道接入类型和循环扩展(0~6bit)。用于非授权频谱中,以指示要使用的信道接入过程,参考第 20 章所述。
  - 休眠指示(0~5bit)。参考 14.5.4 节关于小区休眠和节电的讨论。
  - 调度偏移指示(1bit)。用于控制以节能为目的的跨时隙调度,具体参考 14.5.3 节。
  - 无效符号模式指示(0 或 1bit)。用于支持增强 URLLC,参考第 21 章所述。
  - 变换预编码(0bit 或 1bit)。Release 18 引入,用于在上行单流传输情况下,动态切换 OFDM 和 DFTS-OFDM 两种预编码模式。
- 传输块相关信息:
  - MCS(5bit)。这个信息字段指示终端调制方式、编码速率和传输块大小,下文还会详细描述。
  - NDI(1bit)。这个信息字段指示该授权是用于新传数据还是重传数据。为了更好利用非授权频谱,Release 16 允许一个 DCI 消息调度最多 8 个传输块,因此需要高达 8bit 来为每个传输块提供新传指示,详见第 20 章描述。

○ RV（2bit）。这个信息字段指示冗余版本。类似于新数据指示，Release 16 中可以加长该信息字段到最多 8bit 以支持一条 DCI 消息调度多个传输块。
○ UL-SCH 指示（1bit）。用来指示 PUSCH 是否承载来自 UL-SCH 的数据。如果没有承载数据，说明 PUSCH 仅仅承载 UCI 反馈。
○ 优先级指示（0bit 或 1bit）。为了更好支持 URLLC，Release 16 引入指示上行传输的优先级。
- HARQ 相关信息：
○ HARQ 进程号（4bit，Release 17 支持 5bit）。这个信息字段指示终端此次传输应该使用哪个 HARQ 进程进行新传或者重传。
○ DAI（下行分配索引）。这个信息字段指示当 UCI 在 PUSCH 上传输的时候，HARQ 的码本信息。DCI 格式 0_0 不支持该信息字段。Release 17 引入一个额外的 DAI 字段来支持多播和单播的频域复用。
○ SAI（Sidelink 分配索引，0~2bit）。终端用来通过 PUSCH 向基站汇报 Sidelink 的 ACK。
○ CBGTI（CBG 传输信息，0bit、2bit、4bit、6bit 或者 8bit）。这个信息字段指示重传码块组信息，具体参考 13.1 节。只有配置了 CBG 重传，并且在 DCI 格式 0_1 的情况下该信息字段才会出现。
- 多天线相关信息（只有在 DCI 格式 0_1 下才会出现）：
○ DM-RS 序列初始化（1bit）。当使用非预编码的 PUSCH 的时候，使用该信息字段用来选择 2 个预配置的 DM-RS 序列初始值。
○ 天线端口（2~5bit）。该信息字段指示数据传输所使用的天线端口，以及其他终端使用的天线端口，具体参考第 9 章和第 11 章。
○ 预编码信息（0~6bit）。该信息字段用来选择预编码矩阵 $W$ 和基于码本的预编码层数，具体参考 11.3 节。比特数取决于天线端口的数目以及终端支持的最大秩。Release 17 通过支持两个预编码信息字段来支持 multi-TRP 操作。
○ PT-RS 和 DM-RS 关联（0bit 或者 2bit）。该信息字段指示 PT-RS 和 DM-RS 之间的关联。Release 17 通过支持两个 PT-RS 和 DM-RS 关联信息字段来支持 multi-TRP 操作。
○ SRI（SRS 资源指示）。该信息字段用以指示 PUSCH 发送使用的天线端口和发送波束，具体参考 11.3 节。该信息字段的长度取决于配置的 SRS 组的个数以及使用基于码本还是非码本的预编码。Release 17 通过支持两个 SRI 信息字段来支持 multi-TRP 操作。对 DCI 格式 0_3，这个字段用来指示一个预配置的表格的一个表项。这个表格的每个表项包括一个各个联合调度的小区的 SRS 资源指示。
○ SRS 资源集指示（0bit 或者 2bit）。该信息字段用来选择 SRS 资源集。
○ SRS 偏移指示（0~2bit）。该信息字段指示终端何时发送 SRS。
○ SRS 请求（2bit）。该信息字段指示终端发送 SRS 信号，具体参考 8.3 节。
○ CSI 请求（0~6bit）。该信息字段指示终端发送 CSI 报告，具体参考 8.1 节。
- 功率控制相关信息：
○ PUSCH 功率控制（2bit）。该信息字段用于通知终端调整 PUSCH 发射功率。Release 17 通过支持两个 PUSCH 功率控制信息字段来支持 multi-TRP 操作。
○ Beta 偏移（0 或者 2bit）。在配置了动态 Beta 偏移信令的时候，该信息字段用来控制在 PUSCH 上传输的 UCI 所占用的资源，仅用在 DCI 格式 0_1 上，具体参考 10.2.8 节。
○ 功控参数集（0~2bit）。用于上行抢占时增加 PUSCH 传输功率，具体参考第 21 章。

- PDCCH 相关信息：
  - PDCCH 监听控制（0~2bit）。该信息字段用于动态控制终端监听 PDCCH 行为，以节省终端耗电，具体参考第 14 章。

## 10.1.6 时隙格式指示：DCI 格式 2_0

DCI 格式 2_0 用来通知终端时隙格式指示（Slot Format Indicator，SFI），具体参考 7.8.3 节。该格式还用于非授权频谱中搜索空间切换和资源块集的可用性（见第 20 章）。SFI 通过 PDCCH 采用 SFI-RNTI（多个终端共享该 RNTI）来传输。为了帮助终端的盲解码，终端可以配置最多 2 个候选 PDCCH，只有在这些 PDCCH 上才会传输 SFI。

## 10.1.7 抢占指示：DCI 格式 2_1

DCI 格式 2_1 用于通知终端抢占指示。抢占指示通过 PDCCH 采用 INT-RNTI（多个终端共享该 RNTI）来传输。抢占指示相关细节在 14.1.1 节中详细描述。

## 10.1.8 上行功率控制命令：DCI 格式 2_2

DCI 格式 2_2 用于通知终端功率控制命令，作为下行调度分配和上行调度授权里功率控制命令的补充。引入 DCI 格式 2_2 的主要目的是支持半持续调度的功率控制。对于半持续调度，由于没有动态的调度分配或者调度授权，网络无法通过动态调度传递 PUCCH 或者 PUSCH 的功控信息。因此，NR 标准引入了另外一种功控机制：DCI 格式 2_2。功控消息可以针对一组终端，这组终端都使用相同的与该组相关的 RNTI，消息里面包含每一个终端的功率控制比特。DCI 格式 2_2 和 DCI 格式 0_0 或者 1_0 的长度相同，这样可以减小盲解码的复杂度并且可以承载多个终端的功控比特。每个终端都被配置一个 TPC 相关 RNTI，可以从 DCI 格式 2_2 中，找到这个终端对应的功控比特⊖。

## 10.1.9 SRS 控制命令：DCI 格式 2_3

DCI 格式 2_3 用于通知终端上行 SRS 传输的功率控制命令，该信令让 SRS 的功率控制和 PUSCH 功率控制解耦。DCI 格式 2_3 和 2_2 的结构类似，不过每个终端可以配置最多 2bit 的 SRS 请求以及 2bit 的功率控制。DCI 格式 2_3 和 DCI 格式 0_0 或者 1_0 的长度相同，这样可以减小盲解码的复杂度。

## 10.1.10 上行取消指示：DCI 格式 2_4

取消指示在 Release 16 中用作上行终端之间抢占，如第 21 章所述。使用带 CI-RNTI 的 DCI

---

⊖ TPC-PUCCH-RNTI 用于 PUCCH 功控，TPC-PUSCH-RNTI 用于 PUSCH 功控。

格式 2_4 和常规的 PDCCH 结构来发送。

### 10.1.11 软资源指示：DCI 格式 2_5

Release 16 引入了 DCI 格式 2_5 以支持 IAB 特性。其目的是指示 IAB 节点中的接入链路是否有特定的时间资源可用，见第 24 章。使用带 AI-RNTI 的 DCI 格式 2_5 的消息。

### 10.1.12 DRX 激活：DCI 格式 2_6

为了降低终端功耗，Release 16 引入了唤醒信号和进入小区休眠的机制，这两种机制都依赖于 DCI 格式 2_6 作为必要的控制信令。14.5 节描述了唤醒信号和小区休眠。

### 10.1.13 寻呼提前指示和动态 TRS 控制：DCI 格式 2_7

DCI 格式 2_7 在 Release 17 中引入，作为空闲模式下终端节能增强的一部分，具体参见第 14 章。寻呼提前指示（Paging Early Indicator，PEI）的目的是网络通知终端是否使用了即将到来的寻呼时机，来避免终端在未被寻呼的情况下消耗能量去接收完整的寻呼消息。

### 10.1.14 Sidelink 调度：DCI 格式 3_0 和 3_1

Sidelink 数据传输，即两个终端直接交换数据。如第 26 章所述，既可以由终端自主处理，也可以由网络调度。在后一种情况下，DCI 格式 3_0 用于 Sidelink 调度信息，详见第 26 章。NR 网络也可以调度 LTE Sidelink 传输，在这种情况下，使用 DCI 格式 3_1。如有必要，这两种 DCI 格式通过填充格式 3_1 对齐格式 3_0 长度。

### 10.1.15 多播/广播调度：DCI 格式 4_0、4_1 和 4_2

在 Release 17 中引入了对多播和广播传输的支持，即相同的信息发送给多个终端，将在第 23 章中描述。广播传输的调度使用具有 MCCH-RNTI 或 G-RNTI 的 DCI 格式 4_0，而多播传输的调度使用具有 G-RNTI 或 G-CS-RNTI 的 DCI 格式 4_1 或 4_2。

### 10.1.16 网络控制中继器的波束指示：DCI 格式 5_0

DCI 格式 5_0 用于网络控制中继器在向终端发送数据或从终端接收数据时应使用的波束，见第 23 章。NCR-RNTI 与这种 DCI 格式一起使用。

### 10.1.17 指示频域资源的信令

为了指定用于发送或者接收的频域资源，DCI 里定义了两个信息字段：资源块分配字段和部分带宽指示。

资源块分配字段指定了数据传输使用的激活部分带宽上的资源块。NR 标准定义了三种不同的资源块分配方式，即类型 0、类型 1 和类型 2。

类型 0 是一种基于位图进行分配的模式。当位图的长度和部分带宽上的资源块数目相同的时候，类型 0 就是最灵活的资源分配指示方式。这种位图模式允许网络以任意方式调度频域资源，但是这也就意味着在大带宽的配置下需要非常大的位图。比如一个部分带宽包含 100 个资源块，这样 PDCCH 需要承载 100bit 的位图。考虑到 DCI 还包含其他相关信息，这样不但会导致非常大的控制信令开销，而且会导致下行覆盖受限(一个 OFDM 符号上承载 100bit 等效于 15kHz 子载波间隔下数据速率达到 1.4Mbit/s，或者在更大的子载波间隔配置下更高的速率)。因此需要压缩位图的大小，同时又保持一定的资源分配灵活性。这是通过位图中每个比特指示的不是单独的一个资源块，而是一组连续的资源块来达到的。如图 10-10 上半部分所示，每个资源块组的大小是由部分带宽的大小来决定的。对每种部分带宽都可以有两种不同的配置，每种配置会导致不同的资源块组大小。Release 18 为多载波增强引入了第三种配置，可以通过一个 DCI 调度多个载波，见表 10-4。

资源分配类型 1 不依赖于位图，相反，类型 1 是将分配的资源块通过起始位置以及长度来描述的。因此，这种类型也就不支持任意种类的资源块分配，而只能支持频域连续的分配方式，这样就可以减小资源分配的信令开销。

Release 16 引入了资源分配类型 2，以支持上行的交织资源分配。关于交织及相关资源分配机制的描述，见第 20 章。

综上所述，网络配置资源分配的机制有四种：类型 0、类型 1、类型 2 以及在 DCI 中动态选择类型 0 还是类型 1。回退 DCI 仅仅支持类型 1，因为对回退模式而言，开销较小远比配置非连续资源的灵活性更为重要。

两种资源分配类型都是针对虚拟资源块(具体参考 7.3 节关于资源块类型的讨论)来进行分配。对于分配类型 0，VRB 到 PRB 的映射采用非交织映射，意味着 VRB 直接映射到对应的 PRB 上。而对于分配类型 1，VRB 到 PRB 的映射可以采用交织映射或者非交织映射。DCI 信令中通过 VRB 到 PRB 映射比特(仅仅用在下行调度)来指示分配的信令究竟采用交织还是非交织映射。上行仅使用非交织映射。

回到部分带宽指示，这个信息字段用来切换激活部分带宽。这既可以指向当前激活部分带宽，也可以指向并激活其他部分带宽。当指向当前激活带宽的时候，这个 DCI 字段解释为资源分配应用于当前部分带宽。

但是，如果部分带宽指示指向非激活部分带宽，情况会略微复杂。一般网络会为每个部分带宽配置传输参数，这样 DCI 的净荷长度在不同的部分带宽上也有可能不一样，比如每个部分带宽的频域大小不同，频域资源分配的比特数也会不一样长。而终端进行盲检的时候，会根据当前的激活部分带宽对应的 DCI 长度，而不是根据 DCI 指示的新部分带宽(此时终端还不知道新的部分带宽)对应的 DCI 长度。如果协议强制要求终端对每个部分带宽对应的 DCI 长度分别进行盲检，会给终端引入很大的复杂度。因此从当前激活部分带宽上获得的 DCI 信息必须"转换"到新的部分带宽上。这种转换不仅面临长度的变化，还包括一些新的传输参数，比如 TCI 状态就是针对每个部分带宽配置的。转换是通过对 DCI 信息字段填充或者打孔来匹配目标部分带宽的需求。通过转换，DCI 中指示的新的部分带宽会成为新的激活部分带宽，该调度授权也会用于新的部分带宽。在终端"3+1"DCI 长度预算不够用的情况下，类似转换方法也用于转换 DCI 格式 0_0 和 1_0。

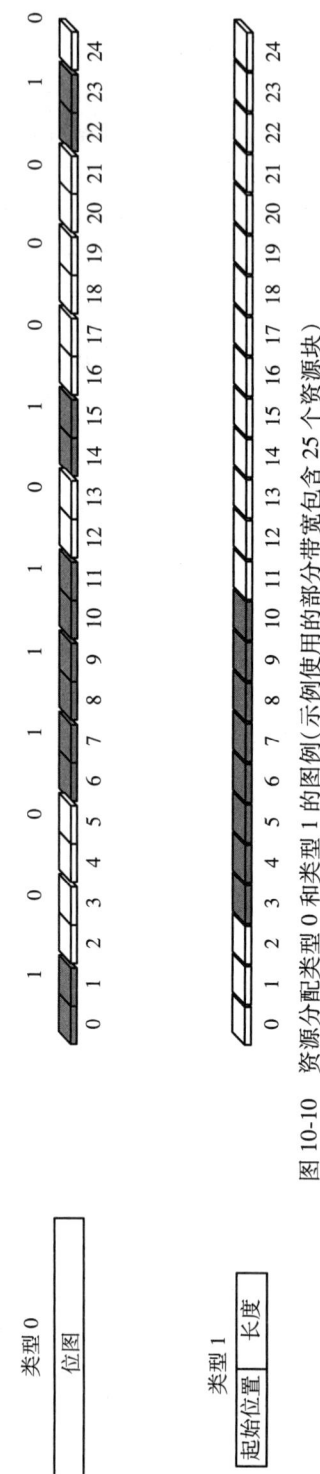

图 10-10 资源分配类型 0 和类型 1 的图例(示例使用的部分带宽包含 25 个资源块)

表10-4 资源分配类型0下的RBG大小

| BWP 大小 [RB] | RBG 大小 [RB] | | |
|---|---|---|---|
| | 配置1 | 配置2 | 配置3 |
| 1~36 | 2 | 4 | 8 |
| 37~72 | 4 | 8 | 16 |
| 73~144 | 8 | 16 | 32 |
| 145~275 | 16 | 16 | 32 |

## 10.1.18 指示时域资源的信令

DCI动态指定发送或者接收的时域资源。DCI可以指定一个时隙的一部分用于下行接收或者上行发送,而且这种时域资源的分配在不同时隙上可变,这就非常好地支持了动态TDD(会导致下行或者上行传输只使用时隙的一部分,并且这种上下行分配在每个时隙都是变化的)或者上行控制信令使用的资源。此外,究竟在哪个时隙传输也在时域资源分配信令中指示,对于下行传输,信令和数据传输通常发生在同一个时隙。但是对于上行传输,信令和数据传输往往发生在不同的时隙。

最简单的指示方法是分别指示时隙偏移、起始OFDM符号以及使用的OFDM符号数目。但是这样可能导致大量无谓的开销。NR标准采用基于可配表格的方法,在DCI中,时域资源分配对应的信息字段仅仅是这个表格的索引。网络提前通过RRC信令来配置时域资源分配的表格,如图10-11所示。

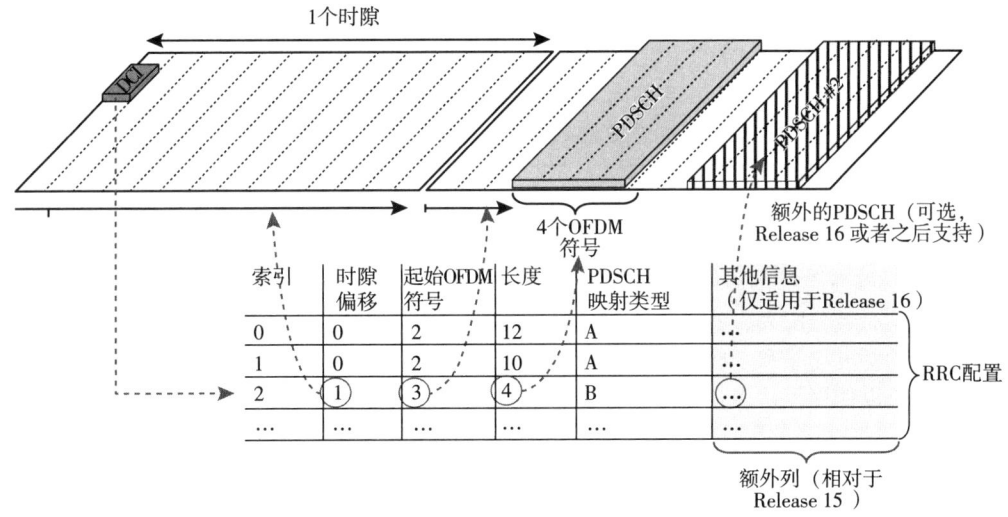

图10-11 时域资源分配信令(下行)

对上行调度授权和下行调度分配,各自有一张表。每张表最多可以配置16行,每一行包括：

- 时隙偏移：也就是分配的时隙和 DCI 所在的时隙之间的偏移。对于下行，时隙偏移一般是 0，意味着数据和控制在一个时隙内完成。而对于上行一般会用一个较大的数，默认值一般和子载波间隔相关。之所以上行的范围定义得那么大，主要是考虑上行传输调度未来需要和 LTE TDD 系统共存。时隙偏移在 NR 的第一个版本中支持 0 到 32，而在后续版本中，为了支持 NTN 更长的往返时间，或者为了处理 480kHz 和 960kHz 的子载波间隔，支持了更大的时隙偏移。
- 起始 OFDM 符号：数据传输在一个时隙内使用的第一个 OFDM 符号。
- 时隙中的传输时长（以 OFDM 符号长度计）：不是所有的起始 OFDM 符号和持续长度的组合都可以放在一个完整的时隙里面。比如从 OFDM 符号 12 开始并持续 5 个 OFDM 符号，显然超出了一个时隙的边界，这就是一个无效的组合。因此，NR 标准要求起始 OFDM 和长度联合编码⊖，以保证有效的组合（在图 10-11 中，两者分为两列显示是为了举例说明这个问题）。
- 对于下行，表格中 PSDCH 映射类型这一项用来标明 DM-RS 的位置，具体参考 9.11 节。相比于单独指示映射类型，这种方式提供了更大的灵活性。

NR 允许配置时隙聚合，也就是说一个传输可以在最多 8 个时隙上重复相同的传输块，但 Release 15 协议不是利用基于表格的动态信令来指示的，而是通过一条单独的 RRC 信令来配置。时隙聚合主要用来解决覆盖受限的问题，因此对动态调整的需求比较低。

在 Release 16 中，可以在表中配置其他列以提供更多的信息。例如，表中的一行可以包含多组时域分配信息。该行中的第一分配信息用于第一 PDSCH/PUSCH，第二分配信息用于第二 PDSCH/PUSCH 等等。这种配置在有些情况下很有用。一个例子是当在非授权频谱中操作时支持连续传输，见 20.6.4 节。另一个用途是即使没有每个时隙都监听 PDCCH 的情况下，也能够实现连续的 PDSCH/PUSCH 传输，FR2-2 中可能有这种情况。在 Release 17 中定义当使用单个 DCI 调度多个 TRP 时，也会使用这种结构。

类似地，为了更好地支持 URLLC，指示传输应该重复的次数的列也可以如第 21 章所述进行动态配置。因此，与 Release 15 不同，在 Release 16 中，实际上可以正确配置时域资源分配表，以动态方式指示时隙聚合，即重复次数。

这里描述的可配置表形成了非常灵活的框架。通过配置适当的表，几乎可以支持任何场景和调度策略。然而，这也导致了鸡和蛋的问题，即需要配置表下行数据传输来传送 RRC 信令，但是要在下行传输数据又必须先提供表格。因为系统信息的传输和用户数据的传输都使用 PDSCH，如果没有提供表格，终端甚至不可能接收系统信息。为了解决这个问题，NR 标准提供了默认的时域分配表，如果没有配置表格则使用默认表格。这些表格的条目适应用于系统信息传递的常见场景和一些用于用户数据传输的典型分配，详见第 16 章。在需要给终端配置表之前，可以使用默认表。在许多情况下，默认表就足够了，在这种情况下就不需要再配置其他表。

在 Release 18 中，通过使用 DCI 格式 0_3 或 1_3，多个载波可以通过单个 DCI 共同调度。一组（最多四个）载波中的每一个载波都需要配置时域资源。这是通过一个额外的可配置表以

---

⊖ 当使用 TBoMS 的时候，起始位置和长度是分别配置的。

两步方式处理的，其中每一行包含调度组中每个载波时域资源的一个索引。时域资源分配字段选择该表中的一行，并且所选行中的索引指向为每个载波配置的时域资源分配表，如图 10-12 所示。

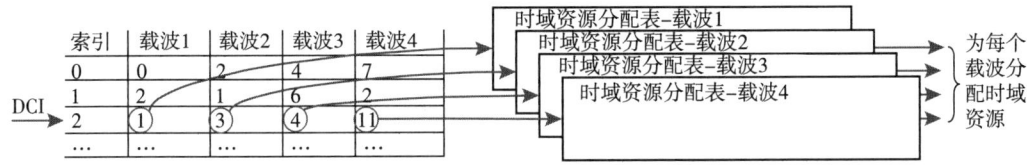

图 10-12 多载波联合调度的时域资源分配

## 10.1.19 指示传输块大小的信令

为了正确接收下行传输，除了需要知道使用的资源块，终端还需要知道传输使用的调制方式和传输块大小。这些信息是通过 5bit 的 MCS 字段来隐式提供的。从原理上来说，NR 标准采用了和 LTE 类似的方法，也就是用一个表格来描述传输块大小，终端需要通过 MCS 以及分配的资源块来查表得到正确的传输块大小。但是 NR 需要支持更大的带宽，更宽范围的传输持续时间，以及更多种的开销（依赖其他特性，比如 CSI-RS 的配置）。这些都会导致需要更大的表格来处理大范围变化的传输块长度，从而导致 NR 需要修改 LTE 的传输块大小描述方法。NR 使用基于公式的方法和基于表格的方法，联合定义传输块大小以获得更大的灵活性，而不是单纯使用基于表格的方法。

具体来说，第一步是通过 MCS 信息字段来决定调制方式和编码速率。这是通过三个表格中的一个来确定的。既没有配置 1024QAM 也没有配置 256QAM 的时候，采用其中一个表格，当网络为终端配置了 256QAM 时一个表格，而当网络为终端配置了 1024QAM 时一个表格。如果终端既没有配置 1024QAM 也没有配置 256QAM 的时候，5bit 的 MCS 可以指示 32 种可能，其中 29 种用来通知终端调制和编码方式，3 种预留（预留的目的后续描述）。可使用的 29 种调制和编码方式，每个都对应一种调制方式和编码速率的组合。该组合本质上是传输的频谱效率（一般通过每个调制符号所承载的信息比特数来描述），协议支持的频谱效率的动态范围大致为 $0.2\sim5.5\mathrm{bit}/(\mathrm{s}\cdot\mathrm{Hz})$。如果终端配置了 256QAM，总共 32 个组合中有 4 个预留，其余 28 种标明频谱效率从 $0.2\sim7.4\mathrm{bit}/(\mathrm{s}\cdot\mathrm{Hz})$。1024QAM 类似，总共 32 个组合中有 5 个预留，其余 28 种标明频谱效率从 $0.2\sim9.3\mathrm{bit}/(\mathrm{s}\cdot\mathrm{Hz})$。还有一个替代表提供较低的频谱效率值，范围为 $0.0586\sim4.5234\mathrm{bit}/(\mathrm{s}\cdot\mathrm{Hz})$。乍一看，降低频谱效率似乎很奇怪，但这样做是为了提高鲁棒性和降低错误概率，以便更好地支持高可靠性要求的信息。是使用一般的表格还是更鲁棒的表由调度终端的 RNTI 决定，C-RNTI 表示使用常规表，MCS-C-RNTI（如果配置）表示使用更鲁棒的表。

针对一个给定的调制方式、调度资源块个数以及调度的传输持续时间，就可以计算出可以使用的资源单元个数。DM-RS 所占用的资源单元需要刨除出去，同样 RRC 信令配置的开销比如 CSI-RS 和 SRS 信令也同样需要刨除出去。剩余可以用于数据传输的资源单元，再结合可用的传输层数、调制方式以及从 MCS 中获取的编码速率就可以得到支持的信息比特。这个信息比特的数字会被量化以获得最终的传输块大小，同时保证码块的字节对齐，而且在 LDPC 编码的时候不需要比特填充。即使多次传输对应的分配的资源数量有小的波动，量化操作依然会选择相同的传输块大小。这在调度重传和初传使用不同的资源集的时候是有意义的。

本节一开始描述了 MCS 会预留 3 种到 5 种调制和编码方式组合。这些预留用于指示重传。当重传的时候，传输块大小是不会发生变化的，所以并不需要通过信令来通知终端。而预留的 3~5 种调制和编码方式实质上就对应了不同的调制方式：QPSK、16QAM、64QAM 和 256QAM 和 1024QAM（后两者存在依赖网络侧是否配置）。这样调度器就可以在重传的时候使用任意的调制方式。显然这里假设终端已经正确接收到了初传的控制信令，如果没有正确收到初传的信令，重传的调度依然需要显式指示传输块的大小。

通过 MCS 获取传输块大小以及调度资源块数量的方法如图 10-13 所示。

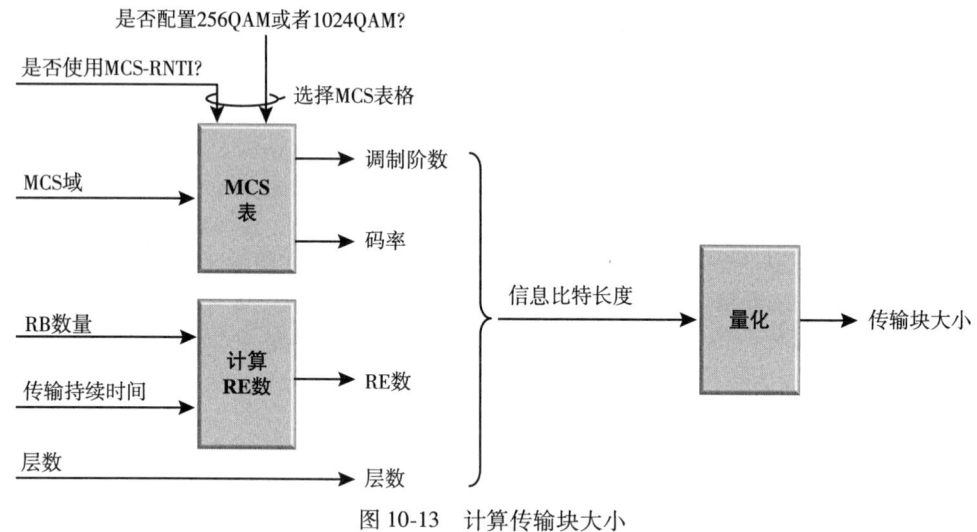

图 10-13　计算传输块大小

## 10.2　上行

标准需要定义上行 L1/L2 控制信令来辅助上下行数据在传输信道上传输。上行 L1/L2 控制信令包括：
- 对接收的 DL-SCH 传输块进行 HARQ 确认。
- 信道状态信息（CSI）。用来描述下行信道状态，以辅助网络下行调度以及多天线和波束赋形处理。
- 调度请求。终端指示需要上行资源进行 UL-SCH 传输。

NR 标准的上行传输信令中没有包含 UL-SCH 传输格式相关信息。正如 6.3 节所述，gNB 完全控制 UL-SCH 的传输，终端会始终按照网络的调度授权（包括其中指示的上行 UL-SCH 传输格式）来进行上行传输。因此，网络提前知道 UL-SCH 使用的传输格式，不再需要额外的传输格式信息。

物理上行控制信道（Physical Uplink Control Channel，PUCCH）用来承载上行控制信令。原则上，不论终端有没有在 PUSCH 上传输数据，UCI 可以同时在 PUCCH 上传输。但是，需要特别注意,当 PUCCH 和 PUSCH 在同一个上行载波上发送(或者更准确地说使用同一个功放)且在频域上相互分开的时候,终端可能需要一个较大的功率回退来满足频谱发射要求,这会直接影响上行覆盖。因此,NR 采用了和 LTE 类似的方法,允许 UCI 在 PUSCH 上传输,并将这种传输作为处理信令和数据同时传输的基线。当终端在传输 PUSCH 的时候,UCI 会和数据复用在授权的上行资源上,而不是使用 PUCCH 传输。NR 标准不支持 PUSCH 和 PUCCH 同时发送,但在后续版本可能会引入。

PUCCH 可以支持波束赋形,这是通过在空域上配置 PUCCH 和下行信号(如 CSI-RS 或者 SSB)的一个或者多个关联关系来完成的。从本质上来说,这种关联关系就意味着 PUCCH 可以使用接收下行关联信号的波束来进行上行发送。比如网络配置 PUCCH 和 SSB 相互关联,终端就可以选择接收 SSB 所使用的波束进行 PUCCH 发送。网络可以配置多个空域关联关系,并通过 MAC 控制信元来指示当前应使用哪个关联关系。

对于载波聚合,基线设计是让上行控制信息通过主小区进行传输。这主要是考虑载波聚合是非对称设计,终端一般支持的上行载波和下行载波数目并不一定是一致的。终端支持下行载波聚合的原因多种多样,但是上行载波聚合并不常见。通常下行流量较大,而上行载波聚合的实现比下行载波聚合更为复杂。因此,对于配置了多个下行分量载波的情况,一个上行载波可能需要承载许多 ACK/NACK,即使是支持上行载波聚合的终端。为了避免对单个载波造成过载,可以配置两个 PUCCH 组(PUCCH group),这样第一个组对应的反馈就会在主小区上传输,而第二个组对应的反馈则会在 PUCCH-SCell 上传输,具体可参考图 10-14。

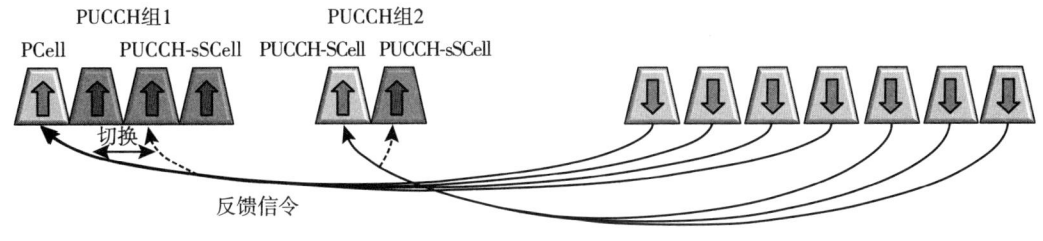

图 10-14 多个 PUCCH 组

在 Release 17 中,PUCCH 传输得到进一步增强,这主要是为了进一步降低了与 URLLC 相关的延迟,见第 21 章。简而言之,Release 17 允许 PUCCH 切换到另一个小区,称为 PUCCH 切换小区(PUCCH-sSCell)。两个 PUCCH 组均可配置一个 PUCCH 切换小区,并且可以通过动态的或者半静态的方法在主小区和 PUCCH 切换小区(或者 PUCCH 辅小区和 PUCCH 切换小区)之间的切换。在前一种情况下,DCI 中的 PUCCH 小区指示选择两个半静态配置的小区中的哪一个应当用于 PUCCH 传输。在后一种情况通过半静态模式配置为每个 PUCCH 组指示两个载波中的哪个用于 PUCCH 传输。

接下来的章节中会详细描述 PUCCH 的结构以及 PUCCH 控制信令,同时还会介绍 PUSCH 上传输的控制信令。

## 10.2.1 PUCCH 的基本结构

PUCCH 上承载的上行控制信息有多种格式。

格式 0 和格式 2(有时候称为短 PUCCH 格式)最多占用 2 个 OFDM 符号。在很多情况下，一个时隙的最后一个或者两个 OFDM 符号会被用来传输 PUCCH，比如传输下行数据传输的 HARQ 确认。短 PUCCH 格式包括：
- PUCCH 格式 0：最多传输 2bit，占据 1 个或者 2 个 OFDM 符号。一般用来承载下行数据传输的 HARQ 确认或者发送上行调度请求。
- PUCCH 格式 2：可以传输超过 2bit，占据 1 个或者 2 个 OFDM 符号。这个格式可以承载 CSI 上报，或者载波聚合情况下以及 CBG 重传情况下的多比特 HARQ 确认。

另外 3 个 PUCCH 格式，即格式 1、格式 3 和格式 4(有时称为长 PUCCH 格式)，可以占用 4~14 个 OFDM 符号。NR 设计长 PUCCH 格式主要是考虑覆盖。如果 1 个或者 2 个 OFDM 符号的传输时长不能积累足够的能量，提供更长时间的 PUCCH 传输有助于提升覆盖距离。长 PUCCH 格式包括：
- PUCCH 格式 1：最多可以传输 2bit。
- PUCCH 格式 3 或者 4：可以传输超过 2bit 的信息。格式 3 和格式 4 的区别在于复用的能力，也就是多少终端可以在相同的时频资源上同时传输 PUCCH。

因为 PUSCH 上行传输可以配置为 OFDM 传输或者 DFT 预编码 OFDM 传输，很自然会想到 PUCCH 是否也需要配置两种传输模式，但是为了减少选项，NR 标准并没有像 PUSCH 那样设计 PUCCH。PUCCH 的传输格式更多考虑如何实现更低的立方度量。但格式 2 是特例，格式 2 只支持 OFDM 传输。为了降低复杂度，PUCCH 仅支持协议透明的发射分集模式。也就是说，协议仅仅为 PUCCH 定义单个天线端口，如果终端配置多个传输天线，则由终端自行决定怎么利用多根天线，比如可以使用延迟分集。

这些 PUCCH 格式中的格式 0、1、2 和 3，也可用于交织资源映射，其传输分布在大量资源块上。如第 20 章所述，出于监管原因，这用于非授权频谱。

在下面的章节中，会在假设非交织映射的情况下，详细描述 PUCCH 格式。通过描述非交织映射，第 20 章可以非常方便地描述交织映射。

### 10.2.2 PUCCH 格式 0

PUCCH 格式 0 属于短 PUCCH 格式的一种，如图 10-15 所示。PUCCH 格式 0 可以最多可传输 2bit。一般用于传输 HARQ 确认信息或者调度请求。

序列选择是 PUCCH 格式 0 的基础。如果 PUCCH 格式 0 直接传输几个信息比特，网络通过相干接收获得的增益会非常有限。此外，将信息比特和参考信号复用在一个 OFDM 符号内就无法保持非常低的立方度量。因此，NR 标准定义了一种不同的结构，即根据信息比特来选择传输使用的序列。传输的序列是对一个长度为 12 的基序列(该基序列和 DFT 预编码 OFDM 中生成参考信号的基序列是相同的，详见 9.11.2 节)，根据信息比特来进行不同的相位旋转。因此基序列经过的相位旋转就承载了传输的信息。换句话说，就是传输的信息选择不同相位旋转的基序列。

一共有 12 个不同的相位旋转，也就是在基序列的基础上，提供了最多 12 个正交的序列。频域线性的相位旋转等效于时域上进行循环移位，因此有时候也用循环移位来描述。

为了最大化性能，相位旋转在 1bit 传输的情况下以 $2\pi \cdot 6/12$ 为单位，或者在 2bit 传输的情况下以 $2\pi \cdot 3/12$ 为单位。如果同时传输调度请求，对一个确认比特，相位旋转增加 $3\pi/12$，对两个确认比特，相位旋转增加 $2\pi/12$，如图 10-16 所示。

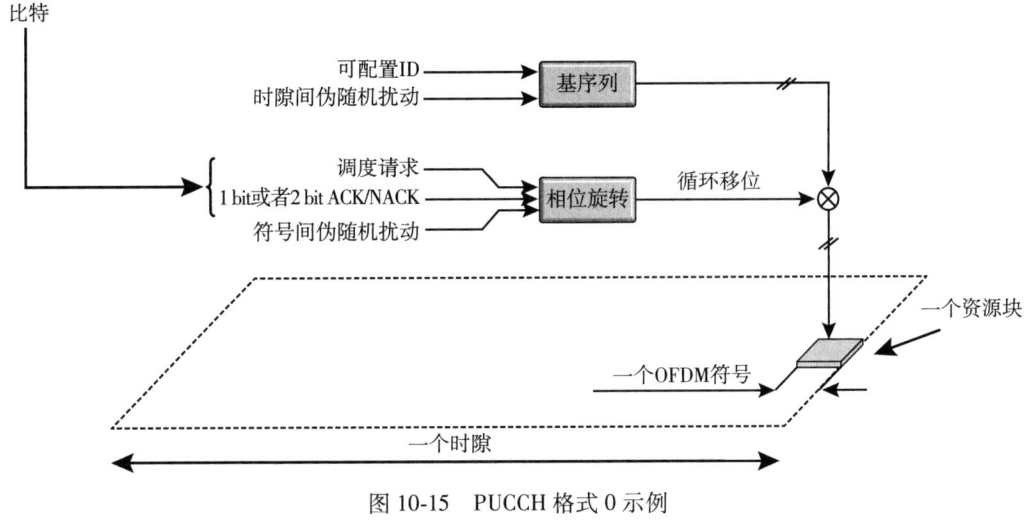

图 10-15　PUCCH 格式 0 示例

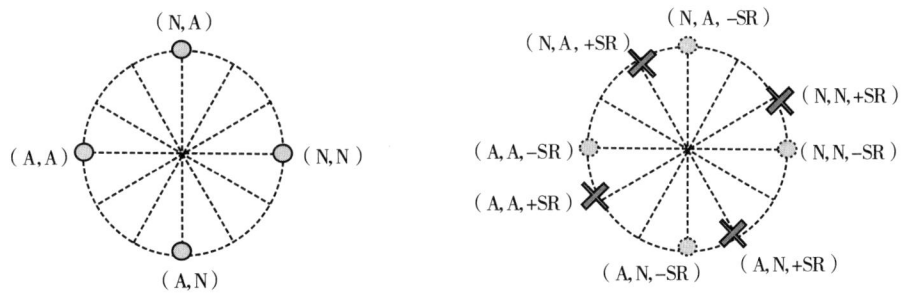

图 10-16　依照 HARQ 确认和调度请求进行相位旋转示例

一个特定 OFDM 符号上承载的 PUCCH 格式 0 信号的相位旋转，不仅取决于传输的信息，还依赖参考旋转（由 PUCCH 资源分配机制提供，详见 10.2.7 节）。参考旋转的引入是为了复用多个终端同时在相同的时频资源上传输。比如两个终端同时发送一个 HARQ 确认时，可以通过参考相位旋转来区分用户，一个终端可以使用 0 和 $2\pi \cdot 6/12$，而另一个终端使用 $2\pi \cdot 3/12$ 和 $2\pi \cdot 9/12$。最后，通过循环移位跳变的方式为不同的时隙加入不同的相位偏移，引入的偏移是由伪随机序列定义的，背后的原因是这样能够将不同终端的干扰随机化。

PUCCH 格式 0 使用的基序列是通过系统信息提供的标识为每个小区独立配置的。除此之外，序列跳变（sequence hopping）通过时隙间的变化可以随机化不同小区间的干扰。PUCCH 格式 0 使用随机化操作来白化干扰。

PUCCH 格式 0 一般在一个时隙的尾部发送，如图 10-15 所示。但是实际上 PUCCH 格式 0 可以在一个时隙的其他位置发送：

- 一个例子是用 PUCCH 格式 0 承载频繁的调度请求，网络最多可以每 2 个 OFDM 符号就配置一个 PUCCH 格式 0。
- 另一个例子是用 PUCCH 格式 0 承载频繁的下行 HARQ 确认。比如下行 HARQ 数据传输承载在高频载波上，而下行 HARQ 确认信令通过载波聚合或者 SUL 在中低频载波上发送。此时，如果系统希望获得低时延，需要在下行时隙结束后尽快让终端反馈HARQ 确认。而由于上下行子载波间隔不一致，下行时隙的尾部并不一定对应上行时隙的尾部。这种情况则需要网络配置 PUCCH 格式 0 在上行时隙的其他位置发送。

当使用两个 OFDM 符号承载 PUCCH 格式 0 时，终端需要在两个符号上传输相同的信息。但是参考相位旋转以及频域资源在符号间会发生变化，本质上就是一种跳频机制。

对于 FR2-2 的 PUCCH 格式 0 可以被配置为在频域中占用一个以上的资源块。在这种情况下，上面的序列长度是 12 的倍数。除此之外，结构均如上所述。

### 10.2.3 PUCCH 格式 1

PUCCH 格式 1 将 PUCCH 格式 0 扩展为长 PUCCH。PUCCH 格式 1 依然只能传输最多 2bit，但是可以使用 4~14 个 OFDM 符号，每个 OFDM 符号占用一个频域资源块。PUCCH 格式 1 所使用的 OFDM 符号被划分为承载控制信息的 OFDM 符号以及承载参考信号的 OFDM 符号，这样网络就可以进行相干解调。具体分配多少 OFDM 符号用于承载控制信息，多少 OFDM 符号用于承载参考信号，实质上是寻找信道估计精度和信息能量的平衡。研究发现大致一半的 OFDM 符号用于承载参考信号对 PUCCH 格式 1 解码是一个比较好的方案。

一个或两个信息比特可以使用 BPSK 或者 QPSK 调制方式，然后调制信号和一个长度为 12 的低 PAPR 序列（与 PUCCH 格式 0 类似）相乘。和 PUCCH 格式 0 相同，PUCCH 格式 1 也使用序列的循环移位跳动来随机化干扰。PUCCH 格式 1 还利用一个正交 DFT 码（长度为承载控制信息的 OFDM 符号数目）对长度为 12 的调制序列进行时域上的块扩展。这种在时域上使用正交码的操作提高了系统复用的能力，这样多个终端即便使用相同的基序列和相位旋转，依然可以通过不同的正交码来复用相同的时频资源。

参考信号也是依照与信息比特类似的结构插入，也就是说长度为 12 的未调制序列通过一个正交序列进行块扩展，然后映射到参考信号对应的 OFDM 符号上。因此正交码的长度以及循环移位的长度共同决定了可以复用相同资源传输 PUCCH 格式 1 的终端数目。如图 10-17 所示，共有 9 个 OFDM 符号用于 PUCCH 传输，其中 4 个 OFDM 符号承载控制信息，而另外 5 个 OFDM 符号承载参考信号。因此最多 4 个终端（4 是由承载信息的正交码长度决定的，该正交码长度小于承载参考信号的正交码长度）可以共享相同的基序列以及循环移位。在这个例子中，假设小区级基序列已定，并且从 12 个可能的循环移位中选择 6 个（只选择 6 个是为了对抗时延扩展）来进一步区分用户，这样最多可以支持 24 个终端共享一个时频资源传输 PUCCH。

相比短 PUCCH 格式，更长的 PUCCH 格式的传输持续时间可以获得跳频的可能性，以获得与 LTE 类似的频率分集的增益。但是 LTE 的跳频总是在载波带宽的两侧跳变，并且因为 LTE 中使用两个时隙的 PUCCH 传输，所以跳频总是在时隙的边界发生。NR 和 LTE 相比需要更大的灵活性，这主要是因为：PUCCH 的传输持续时间是可以随着系统配置以及调度决策的变化而灵活变化的。此外，PUCCH 的传输只能在终端对应的激活部分带宽内，因此跳频不像 LTE 那样在整个载波带宽的边缘发生。因此，跳频与否由 PUCCH 资源配置决定。跳频的频域位置由 PUCCH 的长度决定。如果允许跳频，每一跳都会使用一个正交的块扩展序列。如图 10-17 底部所示，两组序列，一组包含长度为 2 和长度为 2 的正交序列用于第一跳，另一组包含长度为 2 和长度为 3 的正交序列用于第二跳。而如果未配置跳频，则使用一组序列，包含长度为 4 和长度为 5 的正交序列。

类似于 PUCCH 格式 0，当在 FR2-2 的 PUCCH 格式 1 可以配置多个资源块，在这种情况下，序列长度是 12 的倍数。

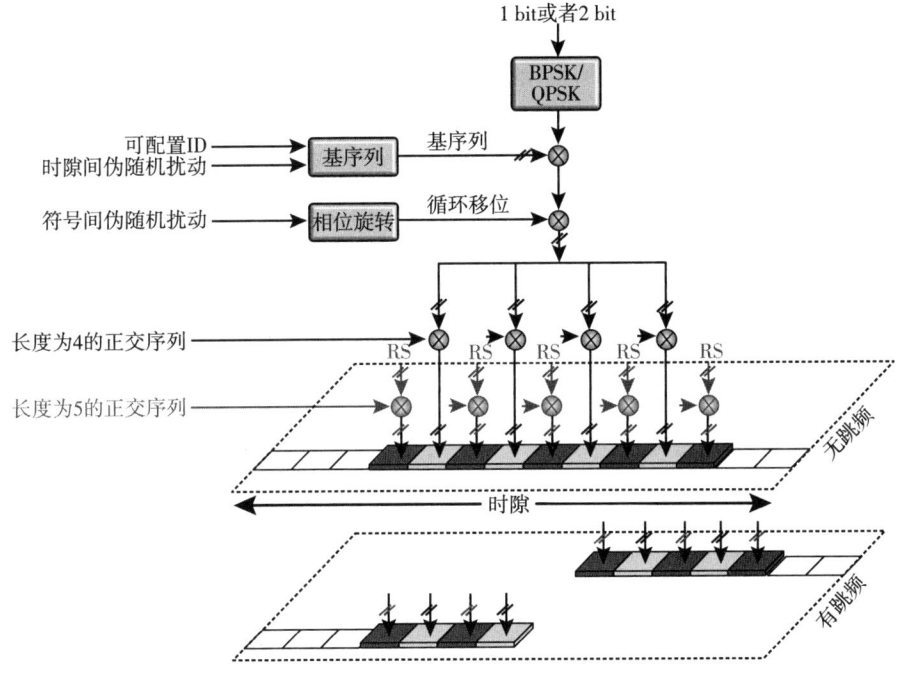

图 10-17 PUCCH 格式 1 示例，无跳频（上）和有跳频（下）

## 10.2.4　PUCCH 格式 2

PUCCH 格式 2 是一种基于 OFDM 的短 PUCCH 格式，但能传输超过 2bit 的信息。比如通过 PUCCH 同时传输 CSI 报告和 HARQ 确认，或者传输多个 HARQ 确认。当然，PUCCH 格式 2 也可以通过联合编码承载调度请求。如果需要编码的比特数太多，CSI 报告会被丢弃，因为 HARQ 确认信息对系统来说更加重要。

PUCCH 格式 2 的整体传输结构非常简单。由于较大的净荷长度，会添加 CRC。如果控制信息（添加 CRC 后）最多只有 11bit，终端会使用 Reed-Muller 码进行编码，如果超过 11bit，会使用极化码⊖进行编码，然后对编码比特进行加扰和 QPSK 调制。扰码序列基于终端标识 (C-RNTI) 和物理层小区标识（或者一个可配置的虚拟小区标识）生成。这样就可以保证小区间以及使用相同时频资源的用户间干扰随机化。QPSK 符号会映射到 1 个或者 2 个 OFDM 符号的多个资源块的子载波上。一个伪随机 QPSK 序列会映射到每个 OFDM 符号的每 3 个子载波中的一个，用来为基站进行相干接收提供解调参考信号。

PUCCH 格式 2 所使用的资源块的个数是由净荷大小以及一个可配的最大编码速率决定的。

---

⊖　极化码编码也用于 DCI，但是极化码编码的细节和 UCI 略有不同。

如果净荷较小，则使用的资源块个数也较少，这样就可以保持有效编码速率基本恒定。可以使用的资源块个数的上限也是可配的。

PUCCH 格式 2 一般在一个时隙的末尾传输，如图 10-18 所示。但是和 PUCCH 格式 0 类似，PUCCH 格式 2 也有可能在时隙的其他位置传输。

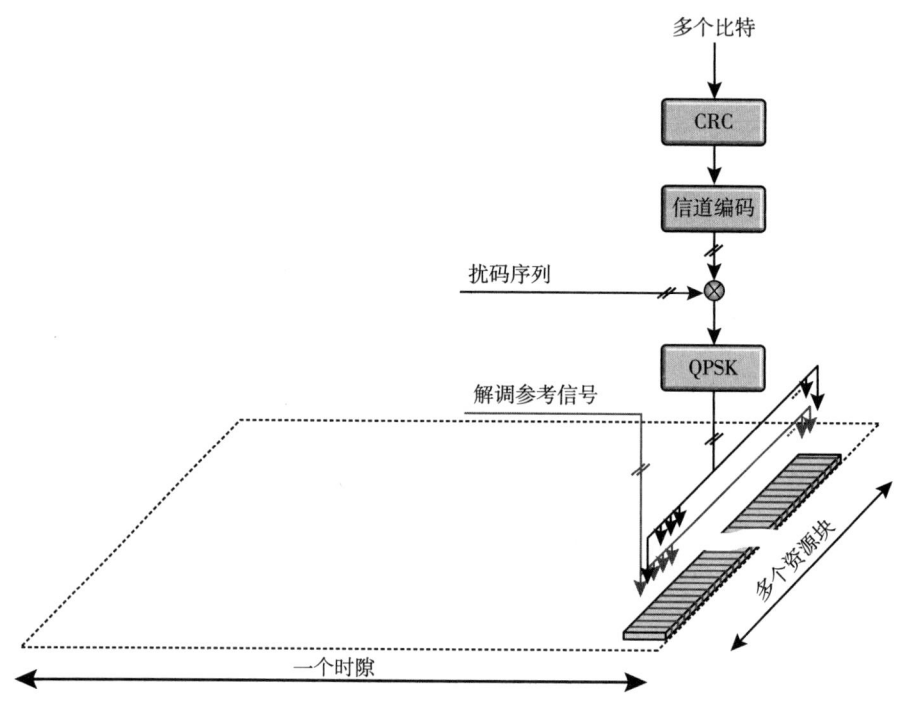

图 10-18　PUCCH 格式 2 示例（只有在净荷较大的情况下才会添加 CRC）

### 10.2.5　PUCCH 格式 3

PUCCH 格式 3 可以看成将 PUCCH 格式 2 扩展为长 PUCCH 格式。PUCCH 格式 3 能传输超过 2bit 的信息，会占用 4~14 个 OFDM 符号，每个符号都可以使用多个资源块。因此，格式 3 是所有 PUCCH 中净荷承载容量最大的格式。和 PUCCH 格式 1 类似，OFDM 符号被分为两组，一组只承载控制信息，一组只承载参考信号。

对于 11bit 或者以下的净荷，PUCCH 格式 3 会使用 Reed-Muller 编码，而对于 11bit 以上的净荷会使用极化码。编码后紧跟着加扰和调制，其中扰码序列基于终端标识（C-RNTI）和物理层小区标识（或者一个可配置的虚拟小区标识）生成。这样就可以保证小区间以及使用相同时频资源的用户间的干扰随机化。与 PUCCH 格式 2 相似，由于控制信息净荷较大，会添加 CRC。调制使用 QPSK，不过也可以配置为 π/2-BPSK 来进一步降低立方度量，当然这是以降低链路性能为代价的。

调制符号会映射到若干 OFDM 符号上，然后使用 DFT 预编码来降低立方度量、提高功放效率。参考信号序列的生成方式和基于 DFT 预编码的 PUSCH 生成方式一致（见 9.11.2 节），也很好地考虑了立方度量的问题。

PUCCH 格式 3 可以配置跳频来获得频率分集增益,如图 10-19 所示。当然,也可以不配置跳频。参考信号占用的 OFDM 符号位置取决于是否使用跳频以及 PUCCH 传输持续时间,因为在每一跳必须配置至少一个 OFDM 符号承载参考信号。当然,也可以配置更多的 OFDM 符号承载参考信号,比如每跳配置两个 OFDM 符号承载参考信号。

在映射 UCI 的时候,对于一些比较关键的信息,即 HARQ 确认、调度请求以及 CSI part 1,都会联合编码并且映射到靠近 DM-RS 的 OFDM 符号上。对于一些不太关键的信息,则映射到剩余的 OFDM 符号上。

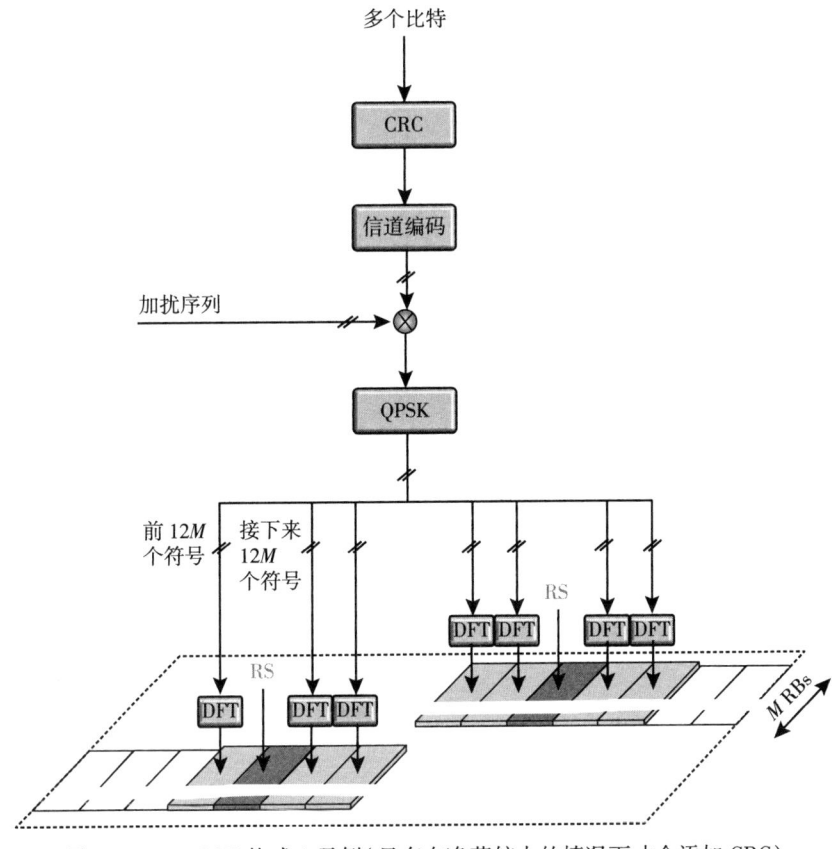

图 10-19　PUCCH 格式 3 示例(只有在净荷较大的情况下才会添加 CRC)

## 10.2.6　PUCCH 格式 4

PUCCH 格式 4(见图 10-20)和 PUCCH 格式 3 基本一致,只是支持码分复用,以方便不同终端复用相同的资源。同时,PUCCH 格式 4 在频域上最多支持一个资源块。每个承载控制信息的 OFDM 符号可以承载 $12/N_{SF}$ 个独立的调制符号。在 DFT 预编码之前,每个调制符号都需要通过一个长度为 $N_{SF}$ 的正交序列进行块扩展。扩展系数可以是 2 或者 4,或者说支持 2 个或

4个终端通过码分复用相同资源块。

类似于 PUCCH 格式 0，FR2-2 的 PUCCH 格式 4 可以配置多个资源块。

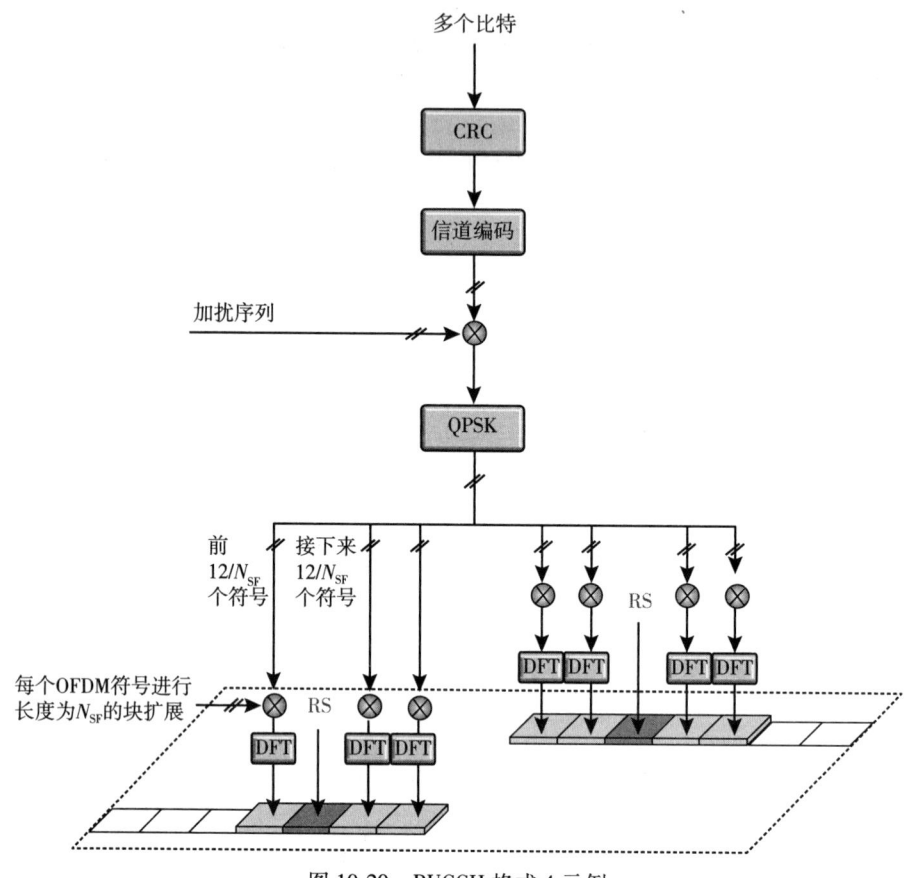

图 10-20　PUCCH 格式 4 示例

### 10.2.7　PUCCH 传输使用的资源和参数

上文讨论了各种不同的 PUCCH 格式，涉及一组相关的参数。比如传输信号映射到哪些资源块、PUCCH 格式 0 的初始相位旋转、是否使用跳频以及 PUCCH 传输使用的 OFDM 符号数目。除此之外，终端还需要知道应该使用哪些 PUCCH 格式以及对应的时频资源。

NR 标准一种可能的设计是直接定义上行控制信息、PUCCH 格式和传输参数之间的固定关系(LTE 在很大程度上就采用了这种方法)。这是一个低开销的解决方案，但缺点是不灵活。因此，NR 从一开始就采用了更灵活的方案，因为这种非常灵活的框架在延迟和频谱效率方面具有广泛的服务要求，支持 TDD 中无预定义的上行-下行分配，不同的终端支持不同数量载波的聚合，以及不同的天线方案需要不同的反馈量等。灵活机制的核心设计就是引入了 PUCCH 资源集(PUCCH resource set)的概念。PUCCH 资源集包含一个或多个 PUCCH 资源配置，其中每个资源配置包含要使用的 PUCCH 格式以及该格式所需的所有参数。第一个

PUCCH 资源集可以包含多达 32 个 PUCCH 资源,而其余集可以各自包含多达 8 个资源。最多可以配置四个 PUCCH 资源集,它们中的每一个对应于要发送的 UCI 比特数的特定范围。比如 PUCCH 资源集 0 可以处理最多包含 2bit 的 UCI 净荷,因此包含 PUCCH 格式 0 和格式 1,而其他 PUCCH 资源集则针对除了 PUCCH 格式 0 和格式 1 之外的其他格式。

当一个终端需要发送 UCI 的时候,首先根据 UCI 的净荷长度选择 PUCCH 资源集。同时,DCI 中的 PUCCH 资源指示可以确定使用 PUCCH 资源集中的哪个 PUCCH 资源配置(见图 10-21)。因此,调度器可以控制上行控制信息所使用的时频资源。对于第一个资源集,包含最多 32 个资源,比 3bit PUCCH 资源指示所能指示的资源要多。对于这种情况,用于调度上行的 PUCCH 的第一个 CCE 的索引和 PUCCH 资源指示联合确定资源集中的 PUCCH 资源⊖。对周期性 CSI 上报以及调度请求机会都是通过半静态配置来选择 PUCCH 资源,PUCCH 资源本身作为 CSI 或者调度请求配置的一部分被提供。

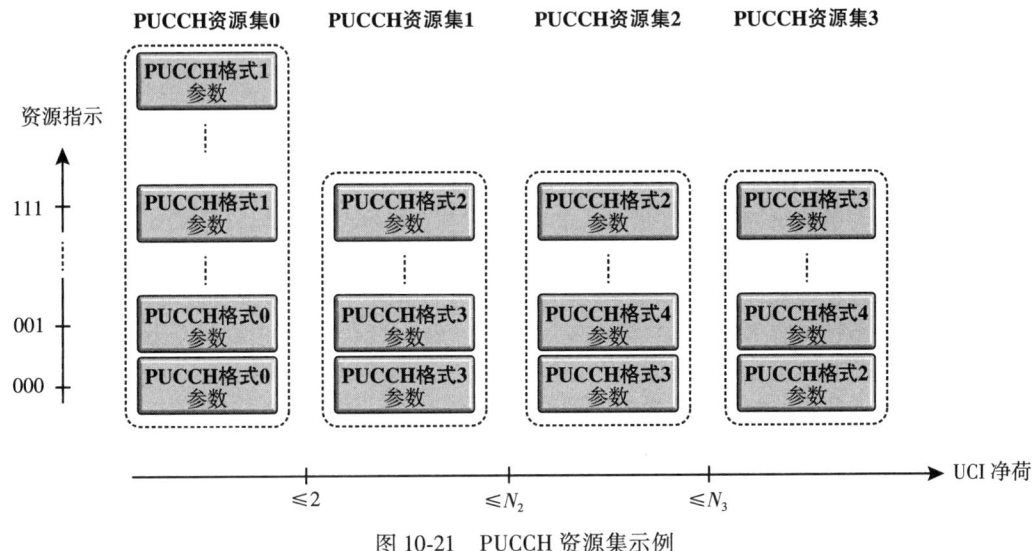

图 10-21 PUCCH 资源集示例

Release 17 通过为 HARQ 确认引入动态控制 PUCCH 重复数,进一步增强了 PUCCH 资源分配。这是通过在每个 PUCCH 资源中包含指示 PUCCH 重复因子的字段来实现的。通过使用不同的资源指示,网络可以动态地控制 PUCCH 重复的数量。

## 10.2.8 通过 PUSCH 传输的上行控制信令

当终端通过 PUSCH 传输上行数据,或者说网络授权终端进行上行传输的时候,控制信令原则上依然可以同时通过 PUCCH 发送。但如上所述,这种情况下更倾向于复用 PUSCH 来传输数据和控制信令,而避免 PUSCH 和 PUCCH 同时发送。这样做可以为 DFT 预编码的上行传输降低立方度量,同时由于不会同时发送频域上分散的 PUSCH 和 PUCCH,射频指标诸如带外

---

⊖ 因此,通过配置 0bit PUCCH 资源指示的 DCI 格式 1_2,就隐含模仿了 LTE 的 PUCCH 资源分配机制。

发射等更容易实现。因此，NR 标准采取了和 LTE 类似的方法，当有 PUSCH 传输的时候，UCI 会通过 PUSCH 发送。这个原则适用于上行 OFDM 传输机制和 DFT 预编码 OFDM 传输机制。

只有 HARQ 确认和 CSI 上报会被复用到 PUSCH 上。由于终端已经被调度了，因此就没有必要再发送调度授权请求。在这个时候，终端应该上报缓存状态报告（Buffer Status Report，BSR），见 14.2.3 节。

原则上说，基站知道什么时候终端会反馈 HARQ 确认，这样就可以正确地对 PUSCH 上承载的 HARQ 确认和数据解复用。但是终端有一定的概率会丢失下行调度分配，在这种情况下基站期望的 HARQ 确认而终端并没有发送。如果速率匹配模式依赖于是否有确认发送，那么这个情况下整个数据部分编码比特都会受到影响可能导致 UL-SCH 解码失败。

一种避免这种错误的方法就是将编码后的 UL-SCH 流打孔加入 HARQ 确认，这样不管终端有没有加入 HARQ 确认，那些没有打孔的比特都不会受到影响，LTE 就采用这种方法。但是如果有大量的 HARQ 确认比特需要和数据复用（比如载波聚合并且使用码块组重传机制），过多的打孔并不是一个很好的方案。因此，NR 标准限制为最多 2 个 HARQ 确认比特进行打孔。如果需要更多的比特，则会使用上行数据速率匹配的方式。为了避免上述错误，会通过 DCI 中的 DAI 信息字段来指示预留给上行 HARQ 的资源。这样不管是否丢失了之前的调度分配，终端都知道用于上行 HARQ 反馈的资源。

承载关键比特的 UCI（即 HARQ 确认）会映射到第一个解调参考信号后的第一个 OFDM 符号，而那些不太关键的比特的 UCI（即 CSI 报告）会映射到后续的 OFDM 符号。

不同于数据传输通过速率匹配来适配不同的空口信道，L1/L2 的控制信令不能进行速率匹配。功率控制可以在某种程度上作为匹配空口信道的选项，但是会导致时域上快速的功率波动，这样对射频特性会有负面影响。因此发射功率在 PUSCH 传输期间保持恒定，而网络通过调整分配给 L1/L2 控制信令的资源单元（也就是控制信令的编码速率）来适配不同的空口信道。除了通过半静态参数来控制用于传输 UCI 的 PUSCH 资源外，如果需要严格控制，网络还可以通过 DCI 信令来指示提供给 UCI 传输的 PUSCH 资源。

# 第 11 章

# 多天线传输

多天线传输是 NR 标准的一项关键技术，特别对部署在高频点的 NR 格外重要。本章先描述多天线传输的背景知识，然后详细介绍 NR 中采用的多天线预编码技术。

## 11.1 简介

在收发端采用多天线技术会给移动通信系统带来诸多好处：

- 因为天线间存在一定距离或者处在不同的极化方向上，所以不同天线经过的信道不完全相关。在发送端或者接收端使用多天线可以提供分集增益，对抗信道衰落。
- 通过调整发送端每个天线单元的相位乃至幅度，可以使发送信号存在特定的指向性，也就是将所有的发送能量集中在特定的方向(波束赋形)或者空间的特定位置。因为接收端所处位置得到了更多的发送能量，所以这种指向性可以提高传输速率以及传输距离。指向性还能够降低干扰，从而整体提高频谱效率。
- 和发射天线类似，接收天线也可以利用接收端指向性，把对特定信号的接收聚焦在信号对应的方向，从而降低来自其他方向的干扰信号的影响。
- 最后，接收机和发射机上的多天线，可以采用空分复用技术。也就是在相同的时频资源上并行传输多层的数据流。

在 LTE 中，多天线接收、发射被用于获得分集增益、指向性增益，以及空分复用增益。因此，多天线是获得高速率传输以及高频谱效率的一项关键技术。NR 和 LTE 不同的一点是 NR 需要支持高频部署，因此多天线技术变得尤为关键。

一般来说，更高的频率意味着更大的路损，也就是更小的通信范围。但是这个认知是基于多天线总尺寸随着频率升高随之减小的前提。比如，如果将载波频率提高 10 倍，那么波长也会降为原来的十分之一。这样天线间距的物理尺寸也就降为原来的十分之一，整个天线的面积则降为原先的百分之一。这就意味着能够被天线捕捉到的能量下降 20dB。

如果接收天线尺寸保持不变，这样天线所捕捉的能量就保持不变。然而这就意味着天线尺寸相对载波波长的增加，也就是增加了天线的指向性⊖。大尺寸天线获得增益必须依赖于接

---

⊖ 天线的指向性 $D$ 大致和物理天线面积 $A$ 除以波长 $\lambda$ 的平方成正比。

收天线能准确地指向期望接收信号的方向。

同样，如果保持发送端天线物理尺寸不变，也会增加发射天线的指向性。更高的指向性有助于提升高频覆盖的链路预算。当然，尽管天线指向性能有效提高覆盖，但是高频覆盖在实际部署中依然遇到很多挑战，比如更高的空气穿损，以及更少的折射而导致的非直视环境的覆盖降低。所以对于点对点的无线链路，一般会在发送端和接收端同时采用高指向性天线并结合直视径，以使得高频通信获得较长距离的覆盖。

对移动通信系统而言，终端相对于基站所处的位置不同，终端自身也会随机旋转方向，采用固定的高指向性天线明显不合适。但是，通过对接收天线面积进行扩展来实现高指向性传输，也可以获得类似的效果，这是通过由许多较小的天线单元组成的天线面板来实现的。在载波频率增加而天线物理面积不变的情况下，一般是通过在天线面板上集成更多的天线单元来实现多天线系统。天线单元之间的距离一般和波长成正比，因此随着频率增加，天线单元的间距也会随之减少，相应地天线单元的个数就会随之增加。

相比于单个较大的天线，在天线面板里集成大量较小的天线单元，这样做的好处是通过独立调整各个天线单元发射的相位，可以方便地控制发射波束的方向。同样，接收端也可以采用图 11-1 所示的多天线面板来达到同样的效果，通过调整每个天线单元接收的相位来控制接收波束的方向。

总体上说，任何线性多天线传输技术都可以按照图 11-1 来建模。发送的信号可以看作矢量 $\vec{x}$，发送端可以同时发送 $N_L$ 层的独立发送信号；通过一个变换矩阵 $W$（矩阵维度为 $N_T \times N_L$），映射到 $N_T$ 个物理天线上；每个物理天线上发送的信号通过矢量 $\vec{y}$ 来表示。

图 11-1 所示模型适用于大多数多天线传输场景，但在实际产品中可以有不同的实现方式，这有可能给多天线传输的性能设置各种限制。

一个常见的限制是产品中具体在哪个部位实现多天线处理（也就是实现矩阵 $W$），图 11-2 给出了两种例子：

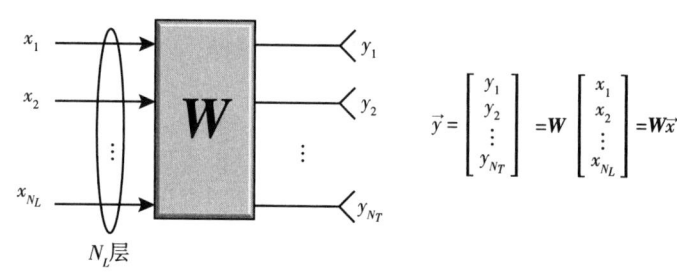

图 11-1　多天线传输的通用模型，将 $N_L$ 层信号映射到 $N_T$ 个物理天线上

- 一种是多天线处理在发射机模拟域实现，也就是在数模转换之后实现（见图 11-2 左）。
- 另一种是多天线处理在发射机数字域实现，也就是在数模转换之前实现（见图 11-2 右）。

如图 11-2 右所示的数字域多天线处理，主要的缺点是实现复杂，特别是需要每个天线单元都配置一个数模转换器。因此到了高频，当大量的天线单元被密集配置在一起，产品中往往采用模拟域多天线处理，如图 11-2 左所示。对模拟域多天线处理，一般对每个天线进行相移，来调整波束方向，如图 11-3 所示。

需要注意的是在高频，往往都是功率受限，而非带宽受限，因此波束赋形往往比高阶空分复用更为重要。而在低频却恰恰相反，由于频率资源受限，往往空分复用更为关键。

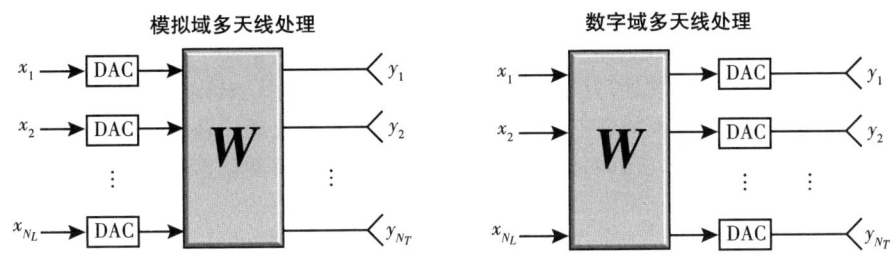

图 11-2 模拟域多天线处理和数字域多天线处理

模拟域多天线处理往往意味着波束赋形是针对某个载波，因此在下行方向，无法为分布在不同方位上的终端提供频分复用的传输。或者说，基站必须在不同的时刻为分布在不同方向上的终端服务，如图 11-4 所示。

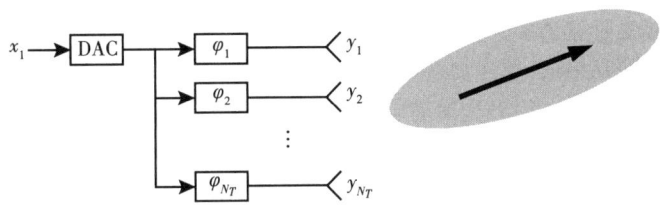

图 11-3 产生波束赋形的模拟域多天线处理机制

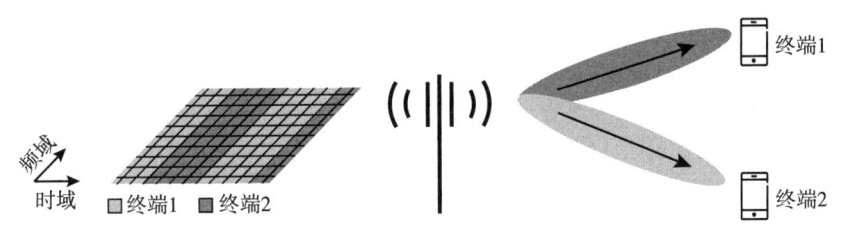

图 11-4 时域(在不同时刻)对不同方向进行波束赋形

而在低频配置下，由于天线单元数目有限，多天线处理往往在数字域完成，如图 11-2 右侧所示，这意味着更加灵活的多天线处理能力。在数字域里，发送端可以任意地调整变换矩阵 $W$ 里面的每个元素的相位和幅度，因此数字域的多天线处理非常灵活，甚至可以提供高阶的空分复用能力。同时，数字域还允许为同一载波内多个数据层(layer)产生独立的变换矩阵 $W$。这样发给不同方向上终端的数据可以放置在不同的频率上同时发送，如图 11-5 所示。

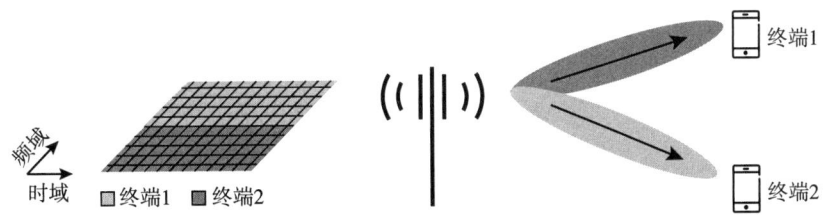

图 11-5 同时(频分复用)对不同方向进行波束赋形

数字域的多天线处理，由于每个天线的权值都是可以灵活控制的，我们经常把变换矩阵 $W$ 称为预编码矩阵，把多天线处理称为多天线预编码。

模拟域和数字域的多天线处理的区别在接收端也同样存在。对模拟域多天线处理，多天线的处理作用在模拟域，即模数转换之前完成。此时多天线处理往往限于一个时刻只能接收一个方向的接收端波束赋形，接收机把天线的接收方向调整为期望接收信号的方向。对两个方向信号的接收只能在不同时刻发生。

而数字域多天线处理能够为多天线处理提供足够的灵活性，可以支持来自多个方向、多个数据流的同时接收。与发送端类似，数字域多天线处理主要的问题就是实现复杂度，需要为每个天线单元提供一个模数转换器。

本章后面的内容将会更多关注多天线预编码技术，也就是多天线发射可以完全控制预编码矩阵的情形。而模拟域多天线处理所产生的限制，以及这些限制对 NR 标准设计的影响，都将会在第 12 章详细讨论。

多天线预编码设计的一个重要的问题是，如果传输的数据使用预编码，为了相干解调，是否需要对解调参考信号（Demodulation Reference Signal，DM-RS）也进行相同的预编码。如果 DM-RS 没有预编码，这意味着接收机需要知道发射机使用的预编码才能够进行相干解调。

如果参考信号和数据一起进行预编码，这样从接收机的角度看，预编码就成为整个信道的一部分，如图 11-6 所示。简单来说，接收机看到的不是"真正"的 $N_R \times N_T$ 信道矩阵 $H$，而是一个维度为 $N_R \times N_L$ 的等效信道矩阵 $H'$，该等效信道矩阵由变换矩阵 $W$ 和真实的信道 $H$ 级联而成。这样发射机所使用的预编码对接收机来说就完全透明，发射机可以（至少从原理上可以）任意地使用任何预编码矩阵而不需要通知接收机。

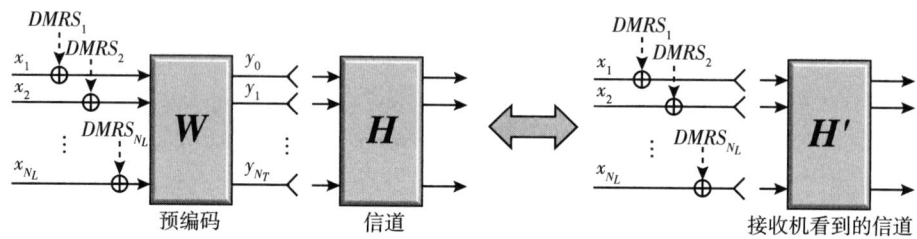

图 11-6 DM-RS 和数据一起进行预编码，这样多天线预编码就对接收机透明

## 11.2 NR 下行多天线预编码

所有 NR 的下行物理信道的相关解调都依赖于该信道对应的 DM-RS。此外，终端需要假设网络侧已经把数据部分和 DM-RS 进行了相同的预编码，如图 11-6 所示。因此，网络侧使用的任何下行多天线预编码对终端都是透明的，网络侧可以自由决定下行预编码。请注意，尽管下行多天线预编码对终端都是透明的，终端依然需要知道传输的层数，也就是网络侧预编码矩阵的列数。

下行多天线预编码对协议的影响主要集中在：为了支持网络侧选择预编码矩阵用于下行 PDSCH 传输，终端如何进行测量并且上报。这些预编码相关的测量以及上报机制都是 CSI 上报框架的一部分，在 8.2 节已经详细描述。如 8.2 节所示，一个 CSI 上报包括一个或者多个下面的测量项目：

- 秩指示 RI：终端建议的传输秩，或者说合适的下行传输层数 $N_L$。
- 预编码矩阵指示 PMI：在网络侧采用终端建议的传输秩的前提下，终端建议的预编码矩阵。
- 信道质量指示 CQI：如果网络侧采用终端建议的传输秩和预编码矩阵，终端建议采用的信道编码速率和调制方式。

因此，终端上报的 PMI 就代表这是终端认为下行传输可用的最优预编码矩阵。每个 PMI 都对应一个预编码矩阵。所有可能的 PMI 对应的预编码矩阵合在一起称为预编码码本，终端会从中选出最优的 PMI。注意，终端选择 PMI 是依据终端选择的 RI(对应 $N_L$)，以及对网络侧 $N_T$ 个天线端口的测量(每个天线端口都有对应的 CSI-RS 供终端测量)。对每个有效的 $N_T$ 和 $N_L$ 的组合，NR 标准至少定义了一个码本供终端使用。

需要注意的是，下行预编码码本仅仅是为了 PMI 上报使用，虽然协议定义了该码本，却并不意味着协议要求网络侧一定使用该码本中的预编码矩阵进行下行传输。网络侧可以使用任意预编码而不受协议限制。

绝大多数情况下，网络会直接使用终端通过 PMI 推荐的预编码矩阵。但是有些情况下，网络会使用不同的预编码矩阵。例如，当多天线预编码可以使得多个终端使用相同的时域和频域资源传输数据时，也就是我们通常所说的多用户 MIMO(Multi-User MIMO，MU-MIMO)。MU-MIMO 的原理就是基于多天线预编码，它不光需要将能量集中在终端的方向，同时还需要尽可能避免对同时调度的其他 MU-MIMO 终端产生干扰。在这种情况下，终端上报的 PMI 就未必合适，因为终端仅仅考虑自己的接收，而不考虑预编码矩阵对其他 MU-MIMO 终端产生干扰。这种情况下，网络就需要综合考虑所有同时调度的终端上报的 PMI，然后为每个终端选择最佳的预编码矩阵。

为了更好地支持 MU-MIMO 的场景，网络往往需要知道各个终端信道更为详尽的信息。基于这个原因，NR 标准定义了两种不同的 CSI 模式。这两种模式，就是所说的类型 I CSI(Type I CSI)和类型 II CSI(Type II CSI)，两种类型有不同的结构以及不同的码本。

- 类型 I CSI 主要用于单用户调度(非 MU-MIMO 场景)，每个终端可以支持高的传输层数(通过高阶空分复用)。
- 类型 II CSI 主要用于多用户调度，多个终端使用相同的时频资源传输数据，但是每个终端都只使用有限的传输层。

类型 I CSI 的码本相对简单，主要是考虑把能量聚焦在接收端。多个层传输所造成的层间干扰不是发射端码本选择时的主要考虑对象。层间干扰主要通过接收端的多天线接收来抑制。

类型 II CSI 码本相对于类型 I CSI 码本会明显变得复杂，这有助于 PMI 提供更多的信道信息(更细的空域粒度)。而更多的信道信息有助于网络侧在选择下行预编码矩阵的时候，不仅考虑在终端聚焦网络侧的发射能量，还需要考虑限制在同一时频资源上传输的终端间的干扰。当然，更精细空域粒度的 PMI 反馈不可避免地会引入更大的信令开销。比如类型 I CSI 的 PMI 上报最多需要几十个比特，而类型 II CSI 的 PMI 上报则可能需要几百个比特。因此，往往在低速移动的场景下才使用类型 II CSI 的 PMI 上报，因为低移动速度下，可以使用较长的上报周期而不过多影响性能。

### 11.2.1 类型 I CSI

类型 I CSI 有两个子类,即类型 I 单面板 CSI(Type I single-panel CSI)和类型 I 多面板 CSI(Type I multi-panel CSI),两个子类对应不同的码本。顾名思义,这两类对应网络侧不同的天线配置。

#### 1. 单面板 CSI

顾名思义,类型 I 单面板 CSI 的码本的设计场景是假设网络侧仅配置一个天线面板,该天线面板拥有 $N_1 \times N_2$ 个双极化天线单元。如图 11-7 所示的例子中 $N_1=4$, $N_2=2$,也就是 16 个端口的天线。还假设每个极化天线元件对应于一个 CSI-RS 天线端口,即天线端口的数量等于 $P_{CSI-RS}=2 \times N_1 \times N_2$。因此,对于图 11-7 的例子,总共有 16 个 CSI-RS 端口。

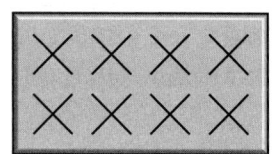

图 11-7 类型 I 单面板 CSI ($N_1$, $N_2$) = (4,2) 的一种典型天线结构

NR 标准支持 $N_1$ 和 $N_2$ 的不同组合,其中 $N_1$ 的取值范围为 1~16,$N_2$ 的取值范围为 1~4,并且有 $N_1 \times N_2 \leq 16$ 的限制,即最多 32 个 CSI-RS 端口。终端如果被配置成报告类型 I 单面板 CSI,则会被配置某个 $N_1$ 和 $N_2$ 的特定组合。NR 规范为每个支持的 ($N_1$, $N_2$) 组合定义一个或多个码本。

通常情况下,类型 I 单面板 CSI 码本中的预编码矩阵 $W$ 可以表示为两个矩阵 $W_1$ 和 $W_2$ 的乘积。作为 PMI 的一部分,$W_1$ 和 $W_2$ 的信息会分别上报。

$$W = W_1 W_2 \tag{11-1}$$

其中,矩阵 $W_1$ 代表长期的且和频率无关的信道特性,终端对整个上报带宽只汇报一个 $W_1$(宽带反馈)。而矩阵 $W_2$ 则试图捕捉短期的且与频率相关的信道特性,终端对每个子带 (subband) 都会上报一个 $W_2$。或者根本不上报 $W_2$,对这类情况,终端在接下来选择 CQI 的过程中,会假设网络为每个物理资源块组(Physical Resource-block Group,PRG,见 9.8 节)选择一个随机的 $W_2$。这里并没有对网络采用预编码矩阵设置任何限制,仅仅是为终端计算 CQI 提供一个假设前提。

矩阵 $W_1$ 可以看作定义了指向不同方向的一组波束。更具体地说,矩阵 $W_1$ 可以表示为

$$W_1 = \begin{bmatrix} V & 0 \\ 0 & V \end{bmatrix} = \begin{bmatrix} \vec{v}_0 \cdots \vec{v}_{L-1} & 0 \\ 0 & \vec{v}_0 \cdots \vec{v}_{L-1} \end{bmatrix} \tag{11-2}$$

其中,矩阵的每个列向量 $\vec{v}_k$ 都定义了一个特定的 DFT 波束,向量维度为 $N_1 \times N_2 = P_{CSI-RS}/2$。而矩阵 $W_1$ 具有的 2×2 块状结构中,两个对角块则分别对应了两个极化方向。注意,因为矩阵 $W_1$ 被设计为捕捉长期的且与频率无关的信道信息,所以两个极化方向上会使用相同的波束方向。

对秩为 1 或者 2 的传输,矩阵 $W_1$ 会定义一个波束($L=1$),或者四个相邻波束($L=4$)。在四个相邻波束的情况下,矩阵 $W_2$ 会用来选择传输具体使用哪个波束。因为矩阵 $W_2$ 用来上报每个子带的信息,所以可以再精细调整每个子带的波束方向。当然,矩阵 $W_2$ 也可以用来调整极化间相位,那么这种情况矩阵 $W_1$ 就只定义一个波束。

对传输秩大于 2 的情况,矩阵 $W_1$ 定义了 $N$ 个相邻的正交波束,这里 $N=\lceil R/2 \rceil$。$R$ 是传输秩或者层数。$N$ 个波束连同每个波束 2 个极化方向,组合生成了用于 $R$ 个层传输的波束。而这种情况下,对应的矩阵 $W_2$ 则提供了两个极化间的相位调整。对类型 I 单面板 CSI,一个终端最多支持 8 层传输。

#### 2. 多面板 CSI

不同于单面板 CSI,类型 I 多面板 CSI 的设计主要用于网络侧多个天线面板进行联合下行传输,因此设计充分考虑了不同面板之间保证相关性等问题。具体来说,多面板码本设计场景是假设网络侧仅配置 2 个或者 4 个天线面板,每个都是一个二维的天线面板,也就是每个面板都可以表示为 $N_1 \times N_2$ 个双极化天线单元。如图 11-8 所示的例子中,有四个天线面板,每个面板 $(N_1, N_2) = (4, 1)$,也就是总共 32 个端口的天线。

类型 I 多面板 CSI 码本设计原理和类型 I 单面板 CSI 相似,预编码矩阵 $W$ 都可以表示为两个矩阵 $W_1$ 和 $W_2$ 的乘积。其中,矩阵 $W_1$ 的结构和类型 I 多面板 CSI 码

图 11-8 类型 I 多面板 CSI 的一种典型天线结构,4 个 $(N_1, N_2) = (4, 1)$ 的双极化天线面板拥有共 32 个天线端口

本设计相同,都是定义了各个面板和极化方向上的一组波束。区别在于,矩阵 $W_2$ 不仅仅提供了极化间,还提供了面板间各个子带的相位调整。$W_2$ 定义了面板间在各个子带上的相位调整是必需的,因为类型 I 多面板 CSI 认为不同面板的天线端口间,不存在任何相关性。

类型 I 多面板 CSI 可以支持最多 4 层的空分复用。

### 11.2.2 类型 II CSI(Release 15 部分)

NR 标准的第一个版本(3GPP Release 15)不仅仅定义了类型 I CSI,还定义了类型 II CSI。NR 标准 Release 16 对类型 II CSI 的定义进行了扩展和增强。这些扩展和增强某种程度上甚至改变了 PMI 上报的结构。因此,本节会描述 Release 15 定义的类型 II CSI,下一节会描述 Release 16 增强的类型 II CSI。对类型 II CSI 还有一些变化,称为端口选择,会在 11.2.4 节详细描述。

如前所述,类型 II CSI 提供了比类型 I CSI 更精细空间粒度的信道信息。与类型 I CSI 相似,类型 II CSI 也是基于宽带选择并从一组可能的波束中选择波束。此外,类型 II CSI 主要用于 MU-MIMO,所以每个终端最大支持 2 层传输,在 Release 16 中,每个 MU-MIMO 终端最大支持的层数扩展为 4。

与类型 I CSI 类似,Release 15 类型 II CSI 可以表示为两个矩阵的乘积

$$W = W_1 W_2 \qquad (11\text{-}3)$$

其中,与类型 I CSI 类似,矩阵 $W_1$ 大小为 $P_{\text{CSI-RS}} \times 2L$,上报宽带的信息,其结构表示为

$$W_1 = \begin{bmatrix} \vec{v}_0 \cdots \vec{v}_{L-1} & 0 \\ 0 & (\vec{v}_0 \cdots \vec{v}_{L-1}) \end{bmatrix} \qquad (11\text{-}4)$$

矩阵的每个列向量 $\vec{v}_l$ 都定义了一个特定的 DFT 波束。

换言之，$W_1$ 定义了一组由 PMI 决定的波束。类型Ⅱ则上报 $L=2$ 或者 $L=4$ 个正交的波束。对每一个波束，以及这个波束对应的 2 个极化方向，$W_2$ 都会提供一个与之对应的幅度值（一部分报告为宽带，另一部分报告为每个子带）和相位值（报告为每个子带）。与类型Ⅰ CSI 不同，类型Ⅱ提供了更加详细的信道信息，上报了主要传播路径和各自的幅度和相位。

在网络侧，从各个终端收集的 CSI 信息会综合起来考虑，以保证一组终端可以同时在一组相同的时域、频域资源上传输（在 MU-MIMO 配置下），并相应地为每个终端设置合适的预编码矩阵。例如，如果某个波束被多个终端同时上报，网络侧在 MU-MIMO 配置下，就会避免选择这个波束用于下行传输。

### 11.2.3 Release 16 增强的类型Ⅱ CSI

如前所述，NR 标准 Release 16 对类型Ⅱ CSI 的定义进行了扩展和增强。Release 16 类型Ⅱ CSI 的原理和 Release 15 类型Ⅱ CSI 类似，都是上报宽带的一组波束，然后为每个波束添加窄带的一组合并系数。每个上报的波束都会使用合并系数，通过线性合并来为每一层生成一个预编码矢量。

尽管相邻子带间存在很强的互相关性，Release 15 定义的类型Ⅱ CSI 依然为每个子带单独上报合并系数。而 Release 15 这种为每个子带单独上报合并系数的设计，产生了很大的 CSI 上报开销。

因此，Release 16 一个对类型Ⅱ CSI 的重要增强就是利用频域的相关性来降低上报开销。与此同时，Release 16 定义的类型Ⅱ CSI 允许 PMI 报告的频域粒度提高两倍。这两个增强都是通过引入频域单元（frequency domain unit）的概念来实现的。每个频域单元对应一个子带或者半个子带，同时标准支持压缩频域的操作。

最后，Release 16 定义的类型Ⅱ CSI 为发射机的每个频域单元提供了一个推荐的预编码器。与 Release 15 为每个子带提供一个预编码器相比，频域粒度提高一倍（假设每个子带有两个频域单元）。除此之外，Release 16 定义的类型Ⅱ CSI 对每个频域单元的实际报告不是单独进行的，而是所有频域单元的联合报告。这种联合上报是对于 CSI 报告所涵盖的整个频段内所有的频域单元的联合报告。

更详细地说，对于 Release 16 类型Ⅱ CSI，给定的层 $k$，所有频域单元所报告的预编码矢量 $\vec{w}_k^{(0)} \cdots \vec{w}_k^{(N-1)}$ 可以表示为：

$$[w_k^{(0)} \cdots w_k^{(N-1)}] = W_1 \widetilde{W}_{2,k} W_{f,k}^H \tag{11-5}$$

式中，$N$ 是上报的频域单元个数。

请注意，矩阵 $[w_k^{(0)} \cdots w_k^{(N-1)}]$ 不是预编码矩阵（描述如何把传输层映射到各个天线端口），而是描述了对于某个传输层 $k$，所有频域单元对应的预编码组成的矢量集。对 $K$ 个传输层，就有 $K$ 个这样的预编码矢量集，每个集合都包含 $N$ 个预编码矢量。这样，最终对于某个频域单元 $n$，描述如何把传输层映射到各个天线端口的预编码矩阵，可以描述为：

$$W^{(n)} = [w_0^{(n)} \cdots w_{K-1}^n] \tag{11-6}$$

上述预编码矢量的公式中，$W_1$ 和 Release 15 的类型Ⅱ CSI 相同，也就是：

$$W_1 = \begin{bmatrix} \vec{v}_0 \cdots \vec{v}_{L-1} & 0 \\ 0 & (\vec{v}_0 \cdots \vec{v}_{L-1}) \end{bmatrix} \tag{11-7}$$

其中列向量 $\vec{v}_0 \cdots \vec{v}_{L-1}$ 定义了 $L$ 个选择的波束。$W_1$ 在所有的频域单元（宽带上报）和所有的层保持一致。

Release 16 定义的类型 II CSI 的一个新设计就是引入压缩矩阵 $W_{f,k}^H$，矩阵的维度是 $M \times N$。压缩矩阵就是先对 $N$ 个频域单元维度上做 DFT，将波束域转化为延迟域。然后从中选出 $M$ 行值较小的。$W_{f,k}^H$ 是频率无关的，也就是所有的频域单元共用一个压缩矩阵，但每个层分别上报。$W_{f,k}^H$ 的行数 $M = \left[ p \cdot \dfrac{N}{R} \right]$，其中，$R$ 是每个子带里面频域单元的个数（$R=1$ 或者 $R=2$），$p$ 是一个可配置的参数，描述压缩的比例。

最后，$\widetilde{W}_{2,k}$（矩阵维度为 $2L \times M$）负责将延迟域映射回波束域。Release 15 类型 II CSI 定义了所有子带的 $W_2$，是直接从频率域（子带）映射到波束域。但是 $\widetilde{W}_{2,k}$ 负责从较小的延迟域映射到波束域，这样可以减小 $\widetilde{W}_{2,k}$ 的大小，这样最终上报的开销减小。除此之外，标准还定义了一个因子 $\beta$，这个可配置的因子表明在总数为 $2LM$ 个总的可能上报中，有多少是不为 0 需要上报的。

综上，Release 16 增强类型 II CSI 通过下面两个方法降低了开销：
- 延迟域相比于频域，拥有更小的维度，这由参数 $p$ 来控制。
- $\widetilde{W}_{2,k}$ 中元素只有一部分是非 0 的，这由参数 $\beta$ 来控制。

如表 11-1 所示，根据下列参数的不同，Release 16 类型 II CSI 共支持 8 种不同的配置。这些配置的区别在于：
- 需要上报的波束个数（$L$）。
- 压缩系数 $p$：给定配置下具体的值取决于上报的秩。
- 参数 $\beta$：$\widetilde{W}_{2,k}$ 中非 0 元素的比例。

从表 11-1 中可以看出，除了降低开销并提高频域颗粒度，Release 16 类型 II CSI 还将最大上报的秩扩展到 4，以及最大选择/上报的波束个数到 6。需要指出的是，尽管这种波束的扩展只能在有限场景下支持，比如配置 32 个天线端口的场景，上报的秩为 1 或者 2，并且频域粒度没有增强（即一个频域单元就是一个子带）。

表 11-1 Release 16 类型 II CSI 可能的配置

| 配置索引 | $L$ | $p$ | | $\beta$ |
| --- | --- | --- | --- | --- |
| | | RI=1, 2 | RI=3, 4 | |
| 1 | 2 | 1/4 | 1/8 | 1/4 |
| 2 | 2 | 1/4 | 1/8 | 1/2 |
| 3 | 4 | 1/4 | 1/8 | 1/4 |
| 4 | 4 | 1/4 | 1/8 | 1/2 |
| 5 | 4 | 1/4 | 1/8 | 3/4 |
| 6 | 4 | 1/2 | 1/8 | 1/2 |
| 7 | 6 | 1/4 | N/A | 1/2 |
| 8 | 6 | 1/4 | N/A | 1/2 |

### 11.2.4 端口选择

如前所述,类型Ⅱ CSI 有一个变体,称为端口选择。对上面描述的类型Ⅱ CSI 以及类型Ⅰ CSI,都假设不存在终端特定的 CSI-RS 的预编码或者波束赋形。终端只是从一个统一规定的 $W_1$ 中,根据配置的 CSI-RS 端口的测量来从中选择一组波束。

相反,对于端口选择,就是假设网络已经基于上行测量,对 CSI-RS 应用了终端特定的波束。因此可以看成从原有的一组波束上选择其中一个合适的波束的任务,变成从一组 CSI-RS 端口中选择合适的 CSI-RS 端口的任务,因此命名为端口选择。

从数学上来说,端口选择意味着 $W_1$ 不再是定义 $L$ 个波束,而是一个 $P_{\text{CSI-RS}} \times 2L$ 选择矩阵,这个矩阵每列有一个"1"。注意,类似于常规的类型Ⅱ CSI,为两种极化选择相同的波束。在 Release 15 端口选择中,对于多达 $L$ 个所选端口中的每一个和两种极化中的每一种,矩阵 $W_2$ 以与常规 Release 15 类型Ⅱ CSI 相同的方式提供幅度值(一部分报告为宽带,另一部分报告为每个子带)和相位值(报告为每个子带)。

在 Release 16 中,端口选择按照常规类型Ⅱ CSI 的相同路线进行了扩展/增强,包括扩展到支持高达 rank-4 的传输,通过频域单元和压缩矩阵 $W_{f,k}^H$(从频域转换到延迟域)来降低开销。因此,端口选择的总体预编码与 Release 16 常规类型Ⅱ CSI 的完全相同,也就是说,对于给定的层 $k$,报告的预编码器向量可以表示为

$$W_1 \widetilde{W}_{2,k} W_{f,k}^H \tag{11-8}$$

与常规类型Ⅱ CSI 的唯一区别是矩阵 $W_1$ 的结构,它从波束定义矩阵变为端口选择矩阵。

在 Release 17 中,进一步扩展了端口选择,而不是常规的类型Ⅱ CSI。这些扩展利用了这样一个事实,即使在上行和下行处于不同频带的 FDD 对称频谱情况下,信道的角度和延迟属性在很大程度上仍然存在上下行互易性。因此可以把信道的角度和延迟属性考虑到 CSI-RS 的预编码里面,这样只需要做宽带的端口选择,减少终端需要报告的信息量。

Release 17 端口选择的基本结构与 Release 16 端口选择相同,也就是说,对于给定的层 $k$,所有报告的频域单元的预编码器向量可以表示为

$$W_1 \widetilde{W}_{2,k} W_f^H \tag{11-9}$$

在上面的表达式中,端口选择($W_1$)和组合系数($\widetilde{W}_{2,k}$)与 Release 16 相同。Release 16 和 Release 17 端口选择的区别在于频域压缩,对于 Release 16,压缩矩阵层相关($W_{f,k}^H$ 取决于 $k$),而对于 Release 17,所有层都相同($W_f^H$ 不取决于 $k$)。

Release 17 端口选择的主要好处是减少了信令开销,还使得终端的复杂度降低。

表 11-2 总结了类型Ⅱ CSI 从 Release 15 到 Release 17 的演进。

表 11-2 类型Ⅱ CSI 从 Release 15 到 Release 17 的演进

| 端口 | 码本结构 | 频域压缩 |
| --- | --- | --- |
| Release 15(常规和端口选择) | $W_1 W_2$ | 不支持 |
| Release 16(常规和端口选择) | $W_1 \widetilde{W}_{2,k} W_{f,k}^H$ | 支持,层相关 |
| Release 17(仅仅端口选择) | $W_1 \widetilde{W}_{2,k} W_f^H$ | 支持,层无关 |

## 11.3 上行多天线预编码

NR 标准支持最多 4 层的上行(即 PUSCH)多天线预编码。当然,如果上行传输采用 DFT 预编码 OFDM 技术,则只能支持单层的传输。

终端 PUSCH 的多天线预编码可以配置为两种模式,一种是基于码本的传输,一种是基于非码本的传输。至于选择使用哪种模式,一般依据上下行信道是否具有互易性,或者说终端依靠下行测量在多大程度上了解上行信道。

用于上行 PUSCH 信道的多天线预编码也会用在对应的 DM-RS 信号上。因此和下行类似,上行信道的预编码也对接收机透明,网络侧接收机不必知道上行发射机使用的预编码矩阵的信息就可以直接解调。但是这并不意味着终端可以自由地选择 PUSCH 预编码矩阵。在基于码本的预编码机制中,上行调度授权就包括网络侧要求终端使用的预编码信息。下行传输中网络可以自主决定是否使用终端上报的 PMI,与下行不同的是,上行传输中终端必须使用网络要求的预编码矩阵。在 11.3.2 节我们还会看到,即使在非码本传输中,网络也可以调整终端最终选择的上行预编码矩阵。

上行多天线传输的一个限制是终端可以多大程度上控制天线间相关性,或者说终端两个天线上发送信号之间的相对相位多大程度上可以被终端控制。一般来说,在做多天线预编码的时候,需要准确调整各个天线口的权值,其中包括特定的相移。这些权值会应用于不同天线端口发射的信号上。如果不能控制相关性,每个天线实际的权值或多或少就会变成一个随机值,这样权值就变得越来越没有意义了。

NR 标准支持各种不同的终端能力,其中一项终端能力就是关于天线端口间相关性。该能力相关的取值包括:全相关(full coherence)、部分相关(partial coherence)和不相关(no coherence)。

- 全相关:网络认为在上行传输的时候,终端可以控制端口(最多 4 个)间的相对相位。
- 部分相关:网络认为终端在上行传输的时候,可以控制天线对(pairwise)相关性,也就是天线对内的两个端口间的相对相位可以准确控制,但是天线对之间的相位无法准确控制。
- 不相关:终端任意两个天线端口之间的相关性都无法保证。

### 11.3.1 基于码本的传输

基于码本的上行传输的基本设计准则是由网络决定一个上行传输的层数(秩)以及对应的预编码矩阵。作为上行调度命令的一部分,网络会通知终端相关的上行传输秩和预编码矩阵。在上行调度对应的上行 PUSCH 传输中,终端使用网络指定的预编码矩阵,把网络指定的层数映射到天线端口上。

为了选择一个合适的层数(秩)以及预编码矩阵,网络需要探测从终端的天线端口到网络侧接收天线之间的无线信道。为了能够探测信道,基于码本 PUSCH 传输的终端往往需要配置一个多端口 SRS。通过对 SRS 的测量,网络可以探测信道,并根据探测结果进一步得到合适的层数以及预编码矩阵。

网络不能任意选择预编码矩阵。对一个给定的天线端口 $N_T$ ($N_T=2$ 或者 $N_T=4$) 和传输层数

$N_L$($N_L \leq N_T$)的组合,网络只能从一组有限的预编码矩阵中选出最优的一个。这一组有限的预编码矩阵一般被称为"上行码本"。

图11-9给出了一个两天线端口的上行码本,包含了所有可用的预编码矩阵。

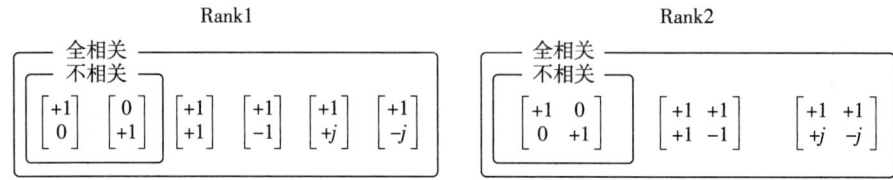

图11-9 两天线端口的上行码本

当网络选择预编码矩阵的时候,需要考虑终端的能力,即天线端口相关性的能力(见前述)。对不支持相关性的终端,单层传输只能使用码本中前两个预编码矩阵。

限制网络侧只能从码本里面选择前两个预编码矩阵,等同于选择第一个或者第二个天线端口进行传输。这实质上是天线选择(antenna selection),因为只选择一个天线进行上行发送,自然就不需要控制两个天线之间的相关性。换句话说,如图11-9所示,其余的预编码矢量则意味着不同天线端口信号的线性合并需要天线之间的相关性。

而对于两层的上行传输($N_L = 2$)也只能使用码本的第一个矩阵,它不涉及天线端口之间的任何相关性,可以用于不支持相关性的终端。

为了进一步说明全相关、部分相关和不相关,图11-10示例了4天线端口单层传输对应的预编码矩阵。和上面两天线端口的例子类似,不相关能使用的预编码矩阵被限制在天线选择对应的那些预编码矩阵。部分相关能使用的预编码矩阵允许天线端口对内可以线性合并,但是只在天线端口对之间做选择的那些预编码矩阵。而全相关则允许所有的4个天线端口之间进行线性合并。

NR标准基于码本的PUSCH传输和LTE基于码本的PUSCH传输的设计原理基本一致,只不过NR增强了基于码本传输的设计。NR对基于码本的PUSCH传输的另一个扩展就是可以给终端配置发送多个多端口的SRS,在调度授权里用SRS资源指示(SRS Resource Indicator,SRI)指出。通过SRI来指示网络选择了所有配置的SRS中的哪一个。终端在接下来的上行传输中,不但需要使用网络在调度授权中指示的预编码矩阵,而且还要把预编码矩阵输出的数据按照网络侧SRI指示的SRS资源那样映射到相应的天线端口上。如果终端使用了如第8章中介绍的空间滤波器F,这通常意味着不同的SRS会使用不同的空间滤波器传输。终端经过预编码矩阵的上行数据需要通过SRI指示的SRS所使用的空间滤波器/波束进行滤波。

再举例详细说明一下多个SRS和基于码本的PUSCH传输之间的关系。如图11-11所示,终端上行有多个备选的波束可以使用,这些波束对应不同的终端天线面板以及各个面板上不同的波束方向。同时每个天线面板都配置多个天线单元,这些天线单元对应于每个多端口SRS的天线端口。终端从网络接收到SRI,就会决定哪些波束用于PUSCH传输,同时收到的预编码信息(包括层数和预编码矩阵)将会决定在这些通过SRI选定的波束上如何发射上行信号。如图11-11上半部分所示,如果网络侧配置满秩(4层)的上行传输,终端则使用网络侧选择的SRI对应的那些波束做满秩传输。再如图11-11下半部分所示,如果网络配置单层传输,终端则利用预编码,在网络选择的SRI对应波束的基础上做进一步的波束赋形。

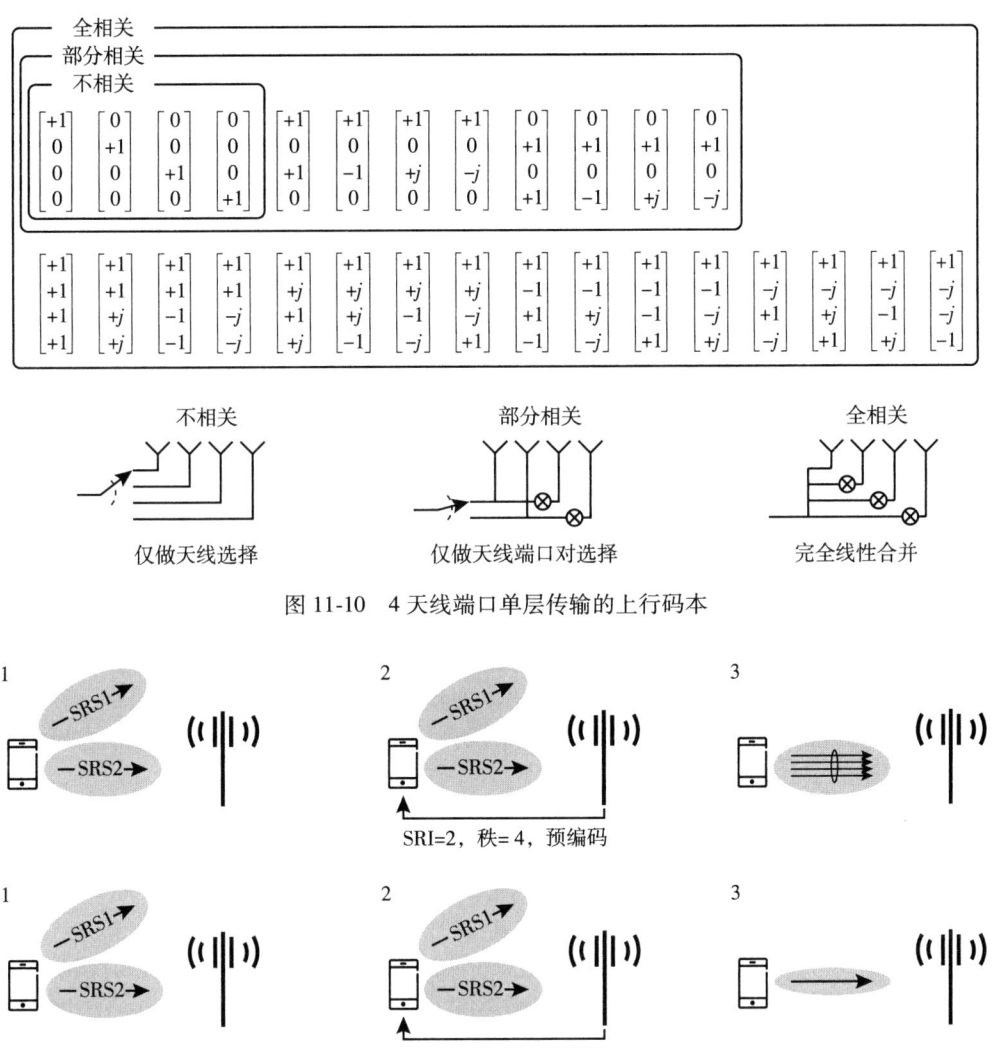

图 11-10　4 天线端口单层传输的上行码本

图 11-11　依赖多 SRS 进行基于码本的上行传输。满秩（4 层）传输（上）和单层传输（下）

基于码本的预编码一般用在上下行不具备互易性的场景下，在该场景下，必须针对上行信号进行测量，才能够决定上行适用的预编码矩阵。

还应该提及的是，在 Multi-TRP 下的 PUSCH 传输，见 12.5.3 节，调度授权会包括两个 SRI 和两个预编码器的指示，每个 TRP 一个。

## 11.3.2　基于非码本的预编码

基于码本的上行传输，是通过网络测量上行信号并通知终端如何进行预编码。而基于非码本的预编码，则是通过终端自己测量下行信号得到预编码信息并通知网络。基于非码本的预编码基本准则如图 11-12 所示，下面会详细讨论。

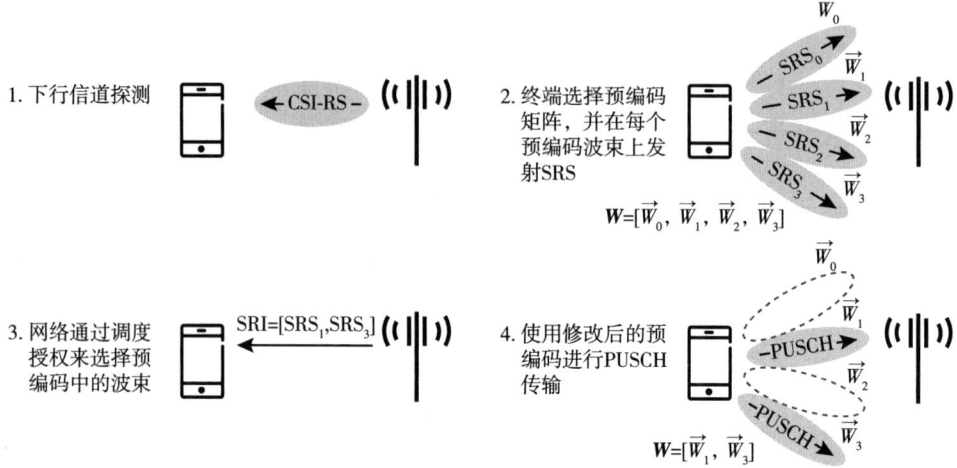

图 11-12　基于非码本的预编码

基于下行的测量，在实际系统中一般是对配置的 CSI-RS 进行测量，终端可以选择在终端看来最优的上行多层预编码。也就是说，非码本的预编码完全依赖上下行互易性，终端凭借下行的测量就可以得到上行信道的信息。因为没有对终端选择预编码矩阵做限制，所以被称为"基于非码本"。

预编码矩阵 $W$ 的每一列都定义了对应层的一个数字"波束"。终端为 $N_L$ 层的传输选择合适的预编码矩阵，可以看作终端为 $N_L$ 层的传输选择 $N_L$ 个不同的波束方向，矩阵的每一列就对应一个波束，每个波束对应一个数据传输的层。

原则上说，PUSCH 传输 $N_L$ 个层可以直接基于终端测量得到的预编码矩阵。但是终端的预编码矩阵选择有时从网络看来并不是最优。因此，NR 标准为基于非码本的预编码额外设计了一个步骤，让网络可以修改终端选择的预编码矩阵。比如网络可以从预编码矩阵中删除一些列或者说波束。

为了能够让网络做出修改，终端会把选择的预编码矩阵先应用到一组配置的 SRS 上，终端会在预编码矩阵里面的每个层（或者说每个波束）上发送一个 SRS，如图 11-12 中步骤 2 所示。基于接收到的 SRS 信号的测量，网络侧可以决定如何修改终端用于 PUSCH 传输的预编码矩阵。当网络侧决定如何修改终端的预编码矩阵之后，网络侧会通过调度授权中的 SRI 来指示终端使用配置的所有 SRS 中的一个子集，如图 11-12 中步骤 3 所示⊖。那些未被选择的波束上承载的 SRS 将不会在 SRI 中被指示。最后，终端在传输 PUSCH 的时候，如图 11-12 中步骤 4 所示，终端就会使用网络侧修改后的预编码矩阵，只有那些被 SRI 指示的 SRS 对应的预编码矩阵的列才会被使用。请注意这里 SRI 实际上也隐含定义了网络侧允许终端使用的层数。

---

⊖ 当终端配置为基于非码本传输的时候，和基于码本的上行预编码不同（SRI 仅指示一个 SRS，见 11.3.1 节），SRI 可以用来指示多个 SRS。

需要注意的是，终端需要指示自己选择的预编码信息(图 11-12 中的步骤 2)，但是并不需要为每次上行传输都做出指示。实际中可以通过上行 SRS 传输来周期性更新终端选择的预编码矩阵(通过周期性 SRS 或者半持续 SRS 来指示)，也可以在网络请求时按需更新(通过非周期 SRS)。而与之相对的是，当网络侧需要指示自己修改的结果的时候，必须对每次 PUSCH 的传输做出指示。

# 第 12 章

# 波束管理

第 11 章从总体上讨论了 NR 标准中采用的多天线技术，并重点介绍了多天线预编码技术。多天线预编码一般需要控制各个天线单元的幅度和相位，这就意味着需要发送端在数模转换之前，也就是在数字域执行多天线相关的处理。同样对于接收端，也需要在模数转换之后执行多天线处理。

然而在高频的场景下，大量密集分布的天线单元会迫使终端考虑在模拟域进行波束赋形。在模拟域进行多天线处理的粒度只能针对整个载波，也就是说一个特定的时刻波束只能指向一个方向。为不同方向的终端发送的下行数据需要安排在不同的时刻分别进行。与之对应的是接收端模拟域波束赋形，接收波束在某一时刻也只能对准一个方向进行接收。

波束管理的终极目标就是建立和维护一个合适的波束对(beam pair)。在接收机选择一个合适的接收波束，在发射机选择一个合适的发射波束，联合起来保持一个良好的无线连接。

如图 12-1 所示，最优的波束对并不一定意味着发射机和接收机的波束正好对准对端的方向。由于在空口传播环境中可能存在障碍物，在发送端和接收端之间不存在直视径的情况下，一些反射径却可以提供相对较好的性能，如图 12-1 右侧所示，特别是高频下的"拐角"色散更是如此。波束管理必须能够处理这些情况，建立并保持优选的波束对。

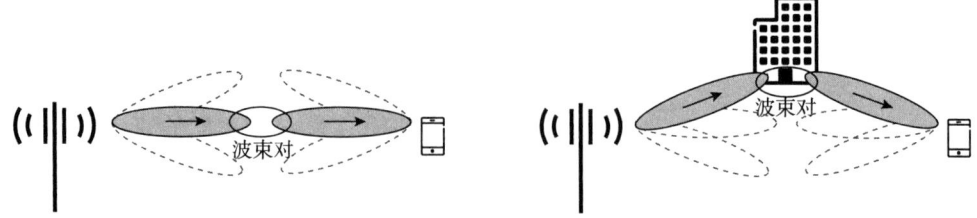

图 12-1 下行传输波束对示例，有直视(左)和通过反射(右)

图 12-1 描述的是下行传输，网络选择合适的波束发送信号，终端选择合适的波束接收信号。但是波束赋形对上行传输也是有效的，终端选择合适的波束发送信号，网络选择合适的波束接收信号。

很多情况下下行传输的最优波束对往往对上行传输而言也是最优的波束对，反之亦然。在这种情形下，网络和终端只需明确地确定某个传输方向中一个合适的波束对就足够了。同一波束对可以用于相反方向，称为波束一致性（beam correspondence），详见第 28 章。否则，网络和终端就必须为下行和上行分别确认波束对。

一般来说，波束管理可以分为以下几个部分：
- 初始波束建立（initial beam establishment）。
- 波束调整（beam adjustment），主要用来适应终端的移动和旋转，以及环境中的缓慢变化。
- 波束恢复（beam recovery），用于处理快速变化的环境破坏当前波束对的情况。

## 12.1 初始波束建立

初始波束建立指的是为上下行方向初始建立波束对的功能和过程，例如在连接建立时。第 16 章将介绍小区初搜过程中终端如何获取网络发送的 SSB。一般网络会发送多个 SSB，这些 SSB 依次发送并且每个 SSB 都承载在不同的下行波束上。一方面 SSB 和下行波束相关联，另一方面 SSB 还和上行随机接入时机、前导码等资源相联系（见 17.1.4 节），这样网络就可以通过随机接入获知终端选择的下行波束，从而建立起初始波束对。

在随后的通信过程中，终端会假设网络的下行传输一直沿用同样的空间滤波器，也就是说网络会一直保持被 SSB 使用的发射波束。因此，终端会认为后续的下行接收完全可以沿用接收 SSB 的最优接收波束。同样，网络也会假设终端的上行传输一直沿用同样的空间滤波器，也就是说终端会一直保持随机接入过程中使用的发射波束。因此，网络会认为后续的上行接收完全可以沿用随机接入过程中使用的最优接收波束。

## 12.2 波束调整

当初始波束对建立起来之后，因为终端的移动、旋转等原因，需要定期地重新评估接收端波束和发送端波束的选择是否依然合适。即便终端完全静止不动，周边环境中一些物体的移动也有可能会阻挡或者不再阻挡某些波束对，这就意味着波束调整是必需的。波束调整还包括优化波束形状，比如相对于初始波束使用的宽波束，通过波束调整让波束更加狭窄。

因为波束对的波束赋形包括发送端波束赋形和接收端波束赋形，所以波束调整可以分为下面两个独立的过程：
- 现有接收端接收波束不变，重新评估和调整发送端的发射波束。
- 现有发送端发射波束不变，重新评估和调整接收端的接收波束。

如上所述，对上行和下行都需要波束调整。但是如果可以假设波束一致性，那么波束调整只需要在一个方向上执行，比如仅仅在下行方向上调整，调整结果也适用于上行。

### 12.2.1 下行发送端波束调整

下行发送端波束调整的主要目的是在终端接收波束不变的情况下，优化网络发射波束。为了达到这个目的，终端可以测量一组参考信号，这些参考信号会对应一组下行波束（见图 12-2）。假设网络使用模拟波束赋形，网络必须按顺序依次发送不同的下行波束，也就是波束扫描。

测量的结果上报网络,网络会依照测量结果决定是否调整当前波束。请注意,这里的调整并不意味着一定会选择一个终端测量的波束,网络也可以自行选择,比如选择一个介于两个上报波束方向之间的波束。

请注意,当测量发送端不同的发射波束的时候,终端接收波束需要在测量过程中一直保持不变,这样测量的结果才能反映针对这个接收波束的不同的发射波束的质量。

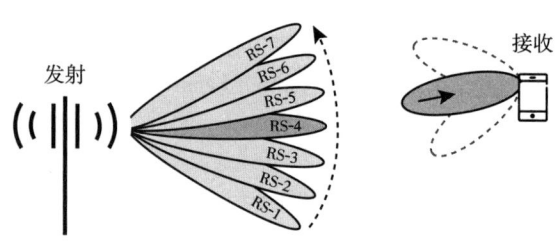

图 12-2 下行发送端波束调整

为了能够实现如图 12-2 所示的针对一组波束进行的测量和上报,NR 标准使用了基于测量报告配置(见 8.2 节)的上报框架。更准确地说,测量和上报是通过一个报告配置来描述,并且这个报告配置以 L1-RSRP 作为上报量。

测量不同波束的参考信号集合则应该由报告配置中的 NZP-CSI-RS 资源组所定义。如 8.1.6 节所述,这样一个资源组,包括一组配置的 CSI-RS 或一组 SSB。波束管理的测量可以基于 CSI-RS 或 SSB。其中基于 CSI-RS 的 L1-RSRP 测量必须基于单端口 CSI-RS 或者双端口 CSI-RS。其中如果是双端口 CSI-RS,那么上报的 L1-RSRP 是每个端口上 L1-RSRP 测量的线性平均。

终端可以最多针对 4 个参考信号(可以是 CSI-RS 或者 SSB)进行测量上报,这样一个上报实例可以针对多达 4 个波束进行上报。每个这样的上报包括:

- 指示该上报所针对的参考信号,或者说波束(最多 4 个)。
- 最强波束的 L1-RSRP。
- 对剩余的波束(最多 3 个),上报剩余波束和最强的波束 L1-RSRP 的差值。

### 12.2.2 下行接收端波束调整

下行接收端波束调整的主要目的是在网络发射波束不变的情况下,找到终端最优的接收波束。为了达到这个目的,需要再次给终端配置一组下行参考信号,这些参考信号都是从网络的同一个波束上发出的。这个波束就是当前的服务波束。如图 12-3 所示,终端执行接收端波束扫描,来依次测量配置的一组参考信号。通过测量,终端可以调整自己当前的接收波束。

与下行发送端波束调整对应,下行接收端波束调整可以配置一个测量报告。但是由于接收端

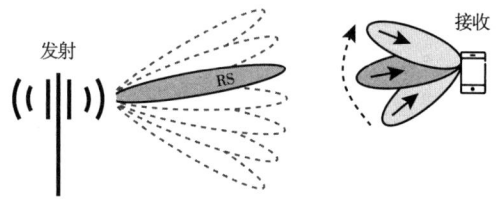

图 12-3 下行接收端波束调整

波束调整是在终端内部进行,所以没有针对接收端波束调整的报告量(report quantity)。根据 8.2 节,报告量会被设置为"None"。

为了支持接收端模拟波束赋形,资源集中不同的参考信号必须在不同的 OFDM 符号中发

送，这样就可以让接收端扫描波束来测量参考信号。同时终端会假设网络发出的资源集中的参考信号都使用相同的空间滤波器，也就是相同的发射波束。配置的资源集有一个"重复"标志，该标志指示终端是否能够假设资源集中所有的参考信号都使用同一个空间滤波器。因此当一个资源集用来帮助终端进行下行接收波束调整的时候，这个标志应该被置位。

### 12.2.3 上行波束调整

上行波束调整和下行波束调整的目的一致，都是为了维持一个合适的波束对。上行波束调整需要为终端选择一个合适的上行发射波束，以及为网络选择一个合适的上行接收波束。

如上讨论，如果假设波束一致性存在，而且已经获取了合适的下行波束对，那么上行波束管理就没有必要了，下行的波束对可以直接用于上行。当然也可以只获得上行波束对，这样下行波束管理就没有必要。

当需要进行上行波束调整的时候，测量和调整的方法和下行波束调整类似，不过这个时候，网络需要配置 SRS 来进行测量，而非 CSI-RS 或者 SSB。

## 12.3 波束指示和 TCI

从上面的描述可以看出，高频最有效的波束操作就是在发射机和接收机之间建立一个合适的波束对。这也意味着，如果网络由于某种原因改变了用于向终端传输的波束，则终端也需要调整接收机波束以匹配发射机波束。为了以有效的方式实现这一点，NR 引入了传输配置指示（Transmission Configuration Indication，TCI）作为指示用于下行波束的工具。基于对下行传输的 TCI 的了解，终端可以选择合适的接收机波束。如果发射机波束改变，TCI 状态也改变，则终端也会直接调整接收机波束以匹配发射机波束的改变。

TCI 的概念在 NR 的第一个版本中就引入了，但是在 Release 17 中有了重大更新。下面我们将首先在 12.3.1 节中描述最初的 Release 15/16 中的 TCI 概念，然后在 12.3.2 节中介绍新的 Release 17 的 TCI 框架。

### 12.3.1 Release 15/16 关于 TCI 状态的定义

在一般情况下，Release 15/16 的 TCI 状态对应于一个或两个下行参考信号，可以是 SSB 或者是配置的周期性 CSI-RS，其中每个参考信号都关联一个特定的 QCL 类型。对于波束指示，TCI 状态包括某个参考信号，并且关联 QCL 类型 D（空间 QCL）。当下行传输（PDSCH 或 PDCCH）与这样的 TCI 状态相关联时，终端可以假设下行传输与 TCI 状态指示的参考信号使用的是相同的空间滤波，实际上使用相同的发射机波束。因此，终端可以假设它将 TCI 状态的参考信号的接收机波束也用于接收下行传输。如果发射机波束改变，则网络通知终端相应的新 TCI 状态，这样终端就可以相应地适配并改变其接收机波束。注意，为了正常工作，终端需要跟踪一组候选 TCI 状态对应的接收机波束。下行波束赋形对终端可以是完全透明的，也就是说终端不需要知道网络使用的是何种波束。

下面总结了 Release 15/16 中波束指示的基本原则：

- 网络关联多个 TCI 状态和下行波束。TCI 状态往往使用不同的周期性参考信号(SSB 或者周期性 CSI-RS)。
- 终端始终跟踪一组 TCI 状态对应的接收波束，就是找到适合 TCI 状态对应的各个参考信号的接收波束。
- 网络向终端提供关于给定下行传输(PDSCH 或 PDCCH)的 TCI 状态的信息。
- 接收机使用对应 TCI 状态的波束来接收下行传输。

注意，Release 15/16 TCI 状态仅适用于下行传输。对于上行传输，改为使用上行传输和下行参考信号之间的空间关系的概念。配置这种关系意味着终端可以将为接收下行参考信号而建立的接收波束应用到上行传输的发射波束。

对于 PDCCH 和 PDSCH 来说，网络向终端提供关于给定下行传输的 TCI 状态的方法略有不同。

一般来说，终端可以配置相对大量的 TCI 状态。对于 PDCCH 的传输，RRC 信令将配置 TCI 状态的一个子集给 CORESET。然后借助于 MAC 信令(MAC CE)，网络可以更动态地指示 CORESET 配置的 TCI 状态子集中的某个特定 TCI 状态，作为该 CORESET 内 PDCCH 传输的 TCI 状态。MAC 指示的 TCI 状态将保持有效直到 MAC CE 指示新的 TCI 状态。

对 PDSCH 的波束指示，根据调度偏移的不同有两种选项。这里调度偏移指的是 PDSCH 的发送时刻和承载该 PDSCH 调度命令的 PDCCH 发送时刻之间的时间偏移。

如果该偏移超过 $N$ 个符号，那么用于该调度分配的 DCI 可能会直接为 PDSCH 发送相应的 TCI 状态。为了让 DCI 能够指示 TCI 状态，网络需要从配置的候选状态中选出最多 8 个 TCI 状态并事先配置给终端。这样 DCI 只需要预留 3bit 的指示就可以让终端知晓准确的 TCI 状态。

如果调度偏移小于等于 $N$ 个符号，那么终端可以直接认为 PDSCH 传输和 PDCCH 传输是 QCL。换句话说，MAC 层为 PDCCH 指示的 TCI 状态可以直接用于 PDSCH。

之所以限制基于 DCI 信令的全动态 TCI 选择只在调度偏移大于某一特定值的情况，简单地说，主要是因为如果偏移过短，终端没有办法在这么短的时间内从 DCI 中解码出 TCI 的信息并且在接收 PDSCH 之前相应地调整接收波束。

### 12.3.2 Release 17 统一 TCI 框架

Release 15/16 TCI 概念非常灵活，可以为每个下行物理信道配置单独的波束指示。然而，这也导致 TCI 状态的配置/激活/指示的高信令开销。同时，在实践中相同的传输波束通常用于同一终端的不同下行信道。此外在大多数情况下，相同的波束对用于同一个终端的上下行传输。

考虑到这些，Release 17 修改了 TCI 的概念，称为统一的 TCI 框架：
- 将 Release 15/16 的 PDSCH 和 PDCCH TCI 状态的单独指示合并成联合下行 TCI 状态。注意，这假设相同的空间滤波，即相同的发射波束用于 PDCCH 和 PCSCH。
- 引入对 PUSCH 和 PUCCH 都有效的联合上行 TCI 状态，作为 Release 15/16 的上行空间关系的替代。与 Release 15/16 TCI 状态不同，Release 17 TCI 框架也用于上行。

Release 17 统一 TCI 框架还允许将下行和上行 TCI 状态组合成联合下/上行 TCI 状态。更具体地说，统一 TCI 框架可以以两种不同的模式运行：
- 联合下行/上行 TCI，其中一个联合 TCI 状态对下行和上行传输都有效。

- 分离下行/上行 TCI，其中对于下行传输有一个 TCI 状态，对于上行传输有另一个 TCI 状态。

利用联合下行/上行 TCI 状态进行操作假设相同的波束对用于上行和下行传输，如图 12-4 左侧所示。在大多数情况下，这是一个合理的假设，因为影响波束选择的信道属性通常下行和上行类似。然而，在一些情况下，对于下行和上行传输使用不同的波束对可能是有益的，对应于单独的下行和上行 TCI 状态(见图 12-4 右侧)。一个这样的场景可能是当终端的不同天线面板具有不同的发射功率能力时。在这种情况下，即使一个波束对在路径增益方面更好，仍可能优先选择另一个波束对，因为它可以允许更高的发射功率，从而允许整体更好的链路性能。

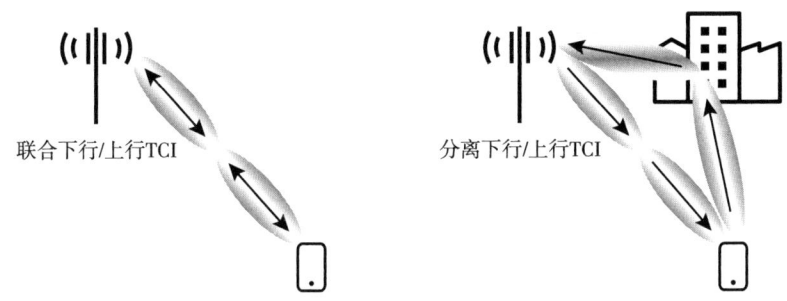

图 12-4　联合下行/上行 TCI 和分离下行/上行 TCI

类似于 Release 15/16 的 TCI 状态，Release 17 的 TCI 状态的更新可以通过 MAC 信令(MAC CE)或者通过 MAC 和 DCI 信令的组合来完成。

不管是哪种情况，终端首先都要被配置一组 TCI 状态，或者是一组联合下行/上行 TCI 状态，或者是一组下行 TCI 状态和一组单独的上行 TCI 状态。

- MAC 信令：MAC CE 从配置的 TCI 状态的集合中直接更新当前联合下行/上行 TCI 状态，或者单独更新当前下行 TCI 状态和上行 TCI 状态。
- 组合的 MAC 和 DCI 信令：MAC CE 首先从配置的状态集合中激活多达八个不同的联合下行/上行 TCI 状态，或者多达八个下行和上行 TCI 状态的组合。然后，DCI 信令用于指示激活某个 TCI 状态或 TCI 状态的组合。

对单独的下行和上行 TCI 状态，下行和上行 TCI 状态的 MAC 激活组合多达八个：

- 下行 TCI 状态和上行 TCI 状态的组合，在这种情况下，DCI 同时更新下行和上行 TCI 状态。
- 仅下行 TCI 状态，在这种情况下，DCI 仅更新下行 TCI 状态，而上行 TCI 状态将保持不变。
- 仅上行 TCI 状态，在这种情况下，DCI 更新上行 TCI 状态，而下行 TCI 状态将保持不变。

图 12-5 中给出了 MAC 激活的独立下行和上行 TCI 状态以及它们到 DCI 的 TCI 字段的映射的示例。

- 如果 DCI 通知"3"，则终端应该更新当前下行状态为 DL TCI 10，更新当前上行 TCI 状态为 UL TCI 12。

- 如果 DCI 通知"0"，则终端应该更新当前下行 TCI 状态为 DL TCI 3，但是不应该更新当前上行 TCI 状态。
- 如果 DCI 通知"7"，则终端应该更新当前上行 TCI 状态为 UL TCI 57，但是不应该更新下行 TCI 状态。

| TCI 字段 | 0 | 1 | 2 | 3 | 4 | 5 | 6 | 7 |
|---|---|---|---|---|---|---|---|---|
| 下行TCI状态 | DL TCI 3 | DL TCI 7 | DL TCI 9 | DL TCI 10 | DL TCI 25 | DL TCI 36 | — | — |
| 上行TCI状态 | — | — | UL TCI 1 | UL TCI 12 | UL TCI 7 | UL TCI 20 | UL TCI 42 | UL TCI 57 |

图 12-5　示例：DCI 中 TCI 字段如何映射激活下行和上行 TCI 状态

从上面的例子中，我们可以注意到基于 DCI 的 TCI 状态指示在 Release 15/16 和 Release 17 之间的差异。

- 对于 Release 15/16，DCI 指示的 TCI 状态对于由 DCI 调度的 PDSCH 传输有效。对于任何将要发生的 PDSCH 传输，应该在相应的调度 DCI 中指示新的 TCI 状态。如果没有指示 TCI 状态，则假定 PDCCH 的 MAC CE 提供的 TCI 状态对于 PDSCH 传输也是有效的。
- 对于 Release 17，在 DCI 中指示的 TCI 状态更新下行和上行 TCI 状态，并且新的 TCI 状态将保持有效，直到提供新的 TCI 状态。

在 DCI 指示的 TCI 状态更新的情况下，网络需要知道 DCI 已经被终端正确接收。如果携带 TCI 指示的 DCI 也被用于调度 PDSCH 传输，则 HARQ 反馈可以被用作正确 DCI 解码的指示。也有方法使 HARQ 反馈用于不调度 PDSCH 传输的 DCI。

## 12.4　波束恢复

在某些场景下，环境的变化导致原先建立的波束对突然被阻挡，网络和终端没有足够的时间来进行波束调整。为了处理这种情况，NR 标准定义了一套处理这种波束失败的流程。有时候也称之为波束(失败)恢复。

从很多方面看来，波束失败和现有的无线通信技术，诸如 LTE 中的无线链路失败(Radio-Link Failure, RLF)的概念非常相近。事实上，也确实可以用 RLF 恢复的流程来恢复失败的波束问题。但是考虑到如下理由，NR 标准引入一套新的流程来处理波束失败：

- 一般 RLF 都是针对终端移动出网络覆盖范围的情况，并不频繁发生。但是波束赋形，特别是对窄波束的使用，由于波束对的快速衰落导致波束失败的频率会远远高于 RLF。
- RLF 一般意味着丧失了服务小区的覆盖，因此和新小区或者新的载波必须重新建立连接。而当波束失败之后，只需要重新在当前小区建立新的波束对就可以重新建立连接。正因为只需要重新建立波束对，往往这种重建过程通过底层的功能就可以完成，这样就可以快速地完成恢复，而不需要像 RLF 那样需要高层介入，也避免了 RLF 恢复所耗费的时间。

因此，波束失败/恢复包括如下步骤：

- 波束失败检测(beam-failure detection)，终端检测到发生了波束失败。
- 备选波束认定(candidate-beam identification)，终端试图发现新的波束，或者说可以恢复连接的新波束对。
- 恢复请求传输(recovery-request transmission)，终端发送一个波束恢复请求给网络。
- 网络回应波束恢复请求。

### 12.4.1 波束失败检测

一个波束的失败，定义为下行控制信道(PDCCH)的解码错误概率超过了一定的阈值。但是在实际中，类似于 RLF，一般终端都会用下行参考信号的质量来判断波束失败，而不是真正地测量 PDCCH 的错误概率。这称为假设性错误率(hypothetical error rate)测量。更准确地说，终端应该通过测量 PDCCH QCL 的周期性 CSI-RS 或者 SSB 的 L1-RSRP 来判断波束是否失败。因此，终端会默认通过对 PDCCH TCI 状态相关联的 CSI-RS 或者 SSB 这些参考信号的测量来判断波束失败。当然 NR 标准也支持网络显式配置一个单独的 CSI-RS，来方便终端测量、判断波束失败。

每次当测量的 L1-RSRP 低于一个配置的阈值时，就会被称为一个波束失败实例(beam-failure instance)。当连续波束失败实例的个数超过一个配置的阈值时，终端就会认为检测到波束失败，并触发波束失败恢复流程。

### 12.4.2 新备选波束的认定

作为波束恢复的第一步，终端会尽力寻找一个新的波束对，以期恢复连接。为了达到这个目的，网络会给终端事先配置一个资源组，该资源组包括一组 CSI-RS 或者一组 SSB。这些参考信号每一个都对应着一个特定的下行波束，因此实质上这个资源组就对应了一组备选波束。

与正常的波束建立过程类似，终端通过测量参考信号的 L1-RSRP 来从备选的波束中选出合适的波束。如果 L1-RSRP 超过了一个配置的阈值，终端就会认为这个波束能够用于恢复连接。需要注意的是，终端从备选下行发射波束中选择下行波束的同时，还要选择合适的终端接收波束。换言之，终端需要选择完整的波束对。

### 12.4.3 终端恢复请求和网络响应

如果波束失败被检测到，并且新的备选波束对也已经找到，那么终端会执行波束恢复请求。恢复请求的目的是通知网络：终端检测到波束失败，当然恢复请求中可能也包含终端检测到的备选波束的信息。

波束恢复请求本质上是一个两步的非竞争随机接入请求[○]，包括前导码发送和随机接入响应。每一个备选波束都对应一个特定的前导码配置(RACH 的时机以及前导码序列，见第 17 章)。当终端认定了一个新备选波束，与之对应的前导码配置也随之确认。除此之外，前导码传输的上行波束也会和选定的下行波束对应。

---

○ 第 17 章会详细介绍随机接入过程，包括前导码结构。

需要注意的是，每个备选的波束不一定和唯一的前导码配置相关联。实际应用中有如下可能：

- 每个备选波束都对应唯一的前导码配置，在这种情况下，网络可以直接通过接收的前导码来确认下行波束。
- 备选波束被划分为若干组，每个组都对应唯一的前导码配置，不同组对应不同的前导码。这种情况下，接收的前导码只能确认选择的下行波束属于哪个组。
- 所有的备选波束都对应同一个前导码配置。这样的情况下，前导码接收仅仅能够指示发生了波束失败以及终端请求波束失败恢复。

在假定所有备选的波束对来自同一个站点的情况下，可以认为在到达接收机时随机接入传输有良好的定时对齐。但是可能会有大的路损变化，因此波束恢复请求会包含功率抬升（power ramping，见 17.1.5 节）的参数。

当终端执行波束恢复请求之后，就会在下行监听网络的响应。终端会认为网络如果响应了请求，传输的 PDCCH 与选择的新波束对应的参考信号是 QCL 关系。

监听恢复请求响应开始于发送请求四个时隙之后，如果在一个配置的特定时间窗内，始终都没有收到网络发送的响应，终端就会根据配置的功率抬升参数，提高功率后再次发送恢复请求。

## 12.5 多收发节点传输

收发节点（Transmission and Reception Point，TRP）是指网络侧用于发送和接收的物理节点。例如，这种物理节点可以对应于不同的小区站点或在分布式天线系统的情况下地理上分离的天线。通常，多收发节点（Multi-TRP）操作包括：

- 下行多点发送：多个节点发送下行传输给同一个终端，如图 12-6 左边所示。
- 上行多点接收：多个节点接收同一个终端上行传输，如图 12-6 右边所示。

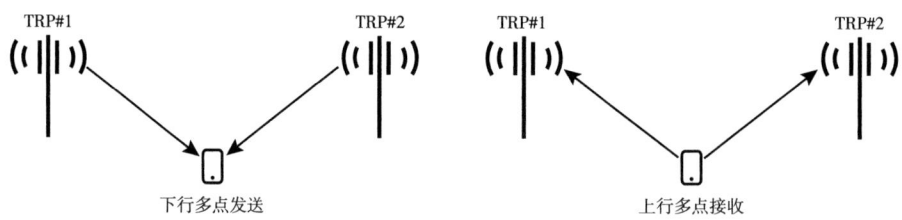

图 12-6  下行和上行多收发节点传输

Multi-TRP 操作有若干好处，包括：

- 获得发射功率增益。总发射功率随着发送节点增加而增加。
- 增加信道的秩。通过增加节点，信道变得更加"丰富"，因此可以支持更高的秩以及更高的速率。
- 获得可靠性增益。如果一个节点不工作了，依然可以通过其他节点保持连接。

注意，某些形式的 Multi-TRP 操作对终端来说是透明的，这意味着不需要空口规范的支持就可以直接使用。原则上无法区分接收信号是从多个发送点同时发送的汇总还是经过多径传播的单点传输。同样在原理上，也没有什么可以阻止在多个接收点接收上行传输，而终端甚至不知道多节点的存在。但是注意，为了充分利用这类"透明"的 Multi-TRP，终端将需要在多个方向上同时分别接收和发送。在较高的频率下，由于终端通常配备多个天线面板以"观察"不同的方向，这使得多个方向同时收发有时并不可行。注意，在多个不同方向上的发送和接收是所有类型的 Multi-TRP 操作的基本属性，尽管在一些情况下，在"不同方向"上的发送或接收不会同时发生。

除了终端透明的 Multi-TRP 操作之外，NR 规范还支持几种非透明的 Multi-TRP 方案：

- 从两个发送点同时发送不同的数据，作为提高终端下行数据速率的手段，称为非相干联合传输(Non-Coherent Joint Transmission，NCJT)，在 Release 16 中引入。
- 使用不同的时间或频率资源从两个发送点发送相同的数据，作为提高下行传输可靠性的手段。
- 使用不同的时间资源向不同的接收点传输相同的数据，作为提高上行传输可靠性的手段。

由于高可靠性与 URLLC 业务相关(见第 1 章)，后两种情况在 3GPP 中被共同称为 URLLC 的 Multi-TRP。Release 16 中引入了对 URLLC 的下行 Multi-TRP 的支持，但当时仅限于 PDSCH。在 Release 17 中，用于 URLLC 的下行 Multi-TRP 扩展到也覆盖 PDCCH。同时 Release 17 还引入了对 URLLC 的上行 Multi-TRP 的支持，即 PUSCH 和 PUCCH 信道的多点接收。

当前支持的 NR Multi-TRP，包括非相干联合传输和用于 URLLC 的 Multi-TRP(包括在 Release 17 中引入的方案)，依赖于 Release 15/16 TCI(见 12.3.1 节)。将 Multi-TRP 操作扩展到 12.3.2 节中描述的基于 Release 17 的统一 TCI 框架是当前 3GPP Release 18 正在进行的工作之一。

### 12.5.1 非相干联合传输

如上所述，非相干联合传输(NCJT)意味着从两个发送点向同一终端传输不同的下行数据。注意，一般来说，非相干联合传输要求终端能够从不同方向同时接收，正如已经提到的，这在诸如毫米波的较高频率下可能是困难的。同时非相干联合传输旨在提高带宽受限情况下的可实现数据速率，大带宽的毫米波频率对此需求并不强烈。

NR 支持非相干联合传输的两种变体，分别称为基于单 DCI 的 NCJT 和基于多 DCI 的 NCJT，如图 12-7 所示。顾名思义，这两种变体在调度 DCI 方面有所不同，在两个发送点发送一个公共 PDSCH 或两个单独的 PDSCH 方面也不同。

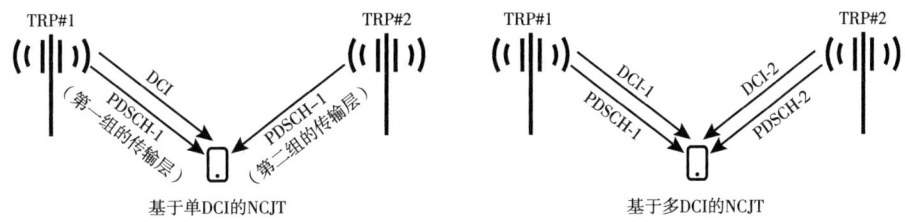

图 12-7 基于单 DCI 的 NCJT 和基于多 DCI 的 NCJT

### 1. 基于单 DCI 的 NCJT

对基于单 DCI 的 NCJT(见图 12-7 左侧)，单个 DCI 调度一个多层传输的 PDSCH，两个节点各自发送一部分传输层。

基于单 DCI 的 NCJT 对规范的影响来自从不同发送点传输的 PDSCH 层应该具有不同的 QCL 关系。如前所述，通过从一组多达八个 MAC-CE 激活的 TCI 状态中指示特定的 TCI 状态，可以在调度 DCI 中动态地指示 PDSCH 的 QCL 关系。为了实现基于单个 DCI 的 Multi-TRP 传输，Release 16 引入了 DCI，同时指示两个不同 TCI 状态及相应的 QCL 关系。这两个 TCI 状态为不同 PDSCH DMRS 端口集提供 QCL 关系，也就是说，实际上为不同组的 PDSCH 层提供 QCL 关系。更具体地说，第一个 TCI 状态为最低 CDM 组的 DMRS 端口提供 QCL 关系(见第 9 章)，而第二个 TCI 状态为其余的 DMRS 端口提供 QCL 关系。

### 2. 基于多 DCI 的 NCJT

在基于多 DCI 的 NCJT 的情况下(见图 12-7 的右侧)，每个传输点发送一个 PDSCH 的传输块，且每个 PDSCH 由独立的 DCI 通过独立的 PDCCH 进行调度。每个节点 PDSCH 的最大传输秩限制为 4，这意味着发送到给定终端的层的总数仍然被限制为 8。

由于可以独立地接收两个 PDSCH，原则上，可以设想从两个发送点进行完全独立的传输定时。然而，为了允许终端使用单个 DFT，依然要求基于多 DCI 传输的两个发送点在时间上严格对齐。

对于基于多 DCI 的 NCJT，有两个传输块，每个发送点一个传输块。因此需要两个独立的 HARQ 反馈，每个传输块一个反馈。如图 12-8 所示，HARQ 反馈有两种选择：
- 通过一个 PUCCH 的联合反馈。
- 使用两个 PUCCH 的分离反馈。

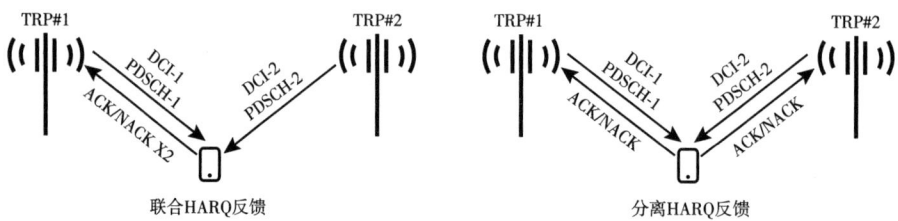

图 12-8 基于多 DCI 的 NCJT 中的联合 HARQ 反馈和分离 HARQ 反馈

## 12.5.2 用于 URLLC 的下行 Multi-TRP

在如上所述的非相干联合传输的情况下，从两个不同的发送点传输不同数据，要么是同一 PDSCH 的不同层(对于基于单 DCI 的 NCJT)，要么是两个不同的 PDSCH(对于基于多 DCI 的 NCJT)。在非相干联合传输的情况下，多点传输是提升下行可达数据速率的手段。但是，下行多点传输也可以作为一种手段，通过从不同的发送点传输相同数据来提高可靠性。如前所述，在 3GPP 中这称为用于 URLLC 的下行 Multi-TRP。

## 1. 用于 URLLC 的下行 Multi-TRP-PDSCH

用于 URLLC 的下行 Multi-TRP，其 PDSCH 传输依据使用时频资源的方式不同分为如下两种：
- 基于频分复用的多点传输。
- 基于时分复用的多点传输。

在基于频分复用的多点传输的情况下，使用不重叠的频域资源，即不同的不重叠的资源块集合，从两个 TRP 发送数据，如图 12-9 所示。可以通过两种不同的方式实现，在规范中分别称为方案 A 和方案 B。
- 对于方案 A，同一个 PDSCH 的传输块分为两部分，在不重叠的频域资源上从两个 TRP 同时发送。
- 对于方案 B，同一个传输块被复制，通过两个 PDSCH，在不重叠的频域资源从两个 TRP 同时发送。

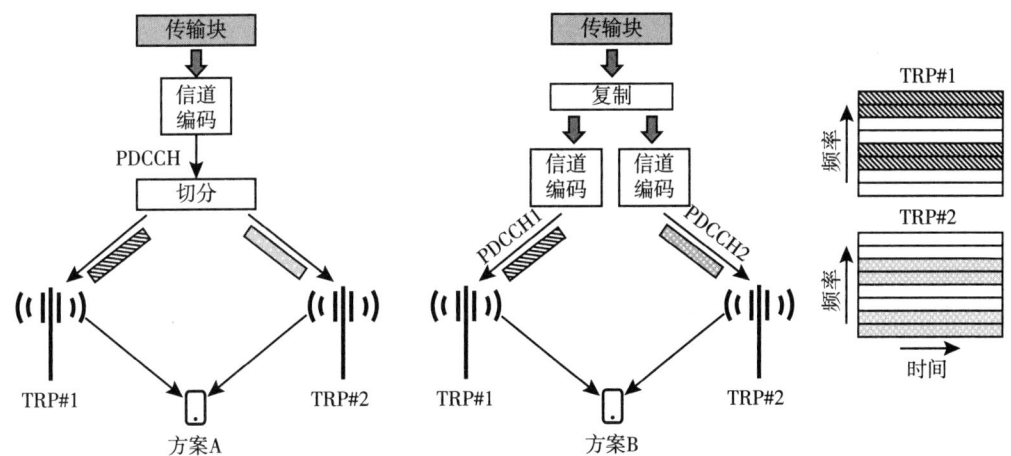

图 12-9　基于频分复用的用于 URLLC 的下行 Multi-TRP-PDSCH

注意，对于方案 B 也有单个 DCI 调度两个 PDSCH⊖。

为了使终端能够接收来自不同 TRP 的传输，从终端来看，这些 TRP 通常位于不同的方向，两个频域资源(对于方案 A)或两个 PDSCH(对于方案 B)应该与不同的 TCI 状态相关联。请注意，这假设终端能够根据两个不同的 TCI 状态同时进行下行接收，实际上就是能够从两个不同的方向同时接收。如前所述，并非所有终端都支持这一点，尤其是在较高频率下工作时。

在基于时分复用的多点传输的情况下，传输块改为使用不重叠的时域资源从多个 TRP 传输，如图 12-10 所示。注意，时分复用避免了终端从多个方向同时接收的问题。

TRP 之间的时分复用有两种选项：
- 时隙内时分复用。

---

⊖ 使用单个 DCI 并不妨碍 PDCCH 使用 Multi-TRP。也就是说，从多个 TRP 发送同一个 DCI。

- 时隙间时分复用。

在时隙内时分复用的情况下,同一个传输块在两个不同的 PDSCH 上传输,这两个 PDSCH 由两个 TRP 使用时隙内的不同符号发送。因此,时隙内时分复用遵循与上述频分复用方案 B 相同的原则,即使用来自两个 TRP 两个不同的 PDSCH 来发送传输块。与频分复用的方式相同,两个时域资源应当关联到不同的 TCI 状态。

在时隙间时分复用的情况下,PDSCH 传输改为在多个时隙上重复。最多可以有 16 次重复,每次重复与两个 TCI 状态中的一个相关联。因此,即使重复次数可以达到 16 次,对于两个 TRP 仍有此限制。

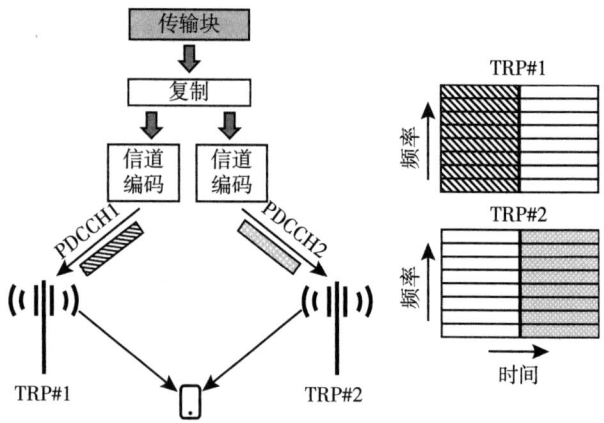

图 12-10 基于时分复用的用于 URLLC 的下行 Multi-TRP-PDSCH

### 2. 用于 URLLC 的下行 Multi-TRP-PDCCH

在针对 PDCCH 的 Multi-TRP 的情况下,在来自不同发送点的两个 PDCCH 上传输相同的 DCI,其中 PDCCH 可以在频域中分离,即在不同资源块上同时传输,或者在时域中相同时隙内分离。

更详细地说,通过为终端配置两个搜索空间来启用 PDCCH 的 Multi-TRP,见第 10.1.3 节,这两个搜索空间被明确配置为相互链接(link)⊖。

链接的搜索空间应该具有相同的类型、周期和偏移。此外,在两个搜索空间的监听时机之间应该存在一对一的映射。这意味着,对于在一个搜索空间内传输的每个 PDCCH,在另一个搜索空间内明确定义的位置有一个对应的 PDCCH 传输,携带相同的 DCI。

为了实现 Multi-TRP 传输,链接的搜索空间应该在两个不同的 CORESET 中,这两个 CORESET 在时间和频率上是分开的,并且被分配了对应于这两个 TRP 的不同 TCI 状态。

为了获取 DCI,如果终端在链接的搜索空间之一内找到 PDCCH 就足够了。此外,如果该终端在链接的搜索空间之一内找到 PDCCH,终端就知道即使无法准确解码第二个搜索空间内的 PDCCH,也能够知道发送了对应的 PDCCH。这很重要,因为某些事件的定时取决于接收到的 PDCCH 的定时。在 Multi-TRP 传输用于 PDCCH 的情况下,定时关系在有些情况下取决于 PDCCH 最早发送的时间,有些情况下取决于 PDCCH 最后发送的时间。因此,即使只有一个 PDCCH 正确解码,终端也需要知道两个 PDCCH 的定时。

---

⊖ 链接是通过给每个搜索空间分配一个链接标识来完成的,如果两个搜索空间分配了相同的链接标识,则这两个搜索空间就链接了。请注意,一个搜索空间只能链接到另一个搜索空间,也就是说,最多可以为两个搜索空间分配相同的链接标识。

## 12.5.3 用于 URLLC 的上行 Multi-TRP

Release 17 还为上行的 URLLC 引入了 Multi-TRP。更具体地，Release 17 引入了对使用不同时域资源向两个不同 TRP 传输 PUSCH 和 PUCCH 的支持。因此，上行 Multi-TRP 限于 TRP 之间的时分复用。

### 1. 用于 URLLC 的上行 Multi-TRP-PUSCH

Multi-TRP 的 PUSCH 传输扩展了 Release 16 定义的 PUSCH 重复，允许 PUSCH 传输最多重复 16 个连续的时隙，具体参见 10.1.7 节或第 21 章。Release 17 对此进行了扩展，使得不同的重复可以针对两个不同的接收 TRP。实际上，这意味着使用与两个 TRP 匹配的两个不同上行波束来发送不同的重复，如图 12-11 所示。

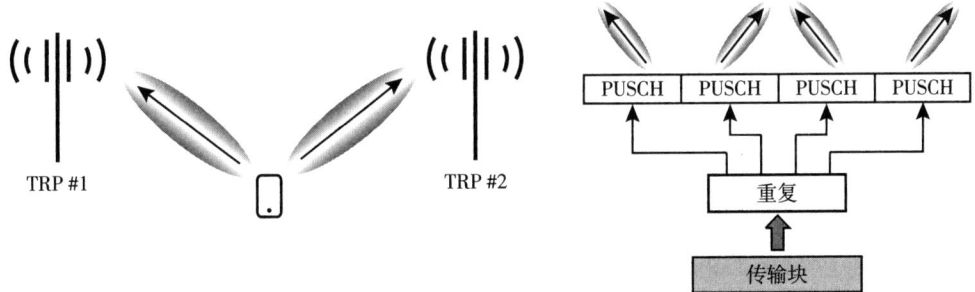

图 12-11　用于 URLLC 的上行 Multi-TRP-PUSCH

对重复和波束之间的映射，有两种不同的映射方式：
- 循环映射，每次重复都使用不同的波束。
- 顺序映射，每两次重复之后改变波束（这种映射只有在超过两次重复才有效）。

在 11.3 节中，描述了上行多天线传输，包括由一个或几个 SRS 资源组成的 SRS 资源集的配置，以及调度 DCI 中 SRS 资源指示（SRI）和秩/预编码指示（用于基于码本的传输）。为了支持 Multi-TRP 的 PUSCH 传输，Release 17 对此进行了扩展，使得终端可以配置两个 SRS 资源集，即每个接收 TRP 一个资源集。此外，上行调度授权扩展为包括两个 SRI 和两个秩/预编码指示，对应于两个 SRS 资源集，也对应于两个 TRP。

### 2. 用于 URLLC 的上行 Multi-TRP-PUCCH

PUCCH 的 Multi-TRP 遵循与 PUSCH 的 Multi-TRP 相同的路线，即重复 PUCCH 传输，不同的重复发送到不同的 TRP。对于 10.2 节的所有 PUCCH 格式，PUCCH 重复都是允许的。

PUCCH 重复可以是时隙间或时隙内的，在前一种情况下，可以有两次、四次或八次重复，而对于时隙内重复，只能有两次重复。请注意，在这两种情况下，TRP 的数量都限制为两个。

# 第 13 章

# 重传协议

由于接收信号质量的变化等因素，无线信道上的传输会产生错误。这种变化在一定程度上可以通过链路自适应来抵消，如第 14 章所述。但是，链路自适应无法抵消接收机噪声和不可预测的干扰变化。因此，几乎所有的无线通信系统都会采用前向纠错（Forward Error Correction，FEC）的形式，在发送信号中添加冗余信息，使得接收机能够纠正错误。这一机制要追溯到香农的开创性工作[65]。在 NR 中，LDPC 就是一种纠错编码，如 9.2 节所述。

尽管有了纠错码，在干扰或者噪声水平过高情况下接收到的数据单元还是会存在错误。由 Wozencraft 和 Horstein 第一次提出了混合自动重传请求（Hybrid Automatic Repeat Request，HARQ）[68]，HARQ 结合了纠错编码和错误数据单元重传两种机制，已经广泛地应用于许多现代通信系统中。通过纠错编码生成的数据单元，如果接收机仍然检测到错误，会请求发射机进行重传。

NR 的 MAC、RLC 和 PDCP 三层协议均提供了重传功能，在第 6 章总体介绍中已经提及。之所以有这种多层重传结构，是为了在状态报告的反馈速度和可靠性之间寻求折中。MAC 层 HARQ 机制在接收到每个下行传输块后，将传输成功或者失败的结果反馈给 gNB，从而实现非常快速的重传（对于上行传输，由于接收机和调度器在同一个节点中，因此不需要显式反馈）。尽管从原理上可以达到极低的 HARQ 反馈错误率，但随之带来的是传输资源（例如功率）的过多消耗。在许多情况下，合理的反馈错误率在 0.1%～1% 之间，因此，HARQ 的残留错误率也会达到大致近似的水平。很多情况下这个残留错误率已经足够低，但也有其他特殊情况存在。一个明显的例子是要求超可靠低时延递交的数据业务，在这种情况下，如果需要降低反馈的错误率，就必须接受反馈信令开销的增加，或者额外增加不需要依赖于反馈信令的重传，但这会带来频谱效率的降低。

低错误率不仅适用于 URLLC 类业务，从数据速率的角度来看也很重要。高速率的 TCP 业务需要数据包近乎无错地递交到 TCP 层。举个例子，对速率超过 100Mbit/s 的持续数据，要求丢包率小于 $10^{-5}$ [61]。其原因在于，TCP 假设数据包的错误是由于网络拥塞引起的。因此，任何数据包的出错都会触发 TCP 拥塞避免机制，从而导致数据速率随之降低。

相比于 HARQ 确认，RLC 状态报告的传输频率较低，从而获得可靠性为 $10^{-5}$ 或更低错误率的开销相对较小。因此，HARQ 和 RLC 组合起来可以获得较小往返时间和适度反馈开销的良好结合，即 HARQ 机制的快速重传和 RLC 的可靠数据递交互为补充。

PDCP 协议也能处理重传，而且能确保按序递交。PDCP 层重传主要用于 gNB 之间切换的场景，因为低层协议在切换中都会被清空。未得到确认的 PDCP PDU 可以被转发到新的 gNB，然后发送给终端。如果终端已经收到部分 PDU，PDCP 重复检测机制会丢弃重复的数据包。PDCP 协议还可用于在多个载波上发送相同的 PDU 来获得选择分集增益。这种情况下接收端的 PDCP 会丢弃多个载波上成功接收的重复信息。

在下面几节，会对 HARQ、RLC 和 PDCP 协议的原理做详细讨论。请注意，这些协议在 LTE 里就已经存在，并提供与 NR 基本相同的功能，但 NR 的版本对其进行了增强来显著降低时延。

## 13.1 带软合并的 HARQ

HARQ 协议是 NR 中最主要的重传方式。当接收到错误的数据包时，会发送重传请求。尽管接收机无法解析数据包，但接收到的信号仍包含有用信息，如果丢弃错误的数据包，会导致有用信息丢失。带软合并的 HARQ 就解决了这个问题，通过带软合并的 HARQ，将接收到的错误数据包存储在缓存里，随后与重传的数据包进行合并，得到一个合并的数据包，合并后的数据包比单个数据包更为可靠，因此会基于合并的信号进行纠错解码。

尽管 HARQ 协议本身主要在 MAC 层，但软合并属于物理层的功能。码块组的重传，即部分传输块的重传，从规范角度讲是由物理层完成的，尽管也同样可以作为 MAC 层的一部分来进行描述。

NR 标准的 HARQ 机制是由多个停止等待协议组成，每个对应一个传输块。在停止等待协议中，发射机在每次发送传输块后会停止并等待确认。这种简单机制只需要反馈 1bit 以指示对于传输块肯定或否定的确认。但是，由于发射机在每次传输后都会停止，吞吐量较低。因此，采用多个停止等待进程并行处理，一个进程在等待确认时，发射机可以用另一个 HARQ 进程发送数据。如图 13-1 所示，接收机在处理第一个 HARQ 进程接收到的数据时，可以用第二个进程继续接收，诸如此类。这种多个 HARQ 进程并行处理形成一个 HARQ 实体的结构，具有停止等待协议的简单性，同时也允许数据的连续传输。

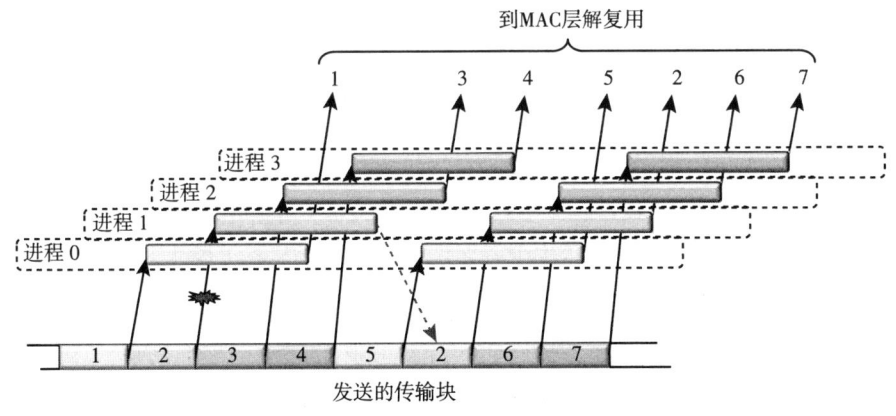

图 13-1 多个 HARQ 进程

对一个终端使用多个并行的 HARQ 进程会导致递交的数据乱序。如图 13-1 所示中的例子，由于传输块 2 需要重传，传输块 3 在传输块 2 之前被成功解码。对于许多上层应用这是可以接受的，如果无法接受，PDCP 协议可以提供按序递交的功能。请注意，按序递交可能导致额外的时延。图 13-1 的例子中，要等到数据包 2 被正确接收后，数据包 3、4 和 5 才能递交到高层，而无须按序递交的数据包可以在正确接收后立刻转发。

接收机的每个载波对应一个 HARQ 实体。当一个终端的下行空分复用大于四层时——此时两个传输块可以在一个传输信道上并行传输，如 9.1 节所述，可以由一个有两套 HARQ 进程的 HARQ 实体提供支持，每个 HARQ 进程有独立的 HARQ 确认。

NR 标准在上行和下行都采用异步（asynchronous）HARQ 协议，即上行或下行传输的 HARQ 进程都是通过下行控制信息（Downlink Control Information，DCI）显式指示。另一个选择是采用同步 HARQ 协议，在初传之后一个固定的时间发送重传，但为什么 NR 标准采用了异步协议？有以下两个原因：一个原因是同步 HARQ 不适用于动态 TDD；另一个原因是对于在 NR Release 16 中引入的非授权频谱，如第 20 章所述，因为无法保证同步方式下重传时刻的无线资源可用，所以采用异步方式更为高效。因此，NR 在上行和下行都采用异步机制，最大 16 个进程，Release 17 扩展到最大 32 个进程。采用更多的 HARQ 进程数，目的是支持射频拉远的设备，因为射频拉远会带来一定程度上的前传延迟；同时，高频部署的时隙长度更短，也需要更多的进程。另一个有极大延迟的场景是非地面接入，也需要更多的 HARQ 进程数。但重要的一点是，最大 HARQ 进程数的增加并不意味着往返时间更长，因为并非要使用到全部的进程，因此，这只是可能处理的进程数的上限。

大的传输块在编码前会被分割成多个码块，每个码块附带自己 24bit 的 CRC（传输块还有总的 CRC）。这已经在 9.2 节中讨论过，分割的原因主要是考虑到复杂度，码块的大小需要在保证良好性能的同时保持合理的解码复杂度。因为每个码块有自己的 CRC，单个码块的错误和整个传输块的错误都可以检测到。一个随之而来的问题，是重传整个传输块，还是只重传接收到的错误码块更好。对于数据速率为每秒几千兆比特的传输，会产生非常大的传输块，一个传输块包含几百个码块。如果只有一个或少数几个码块出错，相比于只重传错误的码块，重传整个传输块会导致频谱效率低下。举个例子，对于突发干扰的情况，某些 OFDM 符号比其他符号受扰更为严重，造成只有某些码块错误，如图 13-2 所示，14.1.2 节讨论的下行传输抢占就是这样的例子。

为了正确接收到上述示例中的传输块，只需要重传错误的码块就够了。而与此同时，如果需要 HARQ 机制能够定位到单个码块，那么控制信令的开销会很大。因此，NR 引入了码块组（Codeblock Group，CBG）的概念。如果配置了 CBG 的重传，反馈就是基于每个 CBG，而不是基于每个传输块，只重传接收到的错误 CBG，这样比重传整个传输块所消耗的资源更少。根据初传的码块数目不同，可以配置 2 个、4 个、6 个或者 8 个 CBG。请注意，一个码块所属的 CBG 在初传时就已经确定，在重传中不会发生改变。这样是为了避免在两次重传中码块重新分割而产生错误的情况。

从规范角度看，CBG 的重传是由物理层处理的。这种划分并没有什么技术原因，只是为了减少 CBG 级重传对于规范的影响。但由此带来的后果是，不能将一个已经接收到的错误传输块的 CBG 的重传和另一个传输块的 CBG 的新传混合在同一个 HARQ 进程中传输。

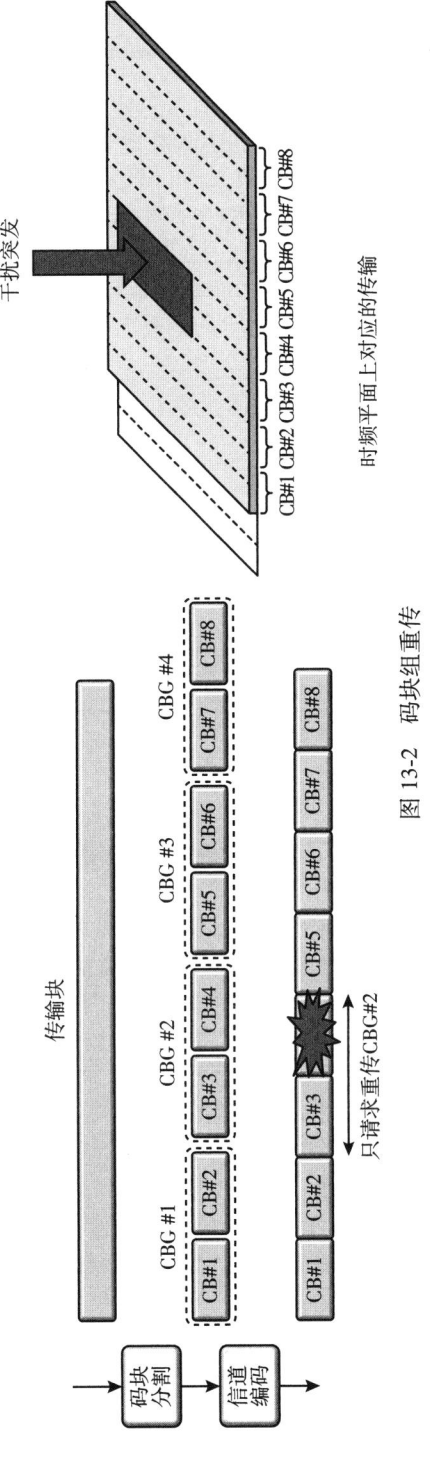

图 13-2 码块组重传

### 13.1.1 软合并

HARQ 机制一个重要的部分就是采用了软合并(soft combining),这意味着接收机将多次传输接收到的信号进行合并。根据定义,HARQ 重传必须发送与初传相同的信息比特集。但是,每次重传可以选择不同的编码比特集发送,只要这些编码比特代表相同的信息比特集。根据重传比特跟初传比特相同与否,NR 所采用的软合并方案通常分为追逐合并(Chase Combing,CC)(首次提出见参考文献[20]),以及增量冗余(Incremental Redundancy,IR)。对于增量冗余,每次重传与初传不必相同,而是生成代表相同信息比特集的多个编码比特集[63,67]。如 9.3 节所述,NR 中的速率匹配用于生成不同冗余版本的编码比特集,如图 13-3 所示。

除了接收到的 $E_b/N_0$ 累积带来的增益,增量冗余还能通过每次重传获得编码增益(直到达到母码率)。在初始码率高的情况下,增量冗余比纯能量累积(追逐合并)的增益更大[22]。此外,根据参考文献[31]所示,增量冗余相比于追逐合并的性能增益大小还依赖于每次传输之间的相对功率差。

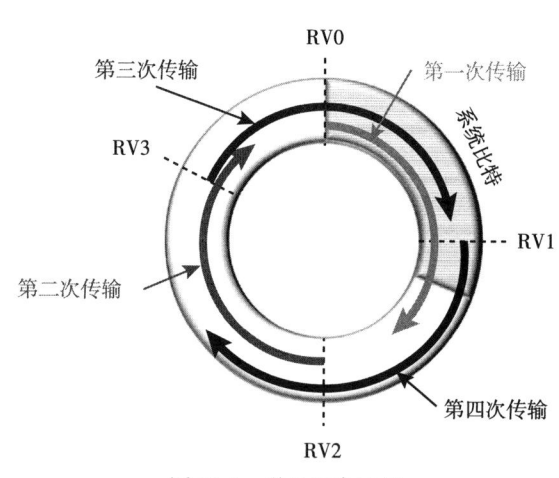

图 13-3 增量冗余示例

到目前为止的讨论中,都是假设接收机已经接收到之前发送的所有冗余版本。如果所有的冗余版本都提供了数据包相同的信息量,那么冗余版本的顺序并不是关键。但是,对于某些编码结构,不是所有的冗余版本都具有相同的重要性。NR 中的 LDPC 码就是这种情况,系统比特比奇偶校验比特更为重要。因此,初传应该至少包含全部系统比特和部分奇偶校验比特。未包含在初传的奇偶校验比特可以包含在重传中。这就是如 9.3 节所述,在循环缓冲区中首先插入系统比特的原因。如此定义了循环缓冲区的起点,使得 RV0 和 RV3 能够自解码,即包含系统比特的典型场景。这也是图 13-3 中所示 RV3 位于时钟 9 点位之后的原因,因为这样可以包含更多的系统比特。冗余版本的默认顺序是 0、2、3、1,每隔一个版本的重传通常是可以自解码的。

不管是采用追逐合并还是增量冗余的 HARQ 软合并,都会由于重传而导致数据速率降低,因此可看作隐式的链路自适应。但相比于基于瞬时信道条件显式估计的链路自适应,带软合并的 HARQ 是基于解码的结果来隐式调整编码速率。就总吞吐量而言,这种隐式的链路自适应优于显式的链路自适应,因为只有在需要时,即当前面较高速率的传输无法被正确解码时,才会增加冗余。而且,因为不去尝试预测信道变化,所以无论终端移动速度如何都能很好地工作。既然隐式的链路自适应能够带来系统吞吐量的增益,由此而来一个自然的问题就是为什么一定需要显式的链路自适应。一个主要原因是显式的链路自适应可以减少时延。尽管从系统吞吐量的角度考虑,隐式的链路自适应就已足够,但是从时延的角度看终端用户的服务质量可能无法接受。

为了软合并能够正确工作，接收机需要知道什么时候要在解码前进行软合并，什么时候要清空软缓存，即接收机需要区分接收的是初传（在接收前要清空软缓存）还是重传。类似地，发射机必须知道是否重传接收到的错误数据还是发送新数据。这是由新数据指示（New-Data Indicator，NDI）来完成的，会在接下来的下行和上行 HARQ 两节中进一步讨论。

## 13.1.2 下行 HARQ

下行新传和重传数据的调度方式相同，可以在任何时间在下行激活部分带宽内任意的频域位置上发送。调度分配包含 HARQ 相关的控制信令——HARQ 进程号、新数据指示、配置了 CBG 重传的 CBGTI 和 CBGFI，以及上行发送确认所需要的信息，如定时和资源指示。

当接收机收到 DCI 上的调度分配后，会尝试对传输块进行解码，传输块可能是对前面几次传输进行了软合并之后的传输块，如上文所述。由于初传和重传一般采用相同的方式进行调度，终端需要知道这次传输是新传还是重传，因为新传需要清空软缓存，而重传需要进行软合并。因此，下行发送的调度信息中包含了一个显式的新数据指示，用于标记该调度的传输块。新数据指示本质上是 1bit 的序列号，在新传输块时会反转。当终端接收到一个下行调度分配时，会检查新数据指示，判断当前传输是否应该与 HARQ 进程软缓存里已经接收到的数据进行软合并，还是应该清空软缓存。

新数据指示是传输块级的。但是如果配置了 CBG 的重传，终端需要知道哪个 CBG 要进行重传，并且相应的软缓存是否要清空。这是通过 DCI 中两个附加的信息字段来实现的，即码块组传输信息（CBG Transmission Information，CBGTI）和码块组刷新信息（CBG Flushing out Information，CBGFI）。CBGTI 用位图来指示下行传输中某个特定的 CBG 是否存在（见图 13-4）。CBGFI 用 1bit 来指示 CBGTI 所标明的 CBG 要清空还是要做软合并。解码的结果，即解码成功的肯定确认或者解码不成功的否定确认，会在上行控制信息中反馈给 gNB。如果配置了 CBG 重传，则用每比特对应一个 CBG 的位图来进行反馈，而不是用单个比特来表示整个传输块。

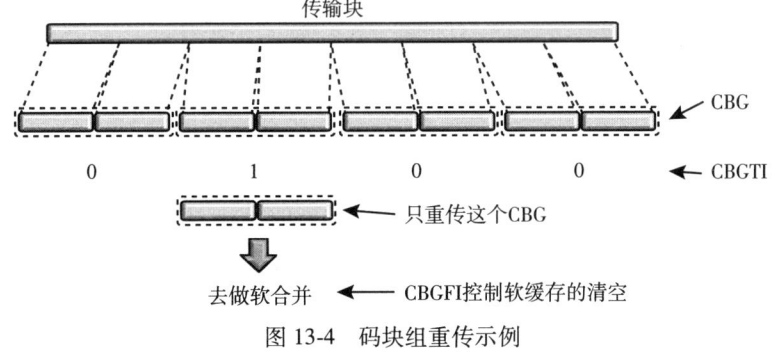

图 13-4　码块组重传示例

### 13.1.3 上行 HARQ

上行采用与下行相同的异步 HARQ 协议。调度授权里包含了 HARQ 所需的相关信息——HARQ 进程号、新数据指示,以及如果配置了 CBG 重传的 CBGTI。

为了区分是新传还是重传的数据,采用了新数据指示。当请求发送新的传输块时,新数据指示会反转,否则该 HARQ 进程先前的传输块要进行重传(这种情况下 gNB 可以进行软合并)。CBGTI 的用法与下行类似,用于指示 CBG 重传情况下要重传的 CBG。请注意,上行不需要 CBGFI,这是因为软缓存位于 gNB,由 gNB 基于调度决策来决定是否要清空缓存。

### 13.1.4 上行确认的定时

终端需要知道何时在上行发送对于下行接收的确认响应。一种简单的方法是对数据接收和发送确认之间采用固定的时序关系,这对于 FDD 效果很好。但是这种事先定义好的确认定时机制与 NR 基石之一的动态 TDD 不能很好地融合,因为上行/下行方向是由调度器动态控制的,不能确保在下行传输后一个固定的时间有上行的机会。在期望或者可能发送上行的时刻也会受到在同频段共存的其他 TDD 部署的限制。而且,即使可能在每个时隙将传输方向从下行改为上行,也是不期望的,因为这会增加转换的开销。因此,NR 采用了适用于动态控制的一种更灵活的确认发送机制。

下行 DCI 中的 HARQ 定时字段用于控制上行发送确认的定时。这个 3bit 的字段用作 RRC 配置表的索引,指示相对于 PDSCH 接收何时发送 HARQ 确认(见图 13-5)。在这个具体的例子中,在上行发送确认前,下行调度了三个时隙。每个下行分配中配置了不同的确认定时索引,结合 RRC 配置表,这三个时隙的确认在同一时间发送(这些确认复用在同一时隙,见下)。

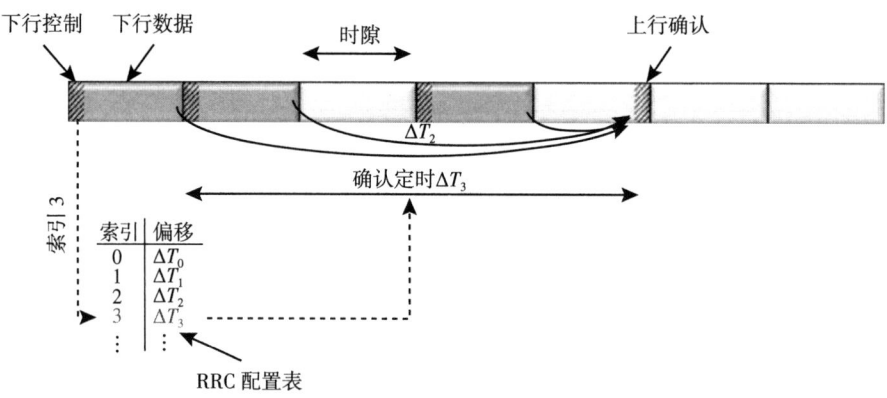

图 13-5 确认定时的确定

由于 NR 标准的设计考虑到极低时延,因此能够在接收完下行数据后立即发送确认。所有终端都支持表 13-1 所列的基准处理时间,某些终端还可选支持更快的处理时间。支持能力是根据每种子载波间隔来上报的。处理时间的一部分在符号级是恒定的,即与子载波间隔在时域上成正比,而另一部分处理时间与子载波间隔无关。因此,尽管表中所列的处理时间与子载波间隔有依赖关系,但不是直接成正比。而且处理时间还依赖于参考信号的配置,如果在该时隙的后部给终端配置了额外的参考信号,终端至少要等到某些额外的参考信号收到后才能开始处理,这样总的处理时间会更长。尽管如此,由于 NR 标准设计中强调了低时延的重要性,处理还是比 LTE 快很多。

表 13-1 最小处理时间(PDSCH 映射类型 A,PUCCH 上反馈)

| DM-RS 配置 | 终端能力 | 子载波间隔 | | | | LTE Rel 8 |
| --- | --- | --- | --- | --- | --- | --- |
| | | 15 kHz | 30 kHz | 60 kHz | 120 kHz | |
| 前置 | 基准 | 0.57 ms | 0.36 ms | 0.30 ms | 0.18 ms | 2.3 ms |
| | 进阶 | 0.18~0.29 ms | 0.08~0.17 ms | | | |
| 额外 | 基准 | 0.92 ms | 0.46 ms | 0.36 ms | 0.21 ms | |
| | 进阶 | 0.85 ms | 0.4 ms | | | |

为了正确发送确认,终端不仅要通过上面所述的定时字段知道在什么时候发送,还需要知道在资源域的哪个位置(频率资源和码域的某些 PUCCH 格式)进行发送。这样 NR 提供了极大的灵活性。为了避免多个终端同时发送确认产生冲突,需要给终端分配不同的资源。这是通过 PUCCH 资源指示(PUCCH resource indicator)来完成,用 3bit 索引来代表八个 RRC 配置的资源集之一,如 10.2.7 节所述。

### 13.1.5 HARQ 确认的复用

上一节 HARQ 确认定时的例子显示了多个传输块需要同时响应确认。其他需要同时在上行发送多个确认的例子还有载波聚合和 CBG 重传。NR 支持将终端收到的多个传输块(和 CBG)的确认复用为一个多比特的确认消息。多个比特可以采用半静态(类型 1)码本或动态(类型 2)码本进行复用,通过 RRC 配置选择二者之一。Release 16 额外引入了一种一次性反馈报告,要求终端上报所有 HARQ 进程的状态时,这也被称为类型 3 码本,结合非授权频谱使用,详见第 20 章。

半静态码本可以看作是由时域维度和分量载波(或 CBG 或 MIMO 层)维度组成的二维矩阵,两个维度都是半静态配置。时域的大小取决于表 13-1 配置的 HARQ 确认定时的最大值和最小值。载波域的大小取决于所有分量载波上同时发送的传输块(或 CBG)的数量。在图 13-6 所示的例子中,确认定时分别为 1、2、3、4;三个载波分别配置了 2 个传输块、1 个传输块和 4 个 CBG。因为码本大小是固定的,那么一个 HARQ 报告里传输的比特数是已知的(图 13-6 的例子中为 7bit×4 = 28bit),由此可以选出合适的上行控制信令的格式。矩阵的每一个元素代表解码结果,即对应传输的肯定或否定确认。该示例没有使用码本所有可能的传输机会,对于矩阵中没有对应传输的元素,会发送一个否定的确认。这样提供了鲁棒性:在下行分配丢失时,发送否定确认给 gNB,可以重传丢失的传输块(或 CBG)。

半静态码本的一个缺点是 HARQ 报告可能过大。对于分量载波数量较少并且非 CBG 重传的情况，问题不大，但如果载波数量较大并且配置了 CBG 重传，而其中又只有少数载波同时使用，这可能会成为问题。

为了解决某些场景下半静态码本可能过大的缺点，NR 还支持动态码本。实际上，除非系统配置了其他码本，否则动态码本就是默认配置。在动态码本配置下，只有被调度载波⊖的确认信息才会上报；而不像半静态码本，无论是否被调度，所有载波都需要上报。因此，码本（图 13-6 所示的矩阵）大小是随着被调度的载波数动态变化的。在图 13-6 示例中，HARQ 报告只包含加黑的元素，省略不加黑的元素（对应未被调度的载波），这会减少确认消息的大小。

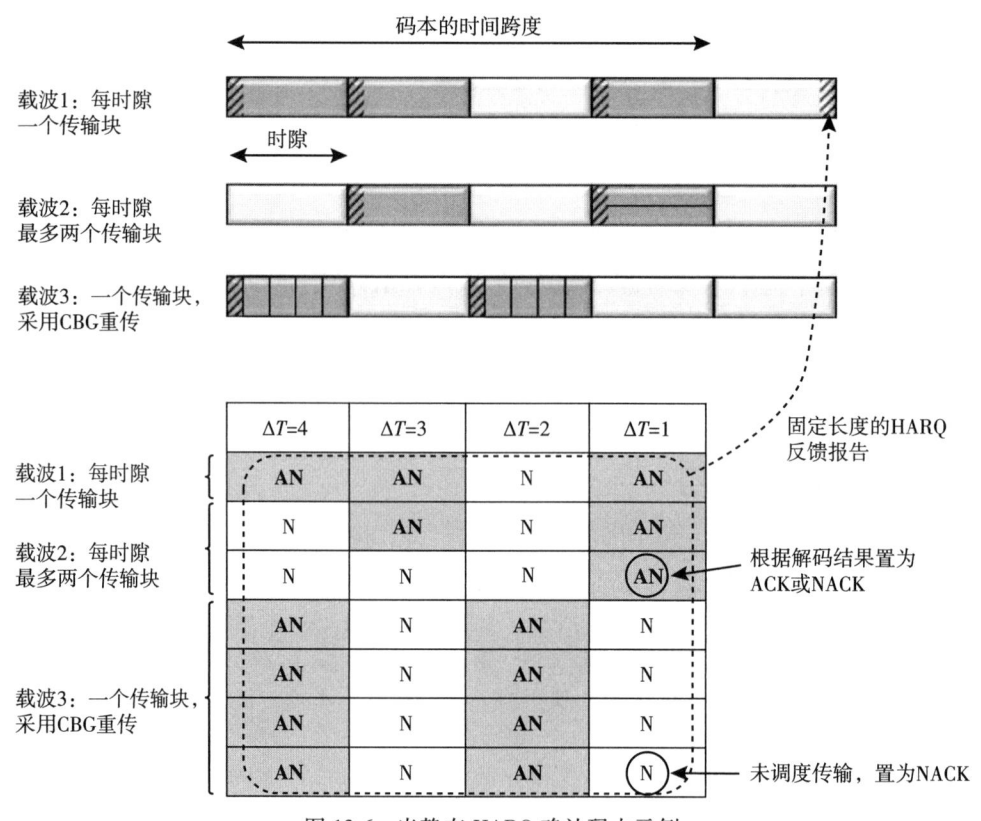

图 13-6　半静态 HARQ 确认码本示例

如果下行控制信令没有错误，采用动态码本更为简单直接。但是，如果下行控制信令出现错误，终端和 gNB 对于被调度载波数的理解可能不一致，这会导致码本大小错误，并可能对全部载波的反馈报告造成破坏，而不仅是下行控制信令丢失的载波。举个例子，

---

⊖ 这里描述使用的是"载波"这一术语，但同样的原则也适用于 CBG 的重传或者 MIMO 情况下多个传输块。"传输时刻"是更通用的术语，尽管这样的描述更难理解。

假设终端在连续两个时隙被调度进行下行传输,但是第一个时隙的 PDCCH 调度分配丢失。终端只发送第二个时隙的确认,而 gNB 尝试接收两个时隙的确认,这会导致不匹配。

为了应对这种错误的情况,NR 标准采用了下行分配索引(Downlink Assignment Index,DAI),包含在下行分配的 DCI 里。DAI 字段分为两部分,DAI 计数器(cDAI)和载波聚合配置下的总 DAI(tDAI)。DAI 计数器指示了从收到 DCI 为止调度下行传输的次数,首先按照载波维度计数,然后按照时间维度计数。总 DAI 指示了到目前为止所有载波上的下行传输总数,即当前最高的 cDAI 值(见图 13-7)。DAI 计数器和总 DAI 都是十进制的,但实际上分别采用 2bit 表示,环回计数,即信令中是按照图中的数字模四取余。在图 13-7 所示的例子中,动态码本需要表明 17 个确认(编号为 0~16)。而与此相比的半静态码本,无论传输的数量如何,都需要 28 个元素。

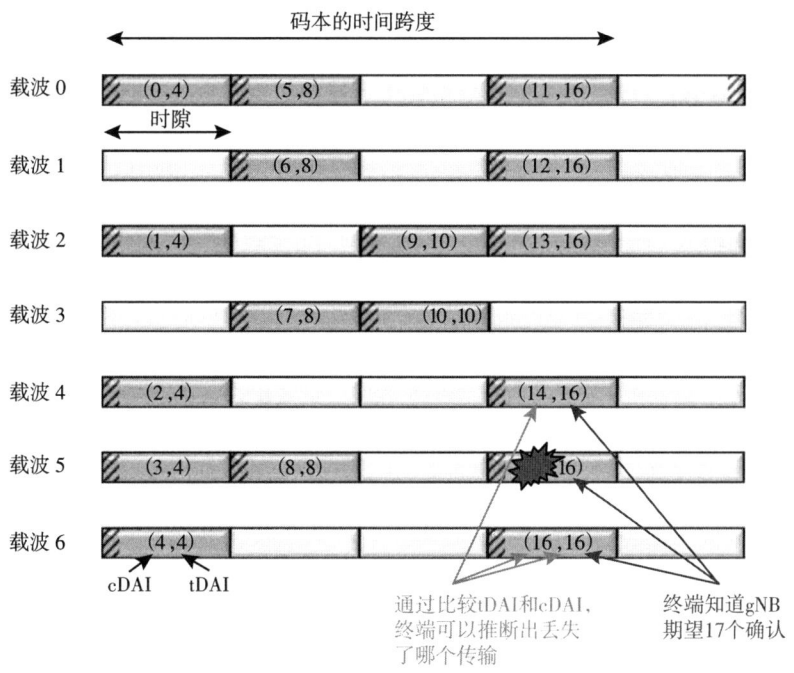

图 13-7　HARQ 确认动态码本示例

此外,该示例中分量载波 5 上丢失了一次传输。如果没有 DAI 机制,会导致终端和 gNB 的码本不一致。但只要终端收到至少一个分量载波,就知道了总 DAI 值,因此也就知道了此时的码本大小。而且,根据收到的 DAI 计数器的值,还可以推断出丢失的是哪个分量载波,在码本的这个位置上即认为是否定的确认。

当某些载波配置了 CBG 重传时,动态码本分为两部分,非 CBG 载波的码本和 CBG 载波的码本。根据上文所述的原则分别处理每个码本。分开处理是因为对于 CBG 载波,终端需要根据最大的 CBG 配置对每个载波生成反馈。

## 13.2 RLC

无线链路控制(Radio-Link Control，RLC)协议从 PDCP 获取数据生成 RLC 的 SDU，然后通过 MAC 层和物理层递交到接收机对应的 RLC 实体。如图 13-8 所示，RLC 的多个逻辑信道复用为一个 MAC 的传输信道。

终端的每个逻辑信道都配置一个 RLC 实体，RLC 实体负责如下一个或多个功能：
- RLC SDU 分段。
- 重复删除。
- RLC 重传。

NR 的 RLC 协议中不支持级联和按序递交。这是出于减少整体时延的仔细考虑而做出的选择，在下面章节里会进一步讨论。这也影响了报头的设计。请注意，每个逻辑信道有一个 RLC 实体，一个小区(或分量载波)有一个 HARQ 实体，这意味着 RLC 的重传和初传可以在不同的小区(或分量载波)。这不同于 HARQ 协议中重传和初传要绑定在同一分量载波。

不同业务有不同要求，对于某些业务(如大文件传输)，重要的是数据的无错递交；而对于其他应用(如流媒体业务)，少量丢包则不是问题。因此，根据应用的要求，RLC 可以运行在三种模式。

第一种是透明模式(Transparent Mode，TM)，RLC 完全透传，实际上是被绕过的。没有重传，没有重复检测，也没有分段和重组。这种配置用于给多个用户发送信息的控制面广播信道，例如 BCCH、CCCH 和 PCCH。消息的大小经过选择，以保证所有期望的终端都能以很高的概率接收到，因此既不需要分段来应对信道条件的变化，也不需要重传来保证数据的无错传输。而且，在这些信道上，由于没有建立上行，终端无法反馈状态报告，重传也是不可行的。

第二种是非确认模式(Unacknowledged Mode，UM)支持分段但是不支持重传。这种模式用于不需要无错递交的情况，例如 VoIP。

第三种是确认模式(Acknowledged Mode，AM)是 DL-SCH 和 UL-SCH 的主要工作模式。支持分段、重复删除和错误数据的重传。

下面几节描述 RLC 协议的运行，以确认模式为重点。

### 13.2.1 序列编号和分段

在非确认模式和确认模式里，每个输入的 SDU 都附带一个序列号，对于非确认模式，序列号长度为 6bit 或 12bit，对于确认模式序列号长度为 12bit 或 18bit。如图 13-9 所示，序列号包含在 RLC PDU 报头中。对于不分段的 SDU，RLC PDU 就是直接在 RLC SDU 上简单地附加报头。请注意，可以先生成 RLC PDU 再生成报头，因为在不分段的情况下，报头不依赖于调度传输块大小。从时延角度看这是有好处的。

然而，取决于 MAC 复用后传输块的大小，传输块中最后一个 RLC PDU 的大小不一定与 RLC SDU 的大小相匹配。为了解决这个问题，可以将一个 SDU 分割成多个分段。如果没有分段，也许会需要使用填充，这会导致频谱效率的降低。因此，需要通过动态改变 RLC PDU 的数量，以及分段来调整最后一个 RLC PDU 的大小，来填满传输块，以确保传输块的高效利用。

第 13 章 重传协议 237

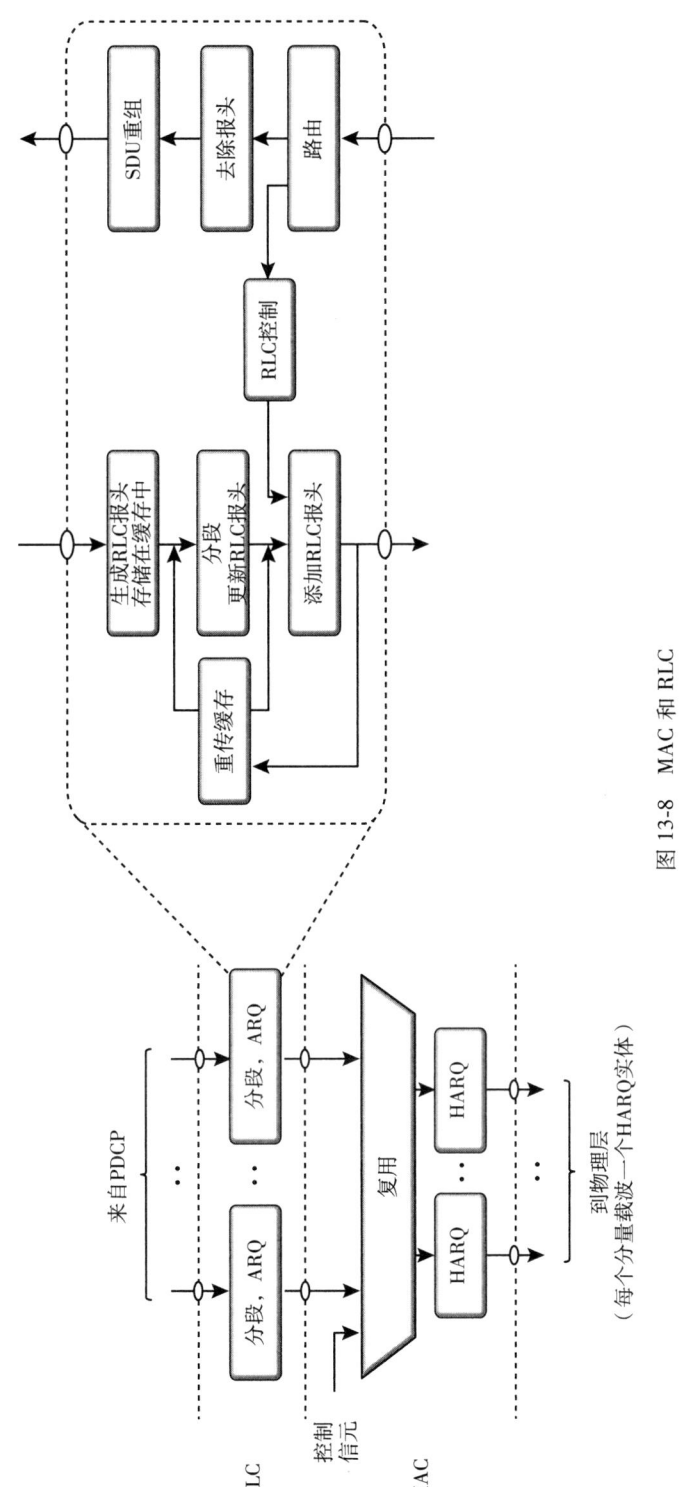

图 13-8 MAC 和 RLC

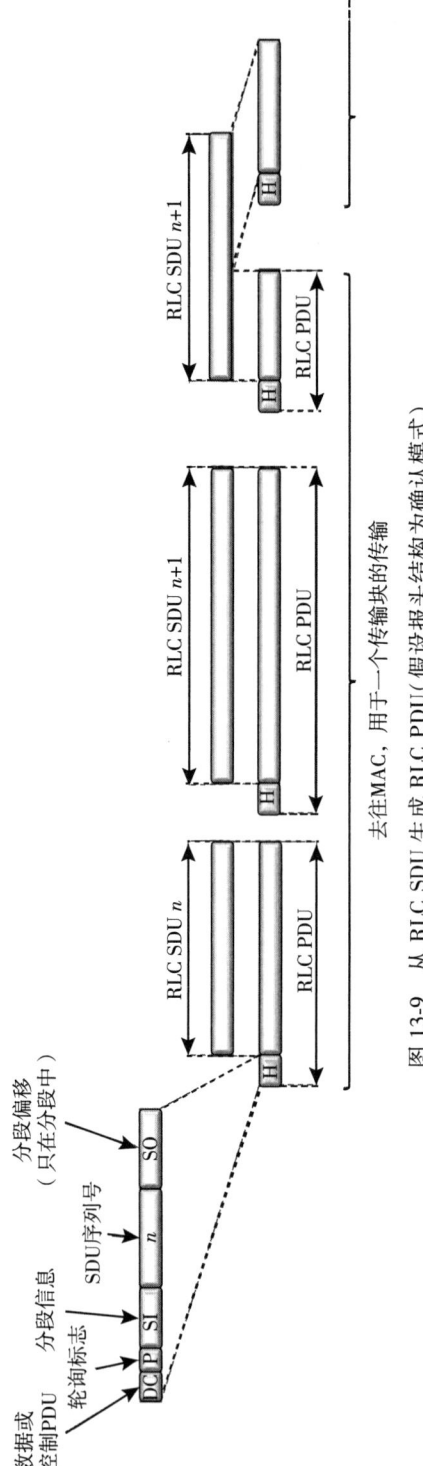

图 13-9 从 RLC SDU 生成 RLC PDU（假设报头结构为确认模式）

分段很简单，最后一个预处理的 RLC SDU 可以被分为两段，更新第一个分段的报头，并添加第二个分段的报头（因为第二个分段不在当前传输块里传输，所以时间要求不严格）。每个 SDU 分段和原来未分段的 SDU 序列号相同，该序列号作为 RLC 报头的一部分。为了区分 PDU 包含的是一个完整的 SDU 还是一个分段，RLC 报头里添加了分段信息（Segmentation Information, SI）字段，用于指示该 PDU 是一个完整的 SDU、SDU 的第一个分段、SDU 的最后一个分段，或介于 SDU 第一个和最后一个分段之间的一个分段。此外，在 SDU 分段情况下，除去第一个分段之外的所有分段，都包含了一个 16bit 的分段偏移（Segmentation Offset, SO），用于指示该分段代表了 SDU 的哪部分字节。

报头中还包含轮询比特（Poll bit, P），用于确认模式下请求状态报告，如下文所述；以及数据/控制指示（Data/Control Indicator），用于指示 RLC PDU 是包含发往/来自逻辑信道的数据，还是 RLC 运行所需的控制信息。

上文所述的报头结构适用于确认模式。非确认模式的报头与之类似，但不含轮询比特和数据/控制指示。而且，只有在分段的情况下才包含序列号。

如前所述，NR 为了减少时延不支持级联和按序递交。如果要支持级联，由于不能提前知道调度传输块的大小，要等到接收到上行授权后才能组装 RLC PDU。因此，终端需要提前接收上行授权以便有足够的处理时间。如果没有级联，可以在接收上行授权前就预先组装 RLC PDU，从而减少接收上行授权和实际上行传输之间所需的处理时间。

RLC 省略按序递交也有助于降低整体时延，因为后到的数据包可以立刻转发，不必等到先前丢失数据包的重传再递交到高层。这也降低了对缓存的要求，对 RLC 缓存容量产生积极影响。如果要支持按序递交，一个 RLC SDU 要等到之前所有的 SDU 都正确接收到才能转发给高层。例如，由于瞬时干扰突发导致丢失了一个 SDU，就会在相当长一段时间阻塞后续 SDU 的递交，尽管这些 SDU 对于应用是有用的。这对于以极低时延为目标的系统显然是不可取的。

## 13.2.2 确认模式和 RLC 重传

重传丢失的 PDU 是 RLC 确认模式的主要功能之一。尽管 HARQ 协议可以处理大多数错误，但正如本章开篇所述，二级重传机制是作为有益的补充。通过检查接收到 PDU 的序列号，可以检测出丢失的 PDU 并请求发送端重传。

确认模式的 RLC 实体是双向的，即数据可以在两个对等实体之间双向流动。接收 PDU 的实体需要给发送 PDU 的实体反馈确认。接收端以状态报告（status report）的形式将丢失 PDU 的信息提供给发送端。状态报告可以由接收机主动发送或者发射机请求发送。为了跟踪传输中的 PDU，报头里采用了序列号。

确认模式下，两端的 RLC 实体都维护两个窗口，分别是发送窗和接收窗。只有发送窗内的 PDU 才能发送，序列号小于窗口起始点的 PDU 已经被接收端 RLC 确认。与之类似，接收机只接受序列号在接收窗内的 PDU。接收机还会丢弃重复的 PDU，因为只能递交一份 SDU 到高层。

图 13-10 所示的简单例子能够更好地帮助理解 RLC 的重传。如图所示，两个 RLC 实体，一个在发送节点，一个在接收节点。在确认模式下，每个 RLC 实体具有发射机和接收机双重功能，但在该示例中仅讨论一个方向，因为另一个方向是完全相同的。在示例中，序列号从 $n$

到 $n+4$ 的 PDU 在发送缓存中等待发送。在 $t_0$ 时刻，序列号为 $n$ 和 $n$ 之前的 PDU 都已经发送并且正确接收到，但是只有 $n-1$ 及之前的 PDU 已经被接收机确认。如图所示，发送窗从 $n$ 开始，即第一个未被确认的 PDU；接收窗从 $n+1$ 开始，即下一个期望接收的 PDU。当接收到 PDU $n$ 时，对 SDU 重组并递交到高层，即 PDCP 层。对于包含一个完整 SDU 的 PDU，重组就是简单地去除报头，但对于分段的 SDU，要等到承载所有分段的 PDU 都接收到之后该 SDU 才能递交。

在 $t_1$ 时刻，PDU 传输继续，PDU $n+1$ 和 $n+2$ 已经发送，但是在接收端只有 PDU $n+2$ 到达。一旦收到一个完整的 SDU 就立刻递交到高层，因此 PDU $n+2$ 被转发到 PDCP 层，无须等待丢失的 PDU $n+1$。PDU $n+1$ 丢失的一个原因可能是正在进行 HARQ 重传，所以还未从 HARQ 递交到 RLC。与前面的图相比，发送窗保持不变，因为 PDU $n$ 及后续的 PDU 还未被接收机确认。由于发射机并不知道这些 PDU 是否已经被正确接收，因此这些 PDU 可能需要重传。

由于 PDU $n+1$ 丢失，当 PDU $n+2$ 到达时，接收窗不会更新。接收机会启动 t-Reassembly 定时器，如果定时器超时前丢失的 PDU $n+1$ 还未收到，则会请求重传。幸运的是，这个例子中定时器超时前，在 $t_2$ 时刻收到 HARQ 协议发来丢失的 PDU。接收窗前进，并且由于丢失的 PDU 已经到达，重组定时器停止，递交 PDU $n+1$ 用于重组 SDU $n+1$。

RLC 还负责重复检测，使用与重传处理相同的序列号。如果 PDU $n+2$ 再次到达（并且在接收窗内），尽管已经收到，也会被丢弃。

如图 13-11 所示，PDU $n+3$、$n+4$ 和 $n+5$ 继续发送。在 $t_3$ 时刻，$n+5$ 及之前的 PDU 都已发送。只有 PDU $n+5$ 到达，而 PDU $n+3$ 和 $n+4$ 丢失。与上面的情况类似，这会导致重组定时器启动。但是在这个例子里，定时器超时前没有 PDU 到达。定时器在 $t_4$ 时刻超时，触发接收机发送一个包含状态报告的控制 PDU，向对端实体指示丢失的 PDU。为了避免不必要的状态报告延迟，以及对重传时延的负面影响，控制 PDU 的优先级高于数据 PDU。发射机在 $t_5$ 时刻收到状态报告，知道 $n+2$ 及之前的 PDU 都已正确接收到，发送窗前进。丢失的 PDU $n+3$ 和 $n+4$ 重传，并且这次被正确接收到。

最终，在 $t_6$ 时刻，所有的 PDU，包括重传的 PDU，都已经发送并且被成功接收。由于 $n+5$ 是发送缓存里最后一个 PDU，发射机通过在最后一个 RLC 数据 PDU 的报头里设置一个标志，向接收机请求状态报告。当接收机收到设置了标志的 PDU 时，会响应请求发送状态报告，确认 $n+5$ 及之前所有的 PDU。发射机接收到状态报告后，表明所有的 PDU 都已经正确接收到，发送窗前进。

如前所述，状态报告可以由多种原因触发。但是为了避免状态报告过多对回传链路产生洪泛，可以使用状态禁止定时器控制状态报告的数量。有了状态禁止定时器，在由定时器确定的每个时间间隔内最多只能发送一次状态报告。

上述示例中假设每个 PDU 都承载一个非分段的 SDU。分段 SDU 的处理方式相同，但一个 SDU 要等到所有的分段都接收到后才能递交到 PDCP 协议。状态报告和重传是基于单个分段的，只需要重传丢失分段的 PDU。

重传时，RLC 的 PDU 可能与 RLC 重传调度的传输块大小不匹配，在这种情况下重新分段遵循与初始分段相同的原则。

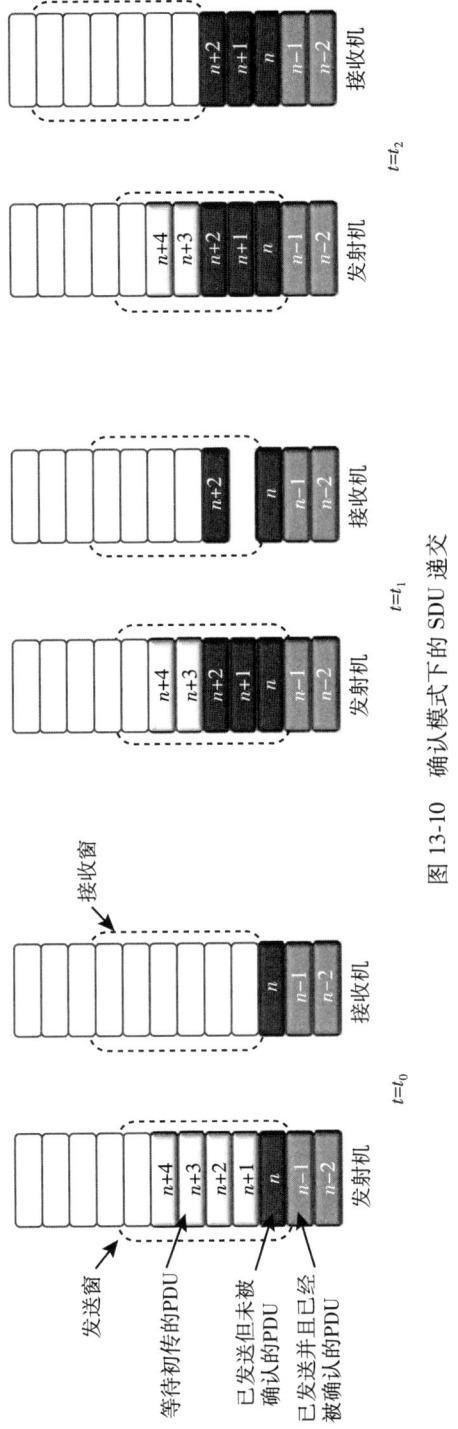

图 13-10 确认模式下的 SDU 递交

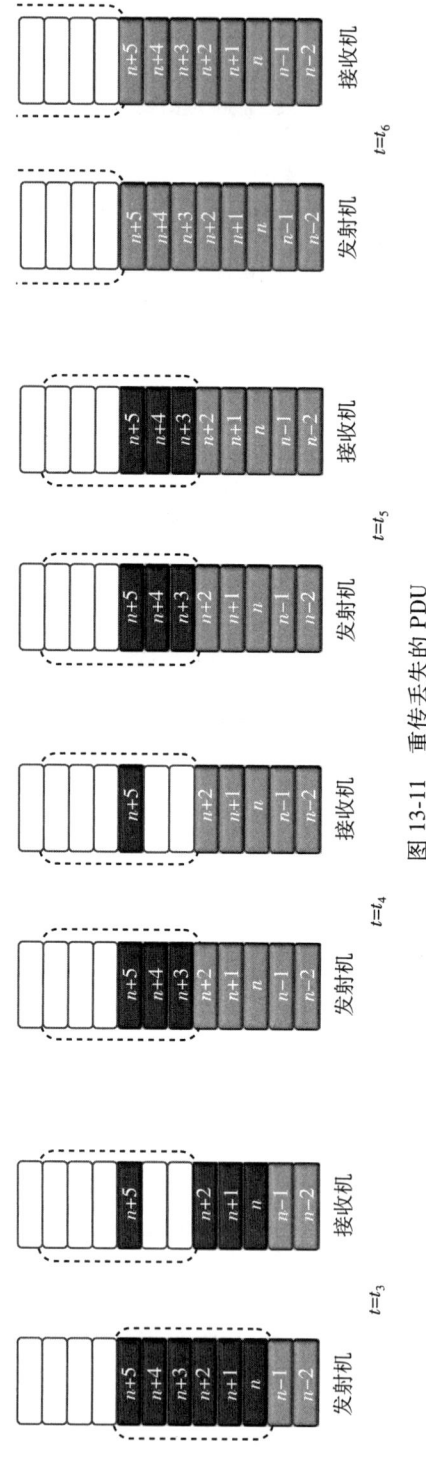

图 13-11 重传丢失的 PDU

## 13.3 PDCP

分组数据汇聚协议（Packet Data Convergence Protocol，PDCP）负责：
- 头压缩。
- 加密和完整性保护。
- 分离承载的路由和复制。
- 重传、重排序和 SDU 丢弃。

配置头压缩的目的是为了减少无线接口上传输的比特数，在接收端有相应的解压缩功能。尤其是对于净荷比较小的数据包，如 VoIP 和 TCP 确认，未压缩的 IP 报头大小与净荷自身的大小差不多，IPv4 头为 40B，IPv6 头为 60B，可以占到发送总比特数的 60%左右。将报头压缩到几个字节，可以很大程度地提高频谱效率。NR 标准中的头压缩是基于鲁棒性头压缩（Robust Header Compression，ROHC）[36]，一种标准的头压缩框架，ROHC 也应用于其他一些移动通信技术。ROHC 定义了多种压缩算法，用配置文件来表示，每种配置文件针对一个特定的网络层和传输层协议的组合，例如 TCP/IP 和 RTP/UDP/IP。头压缩用于压缩 IP 数据包，因此只适用于数据部分，不适用于 SDAP 报头（如果存在的话）。

完整性保护确保数据来自正确的源，而加密则防止窃听。通过配置，PDCP 可以负责这两项功能。完整性保护和加密都可用于数据面和控制面，并且只适用于净荷，而非 PDCP 控制 PDU 或 SDAP 报头。

对双连接和分离承载（对于双连接更深入的讨论见第 6 章），PDCP 可以提供路由和复制功能。在双连接下一些无线承载由主小区组处理，而另一些由辅小区组处理。还有一种跨两个小区组的分离承载。PDCP 的路由功能就是负责把不同承载的数据流路由到正确的小区组，以及处理分离 gNB 场景下中央单元（gNB-CU）和分布单元（gNB-DU）之间的流量控制。

复制意味着相同的数据可以在两个单独的逻辑信道上传输，通过配置来确保两个逻辑信道映射到不同的载波上。复制可以与载波聚合或双连接结合使用，以提供额外的分集。如果使用多个载波发送相同的数据，则至少在一个载波上正确接收数据的可能性增加。如果接收到同一个 SDU 的多个副本，接收端 PDCP 会丢弃重复的副本。这种选择分集对提供极高可靠性至关重要。对于下行，发送端复制取决于实现，而对于上行需要在规范中显式支持。Release 15 可以配置最多 2 个副本，在 Release 16 副本的数量最多到 4（见第 21 章）。

重传功能，可能包括确保按序递交的重排序，也是 PDCP 的一部分。一个随之而来的问题是，为什么在低层已经有其他两个重传功能，即 RLC 的 ARQ 和 MAC 的 HARQ，PDCP 还要具备重传的能力。一个原因是不同 gNB 之间的切换。切换时 PDCP 会将未递交的下行数据包从旧 gNB 转发到新 gNB。这种情况下，新 gNB 会建立新的 RLC 实体（和 HARQ 实体），原来的 RLC 状态丢失。PDCP 的重传功能确保数据包不会因切换而丢失。在上行，终端的 PDCP 实体会处理所有未递交到 gNB 的上行数据包的重传，因为在切换时 HARQ 的缓存会被清空。

为了减少整体时延，RLC 不保证按序递交。在很多情况下，数据包的快速递交比确保按序递交更为重要。但是，如果按序递交很重要，也可配置 PDCP 来提供此功能。

重传和按序递交（如果配置了）是在同一个协议里联合处理的，除了不支持分段，操作与 RLC ARQ 协议类似。每个 SDU 关联了一个计数值，它是 PDCP 序列号和超帧号的组合。计数值用于标识丢失的 SDU 以及请求重传，而且如果配置了重排序，还用于在递交到上层之前对接收到的 SDU 进行重排序。重排序一般会先将接收到的 SDU 缓存，直到所有编号低于此的 SDU 都已经递交后才转发到高层。如图 13-10 所示，这与 SDU $n+2$ 要等到 $n+1$ 成功接收并递交后才会递交类似。每个 PDCP SDU 还可能配置一个丢弃定时器，当定时器超时，相应的 SDU 会被丢弃，不再发送。

# 第 14 章

# 调度

NR 本质上是一个调度的系统,意味着由调度器决定何时向哪些终端分配时间、频率和空间资源,以及使用何种传输参数(包括数据速率)。调度可以是动态或半静态的。动态调度是基本的工作方式,调度器在每个时间间隔(如时隙)决定要发送和接收的终端。动态调度的决策非常频繁,能够跟得上业务量需求和无线信道质量的快速变化,从而有效地利用资源。半静态调度则意味着提前将传输参数提供给终端,而非动态方式。

下文会讨论动态下行和上行调度,随后是非动态调度,最后是调度相关的节能机制。

## 14.1 动态下行调度

接收信号质量的小尺度波动和环境的大尺度变化是任何无线通信系统与生俱来的组成部分。在过去,这种变化视作问题,但随着基于信道调度的采用,可以利用这些变化选择终端无线条件好的时候进行传输。当小区里有足够多的终端有数据待传时,在某个时间点上很可能有一些信道条件好的终端能够高速传输数据。这种选择良好无线链路用户发送而获得的增益通常称为多用户分集。信道变化越大,小区用户数越多,则多用户分集增益越大。在 3G 标准的后续版本 HSPA[19] 中引入了基于信道的调度,LTE[26] 和 NR 也在使用。

在调度领域有大量文献讨论如何利用时频域的变化(例如参考文献[26])。近年来,人们对各种大规模多用户 MIMO[53] 也产生了很大兴趣,通过使用大量天线单元来生成极窄"波束",或者换一种表述,在空间域将不同用户隔离。在某些特定情况下,使用大量天线会呈现出称为"信道硬化"的效应。本质上就是消除了无线信道质量的快速波动,当然这是以更为复杂的空域处理为代价来简化时频域的调度问题。

NR 的下行调度器负责动态控制终端发送。网络给每个被调度的终端提供调度分配(scheduling assignment),其中包含 DL-SCH⊖ 传输的时频资源信息、调制编码方式、HARQ 相关信息,以及第 11 章所述的多天线参数。大多数情况下,调度分配紧靠在 PDSCH 数据之前发送,但是调度分配中的定时信息也可以在该时隙后面的 OFDM 符号或者更晚的时隙上调度。其中一个用途是下文所述的带宽自适应。改变部分带宽需要时间,所以数据传输和收到的控

---

⊖ 载波聚合情况下每个分量载波都有一个 DL-SCH(或 UL-SCH)。

制信令可能不在同一时隙。

重要的是，NR 中并没有标准化调度的行为，只是标准化了一套支撑机制，设备商基于此来实现特定的调度策略。调度器所需的信息取决于采用哪种特定的调度策略，但大多数调度器至少需要如下信息：

- 终端的信道条件，包括空域特性。
- 不同数据流的缓存状态。
- 不同数据流的优先级，包括等待重传的数据量。

此外，如果实现了干扰协调功能，相邻小区的干扰情况也是有用信息。

终端的信道条件信息可以通过几种方式获得。原则上，gNB 可采用任何可用的信息，但常用的是终端上报的 CSI，如 8.1 节所述。网络可以配置终端的 CSI 报告包含时域、频域和空域的信道质量。如果要在相同的时频资源上调度两个终端，即作为多用户 MIMO 的候选，那么也需要终端空间信道的相关度，用于估计空间隔离度。如果假定信道的互易性，上行采用 SRS 发送的探测也可用于估计下行信道质量。此外，还可采用诸如不同备选波束的信号强度测量等其他信息。

由于下行调度器和发送缓存位于同一节点，因此很容易获取缓存状态和业务优先级。不同业务流的优先级排序与实现相关，但至少对于相同优先级的数据流，重传通常会优先于新数据的传输。鉴于 NR 旨在处理比之前技术（如 LTE）更广泛的业务类型和应用，在很多场景下会比过去更强调调度器的优先级处理。除了从不同数据流中选择数据外，调度器还会选择发送的持续时间。例如，对于时延关键的业务，其数据映射到某个逻辑信道，选择部分时隙传输是有好处的，而对另外一个逻辑信道上的其他业务，更好的选择可能是采用传统的方式用整个时隙来传输。还有可能是这种情况，考虑时延因素和资源短缺，使用少量 OFDM 符号的紧急传输需要抢占正在进行的使用整个时隙的传输。在这种情况下，被抢占的传输可能被破坏，需要重传，但考虑到低时延传输的优先级非常高，这是可以接受的。NR 还有一些机制可以缓解抢占的影响，见 14.1.2 节所述。

不同下行调度器之间可以相互协作以提高总体性能，例如一个小区可以通过避开在特定频率范围上的传输以减少对另一个小区的干扰。在（动态）TDD 的情况下，不同小区之间还可以协调传输方向（上行或下行），以避免小区间有害干扰的情况。这类协调可以在不同时间尺度上进行，通常情况下，小区间协调比每个小区自己的调度决策速度慢，否则对连接不同 gNB 的回传要求会过高。

## 14.1.1 载波聚合

载波聚合的情况下，网络针对每个载波进行调度决策，分别发送调度分配，即终端从多个载波上同时接收多个 PDCCH 和数据。一个 PDCCH 可以指向同一个载波，称为自调度；或者指向另一个载波，通常称为跨载波调度（见图 14-1）。跨载波调度中发送数据的载波和发送 PDCCH 的载波参数集不同的情况下，调度分配中的定时偏移，例如调度分配对应于哪个时隙，要遵循 PDSCH 的参数集（而非 PDCCH 参数集）。Release 17 可以使用一个 DCI 调度同一载波上多个后续的 PDSCH 传输。这对于降低总体开销很有帮助，并且在即使不是每个时隙都监听 PDCCH 的情况下（FR2-2 可能有这种情况）也能实现 PDSCH 的连续传输。Release 17 还改进了载波聚合框架，可以使用 SCell 来跨载波调度 PCell 的传输，而之前版本是不可能的。这一增强的背景是载波聚合常见的场景是 PCell 位于较低频段，覆盖较好但带宽适中；SCell 位于较高频段，覆盖不太好但载波带宽较大。如果只允许在 PCell 上进行跨载波调度，对于低频带宽较小的 PCell 就存在 PDCCH 资源耗尽的风险。通过对 SCell 也允许跨载波调度就降低了这种风险。当高频段有覆盖问题时在 PCell 上还是可以进行自调度。

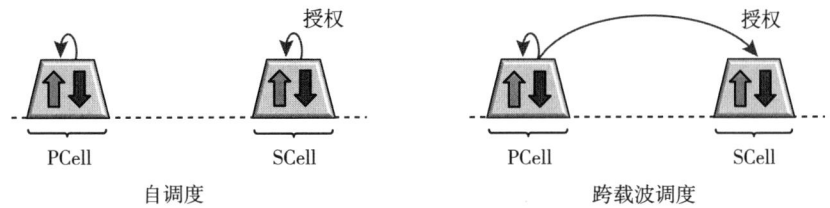

图 14-1　自调度和跨载波调度

Release 18 还引入了多载波调度增强。可以配置最多四个载波为一组，使用一个 DCI 调度载波组。相比于之前版本每个载波使用一个 DCI，这样可以减少控制信令开销，尤其是在频谱分配碎片化，需要聚合多个载波的场景。资源分配、多天线信息和 HARQ 参数是按照每载波来提供的，但其他信息，诸如 PUCCH 相关信息、部分带宽指示以及非授权频谱的信道接入类型等对于所有共同调度的载波是公共的。

不同载波的调度决策不是孤立进行的。恰恰相反，需要对分配给终端的不同载波进行协同调度。例如，在一个载波上调度了某块数据，一般不应在另一个载波上再调度相同的数据。但是为了提高可靠性，原则上也可以在多个载波上调度相同的数据。多载波发送相同数据提高了接收的成功率。接收机的 RLC（或 PDCP）层可配置为删除从多个载波成功接收到的重复数据。下行的复制功能是发送端实现的一种选择，而上行的复制功能则需要标准的支持。第 21 章将讨论 Release 16 在这一领域的增强。

## 14.1.2　下行抢占处理

如上所述，动态调度意味着在每个时间间隔做出调度决策。在很多情况下该时间间隔就是一个时隙，即每时隙都要进行调度决策。时隙长度取决于子载波间隔；子载波间隔越大则时隙长度越短。原则上短时隙可用于更低时延的传输，但是由于子载波间隔增加的同时循环前缀也随之缩短，并不适用于所有部署场景。因此，如 7.2 节所讨论的，NR 支持一种对于低时延更有效的方式，即允许从一个时隙的任意 OFDM 符号开始，只用部分时隙传输。这使得在不牺牲时间色散鲁棒性的情况下实现了极低时延。

图 14-2 给出一个示例，终端 A 的下行调度持续一个时隙。在终端 A 的传输过程中，终端 B 的时延关键数据到达 gNB，需要立即调度。通常情况下，如果有可用的频率资源，终端 B 的传输和终端 A 正在进行的传输不会调度重叠的资源。但是在网络高负荷的情况下，除了将原本用于终端 A 的（部分）资源用于终端 B 时延关键的传输之外别无选择。这有时也称为终端 B 的传输抢占终端 A 的传输，一个显然的后果是终端 A 会受到影响，因为终端 A 认为承载数据的一些资源突然被终端 B 的数据占用。

NR 标准中有几种方式来处理抢占的影响。一种方式是依靠 HARQ 重传。由于终端 A 的资源被抢占，无法对数据进行解码，因此会上报失败确认给 gNB，gNB 可以稍后重传数据，可以重传整个传输块，也可以在采用基于 CBG 的重传时只重传受影响的码块组，如 13.1 节所述。

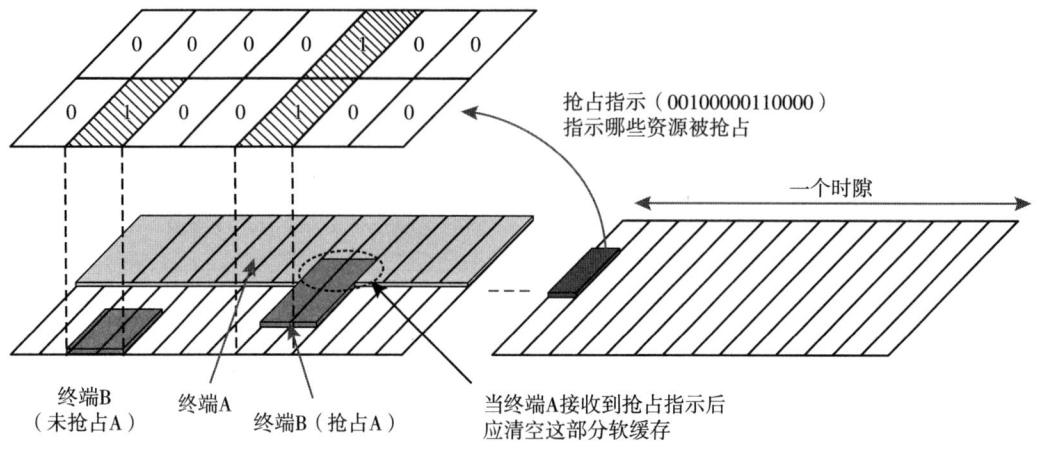

图 14-2 下行抢占指示

还有一种方式是指示终端 A 其部分资源被抢占用于其他用途。这是通过在数据传输时隙后的一个时隙给终端 A 发送抢占指示（preemption indicator）来实现的。抢占指示采用 DCI 格式 2_1（关于不同 DCI 格式的详细说明见第 10 章），DCI 里每个配置的小区对应一个 14bit 的位图。可以通过配置用位图的每个比特表示整个部分带宽在时域上的一个 OFDM 符号，或者表示一半部分带宽在时域上的两个 OFDM 符号。此外，网络还给终端配置监听抢占指示的周期，例如每第 $n$ 个时隙。

规范没有规定终端收到抢占指示后的行为，不过合理的行为是清空被抢占的时频区域对应的软缓存，以避免软缓存破坏而导致重传。从终端处理软缓存的角度看，监听抢占指示越频繁越好（理想情况是抢占发生后网络会立即发送抢占指示）。

在上行抢占的情况下，该终端需要使用原本用于其他终端的上行资源，将在第 21 章里讨论，包括 Release 16 的相关增强。

## 14.2 动态上行调度

动态调度情况下上行调度器的基本功能与下行类似，即动态控制哪些终端在哪些上行资源上使用哪些参数进行传输。

对于下行调度的讨论一般也适用于上行，但二者还有些本质上的区别。例如，上行的功率资源在终端之间分布，而下行的功率资源由基站集中控制。而且，单个终端的最大上行发射功率往往远低于基站的输出功率，这对调度策略影响重大。上行甚至会出现需要发送大量数据而没有足够功率的情况，即上行一般是功率受限而非带宽受限，而下行的情况通常恰恰相反。因此，相比于下行，上行调度更多采用多个终端的频分复用。

调度器会给每个被调度的终端一个调度授权（scheduling grant），指示所用 UL-SCH 的时间、频率、空间资源的集合，以及相应的传输格式。终端只在收到有效授权的情况下才会发送上行数据，没有授权就不会发送数据。

上行调度器完全控制终端所用的传输格式，即终端必须听从调度授权。唯一例外的是，当终端的发送缓存中没有数据时，无论授权如何，都不发送任何数据。当网络调度没有数据待传的终端时，通过这种方式避免了不必要的传输，从而降低了整体干扰水平。

终端根据网络配置的一套准则(见14.2.1节)来控制逻辑信道的复用。因此,调度授权是调度一个终端,而非显式调度一个特定的逻辑信道,即上行是基于每个终端而不是每个无线承载来调度的(尽管在下文所述的优先级处理机制中,调度原则上是可以基于每个无线承载的)。上行调度如图14-3右半部分所示,调度器控制传输格式,终端控制逻辑信道复用。相比于终端自主选择数据速率的方案,调度器通过严格控制上行的行为来最大化地利用资源,因为自主方案通常需要调度决策保留一些余量。相比于终端自主控制传输参数的方案,调度器负责选择传输格式需要更为详细准确的终端状态信息,包括缓存状态和可用功率。

如10.1.11节所述,DCI 中指示了终端上行传输的持续时间。下行调度分配的发送时间一般非常靠近数据的发送时间,而上行的情况却不同。因为授权是用下行控制信令发送的,一个半双工的终端在发送上行前需要改变传输方向。而且,根据上下行分配的情况,也许需要在同一个下行时机发送多个上行授权来调度多个上行时隙⊖。因此,上行授权的定时字段很重要。

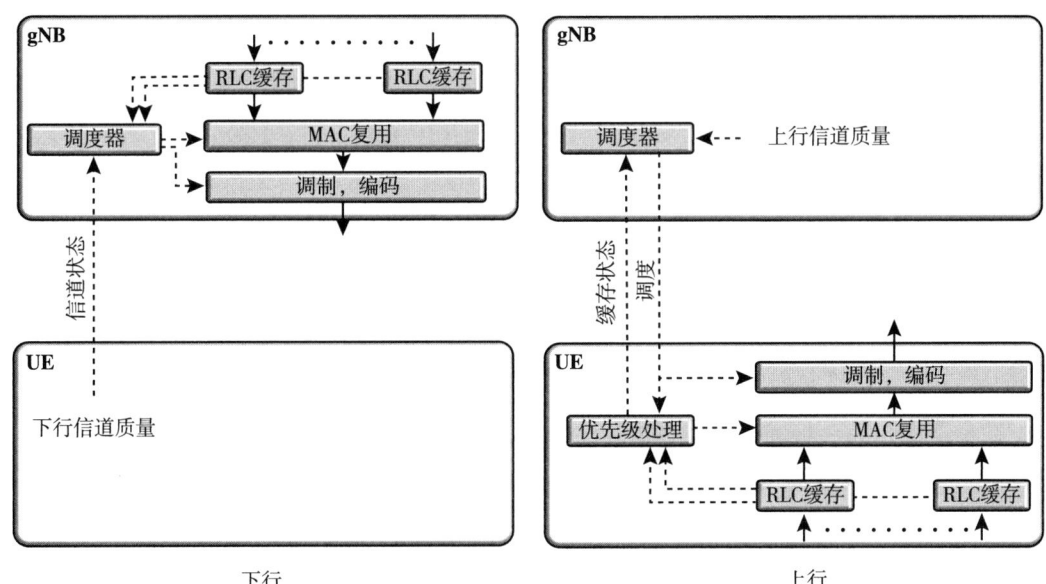

图14-3 NR中的上行和下行调度

终端还需要一定时间来准备传输,如图14-4所示。从整体性能的角度来看,准备时间越短越好。但是从终端复杂度的角度来看,处理时间无法缩到任意短。LTE中终端准备上行传输的时间可以大于3 ms。对于更专注时延设计的NR,因为更新了MAC和RLC报头结构以及总体的技术发展,已经极大缩短了准备时间。表14-1总结了从接收授权到发送上行数据的时延。从数字来看,处理时间取决于子载波间隔,尽管不是按子载波间隔成比例。还可以看到定义了两种终端能力,所有终端都需要满足基准要求,但终端也可以声明是否具备更强的处理能力,可用于时延关键的应用。

与下行类似,上行调度器可以从信道条件、缓存状态和可用功率中获取有用信息。但是,因为发送缓存和功率放大器都在终端侧,所以需要下文所述的报告机制上报信息给调度器;

---

⊖ Release 16 在非授权频谱扩展中可以用一个授权调度多个上行传输,见第20章。

而在下行，调度器、功率放大器和发送缓存都在同一节点。如前文已提到的，上行优先级的处理也是上下行调度的区别之一。

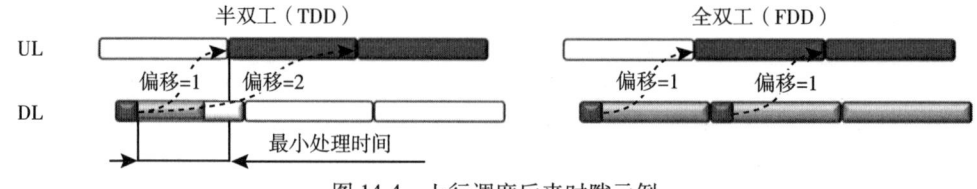

图 14-4 上行调度后来时隙示例

表 14-1 从接收授权到发送上行数据的最小处理时间

| 终端能力 | 子载波间隔 | | | | LTE Rel 8 |
|---|---|---|---|---|---|
| | 15 kHz | 30 kHz | 60 kHz | 120 kHz | |
| 基准 | 0.71 ms | 0.43 ms | 0.41 ms | 0.32 ms | 3 ms |
| 进取 | 0.18~0.39 ms | 0.08~0.2 ms | | | |

### 14.2.1 上行优先级处理和逻辑信道复用

不同优先级的多个逻辑信道可以通过 MAC 的复用功能复用到同一传输块上。除非上行调度授权可以提供传输所有逻辑信道上全部数据的足够资源，否则需要将逻辑信道按照优先级排序后进行复用。但是，与下行优先级排序取决于调度器的实现不同，上行的复用是根据终端内一套明确定义的规则来进行的，其参数由网络设置。之所以这样做，是因为调度授权针对的是终端的一个特定上行载波，而非明确指向载波内某个特定的逻辑信道。

一个简单的方法是按照严格优先级的顺序来处理逻辑信道。但这样会把所有资源都分给高优先级的信道，直到缓存为空，这可能导致较低优先级的信道一直得不到处理而被"饿死"。通常情况下，运营商反而更愿意给低优先级业务至少提供一些吞吐量。此外，由于 NR 标准旨在对很多种不同类型业务进行混合处理，因此需要更为精细化的方案。例如，文件上传的业务不必采用时延关键业务的授权。

原则上，"饿死"问题可以通过给每个信道分配"保证"数据速率来解决。网络按照优先级递减的顺序给逻辑信道提供服务，直到保证的数据速率为止；只要调度的数据速率不小于保证数据速率之和，就可以避免"饿死"⊖。超过保证数据速率后，就按照严格的优先级顺序进行服务，直到授权被全部利用或者缓存为空。

考虑到 NR 的灵活性很大，支持不同的传输持续时间和更广泛的业务类型，需要采用更先进的方案。一种可能的方案是定义不同的配置文件( profile)，每个配置文件代表一个所允许的逻辑信道组合，并在授权中显式通知使用哪种配置文件。但是，NR 中采用的是通过授权中的其他可用信息间接获取配置文件，而非显式通知。

当终端接收到上行授权后，会执行两步操作。首先，终端确定此次授权能够复用哪些逻辑信道。其次，终端确定给每个逻辑信道分配哪部分资源。

---

⊖ LTE 中就是采用的这种方案。

第一步终端根据给定的授权确定哪些逻辑信道可以传输数据。这可以看作一个隐含得到的配置文件。对每个逻辑信道,可以为终端配置如下参数:该逻辑信道允许使用的子载波间隔集合、该逻辑信道可调度 PUSCH 的最长持续时间、服务小区集(即该逻辑信道允许传输的上行分量载波集合)。

此外,在 Release 16 中还可以动态通知上行传输的优先级为"普通"或"高",如第 21 章所述。

只有逻辑信道符合调度授权配置的限制条件才能够使用授权,即在该特定时刻复用。另外,还可以限制使用配置授权进行传输的逻辑信道复用,因为并非所有的逻辑信道都允许使用配置授权。

3GPP 里将复用规则和 PUSCH 持续时间耦合在一起,是出于能够控制时延关键的数据是否允许利用原本用于时间不关键数据的授权。

举个例子,假定有两个数据流分别属于不同的逻辑信道。一个逻辑信道承载时延关键的数据,赋予了高优先级;另一个逻辑信道承载非时延关键数据,赋予了低优先级。gNB 基于终端提供的缓存状态和其他信息做出调度决策。假设缓存里只有非时间关键的数据,所以 gNB 在相当长一段持续时间内调度 PUSCH。当终端接收调度授权时,时间关键的信息到达终端。如果 PUSCH 最长持续时间没有限制,终端会在相当长持续时间里传输时延关键数据(可能和其他数据进行了复用),因此可能无法满足该特定业务的时延要求。一个更好的替代方案是,对时延关键数据,单独请求短的 PUSCH 持续时间用于传输,这可通过配置合适的 PUSCH 最长持续时间来实现。由于承载时延关键业务逻辑信道的优先级比承载非时延关键业务逻辑信道的优先级高,在短 PUSCH 持续时间内非时延关键业务不会阻塞时延关键数据的传输。

包含子载波间隔的原因与持续时间类似。当终端配置了多个子载波间隔时,更小的子载波间意味着更长的时隙,上面的推论也适用于这种情况。

限制特定逻辑信道所用的上行载波,是出于不同载波的传播条件可能不同以及双连接的考虑。两个频率差异很大的上行载波的可靠性不同。关键数据最好在低频载波上传输,以确保良好的覆盖,而非敏感数据可以在高频非连续覆盖的载波上传输。另一个动机是复制,即多个逻辑信道传输相同数据来获得分集增益。但是如果两个逻辑信道在相同的上行载波上传输,那么通过复制获得分集增益的最初动机就不存在了。Release 16 对上行复制做了进一步扩展,详见第 21 章。

到这一步,基于已配置的映射相关参数,在当前授权下允许数据传输的逻辑信道集合就建立起来了。如何在有数据传输并且能够传输的逻辑信道之间分配资源的问题,还需要逻辑信道复用来回答。这是通过给每个逻辑信道配置优先级相关的参数集来完成的。参数集由下面三部分组成:

- 优先级。
- 优先比特率(Prioritized Bit Rate,PBR)。
- 桶内空间可用时长(Bucket Size Duration,BSD)。

优先比特率和桶内空间可用时长的共同作用,定义了上文所述的保证比特率,但是 NR 标准可以考虑不同的传输持续时间。优先比特率和桶内空间可用时长的乘积本质上就是一个比特桶,即在一段特定时间内给定逻辑信道上最少要传输的比特。每个传输时刻,逻辑信道按照优先级降序排列进行传输,尽量满足最小传输比特数的要求。当所有逻辑信道都被满足后,桶内空间剩余的容量按照严格优先级顺序分配。

优先级处理和逻辑信道复用如图 14-5 所示。

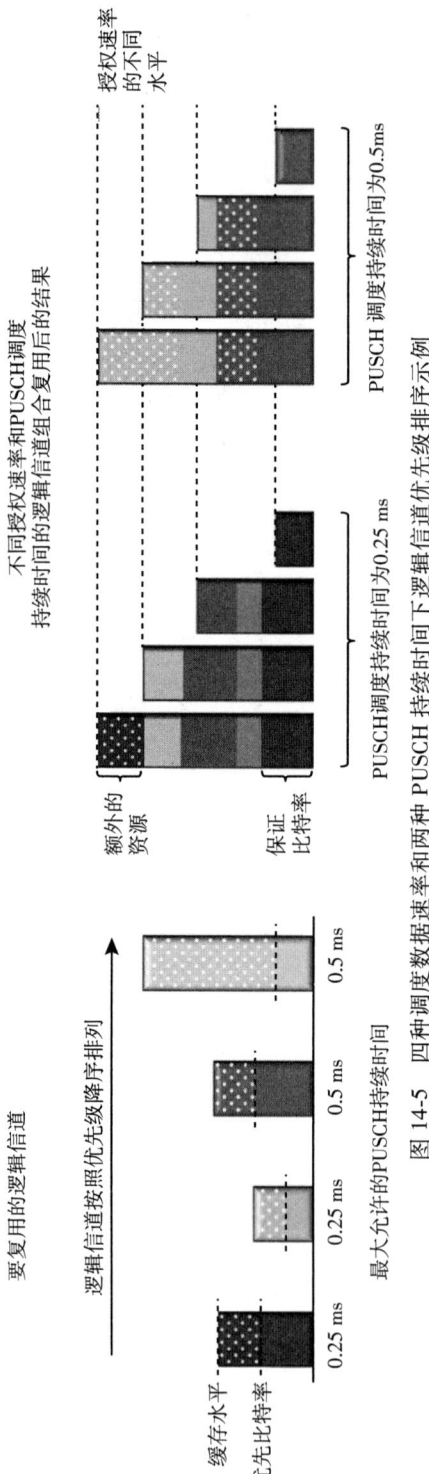

图 14-5 四种调度数据速率和两种 PUSCH 持续时间下逻辑信道优先级排序示例

## 14.2.2 调度请求

上行调度器需要知道终端有数据待传,因此该终端需要得到调度。对没有数据待传的终端不需提供上行资源。因此,调度器至少要知道终端是否有数据需要传输,是否应当给予授权。这被称为调度请求(Scheduling Request, SR)。调度请求适用于没有有效调度授权的终端,对于已经有有效授权的终端可以给 gNB 提供更详细的调度信息,见下节讨论。

调度请求是一个标志,由终端发起,向上行调度器请求上行资源。因为根据定义,请求资源的终端没有 PUSCH 资源,所以终端使用预先配置的专用周期性 PUCCH 资源在 PUCCH 上发送调度请求。之所以使用专用的调度请求机制,是因为根据在哪个资源上发送请求即隐含可知请求调度的终端标识,而无须直接提供。当优先级高于已经在发送缓存里的数据到达终端,而终端又没有授权无法发送数据时,终端会在下一个可能的时刻发送调度请求,gNB 收到请求后就可以给终端分配一个授权(见图 14-6)。

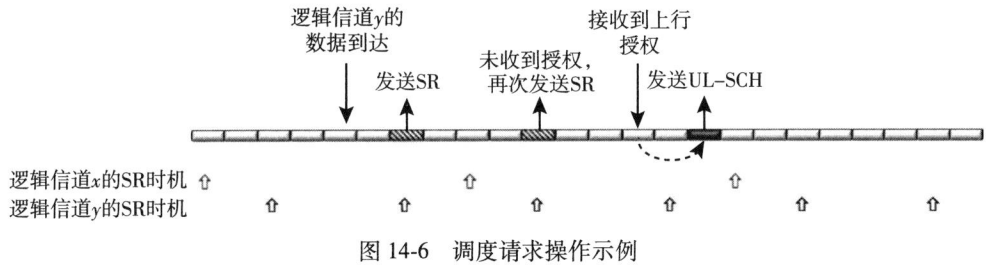

图 14-6 调度请求操作示例

NR 可以给单个终端配置多个调度请求。一个逻辑信道可以映射到零或多个调度请求配置上。这样 gNB 不仅知道终端有数据在等待传输,还知道是什么类型的数据。对旨在支持更广泛业务类型的 NR 来说,这些对于 gNB 都是有用信息。例如,gNB 可能想调度终端传输时延关键的信息,而非时延不关键的信息。

可以给每个终端分配专用的 PUCCH 调度请求资源,周期从每两个 OFDM 符号到每 80 ms,短周期用于支持时延高度关键的业务,长周期用于降低开销。因为在一个给定时刻只能发送一个调度请求,当多个逻辑信道有数据待传时,合理的行为是针对最高优先级的逻辑信道触发调度请求。调度请求在后续的资源上不断重复,直到从 gNB 得到授权为止,重复次数的上限可以配置,还可以配置一个禁止定时器来控制调度请求的发送频率。在终端有多个调度请求资源的情况下,重复次数和禁止定时器都是根据每个调度请求资源来配置的。

未配置调度请求资源的终端依靠随机接入机制来请求资源。这相当于是一个基于竞争的资源请求机制。可以想到在随机接入过程中来传输少量数据,采用的方法就是 Release 17 引入的 SDT 增强,如第 22 章所述。基于竞争的机制一般适用于小区内终端数量大、业务量低的场景,因此调度的强度低。在业务强度高的情况下,最好为终端建立至少一个调度请求资源。

## 14.2.3 缓存状态报告

具有有效授权的终端不需要请求上行资源。但是,调度器为了确定要给每个终端授权的资源数量，还需要本节所讨论的缓存状态信息，以及下节讨论的可用功率信息。这些信息通过上行传输中的 MAC 控制信元发送给调度器（见 6.2.4 节关于 MAC 控制信元和 MAC 报头通用结构的讨论）。如图 14-7 所示，其中一个 MAC 子报头的 LCID 字段置为预留值，用以指示存在缓存状态报告。

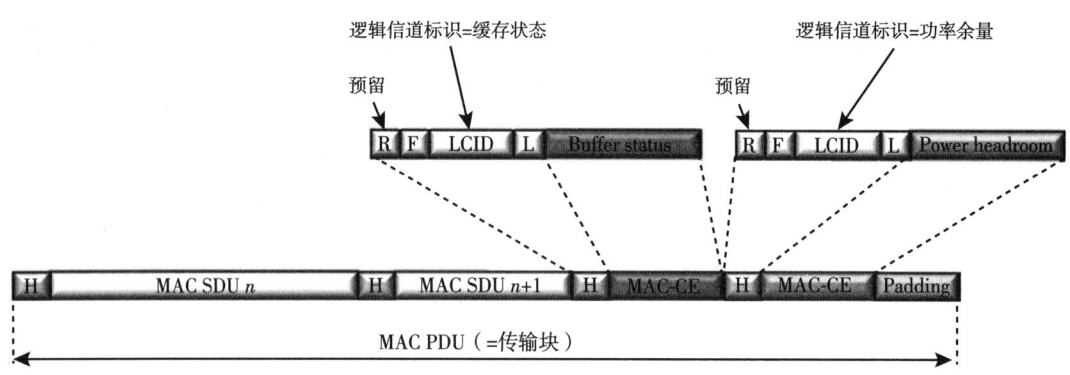

图 14-7　MAC 控制信元里的缓存状态报告和功率余量报告

从调度角度看，每个逻辑信道的缓存信息都是有用的，尽管这会导致开销很大。因此将逻辑信道分为最多八个逻辑信道组，按组进行上报。缓存状态报告里的缓存大小字段指示该逻辑信道组里所有逻辑信道待传数据的总量。根据一个报告里包含多少个逻辑信道组和缓存状态报告颗粒度的不同，NR 标准定义了四种缓存状态报告格式。可以基于如下原因触发缓存状态报告：

- 比当前发送缓存中优先级高的数据到达时（即比当前传输的逻辑信道组优先级高的逻辑信道组有数据），因为这可能会影响调度决策。
- 由定时器控制的周期性上报。
- 代替填充。如果匹配调度传输块所需的填充量大于缓存状态报告，此时插入一个缓存状态报告来代替填充，因为这样可以更好地利用可用净荷为调度提供有用信息。

## 14.2.4　功率余量报告

除了缓存状态，每个终端的可用发射功率也是上行调度器所关心的。调度高于可用发射功率所能支持的数据速率是不合理的。在下行，因为功率放大器和调度器位于同一节点，调度器能够立刻知道可用功率。而在上行，可用功率，或者说功率余量（power headroom），需要提供给 gNB。因此，终端用同发送缓存状态报告类似的方式发送功率余量报告给 gNB，即只有终端被调度在 UL-SCH 上传输时才发送报告。功率余量报告可以由以下原因触发：

- 由定时器控制的周期性上报。
- 路损改变（当前路损和上次功率余量报告时刻的路损之差大于一个可配置的阈值）。
- 代替填充（与缓存状态报告代替填充的原因相同）。

也可以通过配置禁止定时器来控制两次功率余量报告的最小时间间隔，从而减轻上行的信令负荷。

NR 标准中定义了三种类型的功率余量报告，类型 1、类型 2 和类型 3。载波聚合或双连接情况下，一条信令（MAC 控制信元）中可以包含多个功率余量报告。

类型 1 功率余量报告反映了只在载波的 PUSCH 上传输时的功率余量。假设终端在一段时间内在某个特定的分量载波上被调度进行 PUSCH 传输，那么类型 1 就对该分量载波有效。该报告包括功率余量和对应分量载波 c 的每载波最大发射功率 $P_{\text{CMAX},c}$。$P_{\text{CMAX}}$ 的值是显式配置的，因此对于 gNB 是已知的，但由于可以对普通上行载波和补充上行载波分别配置 $P_{\text{CMAX},c}$，两者都属于同一个小区（即关联同一个下行分量载波），gNB 需要知道终端到底使用了哪个 $P_{\text{CMAX},c}$ 值，并且报告的是哪个载波。

可以注意到，功率余量并非测量每载波最大发射功率和载波实际发射功率的差值。而是测量 $P_{\text{CMAX},c}$ 和假定发射功率没有上限情况下所使用的发射功率的差值（见图 14-8）。因此，功率余量完全有可能是负值，表明在报告功率余量的时刻，每载波发射功率受限于 $P_{\text{CMAX},c}$，即在给定可用发射功率的情况下，网络调度了比终端可支持的更高的数据速率。由于网络知道在报告功率余量所对应时刻终端所用的调制编码方式和用于传输的资源大小，假设下行路损不变，网络就可以确定调制编码方式和分配资源大小的有效组合。

当没有真正的 PUSCH 传输时，终端也可以上报类型 1 功率余量。这可以看作假定默认传输配置（即最小可能分配的资源）下的功率余量。

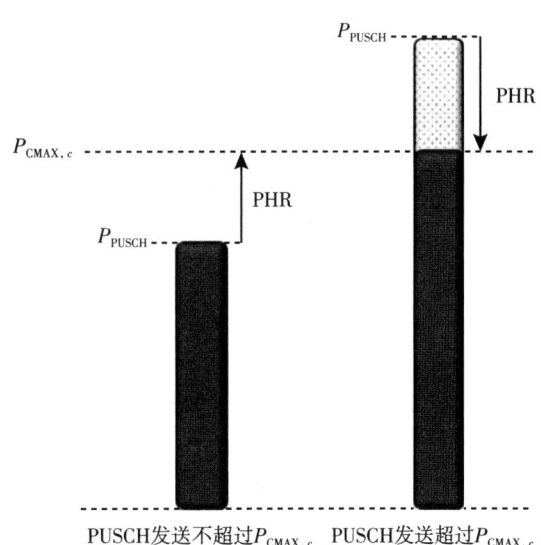

图 14-8　功率余量报告示例

类型 2 功率余量报告与类型 1 类似，但假定 PUSCH 和 PUCCH 同时上报，这一特性在 NR 标准中还未完全支持，但计划在后续版本完善。

类型 3 功率余量报告用于处理 SRS 转换，即终端在没有配置发送 PUSCH 的一个上行载波上发送 SRS。这类报告目的在于评估备选上行载波的质量，如果认为发送 SRS 的上行载波更好，则（重）配置终端使用这个载波进行上行传输。

功率控制可以对不同的波束对链路执行不同的功率控制（见第 15 章），与之相比，功率余量报告针对的是载波，并不直接考虑对波束的操作。一个原因是网络可以控制哪个波束用于传输，从而确定对应于某个功率余量报告的波束。

## 14.3　调度和动态 TDD

NR 的关键特性之一就是支持动态 TDD，即调度器动态地决定传输方向。尽管从描述上使用的是动态 TDD 这个术语，但原则上该框架一般也适用于半双工模式，包括半双工 FDD。由于半双工终端不能同时发送和接收，因此需要把两个方向的资源分开。如第 7 章所提及的，可以通过三种信令机制给终端提供信息，表明资源是用于上行还是下行传输：
- 调度终端的动态信令。
- 使用 RRC 的半静态信令。
- 一组终端共享的动态时隙格式指示，主要用于非调度终端。

调度器负责调度终端的动态信令，即上述三项的第一项。

对于具备全双工能力的终端，调度器可以独立调度上行和下行，需要上行和下行调度器一起协调决策的场景有限。

另一方面，对于半双工的终端，调度器需要确保不会要求终端同时接收和发送。如果配置了半静态上下行模式，调度器需要遵从这种模式，例如，不能在已配置仅用于下行的时隙调度上行传输。

## 14.4 无动态授权的传输——半持续调度和配置授权

如上所述，动态调度是 NR 的主要工作模式。对于每个传输间隔，例如时隙，调度器使用控制信令指示终端发送或接收。这样可以灵活地适应业务行为的快速变化，但显然需要相关的控制信令；而在某些情况下并不期望发送控制信令。因此 NR 也支持不依赖于动态授权的传输机制。

下行支持半持续调度（Semi-Persistent Scheduling，SPS），这是通过 RRC 信令配置终端数据传输的周期来实现的。半持续调度的激活使用与动态调度相同的 PDCCH，但是用 CS-RNTI 代替普通的 C-RNTI[⊖]。与动态调度类似，PDCCH 还承载了时频资源的必要信息，以及其他所需要的参数。根据公式，可以从下行数据传输开始的时间推导出 HARQ 进程号。激活半持续调度后，终端根据 RRC 配置的周期，使用激活传输的 PDCCH 里指示的传输参数，定期地接收下行数据[⊖]。由于只使用了一次控制信令，从而降低了开销。启动半持续调度后，终端继续监听 PDCCH 候选集上的上行和下行调度命令。这对于偶发大量数据传输的情况是有帮助的，因为这种情况下半持续分配不够用。这种方法也可用于处理 HARQ 重传，因为 HARQ 重传是动态调度的。

上行采用的是没有动态授权的配置授权（configured grant）。配置授权有两种类型，区别在于激活的方式不同（见图 14-9）。

第一种是配置授权类型 1，由 RRC 提供上行授权，包括授权的激活。

第二种是配置授权类型 2，由 RRC 提供传输周期，层 1/层 2 控制信令用于激活/去激活传输，与下行的方式类似。

这两种方案的好处类似，即减少控制信令的开销，以及在一定程度上减少上行数据传输前的时延，因为在数据传输之前无需调度请求-授权的过程。

类型 1 通过 RRC 信令设置全部传输参数，包括周期、时间偏移、频率资源，以及上行传输所用的调制编码方式。当终端接收到 RRC 配置后，在由周期和偏移确定的时刻开始使用配置授权进行传输。偏移是为了控制终端在哪个时刻传输。一般来说，RRC 信令没有激

---

⊖ 每个终端都有两个标识，即用于动态调度的"普通"C-RNTI 和用于激活/去激活半持续调度的 CS-RNTI。
⊖ Release 15 可以配置大于或等于 10ms 的周期，在后续版本中周期会缩短，如第 21 章所述。

活时间的概念,终端一旦正确接收到 RRC 配置就立即生效。生效时间点可能会不同,取决于 RRC 命令是否需要 RLC 重传来递交。为了避免歧义,RRC 配置中包含了相对于 SFN 的时间偏移。

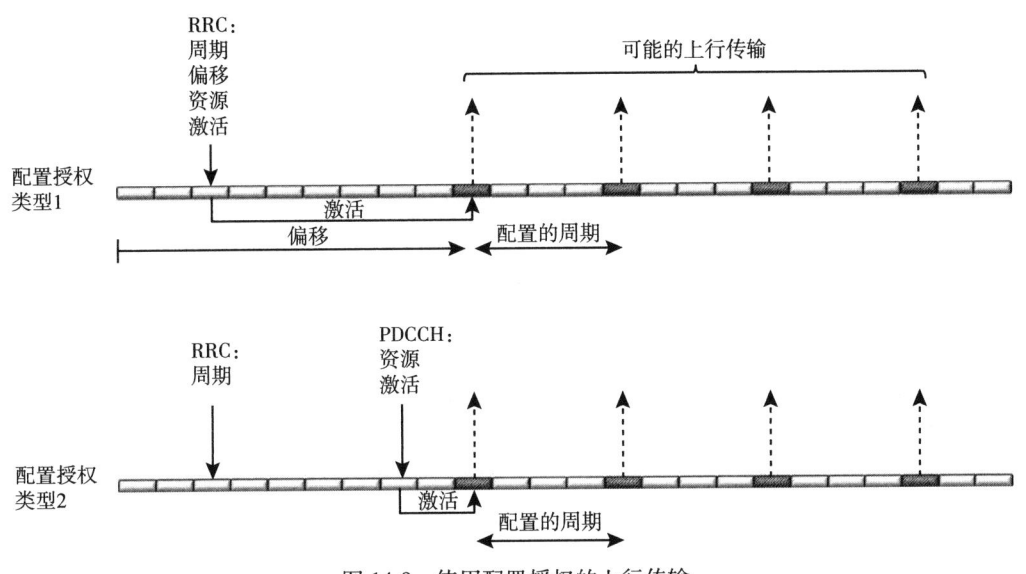

图 14-9 使用配置授权的上行传输

类型 2 类似于下行的半持续调度。RRC 信令配置周期,而传输参数在激活所使用的 PDCCH 里提供。终端接收到激活命令后,如果缓存中有数据,就会按照预先配置的周期进行传输。如果没有数据需要传输,终端不会发送任何数据,类似于类型 1。请注意,在这种情况下不需要时间偏移量,因为 PDCCH 发送时刻就明确定义了激活时间。

终端通过在上行发送 MAC 控制信元来确认激活/去激活配置授权类型 2。如果接收到激活命令时,没有数据待传,网络就不知道没有传输是因为终端没有收到激活命令,还是因为发送缓存为空。所以发送确认消息有助于解决这种歧义。

这两种方案都可能给多个终端配置重叠的上行时频资源。这种情况就要由网络区分来自不同终端的传输。

当上行或下行传输是动态调度时,DCI 中动态指示 HARQ 进程号。而对于半持续调度和配置授权,没有动态指示的 HARQ 进程号,因此必须要通过其他方式来推导出进程号。这是通过将进程号和配置周期中的绝对时隙编号(下行半持续调度)或符号编号(上行配置授权)相关联来实现的。因此,终端和 gNB 对于 HARQ 进程号理解一致,不存在歧义。

## 14.5 节能机制

分组数据业务经常是突发的,偶尔传输活动一段时间后会保持更长时间静默。从延迟角度看,每个时隙(甚至更频繁地)监听下行控制信令,以接收上行授权或下行数据,并且立即响应业务行为的变化，这样做是有好处的。但同时这也给终端带来功耗的开销。一个典型终端的接收机电路的功耗相当可观，而电池寿命是终端用户最重要的指标之一。

对终端功耗进行建模是一项复杂的任务，依赖于很多因素。终端在 RRC_IDLE 只偶尔检测寻呼，因此功耗最低。所以只要有可能，在大多数情况下终端都会迁移到空闲态，要么网络发起，要么终端自己发起。但是，终端要发送数据就需要进入连接态，即 RRC_CONNECTED。终端在这两种状态之间进行迁移需要花费时间，因为当终端从空闲态迁移到连接态时需要配置许多参数，要重新建立上下文。因此，终端通常在最后一个数据包发送后，在迁移到空闲态之前保持在连接态几秒钟，以防万一有数据包需要发送。这个时候中间态 RRC_INACTIVE 就有用处了，因为网络保留了终端的上下文，当终端迁移到连接态时减少了信令量。

因为终端只能在连接态接收数据，在连接态还需要考虑终端功耗——出于显而易见的原因，终端一直处于空闲态是没有好处的。尽管名字叫作连接态，但大多数时间，连接态的终端通常不是一直接收或发送数据。相反，终端只是监听 PDCCH 以检测调度信息是否存在。这样做最终的结果是，从时间方面看终端通常大多处于空闲模式，但从能耗方面看活动模式下大部分能量都花在了监听 PDCCH 上，而没有任何数据接收或发送。小部分能耗才是由实际的数据接收或发送所产生。

为了解决这些矛盾的需求——更长的电池使用寿命和更短的延迟，NR 包括了几种节能机制。其中一个基本的机制是不连续接收(Discontinuous Reception, DRX)，在 NR 标准第一版就引入了 DRX，同时还引入了带宽自适应和载波激活/去激活。后续版本还引入了诸如唤醒信号、跨时隙调度延迟的动态控制、小区休眠、PDCCH 监听自适应，以及寻呼提前指示等(见参考文献[107]关于节能特性的讨论)。

除了这些标准化的机制之外，还可以采用很多实现特定的技术。例如，如果配置终端每个时隙都监听 PDCCH，但终端在一个时隙的开始没有接收到有效的调度命令，终端就可以在该时隙剩余的时间睡眠。这有时也称为微睡眠(micro sleep)。

### 14.5.1 不连续接收

DRX 的基本原理是给终端配置一个 DRX 周期。配置了 DRX 周期的终端只在活动态监听下行控制信令，而其余时间会关闭接收机电路进入睡眠。这带来了功耗的显著降低——周期越长，功耗越低。当然，这就意味着调度器会受限，因为按照 DRX 周期只能在终端激活的时候对终端进行处理。

很多情况下，如果终端已经被调度并且正在接收或发送数据，那么很可能在近期会再次被调度。一个原因是，可能无法通过一次调度机会发送缓存中的全部数据，因此需要更多的调度机会。如果要等到 DRX 周期的下一个激活期(尽管可以这么做)，会造成额外的延迟。因此，为了减少延迟，终端在被调度后，会在活动态保持一段时间，这个时间是可配置的。这是通过终端每次被调度后启动(重启)不活动定时器来实现的，终端会保持唤醒直到定时器超时，如图 14-10 所示。由于 NR 可以处理多个参数集，DRX 定时器用毫秒来定义，以避免 DRX 周期与某个参数集绑定。

上行和下行 HARQ 重传都是异步的。如果终端无法解码下行调度的传输，那么典型的情况是 gNB 在初传之后很快就重传数据。因此，DRX 功能具有一个可配置的定时器，在接收到错误的传输块后启动定时器,用于唤醒终端的接收机准备接收 gNB 调度的重传。定时器的值最好设置为匹配 HARQ 协议的往返时间,而往返时间取决于实现。

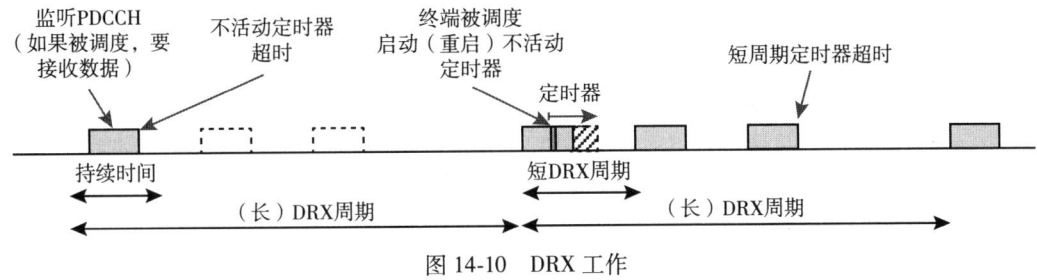

图 14-10　DRX 工作

将(长)DRX 周期和终端被调度后保持唤醒一段时间组合起来的机制可以适用于大多数场景。但是,某些业务(尤其是 VoIP)的特征是定期传输一段时间,然后一段时间没有活动或者活动非常少。为了处理这类业务,可以在上述长周期的基础上选附加短 DRX 周期。终端通常遵循长 DRX 周期,但是如果最近被调度过,则会遵循短 DRX 周期一段时间。处理 VoIP 这种场景可以通过设置短 DRX 周期为 20ms 来完成,因为语音编解码器通常每 20ms 递交一个 VoIP 数据包。而长 DRX 周期用于处理谈话之间的长静默期。

除了通过 RRC 配置 DRX 参数,gNB 还可以终止"唤醒持续时间(on duration)",并指示终端遵循长 DRX 周期。如果 gNB 知道下行没有额外的数据待传输,因此不需要终端保持激活,那么采用这种方法可以降低终端功耗。

### 14.5.2　唤醒信号

相比于终端一直保持活动态,这里描述的 DRX 机制对终端功耗有显著的改进。然而,如果没有下行数据要发送,网络可以通知终端再睡眠一个长 DRX 周期,而不是定期醒来后监听一段时间 PDCCH 再进入睡眠,这样会进一步改进终端功耗。因此,Release 16 引入了唤醒信号(wake-up signal)。如果配置了唤醒信号,终端在长 DRX 周期开始之前会醒来一段时间检查唤醒信号,这个时间是可配置的,如果被告知无须唤醒,终端会在下一个长 DRX 周期回到睡眠状态,如图 14-11 示例。唤醒信号采用 DCI 格式 2_6,用来支持节能。可以使用 DCI 格式 2_6 来同时发送多个唤醒信号,每个比特表示针对某个特定终端的唤醒信号。相比于完整搜索很多 DCI 格式和 PDCCH 候选,检查唤醒信号需要的能量通常较少。再加上检查唤醒信号的持续时间远小于(长)DRX 周期的唤醒持续时间,功耗方面得到增益。

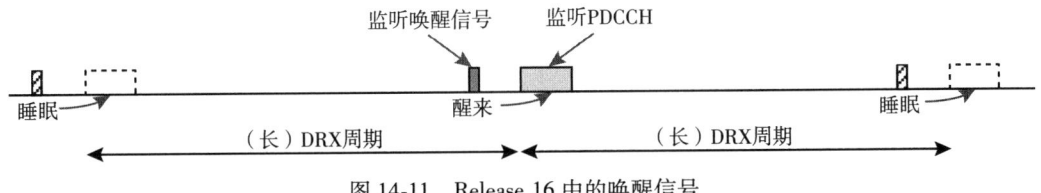

图 14-11　Release 16 中的唤醒信号

### 14.5.3 从节能角度考虑的跨时隙调度

NR 标准允许 PDCCH 之后立刻开始数据传输，或者通过适当的配置，可以和 PDCCH 同时发送数据，见第 10 章所述。从时延角度看这无疑是有好处的，但也需要终端保持打开接收机并缓存接收到的信号，至少要等到 PDCCH 解码完成。很多情况下，终端没有被调度，缓存接收信号是徒劳无功的。从这个角度看，在 PDCCH 之后的时隙发送 PDSCH 这种跨时隙调度是有好处的，因为无须缓存接收到的信号。NR 标准支持跨时隙调度，这是通过配置合适的时域资源分配表来实现的，见第 10 章。如果时域资源分配表配置为所有时域分配都在下一个时隙，那么终端在实现时原则上就可以不用缓存信号。但是，由于跨时隙调度会应用于所有的传输，这样会增加时延，尤其是有大量数据需要传输时。因此，Release 16 中可以使用 DCI 中的 1bit 指示在两个预先配置的值之中选择其一，通过动态信令指示最小调度偏移。如果指示给终端的最小时隙偏移为 0，则时域分配表中所有的条目都是有效的，终端需要准备好在 PDCCH 之后立刻(或者跟 PDCCH 同时)开始接收 PDSCH，因此需要缓存接收到的信号。另一方面，如果指示的最小时隙偏移为 1 个时隙(以 1 为例)，则时域资源分配表中所有时隙偏移为 0 的条目都是无效的。因此，终端无须缓存接收到的信号，可以一直睡眠到下一个时隙，即 PDSCH 传输的时隙，如图 14-12 所示，这样就可以节能。最小时隙偏移的动态指示适用于使用 DCI 格式 0_1/0_3 和 1_1/1_3 调度的上行和下行单播数据，但不适用于使用 DCI 回退格式的传输，例如系统信息和随机接入响应。显然，因为最小时隙偏移指示的是未来的某个时隙开始生效，所以不适用于当前时隙。

### 14.5.4 小区休眠

为了改进载波聚合场景下的功耗，Release 16 中引入了 SCell 休眠(dormancy)。对于休眠小区，终端不再监听 PDCCH，但会一直进行 CSI 测量和波束管理。尽管认为休眠小区是活动的，但从终端角度看小区活动很少，从而节省了电量。节能的另一种手段是去激活小区，但这样就无法提供 CSI 报告，并且相比于从休眠中恢复，激活 SCell 需要花费更长时间。

休眠机制是基于部分带宽框架。除了配置一个或多个常规的部分带宽，还会配置一个不监听 PDCCH 的休眠部分带宽。因此，休眠小区就是将休眠部分带宽作为激活部分带宽的小区。通过转换到其他部分带宽，小区解除休眠。

休眠部分带宽和常规部分带宽之间的转换是通过层 1/层 2 控制信令来完成的。除了上下行调度的非回退 DCI 格式，还可以使用承载唤醒信号的 DCI 格式 2_6。

DCI 格式 2_6 用于终端在 DRX 下监听唤醒信号。这种情况下除了发送唤醒信号之外还可以发送一个最多为 5bit 的休眠指示，如图 14-13 所示。休眠指示的每个比特对应一个由 RRC 配置的 SCell 组，指示相应的 SCell 组是否要进入休眠。

对于没有处于 DRX 的终端可以使用 DCI 格式 0_1、0_3、1_1 和 1_3。DCI 增加了最多 5bit 的休眠指示，与 DCI 格式 2_6 的方式相同，用于指示 SCell 组是否休眠。如果 DCI 长度增加会产生问题，还可以在 DCI 格式 1_1 中配置独立的休眠指示，通过对最多配置 15 个 SCell 的资源分配字段设置为保留值的方式，重新解读其他比特为位图，位图的每一比特代表一个配置的 SCell。显然，这种情况下无法同时调度数据。

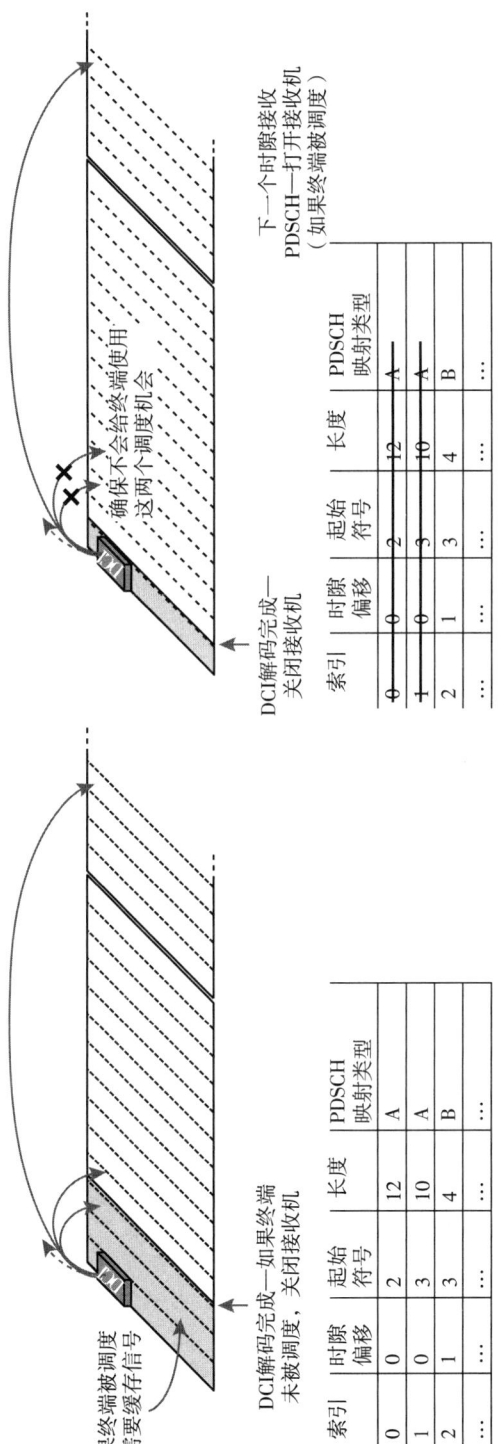

图 14-12 通过动态信令指示最小时隙偏移进行节能

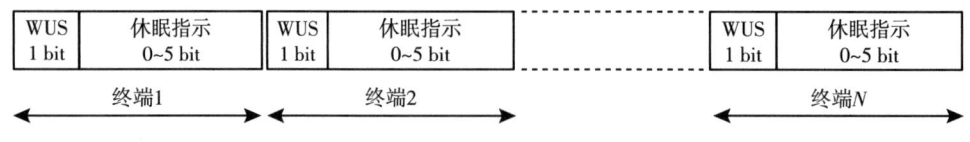

图 14-13 DCI 格式 2_6 中的唤醒信号(WUS)和休眠指示

### 14.5.5 带宽自适应

NR 标准支持很大的传输带宽,单载波最高到几百兆赫兹。这对于大净荷的快速递交非常有用,但对于净荷较小或者没有调度的时候监听下行控制信道就不是那么必要了。因此,在第 5 章已经提到,NR 标准支持接收机带宽自适应,这样终端可以使用较窄带宽监听控制信道,只在调度大量数据时才打开全带宽,从而降低终端功耗。这可以看作频域上的不连续接收。

可以通过 DCI 中的部分带宽指示来打开宽带接收机。如果部分带宽指示的部分带宽与当前激活的部分带宽不同,则激活的部分带宽发生改变(见图 14-14)。改变激活的部分带宽所需的时间取决于几个因素,例如中心频率是否发生改变,接收机是否需要重新调谐,但改变花费的时间应当在一个时隙的数量级。一旦激活,终端就采用新的更大的部分带宽进行工作。

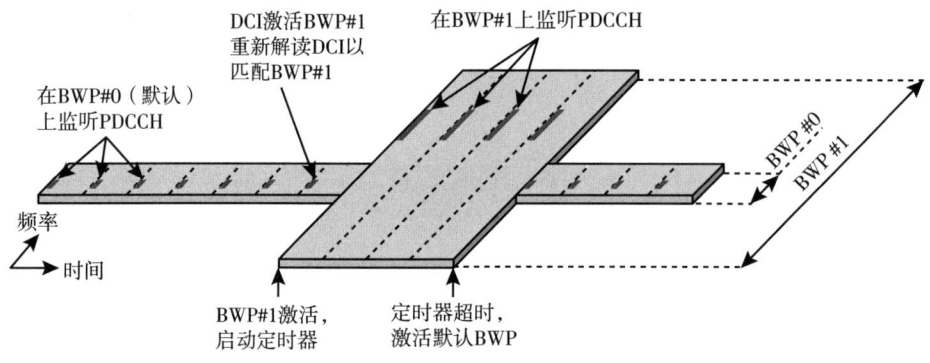

图 14-14 带宽自适应原理说明

一旦需要更大带宽的数据传输完成,就可以采用相同的机制恢复到初始的部分带宽。还可以通过配置定时器来处理部分带宽的转换,而非显式信令。这种情况下,其中一个部分带宽配置为默认的部分带宽。如果默认的部分带宽没有显式配置,则从随机接入过程中获取到的初始部分带宽就用作默认的部分带宽。一旦接收到 DCI 指示非默认的部分带宽,就启动定时器。当定时器超时,终端切回默认的部分带宽。通常情况默认的部分带宽更窄,这样有助于降低终端功耗。

NR 标准引入带宽自适应带来一些设计上的问题,这些问题在 LTE 中并不存在,尤其是处理控制信令相关的问题,因为很多传输参数都是按照每个部分带宽来配置的,因此不同部分带宽的 DCI 净荷大小可能不同。一个明显的例子就是频域资源分配字段,部分带宽越大,频域资源分配字段的比特数就越多。只要下行数据传输和 DCI 控制信令所使用的部分带宽相同就不会有问题㊀。但是，对于带宽自适应就存在问题了，因为一个部分带宽下接收到的 DCI 中的部分带宽指示可能指向的是另一个大小不同的部分带宽来进行数据接收。当 DCI 中的部分带宽索引指向不同于当前的另一个部分带宽时，就产生了如何解读 DCI 的问题，因为检测到的 DCI 中的字段可能与索引字段所指向的部分带宽的 DCI 不匹配。

解决该问题的一种方式可以是盲监听多种 DCI 净荷大小，每种对应一个配置的部分带宽，但这样做意味着终端的负担很重。取而代之的一种方式是将检测到的 DCI 字段重新解读为索引所指向的部分带宽。选择了一种通过填充或缩短比特字段的简单方式来匹配假定调度所使用的部分带宽。当然，这对调度决策会有一些限制，但是一旦新的部分带宽被激活，终端就使用新的 DCI 大小来监听下行控制信令，数据调度再度具有完全的灵活性。

尽管本文是从下行角度描述的不同部分带宽的处理，但上行也可以采用相同的方式来重新解读 DCI。

### 14.5.6　PDCCH 监听控制

如上所述，对 PDCCH 进行盲解码是按照固定时刻进行的。盲解码的周期可配，但通常配置为在每个时隙的开始监听 PDCCH。大多数情况下终端未被调度，盲解码徒劳无功，导致终端能量的浪费。实际上，终端在连接态的能耗很大一部分是花在了对 PDCCH 备选进行盲解码。为了缓解这个问题，降低连接态终端的能耗，Release 17 引入了 PDCCH 监听自适应，基于两个组件：搜索空间集合组（Search Space Set Group，SSSG）切换和 PDCCH 跳过。

如第 10 章所述，搜索空间集控制终端何时进行盲解码以及不同备选的聚合等级。Release 16 为了支持非授权频谱，可以配置两个 SSSG，允许终端在两种监听配置间切换。Release 17 重用了搜索空间集合组的概念并进行了扩展，更好控制终端在哪个时刻进行盲解码。Release 17 最多可以配置 3 个 SSSG，其中一组在激活状态。定义多个 SSSG 的原因是为了降低终端功耗，可以基于业务状况自适应监听 PDCCH 时机。例如，可以在每个时隙的开始监听 PDCCH，正在进行的数据突发中可以快速调度。而较低监听频率（例如每十个时隙）对于数据突发之间或时延不关键的业务也可能就足够了。可以使用搜索空间集合组来实现这种灵活性，组 0（默认组）用于频繁监听，组 1 用于不频繁监听。如果有好处，还可以配置第三组带来更多灵活性。原则上，通过配置多个部分带宽，每个部分带宽配置不同搜索空间，当业务变化时切换部分带宽也可以达到类似的效果。但是，这样做不仅会占据更多 BWP 资源，而且速度较慢，因为 BWP 切换需要一定时间。

SSSG 之间的切换是动态控制的，如图 14-15 所示。DCI 中的 1 或 2 比特确定使用哪个 SSSG。还定义了定时器的机制，用作搜索空间集合组动态信令的补充。如果指示终端切换到 SSSG1 或 2，则启动定时器。当定时器超时，终端切换回 SSSG0。发送调度请求也会强制终端切换到 SSSG0。

---

㊀　严格来说，只要 PDCCH 和 PDSCH 所使用的部分带宽的大小和配置相同就可以了。

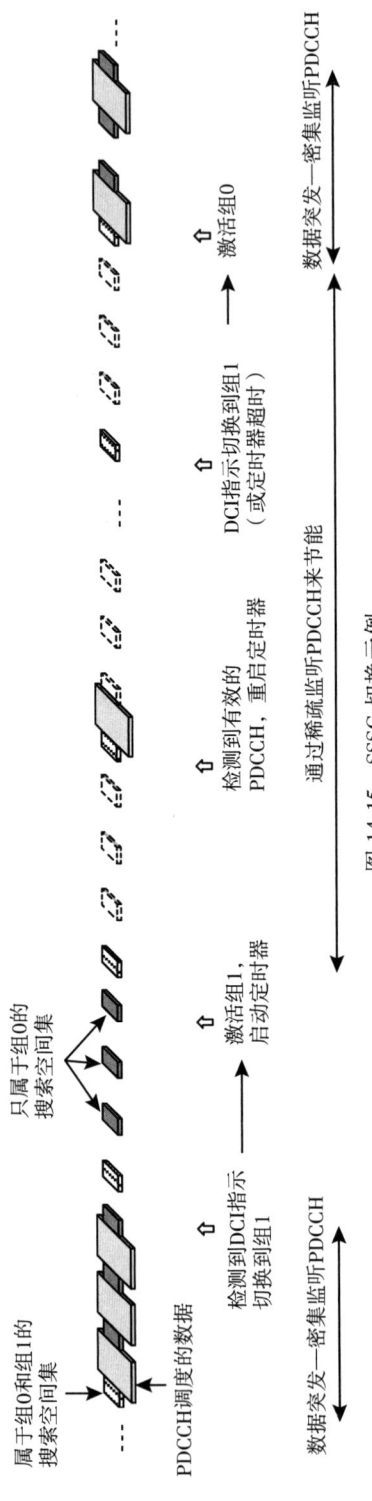

图 14-15 SSSG 切换示例

另一个控制 PDCCH 盲解码的机制是 PDCCH 跳过。基本原理很简单——当缓存中没有数据时，gNB 可以指示终端在一个预先配置的时间段跳过监听 PDCCH。gNB 可以配置最多三个跳过持续时间段，通过 DCI 动态选择使用哪个。一旦跳过持续时间结束，终端恢复监听 PDCCH，监听的时间间隔与跳过前相同。

搜索空间集合组切换和 PDCCH 跳过可以联合使用。一旦配置，非回退 DCI 格式中的一至两比特用于联合控制切换和跳过，见表 14-2。从表中可以看出，可以同时配置切换和跳过，但一个时刻只能触发一种机制。SSSG 切换可以通过 DCI 格式 2_0 控制，见第 20 章，这对工作在非授权频谱很有用处。

表 14-2 PDCCH 监听控制

| 比特 | | 只跳过 | 只切换 | 跳过并切换 |
| --- | --- | --- | --- | --- |
| 1 | 0 | 不跳过 | SSSG#0 | — |
| | 1 | 跳过第 1 段 | SSSG#1 | — |
| 2 | 00 | 不跳过 | SSSG#0 | SSSG#0 |
| | 01 | 跳过第 1 段 | SSSG#1 | SSSG#1 |
| | 10 | 跳过第 2 段 | SSSG#2 | 跳过第 1 段 |
| | 11 | 跳过第 3 段 | 保留 | 跳过第 2 段 |

### 14.5.7 寻呼提前指示

空闲态的终端大多时间在睡眠，只在寻呼时机醒来检查是否被寻呼。相比于睡眠，每个寻呼时机终端都会有相应的处理，也就意味着消耗能量。在每个寻呼时机前，终端需要醒来以获取时频同步并稳定晶振，然后接收 PDCCH 和 PDSCH。为了接收 PDSCH，取决于信号质量，时频同步足够精确之前可能还需要多个 SSB。相比于接收 PDCCH，这占据终端能耗很大一部分，当终端未被寻呼时能量就白白浪费了。

为了解决这一问题，Release 17 引入了一种机制，提前指示终端在下一个寻呼时机是否可能被寻呼。这一指示称为寻呼提前指示（Paging Early Indicator，PEI），使用带 PEI-RNTI 的 DCI 格式 2_7 在 PDCCH 上发送。如果在寻呼时机之前未接收到 PEI，终端无须在寻呼时机消耗能量来接收可能的寻呼消息，如图 14-16 所示。还可以定义寻呼子组，终端仅在检测到 PEI 包括其所属的子组时才监听相应的寻呼时机。

寻呼过程中的时频同步是功耗较大的环节之一。一种减少这部分功耗的方法是给终端提供额外的参考信号从而加速信道估计过程。周期性 TRS 就是这类参考信号的一种，如果小区中至少存在一个连接态的终端时，通常就会广播 TRS。同时，为了保持极简设计原则，参考信号如果没有用途是不应当发送的。因此在某个 SIB 里会给终端提供 TRS 的配置，由 PEI 指示 TRS 是否存在。如果存在 TRS，终端就可以用来加速时频同步。在不采用 PEI 的情况下也可以通过常规的寻呼 PDCCH 指示 TRS 是否存在。

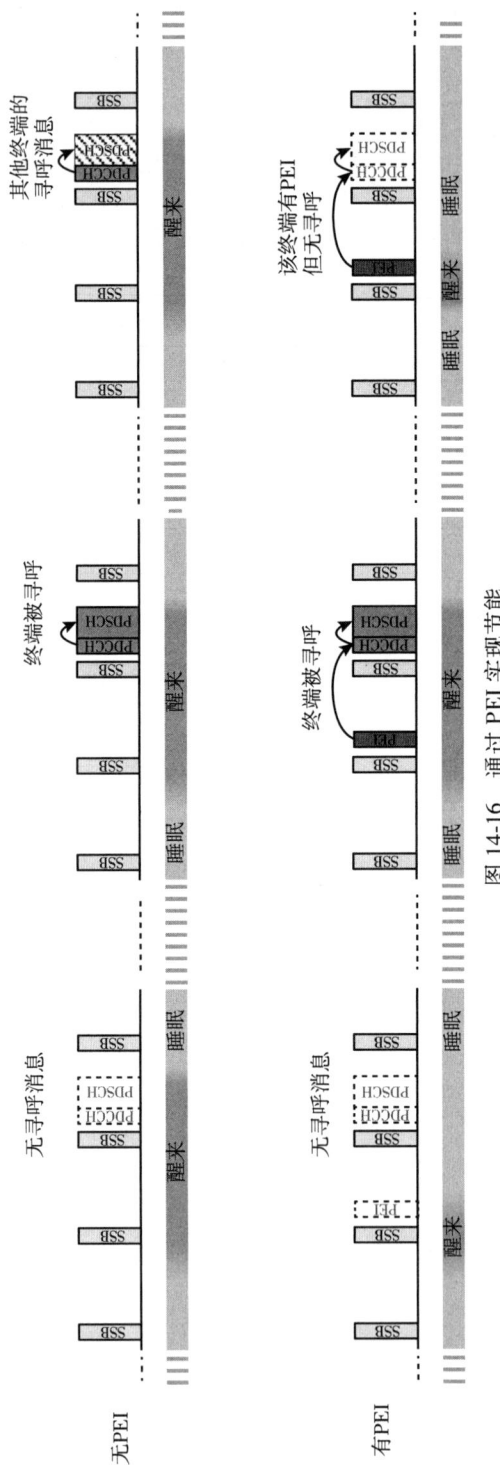

图 14-16 通过 PEI 实现节能

# 第 15 章

# 上行功率和定时控制

本章的主题是上行功率和定时控制。功率控制的目的是为了控制干扰,因为本小区内的传输是正交的,所以干扰主要针对其他小区。定时控制是确保不同终端在相同的时刻接收,这是保持不同传输之间正交性的先决条件。

## 15.1 上行功率控制

NR 的上行功率控制是一套算法和工具,通过控制不同上行物理信道和信号的发射功率,尽可能确保网络以合适的功率水平接收。对于上行物理信道,简单来说合适的功率就是物理信道所承载的信息能够被正确解码所需要的接收功率。同时,发射功率又不能太高,否则会对其他的上行传输造成不必要的过高干扰。

合适的发射功率取决于信道特性,包括信道衰减和接收端的噪声及干扰水平。还应注意的是,基站所需的接收功率直接取决于数据速率。如果接收功率太低,要么提高发射功率,要么降低数据速率。换句话说,至少对于 PUSCH 传输,功率控制与链路自适应(速率控制)之间存在着紧密联系。

NR 的上行功率控制基于下面的组合:
- 开环(open-loop)功率控制,包括对部分路损补偿(fractional path-loss compensation)的支持,即终端基于下行测量来估计上行路损,并相应地设置发射功率。
- 闭环(closed-loop)功率控制,基于网络配置的显式功控命令。这些功控命令实际上是基于网络先前测量的上行接收功率来决定的,因此被称为"闭环"。

NR 上行功率控制相比于 LTE 的主要新特性,是可以基于波束进行功率控制(见 15.1.2 节)。

### 15.1.1 功率控制基线

PUSCH 发射功率控制可以简化为如下公式描述:

$$P_{\text{PUSCH}} = \min\{P_{\text{CMAX}}, P_0(j) + \alpha(j) \cdot PL(q) + 10 \cdot \log_{10}(2^\mu \cdot M_{\text{RB}}) + \Delta_{\text{TF}} + \delta(l)\} \quad (15\text{-}1)$$

其中
- $P_{\text{PUSCH}}$ 为 PUSCH 发射功率。

- $P_{CMAX}$ 为每载波最大允许的发射功率。
- $P_0(\cdot)$ 为网络配置的参数,可以简单描述为目标接收功率。
- $PL(\cdot)$ 为上行路损的估计。
- $\alpha(\cdot)$ 为网络配置的参数($\leq 1$),用于部分路损补偿。
- $\mu$ 与 PUSCH 传输使用的子载波间隔 $\Delta f$ 相关。更具体地说,$\Delta f = 2^\mu \cdot 15\text{kHz}$。
- $M_{RB}$ 为 PUSCH 传输分配的资源块数目。
- $\Delta_{TF}$ 与 PUSCH 传输使用的调制方式和信道编码速率相关[⊖]。
- $\delta(\cdot)$ 为闭环功率控制调整的功率。

上面的公式描述了每载波的上行功率控制。如果终端配置了多个上行载波(载波聚合和/或补充上行),则根据式(15-1)对每个载波分别进行功率控制。功率控制公式中的 $\min\{P_{CMAX}, \cdots\}$ 部分确保了每个载波的功率不会超出每载波最大允许的发射功率。然而,终端在所有配置的上行载波上的总发射功率是有限的。所以为了保持不高于总功率的限制,需要协调不同上行载波的功率设置(更多细节参见 15.1.4 节)。在 LTE/NR 双连接的场景下也需要这样的功率协调。

现在来更详细地描述上面功率控制公式的各个部分。这里首先忽略参数 $j$、$q$ 和 $l$。这些参数的影响会在 15.1.2 节讨论。

公式 $P_0 + \alpha \cdot PL$ 表示支持部分路损补偿的基本开环功率控制。对于全路损补偿,即 $\alpha = 1$,并且假定上行路损估计 $PL$ 是准确的,开环功控调整 PUSCH 的发射功率,使得接收功率与"目标接收功率" $P_0$ 一致。$P_0$ 作为功率控制的配置参数,通常取决于目标数据速率,以及接收机所经历的噪声和干扰水平。

终端根据某些下行信号的测量来估计上行路损。路损估计的准确性在一定程度上取决于上下行链路的互易性。特别地,对于 FDD 模式下的对称频谱,路损估计无法捕获路损中频率相关的特性。

在部分路损补偿中,即 $\alpha < 1$,路损不会被完全补偿,接收功率会根据终端在小区所处的位置而变化,即距离基站越远的终端,路损越高,接收功率越低。因此,必须通过调整相应的上行数据速率来进行补偿。

部分路损补偿的好处是减少了对邻区的干扰。这是以服务质量的较大变化为代价的,即降低了小区边缘终端的数据速率。

$10 \cdot \log_{10}(2^\mu \cdot M_{RB})$ 项反映了如果其他项都没有变化,接收功率和发射功率应该与分配的传输带宽成正比。因此,在全路损补偿($\alpha = 1$)的情况下,$P_0$ 可以更精确地描述为归一化(normalized)的目标接收功率。尤其是在全路损补偿时,$P_0$ 为假定在一个 15 kHz 参数集的资源块上传输的目标接收功率。

$\Delta_{TF}$ 尝试模拟由于采用不同的调制方式和信道编码速率,每个资源单元的信息比特数发生变化时所需的接收功率如何变化。更确切地说,

$$\Delta_{TF} = 10 \cdot \log_{10}((2^{1.25\gamma} - 1)\beta) \tag{15-2}$$

其中,$\gamma$ 是 PUSCH 传输的信息比特数,归一化为用于传输的资源单元个数,不包括解调参考符号的资源单元。

---

[⊖] 缩写 TF 为传输格式(Transport Format),在早期 3GPP 技术中所使用的术语,但并未明确用于 NR。

在 PUSCH 上传输数据时，$\beta$ 因子等于 1，但如果 PUSCH 承载了层 1 控制信令（UCI），那么 $\beta$ 可以设为其他值⊖。

可以注意到，忽略 $\beta$ 因子后，$\Delta_{TF}$ 的表达式本质上就是改写的香农信道容量 $C = W \cdot \log_2(1+\text{SNR})$，加上一个额外的因子 1.25。换句话说，$\Delta_{TF}$ 可视为按照 80% 香农容量的链路容量建模。

在确定 PUSCH 发射功率时，并不总是将 $\Delta_{TF}$ 包含在内，原因如下。

- $\Delta_{TF}$ 只用于单层传输，即上行多层传输时 $\Delta_{TF} = 0$。
- 通常情况下可以禁用 $\Delta_{TF}$。例如，$\Delta_{TF}$ 不能与部分功率控制联合使用。调整发射功率来补偿不同的数据速率，与调整数据速率来补偿由于部分功率控制导致的接收功率变化，二者会互相抵消。

最后，$\delta(\cdot)$ 是闭环功率控制相关的功率调整。网络可以基于测量到的接收功率，通过功率控制命令（power-control command）按某个步长来调整 $\delta(\cdot)$，从而调整发射功率。功率控制命令在上行调度授权（DCI 格式 0_0 到 0_3）的 TPC 字段中携带，也可通过 DCI 格式 2_2 共同携带给多个终端的功率控制命令。每个功率控制命令由 2bit 组成，对应于四种调整步长（-1dB，0dB，+1dB，+3dB）。包含 0dB 调整步长的原因是每个调度授权里都包含功率控制命令，但并非每次授权都需要调整 PUSCH 发射功率。

### 15.1.2 基于波束的功率控制

上面的讨论中忽略了开环参数 $P_0(\cdot)$ 和 $\alpha(\cdot)$ 中的参数 $j$，路损估计 $PL(\cdot)$ 中的参数 $q$，以及闭环功率调整 $\delta(\cdot)$ 中的参数 $l$。这些参数的主要目的是在上行功率控制时考虑波束赋形。

#### 1. 多个路损估计进程

在上行使用波束赋形的情况下，根据式（15-1）来计算发射功率的上行路损估计 $PL(q)$ 应当体现用于 PUSCH 传输的上行波束对的路损（包含了波束赋形增益）。假定上下行波束一致，可以通过测量在相应下行波束对上传输的下行参考信号来估计路损。由于上行传输的波束对可能在 PUSCH 传输之间发生改变，因此终端可能需要保持对应于不同备选波束对的多个路损估计，即基于不同下行参考信号测量的路损估计。当在某个特定波束对上真正传输 PUSCH 时，根据功率控制式（15-1），使用该波束对的路损估计来确定 PUSCH 发射功率。

这可以通过式（15-1）中路损估计 $PL(q)$ 的参数 $q$ 来实现。网络给终端配置一套下行参考信号（CSI-RS 或 SSB）用于估计路损，每个参考信号与特定的 $q$ 值相关联。为了避免对终端的要求过高，最多可以有四个并行的路损估计进程，每个进程对应于一个特定的 $q$ 值。网络还会配置调度授权里的 SRI 值到最多四个 $q$ 值的映射。结果就是生成了调度授权里的 SRI 值到最多配置的四个下行参考信号之一的映射，即间接表示每个 SRI 值到最多四个路损估计之一的映射，每个路损估计反映了一个特定波束对的路损。当 PUSCH 传输的调度授权里包含 SRI 时，与该 SRI 相关联的路损估计用于确定所调度 PUSCH 传输的发射功率。

图 15-1 所示的过程为两个波束对的情况。终端配置了两套下行参考信号（CSI-RS 或 SSB），

---

⊖ 请注意，当 PUSCH 承载 UCI 时，同样可以描述为单独的一项 $10 \cdot \log_{10}(\beta)$。

分别在第一个和第二个波束对的下行发送。终端同时运行两个路损估计进程，第一个波束对的路损 $PL(1)$ 是基于参考信号 RS-1 的测量，第二个波束对的路损 $PL(2)$ 是基于参考信号 RS-2 的测量。SRI = 1 与 RS-1 通过参数 $q$ 相关联，因此间接关联 $PL(1)$。同样，SRI = 2 与 RS-2 相关联，因此间接关联 $PL(2)$。当给终端的 PUSCH 调度授权里 SRI 置为 1 时，终端根据路损估计 $PL(1)$，即基于对 RS-1 测量估计的路损，来确定 PUSCH 的发射功率。因此，假定波束一致的情况下，路损估计反映了 PUSCH 传输所用波束对的路损。如果给终端的 PUSCH 调度授权里 SRI = 2，路损估计 $PL(2)$ 反映了 SRI = 2 所对应波束对的路损，用于确定 PUSCH 传输的发射功率。

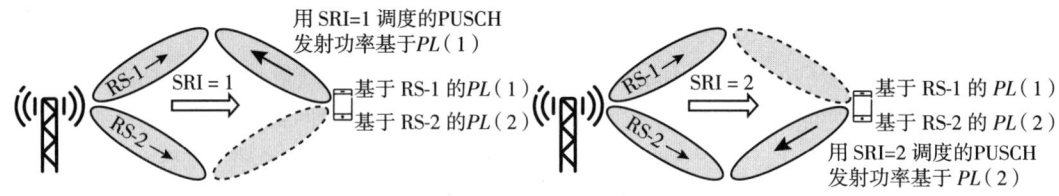

图 15-1　动态波束管理情况下使用多个功率估计进程进行上行功率控制

#### 2. 多个开环参数集

在 PUSCH 功率控制公式(15-1)里，开环参数 $P_0$ 和 $\alpha$ 与 $j$ 相关。这简单反映出可能有多个开环参数对 $\{P_0, \alpha\}$。不同的开环参数用于不同类型的 PUSCH 传输（随机接入"消息 3"传输，见第 17 章，无授权的 PUSCH 传输，以及调度的 PUSCH 传输）。然而，调度的 PUSCH 传输也可能有多个开环参数对，可以根据 SRI 选择用于某次 PUSCH 传输的参数对，类似于上文所述路损估计的选择。这实际上也意味着开环参数 $P_0$ 和 $\alpha$ 取决于上行波束。

NR 标准中，随机接入消息 3 的功率设置对应于 $j = 0$，$\alpha$ 始终为 1。换句话说，消息 3 的传输不使用部分功率控制。此外，对于消息 3，参数 $P_0$ 可以基于随机接入的配置来计算。

对于其他 PUSCH 传输，可以给终端配置不同的开环参数对 $\{P_0(j), \alpha(j)\}$，对应于不同的 $j$ 值。参数对 $\{P_0(1), \alpha(1)\}$ 用于无授权的 PUSCH 传输，而其余的参数对则与调度的 PUSCH 传输相关。上行调度授权里 SRI 的每个值与一个配置的开环参数对相关联。当 PUSCH 的调度授权里包含某个 SRI 时，在确定该调度的 PUSCH 发射功率时就采用同该 SRI 相关联的开环参数。

多个开环参数集还可用于上行抢占。Release 16 增强支持上行抢占，见第 21 章。

#### 3. 多个闭环进程

最后一个参数是闭环进程的参数 $l$。PUSCH 功率控制可以配置两个独立的闭环进程，分别对应 $l = 1$ 和 $l = 2$。与多个路损估计和多个开环参数集类似，$l$ 的选择（即闭环进程的选择）可以与调度授权里的 SRI 相关联，每个 SRI 关联一个闭环进程。

### 15.1.3　PUCCH 功率控制

PUCCH 功率控制基本上遵循与 PUSCH 功率控制相同的原则，但有一些细微的差别。

首先，PUCCH 功率控制里没有部分路损补偿，即参数 $\alpha$ 始终等于 1。

此外，PUCCH 功率控制的闭环功控命令在 DCI 格式 1_0 和 1_1 上发送，也就是在下行调度分配里携带，而不是像 PUSCH 功率控制的闭环功控命令在上行调度授权里携带。一个原因是，上行 PUCCH 传输的是 HARQ 确认，即对下行传输的响应。这类下行传输通常都与 PDCCH 的下行调度分配相关联，因此相应的功控命令可以在 HARQ 确认传输之前发送，用于调整 PUCCH 发射功率。与 PUSCH 类似，也可以通过 DCI 格式 2_2 联合携带给多个终端的功率控制命令。

### 15.1.4 多个上行载波情况下的功率控制

上面的过程描述了单个上行载波情况下，对于给定的物理信道如何设置发射功率。对于每个载波，都有最大允许的发射功率 $P_{CMAX}$，而功率控制公式中的 $\min\{P_{CMAX}, \cdots\}$ 则确保了每个载波的发射功率都不会超过 $P_{CMAX}$<sup>⊖</sup>。

很多情况下，可以给终端配置多个上行载波：
- 载波聚合场景下的多个上行载波。
- SUL 情况下额外的补充上行载波。

除了每载波最大发射功率 $P_{CMAX}$ 外，对所有载波的发射功率之和也有一个限制 $P_{TMAX}$。如果终端配置了多个 NR 上行载波用于传输，$P_{CMAX}$ 显然不应该超过 $P_{TMAX}$。然而，所有配置的上行载波的 $P_{CMAX}$ 之和很可能或者说往往会超过 $P_{TMAX}$。原因是终端不会经常在所有配置的上行载波上同时发送，而终端又往往倾向于能用最大允许的功率 $P_{TMAX}$ 发射。因此，可能出现根据式（15-1）计算的每个载波发射功率之和大于 $P_{TMAX}$ 的情况。在这种情况下，每个载波上的功率要按比例缩小，以确保终端最终的发射功率不会超过最大允许的值。

另外一种需要注意的情况是，终端工作在 LTE 和 NR 双连接下，LTE 和 NR 的上行同时发送。请注意，至少在 NR 部署的初期，双连接是标准的工作模式，因为 NR 标准的第一版只支持非独立组网的 NR 部署。在这种情况下，LTE 的传输可能会对 NR 传输的可用功率造成限制，反之亦然。基本原则是，LTE 的传输优先，即根据 LTE 上行功率控制[26]计算出的功率用于 LTE 载波的发送。然后，NR 的传输可以使用剩余的功率，由功率控制式（15-1）得出。

LTE 优先于 NR 的原因是多方面的：
- NR 标准中包括了对于 NR/LTE 双连接的支持，目的是尽可能避免对于 LTE 标准造成任何影响。如果由于在 NR 上同时传输而对 LTE 的功率控制施加限制，则意味着这样一种影响。
- 至少在最初阶段，NR/LTE 双连接是由 LTE 承载控制面信令，即 LTE 作为主小区组（Master Cell Group，MCG）。因此，LTE 链路对于保持连接性更为关键，优先于"次要的"NR 链路是有意义的。

## 15.2 上行定时控制

NR 小区内的上行是正交的，意味着接收到同一小区内不同终端的上行传输不会互相产生

---

⊖ 请注意，相比于 LTE，至少 NR 在 Release 15 中没有规定一个载波上同时发送 PUCCH 和 PUSCH，因此在给定的时刻，一个上行载波上最多只有一个物理信道在传输。

干扰。为了保持这种上行正交性(uplink orthogonality),对于给定参数集,要求上行时隙边界在基站侧(近似)对齐。更具体地说,接收信号的时间不对齐应当落在循环前缀内。为了确保接收端时间对齐,NR 标准引入了发送定时提前(transmit-timing advance)机制。

终端的定时提前介于终端观测到的下行时隙 n 的起点和对应的上行时隙 n 的起点之间,一般为负的偏移量。网络通过控制每个终端合适的偏移量,能够控制基站接收各个终端的信号定时。相比于靠近基站的终端,远离基站的终端经历更大的传播延迟,因此需要提前发送上行,如图 15-2 所示。示例中第一个终端距离基站更近,经历的传播延迟 $T_{P,1}$ 较小。因此对于这个终端,较小的定时提前偏移 $T_{A,1}$ 就足以补偿传播延迟,确保基站侧的正确定时。但是,对于第二个终端,距离基站较远,经历的传播延迟较大,需要更大的定时提前。

网络基于对每个终端上行传输的测量来确定各个终端的定时提前量。因此,只要终端有上行数据发送,基站就可以用来估计上行接收定时,发送定时提前命令。探测参考信号可用作常规的测量信号,但原则上基站可以使用终端发送的任何信号来进行测量。

网络基于上行测量来确定每个终端所需的定时校正。如果某个特定终端的定时需要校正,网络会对该终端发送定时提前命令,指示终端相对于当前的上行定时延迟或提前。用户特定的定时提前命令在 DL-SCH 上作为 MAC 控制信元发送。定时提前命令通常不会太频繁,例如每秒一至几次,频率的高低直接取决于终端的移动速度。

更详细地,介于上行时隙 n 的起点和相应下行时隙 n 的起点之间的定时 $T_{TA}$(见图 15-3)为

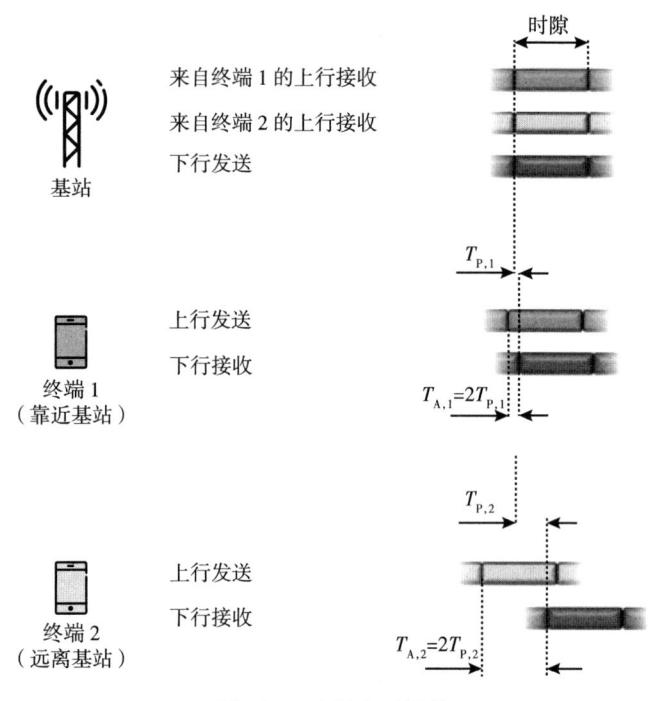

图 15-2 上行定时提前

$$T_{TA} = (N_{TA} + N_{TA,\,offset}) \cdot T_c \tag{15-3}$$

$N_{TA,offset}$ 是小区级参数,取决于频段和 NR 载波是否要与 LTE 载波共存(仅适用于 FR1),只能取有限集合里的值。$N_{TA,offset}$ 的默认值为

- $N_{TA,offset}$ = 25600,适用于 FR1 没有频谱共存的情况。
- $N_{TA,offset}$ = 0(FDD)和 39936(TDD),适用于 FR1 有频谱共存的情况。
- $N_{TA,offset}$ = 13792,适用于 FR2。

$N_{TA}$ 是终端特定的定时提前,如上所述,基于网络信令进行更新。

需要指出,非地面网络(Non-Terrestrial Network,NTN)的情况下(见第 25 章),在计算上下行定时偏移 $T_{TA}$ 的时候要增加额外的参数。

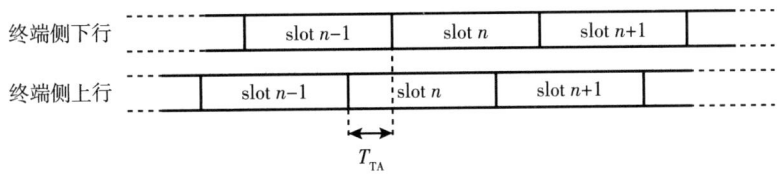

图 15-3　终端侧上下行定时的关系

如上所述，定时提前的目标是将时间不对齐保持在循环前缀长度内，因此选择循环前缀的一部分作为定时提前的步长。但是，由于 NR 支持多个参数集，子载波间隔越大，循环前缀越短，因此定时提前的步长要根据激活的上行部分带宽所给定的子载波间隔，与循环前缀长度成比例。

如果终端在一个(可配置的)周期内未收到定时提前命令，终端即认为上行失步。这种情况下，终端在上行发送 PUSCH 或 PUCCH 之前，必须通过随机接入过程重新建立上行定时。

对于载波聚合，终端可能会在多个分量载波上传输。处理这种情况的直接方式是对于所有的上行分量载波都使用相同的定时提前量。但是，如果不同的上行载波是从不同的地理位置接收来的，例如有些载波使用了射频拉远单元，而另一些没有，那么不同的载波会需要不同的定时提前量。一个相关的例子是双连接情况下不同上行载波终结于不同的基站。为了处理这种场景，将上行载波划分为定时提前组(Timing Advanced Group，TAG)。一个 TAG 内所有分量载波服从相同的定时提前命令，而不同的 TAG 可以发送不同的定时提前命令，即不同 TAG 的分量载波的发送定时可以设置不同。如果一个 TAG 所包含的分量载波的参数集不同，则定时提前步长由组内所有载波中最大的子载波间隔来确定。

# 第 16 章

# 小区搜索和系统信息

小区搜索涵盖了终端查找新小区的功能和过程。在终端初始进入系统覆盖范围时开始执行小区搜索。为了实现移动性,无论终端连接到网络还是处于空闲态/非激活态,终端在系统内移动时都持续地进行小区搜索。NR 的小区搜索主要是基于同步信号块(SSB)。

终端一旦找到小区并连接上,就需要获取该小区的系统信息。

本章将详述 NR 的小区搜索,包括 SSB 的详细结构,还会讨论 NR 系统信息的结构及终端如何获取。

## 16.1 SSB

为了使得终端在进入系统时能够找到小区,以及终端在系统内移动时能够找到新小区,NR 小区会周期性发送同步信号,同步信号由两部分组成,主同步信号(Primary Synchronization Signal,PSS)和辅同步信号(Secondary Synchronization Signal,SSS)。PSS/SSS 和物理广播信道(Physical Broadcast Channel,PBCH)(见 16.3 节)一起,被称为同步信号块(Synchronization Signal Block,SSB)。

SSB 与 LTE 的 PSS/SSS/PBCH[26]用途及结构都很类似。但是,二者仍有一些重要的差别。这些差别的起源至少可以追溯到 NR 某些特定的要求和特性,包括以减少"常开"信号数量为目标(如 5.1.2 节所讨论),以及初始接入时进行波束赋形的可能性。

### 16.1.1 基本结构

同 NR 所有的下行传输一样,SSB 也是基于 OFDM 的。换句话说,SSB 是在基本的 OFDM 网格上传输的一组时频资源(资源单元),如 7.3 节所述。图 16-1 所示为单个 SSB 的时频结构。可以看出,SSB 在时域持续 4 个 OFDM 符号,在频域持续 240 个子载波。

- PSS 在 SSB 的第一个 OFDM 符号上发送,频域上占据 127 个子载波,SSB 带宽的其余 113 个子载波为空。
- SSS 在 SSB 的第三个 OFDM 符号上发送,与 PSS 占据相同的子载波。SSS 两端分别空出 8 个和 9 个子载波。

- PBCH 在 SSB 的第二个和第四个 OFDM 符号上发送。另外，PBCH 还使用 SSS 两端各 48 个子载波。

SSB 可以使用不同的参数集发送。但是为了限制终端需要在给定频率上同时搜索 SSB 的不同参数集，对于给定频段定义最多两个 SSB 参数集。

表 16-1 列出了 SSB 可用的参数集，连同相应的 SSB 带宽和持续时间，以及每个参数集适用的频率范围<sup>⊖</sup>。请注意，60kHz 参数集不能用于任何频率范围的 SSB。相反，240kHz 参数集可以用于 SSB，尽管该参数集目前不支持其他的下行传输。支持 240kHz 参数集的原因是为了能够实现每个 SSB 极短的持续时间。对于有很多波束(即对应大量 SSB)的情况，这些 SSB 时分复用，以便于进行波束扫描(详细内容参见 16.2 节)。NR 在引入对 52.6GHz 以上(FR2-2)支持的同时也引入了 480kHz 和 960kHz 的 SSB 参数集。

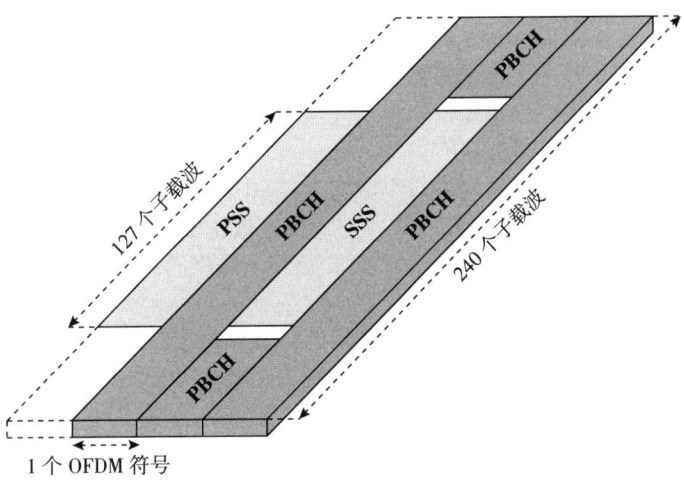

图 16-1  由 PSS、SSS 和 PBCH 组成的单个 SSB 的时频结构

表 16-1  SSB 参数集和相应的频率范围

| 参数集/kHz | SSB 带宽①/MHz | SSB 持续时间/μs | 频率范围/GHz |
| --- | --- | --- | --- |
| 15 | 3.6 | ≈285 | FR1(<3) |
| 30 | 7.2 | ≈143 | FR1 |
| 120 | 28.8 | ≈36 | FR2-1 |
| 240 | 57.6 | ≈18 | FR2-1 |
| 480 | 115.2 | ≈9 | FR2-2 |
| 960 | 230.4 | ≈4.5 | FR2-2 |

① SSB 带宽等于 SSB 所用子载波数目(240)乘以 SSB 子载波间隔。

如 5.2.15 节所述，Release 18 引入了 NR 可以工作在小于 5MHz 频谱。这种情况下，整个 SSB 子载波(240 个子载波)在可用频谱内放不下。为了支持这种场景，没有对基本的 SSB 结构做出修改，但是可用带宽之外的子载波上的资源单元不再发送。这显然会影响 SSB 的链路性能，但可以通过更高的 SSB SINR 来补偿。

---

⊖ 请注意，尽管 30kHz 参数集的频率范围与 15kHz 参数集的频率范围完全重合，但对于较低频率范围内的频段，大多数情况下只支持一个参数集。

### 16.1.2 频域位置

在 LTE 中，PSS 和 SSS 总是位于载波的中心位置。因此，LTE 终端一旦找到了 PSS/SSS，就找到了载波，也就知道了载波的中心频率。这种将 PSS/SSS 始终放置于载波中心方式的缺点是，如果终端事先不知道载波频域的位置，则必须在所有可能的载波位置，即"载波栅格"上搜索 PSS/SSS。

为了能够更快地进行小区搜索，NR 标准采用了另一种方式。SSB 不是始终位于载波中心（位于载波中心意味着 SSB 的位置要与载波栅格一致），而是位于每个频段内一组有限的可能位置，称作"同步栅格"。终端只需要在稀疏的同步栅格上搜索 SSB，而不是在每个载波栅格的位置上搜索 SSB。

由于载波可以位于更为密集的载波栅格上的任意位置，也就是说 SSB 可能就不会位于载波中心。这甚至会导致 SSB 与资源块网格不对齐。因此，终端一旦找到 SSB，网络就必须显式通知终端 SSB 在载波上确切的频域位置。这是通过 SSB 自身携带的信息，更具体地说是 PBCH 所携带的信息（见 16.3 节），以及剩余广播系统信息里的信息（详见 16.5 节）完成的。

### 16.1.3 SSB 的周期

SSB 周期性发送，周期可以在 5~160ms 之间变化。但是，终端在进行小区初始搜索，以及在非激活态/空闲态为移动性而进行小区搜索时，会假定 SSB 至少每 20ms 重复一次。这使得终端在频域搜索 SSB 时，知道必须要在每个频点停留多长时间才能得出 SSB 不存在的结论，然后转到同步栅格里下一个备选频点。

NR 20ms 的 SSB 周期是 LTE 的 PSS/SSS 5ms 周期的 4 倍。选择更长的 SSB 周期是为了提高 NR 网络的能效，并且遵循如 5.1.2 节所述的极简设计范例。相比于 LTE 更长 SSB 周期的缺点在于，终端必须在每个频点停留更长的时间，以确定该频点有没有 SSB。但是通过稀疏同步栅格，终端需要搜索 SSB 频域位置的数量会减少，这样就可以得到补偿。

尽管终端在小区初始搜索过程中假定 SSB 至少每 20ms 重复一次，但是出于某些原因，还是会有采用更短或更长 SSB 周期的情况：

- 更短的 SSB 周期使得连接态的终端能够更快地进行小区搜索，因为网络可以显式通知终端更短的 SSB 周期。
- 更长的 SSB 周期可进一步提高网络的能效。终端在初始接入时可能搜索不到 SSB 周期大于 20ms 的载波。但是在载波聚合场景下，连接态的终端仍可使用这样的载波作为辅载波。

需要指出，上述针对恒定 SSB 周期的讨论，对于非授权频谱下的工作并不完全准确。非授权频谱场景的工作需要信道接入过程，SSB 的发送定时通常多少会有些随机变化，详见 20.8.2 节。因此，这种情况下没有特定 SSB 周期的说法。

### 16.1.4 PSS 和 SSS 的详细结构

上文介绍了 SSB 的总体结构及其三个组成部分：PSS、SSS 和 PBCH。本节将介绍 PSS 和

SSS 的详细结构。16.3 节将介绍 PBCH。

### 1. 主同步序列（PSS）

PSS 是终端进入系统要搜索的第一个信号。在这个阶段，终端还不知道系统的定时。而且，尽管终端是在给定的载波频率上搜索小区，但由于终端内部频率参考的误差，终端和网络载波频率之间可能会存在较大偏差。尽管存在这些不确定性，PSS 的设计使其能够被检测到。

终端一旦找到 PSS，就同步到 PSS 的周期，然后就可以使用来自网络的发送作为参考生成内部频率，在很大程度上消除了终端和网络之间的频率偏差。

如前所述，PSS 占据 127 个资源单元，PSS 序列 $\{x_n\} = x_n(0), x_n(1), \cdots, x_n(126)$ 映射到这些资源单元上（见图 16-2）。

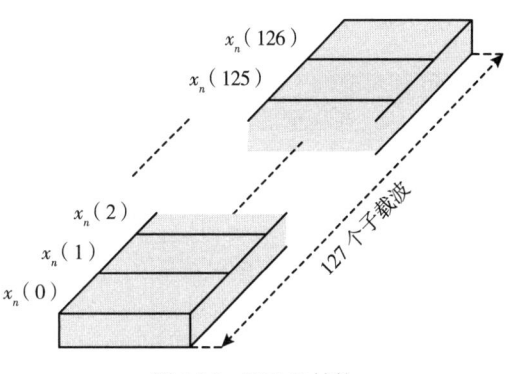

图 16-2  PSS 的结构

PSS 序列有三种：$\{x_0\}$、$\{x_1\}$ 和 $\{x_2\}$，由一个长度为 127 的基序列（$M$ 序列）[66] 的不同循环移位得出，$M$ 序列 $\{x\} = x(0), x(1), \cdots, x(126)$，根据如下递归公式生成（见图 16-3）：

$$x(n) = x(n-7) \oplus x(n-3)$$

通过对基序列（$M$ 序列）$x(n)$ 应用不同的循环移位，根据如下公式可以生成三个不同的 PSS 序列 $x_0(n)$、$x_1(n)$ 和 $x_2(n)$：

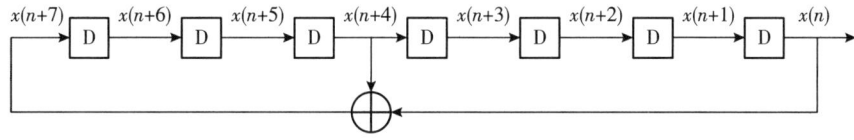

初始值：$[x(6)\ x(5)\ x(4)\ x(3)\ x(2)\ x(1)\ x(0)] = [1\ 1\ 1\ 0\ 1\ 1\ 0]$

图 16-3  基序列（$M$ 序列）的生成，从中得出三个 PSS 序列

$$x_0(n) = x(n)$$
$$x_1(n) = x(n+43 \bmod 127)$$
$$x_2(n) = x(n+86 \bmod 127)$$

某个小区使用三个 PSS 序列中的哪一个，是由物理小区标识（Physical Cell Identity，PCI）决定的。当终端在搜索新小区时，必须搜索全部三个 PSS。

### 2. 辅同步序列（SSS）

终端一旦检测到 PSS，也就知道了 SSS 的发送定时。通过检测 SSS，终端可以确定该小区的 PCI。NR 总共有 1008 个 PCI，但是由于终端已经检测到 PSS，所以会将 PCI 备选集减少到三分之一。因此 SSS 有 336 个，与已经检测到的 PSS 组成完整的 PCI。请注意，由于终端已知 SSS 的定时，因此与 PSS 相比，每个序列的搜索复杂度降低，从而能够支持很大数目的 SSS 序列。

SSS 的基本结构与 PSS 相同，也是由 127 个子载波组成 SSS 序列。

更详细地说，每个 SSS 由两个基序列（$M$ 序列）根据如下递归公式生成：

$$x(n) = x(n-7) \oplus x(n-3)$$
$$y(n) = y(n-7) \oplus y(n-6)$$

实际的 SSS 序列由这两个 $M$ 序列相加合成，两个序列应用不同的移位：

$$x_{m_1, m_2}(n) = x(n+m_1) + y(n+m_2)$$

## 16.2 SS 突发集——时域上多个 SSB

SSB 和对应的 LTE 信号的一个关键区别是，网络可能以波束扫描的方式发送 SSB，即以时分复用的形式在更窄的波束上发送不同的 SSB（见图 16-4）。波束扫描中的 SSB 集合称为同步信号突发集（SS burst set）⊖。请注意，前面所讨论的 SSB 周期是一个特定波束内 SSB 传输之间的时间间隔，实际上就是 SS 突发集的周期。

通过对 SSB 使用波束扫描，增加了单个 SSB 传输的覆盖范围。对 SSB 的传输进行波束扫描也使得接收端对上行随机接入的接收能够进行波束扫描，以及对下行随机接入响应进行波束赋形。关于 NR 随机接入过程的详细讨论见第 17 章。

尽管 SS 突发集的周期可以灵活设置，最小 5ms，最大 160ms，但是每个 SS 突发集总是受限于 5ms 的时间间隔，要么在 10ms 帧的前半帧，要么在后半帧。

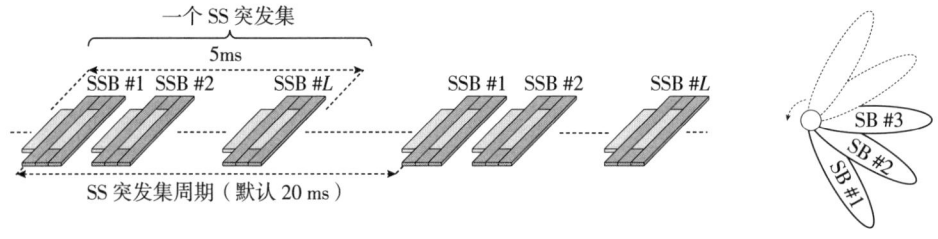

图 16-4  一个 SS 突发集周期内多个 SSB 时分复用

对于不同的频段，SS 突发集里 SSB 的最大数目不同：对于 3GHz 以下的频段，一个 SS 突发集里最多可以有 4 个 SSB，即最多能够扫描 4 个波束。对于 3~6GHz 之间的频段，一个 SS 突发集里最多可以有 8 个 SSB，即最多能够扫描 8 个波束。对于更高频段（FR2-1/FR2-2），一个 SS 突发集里最多可以有 64 个 SSB，即最多能够扫描 64 个波束。

为什么对于更高频段，一个 SS 突发集内 SSB 的最大数目以及可以扫描 SSB 波束的最大数目都更大呢？有如下两个原因：

- 高频场景下通常都会使用更多波束，每个波束的宽度更窄。

---

⊖ 同步信号突发集的概念源自 3GPP 早期关于 NR 的讨论，当时认为 SSB 组成 SS 突发，SS 突发组成 SS 突发集。最终没有用到中间态 SS 突发分组的概念，但是保留了全部 SSB 组成 SS 突发集的概念。

- 由于 SSB 的持续时间取决于 SSB 参数集(见表 16-1),对于低频场景,因为必须使用更低的 SSB 参数集(15kHz 或 30kHz),一个 SS 突发集内大量的 SSB 则意味着巨大的开销。

不同参数集的 SSB 在时域上可能位置的集合会不同。例如,图 16-5 中所示的是 15kHz 参数集情况下一个 SS 突发集周期内可能的 SSB 位置。可以看到,前 4 个时隙中的任何一个时隙都可能发送 SSB⊖。每个时隙上最多能发送两个 SSB,第一个可能的位置位于符号 2~5,第二个可能的位置位于符号 8~11。请注意,每个时隙第一个和最后两个 OFDM 符号没有被 SSB 所占用。这些未被占用的 OFDM 符号,可用于给已经连接到网络的终端发送上行和下行控制信令,对于所有的 SSB 参数集都同样如此。

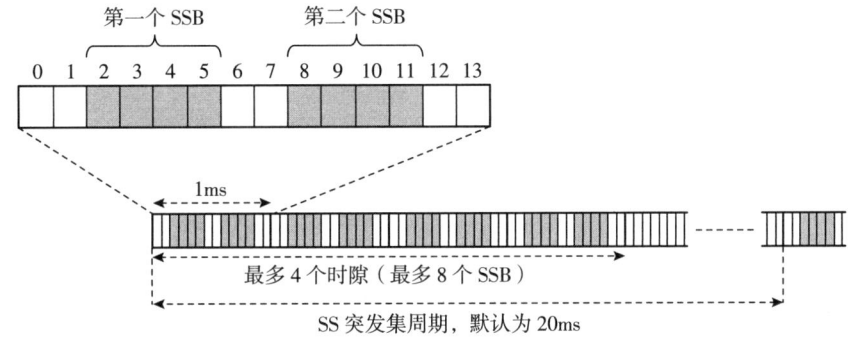

图 16-5 15kHz 参数集下 SS 突发集里 SSB 可能的时域位置

应当注意到,图 16-5 中所示的是 SSB 可能的位置,即实际上 SSB 不一定在图中所示的所有位置上发送。一个 SS 突发集内可能会发送一个到最大数目个 SSB,SSB 的数目取决于被扫描的波束个数。

此外,如果发送 SSB 的数目小于最大值,则不必在连续的 SSB 位置上发送,而是如图 16-5 所示 SSB 位置的任何子集都可以用作 SSB 的发送。例如,当一个 SS 突发集里有 4 个 SSB 的情况,可能是前两个时隙每个时隙两个 SSB,或者是图 16-5 中四个时隙每个时隙一个 SSB。

一个 SSB 的 PSS 和 SSS 只取决于物理小区标识。因此,一个小区内所有 SSB 的 PSS 和 SSS 是相同的,终端无法根据获取到的 SSB 确定在 SSB 位置集合中的相对位置。出于这个原因,每个 SSB(更具体地说是 PBCH)都包含了一个"时间索引",用于显式提供 SSB 在可能的 SSB 位置序列里的相对位置(详见 16.3 节)。获取 SSB 相对位置的信息很重要,原因如下:

- 终端根据此来确定帧的定时(见 16.3 节)。
- 把不同的 SSB,实际上就是不同的波束,和不同的 RACH 时机相关联。反过来说,这是在随机接入的接收过程中网络侧使用波束赋形的先决条件(详见第 17 章)。

请注意,类似于 16.1.3 节对于基本 SSB 周期的讨论,上述对于 SS 突发集及其时域结构的

---

⊖ 对于工作在 3GHz 以下的情况,SSB 只能位于前两个时隙里。

讨论，严格来说只对工作在授权频谱有效。工作在非授权频谱的情况会略有不同，同样是因为考虑到非授权频谱信道接入过程需要 SSB 的发送定时具有灵活性，详见 20.8.2 节。

## 16.3 PBCH 和 MIB

PSS 和 SSS 是有着特定结构的物理信号，而 PBCH 则是更为传统的物理信道，在 PBCH 上发送的是经过信道编码的信息。PBCH 承载主系统信息块（Master Information Block，MIB），其中包含了少量信息，终端要根据这些信息来获取网络广播的剩余系统信息⊖。

表 16-2 列出了 PBCH 所承载的信息以及每个信息所对应的比特数目。请注意，根据载波是工作在低频段（FR1）还是高频段（FR2），信息内容略有不同。还需注意这张表是假定工作在授权频谱，对于工作在非授权频谱的情况 PBCH 的信息有些修改。

表 16-2 PBCH 承载的信息

| 信息 | 比特数 | 信息 | 比特数 |
|---|---|---|---|
| SSB 时间索引 | 0(FR1)/3(FR2) | SIB PDCCH 配置 | 8 |
| 小区闭锁标志 | 1 | 公共资源块（CRB）网格偏移 | 5(FR1)/4(FR2) |
| 同频重选标志 | 1 | 半帧比特 | 1 |
| DMRS 类型 A 的位置 | 1 | 系统帧号（SFN） | 10 |
| SIB1 参数集 | 1 | 循环冗余校验（CRC） | 24 |

如上所述，SSB 时间索引标识了该 SSB 在 SS 突发集里的位置。16.2 节中已经提及，在 SS 突发集里每个 SSB 都明确定义了位置，即包含在第一个或第二个 5ms 的半帧中。终端根据 SSB 时间索引，以及半帧比特（half-frame bit），可以确定帧边界。

SSB 时间索引由两部分组成：
- PBCH 加扰编码的隐式部分
- PBCH 净荷里的显式部分

PBCH 可以采用 8 种加扰模式，隐含指示了最多 8 种 SSB 时间索引。当工作在较低频段（FR1）时，一个 SS 突发集里最多 8 个 SSB 就足够了⊖。

对于工作在 NR 更高的频率范围（FR2），一个 SS 突发集里最多可以有 64 个 SSB，这意味着需要额外的 3bit 来指示 SSB 时间索引。这额外的 3bit 作为显式信息包含在 PBCH 净荷里，只有工作在 10GHz 以上才需要。

小区闭锁（CellBarred）标志和同频重选（intra-frequency-reselection）标志指示终端是否允许接入小区：小区闭锁标志指示终端是否允许接入该小区。假定网络不允许终端接入该小区，即小区闭锁标志置为"真"，同频重选标志，指示是否允许终端在同频的其他小区上接入。

当终端检测到小区被闭锁，并且也不允许接入同频的其他小区，终端可以立即重新启动异频小区搜索。

---

⊖ 严格来说 PBCH 里有部分信息不属于 MIB。

⊖ 工作在 3GHz 以下最多只有 4 个 SSB。

部署了一个小区但又阻止终端接入，这可能看起来很奇怪。在历史上，此功能用于某个特定小区在维护期间临时阻止接入。但是，在 NR 中此功能有了额外的用途：由于可能部署非独立网络，终端应当通过关联的 LTE 载波接入网络。在 NSA 部署中，通过设置 NR 载波的小区闭锁标志为"真"，网络阻止 NR 终端尝试通过 NR 载波接入系统。

DMRS 类型 A 的位置指示了第一个 DMRS 符号的时域位置，假定 DMRS 映射类型 A（见 9.11 节）。

SIB1 参数集提供了用于发送 SIB1（见 16.5 节）的子载波间隔信息。同样的参数集也用于随机接入过程中的消息 2/4 和消息 B（见第 17 章）。对于 FR1 和 FR2-1 的 SIB1 参数集只能有两种（FR1 为 15/30kHz，FR2-1 为 60/120kHz），但对于 FR2-2，SIB1 参数集始终与 SSB 参数集相同$^\ominus$。因此，用 1bit 表示 SIB1 的参数集就足够了。

SIB1 PDCCH 配置提供的信息包括搜索空间、相应的 CORESET，以及终端监听调度 SIB1 的 PDCCH 所需的相关参数，见 16.5 节。

CRB 网格偏移（grid offset）提供了 SSB 和公共资源块网格之间的频率偏移信息。如 16.1.2 节所述，SSB 在载波的频域位置是灵活的，甚至不必与载波的 CRB 网格对齐。但是，对于 SIB1 的接收，终端需要知道 CRB 网格。因此，PBCH 必须提供 SSB 和 CRB 网格之间的频率偏移信息，使得终端在接收 SIB1 之前就能得到。

请注意，CRB 网格偏移只提供了 SSB 和 CRB 网格之间的相对偏移。SSB 在整个载波上的绝对位置信息在 SIB1 里提供。

半帧比特指示了 SSB 是位于 10ms 帧的前 5ms 还是后 5ms。如上所述，半帧比特和 SSB 时间索引一起，用于终端来确定小区的帧边界。

尽管上面所有信息都是由 PBCH 承载，并且联合进行了信道编码以及 CRC 保护，但严格来说，某些信息并不是 MIB 的一部分。假定在 80ms 时间间隔（8 帧）内 MIB 是不变的，一个 SS 突发集的所有 SSB 也是不变的。因此，SSB 时间索引（针对一个 SS 突发集内不同的 SSB）、半帧比特和 SFN 的最低 4 个有效比特是在 MIB 之外由 PBCH 承载的信息。

## 16.4 小区定义和非小区定义的 SSB

如上所述，从根本上讲 SSB 用于获取时频同步，获得（部分）系统信息。这是终端接入系统，从空闲态迁移到连接态所必需的。但是连接态的终端也会使用 SSB 中的信息，例如邻区的移动性测量。SSB 也可用于其他信号的 QCL 根。通常假定天线端口与 SSB 保持 QCL，除非有其他配置。配置为其他情况是当终端已经连接到网络，不再需要（或非常有限需要）系统信息，不带 SIB1 的 SSB 就已足够。因此可以在 MIB 里的 CRB 网格偏移设置为"极大"值指示不存在 SIB1$^\ominus$。显然，没有 SIB1 的 SSB 无法用于初始接入，有时被称为非小区定义的 SSB（Non-Cell-Defining SSB，NCD-SSB），以区别可以用于初始接入的小区定义的 SSB（Cell-Defining SSB，CD-SSB）。空闲态的终端找到 NCD-SSB 后可以进行简单的小区搜索，直到找到 CD-SSB 为止，

---

$\ominus$ 对于工作在非授权频谱也是如此，"SIB1 参数集"比特的用途完全不同，得出的是 SSB 之间的 QCI 关系，详见第 20 章。

$\ominus$ 这种情况下，SIB1 配置字段指示的是终端在哪个频率可以找到 CD-SSB。

而对于连接态(或非激活态)的终端可以通过 RRC 信令告知使用 NCD-SSB。非小区定义的 SSB 在载波仅用于 SCell 的情况下很有用。这种情况下终端连接到用作 PCell 的常规载波，被告知获取没有 SIB1 的 SCell。使用非小区定义 SSB 的另一种情况是当一个载波上并非全部终端都支持满带宽。第 22 章所述的 RedCap 终端就是一个例子。这种情况下，网络不希望全部终端都驻留在小区定义的 SSB，而是希望分散在整个载波带宽。实现方式是给载波配置额外的非小区定义的 SSB，并且配置终端驻留在其中一个 SSB 上。当终端在连接态或非激活态需要重新获取系统信息时，需要先迁移到小区定义的 SSB 上获取 MIB 和 SIB1[⊖]。

## 16.5 剩余系统信息

系统信息是对终端在网络中正常工作所需要的全部公共(非终端特定)信息的统称。通常系统信息由不同的系统信息块(System Information Block，SIB)来承载，每个系统信息块包含不同类型的系统信息。根据终端是否已经连接到网络，SIB 有不同的递交方式：

- 如果终端已经连接到网络，会使用专用的 RRC 信令。一个明显的例子就是工作在非独立模式，LTE 用于初始接入和移动性。这种情况下终端已经通过 LTE 建立连接，在建立 NR 载波时系统信息通过 LTE 递交给终端。另一个例子就是载波聚合场景下增加一个载波，已经存在的 NR 连接用于发送专用的 RRC 信令。
- 如果终端没有连接到网络，会使用广播信令。对于独立模式，当终端处于空闲态，没有有效的系统信息，就是这种情况。

LTE 也采用了系统信息广播的方式，但是 NR 更进一步。LTE 中所有的系统信息始终在整个小区范围内周期性广播，但这也意味着即使小区里没有终端，也要发送系统信息。

NR 标准采用了不同的方式，MIB 只承载非常有限的系统信息，MIB 之外的系统信息分为两部分。

SIB1 包含了终端在接入系统前需要获取的系统信息。SIB1 始终在整个小区范围内周期性广播。SIB1 的重要任务是给终端提供进行初始随机接入所需要的信息(见第 17 章)。

SIB1 以 160ms 为周期，通过常规的调度在 PDSCH 上发送。如上所述，PBCH/MIB 提供了 SIB1 传输所用的参数集、搜索空间和调度 SIB1 所用的 CORESET 信息。MIB 中的 SIB1 配置字段用作预先定义表格的索引。协议中根据频段不同有多张表格。从合适的表格中获得 CORESET 的信息。有了 CORESET(称作 CORESET#0)，终端根据特殊的系统信息 RNTI(System Information RNTI，SI-RNTI)的指示来监听 SIB1 的调度。

根据检测出的 SSB 通过表格得到 CORESET#0 的位置和搜索空间。SSB 和 CORESET#0 有三种复用模式，如图 16-6 所示，但并非所有的复用模式对所有频段都可用。

模式 1 用于 FR1。CORESET#0 的大小与载波带宽相匹配，CORESET#0 最小 5MHz，最大 20MHz，这对于较低频段是合理的。这也就意味着 5MHz 是最小载波带宽，否则就放不下 CORESET#0。

模式 2 和模式 3 用于 FR2，尽管模式 1 也可以用于 FR2。采用模式 2 和模式 3 的原因是考虑到 SSB 波束扫描和系统信息递交的效率。通过 SSB 和 CORESET#0 的频分复用，可以减少在

---

⊖ 还可以用寻呼来指示连接态的终端系统信息更新，需要重新获取。

时域上的持续时间，因此可以支持更为快速的波束扫描，这是以增加最小载波带宽的要求为代价的。

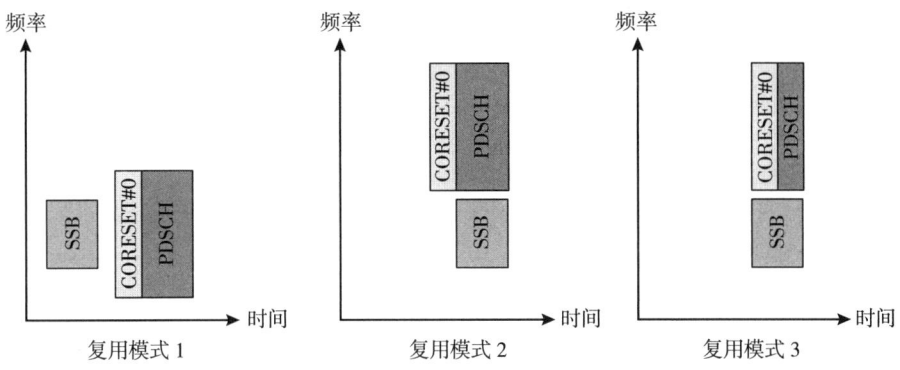

图 16-6　SSB、CORESET#0 和 SIB1 的 PDSCH 的复用

SIB1 在 PDSCH 上的调度是用携带 SI-RNTI 的 PDCCH 来完成的，在 CORESET#0 的某个搜索空间发送。但是，如第 7 章所述，NR 的数据传输采用了部分带宽的概念。可以配置多个部分带宽，但至少需要一个以便接收数据。因此初始下行部分带宽等于 CORESET#0 覆盖的资源块，也就是初始下行带宽取决于频段和子载波间隔，最多 96 个资源块。尽管终端一旦进入连接态就可以配置额外的部分带宽，但大多数情况下一个部分带宽就足够了。只配置一个部分带宽的情况下，最好是能够覆盖整个载波带宽。因此在 SIB1 里发送初始下行部分带宽，就避免了部分带宽受限于 CORESET#0 的较窄带宽。

剩余的 SIB（不包括 SIB1）所包含的系统信息是终端在接入系统前不需要获取的。同 SIB1 类似，这些 SIB 也可以周期性广播，如果需要周期广播，SIB1 里要包含剩余 SIB 要在何时以及如何发送的确切信息。或者这些 SIB 也可以按需（on demand）发送，即只在连接态的终端显式请求时才发送。这就意味着小区当前没有终端驻留时，网络可以避免周期性广播这些 SIB，从而提高网络的能效。

表 16-3 列出目前（Release 17）定义的 SIB，并指明每个 SIB 包含何种信息。

表 16-3　系统信息块（SIB）及其内容

| SIB | 信息 |
| --- | --- |
| SIB1 | 小区基本信息，包括网络支持的小区标识（网络共享场景），以及如何接入小区的信息，例如随机接入相关信息。还包括调度剩余广播 SIB 的信息 |
| SIB2 | 小区重选相关的基本信息 |
| SIB3 | 同频小区重选相关的具体信息 |
| SIB4 | 异频小区重选相关的具体信息 |
| SIB5 | 异系统小区重选相关的具体信息 |
| SIB6/7 | 地震海啸预警系统（Earthquake and Tsunami Warning System，ETWS）相关信息 |
| SIB8 | 商用移动预警服务（Commercial Mobile Alert Service，CMAS）相关信息 |

（续）

| SIB | 信息 |
|---|---|
| SIB9 | GPS 时间和协调世界时（Coordinated Universal Time，UTC）相关信息 |
| SIB10 | SIB1 中宣称的非公共网络（Non-Public Networks，NPN）的名称，正式名称是可读网络名称（Human Readable Network Name，HRNN） |
| SIB11 | 空闲/非激活态测量相关信息 |
| SIB12 | NR Sidelink 通信相关信息（见第 26 章） |
| SIB13/14 | NR 覆盖下 LTE Sidelink 通信相关信息 |
| SIB15 | 灾难漫游相关信息 |
| SIB16 | 基于切片的小区重选相关信息 |
| SIB17 | 用于空闲态/非激活态 UE 的 TRS 资源（见 8.1.7 节）信息 |
| SIB18 | 通过下载的证书接入 NPN 的相关信息 |
| SIB19 | 非地面网络相关信息（见第 25 章） |
| SIB20~SIB21 | 多播/广播业务相关信息（见第 23 章） |

# 第 17 章

# 随机接入

大多数情况下，NR 的上行传输使用网络/小区为该特定传输分配的专用资源。因此，不会与小区内其他终端的传输产生冲突。这适用于 PUSCH 上调度的数据传输和 PUCCH 上调度的控制信令，也适用于探测参考信号 SRS 的传输。

请注意，当我们说到上行传输分配了专用资源时，这并不一定意味着来自不同终端的上行传输在时频资源上不会重叠。例如，某些情况下来自不同终端可能会共享相同的时频资源发送 PUCCH，通过不同的序列来区分。对于 SRS 传输也是如此，见第 8 章。不同的上行传输还可以在空域通过多个接收天线来区分。空间分离通常是通过对不同传输使用不同的解调参考信号（DM-RS）来实现的，网络分别估计每个终端的信道，不会被其他终端发送的 DM-RS 所干扰。基于信道估计，接收机可以利用多根接收天线将互相重叠的传输区分开。有时也称不同的 DM-RS 为不同的 DM-RS 资源。

大多数情况下，上行传输的定时也以闭环的方式由网络来控制，以确保不同的上行传输都在一个较窄的时间窗内接收到，见 15.2 节。

但是，如果终端从空闲/非激活态初始接入网络时，还未建立连接，也就没有给该终端分配用于初始传输的专用资源。那么终端必须在和其他终端共享的上行资源上进行初始传输，也就是如果多个终端碰巧同时使用该资源，可能会造成冲突。

而且，在初始接入阶段，网络无法基于之前接收到的传输来精确控制终端的发送定时。那么终端只能根据从网络收到的广播信号的定时（在 NR 中是接收到的 SSB 的定时）来自行确定发送定时，则上行传输的接收定时会存在至少两倍传播时间的误差。这会有两个影响：

- 除了特别小的小区，从不同终端接收到的信号之间最大不对齐可能会超过循环前缀。那么就无法保持相邻 OFDM 子载波之间的频域正交性，会导致用户间干扰，或者需要额外的保护频带。
- 可能需要额外的保护时间，以避免因接收到不同时域资源上传输的信号重叠造成的干扰。

因此特别设计了随机接入过程来处理这种冲突和缺少精确定时控制的情况。NR 基本的随机接入过程由如下 4 步组成（见图 17-1）：

- 步骤 1：终端发送一个前导码（preamble），也称作物理随机接入信道（Physical Random-Access Channel，PRACH）。前导码为了降低接收复杂度而特别设计，尽管缺少精确的定时控制。前导码可能会重复发送，逐步提高发射功率直到收到随机接入响应为止（步骤2）。
- 步骤2：网络发送随机接入响应（Random-Access Response，RAR）表明接收到了前导码，并根据接收到前导码的定时，发送定时对齐命令来调整终端的发送定时。
- 步骤3/4：终端和网络交换消息（上行"消息3"以及随后的下行"消息4"），目的是解决多个终端可能同时发送相同的前导码而导致的冲突，也称作竞争解决（contention resolution）。

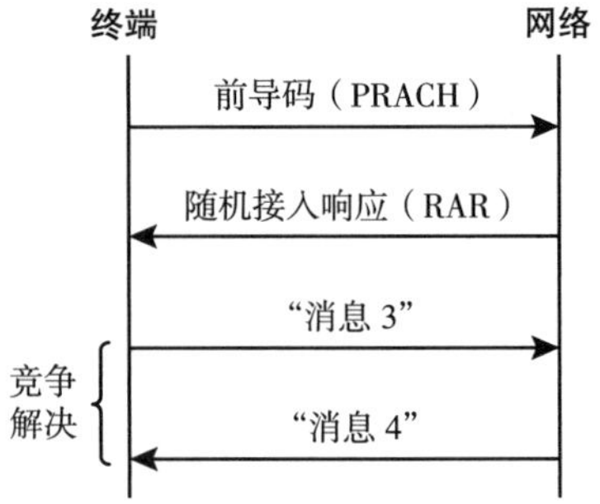

在 NR 随机接入过程的详细描述中，这里假定的是初始接入场景。但是正如 17.5 节将要讨论到，NR 随机接入过程还可用于其他场景，例如：

- 切换过程中，需要与新小区建立同步时。
- 如果终端失步（例如由于太长时间没有上行传输），需要在当前小区重新建立上行同步时。
- 如果终端没有分配专用的调度请求资源，需要请求上行调度时。
- 需要请求发送非广播的系统信息时，如第 16 章中简要讨论过的。

图 17-1 4 步随机接入过程

基本的随机接入过程有部分也用于波束恢复（beam recovery）过程（见 12.3 节）。

请注意，在某些情况下，终端实际上配置了用于随机接入的专用资源，也就是专用的前导码。这种称为基于非竞争的随机接入（Contention-Free Random Access，CFRA），与之相对的是基于竞争的随机接入（Contention-Based Random Access，CBRA），使用和其他终端共享的公共资源（即前导码）进行接入。

## 17.1 步骤1——前导码的发送

如上所述，随机接入前导码也称为物理随机接入信道（PRACH），表明前导码的发送（步骤1）对应于一个特殊的物理信道，这是相比于随机接入过程的步骤2到步骤4来说的。

### 17.1.1 RACH 配置和 RACH 资源

在 SIB1 的随机接入配置中给出了前导码发送的详细说明。随机接入配置提供了小区中可以发送前导码的时频资源的信息，还会提供小区内哪些前导码可用的信息，以及前导码发射功率相关的参数。RACH 配置还提供了 SSB 索引到 RACH 时机的映射，这对于毫米波频段下初始波束的建立非常关键，见第 12 章。

由于发送前导码缺少具体的发送定时控制，目标小区何时接收前导码存在不确定性。不确定性的范围取决于小区内最大传播延迟。对于大小在几百米的小区，不确定程度为几微秒数量级。但是对于比较大的小区，不确定程度可以到 $100\mu s$ 数量级或更多。

一般情况下，由网络调度器来确保在可能接收前导码的上行资源上没有其他传输。为了能够做到这样，网络需要考虑前导码接收定时的不确定性。在实际中，调度器需要提供额外的保护时间来捕获这种不确定性(见图17-2)。请注意,NR标准中并没有规定保护时间,这只是调度限制的结果。因此,完全可以根据需要来提供不同的保护时间以匹配前导码接收定时的不确定程度(例如,由于小区的大小不同)。

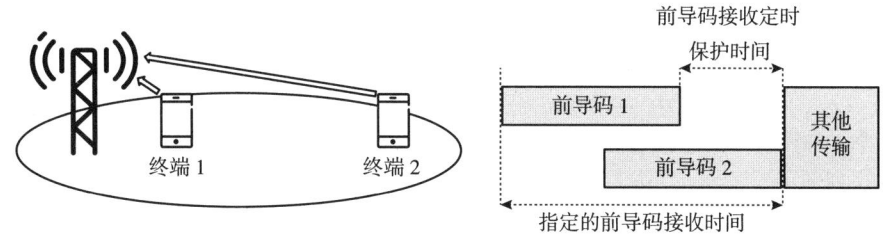

图 17-2　前导码发送所需的保护时间

图17-3说明了RACH资源的总体结构,即可以发送前导码的时频资源。小区内的前导码可以在一个特定帧内一个可配置的时隙子集(RACH时隙)上发送。RACH时隙集每第 $N$ 帧重复,$N$ 的取值范围从 $N=1$(即每帧都有RACH时隙),到 $N=16$(每第16帧有RACH时隙)。一个帧内RACH时隙的数目取决于小区的RACH配置,范围从1到8。

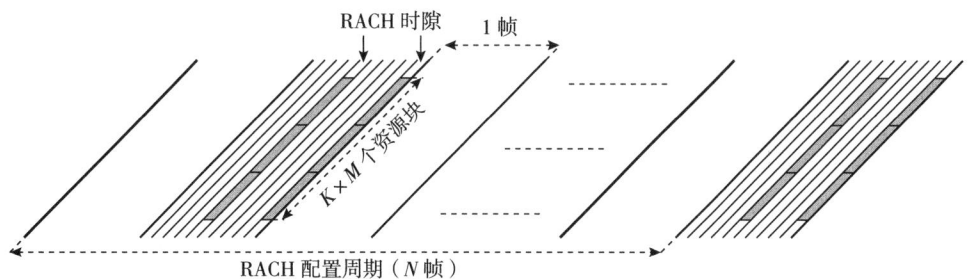

图 17-3　RACH资源由RACH时隙集合中一组连续的资源块组成,每个RACH配置周期重复该时隙模式

此外,这些RACH时隙中,可能存在多个频域的RACH时机(RACH occasion),共同覆盖 $K \times M$ 个连续的资源块,其中 $M$ 为RACH时机的频域大小,即分配用于每个前导码测量的频率资源,用资源块数目表示;$K$ 为频域上RACH时机的数目。因此,一个RACH时隙里最多可以有来自不同终端的 $K$ 个前导码频分复用。

RACH时机的频域大小取决于前导码类型(长前导码或短前导码),由 $M$ 给定。此外,正如后面会看到,对于给定前导码,子载波的数目并不完全匹配整数个资源块,意味着RACH时机频域的子载波数目会稍大于RACH时机上实际发送前导码的子载波数目。

对于给定的前导码类型,即特定的前导码带宽,小区内所有可用的RACH时频资源可以描述为:

- 可配置的RACH周期,范围为10～160ms。
- RACH周期内可配置的RACH时隙集合(全部在同一帧)。
- 可配置的RACH频域资源,由资源中第一个资源块的索引以及RACH时机频分复用的数目给定。

我们将会看到，一个 RACH 时隙也可能有多个时域的 RACH 时机，这取决于小区所用前导码的集合。

### 17.1.2 前导码的基本结构

图 17-4 说明了生成 NR 随机接入前导码的基本结构。前导码是基于长度为 $L$ 的前导码序列 $p_0, p_1, \cdots, p_{L-1}$ 生成的，并在应用到传统的 OFDM 调制前进行了 DFT 预编码。因此，前导码可看作一个 DFTS-OFDM 信号。应当注意到，前导码可以等同看作传统的 OFDM 信号，只不过是基于对序列 $p_0, p_1, \cdots, p_{L-1}$ 进行离散傅里叶变换得到的频域序列 $p_0, p_1, \cdots, p_{L-1}$ 生成的。

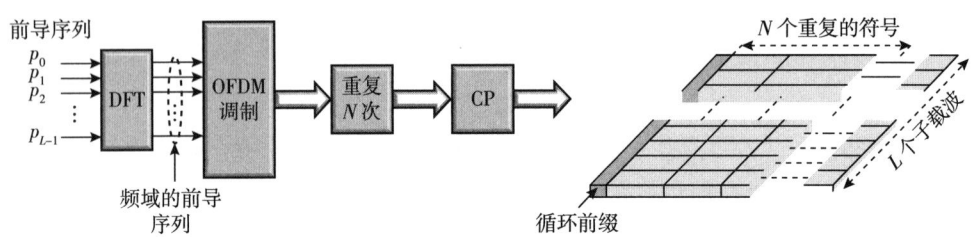

图 17-4　生成 NR 随机接入前导码的基本结构

然后将 OFDM 调制器的输出重复 $N$ 次，再插入循环前缀。因此，对于前导码，不是每个 OFDM 符号都插入循环前缀，而是 $N$ 个重复的符号组成的符号块只插入一次。

NR 标准可以采用不同的前导序列。类似于上行 SRS，前导序列基于 Zadoff-Chu 序列[23]。如 8.3.1 节所述，质数长度的 ZC 序列作为 NR 前导序列的基础序列，共有 $L-1$ 个序列，每个对应唯一的根序列索引（root-sequence index）。

对应不同根序列索引的 Zadoff-Chu 序列可以生成不同的前导序列，相同根序列的不同循环移位也可以生成不同的前导序列。如 8.3.1 节所述，这些序列天生就是相互正交的。但是，在接收端，只有两个序列的相对循环移位大于序列的接收定时之差，才能保持正交性。因此，实际上只有循环移位的一个子集才能用于生成不同的前导码，其中可用移位的数目取决于接收定时最大的不确定程度，即小区的大小。对于较小的小区，可用循环移位的数量相对较大。而对于较大的小区，可能只有少量循环移位可用。

小区可用循环移位的集合称为零相关域（zero-correlation zone）参数，在 SIB1 的小区随机接入配置里提供。零相关域参数实际上指向一张特定的表格，表格中每一行对应一个给定零相关域参数下可用循环移位的集合。"零相关域"名称的由来是，不同零相关域参数关联到不同循环移位的集合，不同集合之间的循环移位距离不同，从而为保持正交性（零相关）的定时误差提供了更大或更小的"域"。

一个小区最多可以有 64 个前导码，每个前导码用前导码索引（preamble index）来标识，取值范围为 0~63。小区可用的前导码由小区 RACH 配置中的根序列索引给出。按照提供的根序列索引确定了根序列，使用所有可能的循环移位（受限于零相关域）生成最多 64 个前导码。如果无法生成足够数量的前导码，即给定的零相关域如果没有足够多的循环移位，会从下一个根序列的循环移位生成额外前导码。可能还会再从另一个根序列继续生成，直到生成所需的最多 64 个前导码为止。

我们将会看到，一个小区内最多 64 个前导码可能不会全部用于常规的基于竞争的随机接入。剩余的前导码可用于基于非竞争的随机接入，例如移动性和切换，见 17.5 节。

### 17.1.3 长前导码和短前导码

NR 标准定义了两种类型的前导码，分别被称为长前导码和短前导码。顾名思义，两种类型前导码的区别在于前导序列的长度（参数 $L$）。前导码发送所使用的参数集（子载波间隔）也不同。前导码类型是小区随机接入配置的一部分，即一个小区仅有一种类型的前导码可用作初始接入。

#### 1. 长前导码

长前导码是基于长度 $L=839$ 的序列生成的，子载波间隔为 1.25kHz 或 5kHz。因此，长前导码所用的参数集不同于其他的 NR 传输。长前导码源自于 LTE 随机接入的前导码[26]，仅可用于 6GHz 以下（FR1）的频段。

如表 17-1 所示，长前导码有四种格式，每种格式对应特定的参数集（1.25kHz 或 5kHz）、特定的重复次数（图 17-4 里的参数 $N$），以及特定长度的循环前缀。前导码格式也在小区随机接入配置中，即每个小区限制只有用一种前导码格式。可以注意到，表 17-1 中前两个格式与 LTE 前导码格式 0 和 3 相同[14]。

表 17-1 长前导码格式

| 格式 | 参数集/kHz | 重复次数 | CP 长度/μs | 前导码长度（不含 CP）/μs |
| --- | --- | --- | --- | --- |
| 0 | 1.25 | 1 | ≈100 | 800 |
| 1 | 1.25 | 2 | ≈680 | 1600 |
| 2 | 1.25 | 4 | ≈15 | 3200 |
| 3 | 5 | 1 | ≈100 | 800 |

上文描述了 RACH 资源如何由时域上一组时隙以及频域上一组资源块组成。对于长前导码，虽然使用的参数集不同于其他的 NR 传输，但还是应当按照 15kHz 参数集的角度来看待时隙和资源块。因此，长前导码的时隙为 1ms，资源块的带宽为 180kHz。那么参数集为 1.25kHz 的长前导码在频域上占据 6 个资源块，而参数集为 5kHz 的长前导码则占据 24 个资源块。

可以观察到，表 17-1 中的前导码格式 1 和格式 2 的长度超过一个时隙。这看似与 17.1.1 节所讨论的在长度为 1ms 的 RACH 时隙内发送前导码的假设相矛盾。但是，RACH 时隙只是指示前导码发送的可能起始位置。如果前导码发送延续到后一个时隙，这意味着调度器只需要确保该时隙相应的频域资源上没有其他传输即可。

#### 2. 短前导码

短前导码是基于长度 $L=139$ 的序列生成，所用的子载波间隔与 NR 常规子载波间隔一致。更具体地说，短前导码使用的子载波间隔如下：

- 工作在 6GHz 以下（FR1）为 15kHz 或 30kHz。
- 工作在更高 NR 频段（FR2）为 60kHz 或 120kHz。

短前导码的情况下，17.1.1 节所讨论的 RACH 资源与前导码的参数集相同。因此无论前导码参数集为多少，短前导码在频域上始终占据 12 个资源块。

表 17-2 列出了短前导码可用的格式。不同前导码格式的标签（label）源自 3GPP 标准化的讨论，3GPP 曾经讨论过更大的前导码格式集。表中假定前导码的子载波间隔为 15kHz。对于其他参数集，前导码的长度以及循环前缀的长度与子载波间隔成反比。

表 17-2 短前导码格式

| 格式 | 重复次数 | CP 长度/μs | 前导码长度（不含 CP）/μs |
| --- | --- | --- | --- |
| A1 | 2 | 9.4 | 133 |
| A2 | 4 | 18.7 | 267 |
| A3 | 6 | 28.1 | 400 |
| B1 | 2 | 7.0 | 133 |
| B2 | 4 | 11.7 | 267 |
| B3 | 6 | 16.4 | 400 |
| B4 | 12 | 30.5 | 800 |
| C0 | 1 | 40.4 | 66.7 |
| C2 | 4 | 66.7 | 267 |

短前导码一般比长前导码更短，而且所占据的 OFDM 符号更少。因此大多数情况下，一个 RACH 时隙里可能有多个前导码时分复用。换句话说，对于短前导码，不仅在频域上可能有多个 RACH 时机，时域上一个 RACH 时隙里也可能有多个 RACH 时机（见表 17-3）。

表 17-3 一个 RACH 时隙内短前导码时域 RACH 时机数目

| | A1 | A2 | A3 | B1 | B4 | C0 | C2 | A1/B1 | A2/B2 | A3/B3 |
| --- | --- | --- | --- | --- | --- | --- | --- | --- | --- | --- |
| RACH 时机数目 | 6 | 3 | 2 | 7 | 1 | 7 | 2 | 7 | 3 | 2 |

可以注意到，表 17-3 还包括了标为 A1/B1、A2/B2 和 A3/B3 几列。这几列对应于表 17-2 里格式"A"和"B"的混合使用，其中格式 A 用于 RACH 时隙里除了最后一个 RACH 时机之外其他所有的 RACH 时机。请注意，除了格式 B 的循环前缀更短之外，前导码格式 A 和 B 是相同的。

出于相同的原因，表 17-3 中没有直接出现格式 B2 和 B3，因为 B2 和 B3 始终与相应的格式 A（A2 和 A3）联合使用。

### 3. 用于非授权频谱的"短"前导码

在第 20 章中将会描述 NR 在 Release 16 的扩展，可以支持工作在非授权频谱。为此引入了额外的前导码类型。这些前导码与上文所讨论短前导码结构相同，但序列长度 $L$ 不同，即 $L=571$ 和 $L=1151$。可用的前导码长度和子载波间隔的组合有一些限制，因为实际上并不需要全部组合⊖。

---

⊖ $L=139$ 可以和子载波间隔为 15、30、60、120、480、960kHz 一起使用；$L=571$ 可以和子载波间隔为 30、120、480kHz 一起使用；$L=1151$ 可以和子载波间隔为 15、120kHz 一起使用。

序列长度越长意味着前导码带宽越大。引入这些更大带宽的前导码是为了在非授权频谱中，即使受到允许发射功率密度(W/Hz)的限制，也能提供足够的前导码发射功率。

### 17.1.4 SSB 索引到 RACH 时机和前导码的映射

在上一章讨论过，一个 SS 突发集内有多个 SSB，其中每个 SSB 关联到 MIB/PBCH 中广播的一个 SSB 索引。实际上，不同的 SSB，或者说不同的 SSB 索引，对应到 SSB 发送的不同下行波束。

NR 标准初始接入的一个关键特性是，在初始接入阶段就可以建立合适的波束对，并在接收端应用模拟波束扫描接收前导码。这是通过将 SSB 索引映射到 RACH 时机和/或前导码来实现的。因为不同的 SSB 时间索引实际上对应于不同下行波束发送的 SSB，这就意味着网络可以基于接收到的前导码来确定终端位于哪个下行波束。然后这个波束可以用作给终端后续下行传输的初始波束。

此外，如果一个给定的时域 RACH 时机对应一个特定的 SSB 时间索引，那么网络就能知道终端何时发送的前导码所对应的特定下行波束。假定存在波束一致性，网络就可以在对应的方向集中上行接收波束来波束赋形接收前导码。实际上这就意味着接收机波束会在覆盖区域扫描，与对应发送 SSB 的下行波束扫描是同步的。

请注意，前导码发送的波束扫描只适用于接收端采用模拟波束赋形的情况。如果采用的是数字波束赋形，可以同时从多个方向同时接收波束赋形的前导码。

为了将某个 SSB 时间索引与一个特定的随机接入时机以及特定的前导码集合相关联，小区的随机接入配置指定了每个 RACH 时间/频率时机里 SSB 时间索引的数目，还指定了每个 SSB 时间索引的前导码数目。

每个 RACH 时间/频率时机 SSB 时间索引的数目可以大于1，表明一个 RACH 时间/频率时机对应多个 SSB 时间索引。但是 SSB 时间索引的数目也可以小于1，表明一个 SSB 时间索引对应多个 RACH 时间/频率时机。

后一种情况下，每个 RACH 时机对应一个 SSB 索引，即 RACH 时机自身就指示了 SSB 索引。这样，每个 SSB 索引可以映射到相同的前导码集合。

而相反，前一种情况下，每个 RACH 时机对应多个 SSB 索引，这些不同的 SSB 索引映射到不同的前导码集合。

SSB 时间索引到 RACH 时机的映射按照下面的顺序：
- 首先在频域上。
- 其次在时域上一个时隙内，假定小区配置的前导码格式允许一个时隙内有多个时域的 RACH 时机(仅适用于短前导码)。
- 最后在时域上不同 RACH 时隙之间。

图 17-5 举例说明了在如下假设下，SSB 时间索引和 RACH 时机的关系：
- 频域上两个 RACH 时机。
- 时域上每个 RACH 时隙有三个 RACH 时机。
- 每个 SSB 时间索引与四个 RACH 时机相关联。

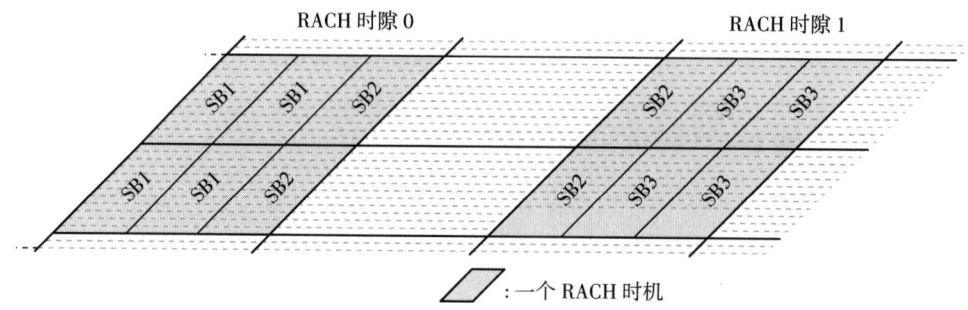

图 17-5 SSB 时间索引与假定 RACH 时机的关联(示例)

### 17.1.5 前导码的功率控制和功率抬升

如上所述，发送前导码所需的发射功率存在很大程度的不确定性。因此，前导码的发送引入了功率抬升(power-ramping)机制，可以重复发送前导码，每次发送都会提高发射功率。

终端基于下行路损估计，结合网络配置的前导码目标接收功率来确定前导码初始发射功率。终端基于捕获 SSB 的接收功率来估计路损，还根据 SSB 确定用于发送前导码的 RACH 资源。这与如下假设一致，即如果前导码是以波束赋形方式接收的，则相应的 SSB 也是以波束成形(beam-shape)方式发送的。如果在预先确定的窗口内未收到随机接入响应，终端会认为网络没有正确接收到前导码，很可能是由于前导码的发射功率太低。如果这种情况发生，终端会将前导码发射功率抬升一个可配置的偏移值，重复发送前导码。终端会继续抬升发射功率，直到接收到随机接入响应，或者达到可配置的最大重传次数，或者达到可配置的前导码最大发射功率为止。后两种情况下，随机接入尝试宣告失败。

### 17.1.6 NTN 的前导码发送

对于非地面网络(Non-Terrestrial Networks，NTN)(见第 25 章)，由于传播时间太长，以至于无法在 17.1.1 节所述的保护时间内处理前导码。因此，在 NTN 的情况下，假定终端能够估计传播时间并在发送端进行补偿，详见第 25 章。

## 17.2 步骤 2——随机接入响应

终端一旦发送了随机接入前导码，就会等待随机接入响应，即来自于网络的响应，表明网络正确接收到了前导码。随机接入响应在传统的下行 PDCCH/PDSCH 上传输，其中 PDCCH 是在公共搜索空间上发送的。

随机接入响应包括以下几部分：

- 网络检测到的随机接入前导码索引，表明该响应对哪个前导码有效。
- 网络基于接收前导码的定时而计算出的定时校正。终端要根据校正信息在后续上行发送前更新上行传输的定时。

- 调度授权，指示终端用于传输后续消息 3 的资源。
- 临时标识（TC-RNTI），用于终端和网络之间进一步的通信。

如果网络检测到多个（来自于不同终端的）随机接入尝试，那么各自的响应消息可以合并成一条消息发送。因此，网络在 DL-SCH 上调度响应消息，并使用为随机接入响应预留的标识 RA-RNTI，通过 PDCCH 指示给终端。由于此时终端可能还未分配唯一的标识 C-RNTI，所以需要使用 RA-RNTI。所有发送了前导码的终端都要在可配置的时间窗内监听层 1/层 2 控制信道，以接收随机接入响应。标准里没有固定响应消息的定时，这是为了网络能够响应多个并发的接入。这也为基站的实现带来了灵活性。如果终端在时间窗内没有检测到随机接入响应，会按照上文所述抬升功率，以更高的功率重新发送前导码。

只要在同一资源上进行随机接入的终端使用不同的前导码，就不会发生冲突，并且从下行信令中的信息也很清楚地知道该响应与哪个或哪些终端相关。然而，在一定程度上存在发生竞争的可能性，即多个终端同时使用相同的随机接入前导码。在这种情况下，多个终端会对同一个下行响应消息做出反应，就发生了冲突。冲突解决在后续的步骤里，讨论见下。

终端接收到随机接入响应后，会调整上行发送定时，继续步骤 3。如果基于非竞争的随机接入使用专用的前导码，那么这就是随机接入过程的最后一步，因为在这种情况下不需要解决竞争。而且，终端已经分配了一个唯一的标识 C-RNTI。

在下行波束赋形的情况下，随机接入响应要遵循 SSB（在小区初始搜索阶段捕获到的 SSB）所用的波束赋形。这很重要，因为终端要使用接收端的波束赋形，就需要知道如何指向接收波束。通过使用与 SSB 相同的波束来发送随机接入响应，终端知道可以使用与小区搜索阶段确定的接收波束相同的波束来接收。

## 17.3 步骤 3/4——竞争解决

### 17.3.1 消息 3

步骤 2 后，终端上行在时间上已经同步。但是，在终端发送或接收用户数据前，网络必须给终端分配一个小区内唯一的标识，即 C-RNTI（除非终端已经有了分配的 C-RNTI）。根据终端的状态，可能还需要额外的消息交互来建立连接。

在步骤 3，终端使用步骤 2 随机接入响应里分配的 UL-SCH 资源，给 gNB 发送必要的消息。

上行消息一个重要的部分是包含了终端标识，因为在步骤 4 的竞争解决机制里要使用该标识。如果终端对于无线接入网是已知的，即处于 RRC_CONNECTED 或 RRC_INACTIVE 状态，已经分配的 C-RNTI 就用作终端标识⊖。否则需要使用核心网终端标识，而且 gNB 需要在步骤 4 响应上行消息之前联系核心网（见下文）。

---

⊖ 终端标识包含在 UL-SCH 的 MAC 控制信元里。

## 17.3.2 消息4

随机接入过程的最后一步包含一个用于竞争解决的下行消息。请注意，发生随机接入并发的多个终端，在步骤 1 使用相同的前导序列，在步骤 2 监听同一个响应消息，所以具有相同的临时标识。因此随机接入过程的步骤 4 是解决竞争的一步，以确保终端不会错误地使用其他终端的标识。根据终端是否已经具有有效的标识（C-RNTI），竞争解决机制有所差别。请注意，网络从步骤 3 接收到的上行消息中就知道终端是否存在有效的 C-RNTI。

如果终端已经分配了 C-RNTI，竞争解决是通过使用 C-RNTI 在 PDCCH 上对终端进行寻址来处理的。终端在 PDCCH 上检测到自己的 C-RNTI，就宣告随机接入尝试成功，不需要 DL-SCH 发送竞争解决相关的信息。由于 C-RNTI 对终端是唯一的，非目标终端会忽略该 PDCCH。

如果终端没有有效的 C-RNTI，竞争解决消息是通过使用 TC-RNTI 来寻址的，相应的 DL-SCH 包含了竞争解决消息。终端会比较该消息中的标识和步骤 3 中发送的标识。只有当终端观察到步骤 4 接收到的标识和步骤 3 发送的标识相匹配，才会宣告随机接入过程成功，并将步骤 2 的 TC-RNTI 提升为 C-RNTI。由于上行同步已经建立起来，这一步里下行信令采用了 HARQ 机制，标识匹配的终端会在上行发送 HARQ 确认。

如果终端没有在 PDCCH 上检测到自己的 C-RNTI，或者没有匹配到标识，就会认为随机接入过程失败，需要从步骤 1 重新开始随机接入过程。这些终端不会发送 HARQ 反馈。此外，在步骤 3 发送上行消息后的特定时间内没有接收到步骤 4 下行消息的终端，也会宣告随机接入过程失败，也需要从步骤 1 重新开始。

## 17.4 补充上行的随机接入

7.7 节讨论了补充上行（Supplementary Uplink，SUL）的概念，即一个下行载波可能与两个上行载波相关联（非 SUL 载波和 SUL 载波），SUL 载波一般位于较低频段，从而可以增强上行覆盖。

SIB1 里指示一个小区为 SUL 小区（即包含了一个补充的 SUL 载波）。因此终端在初始接入小区前就知道要接入的小区是否是 SUL 小区。如果该小区是 SUL 小区，并且终端支持给定频段组合的 SUL，那么初始随机接入可以在 SUL 载波或非 SUL 上行载波进行。小区系统信息提供了 SUL 载波和非 SUL 载波各自的 RACH 配置，具备 SUL 能力的终端通过对所选 SSB 测量的 RSRP 进行比较，根据系统信息里提供的载波选择阈值，来决定使用哪个载波进行随机接入。

- 如果 RSRP 大于阈值，则在非 SUL 载波上进行随机接入。
- 如果 RSRP 小于阈值，则在 SUL 载波上进行随机接入。

因此，实际上终端对于 SUL 载波的选择是要求（下行）路损大于一个特定的值。

进行随机接入的终端发送随机接入消息 3 会使用与发送前导码相同的载波。

对于终端进行随机接入的其他场景，即处于连接态的终端，可以通过显式配置终端使用 SUL 载波或非 SUL 载波作为随机接入的上行载波。

## 17.5 初始接入之后的随机接入

在本章开头已经提及，NR 随机接入过程不仅用于终端从空闲/非激活态初始接入网络。本节将简述应用随机接入过程的其他情况。

### 17.5.1 切换中的随机接入

当连接态的终端要切换到新小区时，可能与新小区的同步不够良好。这对于异步网络部署的情况尤其如此，因为异步网络下小区之间互相没有严格同步。这种情况下，终端通过首先进行随机接入建立与新小区的同步和 RRC 连接。在已经处于连接态的终端进行随机接入的情况下，可能给终端分配一个专用的前导码索引，对应于一个特定的前导码序列和特定的序列移位，用于随机接入到新小区。那么随机接入到新小区就是基于非竞争的，避免了在接入新小区时发生冲突的风险。

请注意，如果新小区包含对应不同 SSB 的多个波束，则实际使用的前导码和 PRACH（时间和频率）时机取决于前导码索引和所选的 SSB 索引，与 17.1.4 节所述的初始接入选择的方式类似。

### 17.5.2 SI 请求的随机接入

在上一章里描述了系统信息（System Information，SI）是如何发送给终端的，还描述了 SI 消息是如何广播的，因此对于空闲/非激活态的终端总是可用。或者 SI 消息也可以不广播，那么空闲/非激活态的终端就需要显式发送 SI 请求。

终端请求发送 SI 消息的一种方式是先通过传统的随机接入进入连接态，然后通过传统的 RRC 信令显式请求 SI 消息⊖。但是，NR 标准也支持空闲/非激活态的终端不必进入连接态而使用随机接入过程直接请求 SI 消息。

如上一章所述，SIB1 包含的信息有：剩余系统信息块到 SI 消息的映射、每个 SI 消息的发送周期以及 SI 消息是否广播。如果某个 SI 消息不广播，SIB1 里还会包含请求配置（随机接入配置和前导码索引）。终端通过用给定的随机接入配置和前导码索引进行随机接入，就直接指示了请求发送 SI。

SIB1 可能对所有不广播的 SI 消息只提供一个请求配置，或者也可以对每个不广播的 SI 消息分别提供各自的请求配置，即不同的前导码索引。前一种情况下，网络检测到 SI 请求就会发送全部不广播的系统信息，而后一种情况只会发送请求的系统信息。二者如何选择取决于下面的折中，一方面，不同 SI 请求会造成 RACH 资源开销过大；而另一方面，发送全部的 SI 消息也会造成开销过大，尽管终端实际上可能只需要某个特定的 SI 消息。

再一次，当小区有多个波束赋形的 SSB 时，与系统信息请求相关联的前导码索引会和检测到的 SSB 共同确定具体的前导码和 PRACH 时机，与 17.1.4 节所述的初始随机接入类似。

---

⊖ 请注意，SIB1 是在接入系统之前唯一需要的 SIB，所以总会广播 SIB1。

### 17.5.3 通过 PDCCH Order 重新建立同步

如果连接态的终端保持不活动,即在一段时间内没有进行上行传输,可能会失去与网络的同步。如果网络检测到上行失步,会触发终端进行随机接入,称为 PDCCH Order。

PDCCH Order 使用 DCI 格式 1_0,将频域分配置为全 1,指示该 DCI 不是用于下行调度分配,而是用于随机接入的 PDCCH Order。DCI 包含了专用的前导码索引,给终端用来进行基于非竞争的随机接入。DCI 还包含了 SSB 索引,指示应当使用哪个 SSB 来确定发送随机接入的 RACH 时机。

## 17.6 两步 RACH

到目前为止所讨论的 NR 标准随机接入过程是由四个步骤组成的:
- 步骤 1:上行发送前导码/PRACH。
- 步骤 2:下行(在 PDSCH 上)发送随机接入响应。
- 步骤 3/4:上行(在 PUSCH 上)发送消息 3,然后网络响应(消息 4)来解决冲突(在 PDSCH 上)。

这种四步随机接入过程也称为四步 RACH,在 NR 标准的第一版(3GPP Release 15)就引入了。

Release 16 引入了一种两步随机接入过程作为补充,或称两步 RACH[⊖]。两步随机接入过程进行了简化,将步骤 1 和步骤 3 合并成步骤 A,将步骤 2 和步骤 4 合并成步骤 B。更具体地说,两步随机接入过程包括:
- 步骤 A:前导码/PRACH 和 PUSCH 数据传输一起在上行发送,称为消息 A。
- 步骤 B:一次下行传输(称为消息 B)指示接收到消息 A,提供时间对齐并解决步骤 A 可能会产生的冲突。或者,我们将在 17.6.2 节看到,消息 B 也可能包括回退指示,用于指示终端回退到四阶段 RACH。

步骤 A 类似于四步随机接入过程的步骤 1,前导码和消息 A 的 PUSCH 一起发送,也可能会重复发送,每次都提升发射功率,直到收到响应(步骤 B)为止。

相比于四步 RACH,两步 RACH 的主要好处在于随机接入过程更短,可以更快接入。但应当注意到,如果消息 A 在被网络检测到以前要重复发送多次,快速接入带来的好处会迅速减少。

对于工作在非授权频谱(见第 20 章),两步 RACH 还有个额外的好处,由于前导码和 PUSCH 同时发送,以及步骤 2 和步骤 4 合并成步骤 B,意味着 LBT 次数减少,开销和延迟也相应减少。两步 RACH 过程还与小数据传输(见第 22 章)联合使用,成为终端保持在非激活态快速传输少量数据的一种方式。

两步 RACH 的主要缺点是每次发送前导码都要发送消息 A 的 PUSCH(对应于四步 RACH 的消息 3),会带来额外的开销,前导码可能会发送多次,直到收到步骤 B 的随机接入响应为

---

⊖ 标准中四步 RACH 和两步 RACH 分别称为类型 1 随机接入和类型 2 随机接入。

止。而且，消息 A 的 PUSCH 传输由于缺少严格的时间对齐，所以相比于消息 3 的 PUSCH 效率较低。

### 17.6.1 两步 RACH——步骤 A

如上所述，两步随机接入过程中步骤 A 包括了前导码和 PUSCH 联合发送。

**1. 发送前导码**

两步 RACH 与四步 RACH 的前导码发送本质上是完全一样的。
- 所使用的前导码类型与四步 RACH 相同。
- 通过 RACH 时机和前导码索引来关联 SSB 索引的原理与四步 RACH 相同。

两步 RACH 的 RACH 时机与四步 RACH 的 RACH 时机配置可以相同也可以不同。如果四步 RACH 和两步 RACH 使用相同的随机接入配置（即相同的 RACH 时机集合），两步 RACH 的前导码取自每个 SSB 索引所关联的非竞争前导码集合（这些前导码对于两步 RACH 就变成了基于竞争的前导码）。通过这样的方式，网络可以区分基于竞争的前导码是关联到两步 RACH 还是四步 RACH。这很重要，因为网络对于接收到的前导码是两步 RACH 还是四步 RACH 的响应是不同的。如果两步 RACH 和四步 RACH 的 RACH 时机不同，则使用相同的前导码集合。

**2. 发送 PUSCH**

消息 A 的 PUSCH 传输在很多方面与其他的 PUSCH 传输相像，但还是有些区别。
- 消息 A 的 PUSCH 传输不是被调度的，即没有授权终端专用的资源用于传输。相反，用于发送消息 A 的 PUSCH 资源由 RACH 时机和所选择的前导码索引共同给定。
- 在进行消息 A 的 PUSCII 传输时没有上行闭环定时控制。因此，相比于其他上行传输，消息 A 的 PUSCH 可能到达的定时误差较大。从而可能需要额外的保护时间和保护频带来处理来自消息 A 的 PUSCH 造成的小区内干扰，或者对消息 A 的 PUSCH 造成的小区内干扰。

类似于 PRACH 在 RACH 时机上发送，消息 A 的 PUSCH 在 PUSCH 时机（PUSCH occasion）上发送，如图 17-6 所示。

每个 PUSCH 时机在时域的长度从最小 1 个符号到最大 14 个符号（图 17-6 中假定为 3 个符号）。每个 PUSCH 时机在频域的长度从最小 1 个资源块到最大 32 个资源块（图 17-6 中假定为 5 个资源块）。

一个时隙内，时域上最多可以有 6 个 PUSCH 时机时分复用，连续的 PUSCH 时机之间可能有保护间隔（图 17-6 假定 3 个 PUSCH 时机时分复用）<sup>⊖</sup>。保护间隔的长度从 0 个符号（即没有保护间隔）到最大 3 个符号（图 17-6 中假定保护间隔为 1 个符号）。考虑到消息 A 的 PUSCH 定时没有严格的控制，保护间隔的目的是为了避免在接收端连续的 PUSCH 时机上发送的消息 A 的 PUSCH 之间互相重叠。

PUSCH 时机在频域上也可以频分复用，频域上 PUSCH 时机之间可以配置一个资源块作为

---

⊖ 显然，一个时隙内 PUSCH 时机时分复用的最大数目受限于消息 A 的 PUSCH 持续时间（符号数）以及配置的保护间隔的大小。

保护频带(图17-6中假定配置了保护频带)。与时域的保护符号类似,为了处理来自不同终端消息 A 的 PUSCH 接收定时可能不对齐而产生的干扰,就需要保护频带。如果定时不对齐超过了循环前缀,那么就无法保持频域正交性,需要保护频带来避免 PUSCH 之间的干扰,或者至少能够减少这种干扰。

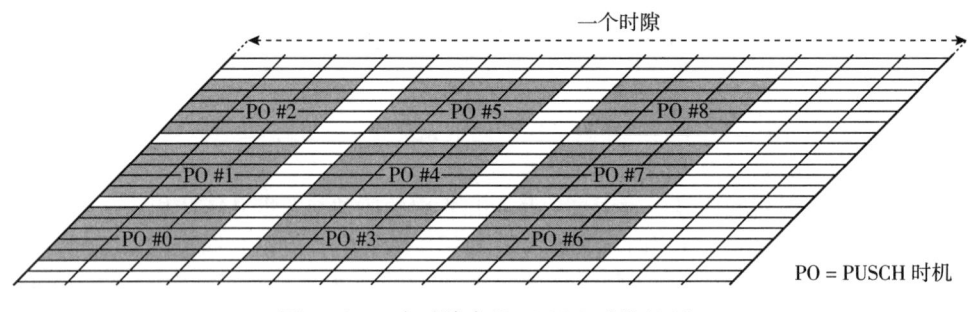

图 17-6　一个时隙内的 PUSCH 时机(PO)

PUSCH 时机除了在时频域分隔开之外,在空域也可以分隔消息 A 的 PUSCH。这是通过对不同消息 A 的 PUSCH 使用不同的 DM-RS 端口/序列来实现的。除了 PUSCH 时机,3GPP 在两步 RACH 的工作中使用了 PUSCH 资源单元(PUSCH Resource Unit,PRU)的概念,其定义了特定 PUSCH 时机和特定 DM-RS 端口/序列的组合。在最终的规范中完全没有使用术语 PRU,而是用更为复杂的术语"带 DM-RS 资源的 PUSCH 时机"来替代。为了简化描述,这里我们仍然使用术语 PRU。

### 3. PRACH 时隙到 PUSCH 资源的映射

如 17.1.1 节所述,在 RACH 时隙发送 PRACH/前导码,通常每个 RACH 时隙在时域和频域有多个随机接入时机。尽管前面的描述是在四步 RACH 的背景下,但也对于两步 RACH 也同样有效。

对于两步 RACH,每个 RACH 时隙关联到一组消息 A 的 PUSCH 时机,这些 PUSCH 时机与 DM-RS 端口/序列相关联,这里称为 PRU 集。图 17-7 所示为一个 PRU 集的结构。PRU 集最多为 4 个连续时隙(图 17-7 中假定为 3 个时隙),其中每个时隙可能包含时域和频域上多个 PUSCH 时机。而且,如上所述,每个 PUSCH 时机对应 $N_{DMRS}$ 个 PRU,其中 $N_{DMRS}$ 为可用 DM-RS 端口/序列的数目。

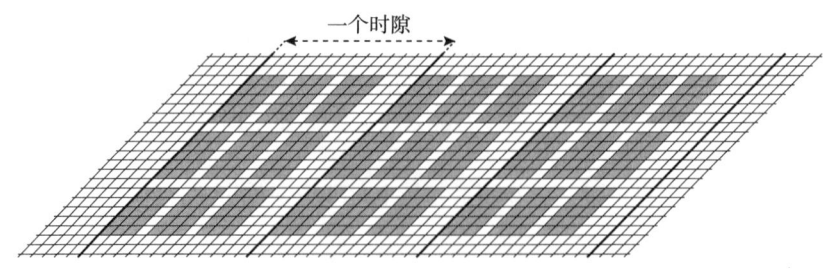

图 17-7　一个 PRU 集持续 3 个时隙,每个时隙 9 个 PUSCH 时机

PRU 集及其相关联的 PRU 和 PUSCH 时机用下面这些参数来表征：
- PRU 集的时隙数目(最多4个时隙)。
- 一个时隙内时域的 PUSCH 时机数目。
- 每个 PUSCH 时机的长度(用符号数表示)。
- 一个时隙内每个 PUSCH 时机之间保护符号的数目。
- 频域的 PUSCH 时机数目。
- 每个 PUSCH 时机的带宽(用资源块数表示)。
- 第一个 PUSCH 时机的频域位置。
- 频分复用的 PUSCH 时机之间是否有一个资源块的保护频带。
- 不同 DM-RS 端口/序列的数目，即每个 PUSCH 时机的 PRU 数目。

每个 RACH 时隙(即用于两步 RACH 的 RACH 时机所在的时隙)对应到一个特定的 PRU 集，该 PRU 集位置相对于 RACH 时隙的时间偏移 $T_{PUSCH}$ 是可配置的，如图 17-8 所示。一个 RACH 时隙内，每个 RACH 时机/前导码的组合映射到 PRU 集中一个特定的 PRU。

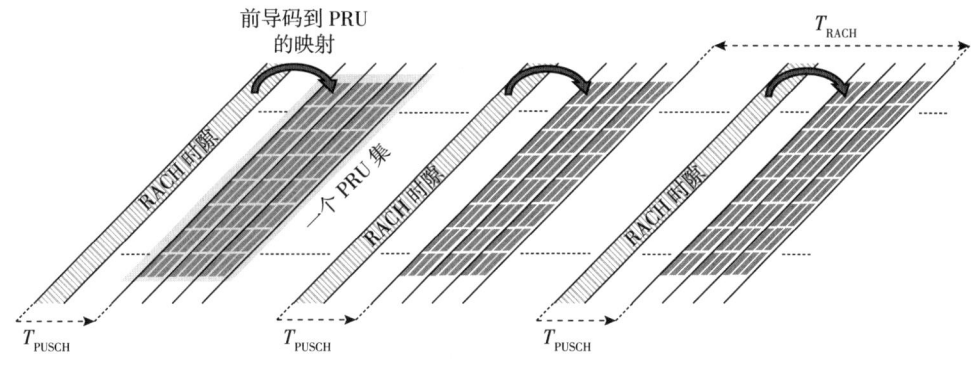

图 17-8　RACH 时隙到 PRU 集的映射

换句话说，终端一旦选择了用于发送前导码的 RACH 时机和具体的前导码，就知道要使用哪个 PRU 发送消息 A 的 PUSCH。同样地，网络一旦在一个 RACH 时机检测到了前导码，就知道要在哪个 PRU 上接收消息 A 的 PUSCH。

如果一个 RACH 时隙内 RACH 时机/前导码组合的数目超过了可用的 PRU 数目，多个 RACH 时机/前导码组合可能会映射到同一个 PRU。这种情况下，原则上两个终端可以使用不同的 RACH 时机/前导码组合进行两步 RACH，但消息 A 的 PUSCH 传输会产生"冲突"。原则上仍然能够检测到 PUSCH，但这需要空间隔离，并且不能基于 DM-RS(对于两个传输使用同一个 PRU 也是相同情况)来进行 PUSCH 解调的信道估计，而是要根据接收到的前导码来做信道估计。

### 17.6.2　两步 RACH——步骤 B

两步随机接入过程的步骤 B(即消息 B 的传输)是用一个新的 MsgB-RNTI 对 PDCCH 进行编码，以传统的 PDCCH/PDSCH 方式来发送，MsgB-RNTI 与四步 RACH 中随机接入响应所用的

RA-RNTI（见 17.2 节）不同。请注意，类似于四步 RACH 随机接入响应，可以在同一条消息 B 的 PDSCH 中发送多个两步 RACH 随机接入响应给不同终端。

取决于网络是否能够检测并解码消息 A 的 PUSCH，两步 RACH 的随机接入响应有两种方式。

如果网络能够解码消息 A 的 PUSCH，就会发送成功的 RAR，包括如下信息：
- 定时调整（Timing-Adjustment，TA）命令（12bit）。
- C-RNTI（16bit）。
- 竞争解决标识（48bit）。

消息 B 的 PDSCH 中还可能包含 RRC 信令，例如连接建立消息。但是在消息 B 的 PDSCH 中只可能有一条 RRC 信令，即不能在同一个消息 B 的 PDSCH 里复用给多个终端的多条 RRC 信令。

如果网络检测到前导码，但是无法正确解码消息 A 的 PUSCH，可以发送回退 RAR。回退的 RAR 所包含的信息与四步 RACH 的随机接入响应相同，指示终端要继续按照四步 RACH 进行随机接入过程，即在回退 RAR 中包含了用于上行发送消息 3 的调度授权。

### 17.6.3 选择两步 RACH 还是四步 RACH

为了支持传统（Release 16 之前）的终端，小区必须配置四步 RACH，至少用于初始接入。如果还要配置两步 RACH，对于支持两步 RACH 的终端必须要有方法来选择使用四步 RACH 还是两步 RACH。

选择两步 RACH 还是四步 RACH 可以基于终端到小区站点的距离，如果接收信号强度（RSRP）超过一个可配置的值，则使用两步 RACH，否则应使用四步 RACH。

网络还可以配置两步 RACH 发送消息 A 的最大次数。如果达到最大发送次数而没有收到随机接入响应，终端应当切换到四步 RACH。

# 第 18 章

# LTE/NR 互通和共存

新一代移动通信技术通常最先部署在高话务量和对新业务能力需求高的区域，然后取决于运营商的策略，或快或慢地逐渐扩展。在逐步部署期间，通过新旧技术的混合组网来提供全面覆盖，而终端会不断移动，频繁进出新技术覆盖的区域。因此，至少从第一个 3G 网络推出以来，新旧技术之间的无缝切换就成为一个关键要求。

此外，即使在新技术已经部署的区域，为了确保对不支持新技术的旧终端的服务连续性，前几代移动系统通常必须保留并且并行工作相当长一段时间。大多数用户会在几年内转移到支持最新技术的终端上。但是仍有少量旧终端会继续存在很长时间。随着集成在其他设备里非个人直接使用的移动终端数量的增长，例如停车计时器、读卡器、监控摄像头等，这种情况越来越普遍。这类终端的使用寿命可能超过 10 年，而且在生命周期里会期望一直保持连接性。这就是为什么尽管 3G、4G 和 5G 网络已经相继部署，但仍然有很多第二代 GSM 网络在运行的一个重要原因。

除了在两种技术之间能够平滑切换以及并行部署，NR 和 LTE 的互通远非于此：

- NR 允许与 LTE 的双连接（dual-connectivity），意味着终端可以同时连接到 LTE 和 NR。正如第 5 章里已经提到，NR 的第一个版本就依赖于这种双连接，由 LTE 提供控制面，NR 只提供额外的用户面能力。
- NR 可以与 LTE 部署在相同的频谱内，频谱容量可以在两种技术之间动态共享。这种频谱共存使得在已经被 LTE 占据的频谱更平滑地引入 NR。

## 18.1 LTE/NR 双连接

LTE/NR 双连接的基本原理与 LTE 双连接[26]相同（见图 18-1）：

- 终端同时连接到无线接入网的多个节点上（在 LTE 里是 eNB，在 NR 里是 gNB）。
- 有一个主节点（通常可以是 eNB 或 gNB）负责无线接入控制面。换句话说，网络侧的信令无线承载终结于主节点，主节点处理终端所有基于 RRC 的

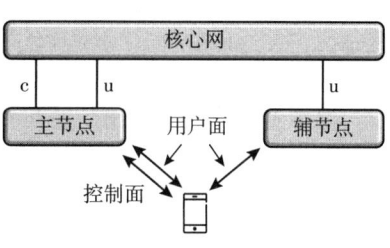

图 18-1 双连接的基本原理

配置。
- 有一个，或者通常情况下有多个辅节点(eNB 或 gNB)，为终端提供额外的用户面链路。

### 18.1.1 部署场景

在 LTE 双连接下，终端同时连接的多个节点在地理上通常是分开的。例如，终端可能同时连接到一个微蜂窝层和其上重叠覆盖的宏蜂窝层。

LTE/NR 双连接也是相同的场景，即终端同时连接到微蜂窝层和其上重叠覆盖的宏蜂窝层。尤其是 NR 在高频段作为微蜂窝层，部署在已有 LTE 宏蜂窝层之下（见图 18-2）。LTE 宏蜂窝层作为主节点，确保即使高频微蜂窝层的连接暂时中断也能保持控制面。在这种情况下，NR 提供了极高容量和极高数据速率，而双连接中的低频 LTE 宏蜂窝层为不够健壮的高频微蜂窝层提供了额外的支撑。请注意，这与上面所述 LTE 双连接的场景基本相同，除了微蜂窝层是 NR 而非 LTE。

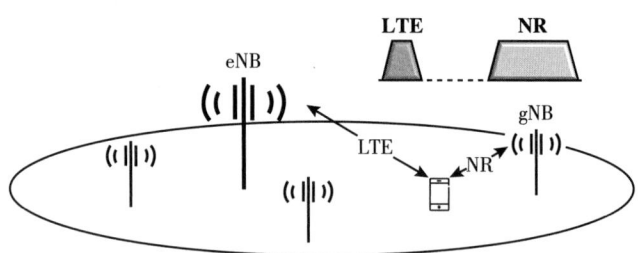

图 18-2　多层场景下的 LTE/NR 双连接

在 LTE 和 NR 共站的情况下也存在 LTE/NR 双连接（见图 18-3）⊖。例如，在 NR 部署初期，运营商可

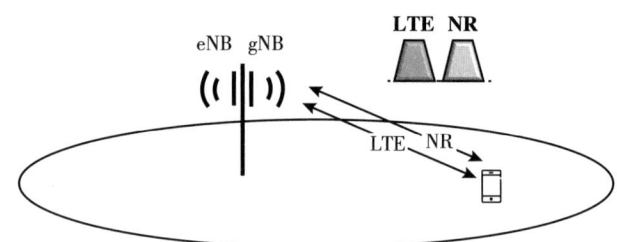

图 18-3　共站部署的 LTE/NR 双连接

能想要将已经部署的 LTE 站点网格给 NR 重用，以避免部署新增站点的成本。在这种情况下，双连接通过聚合 NR 和 LTE 载波的吞吐量，能够给终端用户带来更高的数据速率。在单一无线接入技术的情况下，通过载波聚合（Carrier Aggregation）的方式将同一节点载波合并传输更为高效（见 7.6 节）。但是 NR 不支持与 LTE 的载波聚合，因此需要双连接来聚合 LTE 和 NR 的吞吐量。

当 NR 工作在低频段时，即与 LTE 相同或相近的频段，共站部署尤为重要。不过，当两种技术工作在不同频段时也可以采用共站部署，其中就包括 NR 工作在毫米波频段（见图 18-4）的情况。在这种情况下，NR 无法提供整个小区范围内的覆盖。但是，网络的 NR 部分还是承载了大部分业务，从而使得 LTE 部分专注于为处于弱覆盖的终端提供服务。

在图 18-4 中的场景中，通常 NR 的载波带宽远大于 LTE。只要有 NR 的覆盖，大多数情况下 NR 载波上的数据速率会显著高于 LTE，使得吞吐量聚合的重要性降低。因此这种场景下，

---

⊖ 请注意，在这种情况下逻辑上还是有两个节点(一个 eNB 和一个 gNB)，尽管这两个节点很可能在同一物理硬件中实现。

双连接的主要好处是增强高频部署的鲁棒性。

## 18.1.2 架构选项

由于 LTE 和 NR 两种无线接入技术同时存在，并且 5G 新的核心网将来可替代传统的 4G 核心网（EPC），因此 LTE/NR 双连接的架构有几种不同的选项（option）（见图 18-5）。图中标出的不同选项都是源自早期 3GPP 讨论的 NR 可能的架构选项，最终 3GPP 一致同意支持其中的一个子集（见第 6 章关于非双连接的其他选项）。

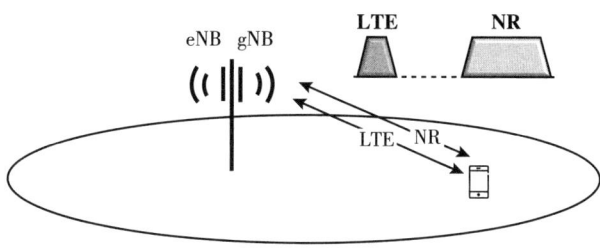

图 18-4　不同频段共站部署的 LTE/NR 双连接

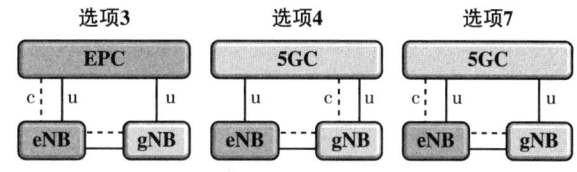

图 18-5　LTE/NR 双连接架构选项

## 18.1.3 单发工作

LTE 和 NR 双连接的场景下，一个终端在多个上行载波（至少一个 LTE 上行载波和一个 NR 上行载波）上发送。由于射频电路的非线性，两个载波同时发送会在发射机的输出产生互调产物。取决于发射信号的载波频率，一些互调产物可能落入终端接收机频段内，造成"自干扰"，也称为互调失真（Intermodulation Distortion，IMD）。IMD 会增加接收机噪声，导致接收机灵敏度降低。通过提高对终端的线性要求可以降低 IMD 的影响。但是，这会给终端成本和能耗带来负面影响。

为了在不提高终端射频要求的情况下降低 IMD 的影响，NR 针对"困难频段组合"引入了双连接单发（Single-Tx）的概念。困难频段组合指的是 LTE 和 NR 的特定频段组合，对于这些组合，同时在 LTE 和 NR 上行载波发送所产生的低阶互调产物可能落入相应的下行频段内。单发工作意味着即使终端工作在 LTE/NR 双连接模式下，也不会在 LTE 和 NR 上行载波上同时发送。

在单发工作的情况下，LTE 和 NR 的调度器需要联合调度，以防止上行同时发送。这需要在 eNB 和 gNB 的调度器之间协调。3GPP 规范明确支持这种标准的节点间信息交互。

单发工作天然造成了终端的上行传输在 LTE 和 NR 上时分复用，即没有一个上行是连续的。但是，对于下行，仍然期望能够充分利用所有下行载波。

对于 NR，由于调度的高自由度和 HARQ 的灵活性，在 NR 标准不受影响的前提下能够很容易地实现单发。但对于 LTE 连接的情况则有些不同，LTE FDD 是基于同步的 HARQ，终端接收到下行传输后要在特定的子帧上发送上行 HARQ 反馈。受单发的限制，并非所有的上行子帧都可以发送 HARQ 反馈，从而限制了哪些子帧可用于下行传输。

在 LTE 自身内部也存在同样的情况，更具体地说，就是在 FDD/TDD 载波聚合中当 TDD 载波作为主小区时[28]。这种情况下，TDD 载波的上行发送本来就是非连续的，TDD 载波还需要承载 FDD 载波下行传输的上行 HARQ 反馈。为了处理这种情况，LTE Release 13 对 FDD 载波引入了类似于 TDD 的定时关系，可用于上行反馈，称为上下行参考配置（DL/UL reference configuration）[26]。在受单发工作限制的 LTE/NR 双连接情况下，可以采用同样的功能来支持

LTE 下行连续发送。

在 LTE FDD/TDD 载波聚合的场景中，上行限制是由小区级的上下行配置造成的。另一方面，双连接单发工作的限制是为了避免 LTE 和 NR 上行载波的同时传输，但是不同终端之间并没有紧密的相互依赖性。因此，不同终端不可用的上行子帧集合不必相同。因此为了使得 LTE 上行负荷更为均衡，单发工作下的上下行参考配置可以在时间上以终端为单位轮转。

## 18.2 LTE/NR 共存

前几代移动通信系统的引入总是伴随着新的技术部署在新的频段上。对于 NR 亦是如此，NR 开放了对于毫米波频段的支持，而该频率范围此前从未用于移动通信。

即使毫米波基站采用了大量的天线单元，以提高波束赋形的能力，但高频段的覆盖依然难尽人意。如果需要 NR 提供广域覆盖的能力，则必须使用低频段的频谱。

然而，现有的技术（主要是 LTE）已经占据了大多数低频段频谱。因此，很多情况下低频段的 NR 需要部署在已经用于 LTE 的频谱。

NR 部署在 LTE 已用频谱上的最简单的方式是静态频域共享，即 LTE 的部分频谱迁移到 NR（见图 18-6）。但是这种方式有两个缺点。

至少在初期，大部分业务仍然通过 LTE 进行。而同时，静态频域共享减少了 LTE 的可用频谱，这样更难满足业务需求。

此外，静态频域共享会导致每种技术的可用带宽减少，也就导致了每个载波的峰值速率降低。对于支持 LTE/NR 双连接工作的新终端可以通过使用双连接进行补偿。但是对于传统的 LTE 终端，会直接影响到终端能够达到的速率。

更具吸引力的方案是将 LTE 和 NR 在同一频谱上进行动态共享，如图 18-7 所示。通过频谱共存为每种技术保留了完整的带宽以及相应的峰值速率。而且，频谱的总容量可以通过动态分配的方式来匹配每种技术的业务情况。

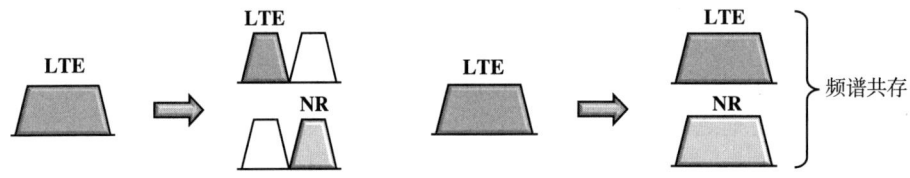

图 18-6　LTE 频谱迁移到 NR　　　　　图 18-7　LTE/NR 频谱共存

实现 LTE/NR 频谱共存的根本手段是 LTE 和 NR 的动态调度。而且，还有其他 NR 特性在 LTE/NR 频谱共存中发挥作用，包括：

- NR 的 15kHz 参数集兼容 LTE，使得 LTE 和 NR 工作在共同的时间/频率网格上。
- NR 向前兼容的设计原则，如 5.1.3 节里所列。还包括基于位图或 LTE 的载波配置来定义预留资源，如 9.10 节所述。
- NR PDSCH 的映射可以规避用于 LTE CRS 的资源单元（详细描述见下文）。

正如在 5.1.11 节已经提及，LTE/NR 共存有两种主要场景（见图 18-8）：

- 上下行共存。

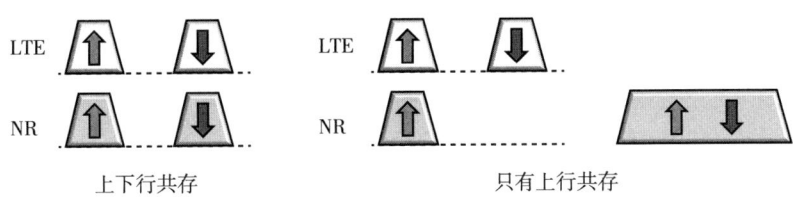

图 18-8 上下行共存与只有上行共存

- 只有上行共存。

部署补充上行载波是只有上行共存的一个典型应用场景(见 7.7 节)。

通常情况下，上行共存比下行更为简单，很大程度上可以通过调度协调和限制来支持。通过协调 NR 和 LTE 的上行调度来避免 LTE 和 NR 的 PUSCH 传输冲突。而且，还需要限制 NR 调度器以避开用于 LTE 上行层 1 控制信令(PUCCH)的资源，反之亦然。根据 eNB 和 gNB 在哪一层交互，这类协调和限制的动态程度或多或少。

对于下行，也应当采用调度协调来避免 LTE 和 NR 传输之间的冲突。但是，LTE 下行包括一些"常开"的非调度信号，无法轻易通过调度绕开。其中包括(详见参考文献[26])：
- LTE 的 PSS 和 SSS，在频域 6 个资源块的 2 个 OFDM 符号上，每 5 个子帧发送一次。
- LTE 的 PBCH，在频域 6 个资源块的 4 个 OFDM 符号上，每个系统帧(10 个子帧)发送一次。
- LTE 的 CRS，在频域上均匀发送，根据 CRS 天线端口数目不同，在每子帧的 4 个或 6 个符号里发送⊖。

相比于依靠调度来规避，NR 预留资源的概念(见 9.10 节)可用来对 NR PDSCH 进行速率匹配，以绕开 LTE 的这些信号。

可以通过 9.10 节描述的位图来定义预留资源，在 LTE 的 PSS/SSS 周围进行速率匹配。更具体地说，通过{位图 1，位图 2，位图 3}三元组给定的一个预留资源定义如下(见图 18-9)：

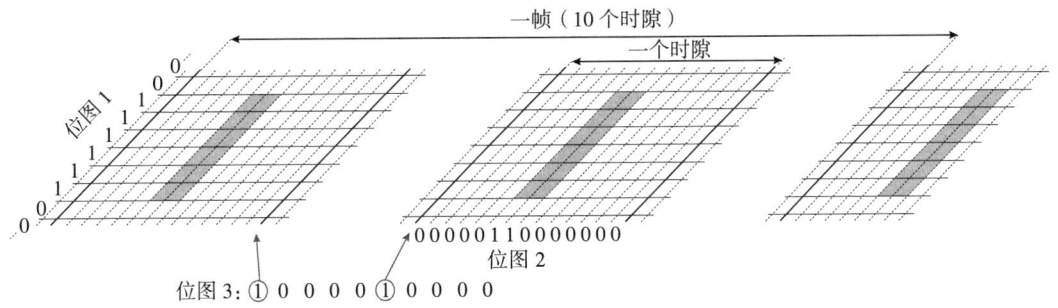

图 18-9 预留资源的配置，对 LTE PSS/SSS 周围的 PDSCH 做速率匹配
（请注意此图假定 NR 参数集为 15kHz）

- 位图 1 的长度等于频域上 NR 资源块的数目，指示了 LTE 的 PSS 和 SSS 在哪六个资源

---

⊖ 在 MBSFN 子帧上只发送 1 个或 2 个符号。

块上传输。
- 位图 2 的长度为 14(一个时隙)，指示了 PSS 和 SSS 在 LTE 子帧的哪两个 OFDM 符号上传输。
- 位图 3 长度为 10，指示 PSS 和 SSS 在 10ms 系统帧的哪两个子帧上传输。

上面是在假定 NR 采用 15kHz 的参数集的情况下。请注意，使用基于位图的预留资源不限于 15kHz 参数集，类似于围绕 LTE PSS 和 SSS 进行速率匹配的方法原则上也可用于其他的 NR 参数集，例如 30kHz。

对 LTE 的 PBCH 周围也可以用相同的方法进行速率匹配，唯一的区别在于位图 2，此时位图 2 指示的是 PBCH 在哪四个符号上传输，而位图 3 指示的是单个子帧。

对于 LTE 的 CRS，NR 标准明确支持对重叠覆盖的 LTE 载波 CRS 资源单元周围的 PDSCH 进行速率匹配。为了能够正确接收速率匹配的 PDSCH，终端需要配置如下信息：

- LTE 载波带宽和频域位置，以允许 LTE/NR 的共存，尽管 LTE 载波可能与 NR 载波的带宽不同、载波中心位置不同。
- LTE 的 MBSFN 子帧配置，因为这会影响 LTE 子帧内发送 CRS 的 OFDM 符号集合。
- LTE 的 CRS 天线端口数目，因为这会影响发送 CRS 的 OFDM 符号集合，以及频域上每个资源块里 CRS 资源单元的数目。
- LTE CRS 位移，即 LTE CRS 在频域的确切位置。

在 Release 16 中，对 NR 在 LTE CRS 周围做速率匹配进行了扩展，支持多种 LTE CRS 模式，这对载波聚合非常有用。但请注意，在 LTE CRS 周围进行速率匹配仅适用于 NR 参数集为 15kHz 的情况。

# 第 19 章

# TDD 网络中的干扰处理

NR 从设计之初就体现出灵活性,在双工方式方面既支持对称频谱的 FDD 也支持非对称频谱的 TDD。这两种双工方式在干扰场景及相应的处理方式上有不同的特性。在 FDD 网络中上行链路和下行链路使用不同的频率,因此具备相当的隔离。与之不同的是 TDD 网络使用相同的频率进行上行和下行传输,而在时域上将两者分开。这样会导致在 TDD 网络中存在的干扰场景在 FDD 网络中并不存在。图 19-1 左侧所示的下行对上行的干扰是指一个小区的下行传输影响到另一个小区的上行接收的情况。图 19-1 右侧所示的上行对下行的干扰是指来自一个终端的上行传输干扰到位于另一个小区的相邻终端的下行接收的情况。图 19-1 所示的两种干扰场景都是需要处理的,并且针对广域网络部署和微蜂窝网络部署的解决方案可能是不同的。

图 19-1 TDD 网络中的干扰场景

在广域宏站网络部署中,出于覆盖考虑,基站天线通常安装在屋顶上方,也就是说与终端相比距离地面相对较远。这样可能造成小区之间的(接近于)视距传播。再加上此种类型网络中上行链路和下行链路之间的发射功率存在相对较大的差异,来自一个小区的高功率下行传输会显著影响相邻小区接收微弱上行信号的能力。处理这一问题的传统方法是(半)静态地在网络中的所有小区以相同的方式在上行链路和下行链路之间分配资源。具体来说,就是一个小区中的上行接收永远不会与相邻小区中的下行传输在时间上重叠。这可以通过为所有终端半静态地配置上行和下行空口资源来实现,如第 7 章所述。在整个网络中为特定传输方向即上行或下行分配相同的一组时隙资源(或通常所说的时域资源),可以看作小区间协调的一种简单形式,尽管是半静态的。

在微蜂窝网络中,上行和下行传输使用相似的功率等级,并且天线位于室内或屋顶以下,由于基站的发射功率较低并且站点之间的隔离度较大,下行链路对上行链路的干扰可能并不是问题。如图 19-1 右侧所示,虽然两个位置相近的终端之间的上行对下行的干扰有时可能会是问题,但在这种情况下,所有小区范围内上行和下行链路之间的半静态分离也有助于缓解此类干扰。在某些情况下,根据网络部署的具体情况,如果相邻小区之间可以实现相当的隔离,甚至采用动态 TDD 方式也是有可能的,即一个小区的下行传输与另一个小区的上行接收同时进行。在 Release 18 中,3GPP 正在研究各种双工增强的可行性,包括动态 TDD 和子带全双工[108]。

这里描述的干扰场景并不是 NR 所特有的,对这些干扰的处理可以通过适当的网络实现和部署来解决。不仅如此,NR Release 16 中还引入了如下增强功能,用于更有效地处理 TDD 特有的干扰场景:

- 远程干扰管理(Remote Interference Management,RIM),用于解决广域大型小区网络中下行对上行的干扰。
- 交叉链路干扰(Cross Link Interference,CLI)缓解,使用动态 TDD 处理微蜂窝部署中上行对下行的干扰。

下面几节将更详细地描述这两个增强功能。

## 19.1 远程干扰管理

远程干扰管理是指在广域 TDD 网络中处理来自距离非常远的基站间干扰的一组工具。如前文所述,在宏蜂窝网络中处理这一问题的传统方法是(半)静态地在网络中所有小区之间以相同方式划分上行和下行时域资源,以确保相邻小区之间的下行链路和上行链路在时间上不会重叠。同时,配置足够大的足以覆盖来自相邻小区传播时延的保护间隔。这种方法在大多数时候是足够有效的。然而,在某些特定天气条件下形成的大气波导[85]会成为相距甚远的基站之间的有效传播管道。这些管道可以处在大气层中几百米的高空。在这种情况下,来自一个基站的下行传输可以以很小的衰减传播到非常远的距离,最远达到 150km 也并不鲜见,有时距离甚至会达到 400km。在大气波导管道的接收端,经过延迟后强度仍然很大的下行信号会干扰另一个基站的上行接收,如图 19-2 所示。请注意,设计用于处理来自相邻基站干扰的保护间隔通常是几个 OFDM 符号的级别,也就是说最多只有几百微秒,对于处理大气波导这种罕见场景来说是远远不够的。相比之下,在传播距离达到 150~400km 的情况下保护间隔需要达到 0.5~1.3ms。虽然大气波导可能是一种罕见情况,但是当它发生时,可能有成千上万的基站会受到影响,并且对网络性能的影响是十分显著的。

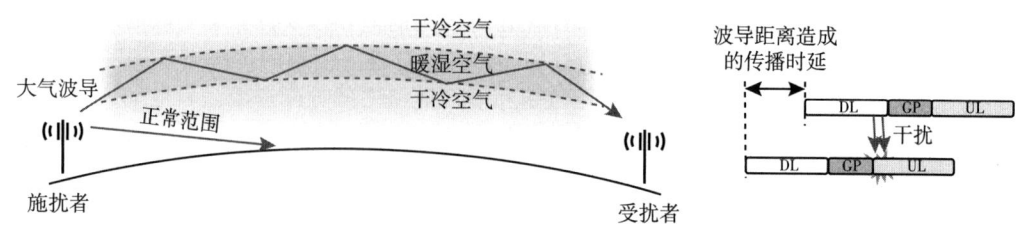

图 19-2　大气波导造成的远程干扰

许多其他类型的上行干扰在时域上会保持非常恒定的水平,与之不同的是大气波导引起的远程干扰具有衰减特性,在上行周期开始时的干扰比上行周期结束时要强,如图 19-3 所示。这是可以直观理解的,因为干扰起始于前一下行传输的末尾。在上行周期开始时,许多下行传输"仍在空中",有可能还更强,因为它们更靠近受扰者——受干扰的基站,而在进一步进入上行周期较长时间后,来自下行传输的干扰就会逐渐消失。因此,通过比较上行周期开始时的干扰水平与稍后时间点的干扰水平,可以检测是否存在远程干扰。在上行周期开始时的干扰水平比稍后时间点的干扰水平高出越多,说明远程干扰就越大。

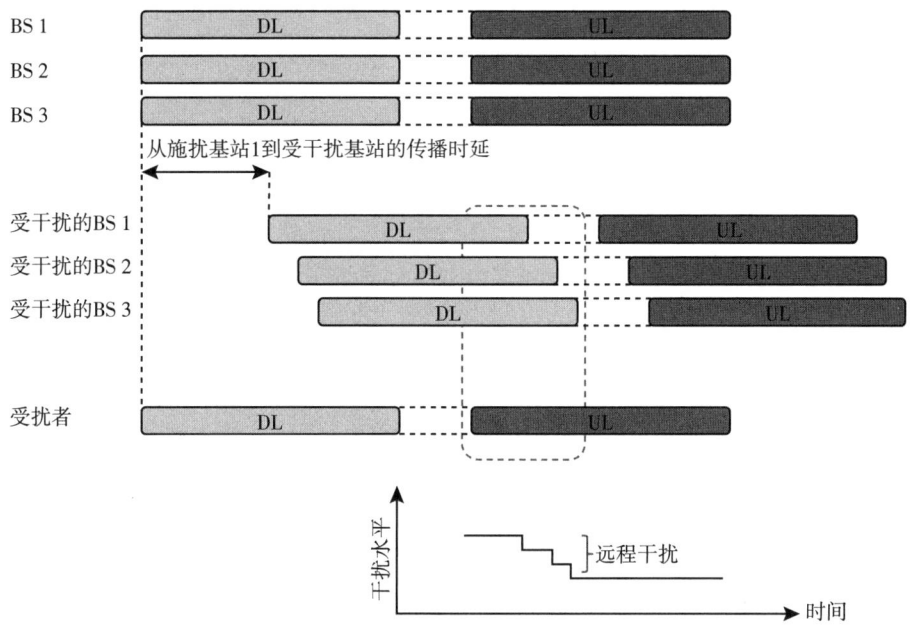

图 19-3　上行周期中远程干扰随时间的变化

大气波导本身是具有互易性的,也就是说在上下行两个方向上具有相同的增益。这意味着当大气波导发生时,一个基站既是对其他小区造成干扰的施扰者,也是受扰者。然而,尽管大气波导是互易的,但受干扰的程度并不一定是互易的,而是取决于所涉及的不同小区的信号传输状况。

对这些(罕见)情况下的远程干扰的处理可以通过多种方式进行,比如波束赋形和干扰消除接收算法在某些场景下可能是有效的,但是最常见方法是调整保护间隔,使得来自远程小区的下行传输和受扰者的上行接收在时间上没有重叠。附加的保护间隔可以通过发送方(施扰者)提前结束下行传输或者由接收方(受扰者)推迟开始上行接收来获得,如图 19-4 所示。以静态方式执行这样的操作并持续地保持足够大的保护间隔可以解决远程干扰问题,但是在大多数情况下所带来的额外开销使得成本过大,因此不是可行的解决方案。在 3G 和 4G 宏站 TDD 网络中的替代方案是,仅有当大气波导现象发生时,才相应地增加受扰小区的保护间隔。

为了能够简化并自动处理大气波导现象所造成的远程干扰,在参考文献[85]的基础上,NR 标准 Release 16 引入了支持自动远程干扰管理的机制。特别定义了两种新的参考信号类型,称为 RIM-RS 类型 1 和 RIM-RS 类型 2,下文会详细描述这两种参考信号以及基站之间 Xn 接口的回传信令。

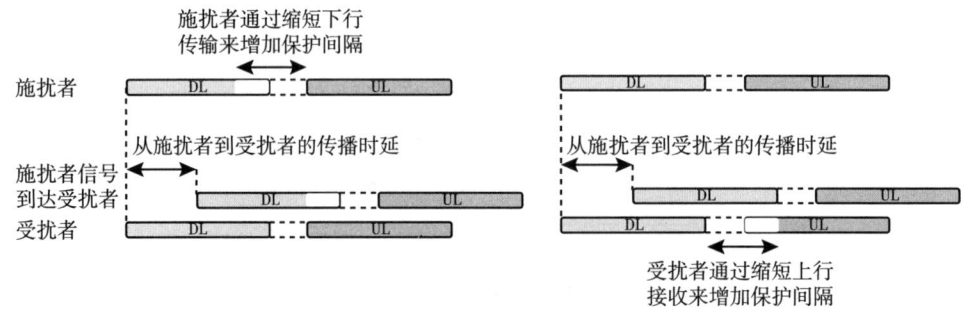

图 19-4 通过缩短施扰者（左）的下行传输或受扰者（右）的上行接收来增加保护间隔以处理远程干扰

## 19.1.1 集中式和分布式干扰处理

在有关远程干扰处理的 3GPP 规范制定过程中讨论了三种不同的框架：一种集中式框架和两种分布式框架。这些框架之间的区别在于实施干扰缓解的决策是在网络中的哪个节点做出的，以及如何在网络节点之间传送决策信令。需要理解的是 3GPP 并未规定如何处理远程干扰的具体操作，而是将其留待产品实现时确定，这样可以在产品中针对不同的干扰场景开发相应的算法。后面讨论的不同框架形式是易于理解的，并且可能引入人工智能和机器学习等先进技术。

在集中式框架中，与缓解远程干扰有关的所有决策都是由一个中心节点做出的，通常这个中心节点是负责网络配置和操作的 OAM（操作管理维护）系统。在检测到远程干扰时，例如检测到如前所述的远程干扰所具有的干扰强度逐渐递减的典型特征时，受干扰节点开始发送 RIM-RS 类型 1。这个参考信号可用于多种用途，稍后将做详细描述。RIM-RS 不仅指示小区正在经历远程干扰，还包含发送参考信号的节点（或一组节点）的标识以及上行周期中受影响的 OFDM 符号数等信息。这些信息被隐式地编码在参考信号中，下一节将做详细描述。由于大气波导管道是互易性的，因此对受扰者造成远程干扰的施扰者也会接收到受扰者发出的 RIM-RS。

一旦接收到这样的参考信号，施扰者节点就将向 OAM 系统报告检测到的 RIM-RS，包括在参考信号中编码的所有信息，以进一步决定如何解决干扰问题。中心 OAM 系统将确定一个合适的缓解方案，例如请求施扰小区更早停止下行传输，以增加保护间隔。当大气波导现象消失时，施扰小区将不再能检测到 RIM-RS，并将这一结果报告给 OAM 系统，OAM 系统进而可以请求受扰者停止发送 RIM-RS，并让施扰者恢复保护间隔的原始配置（见图 19-5）。

设计良好的集中式框架通常比分布式框架的性能更佳，但在许多情况下出于实现简单和减少 OAM 信令的考虑，分布式框架更为可取。在分布式方案中，受扰者在检测到远程干扰后发送 RIM-RS 类型 1，类似于集中式方案。然而，只要检测到 RIM-RS 类型 1，施扰小区就自主地决定应用适当的干扰缓解方案，而不是去通知中心节点来做决定。例如，施扰者可以在下行周期中更早地结束下行传输，以增加保护间隔。

分布式框架支持两种实现方案，区别在于施扰者在接收到 RIM-RS 类型 1 并应用了适当的缓解方案之后，是使用空口信令还是回传信令来通知受扰者。

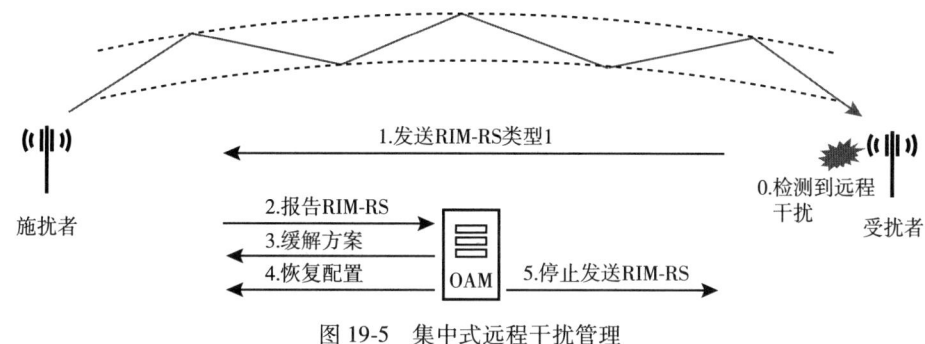

图 19-5　集中式远程干扰管理

对于采用空口信令的方案，一旦施扰者检测到 RIM-RS 类型 1，就开始发送 RIM-RS 类型 2。这样做的目的是让受扰者检测大气波导现象是否仍然存在。如果受扰者没有检测到 RIM-RS 类型 2，说明大气波导已经消失，因而停止发送 RIM-RS 类型 1，并且只要 RIM-RS 类型 1 消失，施扰者就会恢复正常运行（见图 19-6）。

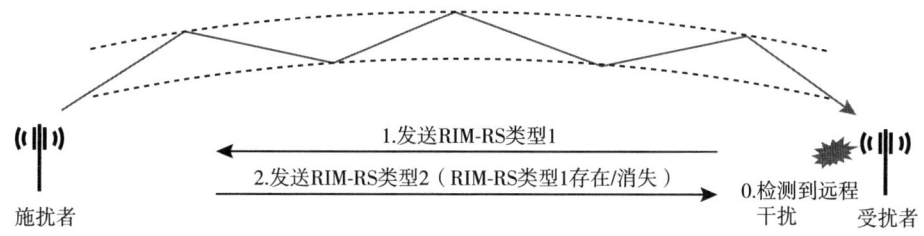

图 19-6　采用空口信令的分布式远程干扰管理

另一种可选方案是，通过 Xn 接口上的回传信令通知受扰者在施扰者处检测到 RIM-RS 类型 1，或者施扰者不再检测到 RIM-RS 类型 1。如果是后一种情况，受扰小区可以确定大气波导现象已不存在，进而停止发送 RIM-RS 类型 1。既然施扰者不再接收到的 RIM-RS 类型 1，相应地就可以将保护间隔的配置恢复到正常值（见图 19-7）。

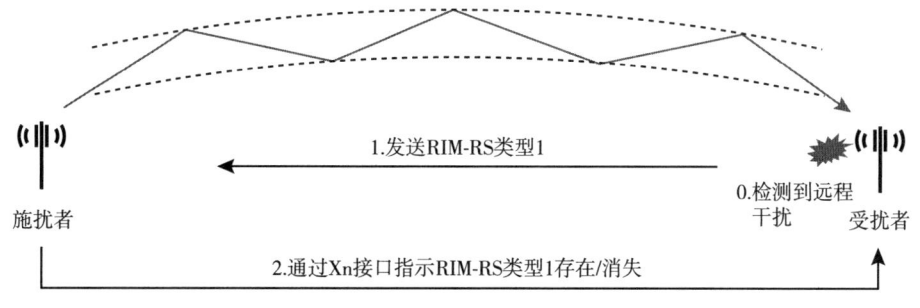

图 19-7　采用回传信令的分布式远程干扰管理

## 19.1.2 RIM 参考信号

物理层支持 RIM 的主要增强是引入了两个新的参考信号：RIM-RS 类型 1 和类型 2。上一节简要介绍了这两个参考信号的用法，本节专门介绍这些参考信号的详细结构。

RIM-RS 类型 1 和类型 2 具有相同的基本设计，但它们的用途不同：

- RIM-RS 类型 1 由受扰小区发送，希望被施扰小区接收，用来指示受扰小区受到远程干扰，即存在大气波导现象。除了引起干扰的（一组）小区标识外，RIM-RS 类型 1 还可以传送在上行周期开始时受到远程干扰影响的 OFDM 符号数的信息，这些信息可用于确定保护间隔应该增加多少。它还可以从受扰小区的角度传达施扰小区采取的干扰缓解措施是否足够的信息。
- RIM-RS 类型 2 由施扰小区发送，用于指示存在大气波导现象。与类型 1 不同的是类型 2 不包含任何附加信息。

每种类型的 RIM-RS 的设计都需要满足一些要求。首先，RIM-RS 应该不同于任何其他类型的上行参考信号。这一点非常重要，否则即使没有来自远程小区的大气波导现象，相邻小区的其他参考信号也可能会触发 RIM 机制。通过使用与任何其他上行参考信号不同的伪随机序列，可以很容易地实现不同参考信号之间的区分，后面将有进一步描述。

其次，应该允许接收端在无须与施扰者实现 OFDM 符号同步的情况下检测 RIM-RS，否则将增加产品复杂度。为达到此目的，RIM-RS 被设计为占用两个连续的 OFDM 符号，而且第 1 个符号和第 2 个符号的有用部分是相同的。此外，与其他下行传输不同的是，RIM-RS 的循环前缀仅位于第 1 个符号中，如图 19-8 所示。这种结构的效果是最后一个 RIM-RS OFDM 符号具有一个非常长的循环前缀，从而允许不必估计施扰者的 OFDM 符号定时就可以完成 RIM-RS 检测。

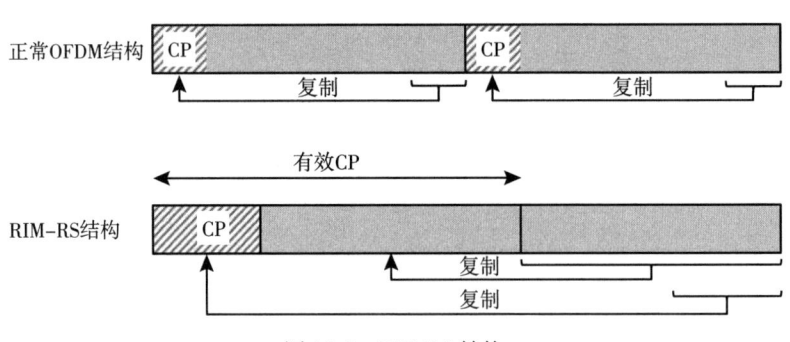

图 19-8　RIM-RS 结构

RIM-RS 的子载波间隔规定为 15kHz 和 30kHz。原因在于 RIM 功能面向的是由相对较大的小区组成的广域网络部署。而更高的子载波间隔（60kHz 及以上）主要用于高频和微蜂窝小区，而非大型小区的广域网络部署。

## 19.1.3 RIM-RS 的资源

RIM 参考信号使用 RIM-RS 资源进行传输，该资源由一个时域、频域和序列域的索引三元组定义。根据索引三元组可以计算出实际的时域和频域位置，以及 RIM-RS 使用的 QPSK 调制的长度为 $2^{31}-1$ 的 Gold 序列索引。

- 在时域，每个特定 RIM-RS 以秒甚至分钟为周期进行周期性发送。
- 在频域，最多可配置 4 个 RIM-RS 资源（取决于载波带宽）。子载波间隔为 15kHz 的 RIM-RS 占用全载波带宽或 96 个资源块，以最小者为准。对于 30kHz 子载波间隔，RIM-RS 可以限制为 48 或 96 个资源块。
- 在序列域，最多可以配置 8 个不同序列。序列的使用随时间不断变化，从而具有抵抗干扰机重复攻击的弹性。

对于 RIM-RS 类型 1，计算索引三元组中的时域资源时，还需要考虑受远程干扰影响的 OFDM 符号数以及在施扰小区应用的缓解措施是否足够等信息。换句话说，在需要时这些信息可以隐式地编码在 RIM-RS 类型 1 中。每个索引三元组还链接到一个小区（或一组小区）的配置标识。因此，经历远程干扰的小区或小区组标识也被隐式地包含在用于 RIM-RS 类型 1 的资源中。请注意，为 RIM 所配置的标识不一定与物理层小区标识相同。这样做是因为物理层小区标识的范围相对较小，只有 1008 个，而远程干扰管理机制必须能够在具有数千个小区的非常大的区域上运行。

图 19-9 中说明了从索引三元组到 RIM-RS 使用的时域、频域和序列资源的映射。注意，不管网络节点是否应用了干扰抑制措施，都会在计算出的时域位置发送 RIM-RS。换句话说，RIM-RS 有时在扩展的保护间隔中发送。这是必要的，否则的话在接收端将无法判别 RIM-RS 的缺失是由于大气波导消失造成的还是发送端的保护间隔延长造成的。

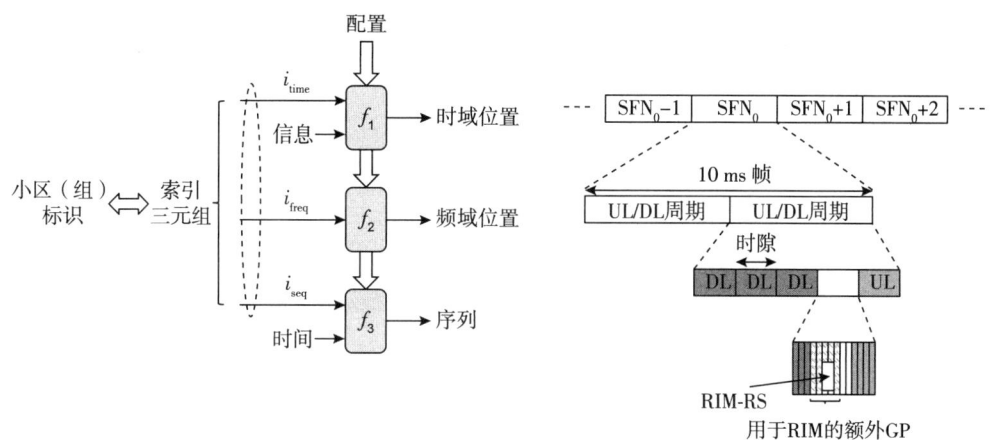

图 19-9　RIM-RS 资源图解

## 19.2　交叉链路干扰

交叉链路干扰抑制指的是控制下行对上行以及上行对下行之间干扰的方法，尤其适合应用在站间距较小的微蜂窝网络中。如本章开始所讨论的，处理交叉链路干扰问题的传统方法是在所有小区中半静态地划分上下行链路。但是，这与动态 TDD 的基本意图是相矛盾的，动态 TDD 是 NR 基本框架的一部分，根据每个小区的业务场景动态选择小区的上下行传输方向。在许多场景下，特别是在小区相对孤立的情况下，动态 TDD 不需要进一步增强就能正常工作。不过，为了扩展动态 TDD 的应用场景，Release 16 引入了增强功能以更好地处理交叉链路干扰。这些增强功能包括终端侧干扰测量和通过 Xn 接口的小区间协调，这两个功能将在下面进行讨论。需要注意的是，3GPP 协议并没有对调度行为以及测量和协调机制做出具体规定，而是留待产品实现阶段解决。

### 19.2.1 终端侧干扰测量

为了减轻交叉链路干扰，可以采用多种调度解决方案，例如可以在相邻小区中的一个终端正在进行下行接收的同时，避免调度本小区邻近终端的上行接收。为了帮助调度器了解干扰状况，Release 16 引入了一些增强功能，比如可以指示一个终端去测量另一个终端发送的信号。这是通过扩展终端的测量功能来实现的。通常情况下终端只测量参考信号接收功率（RSRP）和接收信号强度指示⊖（RSSI）。这些测量最初主要是为了支持移动性而引入的。RSRP 是指同步信号或 CSI-RS 等参考信号的接收功率（不包括噪声和干扰），测量的结果通常是在数百毫秒的较长时间尺度内求平均值。RSSI 是在给定数量的资源块上的总接收功率，包括噪声和干扰。在 Release 16 中扩展了终端的测量功能，使得终端不仅可以测量同步信号和 CSI-RS 等下行信号，而且可以测量上行 SRS 信号。因此，通过要求一个终端测量 SRS-RSRP，网络侧可以得知该终端能够接收到的来自另一个终端发送的信号强度，或者换句话说，获得来自相邻小区的终端到终端的干扰程度（见图 19-10）。

请注意这些测量提供的是几百毫秒范围内的长期平均干扰信息，而不能反映即时的干扰状况。在微蜂窝小区场景中，终端通常是相对静止的，因此这不是什么问题。通过测量还可以提供一些关于带外干扰的信息，例如来自相邻运营商在不同频段上运行的信息，这些信息对于处理交叉链路干扰可能是有用的。

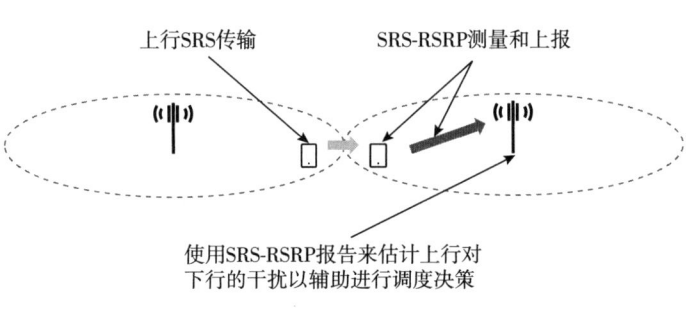

图 19-10　通过 SRS-RSRP 估计交叉链路干扰

基站到基站的干扰测量并没有被标准化，而是留待产品实现阶段决定。理论上，一个基站可以测量来自相邻基站的任何下行信号，如 CSI-RS、同步信号或数据传输信号等。

### 19.2.2 小区间协调

3GPP 规范为 CLI 增加的另一部分功能是用于小区间协调的 Xn 接口上的 gNB 间信令（在分

---

⊖ RSSI 测量在 NR Release 15 中没有明确定义，但作为其他测量的一部分出现。

离架构情况下为 F1 接口上的 CU 间信令)。小区间协调在本质上是将资源分为固定资源和灵活资源两部分，在固定资源上 gNB 保证只在某个特定方向上使用资源，而在灵活资源上 gNB 可以指示在某一传输方向(上行或下行)上使用资源。通过获得相邻小区调度行为的信息，每个小区的调度器可以在传输方向和干扰特性已知的固定资源上调度更敏感的传输。而灵活资源可用于传输不太重要的数据，因为对于这些数据来说由强干扰所导致的偶尔重传并不是大问题。

# 第 20 章

# NR 非授权频谱技术

NR 的第一个版本主要是以授权频谱为中心进行设计的,尽管从一开始就考虑了在以后的版本中扩展到非授权频谱。授权频谱意味着运营商对某个频率范围拥有独占授权,这会带来许多好处,因为运营商可以更好地进行网络规划并控制网络干扰。因此,授权频谱有助于保证服务质量和实现广域覆盖。然而,运营商可以使用的授权频谱的数量可能是有限的,并且通常来说获得频谱授权需要付出相应的成本。

另一方面,非授权频谱是开放给任何人免费使用的,前提是需要遵守一系列规则,例如关于最大发射功率的规定。由于非授权频谱可以被任何人使用,其干扰状况通常比授权频谱更不可预测。因此,如果无法控制干扰,网络服务质量和可用性就无法得到保证。此外,在非授权频谱中的最大发射功率是受到限制的,因此不太适用于广域覆盖。Wi-Fi 和蓝牙是使用非授权频谱的通信系统的两个例子。

在 Release 16 中,NR 标准在授权频谱的基础被扩展到支持非授权频谱,主要针对 5GHz 和(稍后支持的)6GHz 频段。Release 17 中非授权频谱的频率范围扩展到 60GHz 频段。NR 既支持授权辅助接入(Licensed-Assisted Access,LAA)也支持非授权频谱的独立工作模式,如图 20-1 所示。在 LAA 框架中,授权频段中的载波用于初始接入和移动性,非授权频谱中的一个或多个载波则用于提高容量和数据速率,二者结合使用。这与第 4 章描述的 LTE-LAA 类似。当 NR 使用非授权频谱时,如果授权载波使用的是 LTE,则采用 LTE-NR 双连接框架,这与 NR 非独立组网的工作方式相同。如果授权载波使用的是 NR,则可以使用 NR 双连接框架或载波聚合框架。

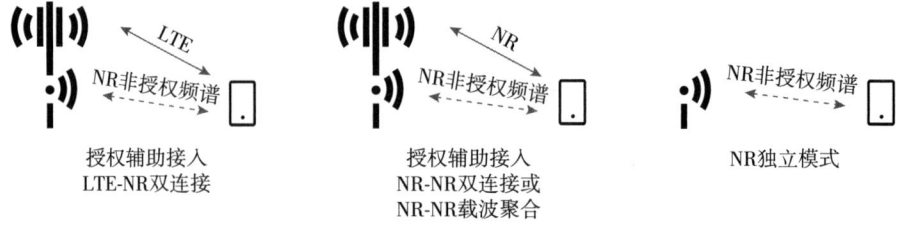

图 20-1　NR 在非授权频谱工作:授权辅助接入(左和中)和独立模式(右)

另一方面，非授权频谱的独立模式意味着 NR 无须授权载波的支持就可以在非授权频谱中运行。初始接入和移动性完全使用非授权频谱进行处理。这使得 NR 可以在没有授权频谱的情况下进行部署，这对于 NR 在例如工厂之类的本地部署很有价值。

本章的余下部分将讨论非授权频谱的目标频段和在这些频段中运营的监管要求，然后描述 NR 为了支持在非授权频谱中的工作而添加的增强功能。NR 规范在提及非授权频谱中的操作时使用术语"共享频谱接入"，但本章将使用更常见的术语"非授权频谱"。

## 20.1 NR 的非授权频谱

非授权频谱存在于多个频段。原则上，NR 可以利用任何非授权频段，但 Release 16 的工作重点集中在 5GHz 和 6GHz 频段。其中一个原因是 5GHz 频段有相当大的带宽，与 2.4GHz 频段相比负载相对较低。Release 17 中非授权频谱的频率范围扩展到 60GHz 频段。

### 20.1.1 5GHz 频段

如图 20-2 所示，5GHz 频段在世界大部分地区都是可用的，尽管在不同地区之间存在一些差异，详情参见文献[86]和其中的参考文献。5GHz 频段的监管相当成熟，该频段已经被 Wi-Fi 和 LTE/LAA 等技术使用多年。5GHz 频段通常被划分为称为信道的 20MHz 带宽的分片，在描述信道接入机制时将大量使用信道这个术语。

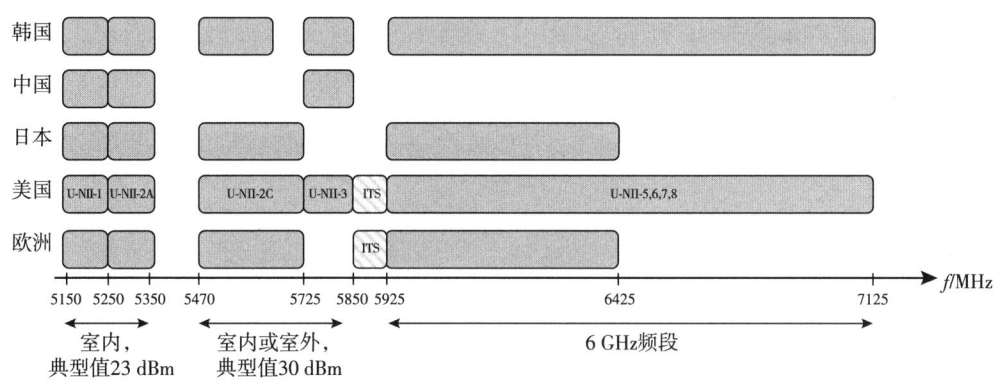

图 20-2  不同地区 FR1 中非授权频谱概况

5GHz 频段的较低部分，即 5150~5350MHz，通常用于室内场景，在大多数地区的最大发射功率为 23dBm。这一频段总共有 200MHz 可用，分为两部分，每部分 100MHz。在 5470MHz 以上的频段最大发射功率可达 30dBm，在许多地区允许室外部署。不同地区的频谱数量有所不同，但最大可用带宽可达 255MHz。

除了最大发射功率(通常以 EIRP 值的形式给出)的限制外，在某些频段和某些地区还存在附加要求。这些要求影响到无线接口的技术设计，将在后面章节中进一步讨论。这些监管要求包括对功率谱密度、最大信道占用时间和最小占用带宽的限制，以及对动态频率选择、发射功率控制和先听后说机制的规定等。

对功率谱密度（Power Spectral Density，PSD）的限制意味着当使用较小带宽时终端不能进行满功率发射。例如，在 5150~5350MHz 范围内，欧洲法规将功率谱密度限制为 10dBm/MHz。因此，除非使用的载波带宽不少于 20MHz，否则终端不能以 23dBm 的最大允许发射功率进行发射。原则上，满足监管要求的一种方法是限制输出功率。然而，这将在某些情况下使网络覆盖受到限制，例如当要传输的净荷很小并且传输仅需使用载波带宽的一小部分时。因此，在非授权频谱中运营时通常需要分配相对较大的带宽，如图 20-3 所示。这不仅有助于解决覆盖问题，而且有助于满足在某些频段中定义的最小占用带宽的要求。

最大信道占用时间（Channel Occupancy Time，COT）（即允许连续传输的最长时间）也会受到限制。例如，在日本 COT 的最大值是 4ms，即将传输时长限制为最多 4ms，而在欧洲等其他地区，COT

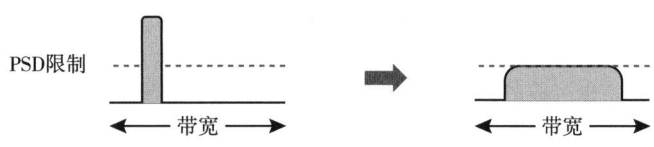

图 20-3　通过增加带宽满足功率谱密度限制

的最大值是 8ms 甚至 10ms。参考文献[87]中描述了欧洲对非授权频谱的使用有两种机制，一种用于基于帧的设备（Frame-Based Equipment，FBE），一种用于基于负载的设备（Load-Based Equipment，LBE）。这两种机制分别适用于现已失效的 Hiperlan/2 标准和 Wi-Fi。NR 标准引入了一种可以支持 FBE 或 LBE 两种框架的信道接入机制，具体使用哪种框架取决于部署场景。最后，还需要规定发射机停止发射，使信道处于空闲状态的时间比例。这些要求都会对 NR 的调度行为产生影响。

动态频率选择（Dynamic Frequency Selection，DFS）意味着发射机必须连续评估是否需要让出频谱以供他用。如果检测到这种应用需求，发射机必须在特定时间（例如 10s）内让出频谱，并且在至少经过特定时间（例如 30min）之前不再使用它。这样做的目的是保护其他系统（主要是雷达）的可用性，这些系统对使用非授权频谱具有更高的优先级。

发射功率控制（Transmit Power Control，TPC）是指发射机应该能够将发射功率降低到最大允许功率以下，以便在需要时降低整体干扰水平。

先听后说（Listen Before Talk，LBT）是一种信道接入机制，在这种机制中发射机在每次传输之前监听信道上的所有活动，保证在信道被占用时不进行传输。因此，它是一种比 DFS 更动态的共存机制。在某些地区要求使用 LBT，例如欧洲和日本，而在其他地区，例如美国，则没有对 LBT 的要求，但是对有害干扰做出了规定。

## 20.1.2　6GHz 频段

6GHz 频段提供了大量的频谱，如图 20-2 所示，欧洲有 500MHz，美国有 1200MHz。虽然在一些地区有关 6GHz 的监管细节仍有待落实，但 5GHz 和 6GHz 频段之间的一个主要区别是在 5GHz 频段中存在现有的移动技术，而在 6GHz 中则不存在。5GHz 频段已经被 Wi-Fi 和 LTE/LAA 等技术使用了很多年。从技术角度上讲，这种状况的影响是当考虑 5GHz 频段中的信道是否可用于 NR 的发射时，需要重用现有的能量阈值。NR 使用与 LTE-LAA 相同的由 ETSI BRAN[87]规定的能量阈值。另一方面，6GHz 频段已经可用，而对于 6GHz 频段的监管框架已经以技术中立的形式完成。

### 20.1.3 60GHz 频段

60GHz 频段在世界大部分地区都是可用的，尽管不同地区可用频率范围的大小不同，如图 20-4 所示。所有区域的可用频率都在 FR2-2 范围内。功率水平因地区而异，但通常信道带宽为 2GHz 时，EIRP 在 40~50dBm 的范围内。考虑到信号传播条件，60GHz 频段主要适用于室内的短程通信和具有高度定向天线的室外固定链路等场景，但一般不适用于广域覆盖。60GHz 频段已经存在了很多年，IEEE 802.11ad 是专为这个频率范围设计的一个标准，不过商业应用并不多。

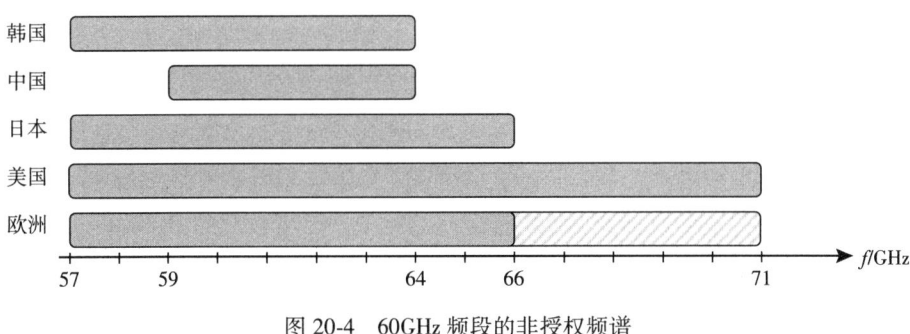

图 20-4　60GHz 频段的非授权频谱

## 20.2　非授权频谱的技术组件

如前所述，接入非授权频谱的方法与使用授权频谱不同，这些差异会影响到技术解决方案。与 LTE 不同的是，LTE 在相对较晚的阶段增加了对非授权频谱的支持，而 NR 从一开始就已经将接入非授权频谱的需求作为向前兼容的重点考虑在内。因此，Release 15 中有许多 NR 技术组件就是为非授权频谱量身定制的。例如极简传输、灵活帧结构和动态 TDD 等技术组件对于在非授权频谱中工作都是非常有价值的。

极简设计是使用非授权频谱的一个重要方面。由于非授权频谱中的信道接入通常要求先听后说，因此"常开"的信号是难以使用的，如果信号频繁出现并且必须在特定时间进行传输，则更是如此。LTE 中的小区特定参考信号就是这种信号的例子。不过，在 NR 中由于采用了极简设计，常开信号的数量非常少。SSB 是唯一重要的常开信号，在 NR 的独立部署模式中，UE 仅每 20ms⊖ 期望接收一次 SSB。而在非独立部署模式中这个时间可能更长。

NR 的灵活帧结构是可用于非授权频谱的另一项技术。30kHz 子载波间隔非常适合于非授权频谱的 5GHz 和 6GHz 频段。对于辅小区也可以使用 15kHz 子载波间隔作为 30kHz 的替代方案。然而更重要的是，在 Release 15 中已经存在这样一种可能性，即信号传输仅占用一个时隙的一部分，有时称之为"微时隙"，如第 7 章所述和图 20-5 所示。微时隙与信道接入流程相结

---

⊖　终端在连接态下也可能期望存在跟踪参考信号。

合是非常有益的。终端一旦获得对信道的接入权就应立即开始传输，以避免信道被另一个终端占用。信号传输除了可以在任何 OFDM 符号开始处进行，还可以通过扩展循环前缀获得小于 OFDM 符号粒度的传输开始时间。NR 中的前置解调参考信号和通常较短的处理时间也非常有利于有效地使用非授权频谱。

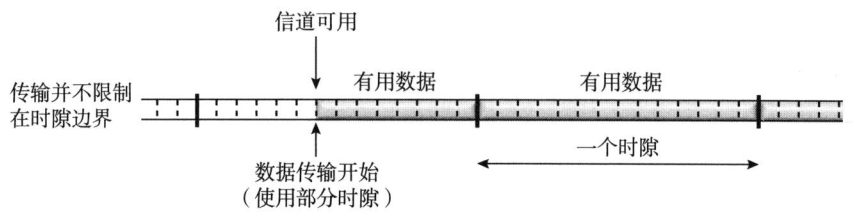

图 20-5　将传输与时隙边界解耦以更好地支持非授权频谱

动态 TDD 作为 NR 标准处理非对称频谱的基本功能，也可用于非授权频谱的操作。在采用半静态上下行分配的情况下，系统尝试使用信道的机会受到严重限制。此外，一旦 gNB 成功接入信道，动态 TDD 允许在下行和上行链路之间以灵活的方式共享信道，而不受半静态上下行分配的限制。

然而，尽管 NR 已经为开发非授权频谱做好了充分准备，但仍然需要一些增强功能来实现更完善的支持。在非授权频谱操作中使用的增强功能包括：动态频率选择、发射功率控制、信道接入流程、资源块映射、配置授权传输和 HARQ 反馈等。在 Release 16 中还增加了一些较小的增强功能，以支持在非授权频谱中的操作，例如去除 PDSCH 映射类型 B 中仅支持 2 个、4 个和 7 个 OFDM 符号的限制，以支持从 2~13 个符号的任意持续时间。在下文中将简要概述上述技术组件，并在以后各节中做更详细的说明。

动态频率选择用于在检测到来自雷达系统的干扰时清空信道。这是针对某些频段的特殊要求。动态频率选择也会在站点上电激活时使用，目的是为站点的传输找出尚未使用或仅被使用很少部分的频谱。动态频率选择不需要通过标准的增强来支持，在 gNB 中实现特定的算法就足够了。

在某些地区针对某些频段还有对发射功率的控制，要求发射机能够将发射功率相对于最大输出功率降低 3dB 或 6dB。这纯粹是实现方面的问题，在标准中不可见。

信道接入流程（包括先听后说）可以确保载波在被传输占用之前自由使用。这是一个重要的功能，允许在 NR 和其他技术（如 Wi-Fi）之间公平地共享频谱。在一些地区，特别是欧洲和日本，这是一个强制性功能。NR 标准中引入的信道接入流程与 LTE/LAA 中的信道接入流程以及 Wi-Fi 中使用的信道接入流程都非常类似。

## 20.3　非授权频谱中的信道接入

在非授权频谱中接入无线信道在某些方面与接入授权频谱是不同的。在授权频谱中，调度器控制小区中的所有传输活动，并且可以跨多个终端协调频谱的使用。诸如 SSB 之类的周期性传输也可以定期发生。另一方面，在非授权频谱中的情况则完全不同。非授权频谱中需要容纳多个无法进行调度协调的用户终端，这些终端可能使用完全不同的无线接入技术，因此需要额外的资源调度机制，NR 标准为此定义了两种方法：
- 动态信道接入(即 LBE)依赖于先听后说，其中发射机监听信道上的潜在传输活动，应用随机退避机制，并且通常遵循与 Wi-Fi 相同的基本原则。在一些监管地区，例如日本和欧洲，在非授权频谱中强制要求先听后说，而在其他一些地区则较为宽松。NR 的 FR1 和 FR2-2 频率范围都支持动态信道接入流程，20.3.1 节有更详细描述。
- 半静态信道接入(即 FBE)不使用随机退避机制，而是允许在信道可用的前提下在特定时间点开始传输，如 20.3.2 节所述。如果可以长期保证没有任何其他无线技术共享一个信道，例如在一个有限的、受控制的区域(如特定的建筑物)实行监管或专属运营时，就可以使用这种方法。因此，半静态信道接入尤其适合应用在许多工业场景中。NR 支持 FR1 中的半静态信道接入<sup>⊖</sup>。

通过动态或半静态信道接入流程成功接入信道之后，就可以在称为信道占用时间(Channel Occupancy Time，COT)的时间段内使用信道。在 COT 期间，可以在通信节点之间完成一个或多个传输突发，传输突发既可以是下行传输也可以是上行传输。

信道接入流程的目的是检测信道是否可用，通常采用诸如 LBT 之类的信道感知技术。一个基本假设是，试图接入信道的节点可以监听到任何可能已经使用该信道的其他节点，如图 20-6 的左侧部分所示。然而，在某些场景下情况并非如此，如图 20-6 中间部分所示。这通常被称为隐藏节点问题，并且信道接入流程需要包含缓解这种问题的机制。请注意，在广泛使用窄波束波束赋形的 FR2-2 中，隐藏节点问题并不那么明显，因为节点之间有更好的空分隔离(见图 20-6 的右侧部分)。因此与 FR1 相比，在 FR2-2 中应用 LBT 的增益较小，并且理论上可以省略 LBT 而不会降低整体系统性能。

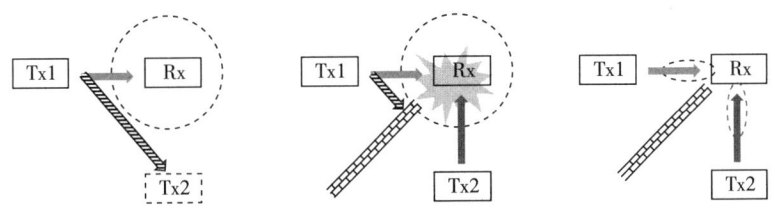

图 20-6 通过波束成形缓解隐藏节点问题的说明

下面将逐一详细描述动态和半静态信道接入流程。

## 20.3.1 动态信道接入流程(LBE)

动态信道接入流程基于先听后说，其中发射机在传输之前监听信道上的潜在传输活动，并在发生冲突时使用随机退避时间。这与 Wi-Fi 和 LTE-LAA 的原理相同，可以使这些技术公平地共享非授权频谱。需要注意的是，LBT 是比 DFS 的操作更为动态，因为它是在每个传输突发之前执行的。因此，LBT 可以在基本上为毫秒级的非常快的时间尺度上跟踪信道使用的变化。在成功完成信道接入流程之后，就可以在 COT 期间使用信道了。

---

⊖ 没有根本的技术原因禁止在 FR2-2 中支持半静态信道接入，但是并没有包含在 Release 17 标准中。

NR 标准中主要定义了三种类型的动态信道接入流程：
- 类型 1（也称为"LBT cat4"），用于在 COT 的起始处开始上行或下行数据传输⊖。
- 类型 2，用于 20.3.1 节描述的 COT 共享和发现突发的传输。在 FR2-2 中只有单一的类型 2，而在 FR1 中，根据 COT 中传输间隙的持续时间不同，信道接入类型 2 有三种子类型：类型 2A、类型 2B 和类型 2C。
- 类型 3，用于不感知信道的传输（仅用于 FR2-2）。

以下更详细地描述不同类型的信道接入流程。

**1. 信道接入流程类型 1 和先听后说**

信道接入流程类型 1（"LBT cat4"）用于在同一 COT 内发起一个或多个传输。发起者可以是 gNB 或终端，通过执行随机退避的 LBT 流程来评估信道是否可用，如图 20-7 所示。接下来将描述 FR1 中的信道接入流程。FR2-2 中的流程与此类似，但是一些参数值略有不同，如本节末尾所述。

首先，接入发起者监听信道并等待，直到目标频率信道至少在被称为延迟周期的一段时间内可用为止。延迟周期由一个 $16\mu s$ 加若干个 $9\mu s$ 时隙组成，延迟周期的长度取决于优先级类别，见表 20-1。如果在每个 $9\mu s$ 时隙中有至少 $4\mu s$ 时间内的接收能量低于阈值，则说明信道可用。采用至少 $25\mu s$ 长⊖的延迟周期，目的是避免与其他节点发送的接收数据确认响应产生冲突。如果接收节点在接收数据后最多 $16\mu s$ 后发送确认响应，就不会出现其他节点在发送确认响应之前抢占信道的风险。

一旦信道（至少）在延迟周期内被确认可用，发射机就启动随机退避操作，即等待一段随机的时间。退避过程首先在竞争窗口（Contention Window，CW）内用一个随机数初始化退避计数器。该随机数来自均匀分布[0,CW]，以 $9\mu s$ 的倍数表示传输前信道必须保持可用的持续时间。竞争窗口越大，平均退避值就越大，发生冲突的可能性就越低。如果信道在每个 $9\mu s$ 时隙被检测到空闲，则退避计数器减 1；反之，每当信道被检

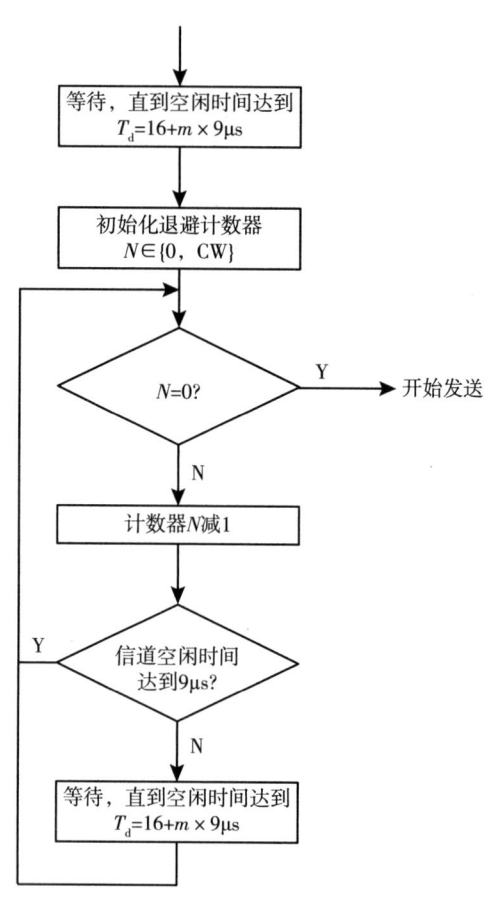

图 20-7 信道接入流程类型 1

---

⊖ 在标准化讨论期间也讨论了"LBT cat3"，但最终未包含在标准中。cat3 与 cat4 类似，但使用固定大小的竞争窗口。

⊖ 时间 $25\mu s$ 在 Wi-Fi 中称为 AIFS（帧间仲裁空间），等于 $16\mu s$ SIFS（短帧间空间）和 $9\mu s$ 时隙持续时间之和。

测到忙时，则退避计数器保持，直到信道空闲时间达到延迟周期。每个 9μs 时隙的空闲检测遵循与前面描述的相同规则，即接收能量应低于阈值。一旦退避计数器归零，随机退避过程就完成了，此时发射机已经获得了信道，并且可以使用信道进行传输，直至达到该优先级类别所对应的最大信道占用时间。

采用随机退避机制的原因是为了避免多个发射机之间的冲突。如果没有随机退避机制，等待信道变为可用的两个节点将同时开始传输，从而导致冲突，并且很可能导致两个传输都被破坏。在随机退避的情况下，多个发射机同时尝试接入信道的可能性大大降低。

随机退避机制定义了四种不同的优先级类别，每个优先级类别都有单独的竞争窗口，并且竞争窗口的最大值和最小值不同，见表 20-1。定义不同优先级类别的目的是高优先级业务能够使用较小的竞争窗口来更快地接入信道，而低优先级业务则使用较大的竞争窗口，从而增加在低优先级数据之前传输高优先级数据的可能性。优先级类别是按照每个逻辑信道配置的。同样，对于不同的优先级类别使用不同的延迟周期，使得高优先级业务可以在更短的时间内感知信道状态，并且比低优先级业务更快地捕获信道。此外，如表 20-1 中所示，下行传输具有比上行传输更短的延迟周期。因此在高负载下，下行传输比上行传输发生概率略高。换句话说，可能服务于多个用户的 gNB 与仅服务于某个用户进行上行传输的 UE 相比，赢得信道竞争的可能性更大。

表 20-1　FR1 中不同优先级类别的竞争窗口大小

| 优先级类别 | | 延迟周期 $T_d = 16 + m \times 9 \mu s$ | 可能的 CW 值 $\{CW_{min}, \cdots, CW_{max}\}$ | 最大 COT[①]/ms |
|---|---|---|---|---|
| 1 | DL | 25 | {3, 7} | 2 |
| | UL | 34 | | 2 |
| 2 | DL | 25 | {7, 15} | 3 |
| | UL | 34 | | 4 |
| 3 | DL | 43 | {15, 31, 63} | 8 或 10 |
| | UL | | {15, 31, 63, 127, 255, 511, 1023} | 6 或 10 |
| 4 | DL | 79 | {15, 31, 63, 127, 255, 511, 1023} | 8 或 10 |
| | UL | | | 6 或 10 |

① 监管要求可以将突发长度限制为比表中更小的值。如果没有其他技术共享信道，则使用 10ms，否则使用 6ms。通过插入一个或多个间隙，6ms 可增加到 8ms。间隙的最小持续时间为 100μs。不包含任何间隙的最大持续时间为 6ms。

竞争窗口的大小可以根据在参考间隔时间内发送方接收到的 HARQ 反馈进行调整，参考间隔（经过简化后）覆盖 COT 的开始阶段，但是竞争窗口的调整不适用于 FR2-2。对于每个接收到的 HARQ 反馈，如果接收到的是 HARQ 失败反馈[⊖]，则竞争窗口 CW 的大小（大约）翻倍，直到达到 $CW_{max}$ 为止。如果收到的是 HARQ 成功反馈，则竞争窗口被重置为最小值 CW = $CW_{min}$。采用这样流程的原因是当传输不成功时，就应该不那么激进地使用信道，因为传输不

⊖ 此处描述稍有简化；标准中详细描述了如何处理捆绑反馈应答的不同场景，详见参考文献[63]。

成功很可能是由于与其他传输发生冲突造成的，从而表明系统负载很高。仅在 COT 开始处关注 HARQ 反馈的意图是，COT 中第一次传输的失败可能是由于冲突造成的，在这种情况下应该更新竞争窗口大小，而 COT 中后面的 HARQ 失败反馈都不是由于冲突造成的，因此不应影响竞争窗口大小。

对于预配置调度情况下的下行和上行传输，可以直接根据在上行和下行反馈信道上传输的 HARQ 反馈分别进行竞争窗口的调整（见 20.5.3 节）。对于动态调度的上行传输，下行并不会发送明确的反馈信息，此时竞争窗口的调整取决于新数据指示，新数据指示在每次新传数据时会翻转，而在重传数据时不翻转。

如前所述，如果在每个 9μs 时隙内有至少 4μs 测得的能量低于阈值，则认为信道可用。阈值的设定取决于几个参数，例如信道带宽$^{\ominus}$，但最重要的考虑因素是，载波频率是否长期与其他无线接入技术（例如 Wi-Fi）共享使用，或者网络部署是否能够保证仅由 NR 使用。阈值也可能取决于系统工作所在的频段[88]。

对于前一种情况，NR 在 5GHz 频段内与其他技术共存于同一载波上，此时 20MHz 载波的最大阈值较为保守地设置为 -72dBm。与之相对应的是 Wi-Fi 使用的两个阈值，如果未检测到 Wi-Fi 前导码，则阈值为 -62dBm，如果检测到 Wi-Fi 前导码，则阈值为 -82dBm。因此，NR（和 LTE-LAA）选择 -72dBm 可以看作是两个 Wi-Fi 阈值之间的折中。这也意味着 NR 倾向于认同 Wi-Fi 的设置。

对于后一种情况，当 NR 是使用载波频率的唯一技术时，对于 20MHz 的信道，除非监管部门要求使用更低的阈值，否则阈值设置为 -62dBm。对于上行传输可以使用 RRC 信令来配置阈值以满足监管要求。

上述流程的描述主要是针对 FR1，特别是 5GHz 和 6GHz 频段的情况。对于 FR2-2，也使用相同的通用流程，尽管有一些变化，列举如下：
- 延迟周期和感知时隙持续时间分别为 8μs 和 5μs，而不是 16μs 和 9μs。
- 只有一个优先级类别，其竞争窗口固定设置为 3。
- 2GHz 信道中的能量阈值为 $-60+(P_{max}-P_{out})$ dBm，其中 $P_{max}$ 和 $P_{out}$ 分别为预期传输的 RF 输出功率和最大 EIRP。

FR2-2 中对优先级类别和竞争窗口总体上做了简化处理，其原因是在这些频率下广泛使用波束赋形，因此与 FR1 相比形成了更高程度的空间隔离。

### 2. 信道接入流程类型 2 和 COT 共享

如前所述，信道接入流程类型 1 适用于在一个 COT 内发起传输的过程。在一个 COT 内可以仅有单个传输，例如从 gNB 到终端的数据传输。然而，一旦传输发起方（可以是 gNB，也可以是终端）获得了对无线信道的使用权，它实际上就可以进行与不同节点之间的多个传输，每个传输互相紧随，在这种情况下除了初始传输之外$^{\ominus}$，其他传输不需要经过完整的类型 1 流程。这种情况称为 COT 共享，适合使用信道接入流程类型 2。根据 COT 内两个传输突发之间的间隔不同，可以使用不同形式的类型 2 信道接入流程：

---

$\ominus$ 阈值与信道带宽成比例，因此本质上是针对功率谱密度的阈值而非功率阈值。

$\ominus$ COT 共享有一些限制。对于 gNB 发起的 COT，支持 DL-UL 和 DL-UL-DL 共享，而对于终端发起的 COT，只允许 UL-DL（有限制的）共享。

- 类型 2A(也称为"LBT cat2"),用于 FR1,COT 间隙为 25μs 或更大时使用,用于传输发现突发。
- 类型 2B,用于 FR1,当 COT 间隙为 16μs 时使用。
- 类型 2C(也有点不正确地称为"LBT cat 1"),用于 FR1,当 COT 间隙为 16μs 或更小时使用。
- 类型 2,用于 FR2-2。

以下进一步描述在 FR1 中操作的信道接入类型 2A/2B/2C。FR2-2 采用相同的总体流程,但配置的参数不同,如本节末尾所述。

如果在上一次传输之后的 16μs 之内发生下一次传输,则在传输突发之间不需要进行信道空闲检测,如图 20-8 所示。这称为信道接入流程类型 2C,有时也称为 LBT cat1(这种叫法并不准确,因为并没有发生 LBT 操作,而只有对突发间隔长度的限制)。传输突发持续时间限制为最大 584μs。这种短突发不但可以携带少量用户数据,更重要的是还可以携带上行控制信息,例如 HARQ 反馈报告和 CSI 报告。本质上,在为下行传输执行的类型 1 流程中,(只要不超过最大 COT)也可以"搭载"进行上行传输。

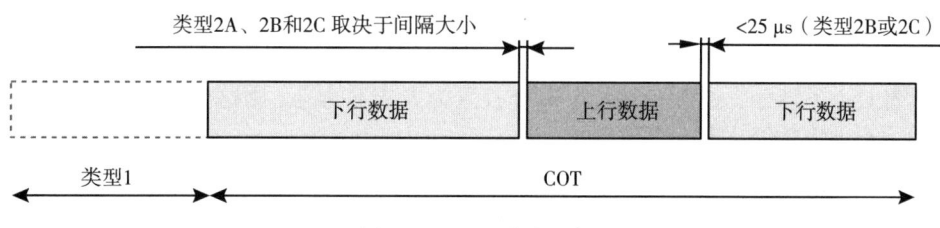

图 20-8 COT 共享示例

信道接入流程类型 1 使用的 25μs 的延迟周期在设计时考虑了与类型 2C 和 COT 共享在传输反馈信息时的配合——只要下一次传输在 16μs 之内发生,那么至少 25μs 的延迟周期就可以确保尝试使用类型 1 获取信道的另一个发射机无法中断正在进行的 COT。

在 COT 共享中也可能使用更长的共享间隔,但需要执行信道检测和信道接入流程类型 2A 或 2B。本质上,类型 2A 和 2B 可以被视为没有随机退避的类型 1,如果检测到信道空闲,就声明其可用,如果检测到信道繁忙,就说明 COT 共享失败,并且无法使用此 COT 中的 COT 共享进行传输。

如果 COT 共享间隔为 16μs,则使用信道接入流程类型 2B,并且需要在传输之前的 16μs 间隔内检测到信道空闲。

如果 COT 共享间隔为 25μs 或更长(但传输仍发生在 COT 内),则使用信道接入流程类型 2A。在下一个传输突发之前至少 25μs 必须检测到信道空闲。类型 2A 也可用于业务占空比最大为 1/20 且信道占用时间不超过 1ms 的非单播传输,例如在 20.8.2 节中讨论的独立操作模式下控制信息(如 SSB)的不频繁传输。

为了使用 COT 共享,传输突发之间的间隔通常需要很小,甚至要小于一个 OFDM 符号的持续时间。因此,以 OFDM 符号为粒度的常规时域资源分配是不足够的。这个问题是通过使用扩展循环前缀,使得传输开始可以早于 OFDM 符号边界来解决的,如图 20-9 所示。循环前缀控制信令是上行调度授权的一部分,包括非扩展循环前缀和以下三种扩展循环前缀选项:$C_2 T_{symb}$—$T_{TA}$—16μs、$C_3 T_{symb}$—$T_{TA}$—25μs 和 $T_{symb}$—25μs。

当共享相同 COT 的下行突发和上行突发之间的间隔为 16μs 时，通常使用 $C_2 T_{symb}-T_{TA}-16μs$ 的扩展循环前缀，并结合信道接入流程类型 2B。在上述表达式中包括定时提前的原因是为了确保在 gNB 处下行和上行之间的间隔为 16μs，尽管终端的发射机已经应用了定时提前量，图 20-9 显示了下行到上行 COT 共享的示例。类似地，$C_3 T_{symb}-T_{TA}-25μs$ 的扩展循环前缀可用于创建 25μs 的间隔，通常与信道接入流程类型 2A 结合使用。另外也可能使用不补偿定时提前量的 $T_{symb}-25μs$ 的扩展循环前缀。

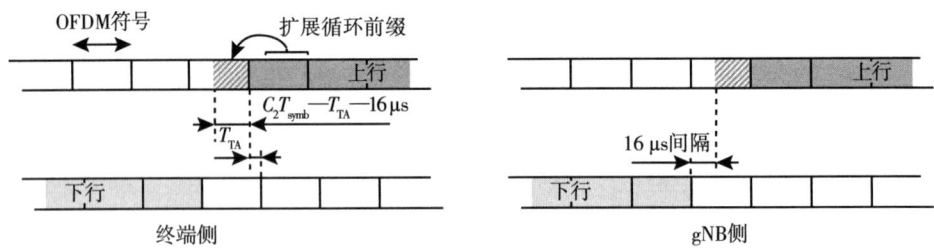

图 20-9 下行和上行共享 COT 情况下上行扩展循环前缀示意图(本示例中假设 16μs 间隔和 $C_2=1$)

上述表达式中的整数参数 $C_2$ 和 $C_3$ 通过 RRC 信令配置。使用这些参数的原因是需要处理时间提前量较大的场景。如果 $C_2$ 和/或 $C_3$ 未设置为大于 1 的值，则这些表达式可能计算出扩展循环前缀长度为负值，这显然是不可能的。

如 20.6.4 节所述，上行调度授权中会指示要使用的扩展循环前缀的长度。扩展循环前缀在下行链路中也是有用的，其原因与在上行链路中类似。然而，由于下行传输过程通常由产品实现来决定，因此标准中并没有相关规定。

FR2-2 也使用与上述相同的总体过程，但延迟周期和感知时隙持续时间分别为 8μs 和 5μs。此外，还有一个独立于类型 2A、2B 和 2C 的信道接入流程类型 2。

**3. 信道接入流程类型 3**

信道接入流程类型 3 意味着在传输发生之前没有信道感知的过程。它仅适用于 FR2-2，在一些区域传输短控制信令并不要求进行信道感知，因此类型 3 可以用于在随机接入过程中传输发现突发和 msg1/msgA。

## 20.3.2 半静态信道接入流程(FBE)

如果网络部署能够确保没有其他技术长期使用相关频谱，例如通过监管或者部署在特定的受控区域中，就可以使用半静态信道接入作为动态信道接入的替代方案。在上行链路中，终端可以配置为使用动态或半静态信道接入，而在下行链路中则由产品实现决定。

在半静态信道接入流程中，可以在规定的时间启动 COT，也就是说，可以每 $T_x$ 启动一个 COT，前提是在启动之前信道至少空闲 9μs⊖。两个连续启动时间点之间的间隔 $T_x$ 可以配置为 1～10ms。另外还要求每个 COT 之间必须出现至少 5% $T_x$(至少 100μs)的间隙，以便使其他发

---

⊖ 终端使用变量 $T_u$ 而不是 $T_x$。可以配置大于 16μs 的终端启动的 COT 值。

射机有机会获得无线信道。如果在 COT 开始时发现信道忙，则下一次尝试启动 COT 是在下一个启动时间点，如图 20-10 所示。还可以为终端配置一个偏移，使得 COT 可能得开始时间在 gNB 和终端之间不重叠。请注意，与动态信道接入（LBE）不同，在半静态信道接入（FBE）中不存在随机退避。因此，使用半静态信道接入的系统中的传输通常更具可预测性，因此半静态信道接入有利于例如时间关键的工业物联网应用（见第 21 章）。

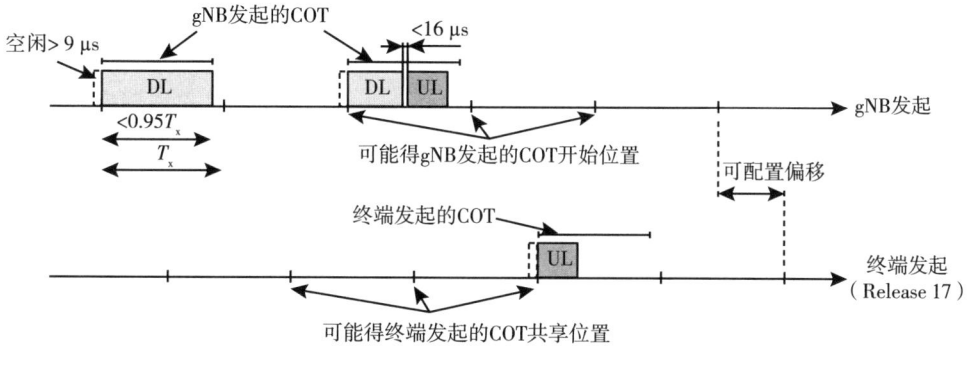

图 20-10　半静态信道接入流程示例

COT 可以由 gNB 发起，或者从 Release 17 开始也可以由终端发起。如果 COT 内的两个信道使用之间的间隔不超过 16μs，则可以用与动态信道接入类似的方式使用 COT 共享。循环前缀扩展可以用于填充上述间隔，但是需要配置的扩展值与动态信道接入不同。如果占用间隔较长，则信道必须被检测到至少 9μs 的空闲。在图 20-10 中的示例中，第一个 COT 由 gNB 发起，仅供 gNB 传输使用，而中间的 COT 也由 gNB 发起，但是由 gNB 和终端共享使用。最后，最右侧的 COT 由终端发起，仅供终端使用。

上行传输可以使用配置授权。在这种情况下，使用哪种 COT 进行配置授权是有规则的——如果存在正在进行的 gNB 发起的 COT，并且上行传输将在 COT 结束之前完成，则使用 gNB 发起的 COT，否则终端必须自己发起 COT 进行传输，而且仅在 COT 开始位置才能进行传输。可以通过监听在每个 gNB COT 起始位置处的 gNB 传输来检测 gNB 发起的 COT 是否存在。这个规则的目的是增加传输配置授权的可能性。总是使用终端发起的 COT 会将可能的传输限制在 COT 可能启动的时刻。通过允许终端重用 gNB 发起的 COT，配置授权几乎可以在任何时间开始传输，但要遵守 9μs 的空闲感知间隔。

### 20.3.3　载波聚合和宽带操作

上面描述的动态信道接入流程是假设在单个信道的场景。在 FR2-2 中，单个信道带宽可以达到 2GHz。因此，单个信道就可以提供足够的带宽，并且不需要其他配置。但是另一方面，在 FR1 中，许多监管要求将整个频谱划分为 20MHz 的信道，这样的带宽可能就不足够了。不过，NR 中的非授权频谱操作并不限于 FR1 中的单个 20MHz 信道，并且支持在更大带宽上的传输。

对于正在讨论的动态信道接入流程，NR 定义了两种方法来接入大于 20MHz 传输带宽的载波。两种方法的区别在于信道接入流程中所谓信道（有时被粗略地称为"LBT 带宽"）的含义不同：

- 载波聚合，即多个载波可以聚合在一起以获得所需的总带宽，每个载波对应于一个最大 20MHz 的信道。
- 宽带载波，即载波的带宽可以大于 20MHz，但是出于信道接入的目的被分为多个信道。在这种情况下也可以使用载波聚合，但是每一个带宽大于 20MHz 的载波需要被分割成 20MHz 的多个信道。

载波聚合是很直接的方法。使用多个分量载波，每个分量载波的带宽最大为 20MHz，从信道接入的角度来看，每个分量载波对应于一个信道。每个分量载波是单独调度的，不过在信道接入流程中可能存在载波之间的依赖性，多个载波之间可以共享一个退避计数器，也可以每个载波维护自己的退避计数器。

如果在动态信道接入时在多个分量载波之间共享单个退避计数器，那么一旦退避计数器归零并且传输中涉及的每个载波都被确认为空闲达到至少 25μs，就可以在多个载波上发送传输突发，如图 20-11 中左侧所示。

如果在动态信道接入时使用多个退避计数器，即每个分量载波一个，那么一旦某个载波的退避计数器归零，就可以在该载波上进行传输。不同载波的退避计数器可能在不同时刻归零。理论上，不同载波可以因此在不同的时刻开始数据传输。然而在实践中，"早期"载波在所有载波完成其退避程序之前并不能开始数据传输，因为在一个载波上的传输将对相邻载波上的监听产生负面影响，如图 20-11 的右侧部分所示。

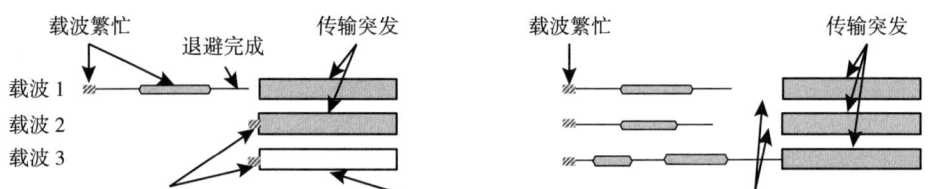

图 20-11　多载波 LBT，单退避计数器(左)，多退避计数器(右)

在第二种方法，即宽带载波操作中，有一个（或多个）大于 20MHz 的载波，每个宽带载波必须被划分为多个 20MHz 信道，并在这些信道上执行信道接入流程。这是通过将整个载波带宽分割成若干资源块集来实现的，每个资源块集对应于一个信道（或"LBT 带宽"），用于实现信道接入。尽管信道接入流程按照资源块集来操作，但是实际传输是跨整个载波进行调度的，这取决于信道接入流程中被确认为可用的调度资源。举例来说，假设一个 80MHz 载波由 4 个资源块集组成，每个资源块集对应一个 20MHz 信道。如果这些资源块集中的三个被其各自的信道接入流程确认为可用，而第四个资源块集不可用，则调度器不能调度与第四个资源块集相对应的资源块。由于传输应该在信道接入流程成功之后很快开始，因此对于大于 20MHz 的下行载波，可用于执行调度分配和装配相应传输块的时间非常短（以微秒为单位）<sup>⊖</sup>。

---

⊖ 处理这种情况的一种可能是，gNB 为基于每个资源块组的信道接入流程的一个或几个可能结果（例如，所有资源块组都被确认为可用）推测性地准备 PDSCH 传输。显然这是次优的方案，但是实现比较简单。

载波聚合方法在这方面更为宽松,由于不存在跨载波调度的依赖性,因此可以提前执行调度决策和传输块组装。对于宽带载波上的上行传输,仅当所有调度资源块的信道接入流程都成功并且在频率上是连续的时候,终端才会进行传输。因此,如果一个或多个调度资源块属于未能成功完成信道接入的资源块集,那么在任何资源块集上都不会发生上行传输。

如图 20-12 所示,在宽带载波上的操作还需要在资源块集之间设置保护带。选择保护带大小的目标是,在不需要滤波的情况下确保在一个资源块集上的传输不会对不可用于传输的相邻资源块集造成严重干扰。保护带可以通过 RRC 信令配置,也可以根据射频要求产生。

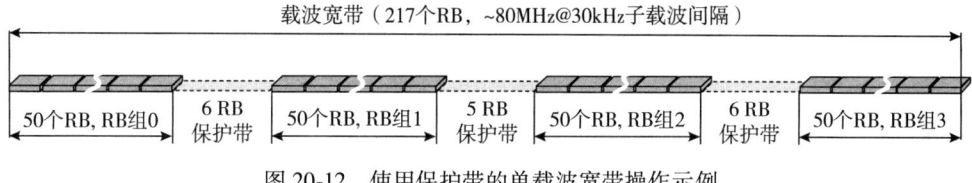

图 20-12  使用保护带的单载波宽带操作示例

对于不超过 20MHz 的载波和大于 20MHz 的载波,可以通过组公共信令向终端指示一些载波或一些资源块集在下行传输突发期间是不可用的。这对于终端是有益的,终端可以在未用于下行数据传输的载波或资源块集上不监听 PDCCH 来达到降低功耗的目的。

以上描述都是基于在 FR1 中执行动态信道接入(如本节开头所述,FR2-2 中的信道带宽足够大,不需要特定的宽带处理)。对于 FR1 中的半静态信道接入,可以用类似的方法将宽带载波划分为多个资源块集。对于上行传输,要进行传输的所有资源块集必须是可用的,传输才能发生。此外,如果 PUSCH 重复类型 B 发生在 COT 之外,则会被丢弃。对于下行传输,gNB 可以在发现可用的任何资源块集("LBT 带宽")上进行传输,而无须考虑其他资源块集的状态,只要保护带像如图 20-12 所示那样被适当配置。在没有配置保护带的情况下,所有资源块集必须是可用的,才能在其上进行传输。

## 20.4  下行数据传输

通过在标准中增加上文描述的信道接入机制后,在非授权频谱中的下行数据传输很大程度上与授权频谱中是类似的。许多特定于非授权频谱的要求可以由特定的产品实现来处理。例如,使用在 NR Release 15 中定义的资源分配机制,可以实现适当的调度决策将传输扩展到更大的分布式带宽上,以满足对功率谱密度的限制。

在成功完成信道接入流程之后,gNB 可以如前面章节所述开始对一个或多个终端进行数据传输的调度。在 NR 的灵活帧结构中数据传输不受时隙边界的限制,这一有用特征减少了从信道接入成功到数据突发传输之间(以及在 COT 共享的情况下传输突发之间)的延迟。NR 的前置 DM-RS 设计中,PDSCH 映射类型 B 的参考信号位于传输的开始处,这一功能减少了终端的数据处理时间。为了充分利用这些优点,PDSCH 映射类型 B 扩展到支持 2~13 个符号的任意 PDSCH 长度(在 Release 15 中,作为终端能力的一部分,下行传输仅支持 2 个、4 个和 7 个符号的 PDSCH 长度，尽管在标准通用描述中是支持任意长度的）。

### 20.4.1 下行 HARQ

在 Release 16 中增强了用于响应下行数据传输的 HARQ 反馈机制，包括可以复用多个确认反馈的码本功能。简言之，如第 13 章所述，Release 15 的设计基于 gNB 控制终端发送 HARQ 反馈的时间点，以及在时域中 PDSCH 传输与相应反馈之间的一对一映射。这样的假设可能并不适用于非授权频谱，因为非授权频谱中下行数据传输和上行反馈信息的精确定时都受制于信道接入流程是否成功，这就要求增强非授权频谱中的 HARQ 设计。

在授权频谱中，gNB 通过 HARQ 定时字段指示终端何时应该发送 HARQ 反馈，如第 13 章所述。这为 HARQ 反馈的发送提供了灵活性，对于非授权频谱中的操作也是必需的。然而，一旦 gNB 通知终端何时发送 HARQ 反馈，终端就别无选择而只能发送。这与在非授权频谱中工作时所需的信道接入流程不能很好地配合，因为在非授权频谱中如果信道接入流程不成功，终端可能无法发送 HARQ 反馈。如果所有终端的处理速度都非常快（见 13.1.4 节），并且几乎可以在接收到 PDSCH 传输之后立刻生成确认反馈，则原则上终端可以在同一 COT 内反馈结果。然而至少有些终端的解码能力是比较弱的，无法在同一 COT 内发送确认反馈，而必须推迟到稍后的时间点发送。

此外，即使终端发送了 HARQ 反馈，gNB 也可能不能正确接收到。从 gNB 的角度来看，无法区分这是由于终端上行信道接入过程失败还是由于未能正确接收终端发送的 HARQ 反馈。由于时域上 PDSCH 与相应反馈之间存在一对一的映射关系，如果 gNB 未能在预定时间点检测到 HARQ 反馈，gNB 将不得不假设反馈为 NACK，并重新传输所有对应的 PDSCH。虽然在授权频谱上丢失 PUCCH 传输的可能性不大，但是在非授权频谱上由于冲突造成的丢失 PUCCH 传输的可能性要大得多。

最后，终端还有可能漏检 PDCCH 传输，在这种情况下终端和 gNB 可能对要反馈确认的 PDSCH 传输的数量有不同的理解。为了处理这种情况，可以使用如第 13 章所述的 DAI 字段来计算反馈码本大小。对于每个 PDSCH 传输，DCI 信令中的 cDAI 字段递增 1，表示到当前 PDCCH 为止已经被调度的 PDSCH 数量。终端通过比较接收到的不同 PDCCH 之间的 cDAI 值，可以确定是否漏检了 PDCCH，并且在生成 HARQ 反馈时将此考虑在内。在 Release 15 中，DAI 字段只有 2 比特，因此当 DAI 达到最大值后将被重置为零。这样做的结果是终端将无法识别四个或更多的 PDCCH 丢失，从而无法正确计算反馈码本大小。在授权频谱中，不太可能丢失四个或更多连续的 PDCCH，因此 DAI 大小的限制并不是问题。然而，在非授权频谱中传输之间发生碰撞的可能性更大，使得 DAI 大小的限制成为一个问题。

为了处理这样的问题，Release 16 中引入了将 HARQ 反馈推迟到稍后时间点进行传输的可能性。如第 10 章所述，HARQ 定时指示字段指向了一个由 RRC 配置的表，从中可以获得 HARQ 反馈定时。通过将表中的一个条目设置为"稍后"，gNB 可以指示终端暂时不发送 HARQ 反馈，而是将 HARQ 反馈保存起来直至稍后的时间点才进行发送，如图 20-13 所示。

为了解决有限的 DAI 字段和丢失多个连续 PDSCH 传输对动态 HARQ 码本的影响，在增强的动态 HARQ 码本中引入了 PDSCH 组的概念。最多可以配置两个 PDSCH 组, 每个 PDSCH 组操作独立的 DAI 字段<sup>⊖</sup>,而在 PUCCH 上传输的确认反馈可以包含两个组。下行控制信令在调度 PDSCH 传输时包含组号,用于协助终端确定码本和反馈结果。此外,在下行控制信令中引入了新反馈指示( New Feedback Indicator,NFI),指示 gNB 是否已经接收到针对某个组的前一反馈确认消息。每当 gNB 正确接收到针对一个组的反馈确认消息时,新反馈指示就被翻转。通过使用反馈指示,终端可以确定在发送的反馈中是否需要包含针对相应组的前一下行传输的反馈。

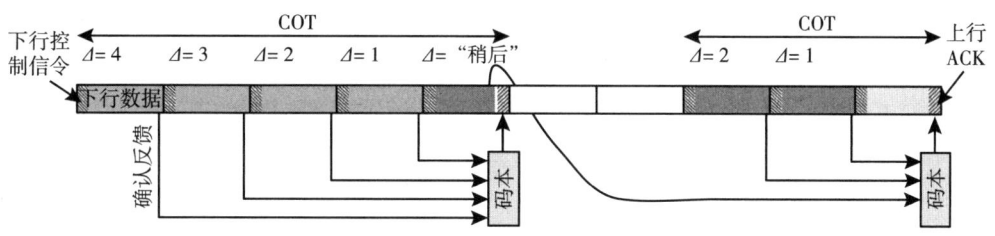

图 20-13　相同 COT 和交叉 COT 的 HARQ 反馈

图 20-14 提供了一个操作示例。图中左侧的前两个下行传输属于 PDSCH 组 0 并且被终端成功接收(至少接收到下行控制信令,数据解码可以成功也可以不成功),而终端未检测到随后两个下行传输,原因可能是与非授权频谱上的其他一些应用发生冲突。其结果是,当到了第 5 时隙传输 PDSCH 组 0 的 HARQ 反馈的时刻,gNB 期望包含针对四个 PDSCH 传输的反馈报告,而终端仅检测到两个 PDSCH 传输,因此仅反馈这两个传输的结果。换句话说,在终端和 gNB 之间关于 HARQ 反馈的大小的理解是不匹配的,因而 PUCCH 的解码将失败。

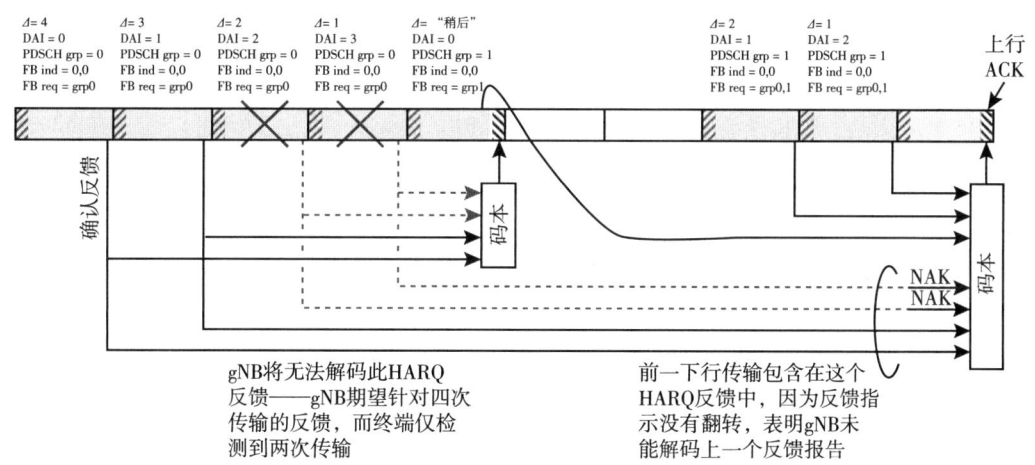

图 20-14　针对多个 PDSCH 组的 HARQ 反馈

---

⊖　请注意 DAI 的大小增加了;信令中包含当前组的 cDAI 和 tDAI,以及另一组的 tDAI。

在第 5 时隙(开始部分)中也可以存在下行传输,这个下行传输将在稍后的时间点被反馈确认。如果终端的处理速度足够快,可以及时解码下行传输并在第 5 时隙内发送上行 HARQ 反馈,则可以检测到两个丢失的下行传输,但是在本示例中并不是这种情况。相反,第 5 时隙中的下行传输指示为 PDSCH 组 1 的一部分,并且指示该传输的反馈确认在稍后的反馈报告中发出。

在稍后的时间点,PDSCH 组 1 中发生两个下行传输。由于 gNB 没有正确接收到 PDSCH 组 0 的 HARQ 反馈报告,gNB 通过不翻转两个组的反馈指示来请求针对这两个组的反馈,反馈指示通知终端在反馈报告中不仅要包含对 PDSCH 组 1 的反馈,也要包含对尚未确认的 PDSCH 组 0 的反馈。

在上述示例中出现了两个下行传输丢失,但是使用 PDSCH 组的方案在丢失四个连续下行传输的情况下也能工作。如果没有 PDSCH 组,只有两个 DAI 比特的情况下将无法进行处理。

除了上述使用动态码本的反馈报告之外,还可以使用一次性反馈报告,请求终端报告所有 HARQ 进程的状态(肯定或否定的反馈确认)。这种类型的报告也称为类型 3 码本。通过在调度下行传输的 DCI 中设置一个标志位,终端检测到该标志位后,作为响应将发送所有 HARQ 进程的状态反馈报告。

### 20.4.2 参考信号

非授权频谱的参考信号结构与 Release 15 基本相同。

用于 PDSCH 映射类型 B 的 DM-RS 被扩展,以提供仅调度部分时隙的额外灵活性。PDSCH 映射类型 B 不再局限于长度为 2 个、4 个或 7 个符号的传输,而是扩展为支持第 9 章中描述的从 2 个到 13 个符号的任意长度的传输。

Release 15 中的 CSI-RS 配置非常灵活,合理的配置是将 CSI-RS 资源限制在资源块集内。标准中并不排除配置跨多个资源块集的 CSI-RS,但是一旦 DCI 格式 2_0 指示配置了 CSI-RS 的一个或多个资源块集为不可用时,终端就会认为这些资源上不存在 CSI-RS 传输。

TRS 本质上是一种特殊的 CSI-RS,如第 9 章所述。Release 15 中 TRS 可以配置在 52 个资源块上,而在 Release 16 中只能配置在 48 个资源块上。其原因是为了确保跟踪参考信号的配置与资源块集的大小相适应。

## 20.5 上行数据传输

与下行传输相比,对非授权频谱中上行数据传输的增强对标准产生的影响更大。

### 20.5.1 FR1 中的交织传输

NR 标准对非授权频谱操作进行增强的一个主要目的是为了适应监管法规的要求,这些要求不仅包括对终端可能使用的最大输出功率的限制,而且包括对最大功率谱密度的限制,例如在一些监管地区要求最大功率谱密度限制为 10dBm/MHz。理论上,解决这个问题的一种方法是重用基本的 NR 结构,并将发射功率设置为满足对输出功率和功率谱密度的监管限制。然而，这将在某些情况下限制网络覆盖，例如当要传输的净荷很小并且传输仅需要载波带宽的一小部分时。这时将传输的净荷分布在更大的带宽上，使发射功率达到最大化是更好的方法。尽管理论上这个方法在下行可以通过资源分配类型 0 来实现（资源分配类型 0 是用于下行非连续频域资源分配的方法），但是在 Release 15 中上行仅支持资源分配类型 1。因此作为上行资源分配机制的一部分引入了交织的方式和资源分配类型 2，作为将传输分散到更大带宽上的一种方法。这不仅有助于解决覆盖问题，而且有助于满足某些监管地区规定的最小占用带宽要求。这里主要关注的是 FR1，而 FR1 是定义资源分配类型 2 的基本假设。在 FR2-2 中，监管要求和对输出功率的要求都相对宽松，因此不需要采用交织传输。

为了支持交织传输，对于带宽大于 10MHz 的载波，整个载波带宽被划分为若干个交织。交织的数量取决于子载波间隔，子载波间隔为 15kHz 时划分为 10 个交织，子载波间隔为 30kHz 时划分为 5 个交织。因此，对于 15/30kHz 子载波间隔，每个第 10/第 5 个资源块属于同一个交织。

交织的资源位置是基于公共资源块（Common Resource Block，CRB），即相对于基准参考点 Point A。采用公共参考点可以使交织结构更清晰并且资源分配更简单。否则，不同的部分带宽可能需要使用不同的交织索引来指向相同的底层交织，这将造成不同用户之间针对 PUSCH 和 PUCCH 的调度和资源分配的额外复杂性。

交织的含义如图 20-15 所示，交织 $i$ 由 CRB $m$，$m+M$，$m+2M$，…组成，其中 $M$ 表示交织的数量（5 或 10，取决于子载波间隔）。需要注意的是，部分带宽中的第一个资源块不一定属于第一个交织。

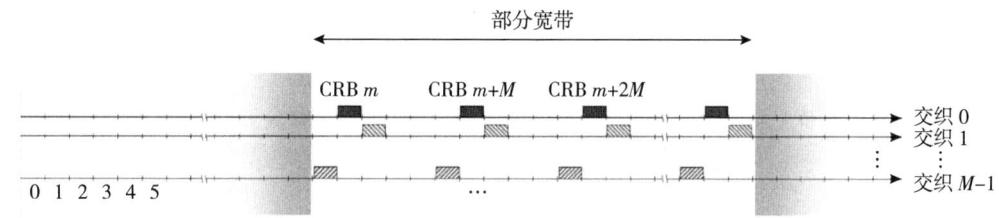

图 20-15　交织的含义

如果终端被配置为在上行使用交织传输，则使用 PUSCH 资源分配类型 2。调度授权包含用于传输的交织和资源块集的信息（详见 20.6.3 节）。PUCCH 传输也可以配置使用交织结构，前提是要按照 20.7.1 节的描述对 PUCCH 格式进行修改。

如果没有配置交织模式，则资源分配与 Release 15 中所规定的相同，即 PUSCH 使用资源分配类型 0，并且 PUCCH 的结构如第 10 章中所述。

## 20.5.2　上行数据传输的动态调度

与 Release 15 类似，在非授权频谱中的上行数据传输可以依赖于动态调度或预配置调度授权。

上行传输的动态调度是相对直接的方式。gNB 向终端提供调度授权，终端按照 Release 15

规定的程序执行。Release 16 中功能增强的方面主要是支持交织传输以及如 20.6.4 节所述的通过单个调度授权调度多个传输块,还有 20.3 节描述的在上行传输之前所需的信道接入流程。调度授权的内容也有所扩展,包含用于增强的资源分配和扩展循环前缀的相关信息,以及终端在传输之前应用信道接入流程所必需的信息。请注意,由于 gNB 在发送调度授权时并不知道信道接入流程是否成功,因此不能保证终端会在上行按照调度授权发送数据。这与在授权频谱中的工作不同,后者(假设终端正确接收到调度授权)是保证上行传输的。

在 NR 的第一个版本中,一个调度授权会触发一个传输块的传输。这在非授权频谱中也是有效的。然而,由于上行传输通常受制于在发送调度授权时结果不可预测的信道接入流程,因此成功的上行传输要求下行和上行信道接入流程都是成功的。为了降低这一过程的成本,并且能够一次传输更大量的数据,下行传输的一个调度授权可以调度多个上行传输块,如图 20-16 所示。传输块在不同的时隙(或"微时隙")中逐一传输。如果没有这些增强功能,对于每个上行传输都需要根据信道接入流程和(可能的)相关退避程序在下行发送新的调度授权。

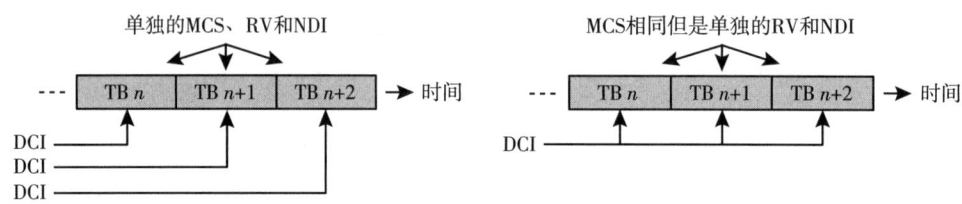

图 20-16  一个 DCI 调度单个上行传输(左)和多个上行传输(右)

调度授权还包含针对每个传输块的新数据指示和冗余版本信息,而调制和编码方式以及频域资源分配对所有调度的传输块都是相同的。

理论上,在授权频谱中使用单个调度授权来调度多个上行传输也是一种减少开销的有益方式,但是由于上面讨论的原因,这种方式应用于非授权频谱中的益处更为显著。

动态调度所需的调度请求与 Release 15 的处理方式相同,并遵循信道接入流程。对调度请求禁止定时器的处理略有修改。如果终端由于信道接入流程不成功而没有发送调度请求,则即使定时器已经超时,终端也可以再次发送调度请求。

## 20.5.3  上行数据传输的预配置调度授权

NR 的第一个版本已经支持在授权频谱中使用预配置调度授权,作为减少控制信令开销的手段,见 14.4 节。这一原因也适用于非授权频谱,但更重要的是,预配置调度授权允许不事先经过调度请求和调度授权的流程就可以进行数据传输,当每次传输都需要经过一个可能失败的信道接入流程时,这一点对解决问题就更加有帮助。因此,在遵循成功的信道接入流程的前提下,NR 支持预配置调度授权类型 1 和类型 2。除了信道接入流程之外,NR 还增加了两个主要增强功能,以更好地支持在非授权频谱中的工作:

- 在单个 COT 内进行背靠背上行传输,同时允许 gNB 为其他目的预留时隙资源,例如上行和下行控制信令。
- 将 HARQ 进程标识符与时隙号解耦。这需要引入用于预配置调度授权的上行控制信息以及下行反馈信息,用于向终端指示上行传输是否被成功接收。

与 Release 15 类似，可以为终端配置调度授权的周期。调度开始的时间点可以通过配置得到（类型 1），也可以通过 PDCCH 信令指示（类型 2）。在调度授权时间点，终端可以执行信道接入流程，如果成功，就在上行传输数据。终端可以按照与动态调度相同的方式连续传输多个传输块。如果信道接入不成功，则终端必须等到下一个调度授权时间点才能重新尝试。

为了更好地利用终端获得的传输机会，预配置调度授权还支持多个传输块的背靠背传输。这样就可以使用一个 COT 在多个时隙上传输多个传输块，从而比 Release 15 中只允许单个传输块的情况产生的 COT 更长。

当终端使用预配置调度授权启动 COT 时，也支持 20.3.1 节中讨论的 COT 共享。这是通过终端在 PUSCH 上向 gNB 发送的上行控制信息中包含终端标识和 COT 共享所需的信息来实现的。因此，即使终端发起用于上行数据传输的 COT，gNB 也可以通过使用快速的信道接入流程类型 2 而非包括随机退避的类型 1 来获得信道，并进行下行数据传输，从而从中获益。第 20.3.2 节描述的用于半静态信道接入的配置授权的规则，使得配置授权在需要时能够进行传输的可能性非常高。理论上，gNB 可以通过在每个 COT 周期开始时执行短传输来启动 COT，终端可以在 gNB 发起的 COT 中使用配置授权。

在非授权频谱中使用预配置调度授权影响到另一个主要方面是 HARQ 协议。在 Release 15 中，HARQ 进程号与预配置调度授权的配置周期内的 OFDM 符号位置相关联。这可以确保终端和 gNB 对传输所使用的 HARQ 进程有相同的理解，同时也假设传输可以在特定时间发生，但是这种假设在使用信道接入流程的非授权频谱中并不适用。因此需要使用上行信令来指示 HARQ 进程号，HARQ 进程号也因此会包含在 PUSCH 上的 UCI 中。UCI 中除了 HARQ 进程号之外，还包含 gNB 进行上行接收所需的其他 HARQ 相关信息，具体来说就是新数据指示和冗余版本。

NR 标准 Release 15 中的重传是通过 PDCCH 中的新数据指示进行动态调度的，而无论初传是动态调度的还是通过预配置调度授权来调度的。这同样适用于非授权频谱中的操作，但是除此之外也可以使用预配置调度授权来进行重传。

在授权频谱中，初传发生在由预配置调度授权预先设定的时间点，并且 gNB 知道上行传输应该在何时发生。因此重传的动态调度是简单直接的。而另一方面，非授权频谱中的初传则受制于信道接入流程，并且 gNB 不能区分信道接入失败或者信道接入成功但初传接收失败这两种情况。因此，终端在接收到下行否定应答，或者终端在反馈定时器超时后如果仍未接收到 gNB 的应答，就可以自主地发起重传。每当初传发生时服务于重传的反馈定时器就被初始化，直到 gNB 指示成功接收到数据为止。

gNB 在下行发送的 HARQ 反馈称为下行反馈信息（Downlink Feedback Information，DFI）。DFI 在 PDCCH 中发送，而无须定义新的物理信道。DFI 由一个位图组成，每个确认比特位对应一个 HARQ 进程。从接收 PUSCH 到发送下行反馈信息之间的最短时间是可以配置的。通过检查特定 HARQ 进程所对应的确认比特位，终端可以判断 gNB 是否已经成功接收到相关 HARQ 进程的上行数据，并且可以使用该 HARQ 进程传输新的传输块，或者必要时进行重传。每当使用一个 HARQ 进程传输新的传输块时，UCI 中的新数据指示就会翻转。

### 20.5.4 上行探测参考信号

上行探测也可用于非授权频谱。在许多情况下倾向于将上行探测信号与其他传输合并进行,以避免额外的信道接入流程。因此,在 Release 16 中扩展了 SRS 配置,可以使用时隙中的任何 OFDM 符号传输 SRS,而不仅限于时隙中的最后 6 个符号。

## 20.6 下行控制信令

NR 在非授权频谱中工作所需的下行控制信令遵循与授权频谱中相同的原理和结构,仅增加了一些由新特性推动的附加功能。主要的增强功能在 CORESET 配置、PDCCH 盲检和 DCI 内容方面,而 PDCCH 的结构则保持不变。

### 20.6.1 CORESET

Release 15 中的 CORESET 配置是灵活的,原则上可以将用于监听 PDCCH 的 CORESET 配置为覆盖每个 OFDM 符号,尽管 Release 15 的终端并不支持这样的配置⊖。频繁监听 PDCCH 使得下行数据传输可以从任意 OFDM 符号开始,这对于非授权频谱中的工作非常有用,因此支持非授权频谱的终端允许配置更频繁的 PDCCH 监听点。

在聚合多个 20MHz 载波以形成更大的连续带宽的情况下,并不需要额外的增强功能,因为载波聚合框架已经可以处理基于每个载波的 CORESET 配置。这样,在需要时可以单独调度每个载波。类似地,对于 FR2-2,基本的 CORESET 结构就足够了。

如第 20.3.3 节所述,在 FR1 中配置多个资源块以处理大于 20MHz 载波带宽的情况下,需要实现额外的增强功能。由于在宽带载波内某个资源块集的可用性事先是未知的,因此每个资源块集必须至少有一个 CORESET,以便在该资源块集可用的情况下能够发送调度信息。这是通过在载波上扩展 CORESET 的配置⊖来解决的,所配置的 CORESET 在频域上的所有资源块集上重复出现,如图 20-17 所示。这样可以确保终端能够单独地分别在每个资源块集上监听控制信道。

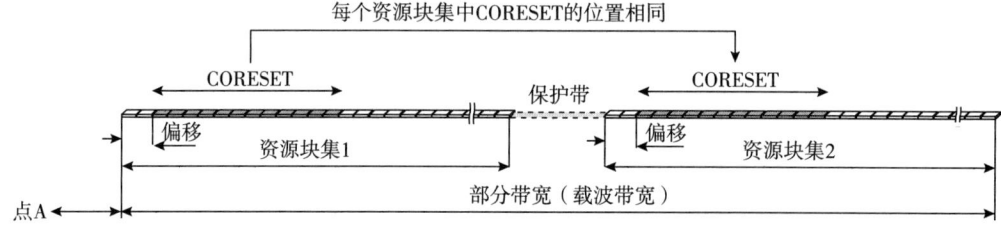

图 20-17 FR1 中单载波宽带操作时的扩展 CORESET

### 20.6.2 PDCCH 盲检和搜索空间组

传输可以在任何时刻发生,前提是信道接入流程成功。因此,终端需要频繁地执行

---

⊖ 在 3GPP 标准中,CORESET 在时域中的位置由搜索空间配置给出。
⊖ 在标准中,频域上的 CORESET 扩展被定义为时域搜索空间配置的一部分,而不是包含在 CORESET 配置中。

PDCCH 监听，以获得 gNB 发送的调度命令。理想情况下，需要在动态信道接入的每个 OFDM 符号和半静态信道接入的每一个可能的 COT 开始时刻进行监听。为了减少与此相关的功耗，特别是对于动态信道接入，可以为终端特定的搜索空间配置两组搜索空间集(公共搜索空间不适用多个组)。这使用了与第 14.5.6 节所述相同的机制(实际上，多个搜索空间集组的概念最初是在 Release 16 中为接入非授权频谱而引入的，并在 Release 17 中作为 NR 通用功能进一步增强)。如果配置了两个搜索空间组，则每个搜索空间都会属于其中一个或同时属于两个搜索空间组。两个搜索空间组中的一个是激活的，终端可以通过显式地接收动态组公共信令或者隐式地在一个组中监听到 PDCCH 而在搜索空间组之间进行切换。这两种方法都可以使用一个定时器来切换返回到"默认"组。

通过使用两组搜索空间集，可以降低终端功耗。在 COT 启动之前，频繁地监听 PDCCH 以确定 COT 何时开始以及终端是否被调度是有益的做法。监听频率可以配置为每个 OFDM 符号都监听 PDCCH。一旦 COT 开始，通常就不需要非常频繁的监听了，例如只需要在时隙的开始监听 PDCCH。在业务负载较低且延迟要求不太严格的情况下，较低频率的监听也是足够的。采用搜索空间组可以实现这种灵活性，其中组 0 用于频繁的监听，而组 1 用于不频繁的监听。

在搜索空间组之间的切换可以通过使用 DCI 格式 2_0(见下文)的动态信令来完成，DCI 格式 2_0 中的一个比特指示要激活的组。使用哪个搜索空间组由 gNB 直接控制。另外还定义了一个定时器机制，作为搜索空间组动态信令的补充。在这种情况下，终端只要检测到有效的 DCI，就会切换到搜索空间组 1(不频繁监听)，并且(重新)启动一个(可配置的)定时器。当定时器超时后，终端就返回到搜索空间组 0(见图 20-18)。

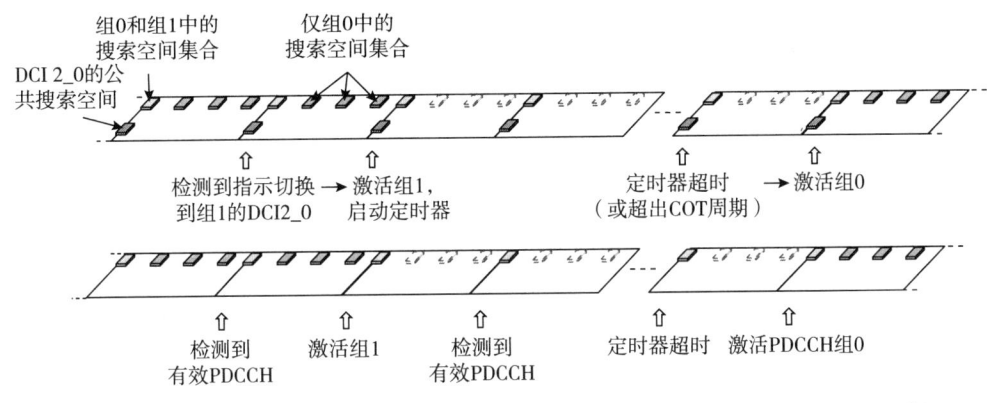

图 20-18 使用 DCI 格式 2_0(上)或仅基于定时器(下)在搜索空间组之间切换的示例

## 20.6.3 下行调度分配——DCI 格式 1_0 至 1_3

为了支持针对非授权频谱的增强功能，需要在 DCI 中定义额外的比特和信息字段(见表 10-2)。对于下行调度分配的 DCI 格式 1_0 和格式 1_1，以及后续版本中的格式 1_2 和格式 1_3，标准扩展增加了如下信息：
- HARQ 相关信息(此增强仅适用于 DCI 格式 1_1)
  ○ PDSCH 组索引(0bit 或 1bit)，用于指示 PDSCH 组并控制 HARQ 码本，如 20.4.1 节

所述。
- 下行分配索引 DAI 扩展至 6bit，使得 tDAI 也可用于非激活 PDSCH 组的传输，如 20.4.1 节所述。
- 一次性 HARQ 请求（0bit 或 1bit），用于触发 20.4.1 节中描述的包含所有载波和 PDSCH 组上所有 HARQ 进程的 HARQ 反馈报告。
- 请求的 PDSCH 组数（0bit 或 1bit），用于指示 HARQ 反馈应该仅包含当前 PDSCH 组还是同时包含其他 PDSCH 组，见 20.4.1 节。
- 新反馈指示（0~2bit），用于指示 gNB 是否接收到 HARQ 反馈（在这种情况下比特位会翻转），见 20.4.1 节。
- 信道接入类型和扩展循环前缀（0~4bit），用于指示上行传输使用哪种类型的信道接入流程，如 20.3.1 节所述。此字段在 DCI 格式 1_0、格式 1_1 和格式 1_2 中都存在。因此在非授权频谱中工作时，回退格式的 DCI 格式 1_0 的大小比在授权频谱中多 2bit。由于终端知道自己是在授权频谱还是非授权频谱中工作，因此 DCI 大小的差异并不是问题。在 PDSCH 调度分配中加入 PUSCH 相关信息字段的原因是用于 COT 共享，调度 PDSCH 传输之后可以紧跟着 PUSCH 传输。

请注意，并非所有上述字段都存在于表 10-2 中的所有 DCI 格式中。

## 20.6.4 上行调度授权——DCI 格式 0_0、0_1、0_2 和 0_3

与下行 DCI 格式相似，上行 DCI 格式也有所扩展以支持在非授权频谱中操作所必需的功能。大多数新增功能都是为了对 HARQ 协议的增强，总结如下：

- DFI 标志（0bit 或 1bit），仅在格式 0_1 中存在，作为信令头指示 DCI 是用于激活/释放配置的上行调度授权还是请求下行反馈信息。如果 DFI 标志设置为使用 CS-RNTI 的 DCI 格式 0_1，则 DCI 的其余内容被解释为下行反馈信息（见 20.6.5 节），否则 DCI 内容为上行调度授权。对于 CS-RNTI 以外的其他 RNTI，该比特保留。
- HARQ 相关信息
  - 扩展新数据指示的比特数。在多 PUSCH 调度的情况下，DCI 调度的每个传输块都有一个 NDI 比特[○]。
  - 扩展冗余版本的比特数。在多 PUSCH 调度的情况下，DCI 调度的每个 PUSCH 都有一个 RV 值。
  - 下行分配索引 DAI。用于处理 PUSCH 上的 UCI，并扩展到 6bit，以允许传输两个 PDSCH 组的 tDAI。
- 信道接入类型和扩展循环前缀（0~4bit），用于指示上行传输使用哪种类型的信道接入流程。此字段在所有 DCI 格式中都存在，如前面所讨论的一样，此字段会影响回退格式 DCI 的大小。
- 时域和频域中的资源分配，这些比特字段的用途与授权频谱中相同，但扩展为支持频

---

○ 为了避免 DCI 大小的模糊性，新数据指示字段的比特数由当前配置下可能调度的最大传输块数给出，而不是实际调度的传输块数。冗余版本字段的处理方式与此类似。

域中的交织资源分配,并且支持时域中的多 PUSCH 调度,详见下文。

与下行的情况类似,并非所有上述字段都存在于表 10-3 所示的所有 DCI 格式中。

### 1. 频域资源分配信令

时域和频域中的上行资源分配遵循第 10 章中描述的关于资源分配类型 1 的原则,并且增加了支持交织映射的分配类型 2。如果没有配置交织映射,则使用第 10 章中描述的资源分配类型 1。如果在 FR1 中配置了交织映射,并且因此使用了资源分配类型 2,则 DCI 中的频域资源分配比特将用于选择一个或多个交织以及这些交织中的资源块集。请注意,交织传输和因此选择的资源分配类型 2 是由 RRC 信令配置的,因此在资源分配类型 2 和其他资源分配类型之间无法进行动态切换。这并不成为问题,因为优选的资源分配类型通常是由监管要求决定的,因此不会随时间而改变。

对于资源分配类型 2,频域资源分配字段的总比特数分为两部分——第一部分指示交织,第二部分指示资源块集。在实际传输中使用的资源块是由这两部分指示的资源块的交集。

第一部分(指示交织)针对 15kHz 和 30kHz 子载波间隔使用不同的方法进行编码。对于 30kHz,使用 5bit 位图来指示五个交织中的哪一个是调度资源的一部分。对于 15kHz 则不使用位图,取而代之的是使用 6bit 对起始交织号和连续交织数进行联合编码。6bit 可以有 $2^6 = 64$ 个取值,其中 56 个取值用来表示所有可能的起始交织号和连续交织数的组合。其余 8 个取值用于编码一组常见的非连续交织资源分配。

第二部分(指示资源块集)针对 15kHz 和 30kHz 子载波间隔的编码方式相同。对起始资源块集(也称为起始 LBT 带宽)和激活的部分带宽中的连续资源块集的个数进行联合编码。

最后,调度的虚拟资源块集即为选定的交织和选定的资源块集的交集所包含的资源块。由于仅支持非交织映射,所以调度的虚拟资源块直接对应于激活的上行部分带宽内的物理资源块。资源分配类型 2 如图 20-19 所示。

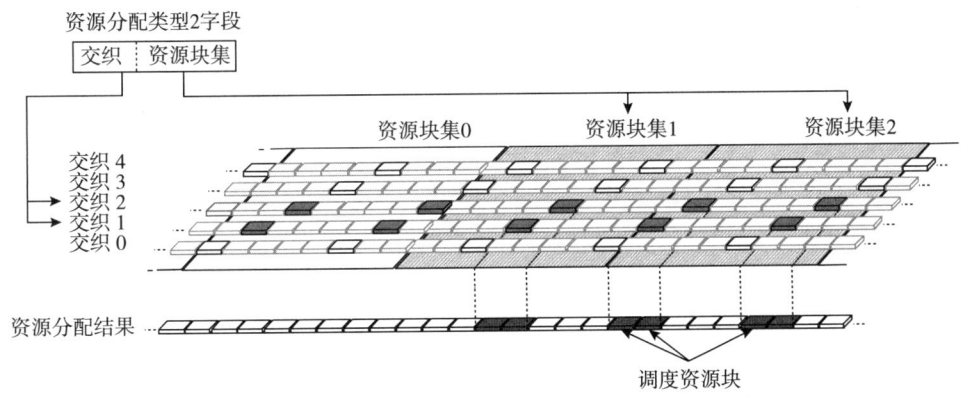

图 20-19 资源分配类型 2 的原理说明

### 2. 时域资源分配信令

在时域中,上行资源分配遵循与第 10 章中描述的相同原理,即 DCI 中包含 RRC 配置表的索引,从表中获得用于传输的 OFDM 符号集,同时增加了一个调度授权可以调度多个传输块的功能(见图20-20)。要发送的传输块数量是从RRC配置表中获得的,并且在配置表中额外扩展了一列,使得每一行额外包含每个传输块的时域分配信息。如前所述,调度授权还包含用于每个传输块的新数据指示和冗余版本,而调制和编码方式以及频域资源分配对于所有调度的传输块是相同的。

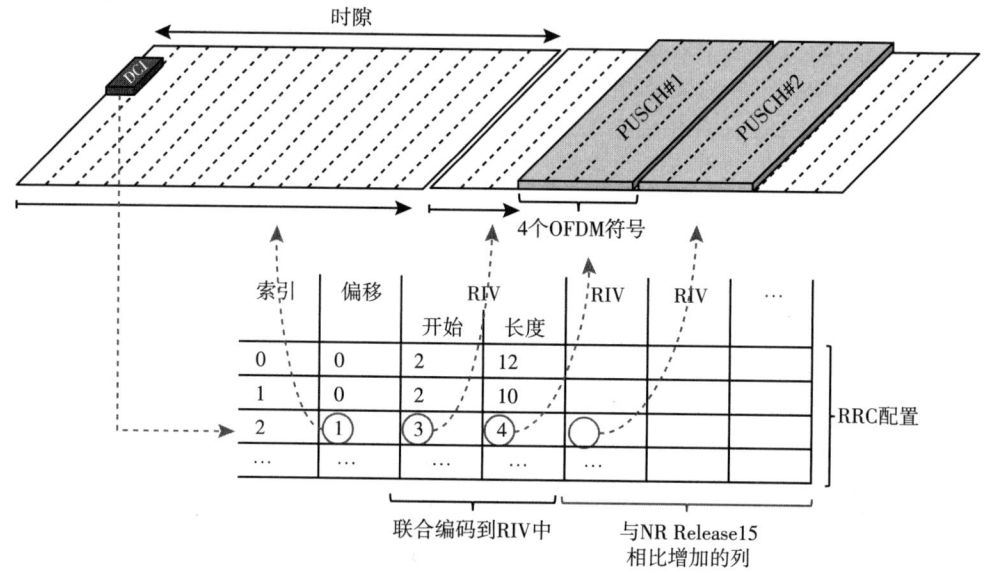

图20-20 时域资源分配的原理说明

### 3. 关于信道接入类型和扩展循环前缀的信令

为了使用 COT 共享,传输突发之间的间隔需要很小,甚至小于一个 OFDM 符号的持续时间。以 OFDM 符号为粒度的时域资源调度信令不足以实现这一点。因此,如 20.3.1 节所述在上行链路中引入了扩展循环前缀指示,使得在 OFDM 符号边界之前开始传输成为可能。此外,使用的信道接入类型(见 20.3 节)也需要向终端做指示。这是通过使用"信道接入类型和扩展循环前缀"字段作为 RRC 配置表的索引来实现的,从 RRC 配置表中可以推导出要使用的信道接入类型和扩展循环前缀配置。

## 20.6.5 下行反馈信息——DCI 格式 0_1

下行反馈信息(DFI)与上行预配置调度授权的传输相结合,用于 HARQ 协议的处理。DFI 是使用正常的 PDCCH 结构和 CS-RNTI 传输的,也就是说没有为之定义新的物理信道。相反,只是在 DCI 格式 0_1 中增加了 DFI 标志,用于指示 DCI 中的其他内容应该被解释为上行调度授权还是下行反馈信息。

如果设置了 DFI 标志,则 DCI 的其余部分将解释为指示每个 HARQ 进程的肯定或否定应答的位图。DCI 格式 0_1 中还包含保留比特,以确保无论其中携带的是上行调度授权还是下行反馈信息,DCI 的大小都是相同的,从而不会增加 PDCCH 盲检的尝试次数。

## 20.6.6　时隙格式指示——DCI 格式 2_0

与授权频谱相比，在非授权频谱中工作时时隙格式指示可以起到更广泛的作用。除了 10.1.6 节中所描述的时隙格式指示外，DCI 格式 2_0 在非授权频谱中还包含以下扩展信息：
- COT 持续时间：一个 RRC 配置表的索引，RRC 配置表中的每个条目表示以 OFDM 符号为单位的剩余 COT 持续时间。在载波聚合的情况下，每个小区有一个索引。
- 资源块集可用性：一个位图，用于指示载波内每个资源块集（或 LBT 带宽）的可用性，如 20.3.3 节所述。在载波聚合的情况下，每个载波有一个指示位图。
- 搜索空间组切换：一个位，用于指示要激活哪个搜索空间组，如 20.6.2 节所述。在载波聚合的情况下，每个小区组有一个对应位。

所有这些字段都是可选字段，也就是说可以在没有这些字段（并且没有 DCI 格式 2_0）的情况下在非授权频谱中工作。

## 20.7　上行控制信令

非授权频谱中的上行控制信令基本上遵循与 Release 15 中相同的结构，并且可以承载在 PUCCH 或 PUSCH 上。

### 20.7.1　PUCCH 承载上行控制信令

PUCCH 传输的前提是信道接入流程成功，这与在授权频谱中的情况不同。如果在接收到下行传输之后立即发送 PUCCH，可以使用 COT 共享，但是如果没有 COT 共享，则需要成功完成信道接入流程类型 1。因此 gNB 无法预知 PUCCH 何时发送，而且还必须要处理这种不确定性，例如通过能量检测在解码之前检测 PUCCH 的存在。

除了信道接入流程之外，PUCCH 在非授权频谱中的主要增强是支持交织传输，引入这个增强功能是出于与 PUSCH 上的上行数据传输类似的原因。交织传输的使用是通过 RRC 信令配置的。如果不使用交织传输，则 PUCCH 格式与 Release 15 中相同。如果配置了交织传输，那么在激活的部分带宽内，交织涉及的资源块集中的所有资源块都用于传输。在这种情况下不支持跳频功能，这样做是合理的，因为通过交织机制本身已经可以获得足够的传输分集。20MHz 或带宽更小的载波上只有一个资源块集，因此使用的是全交织。

具有交织映射的 PUCCH 格式 0 支持在一个交织上的传输。这是通过在交织中（并且在资源块集内）的所有资源块上重复 Release 15 的单资源块结构来实现的。然而，在所有资源块上重复相同的信号将导致立方度量的增加，需要功率放大器做更大的回退。为了缓解这个问题，如图 20-21 所示，需要在交织中的所有资源块上以 12 个不同取值和 12 种不同概率循环执行相位旋转（对应于时域中的循环移位）。

PUCCH 格式 1 通过与格式 0 类似的方式进行扩展，以支持一个交织上的交织映射。对于每个 OFDM 符号，在交织中的所有资源块上重复由 Release 15 结构产生的单个资源块的内容。

出于与 PUCCH 格式 0 相同的原因，对于具有交织映射的 PUCCH 格式 1，需要在资源块之间改变相位旋转（见图 20-22，与图 20-17 中的非交织情况相比较）。

PUCCH 格式 2 也被扩展，以支持使用一个或两个交织的交织映射，终端应该使用哪种交织方式由高层信令配置。对于较小的净荷使用单个交织，而对于较大的净荷则需要使用两个交织。

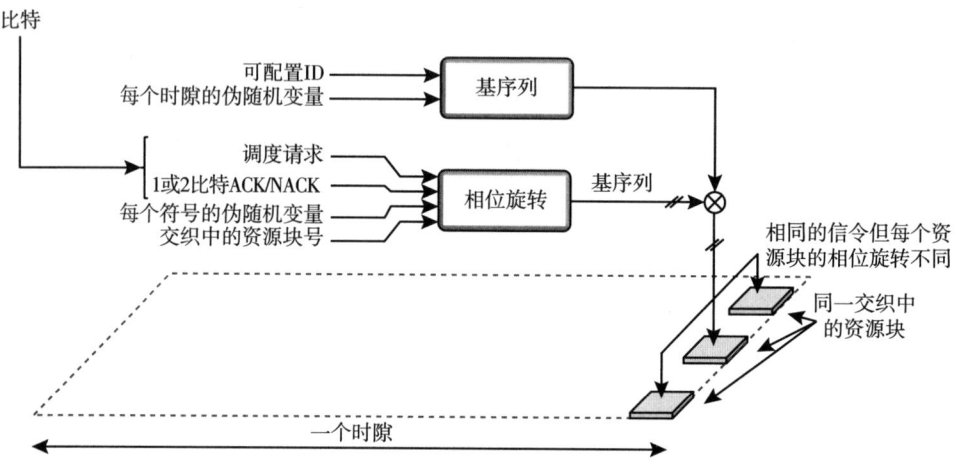

图 20-21　具有交织映射的 PUCCH 格式 0 示例

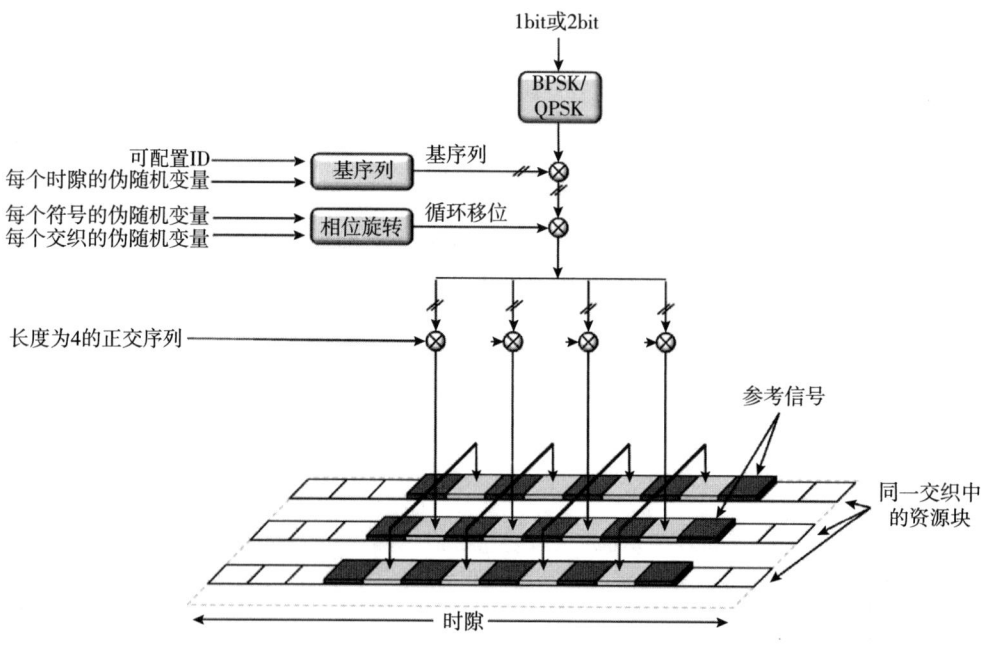

图 20-22　具有交织映射的 PUCCH 格式 1 示例

交织模式的 PUCCH 格式 2 的整体结构与非交织的情况类似,包括编码、加扰和 QPSK 调制。然而,在映射到资源块之前,交织模式的 PUCCH 格式 2 使用单个交织,并且使用长度为 2 或 4 的正交码来扩展每个 QPSK 符号,如图 20-23 所示。由于交织映射意味着用于传输的资源块数会大于仅由净荷大小决定的资源块数,因此采用扩频编码是有用的,因为它允许多个终端使用相同的资源块进行传输,而在码域将终端分离。通过使用正交码,尽管使用交织映射时总带宽比非交织时大,但是 PUCCH 格式 2 的资源效率可以保持在合理的水平。尽管信道接入机制通常会确保一次只有一个终端在进行传输,但是 COT 共享和调度可以允许两个终端在上行同时进行传输,在这种情况下可以获得额外的复用容量。为了控制发送信号的立方度量,所使用的正交码在交织中的不同资源块之间是不断变化的。

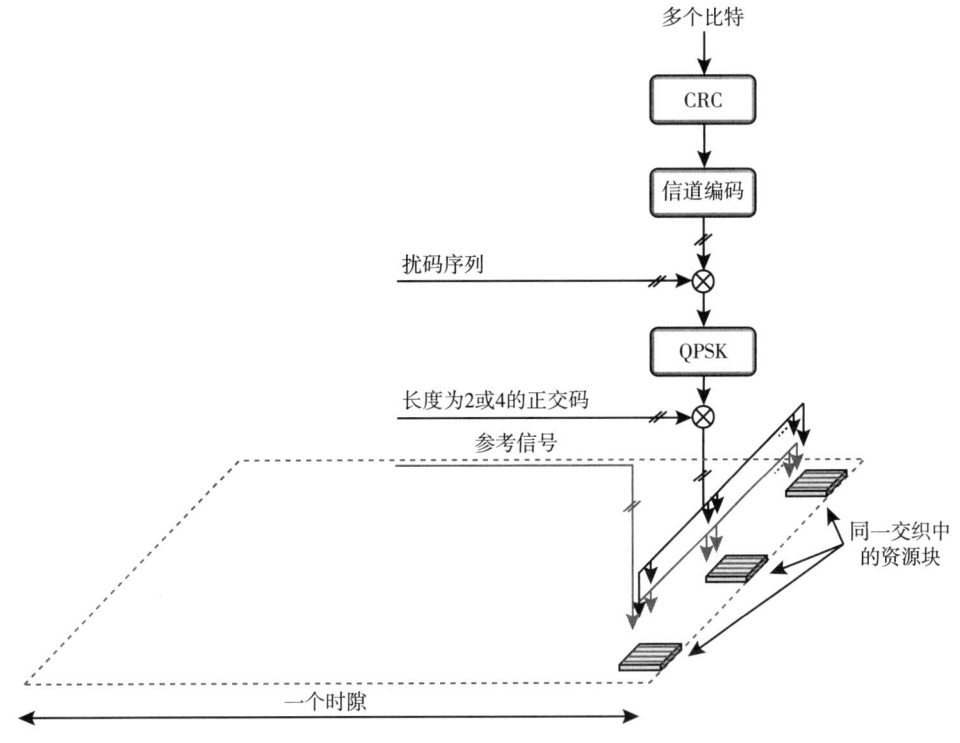

图 20-23 具有交织映射(一个交织)的 PUCCH 格式 2 示例

在非交织的 PUCCH 格式 2 或基于两个交织的交织 PUCCH 格式 2 的情况下,不使用扩频。

PUCCH 格式 3 也被扩展,以支持使用一个或两个交织的交织映射,交织的数量取决于净荷的大小。为了增加复用容量,可以在单个交织的情况下使用长度为 2 或 4 的正交码扩频,PUCCH 格式 4 也采用类似的方式。

本节讨论的所有 PUCCH 格式所使用的资源都遵循 10.2.7 节描述的相同原则。换句话说,UCI 净荷大小决定了 PUCCH 资源集,而 DCI 中的 PUCCH 资源指示决定了 PUCCH 资源集中的 PUCCH 资源配置。

## 20.7.2 PUSCH 承载上行控制信令

上行控制信息也可以按照 10.2.8 节描述的相同方式在 PUSCH 上传送。不过，与授权频谱中的工作相比有一个增强，即将预配置调度授权用于在 PUSCH 上传输 UCI。如 20.5.3 节所述，由于允许使用预配置调度授权进行重传（而不仅仅是初传），因此需要提供预配置调度授权的相关 HARQ 信息。如果启用预配置调度授权，则 PUSCH 上总是存在 UCI 信息。在 PUSCH 上复用承载 UCI 遵循与 Release 15 中相同的原理，见 10.2.8 节，与预配置调度授权相关的 UCI 视为最高优先级信息，并因此映射到解调参考信号之后的第一个 OFDM 符号上。

## 20.8 初始接入

初始接入是指终端搜索到一个小区，获取必要的系统信息，并进行随机接入以连接到该小区的过程。如果使用授权辅助接入来接入非授权频谱，则几乎所有初始接入的功能都由授权频谱上的主小区来处理。另一方面，如果 NR 需要以独立模式接入非授权频谱，那么所有这些功能都需要在非授权频谱中完成。由于在非授权频谱中工作有一些特殊的要求，例如信道接入流程，因此与授权频谱中相比需要一些功能增强。首先是增加了寻呼时机，以补偿由于信道接入流程造成的某些寻呼时机可能不可用的风险。无线链路失败流程也有所改进，可以从无线链路失败中区分出重复的信道接入失败场景。下面还会讨论其他增强功能。

### 20.8.1 动态频率选择

DFS 的目的是找到可用的或至少是轻负载的载波频率。由于 5GHz 频段中大约有 25 个频率信道（在 6GHz 频段的信道数甚至更多），每个信道带宽为 20MHz，并且输出功率相当低，因此找到尚未使用或轻负载信道的可能性相当高。在 60GHz 频段，小区范围被加以限制，因此找到可用信道并不是很困难。

NR 小区在非授权频谱中上电启动时会执行动态频率选择。另外，基站可以在不发射信号时周期性地测量干扰或功率水平，以检测该载波频率是否用于其他目的，以及是否有更合适的载波频率可用。如果确实如此，基站可以将载波重新配置到不同的频率范围上（即执行异频切换）。

如前所述，DFS 是很多地区对某些频段的一项监管要求。促使强制执行 DFS 的一个例子是雷达系统，雷达系统在使用频谱时通常具有比其他系统更高的优先权。如果 NR 基站检测到雷达系统正在使用频谱，则必须在特定时间（通常为 10s）内停止使用该载波频率。并且至少在 30min 内不能再次使用该载波频率。

动态频率选择的工作细节取决于基站产品的实现，不需要在标准中规定任何特定的解决方案。

### 20.8.2 小区搜索、发现突发和独立模式

小区搜索是检测新小区并实现与新小区时间同步的过程。在授权频谱中，同步序列作为

SSB 的一部分周期性发送,如第 16 章所述。终端一旦检测到 SSB 并且正确接收到主信息块 (Master Information Block,MIB),就可以继续接收在 PDSCH 上调度和发送的 SIB1 和其他 SIB 等其余的系统信息。

在非授权频谱中使用了类似的方法,但是由于需要支持信道接入流程,因此不能保证 SSB 的定时传输。取而代之的是定义了一个时间窗口,在时间窗口内终端可以预期收到 SSB。此外,使 SIB1 的传输与 SSB 在时间上非常接近是有好处的,因为这样就可以通过一个信道接入流程一次性完成它们两者的发送。将 SSB 与携带 SIB1 的 PDSCH 以及调度 PDSCH 的相关 PDCCH 组合在一起,称为发现突发(Discovery Burst,DB)。DB 的持续时间很短,而且发生频率很低,因此可以在 FR1 中采用信道接入流程类型 2A,而在 FR2-2 中采用信道接入流程类型 2。

对于 DB,可以重用 Release 15 中对 CORESET#0 和 SSB 的配置,只是对 CORESET 做出一些限制,在时域中最多跨越 2 个 OFDM 符号。在频域中,CORESET#0 在子载波间隔为 30kHz 的情况下总是占用 48 个资源块,这是终端在非授权的 5GHz 和 6GHz 频段中进行初始接入时假定的子载波间隔。对于辅小区,终端也可以配置使用 15kHz 子载波间隔来搜索 SSB,在这种情况下 SSB 占用 96 个资源块。对于 FR2-2,SSB 的子载波间隔为 480kHz 或 960kHz。

SSB、PDSCH 和相关联的 PDCCH 的位置应使得它们有可能作为单个时间连续的数据块进行传输。但是,并不是所有 Release 15 支持的 SSB 和 CORESET#0 配置的组合都能达到这样的效果。不同的配置会导致传输 DB 的不同组成部分之间的时间间隔不同,由此可能造成完成 DB 传输需要多个独立的信道接入操作,这有可能导致终端仅能接收到 DB 的一部分。这本身并不是问题(终端将继续搜索接收完整的 DB),但它是一种低效的系统工作方式。

可配置的 DB 传输窗口称为发现突发窗口,其长度最大可达 5ms。DB 窗口从第 1 或第 2 个半帧的第 1 个 OFDM 符号开始,并且理论上 DB 可以在窗口内的任何时间进行传输。在 15kHz 子载波间隔的 DB 窗口中,最多可以有 10 个不同的 SSB 候选位置;对于 30kHz 子载波间隔,SSB 候选位置最多可以达到 20 个,而对于使用 480kHz 或 960kHz 子载波间隔的 FR2-2,SSB 候选位置的上限是 32 个。载波栅格的定义可以使 SSB 位于 DB 的边缘,如图 20-24 所示。围绕在 SSB 周围的 PDSCH 不参与速率匹配,因此 SSB 和 SIB1 是频分复用的。

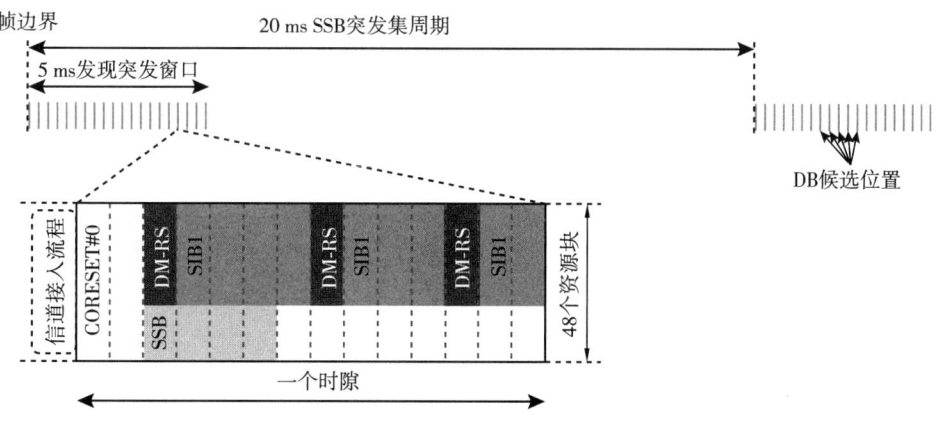

图 20-24　发现突发窗口和发现突发结构(30kHz 子载波间隔)图示

由于终端不知道 DB 的确切传输时间，因此 DB 窗口内的传输定时需要包含在 DB 中。这与第 16 章描述的 FR2 授权频谱框架下的操作方法类似。三个定时比特被隐式编码在 PBCH 加扰序列中，其余 1bit、2bit 或 3bit 位于 PBCH 净荷中。这样定时字段对于 15kHz 子载波间隔、30kHz 子载波间隔和 FR2-2 来说，分别为 4bit、5bit 或 6bit，这足以处理 10 个、20 个或 32 个 SSB 候选位置。终端一旦检测到 SSB 并解码成功，就可以使用这些比特来确定帧内 SSB 的传输定时。

在授权频谱中，SSB 的时间位置与 QCL 关系是等效的，也就是说，虽然 SSB 在不同 SS 突发集中传输，但是在一个 SS 突发集中传输时间点相同的 SSB 是准共址的，也就是使用相同的波束进行发送。当无法保证 DB 窗口内的准确传输定时而允许 SSB 在时间上移动时，需要为 QCL 关系定义一种新的机制。因此，关于 QCL 的假设可以与 SSB 候选索引相关联㊀。如果不同 DB 的序列索引模参数 $Q$ 的计算结果相同，就认为这些 DB 具有相同的 QCL 关系，如图 20-25 所示。参数 $Q$ 在服务小区中通过系统信息通知给终端㊁。

在授权频谱中无线资源管理（Radio Resource Management，RRM）的测量基于 SSB 和/或 CSI-RS。为了支持终端在空闲/非激活/连接态下对邻区进行 RRM 测量，还需要通过广播和专用信令将至少为每个频率配置的参数 $Q$ 通知给终端。

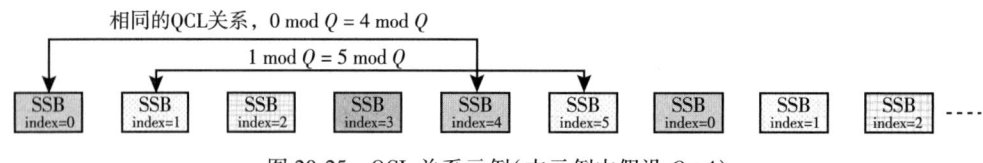

图 20-25　QCL 关系示例（本示例中假设 $Q=4$）

### 20.8.3　随机接入

一旦终端通过前面描述的小区搜索过程找到小区，就会启动随机接入过程与小区建立初始连接。非授权频谱中的随机接入机制与授权频谱中相同，并且支持 Release 16 中引入的四步过程和两步过程，前提是在传输之前要成功执行信道接入流程类型 1（如果监管要求）。在很多情况下，非授权频谱中优先选用两步随机接入过程，因为减少了需要执行的信道接入流程的数量，因此具有较小的时延。

非授权频谱操作中增加了两个新的、更长的前导码序列：用于 15kHz 子载波间隔的长度为 1151 的序列和用于 30kHz 子载波间隔的长度为 571 的序列。采用更长序列的原因是为了获得覆盖 FR1 中整个 20MHz 信道的前导码，从而在满足监管法规的功率谱限制的前提下提高发射能量。这样还降低了在随机接入过程中其他终端检测到信道可用的可能性，如果使用较窄带的前导码这种情况是有可能发生的。使用哪个长度的前导码序列，包括 Release 15 中定义的

---

㊀ 在标准中，也提到可以链接到 DM-RS 序列索引作为替代方案，但是由于 PBCH 的 DM-RS 序列索引可以从 SSB 索引导出，所以这两种方法是等效的。

㊁ 对于 FR1，CRB 网格偏移的最低位和 MIB 中的 SIB1 参数集比特被重用于指示 $Q$ 的值，$Q \in \{1, 2, 4, 8\}$；而对于 FR2-2，SIB1 参数集比特被用于指示 $Q$ 的值，$Q \in \{32, 64\}$。

139(或839)或新定义的长度之一,是由系统信息指示的。新的前导码长度还使用一个不同的索引表来推导循环移位,使微蜂窝小区的系统容量得到提升(由于允许的发射功率受限,在广域部署中不太可能使用非授权频谱)。

在两步和四步随机接入过程中,如果终端没有从网络获得响应,将使用如第17章所述的功率抬升机制。然而,如果前导码发送是由于信道接入流程失败而被丢弃,则不执行前导码功率抬升。

# 第 21 章

# 工业物联网和 URLLC 增强

物联网和机器类型通信是非常宽泛的术语,不同的应用可能会提出非常不同的要求,不同技术的大致定位如图 21-1 所示。对于某些场景,例如远程传感器读取,低成本和低功耗是最重要的指标,而数据速率和延迟则不是那么重要,NB-IoT 和 eMTC 是处理这些情况的合适技术[26]。虽然 NB-IoT 和 eMTC 在 NR 标准化之前就已经存在,但 NR 中的频谱共享机制使这些技术能够紧密集成到 NR 载波中。

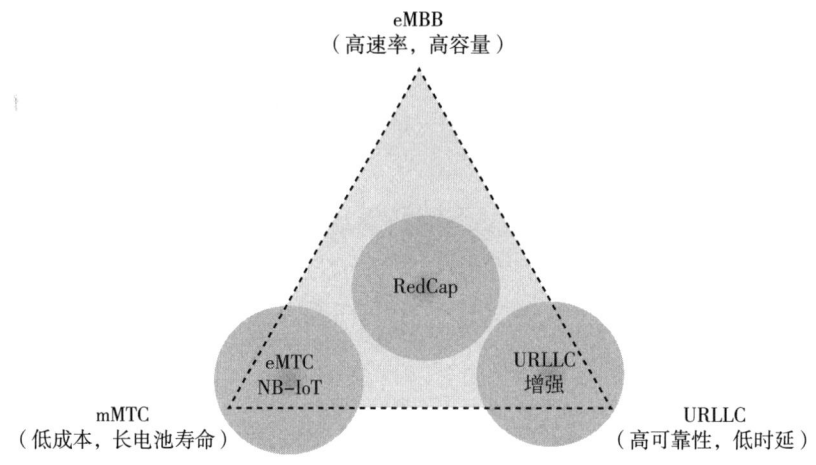

图 21-1　不同 IoT 技术的定位

一些场景以适中的成本支持较高数据速率和宽松的延迟要求。视频监控摄像头就是这种类型的一个例子,从技术角度看,RedCap 作为一种复杂度降低的 NR 终端,是这类应用的合适选择,具体将在下一章详细讨论。

还有一些场景,高可靠性和低延迟是最重要的要求。工业物联网就是这种场景的一个例子,指的是工厂自动化、配电和运输行业等用例。NR 这方面的增强是本章的重点。

从第一个版本开始,NR 标准就可以同时支持高可靠性和低时延。NR 标准中的一些机制和原则有助于实现这一点,例如:

- 传输不限于从时隙边界开始,如第 7 章所述,有时被称为"微时隙传输"。

- 前置设计，见第 9 章，以及其他满足快速处理的要求。
- 下行终端间的抢占，一个终端传输正在使用的资源可以被另一个终端时延关键业务的传输抢占，见第 14 章。
- 如第 10 章所述，可以配置鲁棒的 MCS 和 CQI 表，以稍微降低频谱效率为代价增加传输的鲁棒性。
- 数据复制和多站点连接，以提高可靠性，如第 6 章所述。

在许多情况下，这套机制就足够了。然而，在 Release 16 中引入了一些增强功能，以更好地支持各种业务。许多增强功能本身是一些微小的改动，但是当它们一起使用时，能够显著提高 NR 在 URLLC 和工业物联网领域的应用范围。Release 16 引入的主要增强功能包括：

- 扩展抢占的设计机制来处理来自不同终端的上行传输，具体参见 21.1 节。
- 改进了来自同一终端的上行传输的优先级处理，具体参见 21.2 节。
- 在配置授权方面进行增强，可以配置多个配置授权，控制某个业务流使用授权，具体参见 21.3 节。
- PUSCH 增强功能，具体参见 21.4 节，通过更好地控制时域资源分配来降低时延。
- PDCCH 增强功能，以支持其他的增强，具体参见 21.5 节。
- 多连接和 PDCP 复制增强功能，可以提高无线连接的鲁棒性，具体参见 21.7 节。
- 时间敏感组网，在这种网络中，终端之间的时间严格同步和较小的时延抖动同样重要。21.9 节介绍了解决这一问题的工具。

在 Release 17 进一步做了多方面的增强，主要增加了两个新特性：

- 在可控的环境下，在非授权频谱中更好地支持 URLLC，具体参见 21.8 节。
- 增强 HARQ 确认的反馈和 CSI 上报机制，具体参见 21.6 节。

下面几节将更详细地描述这些增强功能。

## 21.1 上行抢占

在蜂窝系统中，可以使用不同的优先级来处理不同的业务。有些业务对低时延要求严格，而其他业务在时延方面的要求则较为宽松。如第 14 章所述，一般是由调度器来处理这些差异。如果系统可用带宽是足够的，在一个终端的数据正在传输的情况下，另一个终端时延关键业务的数据可以在未使用的传输资源块上调度，二者之间没有冲突。然而在系统负载较高的情况下，冲突无法避免。这时候在那些被低优先级传输正在使用的资源块上，调度器需要抢占并调度时延关键业务的数据。

下行抢占的实现很简单。时延关键业务的下行传输可以在所需的任何资源块上调度，而不管这些资源块是否正在被其他终端用于传输。那些被抢占资源的传输，其接收自然会受到影响。但是考虑到它们的时延要求较低，可以通过常规的重传机制（例如 HARQ）来处理。除此之外还可以如第 14 章中所述的下行抢占指示来帮助恢复被抢占影响的低优先级业务。

上行情况更为复杂。如果高优先级和低优先级业务源于同一终端，如 21.2 节所述，这是一个多路复用问题。另一方面，如果高优先级和低优先级业务源于不同的终端，则是一个上行抢占的问题。在某一终端已经进行的低优先级传输的情况下，调度另一终端传输上行高优先级业务是可能的。但是由于两个传输之间的干扰，很可能导致两个终端上行信号都没有被基站正确地接收到。因此，Release 16 增加了支持终端之间上行抢占的机制，控制抢占所造成的干扰。标准一共定义了两种机制：
- 取消：低优先级传输被取消。
- 功率提升，相对于没有抢占的情况，抢占情况下高优先级上行传输使用更高的发射功率。

### 21.1.1 上行取消

上行取消对 NR 标准而言，主要是新定义了取消指示，该指示通过被 CI-RNTI 加扰的 DCI 格式 2_4 进行传输。取消指示使用与 14.1.1 节中描述的下行抢占指示类似的格式，也是利用位图，来指示应取消传输的 OFDM 符号和资源块。在接收到取消指示时，终端应停止发送与任何被取消的资源重叠（或者是部分重叠）的 PUSCH 或 SRS（不包括 PUCCH）。

标准规定必须早于 PUSCH（或 SRS）传输开始的某个最短时间，才能取消该传输。这个规定是必要的，以便终端能够正确处理和解释取消指示。这也意味着已经在进行的 PUSCH 传输是不能被停止的。例外的情况是使用重复传输的 PUSCH 可以在重复之间停止。举个例子，重复系数为 2 并且在第一次传输期间接收取消指示的 PUSCH 传输将取消第二次传输（见图 21-2，假设该终端能够同时接收和发送并且有足够的时间来取消重复的 PUSCH）。

取消抢占具有完全避免干扰的优点。例如，这对于来自小区边缘终端的时延关键传输非常有用，因为该终端可能没有足够的可用传输功率来提升功率。一个缺点是终端需要频繁地监听取消指示，通常每个时隙监听几次终端传输是否被抢占。如果不是这样，被抢占的终端（如图 21-2 中的终端2）将不能取消其上行传输，从而对高优先级业务造成干扰。因此，不具备此能力的终端（例如 Release 15 终端）不应调度可能遇到高优先级业务的时频资源。这可以看作终端支持频繁监听 DCI 格式 2_4 的激励。如果该终端具有此能力，由于网络在资源分配方面具有更大的调度灵活性，该终端可能会得到更高的数据传输速率。

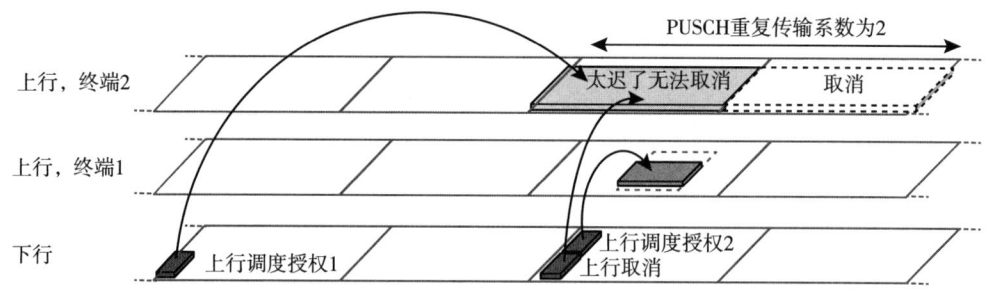

图 21-2 PUSCH 重复传输情况下的上行取消

### 21.1.2 用于动态调度的上行功率提升

另一种支持抢占的方法是提升上行的发射功率，这种方法相对简单（见图 21-3）。终端配置了最多三个 PUSCH 开环功率控制参数 $P_0$ 值(有关上行功率控制的讨论,请参见 15.1 节)。$P_0$ 值中的一个对应于正常发送的功率,如同 Release 15 终端的情况。而另外的 $P_0$ 值被配置成比正常情况更高的发送功率。具体某次传输使用哪一个配置的 $P_0$ 值在调度 DCI 中指示。这样,网络可以选择动态地提升高优先级终端的功率,重叠时频资源的其他终端的干扰造成的影响会相应降低,高优先级的传输可以正确地被接收。当然被抢占终端的数据不大可能被成功地接收(除非在 gNB 中使用某种形式的干扰消除接收机),但是考虑到这种业务时延不太关键的性质,通常使用 HARQ 重传来克服接收失败这个问题。

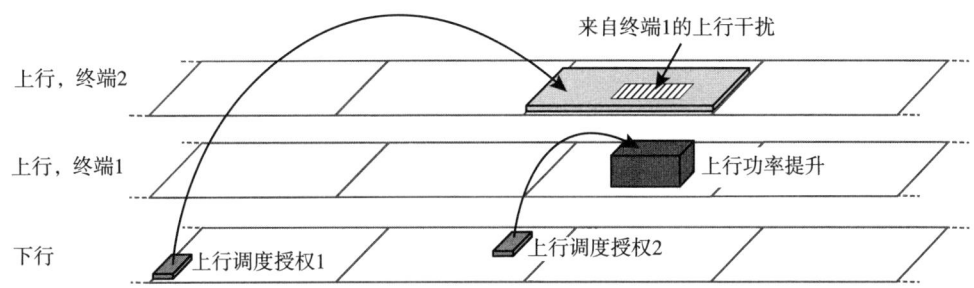

图 21-3  通过上行功率提升来进行上行抢占

功率提升方法不需要接收取消指示。这样不支持高优先级业务的终端不需要实现任何额外的功能,这有利于在现有的网络中引入抢占功能。只有支持高优先级业务的终端才需要实现功率提升功能,另一方面动态功率提升不能应用于配置授权。功率提升还假设终端有可用的功率来提供更高的发射功率,而在覆盖受限的情况下,往往终端已经达到了最大功率,因此提升功率是无法做到的。此外,由于来自其他终端的干扰存在,仍然会影响可达到的错误概率。

## 21.2 上行冲突解决

处理终端内的上行资源冲突是确保低时延的另一个关键方面。多个上行信道和业务流可以出于多种原因竞争终端内的相同资源,例如在动态授权和配置授权的传输之间、涉及多个上行配置授权的冲突、上行控制与数据冲突以及上行控制与控制冲突。当在同一个系统中混合不同的业务流时,这种冲突处理将主要提高资源效率,从而使 URLLC 能够顺利地引入蜂窝网络。在 Release 15 中已经存在的冲突优先级排序一些规则,例如,如果一个配置授权发生的同时动态授权发生,则忽略配置授权,或者"重新路由"上行控制信息到 PUSCH 而不是使用 PUCCH。然而,由于同时存在高优先级的控制和数据,以及低优先级的控制和数据,推动这组规则在 Release 16 进行了扩展。

终端内上行冲突分两步解决:首先,使用 Release 15 定义(第 14 章中描述)的规则来解决相同优先级上行传输之间的冲突,然后通过丢弃低优先级传输来解决具有不同优先级的上行传输之间的冲突。因此,需要为每种类型的上行传输,例如调度请求、HARQ 确认和 CSI 反馈,以及数据分配一个用于冲突解决的优先级。默认情况下,优先级置为"普通"。如果将上行传输的优先级提高到"高",且高优先级上行传输与普通优先级的上行传输发生冲突,则丢弃普通优先级上行传输（假设有足够的时间取消或丢弃）。这样可以确保高优先级上行传输优先于低优先级传输，如图21-4所示。它确保响应于高优先级下行传输的HARQ不会被较低优先级的上行传输阻塞，如图21-4左半部分所示。类似地，它还确保正在进行的普通优先级PUSCH传输不会阻塞高优先级调度请求，如图21-4右半部分所示。没有这种机制，调度请求将被延迟，直到普通优先级PUSCH的长时间传输结束。考虑到在Release 16中可以配置高达16的重复因子，PUSCH传输时间可能很长。无论哪种情况，都会阻碍支持低时延业务。

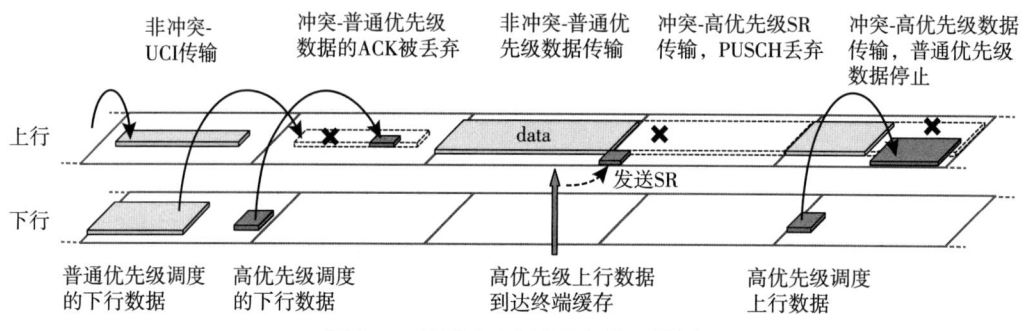

图21-4 终端内上行优先级处理举例

动态调度的上行数据传输的优先级由调度授权中的优先级指示字段指示。上行控制信息（辅助下行数据传输）的优先级也是由调度分配中的优先级指示字段指示。而上行数据的优先级则是通过RRC配置提供。调度请求的优先级则是由调度请求的配置来决定。通常高优先级调度请求映射到高优先级逻辑信道，有关逻辑信道复用的讨论请参阅第14章。调度请求优先级的显式配置避免了将两级调度请求优先级映射到16级逻辑信道优先级。

## 21.3 配置授权和半持续调度

上行的配置授权是通过预先分配资源来避免上行数据传输之前的调度请求/调度授权，因此配置授权是低时延数据传输的关键机制。与之类似，下行传输定义了半持续调度，用于减少控制信令。正如14.4节所讨论的，这两种机制都已经在Release 15中提供。从鲁棒性的角度来看，这两种机制也避开了数据收发对PDCCH鲁棒性的要求。

为了改进NR对高可靠低时延业务的支持，Release 16在配置授权和半持续调度方面做了一些改进。

对于下行的半持续调度，Release 16的周期可低至一个时隙，而Release 15的最小值为10ms。对于上行的配置授权，在Release 15中已经可以提供非常短的周期，可以低至一个周期2个符号。

对于上行的配置授权和下行的半持续调度，可以同时激活多个配置。这可以用于支持多个业务，每个业务在时延和可靠性方面可能有不同的性能要求。也可以同时激活多个起始点不同的配置来减少时延，当数据包到达时，传输可以使用时间上最近的那个配置。

为了控制每个业务流使用特定的授权，对每个允许使用配置授权的逻辑信道，系统会针对这个逻辑信道配置一个所有配置授权的子集。例如图21-5所示，可以激活两个配置授权，一种具有频繁的传输机会,以满足业务流 1 的时延要求;另一种是频率较低但资源分配更大的配置,以允许来自业务流 2 更大数量的非时延关键数据。为了避免低优先级数据使用频繁授权,可以限制逻辑信道仅使用一部分的配置授权机会。而让高优先级逻辑信道不仅使用频率高的授权,还使用频率较低的授权。这些都可以在配置逻辑信道限制时考虑。如果来自不同的配置授权同时发生,例如普通和高优先级业务,则依照 21.2 节讨论的优先级规则来解决冲突。

除了配置逻辑信道允许使用的配置授权之外,还可以配置是否允许动态授权覆盖配置授权。

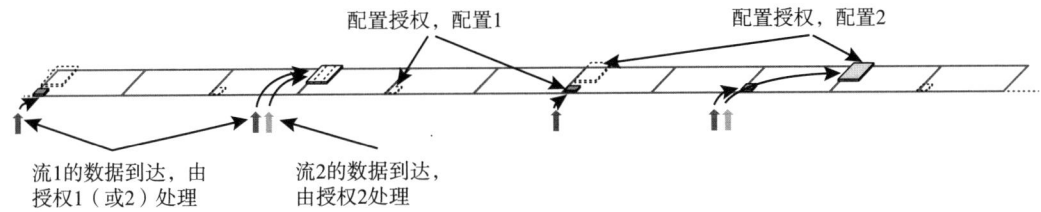

图 21-5　多个上行配置授权和不同逻辑信道优先级的示例

在 Release 15 中对同一个时刻的传输,如果终端既收到配置授权又收到动态授权,则该终端始终遵循动态授权。这是合理的,例如当终端侧有大量数据等待传输时,可以使用动态授权来临时授予终端比配置授权更大的资源量。在许多情况下,类似 MBB 业务的流量是零星的,随着时间的推移所需资源的数量会有很大的变化。为了有效地利用资源,这种业务需要动态调度。另一方面,关键业务的流量通常是周期性的、确定性的。因此,在混合业务场景中总是对动态授权进行优先是不可取的。例如动态授权指示终端在用于关键业务的配置授权的同时进行传输,因为除非 gNB 正确地接收来自动态授权的上行传输,gNB 都不知道终端传输的数据是否包括高优先级数据,这会导致 gNB 错误地延迟数据的重传。

优先级"普通"或"高"可用于解决此问题。考虑到关键业务的周期性,配置授权是非常适合的。基站可以将配置授权的优先级设置为"高",并对动态调度的、不太关键的业务使用普通优先级。如果动态授权和配置授权的传输同时发生,并且有普通优先级数据和关键数据要传输,按照前面讨论的优先级规则,高优先级的配置授权将"获胜"并决定上行传输。如果没有关键数据要传输,终端将遵循动态授权。如果配置授权和动态授权的优先级相同,则将遵循动态授权,即与 Release 15 具有相同的行为。

注意,这种配置意味着 gNB 需要盲检上行传输是由配置授权触发的事件,还是由动态授权触发的事件。一种避免盲检的方法是安排动态授权调度时间,保证二者不会发生冲突。还有其他实现的方法可以处理上述的潜在模糊性。

## 21.4　PUSCH 资源分配增强

在 Release 15 中,标准定义了仅使用一个时隙的一部分来传输上行数据的可能性,有时被称为"微时隙传输",微时隙传输是减少总体时延的一个有用特性。然而,在 Release 15 中,这样的传输不能跨越时隙边界，这意味着传输有时需要推迟到下一个时隙，或者只能传输一部分需要的时间(传输所需时间由承载的有效载荷以及调制编码方式所决定)，如图21-6的左半部分所示。这一限制原则上在 Release 16 中被解除了，标准允许在 DCI 中动态地指示重复传输。例如假设需要跨越时隙边界的 4 个符号长的传输，调度授权可以指示使用第一时隙的最后 2 个 OFDM 符号以及一个重复传输(也是 2 个符号)，如图 21-6 的右半部分所示。在这种情况下，传输块将在第一时隙的最后 2 个 OFDM 符号中被编码、调制和发送，然后通常使用不同的冗余版本在下一个时隙的前两个符号中重复。本质上，这是一个跨越时隙边界的 4 个符号的传输。如果不重复，要么只能使用第一个时隙的最后 2 个符号从而导致不太鲁棒的传输，要么推迟并使用下一个时隙的前 4 个符号，这将导致更大的延迟。

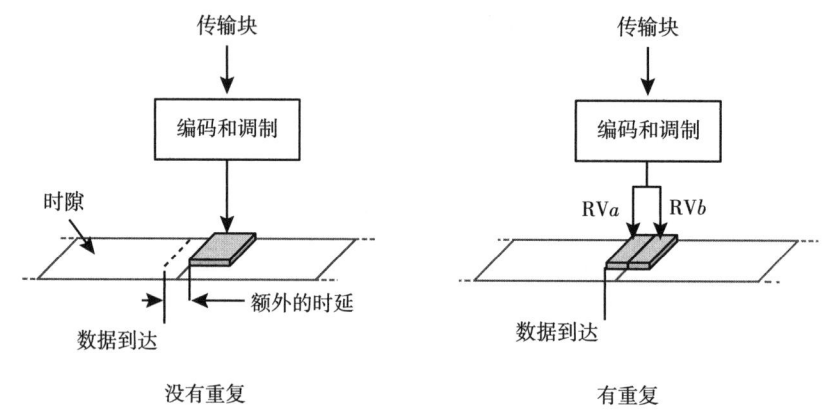

图 21-6 "微时隙"重复的时延增益示例

为了避免重复传输与其他传输相冲突，可以配置无效符号模式。这是一个跨越一个或两个时隙的位图，指示不允许将哪些 OFDM 符号用于重复。此外，作为 DCI 的一部分，可以动态控制该位图是否用于指示无效的 OFDM 符号。不同于 Release 16 仅支持动态码本，为了更好支持重复的资源，Release 17 扩展了 HARQ 反馈机制，也支持半静态码本。

## 21.5 下行控制信道

NR 本质上是一个调度系统：每个终端监听一组下行控制信道，以确定自己是否被调度发送还是接收。为了减少时延，可以配置终端更频繁地监听控制信道。在极端情况下最多每 2 个 OFDM 符号监听一次(相比于 Release 15 终端，通常只需要每个时隙监听一次)。此外，为了支持为增强的 URLLC 和 IIoT 而引入的新特性，需要 DCI 中加入一些额外的字段。

对于下行调度，DCI 格式 1_1 可以选配 1bit 的优先级指示来指示动态调度的下行业务的优先级是"普通"还是"高"，用于控制上行反馈信息的优先级处理，反馈信息包括下行 PDSCH 传输的确认，或者由 DCI 格式 1_1 触发的 CSI 报告。在上行反馈信息和其他上行传输之间发生冲突的情况下，需要知道不同信息块的优先级。优先级信息包含在 DCI 中，并按照 21.2 节中的说明用于解决冲突。

对于上行调度，DCI 格式 0_1 增加了几个新字段或对现有字段进行了扩展：

- 开环功率控制，通过选择 21.1.2 节所述的开环功率控制参数 $P_0$ 的不同预配置值，允许上行功率提升。
- 优先级指示，用于控制 PUSCH 的优先级，如 21.2 节所述。
- 时域分配字段，该字段指向一个扩展的时域分配表。从表的新列中，可以获得重复次数（见 21.4 节）。因此，图 10-11 中的每个条目不仅指示所使用资源的起始和长度，还指示应重复的次数。这允许动态调整重复次数，而不像 Release 15 那样的半静态配置。充分利用这种额外的灵活性意味着更大的分配表，因此时域分配字段的长度增加以支持指示最多 64 行而不是 16 行的表格。
- 无效符号模式指示，控制在确定分配给 PUSCH 的符号时是否要应用 RRC 配置的无效符号模式，见 21.4 节。

在 Release 16 中还引入了两种新的 DCI 格式：用于上行调度的格式 0_2 和用于下行调度的格式 1_2，具体参见第 10 章表 10-2 和表 10-3。它们提供的功能与格式 0_1 和 1_1 几乎相同，但同一字段允许使用不同的长度（包括为其中几个字段的长度可能配置为零）。这些格式可以允许较小的 DCI 长度（当不需要所有 DCI 信息字段，或者如果少量比特就足够了），用来保证终端可以更稳健地接收 DCI。例如，在 DCI 格式 0_1 和 1_1 中，HARQ 进程号始终使用（至少）4bit，冗余版本为 2bit。而在不需要所有 HARQ 进程和冗余版本的情况下，格式 0_2 和 1_2 允许使用更少的比特。另一个例子是载波聚合，格式 0_1 和 1_1 需要 3bit 的载波指示，而新的格式中为 0bit。类似的情况也适用于其他几个字段。在 Release 17 里，DCI 格式 0_2 和 1_2 也扩展了 DCI 格式 0_1 和 1_1 里的信息字段来支持非授权频谱，以及扩展了 HARQ 相关的信令。

## 21.6 反馈增强

Release 17 主要在几个方面增强了从终端到 gNB 的反馈报告：减少延迟和增加 HARQ 确认的可靠性，以及通过更详细的 CSI 报告改进链路自适应。

HARQ 确认在 PUCCH 上传输（除非同时有 PUSCH 传输）。如第 10 章所述，使用主小区或 PUCCH 辅小区，取决于数据在哪个下行载波发送。在许多情况下这是一个很好的设计。然而，当聚合多个 TDD 载波而各个载波有不同的 TDD 模式时，尤其是在主小区或 PUCCH 辅小区上具有下行密集模式时，为了等待上行时隙来进行 PUCCH 的传输，会存在一些不显著的延迟。为了减少这种延迟，Release 17 允许 PUCCH 切换到另一个小区，称为 PUCCH 切换小区（PUCCH-sSCell）。可以为两个 PUCCH 组各自配置一个 PUCCH 切换小区。切换可以是动态或半静态控制的。在前一种情况下，DCI 中的 PUCCH 小区指示选择两个半静态配置的小区（主小区或 PUCCH 辅小区）中的哪一个应该用于 PUCCH 传输。在后一种情况下，配置半静态模式，为每个 PUCCH 组指示两个载波中的哪个用于 PUCCH 传输。

PUCCH 小区切换的简单示例如图 21-7 所示。请注意，从时延角度来看，有时主小区是最好的，而在其他时间点，PUCCH 切换小区更好。

Release 17 中的另一个增强是重传 HARQ 确认。其原因是在 Release 16 中，确认可能会由于多种原因而被丢弃。比如说，上行优先规则可能优先了另一个上行传输，或者 PUCCH 与无效符号重叠。在这种情况下，gNB 不知道 PDSCH 是否被正确接收，可能会调度不必要的重传。为了处理这种情况，gNB 可以通过在 DCI 中设置 HARQ 重传指示来请求重传确认。

当使用半持续调度时,也有可能延迟确认。为了支持低时延,可以使用非常短的半持续调度周期。然而,从下行等待时间的角度来看可能与 TDD 载波中的 TDD 模式不匹配,导致在 Release 17 之前的版本中确认被丢弃。为了解决这个问题,引入了机制允许将确认延迟到下一个可用上行资源。

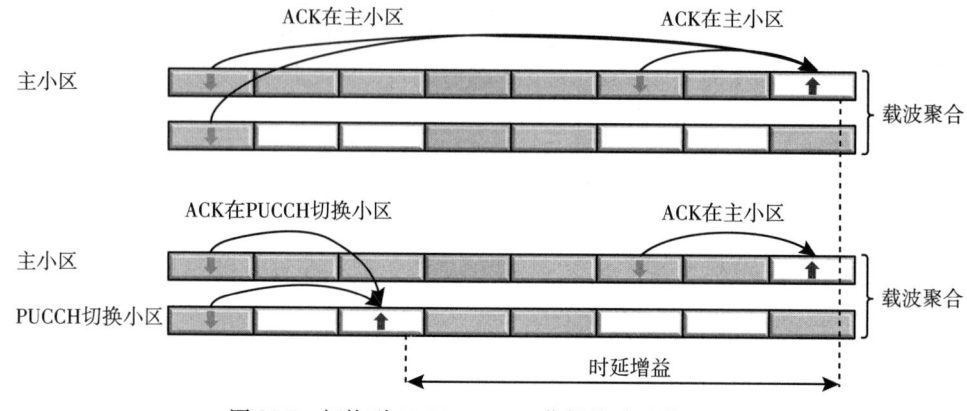

图 21-7 切换到 PUCCH-sSCell 获得的时延增益图示

为了改进链路自适应,CSI 报告扩展到使用 4bit 而不是依赖于 2bit 差分来报告的每个子带的完整 CSI 报告。Release 17 还提供了在同一传输中复用低优先级和高优先级 UCI 的增强。

## 21.7 具备 PDCP 复制的多连接

复制,或者说多次传输相同的下行数据,是提高传输可靠性的一个手段,从 NR 标准的第一个版本开始就已经支持复制功能。其中接收端 PDCP 中的重复检测机制可以帮助接收端删除成功接收的重复数据。在载波聚合的情况下,RLC 也可以配置为删除下行重复的传输。对下行传输,这是一个主要取决于 gNB 产品实现的功能。gNB 可以根据需要在上述的框架内灵活地实现复制策略。Release 16 及后续版本的多收发节点增强(见第 12 章)也可以用作多连接的一种形式,以增强鲁棒性。

上行情况则较为复杂。因为在这种情况下网络将无法自己控制复制的性能,数据包的复制不仅是实现层面,而需要指定终端发送的复制行为。

在 Release 15 中,PDCP 复制可以配置为一个无线承载最多两个 RLC 实体。每个 PDCP PDU 被复制,其中一个副本映射到主逻辑信道,一个副本映射到辅逻辑信道。由于每个逻辑信道都有自己的 RLC 实体,因此有两个 RLC 实体关联到该无线承载。这些 RLC 实体可以属于同一 gNB 的不同小区(使用载波聚合进行复制)或来自不同站点的不同小区(使用双连接进行复制)。MAC 控制信元可用于启用/禁用复制。

在 Release 16 中,这个框架已经扩展到支持最多四个 RLC 实体(见图 21-8)。因此可以处理跨载波和跨站点的同时复制。这与以前的版本不同,以前只能在上行中使用载波聚合或双连接,但不能同时使用。与 Release 15 类似,增强的 PDCP 复制可以由 MAC 控制信元激活或者去激活。

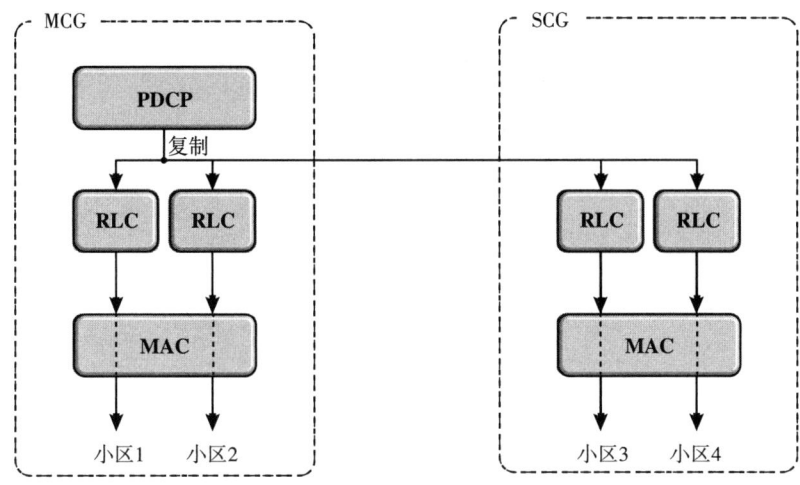

图 21-8 跨载波和跨站点的复制

## 21.8 非授权频谱中的 IIoT 和 URLLC

Release 16 中开始支持在非授权频谱中操作,这样可以利用大量的频谱而不需要许可。虽然在许多情况下可能是有好处的,尽管通常存在不可预测的干扰情况导致时延和数据速率的变化,并且与授权频谱相比限制了性能。但在某些情况下,网络所有者可以控制哪些用户进入特定区域。在这种受控环境(例如工厂)中,干扰情况更加可预测,经常会在非授权频谱中提供 URLLC 和 IIoT 类型的业务。Release 17 中的一个重要增强是对非授权频谱中这些类型业务的支持。大部分非授权频谱的机制在 Release 16 中引入,见第 21 章,但需要一些增强来完整支持 URLLC。

在受控环境中,可以采用半静态信道接入,这被称为基于帧的设备(FBE)。与动态信道接入相比,半静态接入是有益的,因为它不依赖于随机回退,因此提供了更可预测的时延。Release 17 中,配置授权可以在非授权频谱中的半静态信道接入中使用,如第 20 章所述。而在 Release 16 中,配置授权是基于动态信道接入。此外,DCI 格式 0_2 和 1_2 对 DCI 格式 0_1 和 1_1 中已经存在的信息字段进行了扩展,是为了满足利用非授权频谱的要求。

## 21.9 时间敏感网络的时间同步

时间敏感网络(TSN)是指一类需要非常精确定时的通信网络。所涉及的节点必须对时间有相同的理解,并且需要在时间预算内递交通信数据包。这并不一定意味着时延要求非常低(虽然这当然是可以的),但更确切地说,时间敏感网络有一个共同的时间基准,而且在许多情况下有一个很低的延迟抖动。在前面章节中讨论的机制,例如配置授权和相关的优先级处理,可以用来提供低时延抖动的通信。然而,在许多情况下网络仅仅提供低时延抖动是不够的,还需要网络中多个节点有一个共同的和非常精确的时间同步。

工业自动化是 NR 针对的一个典型的 TSN 应用场景，要求提供一个公共的时间基准，在 100m×100m 工业场地定时误差最多为 1μs。在有线环境中，以太网通常用于时间敏感网络，不但可以用于控制时间基准（可以是多个），还可以用于传输用户数据。有几种协议可用于有线以太网的时间同步，例如 IEEE 1588 标准。然而这些协议的开发并没有考虑到无线连接。为了更好地通过 5G 网络支持时间敏感通信，NR 标准增加了新的功能，以提供 5G 网络上的精确时间基准。时间基准可用于终端侧，这样就可以满足连接到无线接收机的机器所需的不同时间基准，如图 21-9 所示。考虑到精度要求，无线网络的精度应在 0.5μs 左右或更少。

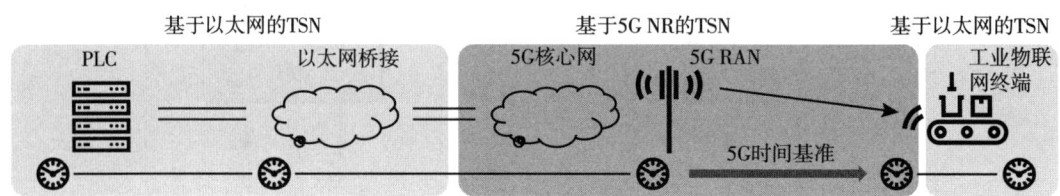

图 21-9  基于 5G 的 TSN 示例

作为基线，终端不知道 5G 网络中的绝对时间（至少没有足够精确），但是定时提前值是终端已知的。一般假设定时提前为传播延迟的两倍，则终端可以从该值推导出从基站到终端的传播延迟。为了获得终端的绝对定时基准，gNB 会发送包含绝对时间的 RRC 消息，绝对时间对应于未来某个特定系统帧号结束的时间点。gNB 会对发射机内部下行处理中的延迟进行补偿，也就是说消息中提供的绝对时间表示在某个未来系统帧号结束时基站天线连接器处的时间。在接收到该消息时，终端可以通过补偿传播延迟（可根据定时提前值估计）来确定绝对定时基准，如图 21-10 所示。执行补偿所需的传播延迟估计值可以从终端中已有的定时提前值中获得，或者如果需要更高的精度，可以从往返时间测量中获得。往返的测量基于 gNB 发送的参考信号，TRS 或 PRS。一旦接收到参考信号，终端就用 SRS 进行响应。gNB 测量从发送 TRS 或 PRS 到接收 SRS 的时间，并将该值发送给终端。由于终端知道其 TRS/PRS 到 SRS 的延迟，因此可以计算传播延迟。

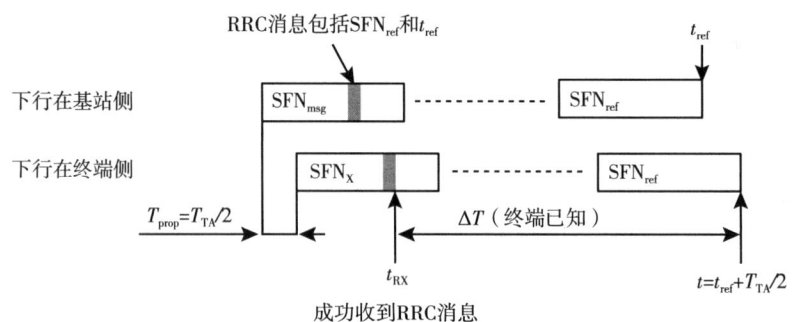

图 21-10  终端定时基准的计算

除了补偿终端的传播延迟之外，也可以在 gNB 进行补偿。往返测量的方式与上面所述相同，但是终端需要向 gNB 报告 TRS/PRS 到 SRS 的延迟，gNB 也相应地调整其发送的定时基准。

携带绝对时间的 RRC 消息在 SIB 9 中发送，通常每 160ms 发送一次。如果需要更加频繁的时间基准信令来保持定时精度，或者使用加密保护时间基准很重要，可以使用专用 RRC 信令作为替代。

一旦 5G 终端在 5G 网络中获取到精确的绝对时间，连接到该终端的时钟可以与 5G 时钟同步，从而也可以与整个时间敏感网络中的时钟同步。

如前所述，以太网通常用于有线 TSN 通信，因此高效地支持基于以太网的通信非常重要。除了时间同步外，NR 还通过以太网报头压缩来增强以太网帧的递交效率。这是通过扩展 PDCP 协议来支持以太网报头压缩来实现的。

# 第 22 章

# RedCap 和小数据传输

在上一章我们讨论了 URLLC 的增强主要用于工业 IoT。但并非所有的 IoT 用例都是时延是最关键的指标。更重要的方面反而是成本适中、数据速率高于 eMTC/NB-IoT 的用例。为了应对这些用例，Release 17 引入了降低能力（Reduced Capability，RedCap）的终端。

Release 17 还引入了小数据传输（Small Data Transmission，SDT）来改进对于少量数据的处理。这是很多机器类型通信中常见的场景，尽管 SDT 不限于机器类型通信，也可以作为通用工具来使用。

## 22.1 RedCap 终端

NR 第一版的设计主要专注于移动宽带业务以及一定程度的 URLLC 业务。对于大规模机器类型通信，采用的是由 LTE 衍生的 eMTC 和 NB-IoT 技术，NR 提供了在同一 NR 载波上支持 eMTC/NB-IoT 的机制，从而系统集成了对移动宽带、关键 IoT 和大规模 IoT 的支持。

然而，某些 IoT 业务的要求高于 eMTC/NB-IoT 所能提供的，又低于 NR 特性全集所能提供的。例如工业无线传感器网络，视频监控和可穿戴设备就要求终端成本低于 NR，电池寿命高于 NR，并且数据速率高于 eMTC/NB-IoT，而时延又低于 eMTC/NB-IoT[109]。一种可能是采用低端的 LTE 终端类别（Cat 1 到 Cat 4），但为了在 NR 体系内满足这类要求，Release 17 引入了 RedCap 终端。这类终端是 NR 终端，但通过限制了某些特性（见图 22-1），成本和复杂度低于常规的 NR 终端。Redcap 终端可以工作在对称和非对称频谱，可以工作在 FR1 和 FR2。最简单的 RedCap 终端在 FR1 FDD、FR1 TDD 和 FR2 TDD 所支持的下行峰值速率分别为 85Mbit/s、50Mbit/s 和 240Mbit/s[110]。这些数值明显高于 eMTC/NB-IoT，但低于"常规"NR。

RedCap 工作源于选择降低终端复杂度和成本潜在技术的研究[111]。研究得出结论，可以通过限制载波带宽（FR1 为 20MHz，FR2 为 100MHz）、采用单天

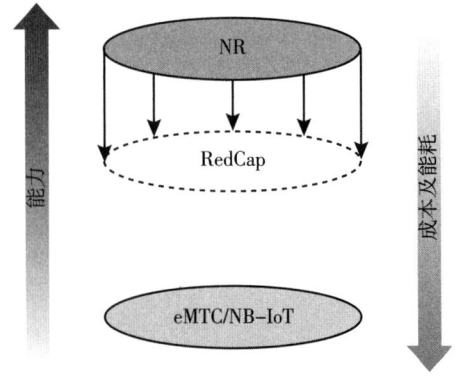

图 22-1　NR、RedCap 及 eMTC/NB-IoT 的关系说明

线终端、去除 256QAM 以及采用半双工 FDD 来显著降低成本。对于最简单的 RedCap 终端，FR1 的总成本可以降低 65%，FR2 可以降低 50%，尽管确切数字会因所做假设有所不同。

### 22.1.1 减少带宽和初始接入

相比于普通的 NR 终端，RedCap 终端支持的带宽较小。FR1 的 RedCap 最大支持 20MHz，FR2 最大支持 100MHz。这明显小于常规 NR 能力，尤其是 FR1，从而带来射频器件成本的大幅降低。带宽减少也意味着数据速率受限，从而也降低了基带处理的成本。

RedCap 支持的最小带宽远大于 SSB 所需带宽。因此，RedCap 终端可以同常规 NR 终端一样获取相同的 SSB，相比之下 eMTC/NB-IoT 终端由于带宽更窄，要求发送单独的系统信息。一旦获取到 SSB，gNB 在调度剩余 SIB 时就会考虑 RedCap 的带宽限制。由于终端的带宽减少，小区配置的初始部分带宽可能会大于终端所能支持的带宽。因此需要通过系统信息给 RedCap 终端单独配置初始部分带宽。

网络可以通过 SIB1 中单独通知 RedCap 终端小区闭锁，使得只限制单天线和两天线的 RedCap 终端接入网络。这一功能的出发点是担心网络中这些较低能力终端的存在可能会降低系统性能。如果运营商对某些特定小区有这种担心，就可以配置这些小区不允许某些或者全部 RedCap 终端接入。

随机接入过程提供了一种提前指示，来标识该终端是常规终端还是 RedCap 终端，是否需要特殊处理。可以配置 RedCap 特定的前导码，或者通过消息 3（或者两步随机接入的消息 A）使用 CCCH 两个特定的 LCID 之一来指示该随机接入来自于 RedCap 终端。选择使用特定的 LCID 而非显式信令是因为在不改变信令结构的情况下没有多余的比特可用。

由于 RedCap 终端所用带宽比常规终端更小，RedCap 的 PUCCH 传输会导致资源碎片化，如图 22-2 所示。如果全部终端都支持相同带宽，即 NR 基线场景，可以在初始部分带宽的边缘发送 PUCCH，如图 22-2 左侧所示。一旦有不支持全带宽的终端，例如 RedCap 终端，这些终端的 PUCCH 通常会在与基线终端不同的频率区间上发送，从而导致 PUSCH 资源的碎片化。资源碎片化可能会对非 RedCap 终端调度更大带宽造成限制，对可以达到的速率造成负面影响<sup>⊖</sup>。为了缓解这种情况，可以对消息 4 的 PUCCH 不使用跳频，并将 RedCap 的初始部分带宽放置于常规初始部分带宽的一端，如图 22-2 右侧所示，这样就可以避免上行资源碎片化。

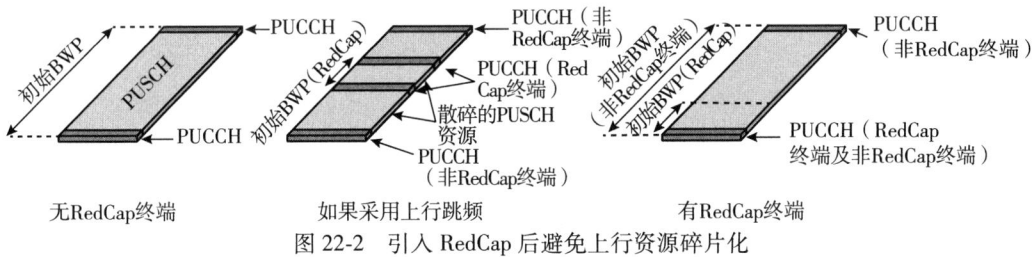

图 22-2 引入 RedCap 后避免上行资源碎片化

---

⊖ 如果上行支持非连续资源分配，则碎片化不是问题。

限制 RedCap 终端带宽带来的一个后果是这些终端可能最终都会驻留在整个载波带宽的同一区域，即发送 SSB 的区域。这并不是所期望的，因为可能会导致这部分载波拥塞。为了缓解这个问题，可以给 RedCap 终端配置多个部分带宽，每个部分带宽有一个 SSB。这种非小区定义 SSB（见第 16 章）用于没有包括小区定义 SSB 的部分带宽。可以配置 RRM 测量使用非小区定义 SSB。

### 22.1.2 单通路接收天线

NR 基线终端，尽管取决于所支持的频段，但至少有两路（通常有四路）接收天线，能够进行接收分集和通常所说的两层 MIMO。从性能角度这是有好处的。但是对于低端终端，两天线及相关处理通路的成本可能并非微不足道。因此对于 RedCap 终端，多天线和 MIMO 是可选支持的⊖。不支持（至少）两天线接收会影响下行覆盖。但很多情况下上行覆盖是限制因素，因此对于 RedCap 终端，下行的影响不太令人担心，尤其是 RedCap 终端的数据量较小。在 RedCap 标准化的研究中[111]认为可以接受下行覆盖最多损失 3dB⊖，并且只需要缓解随机接入中消息 2 和消息 4 的覆盖损失。对于消息 2 可以采用低阶调制编码方式，对于消息 4 可以采用 HARQ 重传来保证覆盖足够。因为 gNB 在随机接入过程中已经可以区分 RedCap 终端和普通终端，对消息 3（或消息 B）就可以选择合适的传输参数。

FR1 的 RedCap 终端可以支持一至两路天线及相应的 MIMO 层数。在终端能力中指示了天线数，gNB 在调度时需要考虑。

FR2 的 RedCap 终端支持单层或两层 MIMO，所支持 MIMO 层数与天线数无关（当然天线数必须大于或等于 MIMO 层数）。在终端能力中指示了支持的 MIMO 层数。为了进一步降低 FR2 终端的成本还可以支持一种新的低发射功率等级。

RedCap 终端的另一个简化是不要求支持 256QAM（显然也不要求 1024QAM）。

### 22.1.3 半双工 FDD

通常的 FDD 终端支持全双工通信，即上行发送和下行接收同时进行。从容量和时延角度看同时发送和接收是有好处的，但代价是需要双工滤波器。

为了降低成本，FDD RedCap 终端可以只支持在半双工模式下工作（网络仍然可以在全双工模式下工作，即上行和下行调度不同终端）。终端使用半双工就意味着不需要双工滤波器，可以使用开关来隔离发射机和接收机，如图 22-3 所示。相比于双工滤波器，开关的插损大概低 0.8dB。因此，相比于某些频段的全双工 FDD 终端，半双工 FDD RedCap 终端接收机灵敏度需要提升最多 0.8dB。

半双工 FDD 终端的切换时间与 TDD 所用的切换时间相同。同样，终端在上行和下行的优先级规则也遵循 TDD 定义的规则，除了有一些例外[112]。

在 SIB1 中指示了小区是否支持半双工 FDD 的 RedCap 终端。其目的是确保半双工 RedCap 终端不会接入不支持终端所需双工特性的小区。

---

⊖ FR1 的 RedCap 终端支持的接收天线数量始终等于 MIMO 层数。

⊖ 实际的规范中并未假定 3dB 损失，因此覆盖要好于文献[111]的研究建议。

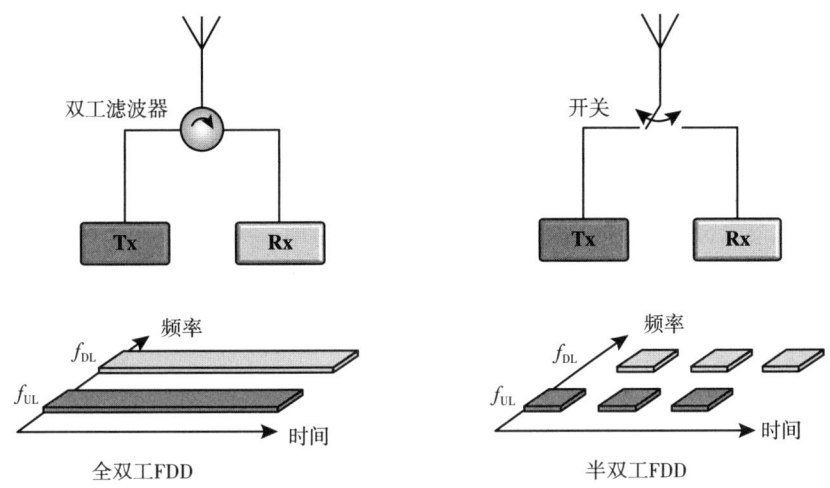

图 22-3 全双工(左)和半双工(右)终端

## 22.1.4 降低高层复杂度

为了降低高层复杂度，RedCap 引入了一组较小增强。主要改变是参数范围的限制而非基本的协议结构。例如，RedCap 终端只要支持最多 8 个无线承载，而常规终端则需要支持最多 16 个。考虑到数据速率较低，PDCP 和 RLC 序列号可以限制为 12bit（常规终端为 18bit）。最后，用于支持移动性的自动邻区关系（ANR）对于 RedCap 终端也是可选功能，因为 RedCap 终端的目标场景没有移动性要求或移动性要求有限。

## 22.1.5 DRX 增强及邻区测量

终端能耗是令人关注的问题，尤其是 RedCap 终端的目标类型之一是可穿戴设备。为了降低 RedCap 终端的能耗，延长电池寿命，对 DRX 机制进行了扩展以支持更长的休眠间隔，即 eDRX。空闲状态下在醒来前可以休眠接近 3h。从 RAN 的角度看，空闲态和非激活态的休眠没有区别，但由于在冻结 Release 17 时并未对核心网进行全方面研究，非激活态 eDRX 周期最长为 10.24 秒，Release 18 取消了这一限制，对非激活态也可以支持接近 3h 的休眠。

常规 DRX 的定时器是采用系统帧号来定义的，每 10.24s 环回（采用 10bit 对 SFN 编码）。因此，在处理 eDRX 周期长于 10.24s 时需要定义超帧号。额外的 10bit 超帧号在 SIB1 里发送，和系统帧号共同用于计算，控制终端何时可以被寻呼，从而实现接近 3h 的休眠周期。

为了进一步提升电池寿命，放宽了 RedCap 终端的邻区测量要求⊖。如果网络放宽了要求，被判定为静止并且不在小区边缘（可选）的终端可以放宽对邻区的测量。判定终端是否静止是基于测量的 RSRP/RSRQ。

---

⊖ Release 16 引入了放宽，但在 Release 17 里进一步改进。

## 22.2 小数据传输

第 6 章讨论了 NR 的 RRC 状态机设计了不同的 RRC 状态。终端大多数时间处于空闲态，无法传输数据。当有数据需要发送时，终端要建立连接，迁移到连接态然后传输数据。一旦数据传输完成，终端会在某个时间点返回到空闲态或非激活态。对于大量数据而言，限制仅在连接态进行数据传输是很好的方式，因为传输可以利用终端独特的能力，有些能力仅在连接态下具备。

从空闲态迁移到连接态需要发送配置参数并与核心网建立连接。为此需要发送的信令数量可能无法忽略，因此 NR 从第一个版本就引入了非激活态。与从空闲态迁移到连接态不同，非激活态和连接态互相转换中保留了配置信息以及与核心网的连接，因此非激活态可以很好地减少信令开销。但是对于有效载荷较小的传输，常见但不限于 IoT 场景，尽管采用了非激活态，迁移到连接态的信令开销相比于用户数据不可忽略。因此 Release 17 引入了对小数据传输的支持，本质就是在非激活态也允许发送（上行）数据及信令，即无须从非激活态迁移到连接态。Release 17 重点关注移动主叫的数据传输，Release 18 对移动被叫的小数据传输进行了增强。

### 22.2.1 SDT 的触发

小数据传输是基于无线承载配置的。当有数据到达一个处于非激活态的终端，并且启用了 SDT，终端会决定是否使用 SDT 过程进行数据传输，还是发起迁移到连接态后再进行数据传输。如果有效载荷低于一个阈值，并且下行 RSRP 高于另一个阈值，终端发起 SDT 过程，否则采用与早期版本相同的方式使用随机接入建立连接。这些规则背后的意图是在信道条件好并且数据量小的情况下才使用 SDT。对于大量载荷，采用连接态而非 SDT 更为高效。

上行小数据传输定义了两种方案：随机接入的 SDT 和配置授权的 SDT。

### 22.2.2 随机接入的 SDT

基于随机接入的 PUSCH 传输，对于四步随机接入，用户数据在消息 3 上发送，对于两步随机接入则是在消息 A 上发送（见图 22-4）。常规的随机接入不允许在消息 3 发送数据，原因是配置（例如安全）还未完成，而 SDT 发起的随机接入则可以在消息 3 上发送数据。为了处理这种提前的数据传输，即消息 3 的调度授权大到足以容纳恢复 DRB 和安全配置，网络需要区分 SDT 发起的随机接入和常规的随机接入。这可以通过配置仅用于 SDT 的随机接入前导码子集来实现，剩余的前导码集合用于常规的随机接入。

对于四步随机接入的 SDT，发送了所选的前导码后，网络使用消息 2 进行响应（也称之为随机接入响应，Random Access Response，RAR），如第 17 章所述。消息 2 分配的上行资源及相应的消息 3 中使用 SDT 承载用户（部分）数据的传输块都大于常规的随机接入。

终端在发送包含用户数据的消息 3 时不知道上行是否有冲突。因此，类似于常规的随机接入，终端需要接收消息 4 来解决竞争。如果竞争解决成功，终端知道用户数据（或者第一部分用户数据)已经成功接收。尽管终端仍处于非激活态,但会开始使用 C-RNTI 监听 PDCCH,以便进行后续的上行数据调度。这样做的动机是可以处理发送数据量稍大的情况,消息 3 不够容纳,但不足以促使迁移到连接态的情况。尽管通过这种方式终端无须迁移到连接态就可以发送大量数据,但效率很低,因为无法使用连接态可用的先进特性。因此消息 4 可能包含让终端迁移到连接态的 RRC 信令,从而使用常规的上行调度来传输额外的数据,或者当前没有更多数据需要传输时,也可以释放终端到非激活态(甚至空闲态)。

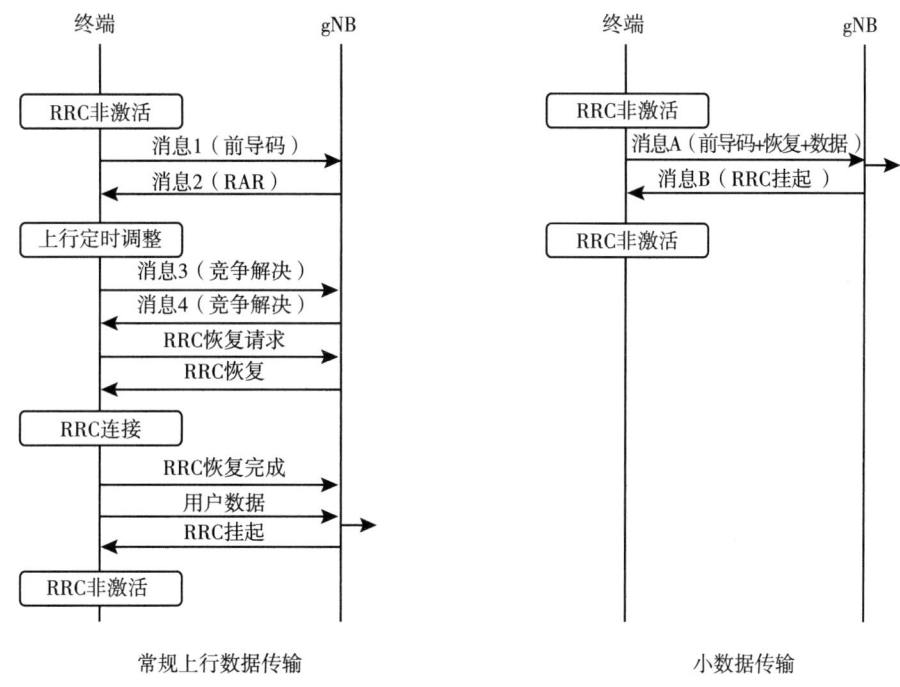

图 22-4　基于 SDT 的随机接入和后续有数据传输的常规随机接入示例对比

两步 SDT 与四步 SDT 过程类似。这种情况下 SDT 所关联的前导码集合用于消息 A 可以分配到更多 PUSCH,足够容纳用户数据(或者第一段用户数据)。这种情况下也需要竞争解决。这是通过第 17 章所述的消息 B 来完成的,类似于四步过程,也可以在消息 B 里包含改变终端 RRC 状态的 RRC 信令。

SDT 尝试的失败原因可能有多种,例如达到随机接入最大尝试次数,SDT 失败检测定时器超时,或者终端进行了小区重选。如果 SDT 尝试失败,终端会迁移到空闲态。

### 22.2.3　配置授权的 SDT

配置授权可以和 SDT 联合使用。对于有周期性业务的静止终端场景,如果支持比在连接态的时间更长的周期,那么配置授权的 SDT 是比基于随机接入的 SDT 更为高效的替代方案,但不幸的是在 Release 17 里并非如此。

对于配置了类型 1 配置授权的终端,授权仅在终端迁移到非激活态之前的 PCell 有效,即不支持小区间移动性，移动性情况下需要采用基于随机接入的 SDT 或者传统的连接建立方式。

配置授权的挑战在于终端为了成功传输 PUSCH 需要有效的定时提前。不同于连接态下 gNB 可以测量上行传输，给终端发送定时提前命令，基于随机接入的 SDT 没有来自网络的反馈。因此，终端需要自行决定定时提前值是否仍然有效。为此采用了一个可配置的定时器。定时器超时就认为上行定时无效，释放配置授权资源。在配置授权初始传输时还需要考虑下行 RSRP，如果一个可配置的 SSB 集的 RSRP 低于某个阈值，就认为上行定时无效，释放配置授权资源。采用这种方案的原因是配置授权只对某些波束有效，当终端移动到这些波束覆盖范围之外时就要放弃。

# 第23章

# 多播和广播业务

NR 的首个版本设计关注单用户的数据传输，传输协议和无线资源管理都是为这种情况设计的[注]。但是除了单用户数据传输，还有一类业务是向多个终端传送相同的数据。这类业务的两个众所周知的例子是无线广播网络和电视广播网络。这两个网络都在非常大的区域内传输相同的内容，没有或有限支持向单个用户发送数据的可能。其他给多个终端递交相同数据的例子中与蜂窝系统更相关的有急救人员，分发者需要与一组急救员进行通信；以及对多个终端进行软件升级。

为了更好地处理这些类型的业务，NR 在 Release 17 中引入了广播和多播功能。在移动通信系统中提供广播/多播业务意味着同时向多个终端提供相同的信息，与向每个终端单独传输相比，这在许多情况下减少了所需的网络资源量。本章的剩余部分将描述 Release 17 中广播/多播背后的细节以及 Release 18 中的一些增强功能。

## 23.1 单播、多播、广播

单播通信是 NR 的基础，也就是说，数据是发往（或来自）单个终端的。IP 分组经由用户平面功能（User Plane Function，UPF）进入（或离开）核心网络，其中 PDU 会话处理 UPF 和终端之间的端到端连接。在无线接入网络中，数据通过一个或多个数据无线承载（Data Radio Bearer，DRB）传输。这在第 6 章中有所概述，也是许多后续章节的背景。

另一方面，多播/广播业务（Multicast/Broadcast Services，MBS）指的是数据可以（并且通常是）用于多个终端的业务。与单播传输类似，IP 分组到达核心网络中的 MB-UPF，并且 MBS 会话提供 MB-UPF 和终端之间的端到端连接。提供两种类型的业务，广播业务和多播业务。

广播业务允许广播区域中的任何支持 MBS 的终端接收数据，而无须联系网络来加入 MBS 会话，而与 RRC 状态无关。终端可以随时开始和停止接收广播传输，而无须通知网络，并且不需要上行传输。因此，网络不知道哪些终端正在接收什么内容。这类似于在家里接收电视节目，而电视广播运营商不知道你在看哪个频道。不能使用基于来自终端的反馈的重传，也不能使用依赖于终端反馈的其他特征。因此，必须选择传输参数，使得广播区域内的所有位

---

⊖ 系统信息是例外，因为系统信息是发给一个小区里的所有用户。

置都被充分覆盖。因为不使用反馈信令,所以广播传输是高度可扩展的,对可能容纳的用户数量没有上限。

另一方面,多播业务意味着数据被传输到一组终端。在接收多播数据之前,终端需要联系网络以加入 MBS 会话并被添加到相应的多播组。一旦终端加入了 MBS 会话,终端就被提供相关的配置信息,并准备好激活会话和传输数据。多播继承了大多数单播功能,包括从终端获得反馈的可能性。这可以产生高效的传输,但是不像广播传输那样可扩展,因为对反馈信令的需求最终会限制容量。此外,MBS 数据接收仅在连接状态下是可能的。因此,当激活MBS 会话时,使用组寻呼来确保相应组中的所有终端在任何数据传输发生之前都处于连接状态。在 Release 18 中,多播接收在非活动状态下也是可能的,因此可以避免来自寻呼的开销。

对于广播和多播业务,MBS 数据进入 MB-UPF,并使用共享传输被传输到具有 MBS 能力的 gNB,即每个 gNB 接收每个 MBS 数据分组的单个副本。如图 23-1 所示,所涉及的 gNB 进而使用 MBS 无线承载 (MRB) 通过点到多点 (Point-To-Multipoint,PTM) 或点到点 (Point-To-Point,PTP) 传输将数据包传送到所有感兴趣的终端。广播业务只能使用 PTM,而多播业务可以使用 PTM 或 PTP 向终端传输数据。

此外,考虑有些 gNB 不能处理 Release 17 中添加的 MBS 功能,但仍然需要参与多播传输,MBS 数据可以使用单播传输单独传送到每个终端,如图 23-1 的最右边部分所示。在这种情况下,DRB 会话用于每个终端,并且数据的单独副本(每个涉及的终端一个)被传送到 gNB。

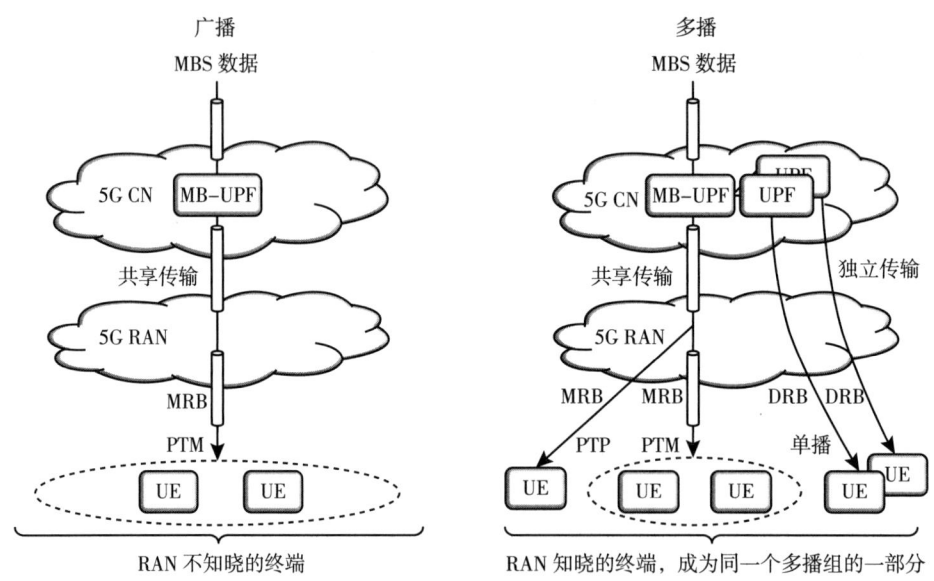

图 23-1 广播和多播的示例

## 23.2 信道结构

在 MBS 会话中,多播/广播业务使用 MRB 携带 MBS 数据。每个 MBS 会话具有相关联的标识符，即临时移动组标识（Temporary Mobile Group Identity，TMGI），并且使用 PTP（"PTP-MRB"）、PTM（"PTM-MRB"）或两者的组合即"分离 MRB"（"split-MRB"），将 MRB 数据发送给终端。广播传输只能使用点到多点，而多播可以使用这三种方法中的任何一种。在第6章中描述的用户平面协议架构被也被用于多播/广播业务，尽管不是所有的功能都被使用：

- SDAP：每个 QoS 流映射到一个 MRB，可以是多个 QoS 流到同一个 MRB，或者是一个 QoS 流一个 MRB。如果在一个小区中同时使用多播和广播传输，则单独的 MRB 用于相应的 MBS 会话。
- PDCP：对于多播业务，PDCP 处理报头压缩，并且在 split-MRB 的情况下，选择使用 PTP 或 PTM 递交。加密和完整性保护不用于 MBS 数据。对于 PTM，不使用 PDCP 重传。
- RLC：对于用 PTM-MRB 或 split-MRB 的 PTM-MRB 部分进行广播和多播传输时，因为没有 UL-SCH，因此在这种情况下不可能有 RLC 状态报告，所以使用 UM。对于 PTP-MRB，或 split-MRB 的 PTP 部分，可以使用 AM 或 UM。
- MAC：PTP 和 PTM 都可以使用 HARQ 重传。

为了支持广播/多播业务用 PTM 递交，引入了两个新的逻辑信道：多播业务信道（Multicast Traffic CHannel，MTCH）和多播控制信道（Multicast Control CHannel，MCCH），都映射到传输信道 DL-SCH（见图 23-2）。

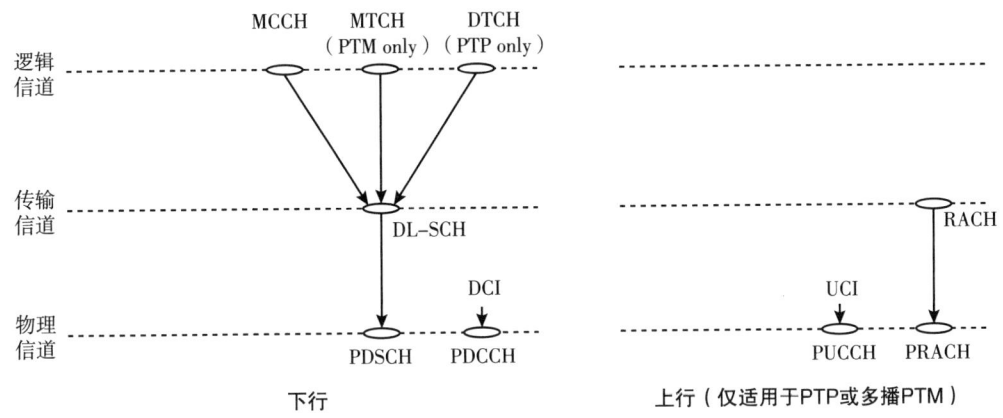

图 23-2　MBS 信道结构

MTCH 是使用 PTM 承载来自一个 MRB 的 MBS 数据的逻辑信道类型，数据可以是来自一个 PTM-MRB，或者从 split-MRB 的 PTM 部分。例如，如果终端对多个 MBS 业务感兴趣，它可以接收多个 MTCH。MTCH 的调度和传输使用 G-RNTI，或者在半持续调度的情况下，使用 G-CS-RNTI。在终端应该接收多个 MRB 的情况下<sup>⊖</sup>，可以给终端配置多个 G-RNTI（或者 G-CS-RNTI）。

MCCH 是用于携带接收使用广播发送的 MBS 数据所需的控制信息的逻辑信道类型。当从 MCCH 调度和发送数据时，MCCH 使用 RLC-UM，以及 MCCH-RNTI。

---

⊖　可以将多个 MRB 映射到单个 G-RNTI（并非所有终端都支持多个 G-RNTI）。

对于使用 PTP 传输的 MBS 数据，无论是从 PTP-MRB 还是从 split-MRB 的 PTP 部分传输，都使用 DTCH 作为逻辑信道，并使用 C-RNTI。

图 23-3 示例了一些不同的 MBS 数据传输的方法：
- 广播，采用 RLC-UM，点到多点递交。
- 多播，采用 RLC-UM，点到多点递交。
- 多播，采用 RLC-UM 或者 RLC-AM，点到点递交。

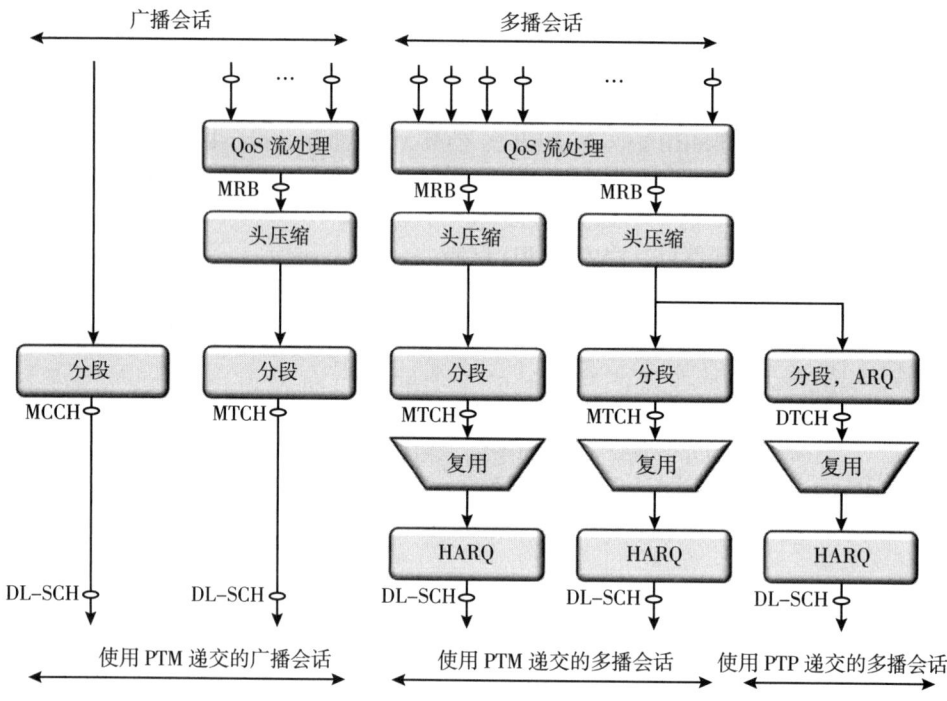

图 23-3　多种广播和多播业务展示

## 23.3　下行数据传输

从 DL-SCH 处理的角度来看，一个最简单的方法就是利用 DTCH 把 MBS 数据用点对点方式进行传输，因为这些传输与针对单个终端的单播传输没有什么不同。接收数据所需的参数，包括所使用的加扰序列和时频资源，和其他的单播传输完全相同。

另一方面，点对多点传输需要特别注意，因为单个传输将由多个终端接收。MTCH 和 MCCH 映射到 DL-SCH，并使用第 9 章中描述的传输信道进行处理，会有一些限制。首先，为了不让多播/广播对 3GPP 规范产生过大的影响，并增加终端实现这一新特性的可能，点到多点并没有引入新的参数集。换句话说，Release 15 中支持的子载波间隔和循环前缀也用于 Release 17 中的多播/广播。此外，由于让所有涉及的终端都知晓传输的参数，包括加扰序列和时间-频率资源，因此在这方面协议也有一些增强，如后续章节所述。

### 23.3.1 单频网

NR 中下行传输的基线是终端从一个站点接收的信号，而网络侧不协调站点间的传输。终端接收信号受到相邻站点传输造成的干扰。然而，如果来自不同站点的传输内容完全相同，并且在时间/频率上相互对齐，那么在终端上收到的来自多个站点的信号，可以等效为单一站点的多径传播的影响。传统 OFDM 接收机可以非常有效地处理这种多径信号。这种传输模式被称为单频网络（Single Frequency Network，SFN⊖）。因为来自相邻站点的传输不再是添加干扰，而是添加有用的信号，所以单频网络可以提高接收性能。

为了支持 NR 中的 SFN PTM 传输，用于 PDSCH 的加扰序列以及用于解调参考信号的序列都必须依赖于用于 PTM 传输的 RNTI——G-RNTI、G-CS-RNTI，或者 MCCH-RNTI，而不是用于单播传输的 C-RNTI。

受限于 NR 中循环前缀的持续时间，SFN 操作主要应用于站间距离小且 gNB 之间严格时间同步的部署，但无法有效应对类似电视的高塔高功率部署。当然对 NR 多播/广播的目标用例，这并不是一个严重的限制。

### 23.3.2 公共 MBS 频率资源

为了确保所有终端对所使用的时频资源有相同的理解，定义了公共 MBS 频率资源（Common MBS Frequency Resource，CFR）。公共 MBS 频率资源是位于部分带宽内公共资源块里的一个连续子集，如图 23-4 所示。点对多点传输将公共频率资源用于资源块映射，包括 VRB 到 PRB 的映射和 PRB 到 CRB 的映射。因此，某种程度上它可以被看作专门用于点到多点传输的部分带宽。

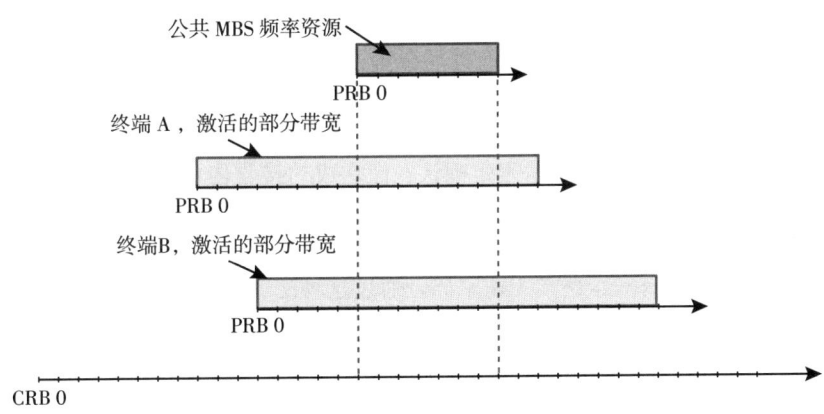

图 23-4 用于 PTM 多播业务的公共 MBS 频率资源

---

⊖ 注意不要和系统帧号混淆，二者的缩写均为 SFN。

公共 MBS 频率资源的配置由 RRC 信令处理，但是多播和广播略有不同，因为在 RRC 非激活态和空闲态下完全支持广播。

与点到点或者点到多点的递交方法无关，多播 MRB 的配置使用专用 RRC 信令来提供，包括 PDSCH、PDCCH 和半持续调度相关的配置。公共 MBS 频率资源必须在激活部分带宽内，因为终端不应该接收激活部分带宽之外的任何东西。网络应确保终端中激活部分带宽的任何变化都不会违反这一假设。

对于广播 MRB，公共频率资源默认覆盖与 CORESET 0 相同的频率，但是可以配置不同的值作为 SIB20 的一部分。MTCH 和 MCCH 使用相同的公共频率资源。

## 23.4 HARQ 重传

无论是 HARQ 重传还是 RLC 重传，在单播传输中都发挥着重要作用，以确保数据的无错递交。对于使用 PTP 传输递交的 MBS 业务，显然这些重传机制使用的方式与单播传输相同。

对于 PTM 递交，情况有所不同。由于在这种情况下不存在发送 RLC 状态报告的 UL-SCH，无论是对于多播还是对于广播，都不能使用 RLC 重传，并且 RLC 只能在 UM 模式下工作。然而 HARQ 重传可以用于多播传输，根据 RRC 配置来选择下面三个不同方案之一来处理确认：

- ACK/NAK。
- 仅 NAK。
- 无 ACK/NAK。

前两个方案仅适用于多播，因为需要发送反馈信息，而第三个方案（无 ACK/NAK）可用于多播和广播业务。

ACK/NAK 以与单播传输相同的方式进行操作。通常配置不同的终端使用不同的 PUCCH 资源来避免冲突。这样 gNB 就可以识别哪些终端不能解码传输块，并使用针对特定终端优化的传输参数来进行重传，例如对单个终端使用 PTP。关于 HARQ 反馈的统计信息也可以用于调整传输参数，例如所使用的调制编码方式或带宽，从而优化系统中的资源使用。与单播相同的 HARQ 码本机制重用于多播。多播和单播可以复用相同的码本和 PUCCH 资源，也可以使用不同的码本和 PUCCH 资源。

仅 NAK 是另一种方案，即仅发送否定确认，而在成功接收传输块的情况下不发送任何确认。在这种情况下，通常给多个终端配置相同的 PUCCH 资源，仅支持 PUCCH 格式 0 和 1，并且 gNB 可以使用能量检测来确定一个或多个终端是否请求了重传。gNB 无法识别哪些终端无法解码，但可以断定至少有一个终端无法解码。通过这种配置来支持 PTM 的重传。仅 NAK 反馈可以指示最多四个传输块，这是通过从 15 个 PUCCH 资源中选择一个用于发送 NAK 来实现的。

无 ACK/NAK 传输，即没有来自终端的反馈，是第三种方案。这种方案不仅适用于多播，也适用于广播。显然，gNB 不知道终端是否成功解码了数据，但基站可以"盲"重传。gNB 可以选择多次发送相同的传输块，未成功解码的终端可以对多次重传进行软合并以增加成功接收的可能性。这对于提高 MBS 会话的覆盖是非常有用的⊖。

---

⊖ 对于多播业务，还可以使用时隙聚合，见 23.6.1 节。

不同的终端可以独立的配置，使用不同的 HARQ 反馈信令。gNB 还可以启用/停止特定 G-RNTI 对应的所有终端的确认（假设终端配置为在启用时发送确认）。

## 23.5　下行控制信令

为了支持多播和广播传输的调度，使用常规 PDCCH 结构。用于监听多播/广播相关 PDCCH 传输的 CORESET 必须在公共 MBS 频率资源内，否则并非所有终端都能够接收 PDCCH。

在 Release 17 中，为了支持多播和广播，定义了三种新的 DCI 格式：

- DCI 格式 4_0，用于广播传输 MBS 数据（配置 G-RNTI）或者 MCCH（配置 MCCH-RNTI）。这个新的格式和回退 DCI 格式 1_0 长度对齐。
- DCI 格式 4_1，用于多播传输 MBS 数据（配置 G-RNTI 或者 CS-G-RNTI）。这个新的格式和回退 DCI 格式 1_0 长度对齐。
- DCI 格式 4_2，用于多播传输 MBS 数据（配置 G-RNTI 或者 CS-G-RNTI）。这个新的格式基于非回退 DCI 格式 1_1。其长度由 RRC 信令配置，这样网络可以配置为和 DCI 格式 1_1 长度一致，以满足原有的 DCI 覆盖链路预算。

表 23-1 总结了这三种用于多播和广播的 DCI 格式。比较用于单播的表 10-2，很多信息字段相同，但也有一些信息字段有区别。比如因为多播和广播业务始终使用公共 MBS 频率资源，因此没有必要引入 BWP 指示。同样，多播和广播业务只在下行发送，也没有必要引入 SRS 请求字段。一些 HARQ 相关的字段也被删除，比如因为多播和广播不支持 CBG 重传，因此相关的信息字段就不再需要。

DCI 格式 4_0 中还包含一些新的信息字段：MCCH 改变指示。这个新的信息字段用来指示 MCCH 信息的更新，具体的内容参考 23.6.3 节。

表 23-1　用于广播、多播下行调度的 DCI 格式 4_0、4_1 和 4_2

| 信息字段 | | 格式 4_0 | 格式 4_1 | 格式 4_2 |
| --- | --- | --- | --- | --- |
| 格式指示 | | | | |
| 资源信息 | CFI | | | |
| | BWP 指示 | | | |
| | 频域分配 | ●[17] | ●[17] | ●[17] |
| | 时域分配 | ●[17] | ●[17] | ●[17] |
| | VRB 到 PRB 映射 | ●[17] | ●[17] | ●[17] |
| | PRB 绑定长度指示 | | | ●[17] |
| | 预留资源 | | | ●[17] |
| | 零功率 CSI-RS 触发 | | | ●[17] |
| | 调度偏移 | | | |
| | 信道接入类型 | | | |
| | 休眠指示 | | | |

(续)

| 信息字段 | | 格式 4_0 | 格式 4_1 | 格式 4_2 |
|---|---|---|---|---|
| 传输块相关 | MCS | ●[17] | ●[17] | ●[17] |
| | NDI | | ●[17] | ●[17] |
| | RV | ●[17] | ●[17] | ●[17] |
| | MCS，第二个传输块 | | | ●[17] |
| | NDI，第二个传输块 | | | ●[17] |
| | RV，第二个传输块 | | | ●[17] |
| | 优先级指示 | | | ●[17] |
| HARQ 相关 | 进程号 | | ●[17] | ●[17] |
| | DAI | | ●[17] | ●[17] |
| | PDSCH 到 HARQ 反馈定时 | | ●[17] | ●[17] |
| | CBGTI | | | |
| | CBGFI | | | |
| | PDSCH 组索引 | | | |
| | 一次 HARQ 请求 | | | |
| | PDSCH 组数目 | | | |
| | 新反馈指示 | | | |
| | 增强类型 3 码本指示 | | | |
| | HARQ 重传指示 | | | |
| | 启用/停止 HARQ 反馈 | | | ●[17] |
| 多天线相关 | 天线端口 | | | ●[17] |
| | TCI | | | ●[17] |
| | SRS 请求 | | | |
| | SRS 偏移指示 | | | |
| | DMRS 序列初始化 | | | ●[17] |
| PUCCH 相关信息 | PUCCH 功控 | | | |
| | PUCCH 资源指示 | | ●[17] | ●[17] |
| | PUCCH 小区指示 | | | |
| PDCCH 相关信息 | PDCCH 监听适配 | | | |
| MCCH 改变指示 | | ●[17] | | |

　　从表 23-1 可以看出，新的 DCI 格式并没有包括一些功控相关的信息字段。这就涉及如何调整 PUCCH 的发射功率的问题。事实上，即便 DCI 格式 4_1 或者 4_2 支持调整终端 PUCCH 的发射功率，也无法协调不同终端的 PUCCH 发射功率的不同的要求。因此，上行功控可以通过 DCI 格式 2_2 对每个终端发送单独的信令来处理，或者当终端同时配置了单播业务的情况下，也可以利用下行调度分配（DCI 格式 1_x）中的功控命令来调整 PUCCH 发射功率。

## 23.6 调度

MBS 传输的调度控制何时以及在什么资源上进行传输。对于 PTP 传输，不需要关于调度的特殊处理，可以使用与任何单播传输相同的机制（通过 C-RNTI、SPS 等）。对于 PTM 传输（包括广播或多播），则需要一些增强功能，因为目标终端可能不一定处于连接态。所使用的机制对于多播和广播传输略有不同，如下所述。

### 23.6.1 调度多播业务

Release 17 中只支持在连接态下接收 MTCH 上的多播传输，而 Release 18 则允许在非激活态下接收。然而，当数据到达并且 MBS 会话被激活时，订阅了多播业务的终端可能不处于连接态。为了满足未处于连接态终端的需要，网络侧使用寻呼机制来确保多播组中的所有终端都转换到连接态。在存在至少一个订阅了 MBS 业务的终端（即已经加入 MBS 会话）的所有寻呼时机中进行寻呼，但是使用要激活的 MBS 会话的 TMGI 而不是终端标识。订阅该特定 MBS 会话的终端在检测到相应的 TMGI 时，如果处于非激活态则恢复连接，如果处于空闲态则使用随机接入机制建立连接。一旦所有终端都处于连接态，就可以利用 DCI 格式 4_1 和 4_2 对多播传输进行调度。

半持续调度可以用于多播传输。在这种情况下，使用 RRC 信令来预配置终端进行周期性传输。半持续调度使用 PDCCH 动态调度来完成半持续调度的激活或去激活，这种情况下会使用 G-CS-RNTI 而不是用于多播调度通常所使用的 G-RNTI。当激活半持续调度时，网络会在 PDCCH 上提供接收多播传输所需的参数，例如频率分配以及调制编码方式。这遵循与传统单播传输相同的原理，详见 14.4 节。

为了终端节能，可以给多播接收配置 DRX 模式。为每个终端中配置的 G-RNTI 配置一个独立的 DRX 模式。这些 DRX 模式的操作方式与单播 DRX 模式类似，并且独立于单播 DRX 模式（见 14.5.1 节）。

多播业务支持时隙聚合，也就是跨多个时隙传输一个传输块以提高覆盖。与单播传输类似，DCI 的时域分配字段指向一个表，从该表中获得聚合时隙的数量（见 10.1.15 节）。

### 23.6.2 调度广播业务

MTCH 上广播传输的调度不同于多播传输的调度，因为无论 RRC 状态如何，终端都可以接收广播数据。对于空闲和非激活态的终端，网络不知道哪些终端对特定广播业务感兴趣。因此，不能使用上述的寻呼机制。取而代之，MCCH 提供在 MTCH 上传输的所有广播业务、TMGI 以及在调度数据传输时使用的 G-RNTI 的列表。对接收 MBS 感兴趣的终端将使用相关 G-RNTI 来监听 PDCCH 上可能发送的广播传输的调度。

在检测到具有相关 G-RNTI 的 DCI 时，终端将接收调度的数据。请注意，使用 DCI 格式 4_0 就说明广播传输是动态调度的，也就是说 PDCCH 监听时机并不意味着广播发送将发生在某个时间点，只是 DCI 调度的广播传输可能发生在该时间点。动态调度允许动态调整频域中使用的资源量，以匹配要传输的数据量。因此，与 LTE 中使用的固定 MBMS 调度相比，这是一种更灵活的方案[26]。

默认情况下，对 G-RNTI 的监听使用与 SIB1 传输相同的公共搜索空间，但是也可以使用 MCCH 配置不同的搜索空间。MCCH 还可以提供额外的 MTCH 调度信息，其本质上是一个 DRX 配置，通知终端某个 MBS 会话何时可能传输。与 MTCH 搜索空间一起，终端就知道何时监听某个 G-RNTI。如果终端对多个 MBS 会话感兴趣，可以监听多个 G-RNTI。

MBS 广播不支持 HARQ 重传，因为无法从终端得到反馈。网络甚至不知道哪些终端在接收什么业务。然而，HARQ 缓冲和软合并机制依然可以用于模拟时隙聚合，以提高业务的覆盖。gNB 可以多次发送同一个传输块，可能具有不同的冗余版本，终端执行对多次接收进行软合并。在终端同时接收单播和广播传输的情况下，可以使用某个 HARQ 进程（包括对应的软合并缓存）来降低终端实现复杂度。在这种情况下时隙聚合的缓存可能被单播传输所占用，所以最好是使用 HARQ 缓存中的一部分，而不是为广播业务的时隙聚合单独设计缓存。

### 23.6.3 调度广播控制信息

广播控制信息通过 MCCH 发送，包括正在进行的 MBS 广播会话列表，以及每一个广播会话对应的 G-RNTI。对于每个正在进行的 MBS 会话，还可以包括用于 MTCH 的 PDCP、RLC 和 PDSCH 的信息。

MCCH 内容在 PDSCH 上周期性的发送窗内传输，如图 23-5 所示。在每个发送窗内，终端使用 MCCH-RNTI 监听 PDCCH 的 DCI 格式 4_0。如果检测到有效的 DCI，则接收 PDSCH 以获得 MCCH 内容。监听时机，即可以传输 MCCH 的时间，是可配置的，但默认为与 SIB1 的时机相同。

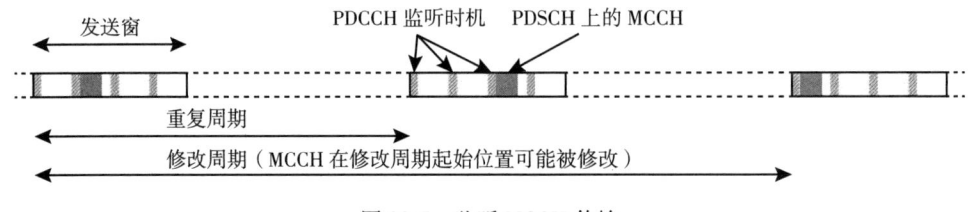

图 23-5 监听 MCCH 传输

MCCH 的内容可能会随着时间的推移而改变，例如，如果某个 MBS 业务被添加到该区域的广播的业务集合中或从该业务集合中移除，或者业务调度频率需要改变。这种变化只允许在修改周期边界处发生。为了指示 MCCH 的改变，使用用于调度携带 MCCH 的 PDSCH 的 DCI 格式 4_0 的两个比特。其中一个比特指示已经添加了新的 MBS 业务，另一个比特表示已有的 MBS 改变（例如正在进行的 MBS 业务配置改变）。

### 23.6.4 单播、多播和广播的复用

单播、多播和广播传输可以在时频资源上复用，依据终端的能力有所限制。

对于单播和多播业务，网络知道终端能力，例如终端支持的空分复用数或是否支持载波

聚合。网络在调度时需要考虑终端的能力。

而对于广播业务，网络不知道终端的能力，因为终端可以根据自己的能力来自行选择接收广播传输。然而对于同时进行广播和单播接收的情况，终端的能力可能存在限制。在这种情况下，终端可以向网络发送 MBS 兴趣指示，以指示其对接收某些广播业务感兴趣。gNB 中的调度器依据这个信息来考虑如何调度该终端的单播传输，使得单播不干扰接收广播传输。Release 18 还提供了一种机制，其中接收广播的终端可以临时降低其单播接收的能力。这个特性的背景是，当接收广播传输时，终端可能需要使用自己的某些能力，例如用于载波聚合的接收机处理。换言之，如果通知网络关于终端正在接收哪些广播业务，网络侧可以更好地调度单播业务。

## 23.7 移动性

多播和广播业务支持移动性，尽管并不能保证无损模式。

对 PTP 传输，使用其他传统的 PTP 传输相同的移动管理机制来保证无损的数据传输，详见 6.6 节。

对于多播传输，如果使用盲 PDCP 重传并且 PDCP 序列号在所涉及的小区之间同步，则 PTM 到 PTM 的无损移动性是可能的。在这种情况下，终端可能会接收到相同数据包的重复副本，但是 PDCP 的重复去除机制会丢弃重复的数据包。

对于广播传输，移动性是基于小区重选的，并且不能确保无损移动性。但是，源小区可以在 MCCH 上指示相邻小区是否提供相同的 MBS 会话。终端可以使用该信息辅助小区重选的决策。

# 第 24 章

# 接入回传一体化

3GPP Release 16 引入了 NR 的接入回传一体化(Integrated Access Backhaul, IAB)。这使得 NR 无线接入技术不仅用于基站和终端之间的链路(有时称为接入链路),也可用于无线回传链路,如图 24-1 所示。

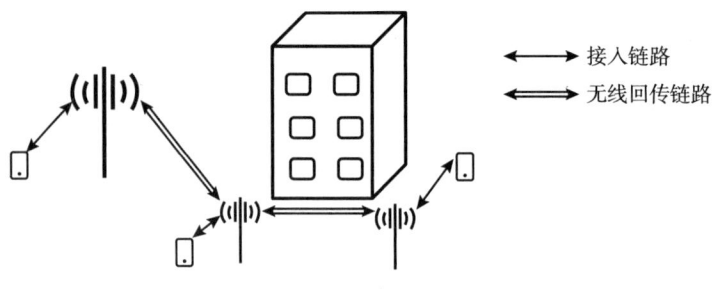

图 24-1　接入回传一体化

无线回传就是将无线技术应用于回传链路,这其实已经应用了很多年,但传统的回传链路采用的是不同于接入链路的无线技术。更具体地说,无线回传通常是基于一些私有的、非标准化的无线技术,工作在 10GHz 以上的毫米波频谱,且受限于视距传播条件。

但是,现在至少有下列两个因素驱动考虑接入和回传一体化方案,即将终端接入网络所用的标准化蜂窝技术重用于无线回传链路:

- 随着 5G NR 的出现,蜂窝技术扩展到毫米波频谱,即原来用于无线回传的频率范围。
- 随着诸如街道级基站微蜂窝部署的出现,要求回传链路能够在非视距条件下工作的无线回传方案,即蜂窝无线接入技术所针对的传播场景。

换句话说,接入和回传链路的无线特性和要求越来越相近,对这两类链路采用相同的无线技术有下列好处:

- 同时应用于接入和回传链路的单一技术可以重用技术开发,带来更大的设备量,更低的成本。
- 一体化的接入/回传方案提高了频谱联合的可能性,使得运营商可以决定哪些频谱资源分别用于接入和回传,而不是由频谱监管机构以静态的方式确定。

## 24.1 IAB 架构

IAB 的总体架构是基于 3GPP Release 15 中已经引入的 gNB CU/DU 分离。根据 CU/DU 分离方案，一个 gNB 由以下功能不同的两部分组成，这两部分之间为标准化接口：
- 一个集中式单元(Centralized Unit，CU)，实现 PDCP 和 RRC 协议。
- 一个或者多个分布式单元(Distributed Unit，DU)，实现 RLC、MAC 和物理层协议。

CU 和 DU 之间的标准化接口称为 F1 接口[105]。F1 接口规范只定义了高层协议，例如 CU 和 DU 之间的信令，而没有定义低层协议。换句话说，就是可以采用不同的低层机制来传送 F1 消息和数据。在 IAB 架构下，NR 的无线接入技术(RLC、MAC 和物理层协议)加上一些 IAB 专用协议，即可提供用于实现 F1 接口的低层功能。

IAB 定义了两种类型的网络节点，如图 24-2 所示：
- IAB 宿主节点(IAB donor node)，包括 CU 和 DU 的功能，通过非 IAB 回传(例如光纤)连接到网络的其余部分。宿主节点的 DU 通常会同传统的 gNB 一样为终端提供服务，但也会为无线连接的 IAB 节点提供服务。
- IAB 节点(IAB node)，是依赖于 IAB 来进行回传的节点。它包括 DU 的功能，服务于 UE 以及多跳 IAB 的情况下额外的 IAB 节点(见

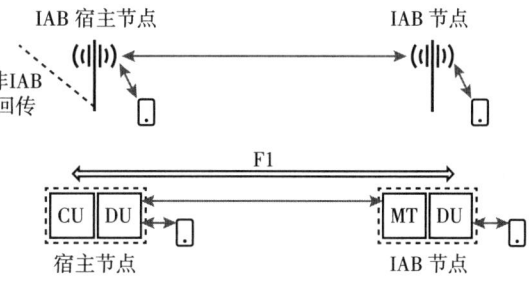

图 24-2 IAB 总体架构，IAB 宿主节点包括 CU 和 DU 功能，IAB 节点包括 MT 和 DU 功能

下)。在 IAB 节点的另一端，实现了 MT("移动终端")功能(正式名称为 IAB-MT)，MT 连接到下一个更高节点的 DU，更高节点通常称为 IAB 节点的父节点(parent node)⊖。请注意，父节点可以是一个 IAB 宿主节点，在多跳回传情况下也可以是另一个 IAB 节点。

MT 本质上作为一个普通终端连接到父节点的 DU。父节点 DU 和 IAB 节点 MT 之间的链路提供了用于承载宿主节点 CU 和 IAB 节点 DU 之间 F1 消息的低层功能。

IAB 还支持一个 IAB 节点通过一个或多个中间的 IAB 节点多跳回传(multi-hop backhauling) 到宿主节点的功能，如图 24-3 所示。请注意，在多跳场景下，所有级联 IAB 节点 DU 的 F1 接口是如何终结到同一个宿主节点的 CU⊖。

原则上 IAB 支持大量 IAB 节点级联的多跳回传。但实际上，至少在 IAB 部署的初期，最常见的情况是单跳(没有多跳，如图 24-2 所示)或双跳(一个中间的 IAB 节点)。

图 24-4 和图 24-5 分别说明了 IAB 协议栈的用户面和控制面。

---

⊖ 术语"移动终端功能"一词有点误导，因为 MT 不是一个终端/设备，选择该术语是用来表示 MT 和终端在功能上的高度通用性。

⊖ Release 17 可能并非如此，见 24.6 节所述及图 24-15。

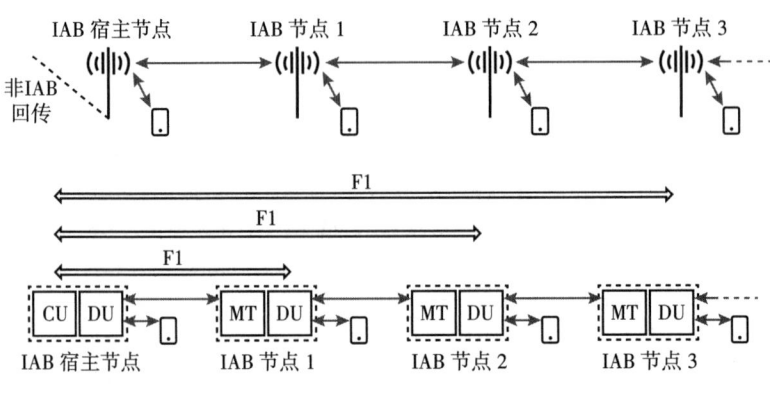

图 24-3 多跳 IAB(3 跳)

如图 24-4 和图 24-5 所示,协议栈的高层部分直接继承自通用的 CU/DU 分离架构。低层提供了用于实现 F1 接口(分别是用户面的 F1-U 和控制面的 F1-C)的信道。

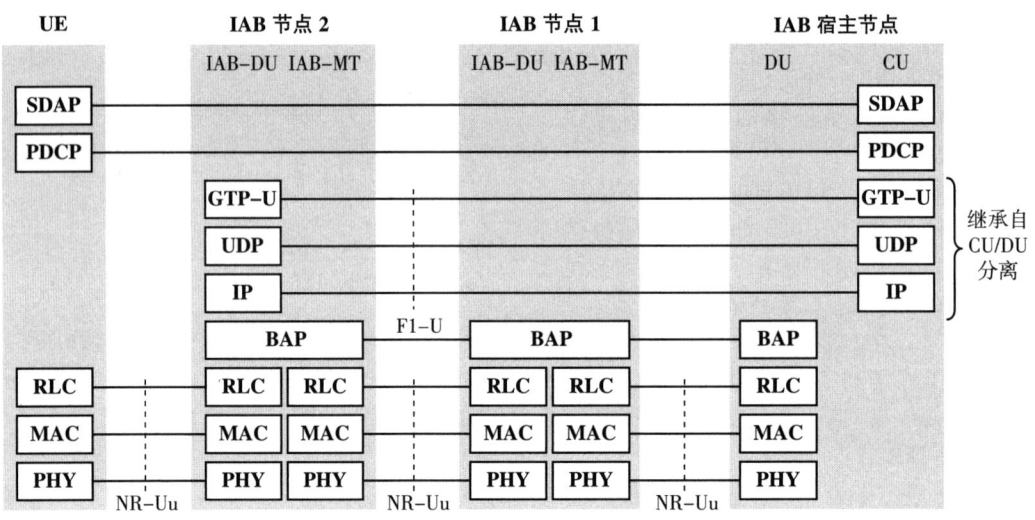

图 24-4 IAB 协议栈——用户面

到 RLC 协议为止(包括 RLC)的下面三层是基于普通的 NR Uu 接口,增加了一些 IAB 特定的扩展。

回传适配协议(Backhaul Adaptation Protocol,BAP)是一个新的 IAB 特定协议,负责将数据包从宿主节点路由到目标 IAB 节点(这个例子中是 IAB 节点 2),反之亦然。

每个 IAB 节点会分配一个 BAP 地址。在下行方向,宿主节点的 BAP 层为发送的数据包加上一个 BAP 头。BAP 头包括标识目标节点 BAP 地址的路由标识(routing ID),以及标识到达终点(可能有多条)路径的 BAP 路径标识(BAP path ID)。BAP 头还包括一个标志,用于指示该数据包是用户面还是控制面的数据包。

当一个数据包到达 IAB 节点时,BAP 层会读取 BAP 头。如果 BAP 头里的 BAP 地址对应的就是该节点，要么该数据包是用于直接位于此节点下的终端，要么是对于该 IAB 节点的控制面数据包，该数据包会提交到高层（对于用户面数据包是 GTP-U，对于控制面数据包是 F1-AP）。如果该数据包的 BAP 地址并非对应该 IAB 节点，那么 BAP 层会将数据包的路由标识和由宿主节点配置的路由表（routing table）中的条目进行对比。路由表指示了对于给定 BAP 地址和 BAP 路径标识的下一个节点。假定路由表中的条目中包含了该数据包的路由标识，该数据包就会递交到合适的 DU 发送到路由表指示的下一个节点。

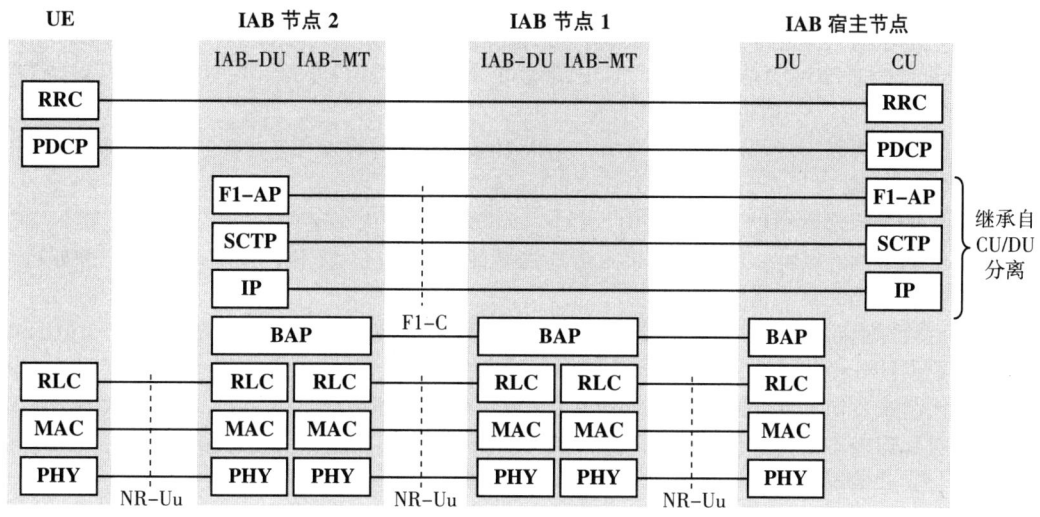

图 24-5　IAB 协议栈——控制面

上行方向也有 BAP 协议，第一个 IAB 节点，即终端连接的 IAB 节点，会附加带路由标识的 BAP 头。请注意，每个 IAB 节点的上行和下行路由表是不同的。

## 24.2　IAB 频谱

IAB 支持从小于 1GHz 到毫米波整个 NR 的频率范围。但是出于多种原因，与 IAB 最相关的是毫米波频谱：

- 毫米波频谱数量巨大，更有理由采用部分频谱资源用于无线回传。反之，低频频谱更为有限，用于无线回传代价太高。
- 高频采用大规模波束赋形对于无线链路两端都是固定节点的无线回传场景更有好处。

在第 5 章中指出，高频频谱主要由非对称频谱组成。因此，3GPP 对 IAB 的讨论主要集中在上下行时域分开的非对称频谱。但是，从规范角度，IAB 也可以很好地适用于低频对称频谱。

IAB 支持带外和带内回传：

- 带外回传：无线回传链路与接入链路工作在不同频段。
- 带内回传：无线回传链路与接入链路工作在相同频率，或者至少在相同的频段。

带外回传的情况下，接入和回传链路之间没有干扰，二者完全独立工作。

反之，带内回传的情况下，接入和回传链路之间存在严重干扰。特别是一个 IAB 节点的 DU 和 MT 之间可能会产生严重的节点内干扰，需要采取处理或规避手段，详细讨论见 24.5 节⊖。

## 24.3 IAB 节点的初始接入

当一个 IAB 节点，或者更确切地说是一个 IAB 节点的 MT 部分初始连接到网络（直连到 IAB 宿主节点或者在多跳回传情况下通过其他正在运行的 IAB 节点）时，行为与普通终端一致：
- MT 与终端一样进行小区搜索（见第 16 章）。
- 根据已发现小区的系统信息，MT 确定是否可以连接到该小区（该小区可能不支持 IAB 节点，例如一个 Release 15 的小区）。
- 如果 MT 可以连接到已发现的小区，则采用与终端相同的方式进行初始接入（见第 17 章）并建立连接。

当 IAB 用于蜂窝网络的覆盖扩展时，相比于终端可以接入小区的距离，IAB 节点接入父节点的距离可能更远。因此，IAB 节点接入可能需要能够支持更大范围的 RACH 配置，例如持续时间更长的前导码和更大的保护间隔。

支持更长往返时间的 RACH 配置也可用于普通终端从较近距离接入。但是这种 RACH 配置意味着更大的开销，尤其是对于能够获得较低 RACH 时延的终端，需要更为频繁的 RACH 时机。相比起来，IAB 节点的初始接入通常很少发生，极端情况下只在 IAB 节点首次部署时发生一次，对延迟极不敏感，因此采用较少 RACH 时机的 RACH 配置就足够了。

综上，某些情况下一个小区提供两种 RACH 配置可能更有好处：
- 一种 RACH 配置支持终端期望的最大往返时间，RACH 时机相对频繁。
- 另一种 RACH 配置特别针对 IAB 节点，支持更长的往返时间，但 RACH 时机较少。

为了能够支持这样的配置，NR 可以通过小区系统信息来提供单独的 IAB 特定 RACH 配置，通常是支持更大范围的前导码和更少的 RACH 时机。如果没有提供 IAB 特定的 RACH 配置，IAB 节点应当按照普通的 RACH 配置来进行初始接入。

MT 一旦连接到网络，就建立起宿主节点 CU 和 IAB 节点 DU 之间的 F1 接口，配置 DU 开始工作并建立 DU 上的小区。整个 IAB 节点进入工作状态。

## 24.4 IAB 节点传输定时

IAB 节点进行以下两种类型的传输：
- 面向父节点的 MT 上行传输。
- 面向终端和多跳场景下子 IAB 节点的 DU 下行传输。

### 24.4.1 MT 传输定时

如 15.2 节所述，终端的传输定时，更具体地说，就是上行发送定时和下行接收定时之间

---

⊖ 如 24.5 节所述，多跳 IAB 场景下，带外回传也需要处理或规避节点内干扰。

的时间偏移 $T_{TA}$ 为

$$T_{TA} = (N_{TA} + N_{TA,\ offset}) \cdot T_c \qquad (24\text{-}1)$$

式中，$N_{TA,offset}$ 是小区级参数；$N_{TA}$ 是终端特定的参数，由网络定期更新，旨在对齐不同上行传输的接收定时。

IAB 节点的 MT 也有参数 $N_{TA,offset}$ 和 $N_{TA}$，以提供给终端相同的方式提供。但是，由于定时模式(timing mode)可以针对不同时隙单独配置，IAB 节点 MT 的传输定时可以根据定时模式设置成不同方式。

在定时模式场景 1(见图 24-6)，与终端一样，MT 的传输定时受控。换句话说，MT 的发送定时和 MT 的接收定时之间的时间偏移为

$$T_{TA} = (N_{TA} + N_{TA,\ offset}) \cdot T_c \qquad (24\text{-}2)$$

控制 MT 的传输定时与控制终端传输定时的方式相同，父节点将来自不同 IAB 节点 MT 的传输，以及来自终端的传输，在接收端到达时间对齐，从而保持了不同上行传输之间在接收端的正交性。

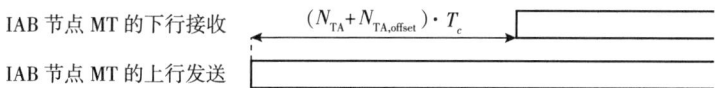

图 24-6　定时模式场景 1——类似于终端的 MT 传输定时受控

Release 16(即支持 IAB 的第一个 3GPP 版本)仅支持定时模式场景 1。Release 17 引入了两种额外的定时模式：定时模式场景 6 和定时模式场景 7⊖。引入的原因是能够在 IAB 节点内的 MT 和 DU 发送之间时间对齐(定时模式场景 6)，以及 MT 和 DU 接收之间时间对齐(定时模式场景 7)。这反过来也改善了一个 IAB 节点的 MT 和 DU 之间 FDM 和 SDM 的工作，见 24.5 节。

在定时模式场景 6 的情况下(见图 24-7)，IAB 节点会忽略式(24-1)，直接将 MT 的发送定时对齐到其 DU 的发送定时(下节会描述 DU 的发送定时是如何确定的)。

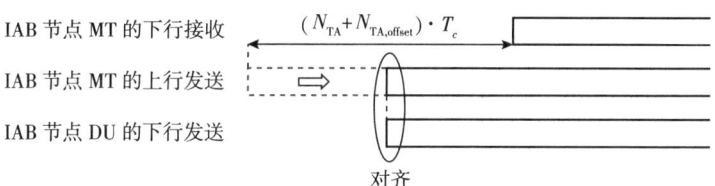

图 24-7　定时模式场景 6——MT 发送定时和 DU 发送定时对齐

在定时模式场景 7 的情况下(见图 24-8)，相比定时模式 1，MT 的发送定时通过一个额外引入的小区级参数 $N_{TA,offset,2}$ 来调整。换言之，对于场景 7，MT 发送定时和 MT 接收定时之间的时间偏移 $T_{TA}$ 为

---

⊖　定时模式的名称有其历史原因。Release 16 已经开始讨论关于 MT 传输定时的 7 种方案或"场景"。Release 16 只采用了场景 1。随后另外两个场景(场景 6 和场景 7)包含在 Release 17 中。

$$T_{TA} = (N_{TA} + N_{TA,\,offset} + N_{TA,\,offset.2}) \cdot T_c \qquad (24\text{-}3)$$

基本思想是父节点通过设置合适的 $N_{TA,offset.2}$ 来控制 MT 的发送定时,这样父节点的 DU 接收 MT 发送的定时就与父节点的 MT 接收定时(即从"祖父"节点接收的传输)对齐。因此,定时模式场景 7 提供了在父节点对齐 MT 接收和 DU 接收的一种手段。

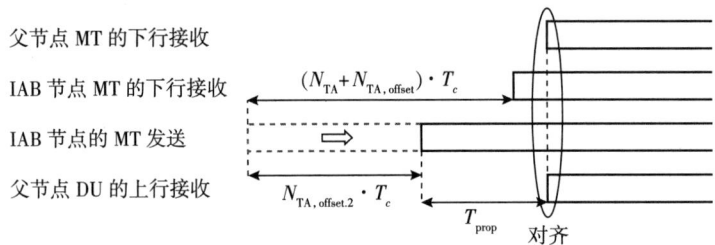

图 24-8 定时模式场景 7——DU 接收定时和 MT 接收定时在父节点对齐

请注意,定时模式场景 7 仅适用于父节点也为 IAB 节点(有其自己的父节点),即多跳 IAB 的场景。

### 24.4.2 DU 发送定时和 OTA 定时对齐

至于 DU 的发送定时,3GPP 规范有一个基本要求,工作在非对称频谱的情况下,所有小区的下行发送定时必须要对齐到一个 3μs 的窗内[104]。由于从终端角度来看无法区分是由 IAB 节点创建的小区还是其他小区,这一下行传输在小区间互相对齐的要求也适用于由 IAB 节点 DU 创建的小区,至少适用于工作在非对称频谱的情况。

有几种方式可以实现这种节点间下行传输的定时对齐,包括诸如 IAB 节点使用 GPS 接收器连同一个统一的绝对传输定时。但是,IAB 还支持基于空中(Over-The-Air,OTA)的传输定时对齐,这样 IAB 节点可以仅从父节点接收到的信号中推导出其 DU 的传输定时。

基于 OTA 的传输定时对齐的基本原理是,IAB 节点设置 DU 的发送定时量为收到父节点信号定时的前 $T_{prop}$,其中 $T_{prop}$ 是从父节点到 IAB 节点的传播时间。这样,IAB 节点的 DU 发送定时就与其父节点的 DU 发送定时对齐,也符合小区间下行发送定时对齐的基本要求。因此,基于 OTA 的传输定时对齐的任务就是要估计 IAB 节点和其父节点之间的传播时间。

图 24-9 说明了 IAB 回传链路两端 DU 和 MT 之间(DU 在父节点,MT 在子节点)的定时关系(发送和接收定时)。给定子节点 MT 下行接收定时和上行发送定时之间的偏移 $T_{TA}$,以及父节点 DU 上行接收定时和下行发送定时之间的偏移 $T_\Delta$,可以估算出传播时间为 $\hat{T}_{prop} = (T_{TA} - T_\Delta)/2$。请注意,$T_{TA}$ 是 MT 发送定时和接收定时之间的真实偏移,即 $T_{TA}$ 取决于 MT 的定时模式。

子节点天然就知道 $T_{TA}$,但父节点知道的是 $T_\Delta$。为了使得子节点能够估算出父子之间的传播时间,从而使用基于 OTA 的定时对齐,父节点可以通过 MAC-CE 信令提供 $T_\Delta$ 给子节点,即与上行定时对齐命令(见 15.2 节)相同类型的信令。通过 MAC-CE 信令而不是更为可靠的 RRC 信令来提供 $T_\Delta$ 的原因是,RRC 协议在宿主节点终结,而 $T_\Delta$ 是源自于父节点。在多跳 IAB 的情况下,父节点和宿主节点可能并非同一个节点,那么父节点需要首先把 $T_\Delta$ 提供给宿主节点,然后宿主节点再通过 RRC 信令提供 $T_\Delta$ 给子节点。通过采用终结于父节点 DU 的

MAC-CE 信令，父节点可以直接把 $T_\Delta$ 提供给子节点，从而减少了信令开销，并且能够更快地更新 $T_\Delta$。

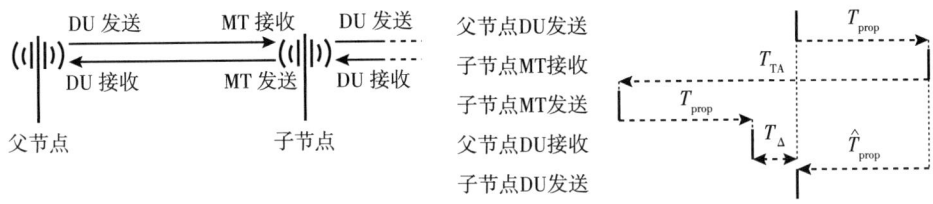

图 24-9　父节点 DU 和子节点 MT 之间的定时关系

## 24.5　DU/MT 交互

当 IAB 节点的 DU 和 MT 在同一频段工作时（带内回传），通常需要协调 DU 和 MT 所使用的资源。

图 24-10 是一种需要协调以避免"全双工"的典型场景，其中 MT 的接收被同时进行的 DU 发送严重干扰，反之亦然。

图 24-10　MT 接收被同时进行的 DU 发送严重干扰(左)，DU 接收被同时进行的 MT 发送严重干扰(右)

但应当注意，在某些部署场景下，一个 IAB 节点的 DU 和 MT 之间如果天线隔离度足够，实际上可以进行这种"全双工"DU/MT 工作（见图 24-10）。这种场景的一个例子是 IAB 节点用于提供室外到室内的覆盖，其中 IAB 节点的 MT 部分位于室外而 DU 部分位于室内。

图 24-10 示例了 DU 和 MT 同时工作的情况，并且 DU 和 MT 的传输方向相同，即下行方向（MT 接收被 DU 发送干扰），或上行方向（DU 接收被 MT 发送干扰）。

但如图 24-11 所示，也可以设想 DU 和 MT 同时工作在不同的传输方向，即要么 DU 下行发送的同时和 MT 上行发送（见图 24-11 左半部分），要么 DU 上行接收的同时 MT 下行接收（见图 24-11 右半部分）。

图 24-11 这种场景不会有图 24-10 所示的"全双工"场景下节点内 DU 和 MT 之间极端干扰的情况。相反，从干扰角度来看，只要确保 DU 和 MT 的同时发送或接收在不同的资源上即可，例如频域分离，即 DU 和 MT 使用不同的资源块，3GPP 称之为 FDM。或者 DU 和 DT 也可以通过空域分离，3GPP 称之为 SDM。例如，DU 和 MT 可以在相同的频率资源上同时发送或接收，但是位于指向不同方向的不同天线面板，如图 24-12 所示。请注意，在某种意义上这可以视为 MT 和 DU 发送之间（见图 24-12 左半部分）或者 MT 和 DU 接收之间（见图 24-12 右边部

分)的多用户 MIMO(MU-MIMO)。

图 24-11　DU 和 MT 同时发送(左)及 DU 和 MT 同时接收(右)

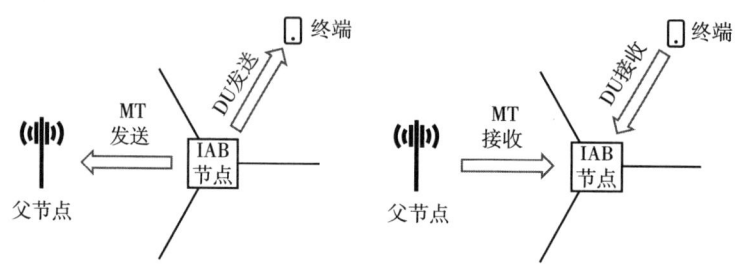

图 24-12　DU/MT 在发送端(左)和接收端(右)SDM

如果一个 IAB 节点的 DU 和 MT 以时间对齐的方式工作,即 DU 和 MT 同时发送的发送定时对齐,或者 DU 和 MT 同时接收的接收定时对齐,那么 DU 和 MT 之间采用 FDM/SDM 会带来好处。这就是 Release 17 引入定时模式场景 6 和场景 7(如 24.4 节所述)的原因。在 Release 16 只支持场景 1 定时的情况下,DU 和 MT 的发送定时以及 DU 和 MT 的接收定时,天然就不对齐。但是,场景 6 定时允许 IAB 节点将其 MT 的发送定时和 DU 的发送定时直接对齐,从而更好地支持 DU 和 MT 发送的 FDM/SDM。同样,场景 7 定时允许 IAB 节点调整子节点的 MT 发送定时,将相应的上行接收(在该 IAB 节点 DU)和 MT 的接收对齐,从而更好地支持 IAB 节点 DU 和 MT 接收的 FDM/SDM。

综上所述,有必要提供一种协调 DU 和 MT 工作的方法,能够避免 DU 和 MT 的发送/接收之间产生冲突。同时,当条件允许时,DU 和 MT 可以同时工作在不同资源(有些情况甚至是相同资源)。在 IAB 内部,这是通过给 DU 和 MT 分别配置特定的传输方向,以及对于给定的资源提供确定 MT 优先或 DU 优先的方法来确保的。

### 24.5.1　MT 资源配置

第 7 章从终端角度描述了如何将时域资源(OFDM 符号)配置/指示为下行、上行或灵活,由网络来限制使用资源的方向。对于 IAB 节点的 MT 也同样如此,即 MT 的时域资源可以配置/指示为:

- 下行(D):意味着父节点只在下行方向(MT 接收)使用该资源。
- 上行(U):意味着父节点只在上行方向(MT 发送)使用该资源。
- 灵活(F):意味着在上行和下行方向(MT 发送和接收)都可以使用该资源。由父节点调度器确定瞬时的传输方向,与终端的方式相同,见 7.8.3 节。

与对终端所采用的方式相同,通过公共配置即系统信息(小区内对终端和 IAB 节点 MT 的配置相同)和每 MT 专用配置即 RRC 信令，以及半动态指示即 SFI 来共同实现时域资源配置。区别在于，终端专用的 D/F/U 配置只允许顺序为 D-F-U 的模式，而 MT 专用配置扩展到也允许顺序为 U-F-D 的模式。对于通过 SFI 的半动态配置也是如此，对于 MT，预定义的时隙模式集合也扩展到包括以 U-F-D 为顺序的格式集合。

这种扩展的原因为了支持上述以 SDM/FDM 形式的 DU/MT 同时工作。这种情况下 IAB 节点子链路(从 DU 向下)的方向与同一 IAB 节点父链路(从 MT 向上)的方向相反。因此，如果一条链路工作在上行(U)方向，那么另一条链路应当工作在下行(D)方向，反之亦然。换句话说，为了匹配一条链路的 D-F-U 模式，另一条链路就需要 U-F-D 的模式。

但是请注意，MT 的 D/U/F 公共配置与终端的公共配置相同，即限制为 D-F-U 的顺序。而且，与终端的专用配置类似，MT 专用配置仅限制了公共配置里的灵活资源，并不能改变上行和下行资源配置。因此，能够按照 U-F-D 顺序使用 MT 资源的唯一方式是全灵活的公共配置。由于 IAB 节点 MT 和终端的公共配置相同，这就意味着终端也需要在全灵活的公共配置下工作。要对终端的配置进行限制就必须通过每终端专用配置的方式。

### 24.5.2 DU/MT 灵活协调

在 Release 16 IAB 的早期规范里，通常假定 DU 和 MT 是时分工作的。因此，没有特别考虑 DU 和 MT 以 FDM 或 SDM 的方式工作。相反，关注的是 DU 和 MT 灵活共享时域资源的协调方式。

但是，到了 Release 17，DU 和 MT 之间 FDM 或 SDM 重新引起了关注。其结果是引入了上述的定时模式场景 6 和场景 7。并且，这还导致协调方式的扩展，也涵盖了 DU 和 MT 灵活共享频域资源。

#### 1. 时域协调

与 MT 类似，DU 的时域资源(符号)可以配置为：
- 下行(D)：意味着 DU 只能在下行方向(DU 发送)使用该资源。
- 上行(U)：意味着 DU 只能在上行方向(DU 接收)使用该资源。
- 灵活(F)：意味着 DU 在上行(DU 接收)和下行(DU 发送)方向都可以使用该资源。

或者，DU 的时域资源也可配置为不可用(not available)，这意味着 DU 完全不使用该资源。

D/U/F 配置作为 IAB 节点 DU 和 MT 之间灵活资源共享的手段，与此同时，Release 16 还允许 DU 时域资源配置为硬(hard)或软(soft)。硬配置的情况下，DU 可以不用考虑对 MT 发送/接收能力的影响，根据自身的配置和调度使用 D/U/F 配置所允许传输方向上的资源。这实际上就意味着，如果 DU 的某个时域资源配置为硬，则父节点必须假定 IAB 节点 MT 不能接收或发送。因此，父节点在该资源上不应调度去往/来自 MT 的传输。

与之相反，如果 DU 的某个时域资源配置为软，则当且仅当对 MT 的发送/接收能力没有影响时，DU 才能根据其配置和调度使用该资源。这意味着父节点可以在相应的 MT 资源上调度给 MT 的下行传输，并且假定 MT 能够接收该传输。类似地，父节点也可以在该资源上调度 MT 上行传输并假定 MT 可以进行发送。

配置 DU 资源为硬或软可以按照每个时隙、每种资源类型(D、U、F)来实现。换句话说，对于每个时隙，配置为下行、上行和灵活的 DU 资源集可以分别配置为硬或软。举个例子，在一个时隙里，可以将下行(D)资源配置为硬，而将上行(U)和灵活(F)资源配置为软。

通过配置 DU 软资源使得 DU 资源的利用更为动态灵活。举个例子，将 MT 的上行(U)资源配置为 DU 软资源，如果 MT 在该资源上没有调度授权，IAB 节点知晓 MT 在该资源上不会发送。那么，DU 就可以动态使用该资源，即使 IAB 节点不能支持 DU 和 MT 同时工作，DU 也可以进行下行传输。

配置 DU 软资源带来的好处是 IAB 节点的 DU 和 MT 能够同时工作。如上所述，IAB 节点的 DU 和 MT 是否能同时工作取决于 IAB 节点的实现，还可能取决于确切的部署场景。因此，可以通过设计或者部署使得 IAB 节点能够支持 DU 和 MT 同时工作，而父节点甚至无须知晓。

IAB 节点能够自己推断出可以使用 DU 软资源的这种情况在 3GPP 的讨论中被称为 DU 软资源的隐式可用性指示(implicit indication of availability)。父节点也可以提供 DU 软资源的显式可用性指示(explicit indication of availability)。

DU 软资源的显式可用性指示是按照时隙来指示的，也是按照每个 DU 资源类型(D、U、F)来指示的。因此对于某个给定时隙总共有八种可能的指示，见表 24-1。

表 24-1 一个时隙软资源可用性的不同类型

| 可用性指示 | 可用性 | 可用性指示 | 可用性 |
|---|---|---|---|
| 0 | 无软符号可用 | 4 | 只有下行(D)和上行(U)软符号可用 |
| 1 | 只有下行(D)软符号可用 | 5 | 只有下行(D)和灵活(F)软符号可用 |
| 2 | 只有上行(U)软符号可用 | 6 | 只有上行(U)和灵活(F)软符号可用 |
| 3 | 只有灵活(F)软符号可用 | 7 | 所有软符号(D、U、F)都可用 |

请注意，尽管某个软符号集合没有显式指示其可用性，但根据上述的隐式指示，这些符号也是可用的。从某种意义上说，DU 软资源的显式可用性指示可以看作是父节点间接通知 IAB 节点，其不会使用 DU 软资源所对应(重合)MT 资源的一种方式。由此，IAB 节点可用推断出在不影响 MT 工作的情况下可以使用 DU 软资源。

可用性指示以半动态的方式提供给 IAB 节点，首先给 IAB 节点配置一张可用性组合(availability combination)表。然后父节点通过 DCI 指示某个特定的可用性组合。

可用性组合表中的每个可用性组合对应一系列的可用值，其中每个可用值(取自表 24-1 中的八个值之一)对应一系列时隙中的一个给定时隙。因此，可用性组合表中的每个可用性组合关联到一个可用性组合索引(availability-combination index)。可用性的半动态指示是将可用性组合的某个索引，即可用性组合表的某一行，由父节点通过新的 DCI 格式 2_5 提供。

DCI 格式 2_5 与 DCI 格式 2_0 的大小相同，意味着检测 DCI 格式 2_5 不需要额外的盲解码。DCI 格式 2_5 用特殊的 AI-RNTI 编码，AI-RNTI 在 IAB 节点初始配置中提供给 IAB 节点。

图 24-13 展示了一个显式指示的例子，其中每个可用性组合覆盖 8 个时隙。DCI 格式 2_5 指示索引 3 指向可用性组合表的第四行，这样就显式指示了 8 个时隙的可用性，如图 24-13 下半部分所示。请注意，此图忽略了可用性也可通过隐式指示，即假定软资源的可用性只能由父节点通过 DCI 格式 2_5 提供的显式可用性指示来确定。

IAB 规范允许可用性组合表最大包括 512 个可用性组合。每个可用性组合可以对应最大 256 个连续时隙的资源可用性(图 24-13 中假定为 8 个时隙)。

还请注意，实际上一个 DU 可能创建多个小区。那么 DCI 格式 2_5 可以提供多个索引或指针，每个 DU 的小区对应一个。

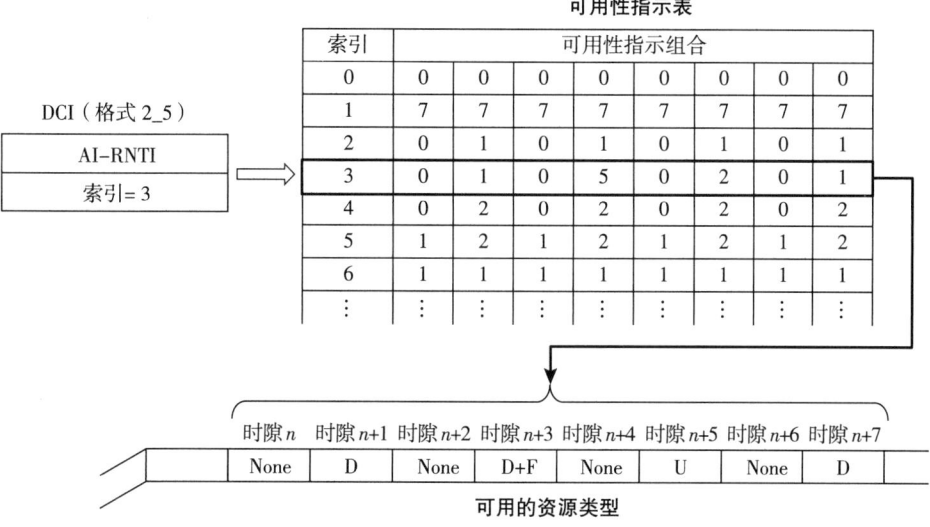

图 24-13　软资源的显式可用性指示，基于可用性组合配置表和 DCI 中的可用性组合索引

**2. 频域协调**

Release 17 将 DU 资源的硬/软配置扩展到频域，使得在 DU 和 MT 以 FDM 工作的情况下也能够灵活共享资源。这是通过将载波划分成资源块集（RB set）的方式来实现的，每个资源块集包含一组连续的资源块。资源块集的带宽可以配置，最小为 360kHz（15kHz 子载波间隔下 2 个资源块），最大约为 184MHz（240kHz 子载波间隔下 64 个资源块）。

对于给定时隙，每个资源块集可以分别配置为硬、软或不可用，覆盖每时隙的配置。类似于每时隙的配置，每个 RB 分别配置不同的资源类型，即上行、下行或灵活符号。如果一个资源块集没有配置硬/软，则假定该资源块集应用每时隙的配置。

硬资源块集和软资源块集的解读与硬时隙和软时隙的解读相同，即
- 对资源块集内配置为硬的资源块，DU 在使用时可以不考虑对 MT 工作的影响。
- 对资源块集内配置为软的资源块，只有在对 MT 发送/接收能力没有影响时，DU 才能根据其配置和调度来使用。

类似于时隙，配置为软的资源块集的可用性可以隐式（即 DU 自己推断可以使用该软资源）或显式指示。显式指示是通过在上述 Release 16 的可用性指示中简单进行扩展来实现的。Release 16 中对给定时隙的可用性指示表示该时隙内的软符号可用。有了 Release 17 的扩展后，对给定时隙的可用性指示表示配置为软的资源块集可用。类似于 Release 16 的每时隙指示，相比于表 24-1，可用性指示是按照每个 DU 资源类型（D、U 或 F）来标识的。那么来举个例子，可用性指示表示对于给定时隙，配置为软的资源块集在配置为 D（下行）的符号上可用（对应于表 24-1 中的可用性指示=1）。

## 24.6 IAB 的移动性

大多数情况下 IAB 节点不需要移动性,即假定 IAB 节点为静止,且保持在同一父节点下,父节点可以是宿主节点或多跳 IAB 场景下另一个 IAB 节点。但可以设想一个非静止 IAB 节点所带来的好处,例如,可以将 IAB 节点安装在公共汽车或火车等移动车辆上。

IAB 节点的 MT 部分同终端非常相似,即 MT 可以在父节点的小区内移动并切换到不同父节点的其他小区,本质上与"普通"终端相同。IAB 节点的移动性在相当程度上受限于基于 CU/DU 分离的 IAB 架构,IAB 节点的 DU 通过 F1 接口连接到宿主节点的 CU,在多跳 IAB 的场景下可能经过一个或多个 IAB 节点。

Release 15 中对非 IAB 的 F1 接口规定不支持改变 CU-DU 关系,即 DU 在给定 CU 的下面才可以激活,并一直保持在该 CU 下,除非去激活。出于这个原因,Release 16 的 IAB 节点移动性限制 CU 内的移动。换言之,一个 IAB 节点可以在同一 CU 下的不同 DU 之间移动,但不能移动到另一个 CU 覆盖的区域,如图 24-14 所示。同一 CU 下改变 DU 包括了 MT 切换到新的 DU(本质上类似于终端的切换)以及中间 IAB 节点(如果存在的话)的 BAP 路由表的更新(图 24-14 中未体现)。

为了能够将 IAB 节点连接到另一个 CU 下的父节点 DU,Release 17 引入了 F1 接口隧道,如图 24-15 所示。这种情况下,迁移 IAB 节点的 MT 切换到新的 CU/DU,意味着 IAB 节点 MT 的 RRC 协议终结于 $CU_2$。但 IAB 节点的 DU 仍连接到 $CU_1$。通过 $CU_2$ 的宿主节点建立 F1 接口的隧道。因此,终端和子 IAB 节点通过迁移 IAB 节点连接,逻辑上仍然位于 $CU_1$ 下。

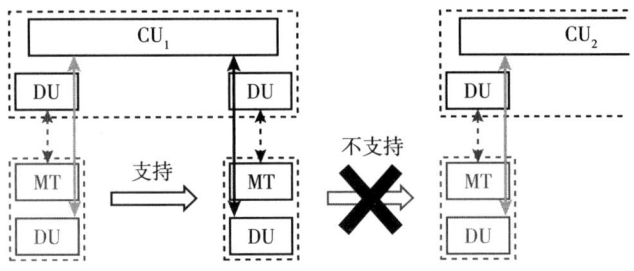

图 24-14 Release 16 仅支持 CU 内的移动性

尽管允许一定程度上的跨 CU 移动,图 24-15 中的 Release 17 方案受限于需要两个 CU 之间有直接的 Xn 接口。因此,Release 18 在移动 IAB 的工作项目中引入了更为通用的跨 CU 移动性方案[132]。

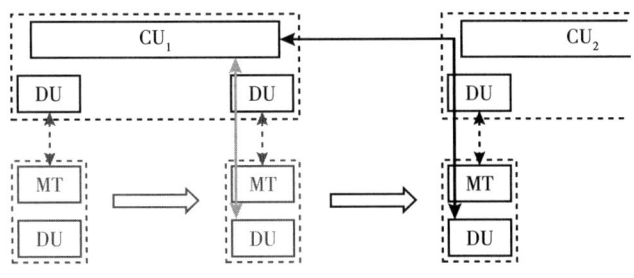

图 24-15 通过隧道支持跨 CU 的移动性(Release 17)

如前所述,IAB 节点跨 CU 移动性的基本问题在于 F1 标准不支持对激活的 DU 改变其 CU。Release 18 通过激活移动 IAB 节点内一个新 DU 的方案绕过这一限制,新 DU 是位于新/目标 CU 下,如图 24-16 所示。新 DU(图 24-16 中的 $DU_B$)创建新小区,旧 DU($DU_A$)下的终端以同频切换的方式换到 $DU_B$ 下的小区。一旦执行了切换,就会去激活 $DU_A$,改变 CU 就完成了。

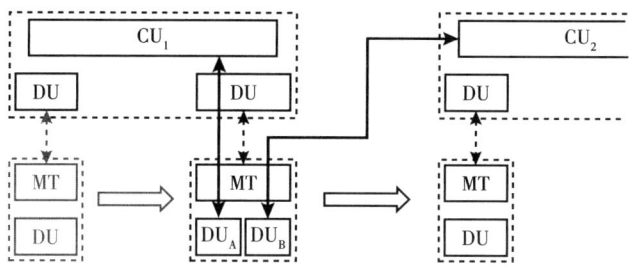

图 24-16　Release 18 跨 CU 的移动性

## 24.7　网络控制中继器

IAB 节点是一种解码和转发类型的中继，即对回传链路接收到的数据进行解调/解码，再重新编码/调制后转发到接入链路，反之亦然。解码和转发一种较为简单的替代是放大和转发，通常称之为中继器。顾名思义，仅对接收到的信号进行放大，即没有任何解调/解码，转发前也没有重新编码/调制。

经典的中继器是"愚蠢的"，因为完全不了解要转发的信号以及预期的最终接收者。因此，通常就是加一定增益，或者以某个固定的发射功率，不考虑实际需要多少发射功率能到达目标接收机。无论目标终端是否在中继器覆盖范围内，中继器都始终转发收到的所有信号。这样就无法对转发的信号应用波束赋形。上行也是如此，即无法将中继器对准某个终端的发射方向来波束赋形接收。

出于这些原因，以及对于 IAB 降低复杂度的补充，3GPP Release 18 引入了对网络控制中继器（Network Controlled Repeater，NCR）的支持。

网络控制中继器由两部分组成，如图 24-17 所示。

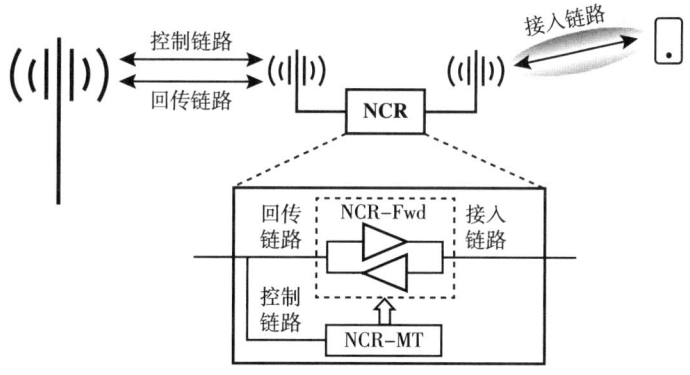

图 24-17　网络控制中继器

- 双向转发部分，在协议中称作 NCR 转发（NCR-Fwd）。其本质上就是一个放大和转发中继，可以支持选择性转发和接入链路的可控波束赋形。
- 控制部分，在协议中称为 NCR 移动终端（NCR-MT），网络可以通过 NCR-MT 来控制转发部分，特别是控制对接入链路进行波束赋形。

尽管在更通用的场景下，中继器还可进行频率转换，但目前 3GPP 的 NCR 只限于带内中继，即接入链路和回传链路工作的载波频率相同。此外，Release 18 NCR 仅支持单跳重复，即没有多个网络控制中继器进行级联。最后，假定控制链路和回传链路的工作频率相同，如果 NCR 支持多载波转发，则与其中一个载波频率相同。

### 24.7.1 NCR 发送定时

在发送定时方面，NCR 的转发部分并没有特别的定时关系。NCR 简单地将接收到的信号以最小延迟在上行和下行进行转发，对于基站会呈现出增加了一点传播延迟。网络控制 NCR-MT 的上行发送定时，方式与控制终端的上行发送定时相同，见 15.2 节。

### 24.7.2 NCR 波束管理和接入链路波束指示

NCR 对终端通常是透明的，即终端看到小区的波束集，无法区分哪些波束是由基站生成还是由 NCR 生成，如图 24-18 所示。一个波束子集由真实基站生成（图 24-18 中的波束 0~11），而另一个子集是由 NCR 生成（波束 12~15）。基站使用基站生成的波束通过 NCR 转发部分与 NCR-MT 进行通信，而 NCR 通常会使用与之对应的接收波束。

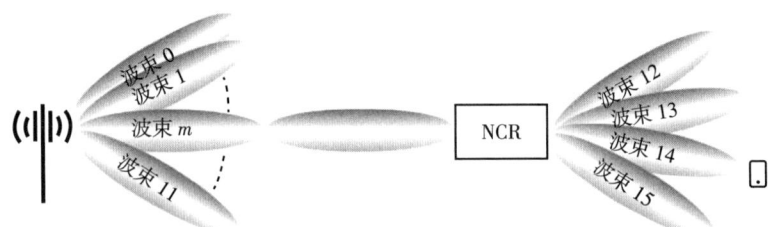

图 24-18 NCR 波束赋形

波束管理（即为回传/控制链路选择合适的波束对）采用与终端波束管理相同的方式，见第 12 章。请注意，通常假定对控制链路和回传链路会使用相同的波束对。

NCR 的关键特性是接入链路波束管理，即网络通过 NCR-MT 控制对于给定的时域资源应当使用哪个波束作为接入链路。如果给定的时域资源配置为下行资源，那么选定的波束会用于下行接入链路的发送；如果给定的时域资源配置为上行资源，那么选定的波束会用于上行接入链路的接收。

接入链路波束指示可以通过三种方式实现：周期波束指示，半持续波束指示和非周期波束指示⊖。这三种方式可以同时使用。

**1. 周期波束指示**

周期波束情况下，可以给 NCR 配置一至多个周期性样式，每个样式由一组时域资源组成，

---

⊖ 请注意，这里所讨论的 NCR"波束指示"不同于第 12 章所讨论的"波束指示"即 TCI 状态。

每个时域资源关联到一个特定的波束索引,指向 NCR 接入链路的一个波束,如图 24-19 所示。每个样式的周期从 1ms 到 10s,每个波束索引可以指示最多 64 个波束中的一个。请注意,大多数情况下,NCR 支持的接入链路波束远少于 64。

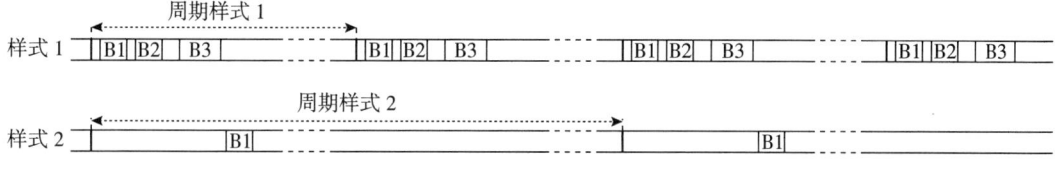

图 24-19　周期波束指示

每个时域资源可以起始于周期内任意符号(通过配置时隙偏移和时隙内符号偏移),最长为 112 个符号。

周期波束指示的一个用途是具有特定周期的公共信令,例如在下行不同波束上广播的 SSB 和上行相应接收波束赋形的 RACH 时机。

原则上,同时配置的多个周期性样式可能会部分重叠,即时域资源上重叠。但是,标准声明在这种情况下,这些时域资源应当对应同一个波束索引。

### 2. 半持续波束指示

半持续波束指示与周期波束指示非常相似,即以周期性样式配置时域资源的波束索引。唯一的区别在于半持续波束指示可以通过 MAC CE 通知 NCR-MT 来激活或去激活,如图 24-20 示例。

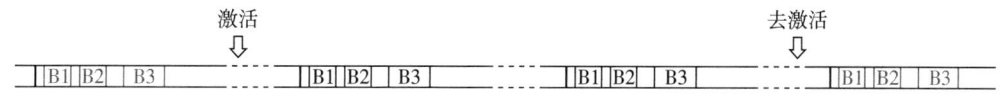

图 24-20　半持续波束指示

### 3. 非周期波束指示

在非周期波束指示的情况下,首先给 NCR 配置一组时域资源,对每个时域资源定义符号起始位置和特定的周期(最长 28 个符号)。

网络通过新的 DCI 格式(DCI 5_0)指示 NCR-MT 所配置的时域资源的一个子集,每个资源有相应的波束索引。DCI 5_0 还包括时域资源参考点的时间偏移。

如果配置的周期指示和激活的半持续指示的时域资源与通过 DCI 5_0 指示的时域资源有重叠,配置的指示(周期/半持续)可以显式配置为优先于动态指示。如果没有显式指示,则非周期指示优先。

## 24.7.3　选择性转发

NCR-Fwd 的转发默认是禁止的,只在相应的时域资源通过上述的周期、半持续或非周期波束指示显式关联到波束时才工作。这就是选择性转发,即转发只在有需要时才转发,这是 NCR 波束指示功能天然支持的。

# 第 25 章

# 非地面 NR 接入

非地面网络(Non-Terrestrial Network，NTN)是一种由空中/太空网络节点来运载设备(也称为载荷)的无线通信网络，为地面终端提供无线接入㊀。如图 25-1 所示，空中/太空节点可以是卫星、高空平台(High-Altitude Platform，HAP)或低空无人机㊁。然而，在 3GPP 中 NTN 一词的使用仅限于卫星和 HAP。

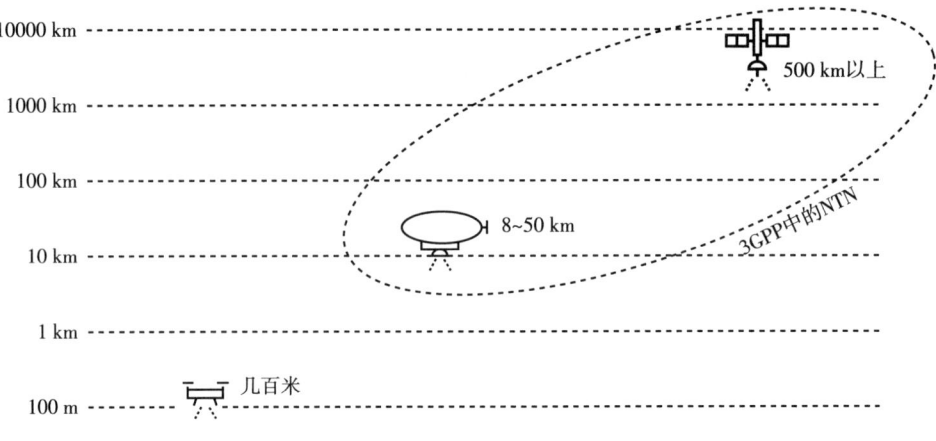

图 25-1　不同类型的 NTN 节点及其大致高度

3GPP 引入对非地面网络节点的支持以补充和完善地基/地面网络基础设施，主要源于这是一种更具成本效益的方式，在某些情况下这甚至是为特定应用场景提供无线覆盖的唯一方式，比如极度荒凉地区或海上。当然，陆地接入和非陆地接入可以使用完全不同的无线接入技术。但是如果能够将陆地无线接入技术(此处指 NR)扩展应用到通过非陆地网络节点的接入，那么从终端角度来讲是更具规模经济效益的。

---

㊀ 请注意，在 NTN 专用术语中，术语"载荷"是指 NTN 节点内，例如卫星内的通信设备/功能实体。

㊁ 有时也常用术语 HAPS(High-Altitude Platform Station/System，高空平台站/系统)来代替 HAP。另一个专用于 IMT 技术上下文中的术语是 HIBS(High-altitude IMT Base Station，高空 IMT 基站)。

3GPP 基于 NR 非地面接入的研究工作始于 2017 年，第一个研究项目涵盖 NTN 应用场景和信道模型[80]。随后第二个研究项目致力于 NTN 解决方案[130]。NR 支持非地面接入的正式规范随后被包含在 3GPP Release 17 中。尽管 3GPP 在 NTN 上的工作目标涵盖卫星和 HAP，但主要关注的是基于卫星的 NTN。其原因是，为了支持基于卫星的 NTN，需要对 NR 规范进行更广泛的扩展，而这种扩展也自然支持基于 HAP 的 NTN。因此，下面我们将主要从卫星载荷的角度来讨论 NTN。

## 25.1 卫星基础知识

在讨论关于非地面网络的 NR 扩展之前，我们将首先讨论卫星和卫星通信的一些通用知识。

### 25.1.1 卫星轨道及其特性

卫星可以在从几百千米到几万千米的不同高度绕地球运行。此外，卫星轨道可能是圆形或椭圆形，也可以有不同的倾角，即相对于赤道的角度不同，如图 25-2 所示。

图 25-2　圆形和椭圆形轨道以及卫星轨道与赤道不重合

从海拔的角度，3GPP 在 NTN 上的研究工作主要集中在地球静止轨道（Geo-Stationary Orbit，GSO）卫星和近地轨道（Low-Earth Orbit，LEO）卫星，如图 25-3 所示。

图 25-3　地球静止轨道和近地轨道

GSO 卫星，有时也称为地球静止赤道轨道（Geo-stationary Equatorial Orbit，GEO）卫星，其圆形轨道与赤道对齐，高度为 35786km。在这样的轨道上，卫星的速度与地球绕其自身轴线旋转的速度相匹配。因此，GSO卫星相对于地球表面是静止的，因此被称为地球静止卫星。

低轨卫星绕地球运行的高度要低得多，通常在500~2000km。低轨卫星的轨道可以是圆形或椭圆形，也可能有不同的倾角，也就是说低轨卫星的轨道不必与赤道对齐。

GSO卫星的好处是它相对于地球表面是静止的。因此，从表面上看GSO卫星的位置及其覆盖区域是静止的，不会随时间变化。然而，这是以更大的传播距离和相应的非常大的传播时延为代价的。GSO卫星的最大卫星到终端距离约为40000km，相应的单向（卫星到终端）传播时延超过130ms⊖。GSO卫星场景下的大传播距离也意味着相对较高的路径损耗。

相反，LEO卫星场景下卫星到终端的距离更短，从而有更小的传播时延和更小的路径损耗。不过需要注意的是，传播时延仍要比传统地面网络中大得多。例如，假设卫星高度为700km，卫星到终端的最大距离可能超过2000km，相应的单向传播时延约为7ms。

然而，低轨卫星的主要缺点是卫星会相对于地球表面快速移动。这意味着，即使对于固定终端来说通信信号也会存在非常高且快速变化的多普勒频移，以及需要定期切换终端通信所经由的卫星。此外，即使只覆盖特定的有限地表区域，仍然需要部署大量的低轨卫星，因为每颗卫星只能在有限的时间内覆盖目标区域。

应当注意的是，卫星信道通常是视距传播，因此卫星的移动主要造成通信信号的多普勒频移。这与地面网络不同，地面网络的信道通常是非视距的，而且终端的移动主要导致的是信号的多普勒扩展。

### 25.1.2 星历数据和开普勒元素

描述卫星轨道的传统方法是通过所谓的开普勒元素（keplerian element），也称为星历数据（ephemeris data）。开普勒元素集由六个参数组成，这些参数共同指示了沿轨道运行物体的位置和速度信息，如图25-4所示。

通常，椭圆形轨道的形状由以下两个参数来描述：

- 轨道离心率（圆形轨道情况下为零）。
- 轨道半长轴长度（圆形轨道情况下等于半径）。

还有以下三个附加参数表示轨道相对于参考平面的方向，在卫星绕地球运行的情况下，参考平面对应于具有明确参考方向的穿过赤道的平面。

- 轨道倾角，描述参考平面和轨道平面之间的角度。
- 升交点经度（图25-4中用 $\Omega$ 表示），描述轨道围绕垂直于参考平面的轴的方向。
- 近心点辐角（图25-4中用 $\omega$ 表示），描述轨道平面内轨道的方向，实际上就是半长轴指向的方向（轨道平面内）。

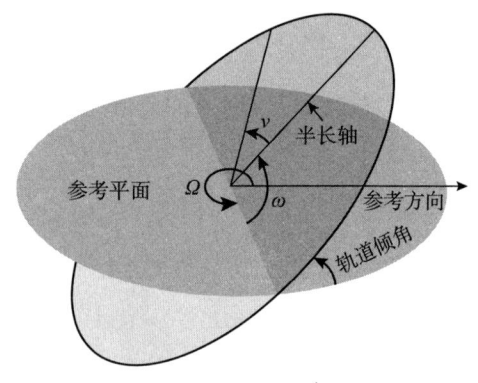

图25-4 开普勒元素

---

⊖ 请注意，卫星到终端的最大距离会超过卫星轨道高度，因为卫星通常并不位于终端的正上方。对于低轨道卫星来说，卫星高度和卫星到终端的最大距离之间的差异更为明显。

这五个参数组合在一起充分描述了卫星的轨道。而第六个参数，即图 25-4 中的角参数 $v$，给出了卫星在给定时刻（通常称为"历元"）在轨道内的瞬时位置。理论上，知道了开普勒元素就可以确定卫星在未来任何时刻的位置。

### 25.1.3 透明和可再生载荷

图 25-5 展示了非地面网络中不同类型的链路。
- 业务链路是卫星和终端之间的链路。
- 馈电链路是卫星和地面站之间的链路。

此外还可能存在星间链路，提供卫星之间的连接。例如，当卫星与地面站没有直接的视距传播时，就需要这种星间链路。

卫星通信可以分为透明载荷（有时也称为弯管）和可再生载荷两种模式，如图 25-6 所示。

在透明载荷的情况下，卫星的操作类似于放大并前传的中继器，也就是说，卫星从馈电链路上接收到信号后进行放大，并在某些情况下进行频率转换，然后传输到业务链路上，在相反方向上也进行同样的操作。需要指出的是，在透明载荷的情况下，馈电链路本质上使用与业务链路相同的基本空口技术，区别只是馈电链路可以在特定馈电频率上工作。

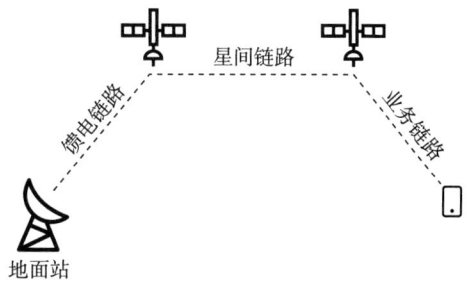

图 25-5 （基于卫星的）非地面网络中的各种链路

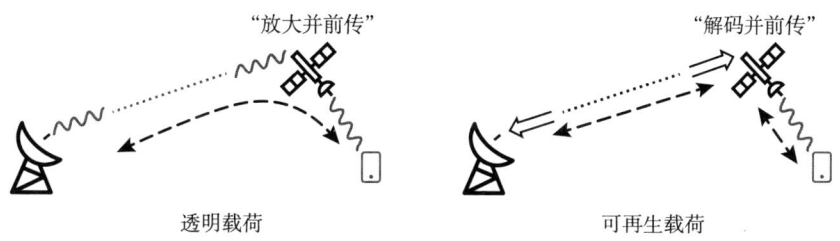

图 25-6 透明载荷与可再生载荷

另一方面，在可再生载荷的情况下，卫星的操作更像解码并前传的转发器。在 3GPP 的文本中这通常被描述为"卫星上的 gNB"，尽管 gNB 的一部分功能实体也可以通过清晰的拆分设计被保留在地面上。

在可再生载荷的情况下，至少在理论上馈电链路和业务链路可以基于完全不同的空口技术。在 3GPP 文本中，业务链路使用正常的 gNB 到 UE 接口（Uu 接口），而馈电链路可以使用相同或不同的技术。这类似于传统的无线回传解决方案，其中回传链路可以像 IAB（见第 24 章）那样使用与接入链路相同的技术，也可以像 mini-link 那样使用与接入链路不同的回传专用技术。请注意，尽管图 25-5 和图 25-6 显示了基于卫星的 NTN，但相同的基本网络结构和相关讨论也适用于基于 HAP 的 NTN。

3GPP 最初考虑 NTN 需要支持透明载荷和可再生载荷两种模式。然而，Release 17 最终仅侧重于透明载荷，而可再生载荷可能会被纳入后续版本。应该注意的是，从终端的角度来看，透明载荷和可再生载荷之间没有实际的区别。

### 25.1.4 固定波束和可控波束

卫星通常会使用数量相对较多的波束来覆盖目标地表区域。对于 GSO 卫星来说，显然这些波束是静止的，也就是每个波束覆盖一个特定的区域。对于低轨卫星以及更普遍的相对于地球表面非静止的卫星，则有两种波束覆盖方式，如图 25-7 所示。

- 卫星使用一组固定波束：在这种情况下，波束足迹（每个波束覆盖的区域）会随着卫星的移动而不断移动。
- 卫星使用一组可控波束：这些波束的控制方式是，只要卫星保持在一定的距离范围内，波束足迹就（大致）在地表固定。当卫星波束无法再覆盖其目标区域时，将调整波束以覆盖新的区域。与此同时，一颗新出现的卫星必须接管"消失"卫星先前覆盖的区域。

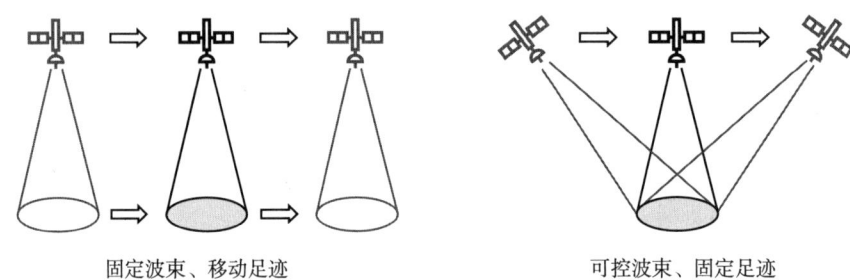

固定波束、移动足迹　　　　　　　可控波束、固定足迹

图 25-7　固定波束、移动足迹和可控波束、固定足迹

请注意，每个卫星都会产生大量的波束，而图 25-7 仅显示了其中一个波束。

尽管固定波束和可控波束都是可行的方案，但第二种方案即可控波束被认为是基于卫星的 NTN 的典型方案，因为这种方案可以降低 NTN 内移动（更多信息参见 25.2.5 节）的复杂度。

## 25.2　基于 NR 的 NTN

将 NR 空口规范扩展到可以支持基于 NTN 的接入，所需的改动相对很小，增加的功能主要涉及以下问题的处理：

- 大的传播时延，尤其对于 GSO 卫星。
- 卫星相对于终端的快速移动（对于低轨卫星）。

### 25.2.1　NTN 频谱

像 3GPP 规范的通常情况一样，3GPP 中 NTN 相关的功能基本上是与频谱无关的。而与此同时，对潜在频谱的考虑往往需要特定的详细解决方案。

在 NTN 项目研究期间，3GPP 考虑将 6GHz 以下的频率以及毫米波频率用于卫星终端链路。然而由于时间的限制，3GPP 最终决定将 Release 17 的重点放在较低的频谱上，并且将专用于较高频谱操作的所有功能推迟到以后的版本(见 25.3 节)。最终，Release 17 为(卫星与终端之间的)业务链路指定了两个频段：
- 1626.5~1660.5MHz(上行)/1525~1559MHz(下行)。
- 1980~2010MHz(上行)/2170~2200MHz(下行)。

需要注意的是，基于卫星的 NTN 有很大的传播时延，这使得时分双工基本不可行，因为需要的保护间隔极大。因此，在卫星到终端和终端到卫星之间的链路上采用频率分隔的 FDD 方式是基于卫星的 NTN 的普遍工作模式。

## 25.2.2 上下行时间对齐的扩展

如 15.2 节所述，上下行时间对齐，即上行时隙 $n$ 的开始和相应下行时隙 $n$ 的开始之间的定时偏移 $T_{TA}$ 由下式给出：

$$T_{TA} = (N_{TA} + N_{TA,offset}) \times T_c \tag{25-1}$$

式中，$N_{TA,offset}$ 是网络提供的小区级偏移量；$N_{TA}$ 是在网络提供的定时提前量基础上的终端特定偏移量；$T_c$ 是基本时间单位，见 7.1 节。

特别地，初始随机接入时 $N_{TA} = 0$，而在不考虑网络和终端之间传播时延的情况下，$N_{TA,offset}$ 是上行 PRACH/前导码发送时间与接收下行帧开始时间之间的固定偏移。因此，网络接收设备"搜索"前导码的时间窗口必须达到基站到终端最大传播时延的两倍，而且还必须留有足够大的保护间隔，以确保前导码传输与其他传输不发生冲突。

在卫星通信的场景下，传播时延明显比任何地面链路都要大。传播时延还会根据卫星相对于终端的准确位置而显著变化。为了处理这一问题，需要终端对终端与卫星之间的传播时延进行估计和预补偿。

除了卫星到终端的传播时延之外，在透明载荷情况下，卫星到地面站的链路还会在总传播时延中引入额外的时延。卫星到地面站的传播时延对于连接到卫星的所有终端都是相同的，不过会随着卫星的移动而不断变化。为了使终端也能对这段传播时延进行补偿，需要在整个时间对齐表达式中添加一个附加项。

因此，NTN 的上下行时间对齐，即终端处的上行发送和下行接收之间的时间偏移，将由下式给出：

$$T_{TA} = (N_{TA} + N_{TA,offset} + N_{TA,adj}^{common} + N_{TA,adj}^{UE}) \times T_c \tag{25-2}$$

式中，$N_{TA}$ 和 $N_{TA,offset}$ 与表达式(25-1)中的含义相同，$N_{TA,adj}^{common}$ 是对卫星到地面站传播时延的补偿，$N_{TA,adj}^{UE}$ 是终端根据卫星到终端传播时延的估计计算出的补偿。

由于卫星到地面站的距离不断变化，$N_{TA,adj}^{common}$ 并没有被显式提供给终端。取而代之的是，首先假设地面站到卫星的单向传播时延在时间上的变化符合如下 $T_{gs}$ 二次多项式：

$$T_{gs} = A + B \times (t - t_0) + C \times (t - t_0)^2 \tag{25-3}$$

由于 $N_{TA,adj}^{common}$ 会不断变化而需要持续更新，因此网络并不会直接向终端提供 $N_{TA,adj}^{common}$，取而代之的是向终端提供参数 $A$、$B$ 和 $C$(在规范中分别对应 TA$_{Common}$、TA$_{CommonDrift}$ 和 TA$_{CommonDriftVariant}$)以

及时间 $t_0$。这样补偿 $N_{\text{TA,adj}}^{\text{common}}$ 可以用下式计算：

$$N_{\text{TA,adj}}^{\text{common}} = T_{\text{gs}}/T_{\text{c}} \tag{25-4}$$

对于可再生载荷，定时的参考点在卫星而不是地面站，因此 $N_{\text{TA,adj}}^{\text{common}}$ 应设置为零。

关于 $N_{\text{TA,adj}}^{\text{UE}}$，为了能够估计卫星到终端的传播时延，关于卫星轨道的瞬时信息即星历数据，作为 NTN 专用系统信息的一部分在新的系统信息块（SIB19）内广播。3GPP 规范支持采用以下两种不同的格式广播星历信息：

- 开普勒元素格式，见 25.1.2 节。
- 标准笛卡儿 $(x,y,z)$ 坐标和相应的速度分量 $(v_x,v_y,v_z)^{\ominus}$ 格式。

广播的星历数据需要定期更新，并且 SIB19 中还包含与有效星历信息相对应的准确时间。终端据此至少在理论上可以估计未来任何时刻的准确卫星位置。

为了估计卫星到终端的传播距离/时延，终端还需要知道自己所在的位置。因此，至少对于当前的 3GPP 规范版本，基于卫星的 NTN 接入终端需要支持基于 GNSS 的自定位。

除了估计和补偿卫星到终端的传播时延外，终端还需要估计和补偿由于卫星相对于终端的移动而变化的多普勒频移。多普勒频移也可以根据卫星广播的星历数据来进行估计，因为终端不仅能够根据星历数据来计算瞬时卫星位置，还能够计算瞬时卫星速度。

相反，由于卫星相对于地面站的移动而引起的多普勒频移则由网络内部进行处理，对终端不可见。

### 25.2.3 上下行传输之间的时序关系

NR 中有一些特定的时序关系，比如终端在某一个时隙上接收到一个下行传输，那么它就应该在一个对应的给定时隙上发送上行传输。类似的时序关系举例如下：

- DCI 到 PUSCH 的时序关系，决定终端在某一下行时隙接收到 PUSCH 调度授权（通过 DCI）后，在哪个上行时隙发送动态调度的 PUSCH。如 10.1.5 节所述，在 3GPP 规范中这是由被称为 $K_2$ 的时隙偏移量决定的。$K_2$ 被包含在 PUSCH 调度授权中，取值范围是 0~32 个时隙。
- PDSCH 到 HARQ 反馈的时序关系，决定终端在给定下行时隙接收到 PDSCH 的情况下，在哪个上行时隙发送 HARQ 反馈。如 13.1.4 节所述，这是由另一个被称为 $K_1$ 的时隙偏移量指示的。$K_1$ 被包含在调度分配 PDSCH 传输的 DCI 中。
- 非周期 SRS 传输的时序关系。如果终端在某一下行时隙接收到触发发送非周期 SRS 的 DCI，此时序关系决定 SRS 传输将在哪个上行时隙进行。

归纳来说，这些时序关系就是在一个下行时隙中携带有关上行时隙的控制信息，据此识别要在哪个上行时隙进行与控制信息相对应的上行传输。这里显然存在一个隐含的假设，即终端先要在下行时隙接收到关于上行时隙的调度控制信息，然后才会在相应的上行时隙进行发送。

对于地面网络，基站和终端之间的传播时延通常最多限制在几百微秒（在更高频段的更高

---

$\ominus$ 注意，与开普勒元素不同的是，$(x,y,z)$ 坐标也可用于描述 HAP 的位置。

参数集情况下,由于高频率小区的覆盖范围更小,其传播时延甚至会更小)。因此,DL/UL 定时差异,即特定上行时隙和相应下行时隙的传输定时之差,最多限制在几个时隙,并且在大多数情况下小于一个时隙,如图 25-8 的上半部分所示。

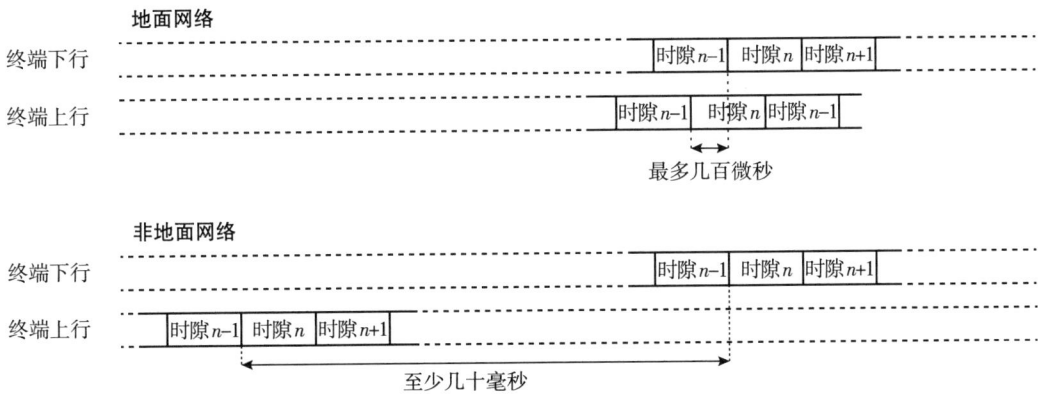

图 25-8 地面网络(上半部分)与基于卫星的非地面网络(下半部分)的 DL/UL 时间对齐

然而,在基于卫星的 NTN 场景下传播时延要大得多,导致上行时隙 $n$ 和相应的下行时隙 $n$ 之间的定时偏差非常大,如图 25-8 的下半部分所示⊖。因此,3GPP 规范早期版本中用于指定特定上下行定时关系的手段对 NTN 来说是不够的。例如,在下行时隙 $n$ 接收的调度授权可以通过调度授权中的时隙偏移($K_2$)来调度从 $n$ 到 $n+32$ 时隙范围内的上行时隙传输。而在上下行时间差超过 32 个时隙的情况下,这显然是不够的。再考虑到终端处理所需的时间,很明显最大 32 个时隙的偏移量对于基于卫星的 NTN 来说在很多情况下是不够的。

出于这个原因,Release 17 为上述时序关系引入了额外的偏移量 $K_{\text{offset}}$。举例来说,如果 $K_1$ 是在 DCI 中指示的时隙偏移,以前 HARQ 反馈会在时隙 $n+K_1$ 中发送。而在引入 $K_{\text{offset}}$ 之后,HARQ 反馈将在时隙 $n+K_{\text{offset}}+K_1$ 中发送。其他时序关系的变化也与此类似。$K_{\text{offset}}$ 包含在专用于 NTN 的系统信息(SIB19)中,最大值是 1024 个时隙。对于子载波间隔为 15kHz 的参数集,这足以涵盖大约 1s 的总往返时间。$K_{\text{offset}}$ 通常应设置为与 NTN 小区内的最大传播时延相匹配,包括透明载荷情况下馈电链路上的传播时延。$K_{\text{offset}}$ 也可以针对每个终端进行配置。

在基于卫星的 NTN 中,引入参数 $K_{\text{offset}}$ 的目的是处理终端侧上下行时隙之间较大的时间偏差。更具体地说,它确保上下行之间的定时关系,在上下行时隙之间存在较大的时间不对齐的情况下,也可以保证终端先接收下行时隙之后再发送对应的上行时隙。除了 $K_{\text{offset}}$ 之外,NR 规范中还引入了第二个参数用于在卫星 NTN 中处理大的传播时延,具体地说,这个参数配置是通过一个 MAC 控制单元(MAC CE)来激活的。

在根据 MAC CE 指示的新配置执行下行传输之前,网络侧需要确认 MAC CE 已经被终端正确接收并且相应的配置已经被激活。这样的确认可以通过从终端接收 HARQ 反馈以指示 MAC CE 被正确检测来实现。

根据 3GPP Release 15/16,如果终端在上行时隙 $n$ 中发送与 MAC CE 相关的 HARQ 反馈,

⊖ 注意,隐含的假设是下行时隙 $n$ 在 gNB 处基本上与上行时隙 $n$ 时间对齐。

则终端应在下行时隙 $n+4^{\ominus}$ 中激活 MAC CE 指示的配置。这意味着 gNB 在发送下行时隙 $n+4$ 之前，即在上行时隙 $n$ 中正确接收到 HARQ 反馈是非常关键的，否则，gNB 将不知道 MAC CE 是否已被终端正确接收，也就是不知道终端是否已经激活由 MAC CE 指示的配置。

gNB（地面站）处的下行和上行时隙之间的时序关系由以下两个参数确定（见式(25-2)）：
- 终端计算的参数 $N_{\text{TA,adj}}^{\text{UE}}$，用于补偿卫星到终端的传播时延。
- 参数 $N_{\text{TA,adj}}^{\text{common}}$，用于补偿地面站到卫星的传播时延。

如果 $N_{\text{TA,adj}}^{\text{common}}$ 等于地面站到卫星传播时延的两倍，则该传播时延可以被完全补偿，并且上行时隙 $n$ 和下行时隙 $n$ 将在 gNB 处基本对准。换言之，gNB 在下行时隙 $n+4$ 发生之前，肯定已经接收到了上行时隙 $n$。

然而，网络可能出于某种原因在实践中设置不同的 $N_{\text{TA,adj}}^{\text{common}}$ 值，也就是以不同的定时提前量进行操作。在极端情况下设置 $N_{\text{TA,adj}}^{\text{common}}=0$，即定时提前量将仅补偿卫星到终端的传播时延，在这种情况下，上行时隙 $n$ 和下行时隙 $n$ 将在卫星处对齐。在 gNB 透明载荷位于地面站的情况下，gNB 处的下行时隙 $n+4$ 可能比上行时隙 $n$ 出现的更早。

为了处理这种情况，3GPP 引入了参数 $K_{\text{mac}}$。$K_{\text{mac}}$ 的作用是将 MAC CE 指示的配置的激活时间从时隙 $n+4$ 修改为时隙 $n+4+K_{\text{mac}}$，其中 $K_{\text{mac}}$ 的设置值应该使上行时隙 $n$ 正好在下行时隙 $n+4+K_{\text{mac}}$ 之前被 gNB 接收。与 $K_{\text{offset}}$ 类似，$K_{\text{mac}}$ 也是作为 NTN 相关系统信息的一部分被包含在 SIB19 中。

在"最坏"的情况下（$N_{\text{TA,adj}}^{\text{common}}=0$ 时），$K_{\text{mac}}$ 的值应该被设置为地面站到卫星传播时延的两倍。与之相对应，$K_{\text{offset}}$ 应该被设置为地面站到卫星传播时延和卫星到终端传播时延之和的两倍。因此，$K_{\text{mac}}$ 的最大值是 512 个时隙，即 $K_{\text{offset}}$ 最大值的一半。

图 25-9 说明了上述两种情况。图 25-9 的上半部分是下行和上行时隙在 gNB 处对齐（透明载荷的地面站处）的情况，此时不需要 $K_{\text{mac}}$。图 25-9 的下半部分是下行和上行时隙没有在 gNB 处对齐的情况，此时需要 $K_{\text{mac}}$。图 25-9 还说明了参数 $K_{\text{offset}}$ 的作用，即通过将 HARQ 反馈的时间向后"推"一个额外的偏移量 $K_{\text{offset}}$，来确保终端在发送 HARQ 反馈之前已经完成下行接收。

注意，$K_{\text{mac}}$ 仅适用于透明载荷，并且仅在用来完全补偿地面站到卫星传播时延的参数 $N_{\text{TA,adj}}^{\text{common}}$ 未被使用的情况下，也就是只有当上行时隙 $n$ 和下行时隙 $n$ 未在地面站处对齐时，才需要使用 $K_{\text{mac}}$。对于可再生载荷，$N_{\text{TA,adj}}^{\text{common}}$ 应设置为零，并且不需要使用 $K_{\text{mac}}$。

### 25.2.4 HARQ 操作和 HARQ 进程数

HARQ 是实现良好链路性能的关键特性之一，尤其是在信道条件不可预测的情况下。如第 13 章所述，3GPP Release 15/16 将 HARQ 进程数限制为 16。这意味着，如果包含网络和终端处理时间的 HARQ 往返时间超过 16 个时隙，就不能维持 UE 上行或下行业务的连续传输，因为可用的 HARQ 进程将被耗尽。显然对于基于卫星的 NTN 来说，HARQ 往返时间可能远远超过这一限制。

为了在一定程度上解决这个问题，Release 17 引入了支持最多 32 个 HARQ 进程，并将下行和上行 HARQ 进程指示从 4bit 扩展到 5bit。在时隙长度为 1ms（15kHz 参数集）的情况下，总

---

$\ominus$ 这里假设上行和下行使用相同的参数集，这个假设通常是成立的。在下行参数集与上行参数集不同的情况下，这个表达式将变得更加复杂。

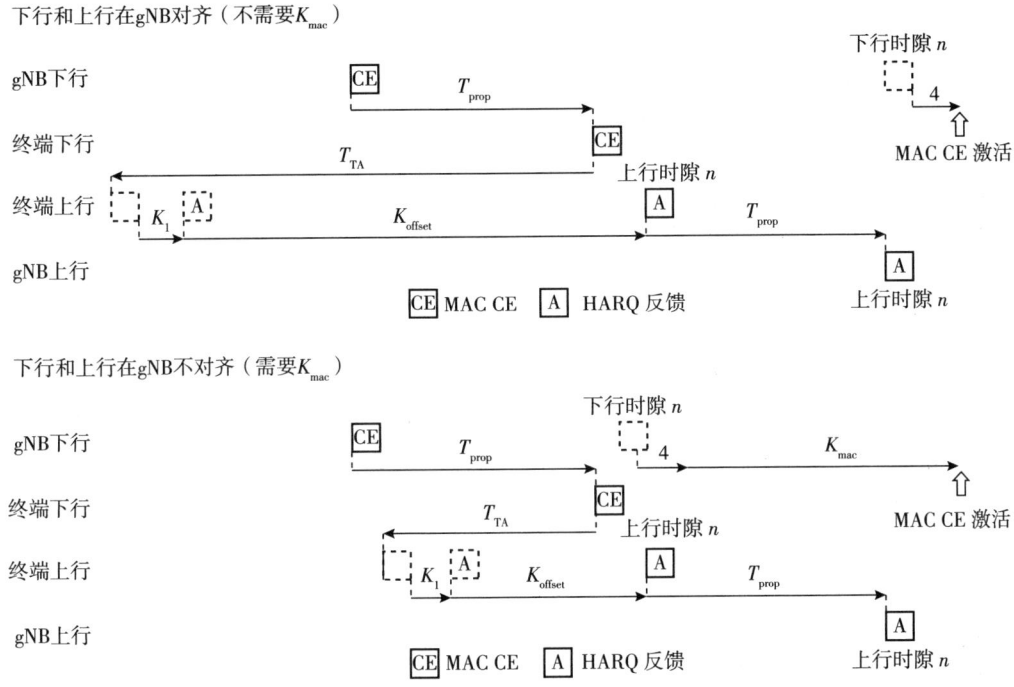

图 25-9　不需要$K_{mac}$（上半部分）和需要$K_{mac}$（下半部分）两种情况

往返时间（包括网络和终端的处理时间）可以达到 32ms，而不会有 HARQ 停滞的风险。

在很多 NTN 场景下，尤其对于地球静止卫星，总往返时间会远远大于 32ms。一种应对措施是简单地接受 HARQ 停滞所导致的总链路吞吐量降低的结果。

另一种选择是不使用 HARQ 机制进行数据传输，这在 3GPP Release 15/16 的 NR 中已经可以做到。在下行调度新数据传输时，可以使用相同的 HARQ 进程号并切换指示"新数据"的 NDI 标志，这样就能使 HARQ 失效。然而，Release 17 中进一步为 NTN 引入了可以显式禁用 HARQ 反馈的机制，从而避免了 HARQ 反馈的开销。禁用 HARQ 反馈的机制是针对每个 HARQ 进程配置的，也就是说，可以为某些 HARQ 进程禁用 HARQ 反馈，而为其他 HARQ 进程保持启用 HARQ 反馈。通过这种方式，既可以达到满吞吐量，同时仍然可以确保更关键的数据使用 HARQ 机制实现高可靠性。还要注意的是，对于上行数据传输通常不存在显式的 HARQ 反馈，因为重传请求被隐含在调度授权中。因此，在 Release 15/16 中已经可以很直接地实现没有 HARQ 的操作。

显然，没有 HARQ 的操作将对基本链路性能产生负面影响，因为在链路自适应过程中需要增加额外的冗余。然而，NTN 无线链路通常为视距传播，这意味着与地面网络相比，NTN 的信道条件即使不好，也通常具有更大的可预测性。与传统的地面网络相比，这使得 NTN 对 HARQ 的需求并不那么迫切。

### 25.2.5　非地面网络中的移动性

25.1.4 节描述了卫星通常使用一个大的波束集合来覆盖地球，另外还描述了这些波束可以是固定的,即波束足迹会随着卫星的移动而不断移动。然而,更常见的情况是使用可控制波束,波束控制的目标是只要卫星保持在一定区域内,波束足迹就至少大致固定在地面上。

与地面网络基础设施类似,一颗卫星可以创建一个或多个小区,终端通过这些小区接入网络。每个这样的小区可以对应于单个卫星波束。或者,每个小区可以对应于由同一颗卫星的多个波束联合覆盖的区域。在极端情况下,可能每颗卫星只有一个小区。

无论卫星是使用固定波束还是可控制波束,卫星在非地球静止轨道上的移动都意味着即使是静止终端也需要定期切换到新卫星上的小区。卫星消失的高速度以及网络到终端的高信令延时,二者相结合意味着在 NTN 中采用传统的网络触发切换会有很大的问题。同时,在地面网络中移动性通常是由于终端的随机移动造成的,与之相反 NTN 内的切换可预测性更强,因为在很大程度上切换是由于卫星的可预知移动引起的。由于这些原因,条件切换机制有望广泛用于 NTN。如第 6 章所述,条件切换意味着终端预先配置有一组候选小区和相关联的触发条件。一旦满足了与特定候选小区相关联的触发条件组合,终端就应该执行到该小区的切换,而不需要在传统的网络控制切换之前执行测量报告和有关信令。

为了利用 NTN 场景中切换的可预测性,Release 17 利用补充定时条件扩展了条件切换的触发条件。每个定时条件定义了可以切换到相应候选小区的时间间隔。定时条件总是与传统的基于测量的条件相结合,也就是说,如果在定时条件定义的时间间隔内满足了测量条件,就执行切换。

条件切换的另一个可能场景是基于位置的条件切换。再次强调,这仍是与传统的基于测量的条件结合使用,即在测量条件满足的情况下,同时终端在由基于位置的条件所定义的区域内,就执行切换。

## 25.3 Release 18 中的 NTN 扩展

在撰写本书时,3GPP Release 18 中关于 NTN 扩展的工作仍在进行中。现阶段的工作重点围绕以下三个主题展开。

### 25.3.1 毫米波频段的 NTN

如前所述,由于时间限制,Release 17 仅限于研究 NTN 在较低频谱中的操作,具体来说就是 1.6GHz 和 2GHz 左右的频段。作为 Release 18 的一部分,3GPP 正在扩展 NTN 以支持其在毫米波频谱中的操作。目前,3GPP 已就以下频谱达成一致。

- 上行:27.5~30GHz。
- 下行:17.3~20.2GHz。

请注意,尽管上述频段是迄今为止被 3GPP 指定仅用于 TDD 操作的毫米波频段,但此处所列的是用于 FDD 操作的对称频谱。如 25.2.1 节所述,由于传播时延长,基于卫星的 NTN 采用 TDD 的操作基本上是不可能的。

### 25.3.2 覆盖增强

关于覆盖增强,3GPP 目前仅关注一种特定情况,即随机接入过程中下行消息 4 的 HARQ

反馈(在 PUCCH 上)的传输(见第 17 章)。所提出的解决方案/扩展是允许 HARQ 反馈的 PUCCH 重复传输，重复因子可以是 2、4 或 8，重复因子可以由网络动态决定。

### 25.3.3 网络验证的 UE(终端)位置

一般来说，NTN 小区的范围通常会非常大，这使得很难实现基于网络的终端定位。同时，出于法律原因，网络必须至少能够确定终端的大致位置(用于紧急呼叫、合法拦截等)。

显然，NTN 终端可以通过 GNSS 知道自己的位置(注意这是目前 NTN 终端的假设，见 25.2.2 节)，并可以向网络报告其粗略位置⊖。然而，GNSS 测量并不完全可信，因为这些测量相对容易被干扰和欺骗。关于网络验证的 UE 定位的工作旨在开发基于网络的解决方案，来验证这种基于 GNSS 的粗略 UE 定位。

---

⊖ 隐私要求禁止终端报告其基于 GNSS 的精确位置。

# 第 26 章

# Sidelink 通信

3GPP 的设备到设备(Device-to-Device，D2D)通信(即终端之间直接通信)，也称为 Sidelink 通信，第一次引入到 LTE 是在 3GPP Release 12 中[98]。后续版本将 LTE Sidelink 通信扩展到特别专注于车辆到车辆(Vehicle-to-Vehicle，V2V)用例，即车辆之间的直接通信[101]。

NR 标准的第 1 版并未包含对 Sidelink 通信的支持。但是 3GPP Release 16 在车联网(Vehicle-to-Anything，V2X)的工作项目[102]中引入了对 NR Sidelink 通信的支持。V2X 工作项目的目标是确保 NR 可以为高级 V2X 业务提供连接，重点关注下列具体用例(更多细节见参考文献[103])：

- 车辆编队。
- 扩展传感器。
- 高级驾驶。
- 远程驾驶。

尽管 Release 16 的 V2X 工作项目范围不限于车辆到车辆通信，还包括了这些用例所需的车辆到基础设施的通信，但工作项目的重点专注于引入以车辆到车辆用例为目标的 NR Sidelink 通信。

原则上没有什么阻止将 Release 16 Sidelink 用于其他需要设备之间直接通信的场景和用例。但是，对车辆相关用例的专注使得设计上有一些取舍，与其他用例的要求产生了部分冲突。例如，对车辆相关用例的专注使得对终端低能耗的关注有限，因为假定车载设备有充足的能源。出于这一原因，3GPP Release 17 对 NR Sidelink 通信进行了扩展，使其更适用于其他用例，诸如关注终端低能耗的用例[133]。

除了 Sidelink 的增强之外，3GPP Release 17 还引入了对 Sidelink 中继[134]的支持，即使用 Sidelink 的功能，以终端作为中继节点来扩大网络覆盖。

## 26.1　NR Sidelink——发送和部署场景

NR Sidelink 支持三种基本的发送场景，如图 26-1 所示。

- 单播(Unicast)，即 Sidelink 发送针对一个特定的接收终端的场景。
- 组播(Groupcast)，即 Sidelink 发送针对一组特定的接收终端的场景。

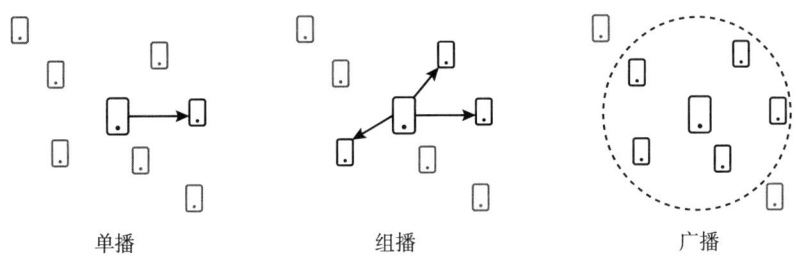

图 26-1　Sidelink 发送场景

- 广播(Broadcast)，即 Sidelink 发送针对发送范围内任意终端的场景。

按照 Sidelink 通信和叠加的蜂窝网络之间的关系，NR Sidelink 通信有两种部署场景，参见图 26-2。

- 覆盖内工作(in-coverage operation)，即 Sidelink 通信所涉及的终端处于叠加的蜂窝网络覆盖范围内的场景。网络可以根据确切的工作模式控制 Sidelink 通信的范围大小。
- 覆盖外工作(out-of-coverage operation)，即 Sidelink 通信所涉及的终端不在叠加的蜂窝网络覆盖范围内的场景。

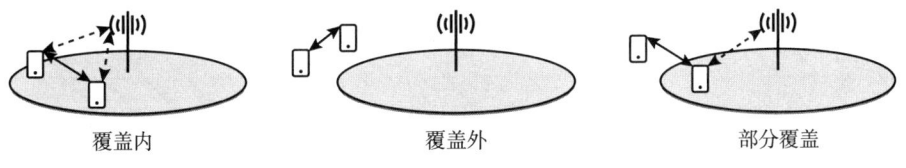

图 26-2　Sidelink 部署场景

还有一种"部分覆盖(partial-coverage)"的场景，即 D2D 通信涉及的终端只有部分处于叠加的网络覆盖范围内。

在覆盖内工作的情况下，Sidelink 通信可以与叠加的蜂窝网络共享载波频率。或者 Sidelink 通信也可以工作在 Sidelink 特定的载波频率上，即不同于叠加蜂窝网络的载波频率。

通常，需要对终端进行合适的配置后才能进行 NR Sidelink 通信。对于网络覆盖内的终端是通过 Sidelink 特定的系统信息块(SIB12)提供的配置。除了 SIB12 提供的公共配置，还可以通过专用信令配置终端特定的 Sidelink 相关配置。

对网络覆盖外终端的 Sidelink 配置可以通过诸如硬连线到终端或存储在终端的 SIM 卡里。在 3GPP 的术语中，这称为"预配置"，以区别于对网络覆盖范围内的终端所采用的更为传统的配置。这里，我们规避细节，对处于网络覆盖范围外的终端通过预配置来提供 Sidelink 相关参数的方式也使用术语"配置"。

如前所述，LTE 就已经支持包括了车辆到车辆用例的 Sidelink 通信。因此可能会存在这样的场景，在叠加 NR 网络的覆盖和控制下想使用基于 LTE 的 Sidelink 通信。类似地，也可能会有叠加 LTE 网络下进行 NR Sidelink 通信的场景。3GPP 标准已经包含了对这些场景的支持，但是在这里我们不再深入讨论，我们假定 NR Sidelink 工作在 NR 网络覆盖范围下，或者工作在 NR 网络覆盖范围外。

## 26.2 Sidelink 通信的资源

NR Sidelink 发送基于传统的 OFDM，使用与网络到终端通信相同的 15kHz 参数集，见第 7 章。这与基于 DFTS-OFDM 的 LTE Sidelink 不同，因为 DFTS-OFDM 是 LTE 上行发送机制⊖。

在 NR Sidelink 通信与传统蜂窝网络共享载波频率的情况下，Sidelink 发送使用上行资源，即对称频谱的上行载波和非对称频谱里配置为上行的时隙。换言之，Sidelink 的发送本质上就是终端的发送，使用的是与其上覆盖网络用于终端发送相同的资源集。

当一个 NR 终端配置进行 Sidelink 传输时，会给该终端配置一个 Sidelink 资源池，资源池定义了载波上可用于 Sidelink 通信的全部时间/频率资源，如图 26-3 所示。

- 在时域，资源池为一个时隙集合，按照资源池周期重复。
- 在频域，资源池为一个连续的子信道（subchannel）集合，每个子信道由一些连续的资源块组成。子信道是 Sidelink 数据传输在频域的最小单元。

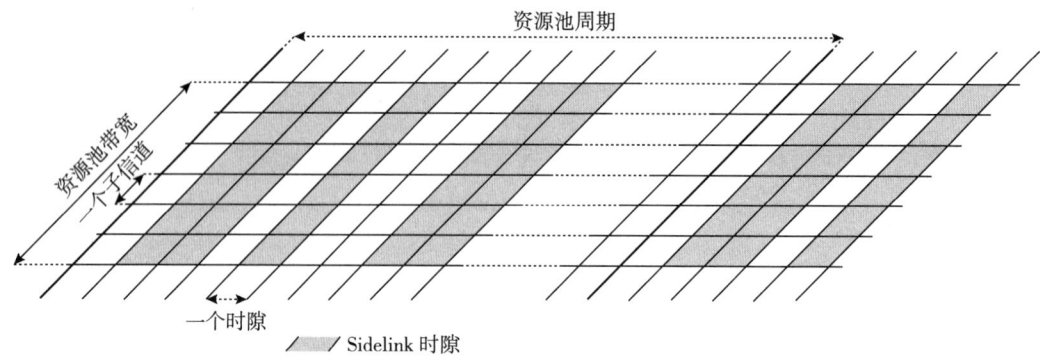

图 26-3 Sidelink 资源池结构示例

总之，Sidelink 资源池的时间/频率结构定义如下：
- 可配置的资源池周期。
- 资源池周期内可配置的 Sidelink 时隙集合。
- 可配置的子信道带宽，可以取值为 10、12、15、20、25、50、75 或 100 个资源块。
- 可配置的资源池带宽，对应于连续的子信道集合。
- 资源池第一个子信道的频域位置。

需要指出，可以给一个终端配置多个用于 Sidelink 发送的资源池。而且，除了用于 Sidelink 发送的资源池之外，还可以另外给终端配置一至多个用于 Sidelink 接收的资源池。但请注意，通常发送和接收资源池是相同的。

尽管资源池的配置在时域是以时隙为粒度，但并不意味着一个 Sidelink 时隙的所有符号都要用于 Sidelink 传输。相反，网络可加以限制，使得一个 Sidelink 时隙内连续符号的有限集实

---

⊖ 请注意，NR 上行传输支持传统的 OFDM 和 DFTS-OFDM。

际可用于 Sidelink 通信，如图 26-4 所示<sup>○</sup>。这是通过下面的配置来实现的：
- 可用于 Sidelink 通信的连续符号集的第一个符号，范围为符号 0~符号 7（图 26-4 中假设为符号 3）。
- 可用于 Sidelink 通信的连续符号数，范围为 7~14 个符号（图 26-4 中假设为 9 个符号）。

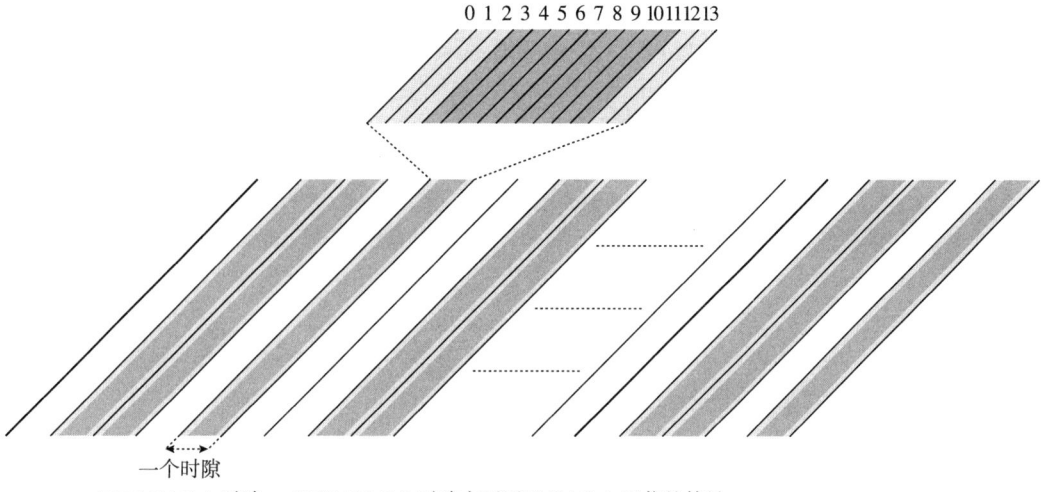

图 26-4　限制 Sidelink 时隙内的可用符号集合

通过这种方式，在 Sidelink 通信和传统的上下行通信共享载波时可以确保时隙的第一个和最后几个符号可用于上行或下行控制信令。请注意，在 Sidelink 有特定载波的情况下，通常假定一个 Sidelink 时隙里的所有符号都可用于 Sidelink 通信。

下面会进一步讨论，Sidelink 时隙的一些可用符号还可用于：
- HARQ 反馈。
- 自动增益控制（Automatic Gain Control，AGC）。
- 保护符号。

这将进一步限制 Sidelink 时隙内实际可用于 Sidelink 数据传输的符号数。

根据如何确定用于 Sidelink 传输的确切资源集，Sidelink 传输有两种基本模式：
- 在资源分配模式 1 的情况下，叠加的网络调度 Sidelink 传输，以类似于调度上行 PUSCH 传输（见第 14 章的示例）的方式，至少在高层看来是这样。显然，资源分配模式 1 仅适用于网络覆盖内的终端。
- 在资源分配模式 2 的情况下，Sidelink 传输的决策，包括用于传输的确切资源集，是由发送终端基于感知和资源选择/预留（sensing and resource-selection/reservation）过程自主决定的。资源分配模式 2 适用于覆盖内和覆盖外的部署场景。

这两种资源分配模式会在 26.4 节中详细讨论。

---

○ 实际上这并非资源池的属性，而是给资源池配置的部分带宽的属性。对于所有资源池配置到同一个部分带宽的情况，这种限制同样有效。

## 26.3 Sidelink 物理信道

与上行和下行传输类似，Sidelink 传输是在一组物理信道上进行的，传输信道映射到物理信道，物理信道承载不同类型的层 1/层 2 控制信令，包括：

- 物理直通链路控制信道（Physical Sidelink Control Channel，PSCCH）：承载 Sidelink 控制信息（Sidelink Control Information，SCI），更具体地说是第一阶段 SCI 或 SCI-1。SCI-1 包括接收终端为了能够正确解调/检测 PSSCH 所需要的信息。SCI-1 还用于资源分配模式 2 的感知和资源选择过程，更多内容见 26.4.2 节。
- 物理直通链路共享信道（Physical Sidelink Shared Channel，PSSCH）：用于传输信道即直通链路共享信道（Sidelink Shared Channel，SL-SCH）的映射。换言之，PSSCH 承载终端之间实际的 Sidelink 数据。PSSCH 还承载了额外的控制信令，称之为第二阶段 SCI 或 SCI-2。
- 物理直通链路反馈信道（Physical Sidelink Feedback Channel，PSFCH）：承载从接收终端到发送终端的 HARQ 反馈。

下面将会看到，还有一种物理直通链路广播信道（Physical Sidelink Broadcast Channel，PSBCH），作为 Sidelink SSB（SL-SSB）的一部分。SL-SSB 用于 Sidelink 同步，PSBCH 承载终端之间共享所需的少量"系统信息"（Sidelink 主信息块，Sidelink Master Information Block，Sidelink MIB）。更多关于 Sidelink 同步和 SL-SSB 的讨论见 26.7 节。

图 26-5 总结了 Sidelink 物理信道（包括 PSBCH）及其承载的信息。

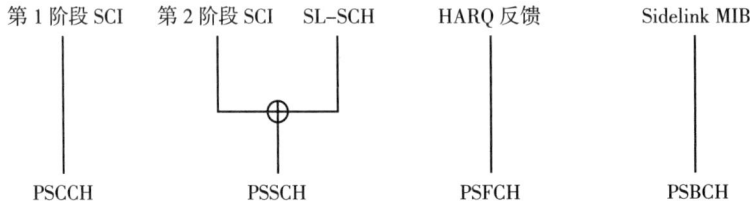

图 26-5　Sidelink 物理信道以及每个信道承载的信息

现在我们已经介绍了 Sidelink 控制信息（SCI）分为两部分，SCI-1 和 SCI-2。如前所述，除了解调和检测 PSSCH 所需的信息，SCI-1 还包括感知和资源预留相关的信息。在 26.4.2 节会进一步讨论，感知和资源预留信息与多个终端相关，基本上是工作在资源分配模式 2 下的全部终端。因此，尽管 Sidelink 的数据传输是单播，SCI-1 还是要用已知格式来广播。

而正相反，SCI-2 仅包含对实际参与 Sidelink 数据传输的终端或者多播/广播的终端相关的信息。包括诸如目的标识，即用于 Sidelink 数据传输的终端标识或终端组标识，以及 HARQ 相关信息。因此 SCI-2 可以进行波束赋形，尤其是对单个目标终端。根据 HARQ 工作模式 SCI-2 有不同的格式，实际采用哪种格式在 SCI-1 里通知。这在一定程度上提供了面向未来的能力，后续版本引入支持新功能的新 SCI-2 格式不会对传统终端造成影响。Release 16 已经有两种 SCI-2 格式，SCI-2A 和 SCI-2B，二者在 HARQ 相关信息上略有不同，见 26.5 节。Release 17 增加了 SCI-2C 以支持 UE 间协调（inter-UE coordination）的信令，见 26.4.2 节。

### 26.3.1 PSSCH/PSCCH

PSSCH 和 PSCCH 在时频资源上联合发送，由一个时隙上多个连续子信道组成，在资源分配模式 1 的情况下由网络调度 Sidelink 的发送，或者在资源分配模式 2 的情况下由发送终端自主选择 Sidelink 的发送。图 26-6 说明了 PSSCH/PSCCH 传输的时频结构。如上所述，只有 Sidelink 时隙符号的一个子集可用于 PSSCH/PSCCH 传输。实际的 PSSCH/PSCCH 传输总是从这些可用符号的第二个符号开始。第一个可用符号只是复制了第二个符号。这样做的原因是给可以进行自动增益控制（Automatic Gain Control，AGC）的接收终端提供一段时间间隔，即调整接收机功放的增益以匹配接收信号的功率。在 PSSCH/PSCCH 传输的末尾还有一个保护符号。在 Sidelink 发送转换到接收，或者接收转换到发送，以及 Sidelink 发送/接收和常规的上下行传输之间互相转换都需要时间，也就需要保护符号。

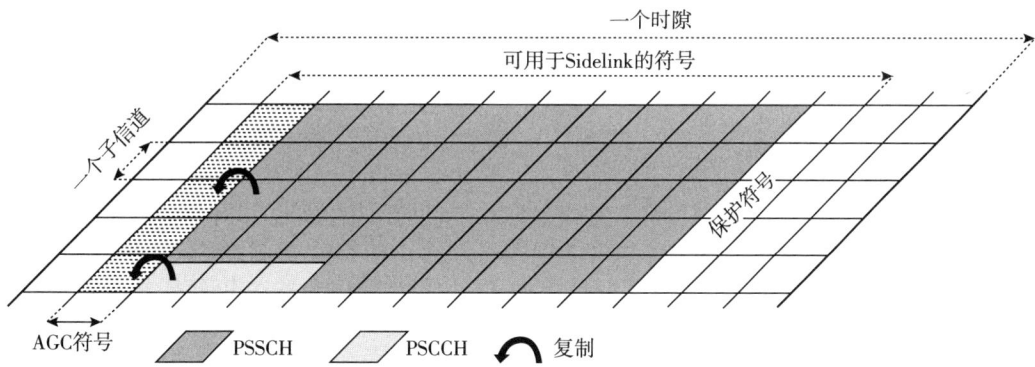

图 26-6　PSSCH/PSCCH 结构，假定 11 个符号可用于 Sidelink 传输的，包括 AGC 符号和保护符号，并假定 PSCCH 占 3 个符号

PSSCH/PSCCH 传输使用的具体符号数取决于一个时隙可用于 Sidelink 传输的符号数，但还取决于该时隙内是否有分配给 PSFCH 传输的资源，下面会进一步讨论（图 26-6 中假定无 PSFCH 资源）。

在时域，PSCCH 在分配给 PSSCH/PSCCH 传输资源的前两个或前三个符号上发送，不包括 AGC 符号（图 26-6 中假定为三个符号）。在频域，PSCCH 从 PSSCH/PSCCH 资源最低的资源块开始发送，带宽最多为一个子信道。然后，PSSCH 映射到剩余的 PSSCH/PSCCH 资源单元上。PSCCH 的带宽和持续时间（两到三个符号）属于资源池配置，因此接收终端预先就知晓。

PSCCH 在整个 PSSCH/PSCCH 资源的位置是固定的，这就意味着：
- 接收终端只需要从每个子信道的低端搜索 PSCCH。
- 接收终端一旦找到 PSCCH 并解出 SCI-1，也就找到了整个 PSSCH/PSCCH 资源的频域起始位置。接收终端要完全知晓整个 PSSCH/PSCCH 资源，唯一需要的额外信息就是 PSSCH/PSCCH 的带宽，即子信道个数。这是由 PSCCH 上承载的控制信息 SCI-1 来提供的。

SCI-1 的信道编码和调制与 DCI 相同，采用相同的极化码，但限制调制方式为 QPSK。

对于 PSSCH，因为承载的是传输信道数据（SL-SCH）和 SCI-2，所以情况稍微复杂一些。SL-SCH 和 SCI-2 分别进行信道编码和调制，调制后的符号进行复用后再映射到 PSSCH 的时频资源上。

- SCI-2 的信道编码和调制与 SCI-1 相同，即采用与 DCI 相同的极化码，并且限制调制方式为 QPSK。
- SL-SCH 的信道编码和调制与上行和下行共享信道（见第 9 章）相同，即采用 LDPC 码，并且限制调制方式最高到 256QAM。

SCI-1 包含了 SCI-2 传输格式的信息，其中包括接收终端能够确定分别用于 SCI-2 和 SL-SCH 的资源单元集的信息。终端一旦解出 SCI-1，就可以从 PSSCH 中正确提取出 SCI-2 和 SL-SCH。

SL-SCH 支持一个传输块最多两层传输。在两层传输的情况下，SCI-2 依赖于 SL-SCH 的 DM-RS，同一个符号映射到两个天线端口。

### 26.3.2 PSFCH

PSFCH 承载对 PSSCH 接收 Sidelink 传输的 HARQ 反馈。

PSFCH 的基本结构与 PUCCH 格式 0（见 10.2.2 节）相同，即对长度为 12 的频域基序列旋转不同的相位来表示反馈信息（确认或非确认）。然后，相位旋转序列映射到分配给 PSFCH 传输的单个资源块（12 个子载波）上。

如图 26-7 所示，PSFCH 在 Sidelink 时隙倒数第二个可用的符号上发送（最后一个可用符号始终用作保护符号）。而且，出于 AGC 的原因，PSFCH 的符号复制到前一个符号，这与 PSSCH/PSCCH 的方式相同（见上）。为了在接收 PSSCH/PSCCH 和发送 PSFCH 之间提供转换时间，需要在 PSSCH/PSCCH 和 PSFCH 之间有一个保护符号。

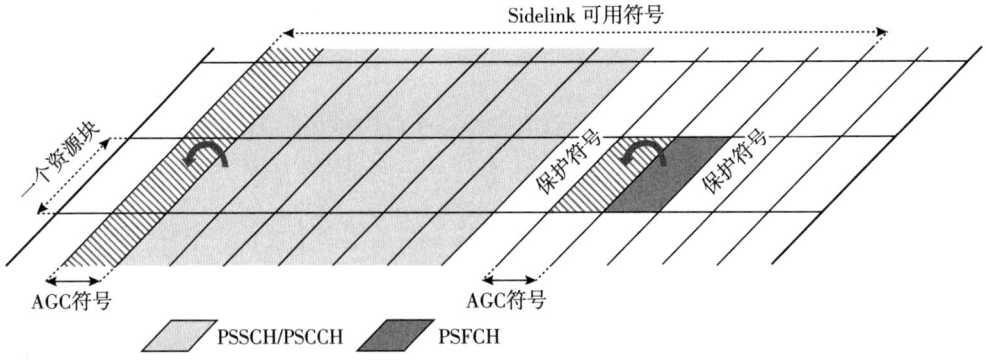

图 26-7 PSSCH/PSCCH 和 PSFCH 联合结构，假定有 11 个符号可用于 Sidelink 传输（包括 AGC 和保护符号）

这就意味着，如果一个 Sidelink 时隙配置了 PSFCH 资源，总共需要三个符号，包括 PSFCH、AGC 符号和额外的保护符号，那么可用于 PSSCH 传输的符号数会相应减少。

并非每个时隙都需要有 PSFCH 资源。资源池可以配置为每个时隙、每两个时隙或每四个时隙有 PSFCH 资源。这就意味着每个 PSFCH 时机可能要承载对应于多个 PSSCH 传输的 HARQ

反馈。在资源池内的 Sidelink 传输不使用 HARQ 的情况下，资源池也可以不配置 PSFCH 资源。

更多关于 Sidelink HARQ 和相关反馈信令的细节见 26.5 节。

## 26.4 资源分配

正如在介绍中已经提到，按照用于 Sidelink 传输的资源集如何确定的方式，有两种不同的模式，如图 26-8 所示。

- 资源分配模式 1：在这种情况下由叠加的网络调度 Sidelink 传输。
- 资源分配模式 2：在这种情况下终端基于感知和资源选择过程自主决定用于 Sidelink 传输的资源。

重要的是要理解资源分配模式只是从发射机的角度看，接收终端并不需要知道发送终端工作在哪种资源分配模式。而且，同一区域内的不同终端可能工作在不同资源分配模式下。

因此，即使某个终端按照资源分配模式 1 进行 Sidelink 发送，但该终端还是要给其他资源分配模式 2 的终端提供进行感知和资源选择/预留所需的信息。

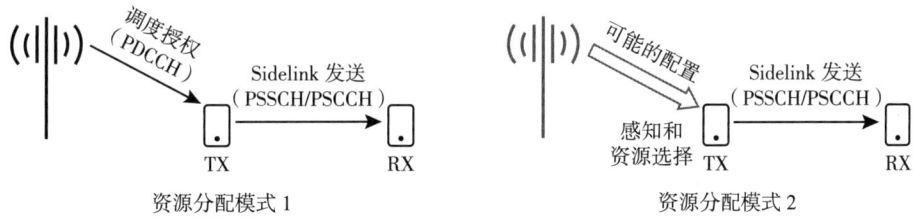

图 26-8 资源分配模式 1 和 2

### 26.4.1 资源分配模式 1

在资源分配模式 1 的情况下，如果网络给终端提供了调度授权以指示用于传输的资源集合，终端才能进行 Sidelink（PSSCH/PSCCH）传输。这在很多方面与上行传输的调度（见第 14 章）相似，主要区别在于是给 Sidelink（PSSCH/PSCCH）传输的授权而非上行（PUSCH）传输的授权，如图 26-9 所示。

与上行调度类似，Sidelink 调度可以通过动态和配置授权两种方式来完成。

Sidelink 传输的动态授权通过专门用于 Sidelink 调度授权的 DCI 格式 3_0 来实现⊖。每个动态授权可以调度一个长度为 32 个时隙的窗内最多三个时隙（一个用于初传，最多两个用于重传）的资源用于同一个 SL-SCH 传输块，如图 26-10 所示。第一个资源是在接收到承载调度授权 DCI 的时隙往后偏移时间 $\Delta T$ 的时刻调度。其余最多两个调度资源相对于第一个调度资源的时间偏移分别为 $\Delta T_1$ 和 $\Delta T_2$。这三个资源带宽相同（图 26-10 中假定为四个子信道），但频域

---

⊖ 还有个 DCI 格式 3_1，用于覆盖的 NR 网络调度基于 LTE 的 Sidelink 传输。

位置可以不同，频率偏移分别为 $\Delta f$、$\Delta f_1$ 和 $\Delta f_2$，其中 $\Delta f$ 为第一个调度资源相对于资源池起始的频率偏移，$\Delta f_1$ 和 $\Delta f_2$ 分别为第二个和第三个调度资源相对于第一个调度资源的频率偏移。参数 $\Delta T$、$\Delta T_1$、$\Delta T_2$ 和 $\Delta f$、$\Delta f_1$、$\Delta f_2$，以及调度资源的带宽信息都包含在调度授权里。

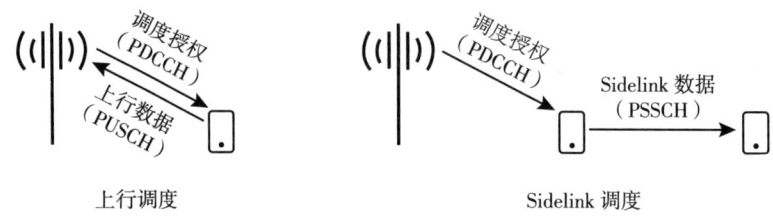

图 26-9　上行调度授权（左）和 Sidelink 调度授权（右）

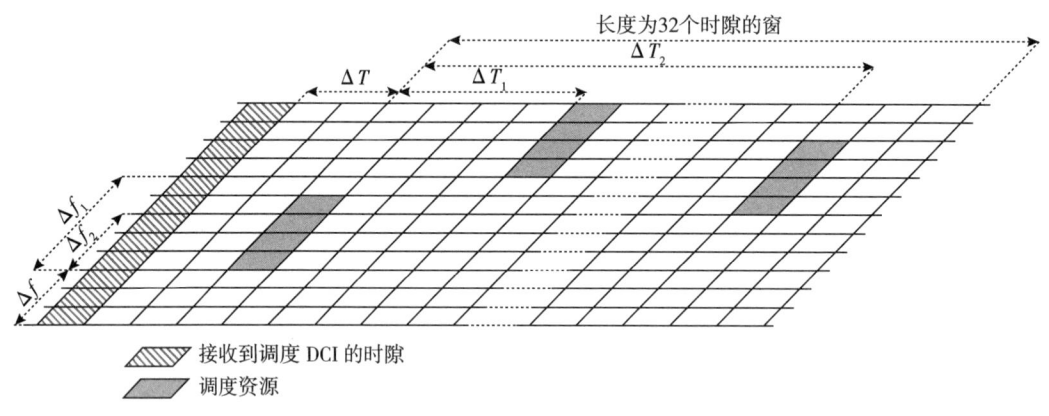

图 26-10　长度为 32 个时隙的窗内最多调度三个 Sidelink 资源

请注意，调度授权可能包含最多两个重传资源，并不意味着一个传输块最多只能有两次重传。但是，如果需要更多重传，终端需要请求新的资源用于重传，并且是显式调度的。

配置授权提供了 Sidelink 传输的周期性资源。类似于上行调度的配置授权（见 14.4 节），Sidelink 传输的配置授权有两种类型。

- 配置授权类型 1 是完全通过 RRC 信令配置用于 Sidelink 传输资源的授权。
- 配置授权类型 2 是通过 RRC 信令来配置周期，但授权的激活以及用于 Sidelink 传输的周期性资源由 DCI 格式 3_0 来提供，使用的 RNTI 不同于动态授权所用的 RNTI。

与动态授权类似，每个周期配置授权（类型 1 和类型 2）可以提供最多三个时隙的资源。

### 26.4.2　资源分配模式 2

在资源分配模式 2 的情况下，终端通过感知和资源选择过程自主决定用于 Sidelink 传输的资源。感知和资源选择过程是在资源预留通告的辅助下完成的，资源预留通告的目的是将该终端选择/预留哪个资源集用于将来 Sidelink 传输的信息通知其他终端。然后其他终端在其感知和资源选择过程中会利用这个信息，即当其他终端在其预留/使用未来 Sidelink 传输的资源集时。如前所述,资源预留信息在 SCI-1 中提供给其他终端。

### 1. 资源预留/指示

除了传输 PSSCH/PSCCH 的当前时隙,即发送 SCI-1 的时隙,在长度为 32 个时隙的时间窗内,终端还可以预留/指示最多两个额外的资源用于传输同一传输块,如图 26-11 所示。这两个资源的带宽与当前时隙传输的带宽相同,但频域位置可以不同。这些预留资源的信息,是通过时间偏移 $\Delta T_1$ 和 $\Delta T_2$,以及频率偏移 $\Delta f_1$ 和 $\Delta f_2$ 来定义的,在 SCI-1 里提供。请注意,假定这些额外的资源是用于同一传输块的重传,而非新的传输块。

通过比较图 26-10 和图 26-11,可以注意到资源预留的结构为最多三个资源(当前资源加上两个额外的预留资源),而资源分配模式 1 的情况下采用动态或配置授权最多可以提供三个调度资源,两者结构相同。图 26-10 中发送终端工作在资源分配模式 1,参数 $\Delta T_1$、$\Delta T_2$、$\Delta f_1$ 和 $\Delta f_2$ 都包含在 SCI-1 中。在资源分配模式 2 工作的接收终端在进行感知和资源选择过程时会认为相应的资源都是"预留的"。这使得同一区域内资源分配模式 1 和模式 2 的不同终端可以同时工作。

如上所述,在长度为 32 个时隙的时间窗内除了一到两个额外的资源,工作在资源分配模式 2 的终端还可以预留用于发送另一个传输块的最多三个资源的集合。如图 26-12 所示,额外的资源集相对于第一个资源集时间偏移 $T_p$,$T_p$ 的范围为 1~1000ms<sup>⊖</sup>。在资源池配置中给终端提供最多 15 个 $T_p$ 值。然后终端可以选择其中一个值并在 SCI-1 的资源预留中以 4bit 参数的形式通告。其余(全零)参数值用于指示没有预留额外的资源。

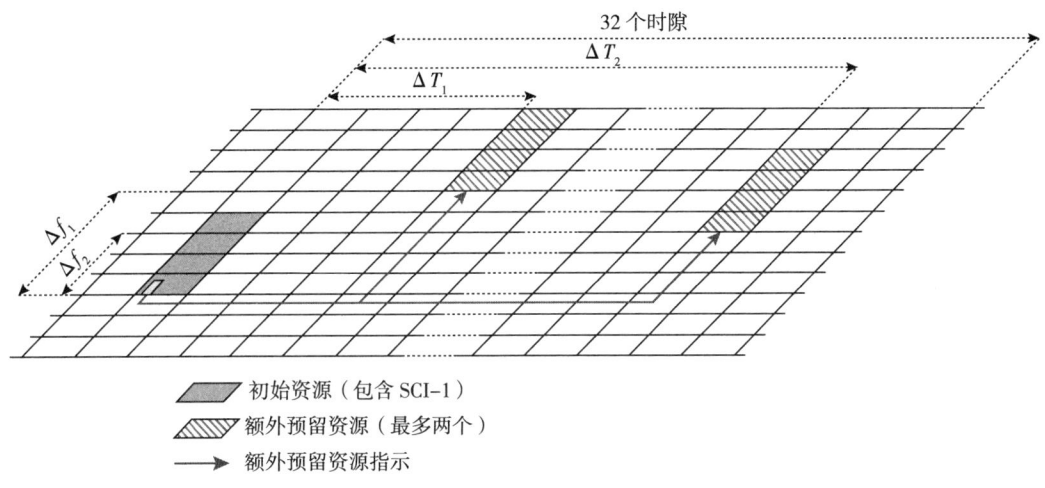

图 26-11 长度为 32 个时隙的时间窗内最多两个额外预留资源

预留额外时间偏移的资源通常用于终端周期性发送 Sidelink 的场景。请注意,终端并未预留周期性资源,而是只预留了一个额外的资源集。在额外预留资源上发送的时刻,终端可以/应当再为另外的传输块预留另一个额外的资源集,以此类推。

---

⊖ 请注意,额外的资源集不能与 32ms 窗内第一个资源集重叠,这会对 $T_p$ 的下限带来额外的限制。

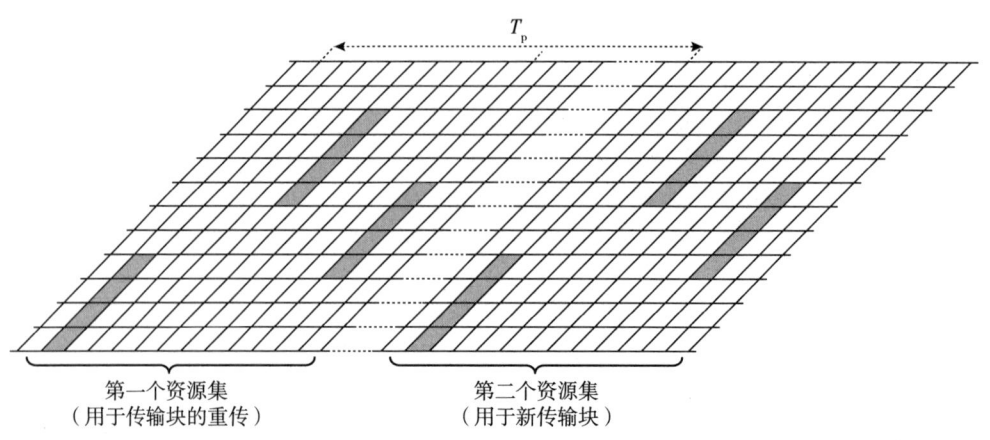

图 26-12　为新传输块预留的第二个资源集

### 2. 感知和资源选择

感知和资源选择就是工作在资源分配模式 2 的终端基于其他终端所通告的资源预留情况等，选择用于 Sidelink 传输资源集的过程。

要发送数据就需要一定数量的频域资源（即一定数量的子信道），还需要一定的延迟预算，实际上就意味着应当在一定的时间窗内，以一定的优先级发送数据。

Release 16 只支持全感知（full sensing）。Release 17 进行了扩展，支持部分感知（partial sensing）和无须预先感知的资源选择。下面我们会先介绍 Release 16 的全感知，然后是 Release 17 的扩展。

终端在资源选择的开始先列出所有可能的候选资源，等同于选择窗内所有 Sidelink 时隙的资源池带宽内全部 $N$-子信道资源，如图 26-13 所示，其中 $N$ 为所需的频域资源数量[○]。选择窗的最小长度可配置，而最大长度受限于传输数据的延迟预算。

假定终端基于前一个感知窗内接收到其他终端发送的 SCI-1，已经获取了其他终端的资源预留情况。对于全感知，感知窗的长度可配置为 100ms 或 1000ms。

如果可能的候选资源列表中某个资源与其他终端的预留资源

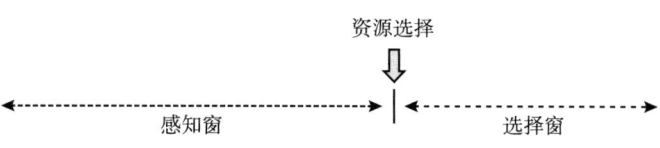

图 26-13　通过感知窗和选择窗进行资源选择

有部分重叠，基于从接收的 SCI-1 中获取的信息，并且接收到 SCI-1 的信号强度超过一个配置的阈值，则将该资源从可能的候选资源列表中移除。用于比较接收信号强度的阈值取决于：

- 感知终端要进行的传输的优先级（优先级越高，阈值越低）。
- 通告的资源预留的优先级（优先级越高，阈值越高），优先级通过 SCI-1 中的资源预留信息提供。

---

○　一个时隙里有 ($M$-$N$+1) 个 $N$-子信道资源，其中 $M$ 为资源池总带宽，用子信道表示。

如果在感知过程结束时，可能的候选资源列表相比于原始列表剩余不到 20%，即最初可能的候选资源从列表中移除超过 80%，那么将信号强度阈值提升 3dB 后重新开始感知过程。这样就降低了将资源从可能的候选资源列表中移除的可能性，即增加了剩余候选资源的数量。这样通过提升阈值重复过程，直到剩余的候选资源列表中至少有原始列表 20% 的资源。终端从剩余的候选资源列表中的不同时隙选择最多三个 $N$-子信道资源，用于一个传输块的传输，还可能选择最多三个资源作为额外的资源集用于第二个传输块的传输，如图 26-12 所示。

从高层来讲，感知过程要做的是：
- 优先考虑未被其他终端预留的资源。
- 优先考虑接收到的信号强度较低的终端预留的资源，以期降低邻近终端使用相同资源进行 Sidelink 传输产生冲突而造成的影响，而允许较远距离的终端空分复用资源。
- 优先考虑其他终端预留资源中优先级相对较低的资源，即优先考虑冲突不太严重的资源。
- 确保在延迟预算时间窗内至少有 20% 原始可能的候选资源，从中进行最终的随机资源选择。

某些情况下，感知终端在感知窗内某些时隙上可能进行自己的传输，因此无法监听 SCI-1。对这些时隙，终端应当假设最差的情况，将其从可能的候选资源列表中移除，即假定所有资源可能已经被错失的 SCI-1 所指示。但这仅适用于第二个传输块的资源预留（见图 26-12 中偏移 $T_p$ 的资源），而不适用于图 26-11 中 32 个时隙的窗内为重传预留的资源。

**Release 17 扩展——部分感知和随机资源分配**

Release 16 全感知的缺点在于：如果 Sidelink 传输的数据包到达，终端为了能够进行资源选择，需要持续接收以获取感知信息。或者，终端需要延迟感知窗长的时间才能进行 Sidelink 传输，这只适用于非时间关键的传输。

对于 Release 16 Sidelink 通信的重点车载终端来说，持续感知通常问题不大，因为假定终端有充足的能源。但是对于更关注终端低能耗的用例来说，全感知导致电池耗尽是无法接受的。因此，Release 17 在资源分配模式 2 下引入了两种额外的方案：周期性部分感知和连续部分感知。这两种方案针对不同的场景，周期性部分感知更适用于检测和规避周期性传输，而连续部分感知针对的是非周期传输的检测/规避。因此，如果配置对资源池进行部分感知，则始终用连续部分感知，因为资源池可能始终用于非周期 Sidelink 传输。相比之下，当允许资源池为额外的传输块预留资源（基于上述的参数 $T_p$）时才会使用周期性部分感知。

基于部分感知的资源选择与全感知的基本原理相同：
- 全感知情况下，候选资源集是选择窗内全部时隙。
- 全感知情况下，终端在感知窗内全部时隙上监听其他终端的 SCI-1 以获取资源预留信息，根据获取到的信息将资源从候选资源集中移除。

不同感知方案的差别在于
- 候选资源所在的时隙集（全感知情况下是选择窗内全部时隙）。
- 进行感知的时隙集（全感知情况下是感知窗内全部时隙）。

两种部分感知方案的共同点在于，部分感知选择的是选择窗内候选时隙的有限集并且限制候选时隙里有限的候选资源，而不是将选择窗内全部可用时隙作为可能的候选资源。候选时隙的最小数目可以由网络配置，最小 1 个时隙，最大 32 个时隙。请注意，选择出来的候选时隙集可以不连续。

连续和周期性部分感知的区别在于进行感知的时隙。连续感知情况下，感知在连续时隙的有限集上进行，在第一个候选时隙之前结束，如图 26-14 上半部分所示。与之相反，周期性部分感知情况下（见图 26-14 下半部分），对于给定候选时隙，感知在时隙 $m-k \cdot P$ 上进行，其中

- $m$ 为候选时隙的索引。
- $P$ 为上述周期性资源预留的周期集合。
- $k$ 要么是一个值 $k=k_0$（这样感知时隙就刚好在第一个候选时隙前），要么是两个值 $k=k_0$ 和 $k=k_0-1$（图 26-14 中假定为这种情况）。

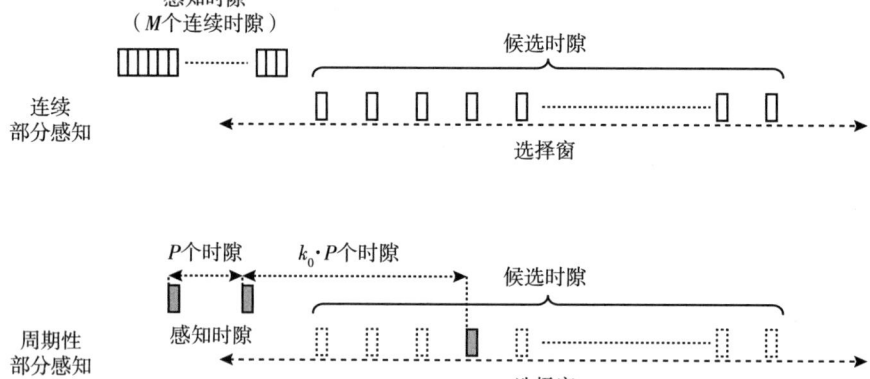

图 26-14 连续部分感知和周期性部分感知，假定部分感知中有两个感知时隙

请注意，图 26-14 下半部分只展示了对应到某个特定候选时隙和某个特定周期的感知时隙。通常情况下会有多个周期，每个周期对于每个候选时隙有一个或两个感知时隙。

一旦按照上述过程确定了感知时隙集，部分感知的两种方案进行感知的方式与全感知相同，即终端监听感知时隙获取其他终端的资源预留信息。基于预留信息。再加上测量的信号强度和优先级信息，可能将资源从候选资源集中移除。

除了周期性感知和连续部分感知之外，Release 17 还引入了随机资源选择，即终端无须预先感知就选择用于传输的资源。

### 3. UE 间协调

Release 17 中资源分配模式 2 的另一扩展是 UE 间协调，终端可以进行如下操作：

- 给其他终端提供首选和/或非首选资源信息，其他终端在进行资源选择时可以纳入考虑（称为协调方案 1）。
- 提供资源预留冲突信息，可以用于其他终端触发资源重选（称为协调方案 2）。

协调方案 1 的情况下，某个终端 A 提供首选和/或非首选资源信息给其他终端。这一信息是终端 A 基于感知所得出，即反映了终端 A 所看到的情况：

- 首选资源指的是从终端 A 的角度来看，适于其他终端用来给终端 A 发送 Sidelink 所使用的资源。通常为终端 A 未检测到被其他终端所预留的资源。

- 非首选资源指的是从终端 A 的角度来看，不适于终端 B 用来给终端 A 发送 Sidelink 的资源。通常为终端 A 检测到其他终端的资源预留(并且信号强度高于一定水平)，或终端 A 自己想进行传输的资源。

其他终端可以请求该终端报告首选/非首选资源的信息。除了指示该请求需要首选或非首选资源之外，请求还可以包括如下信息：

- 首选/非首选资源所在的时间窗。
- 首选/非首选资源的大小，用子信道数目表示。
- 优先级，会影响终端 A 用来区分资源为首选/非首选的信号强度阈值。

或者，终端也可以在没收到请求之前就广播首选/非首选资源信息。请注意，尽管首选/非首选资源报告是由其他终端请求触发的，但任何终端都可以接收并使用报告。

请注意，上述请求里的参数与终端根据传统的非协调资源分配模式 2 所进行的感知和资源选择的输入参数非常相似。从某种意义上来说，UE 间协调可以看作对上述传统的感知进行扩展。传统感知的终端通过收到的 SCI-1 里的资源预留信息选择合适的资源进行传输。有了 UE 间协调，资源选择增加了从其他终端(实际上是 Sidelink 的目标终端)接收到的资源预留信息。传统的感知只是基于发送端自身的情况，而 UE 间协调信息是基于预期接收端的情况。

协调信息，即首选/非首选资源指示是通过新的 SCI-2 格式(SCI-2C)来提供的。格式 SCI-2C 也用于请求协调信息。

在 UE 间协调方案 2 的情况下，即检测到冲突，终端 A 可以通知另一个终端 B，终端 B 用来给终端 A 发送 Sidelink 的预留资源与其他终端的预留资源有重叠。冲突检测的标准可以是基于预留资源的绝对接收功率或接收功率的相对差。如果终端 B 的预留资源与终端 A 不期望接收 Sidelink(例如由于半双工的限制)的资源重叠，终端 A 也可以上报冲突。

方案 1 可以看作是主动的，即指示首选和/或非首选资源以规避不同终端预留资源的冲突，与其相反，方案 2 更多是被动响应，即指示在预留资源上已经检测到冲突。终端在收到冲突指示后可能会规避冲突重新选择资源发送 Sidelink。

类似于首选/非首选资源指示，给终端 B 的冲突指示通过新的 SCI-2C 来提供。

## 26.5 Sidelink HARQ

根据配置，接收终端可以使用 PSFCH 物理信道给发送终端提供 HARQ 反馈。发送终端基于反馈可能会进行重传，首先可能向叠加的网络请求用于重传的资源。

### 26.5.1 HARQ 反馈

Sidelink 传输的单播和组播都支持从接收终端到发送终端的 HARQ 反馈。

单播情况下，通过对 PSFCH 基序列不同的相位旋转作为编码可以得到 ACK 或 NACK：
- 如果接收终端正确解出 SL-SCH 传输块，则发送 ACK。
- 如果接收终端从 SCI-1 和 SCI-2 的解码中检测到存在 SL-SCH 传输块，但是无法正确解出该 SL-SCH 传输块，则发送 NACK。

请注意，接收终端需要正确解出 SCI-1 和 SCI-2，才能确定针对该终端的 SL-SCH 传输块是否存在。

组播情况下，即 Sidelink 传输是针对一组接收终端时，HARQ 反馈有两种选项：
- 反馈 ACK/NACK：如果接收终端正确解出 SL-SCH 传输块，则发送 ACK 反馈。如果接收终端从 SCI-1 和 SCI-2 中检测到存在 SL-SCH 传输块，但是无法解出该传输块，则发送 NACK 反馈。这与单播 Sidelink 传输的 HARQ 反馈相同。
- 只反馈 NACK：如果接收终端从 SCI-1 和 SCI-2 中检测到存在 SL-SCH 传输块，但是无法解出该传输块，则发送 NACK 反馈。如果终端正确解出 SL-SCH 传输块，则不发送任何 HARQ 反馈。

只反馈 NACK 的情况下，多个终端可以共享同一个 PSFCH 资源，即同一个资源块和相位旋转，见 26.3.2 节。如果某个终端无法解出 SL-SCH，因此反馈了 NACK，发送终端检测到 NACK 并重传该 SL-SCH 传输块。而相反，在反馈 ACK/NACK 的情况下，必须为每个接收终端分配各自的 PSFCH 资源。这可以通过为不同终端分配不同的 PSFCH 相位旋转集和/或不同的 PSFCH 传输资源块来实现。

组播传输只反馈 NACK 的情况下还有一种机制来限制 NACK 发送，使得只有距离发送终端一定物理范围内的终端才反馈 HARQ。这是通过将 Sidelink 通信发生的地理区域划分为多个区域（zone）来实现的。为了对 HARQ 反馈进行距离限制，发送终端会提供如下信息：
- 终端所处的区域信息。
- 需要提供 HARQ 反馈的范围限制。

该信息包含在 SCI-2 中，更具体地说，是格式 SCI-2B。假定接收终端知道其物理位置（例如通过 GNSS），就可以基于接收到的 SCI-2 中的信息，确定到发送终端所指示的区域中心的距离。通过将计算得出的距离与 SCI-2 中所提供的范围限制相比较，终端可以确定是否应该发送 HARQ 反馈。请注意，计算得出的距离并非接收终端和发送终端之间的真实距离，而是接收终端和发送终端所处区域中心之间的距离。

### 26.5.2 HARQ 重传

为了启用 Sidelink HARQ，SCI-2 中会包括 HARQ 进程号、新数据指示和冗余版本指示。这些参数的功能与上行和下行 HARQ 基本相同。

对于资源分配模式 2，发送终端可以基于收到的 Sidelink HARQ 反馈自行决定是否重传，但是可能会配置最大重传次数。

对于资源分配模式 1，HARQ 重传稍微复杂一些，因为 Sidelink 的传输（包括重传）只能由网络授权资源。在某些情况下，终端可能已经获得了 Sidelink 重传的授权（可以在同一授权里给终端分配最多三次传输，即两次重传）。否则，终端必须向网络显式请求授权进行重传。这是通过在常规的 PUCCH 物理信道上给网络发送"HARQ 反馈"来实现的。这种终端到网络的"HARQ 反馈"本质上可以看作一种特殊的调度请求，用来请求资源进行特定传输块的重传。对于基于配置授权的 Sidelink 传输也是如此，即如果除了配置授权之外还需要额外的重传资源，终端必须发送显式的请求。然后，网络通过动态授权的方式提供资源。

为了能够进行这种发送终端到网络请求重传的 Sidelink 调度授权，DCI 格式 3_0 中包括了 HARQ 进程号和新数据指示，类似于给 PUSCH 的调度授权（见 10.1.5 节）。请注意，该 HARQ 进程号和新数据指示仅与该发送终端/网络的 HARQ 环路相关。SCI-2 里从发送终端传送到接收终端的进程号和新数据指示可能相同也可能不同。还要注意到 DCI 格式 3_0 并不包含冗余版本指示，即发送终端可以自行决定用于 Sidelink 传输的冗余版本。

## 26.6 其他 Sidelink 过程

### 26.6.1 Sidelink 功率控制

终端除了被分配或者选择 Sidelink 传输的资源之外，还必须确定 Sidelink 传输的发射功率，有几种机制来进行功率控制。

首先，可以在资源池配置中配置 Sidelink 最大发射功率 $P_{\max,\text{config}}$。

其次，对于网络覆盖下的终端，可以进一步限制 Sidelink 传输的发射功率，以限制对小区内上行传输的干扰。这是通过终端估计到小区站点的路损来实现的，并且如果有需要，可以根据下面的公式进一步降低 Sidelink 最大发射功率。

$$P_{\text{TX,max}} = \min\{P_{\max,\text{config}}, P_0 + \alpha \cdot P_L + 10 \cdot \log_{10}(M_{\text{RB}})\}$$

式中，$P_0$ 是由网络提供的参数，可以简单地对应于小区站点处每子信道的目标最大接收功率/干扰水平；$P_L$ 是终端到小区站点的路损估计；$\alpha$ 是由网络提供的部分路损补偿参数（≤1）；$M_{\text{RB}}$ 对应于 Sidelink 传输的带宽。

对 Sidelink 最大发射功率进行额外的限制适用于 Sidelink 传输的全部场景（单播、组播和广播）。

请注意，Sidelink 最大发射功率的表达式本质上是 PUSCH 开环功控的表达式（见 15.1.1 节）的简化版。

最后，在 Sidelink 传输采用单播的情况下，接收终端可以向发送终端报告层 3 滤波的 RSRP。发送端可以根据 RSRP 来估计发射机到接收机的路损，并且根据路损，使得发射功率进一步匹配 Sidelink 的信道条件。请注意，这仅适用于 PSCCH/PSSCH 传输，不适用于 PSFCH 和 PSBCH 的传输。

### 26.6.2 Sidelink 信道探测和 CSI 报告

NR Sidelink 支持 Sidelink CSI 报告，即接收终端基于其他终端发送的 CSI-RS 来探测信道，并将 CSI 报告给发送终端。上报的 CSI 可用于上报终端的后续传输，例如选择预编码。

Sidelink 的 CSI-RS 结构重用了下行 CSI-RS 的结构，见第 8 章，但有下列限制：

- CSI-RS 端口数限制为 1 或 2。
- CSI-RS 的密度限制为 1，即在 Sidelink 传输带宽内每个资源块上发送 CSI-RS。

Sidelink CSI-RS 只能与 PSSCH/PSCCH 一起发送，即不能单独发送 CSI-RS，通过 SCI-2 指示 PSSCH/PSCCH 中是否存在 CSI-RS。

SCI-2 中的 CSI-RS 传输指示还会触发 CSI 上报。由于没有与上行 PUCCH 对应的 Sidelink 物理信道，因此 Sidelink CSI 的上报是通过 PSSCH 里的 MAC-CE 信令来实现的。信令限制为秩指示（秩为 1 或 2）和 4bit 的 CQI。因此，不支持 Sidelink PMI 的显式上报。

## 26.7 Sidelink 同步

终端在参与到 Sidelink 通信之前需要获取公共的定时参考。

处于叠加的蜂窝网络覆盖内的终端可以通过同步到小区获取公共定时参考⊖。而没有网络直接覆盖的终端可以通过同步到另一个处于网络覆盖内并已经获取到公共定时参考的终端而间接获取公共定时参考。公共定时参考可以由图 26-15 所示的终端链进一步传播。

除了从叠加的蜂窝网络直接或间接获取定时参考之外，终端还可以从 GNSS 获取定时参考。与获取基于网络的定时类似，可以直接（如果终端处于 GNSS 覆盖范围内）或间接（通过其他终端）从 GNSS 获取定时参考，如图 26-16 所示。

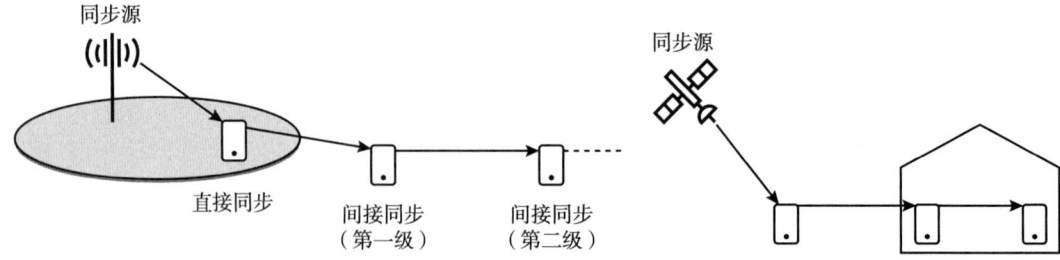

图 26-15 直接和间接（通过其他终端）获取基于网络的定时　　图 26-16 直接和间接获取基于 GNSS 的定时

如果没有可以用于同步的网络，唯一的选择就是基于 GNSS 的定时。但即使 Sidelink 传输是在网络覆盖下进行，首选的仍然是从 GNSS 获取定时参考。一种情况是叠加网络的小区之间互相不同步。SIB12 中 Sidelink 相关的系统信息提供了终端应当优先基于网络还是基于 GNSS 来获取定时。

尽管图 26-15 和图 26-16 中所示的终端链是多级同步的，但就同步而言，终端总是会首选尽可能靠近定时参考的最终来源（网络的一个小区或 GNSS）。换言之，如果可能的话，直接从网络/GNSS 获取定时优于通过其他终端间接从网络/GNSS 获取。同样，对于通过终端间接获取定时参考的情况，直接同步到网络/GNSS 的终端优于间接同步到网络/GNSS 的终端。Sidelink 同步过程（26.7.2 节）旨在确保这点。

请注意，同一区域内所有终端应当具有相同的最终定时参考。因此，如果优先采用基于网络的定时获取，间接获取的基于网络的定时优先于直接获取基于 GNSS 的定时，反之亦然。

### 26.7.1 Sidelink SS/PSBCH 块

从上面可以清楚地看出，Sidelink 同步的一个重要组成是终端从其他终端获取定时参考。这种终端间同步是通过终端发送 Sidelink SS/PSBCH（S-SS/PSBCH）块或 SL-SSB 来完成的。

---

⊖ 请注意，这里假定网络部署是同步的，即不同小区在公共的定时上工作。

如图 26-17 所示，SL-SSB 块的传输周期为 16 帧(160ms)。从图中可以看到，每 160ms 周期内可以发送多个 SL-SSB(图 26-17 假定为 4 个 SL-SSB)。SL-SSB 由如下参数给出：

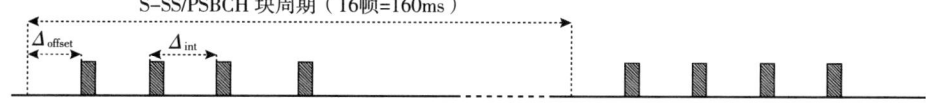

图 26-17 SL-SSB 的时域结构("时域分配")，假定 SL-SSB 周期内有四个 SL-SSB

- 160ms SL-SSB 周期内发送 SL-SSB 的数目。
- SL-SSB 周期内从 SL-SSB 周期起始位置到第一个 SL-SSB 起始位置的偏移 $\Delta_{\text{offset}}$(用时隙数表示)。
- 连续 SL-SSB 之间的间隔 $\Delta_{\text{int}}$(用时隙数表示)。

请注意，SL-SSB 在整个 SL-SSB 周期内不一定均匀分布。

需要指出，SL-SSB 至少有两个，有些情况下是三个不同的时域结构或时域分配，以偏移 $\Delta_{\text{offset}}$ 来区分⊖。这样做原因是终端可以同时发送和接收 SL-SSB，而发送和接收之间不产生冲突，详见 26.7.2 节。

每个 SL-SSB 的基本结构与小区 SSB(见第 16 章)的基本结构类似，包括：

- 直通链路主同步信号(Sidelink Primary Synchronization Signal，S-PSS)。
- 直通链路辅同步信号(Sidelink Secondary Synchronization Signal，S-SSS)。
- 物理直通链路广播信道(Physical Sidelink Broadcast Channel，PSBCH)，承载有限的与终端间同步相关的信息(Sidelink MIB)。

用于 S-PSS 和 S-SSS 的特定序列也与 SSB 相同，即 S-PSS 为长度 127 的 m 序列，S-SSS 为长度为 127 的 Gold 序列⊖。

但是 SL-SSB 的时频结构(见图 26-18)与 SSB 的结构有些不同。

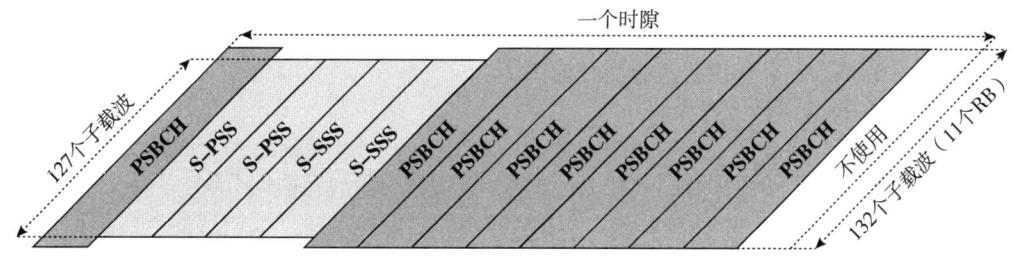

图 26-18 S-SS/PSBCH 结构

如第 16 章所述，SSB 在频域上占据 20 个资源块(240 个子载波)。但是对于 Sidelink 的情况，认为 20 个资源块的最小带宽过大。因此，限制 SL-SSB 块的带宽为 11 个资源块或 132 个子载波。

SL-SSB 在时域上占据 13 个符号，由下述几部分组成：

---

⊖ 原则上，不同的时域分配可以有不同的周期以及不同的 $\Delta_{\text{int}}$。

⊖ 第 16 章中 SSS 为两个 m 序列的组合，这等同于一个 Gold 序列。

- 2 个符号用于 S-PSS，2 个符号上采用相同的 m 序列。
- 2 个符号用于 S-SSS，2 个符号上采用相同的 Gold 序列。
- 9 个符号用于 PSBCH。

需要指出的是，在 26.2 节中曾讨论过，一个 Sidelink 时隙中实际可用的符号数可能有限制，但这并不适用于发送 SL-SSB 的 Sidelink 时隙。

### 26.7.2 同步过程

如上所述，与小区 SSB 类似，Sidelink 同步信号由 S-PSS 和 S-SSS 组成。对于 Sidelink 有 2 种 S-PSS 和 336 种 S-SSS，这样总共提供了 2×336 = 672 种不同的 S-PSS/S-SSS 组合，对应于 672 种不同的 Sidelink 标识（Sidelink identity）。这 672 个 Sidelink 标识分为两组，有时分别称为覆盖内组和覆盖外组：

- 组 1（覆盖内组）对应于 Sidelink 标识 0~335。
- 组 2（覆盖外组），对应于 Sidelink 标识 336~671。

直接从叠加的蜂窝网络或者 GNSS 获取定时参考的终端使用第一组中的 Sidelink 标识。更具体地说，如果终端是从 GNSS 直接获取的定时，就使用 Sidelink 标识 0。另一方面，如果终端是从叠加网络获取定时，就使用 2~335 中的一个值作为 Sidelink 标识，确切的 Sidelink 标识会在 SIB12 的 Sidelink 相关系统信息里提供。

此外，直接从叠加的蜂窝网络或者 GNSS 获取定时参考的终端要在 Sidelink MIB 里设置覆盖内（in-coverage）标记为真（TRUE），指示其已经从网络或 GNSS 直接获取到定时。

不在网络/GNSS 覆盖内的终端需要首先同步到网络覆盖内的终端，即首先同步到覆盖内标记置为真的终端。如果终端找到并且同步到这样的终端，要进行如下操作：

- 将自己的 Sidelink 标识置为获取定时终端的 Sidelink 标识。
- 将自己的覆盖内标记置为假，指示其不是直接从网络或 GNSS 获取的定时。

另一方面，如果终端没有找到这样的终端，但是从另一个间接获取定时的终端获取到定时，要进行如下操作：

- 将自己的 Sidelink 标识置为组 2 的标识。
- 将自己的覆盖内标记置为假。

前面已经提及，终端为了能够接收和发送 SL-SSB，SL-SSB 传输有两个时间分配。直接同步到 gNB 或 GNSS 的终端使用时间分配 1。在同步链的每一步转换时间分配。

图 26-19 总结了同步链的整体结构，包括 Sidelink 标识和时间分配的选择，以及覆盖内标记的取值。

对基于 GNSS 的同步还有一种情况是给终端配置第三个 SL-SSB 时间分配（"时间分配 3"），如图 26-20 所示。这种情况下，直接同步到 GNSS 的终端将其 Sidelink 标识置为 0（即图 26-19 中常规的基于 GNSS 的同步），但是将其覆盖内标志置为假（尽管处于 GNSS 覆盖内）并使用时间分配 3 发送 SL-SSB，然后间接同步到 GNSS 的终端使用 Sidelink 标识 337（未用于图 26-19 中的常规的基于 GNSS 的同步），在时间分配 1 和时间分配 2 之间转换。因此，这种情况下使用的是时间分配而非覆盖内标记，指示了该终端是直接同步到 GNSS。

这种可选过程继承自 LTE 的 Sidelink，确保了直接同步到网络或 GNSS 的终端使用不同的时间分配发送 SL-SSB。

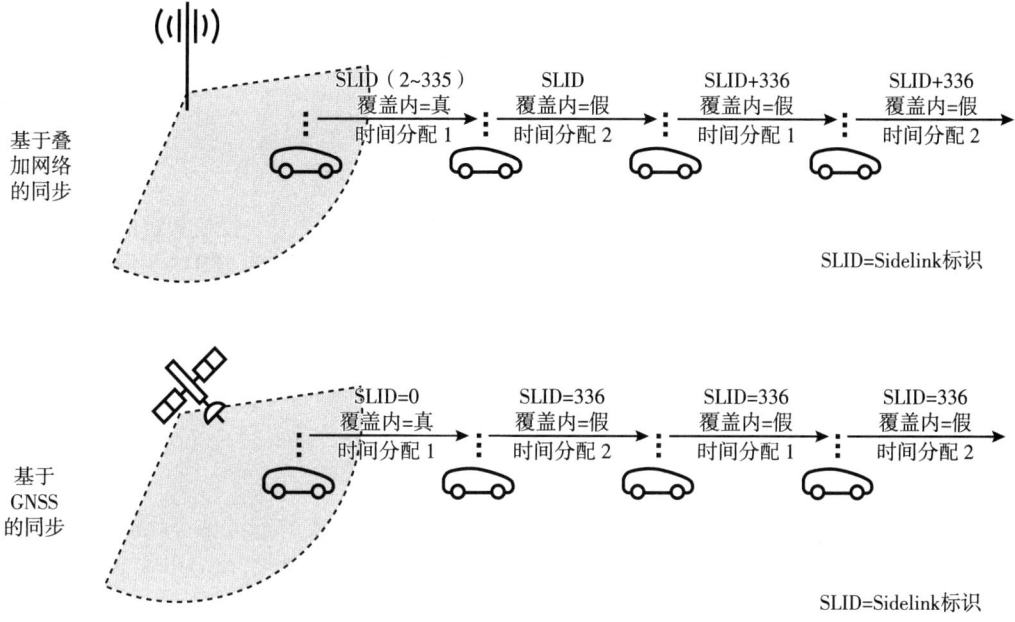

图 26-19 基于叠加网络和 GNSS 的直接和间接同步

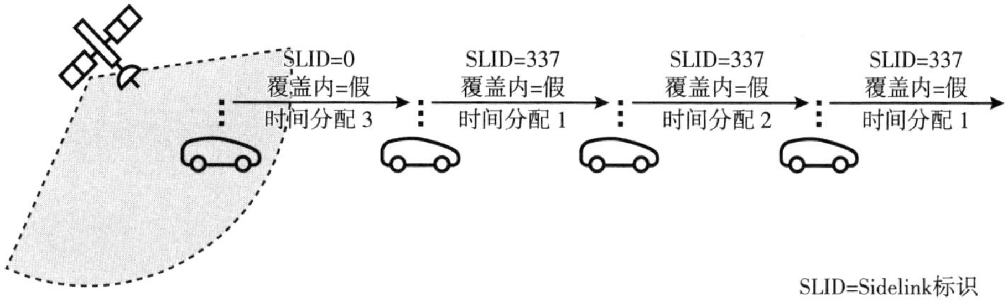

图 26-20 基于 GNSS 的同步可选使用时间分配 3

## 26.8 Sidelink 进一步增强

目前，3GPP Release 18 关于 NR Sidelink 通信的进一步演进/扩展工作正在进行中[135]。当前阶段，演进涵盖下面三个领域。

### 26.8.1 毫米波频谱(FR2)的增强

Release 16/17 的 Sidelink 没有考虑高频工作的终端通常配备多个天线面板，每个面板有高度指向性。因此，Release 16/17 并未考虑 Sidelink 波束管理的特定功能，这与传统的 NR 网络-终端通信(见第 12 章)不同。但是，这一功能目前在 Release 18 的 Sidelink 演进中已经考虑，包括涉及 Sidelink 通信的终端之间波束对的建立和维护，并且可能会引入新的信号/信道来支持这一功能。

### 26.8.2 非授权频谱的支持

在第 5 章已经提及并在第 20 章详细介绍 NR Release 16 引入了对非授权频谱的支持。其中一个关键部分是信道接入过程和更为灵活的定时关系，以符合先听后说(LBT)的原则。

Release 18 旨在对非授权频谱的支持扩展到涵盖 Sidelink 通信。类似于传统的网络-终端通信，支持 Sidelink 信道接入的扩展，包括两种资源分配模式(见 26.4 节)，以及更为灵活的定时关系，例如 SL-SSB 发送的定时。

### 26.8.3 载波聚合

除了上述两个领域，Release 18 还考虑引入对 Sidelink 通信支持载波聚合。但在撰写本书时，这一活动目前处于暂停状态，尚不清楚 3GPP Release 18 是否要包含 Sidelink 载波聚合。

# 第 27 章

# 定位

全球导航卫星系统(GNSS)在蜂窝网络的辅助下,多年来一直用于定位。GPS 可能是最著名的 GNSS 系统。每颗卫星都有紧密同步的时钟,通过观察多颗卫星并测量它们之间的时间差,就可以确定地理位置。然而,基于卫星的系统在室内场景中的覆盖范围非常有限。有一系列的应用,例如物流和制造业,需要不仅在室外,而且在室内也要有精确的定位。因此,为了提供更好的定位支持,NR 标准 Release 16 中扩展了定位的功能。

架构方面类似于 LTE,NR 定位基于位置服务器的使用。位置服务器收集与定位相关的信息(如终端能力、辅助数据、测量、位置估计等)并将其分发给定位过程中涉及的其他实体。一系列(专有的)定位方法,包括基于下行和基于上行的定位方法,可以在位置服务器中实现并单独或组合使用,如图 27-1 所示。

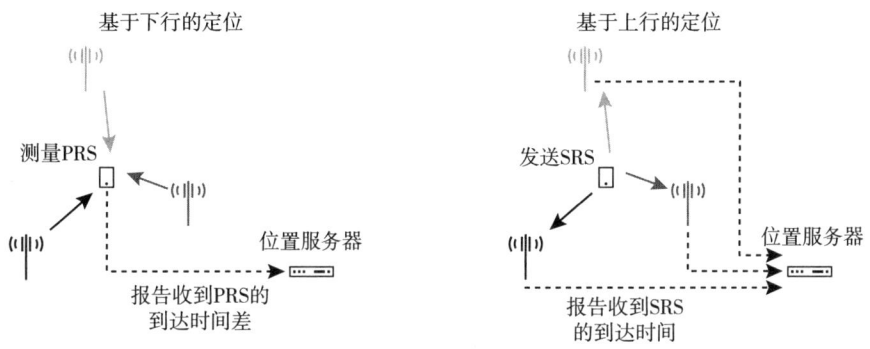

图 27-1 基于下行的定位(左)和基于上行的定位(右)示例

所有方法(至少是提供非常精确位置估计的方法)的共同点是需要在终端定位所涉及的站点之间进行严格的时间同步。通过测量从多个时间同步站点发送的下行信号之间的时间差,可以使用三角测量来推导出位置。这种方法通常被称为观测到达时间差(Observed Time-Difference of Arrival, OTDOA),同样的方法也可以应用于上行。到达角(Angle-of-Arrival, AoA)、往返时间(Roundtrip Time, RTT)、小区 ID 和接收功率都是可以用作定位算法的输入。

讨论不同的定位算法超出了本书的范围,但文献中提供了广泛的方法和结果,例如参考文献[89,91]。在下文中,将讨论 Release 16 中引入的支持精确定位的一些增强功能,包括基于下行和基于上行的定位。定位在 Release 17 中得到进一步增强，尽管 Release 17 的大部分内容侧重于理解错误源以及如何处理这些错误，而这些方面往往在规范中是不可见的。Release 18 的一个主题是提高定位精度的载波相位测量，尽管这往往需要来自多个发射机的良好相位相干性和视线传播条件。基于 Sidelink 的定位是 Release 18 规范工作的另一个示例。

## 27.1 基于下行的定位

通过提供新的参考信号，即定位参考信号（Positioning Reference Signal，PRS）以及相关的测量和报告机制来支持基于下行的定位。为了定位终端，配置终端对来自不同站点的多个定位参考信号进行测量，并将这些测量报告给网络以便进一步处理和估计位置。

定位参考信号是用于测量到达时间的下行信号。通常需要对源自多个站点的多个定位参考信号执行测量，否则将难以使用例如三角测量来确定终端的位置。因此需要多个资源非碰撞的定位参考信号，这些定位参考信号可能在不同的载波频率上传输。NR 使用一个层次结构来定义，包括定位频率层，PRS 资源集和 PRS 资源，如图 27-2 所示。

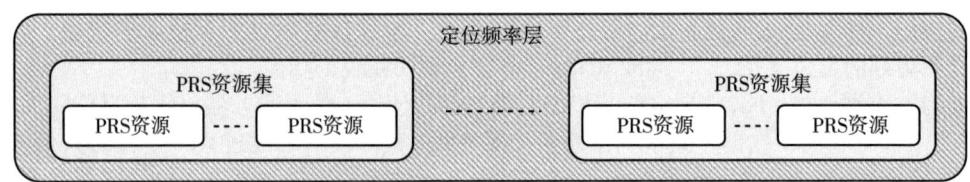

图 27-2　定位频率层，PRS 资源集和 PRS 资源

一个定位频率层包括跨一个或多个站点的一个或多个 PRS 资源集，所有这些资源集具有相同的载波频率和 OFDM 参数集。一个 PRS 资源集包含来自同一站点的 PRS 资源（一个站点可能有多个 PRS 资源集）。每个 PRS 资源通常对应于该站点的一个波束。因此，通过将终端配置为对 PRS 资源集中的某个 PRS 资源进行测量，位置服务器不仅获得该 PRS 资源集的报告测量对应哪个站点的信息，而且还获得来自该站点的特定波束的信息。

网络使用 PRS 资源发送定位参考信号，终端则会基于 PRS 资源执行定位相关的测量。PRS 资源的基础是所谓的置换梳状错开。这里置换意味着在不同 OFDM 符号中，梳状位置在频域中具有不同且不一定单调递增的偏移。与非置换模式相比，这使得 PRS 资源无法在所有的 OFDM 符号中进行相干合并，而只能在其中一个子集上进行相干合并。图 27-3 中提供了一个示例，其中 12 个连续 OFDM 符号承载 PRS 资源，每个符号的频域资源每 6 个子载波中有一个用于 PRS 资源。这样 PRS 资源前 6 个 OFDM 符号相对于资源块边缘的频率偏移的值在置换梳状错开配置下是 0、3、1、4、2、5（在非置换梳下偏移设置为 0、1、2、3、4、5）。梳妆因子可以设为 2、4、6 或 12 个子载波。梳状结构的使用允许多个 PRS 可以同时通过使用不同的梳子进行复用。时域中一个 PRS 资源使用 2、4、6 或 12 个 OFDM 符号。

在频域中，PRS 资源可以配置为具有最多 272 个资源块的带宽，其中 PRS 资源集中的所有 PRS 资源在频域中具有相同的带宽和位置（相对于点 A 定义）。请注意，PRS 资源是独立于任何 BWP 而定义的，并且其带宽可以大于激活 BWP。只要满足测量精度要求，终端实际测量的带宽就留给终端实现决定。

在时域，PRS 资源在每个小区中周期性出现，周期可配置为从几毫秒到最大 10s。同一 PRS 资源集中的不同 PRS 资源可能具有不同的时间起点和周期。

在 PRS 资源中实际传输的定位参考信号是 QPSK 调制的 PN 序列，这个 PN 序列的种子是可配置的。为了那些不支持定位（因此不知道 PRS 资源配置）的终端（这些终端不能在 PRS 资源周围正确地执行 PDSCH 的速率匹配），网络会打孔 PDSCH，然后在打孔的位置传输 PRS。这样 PRS 会对 PDSCH 传输进行干扰，如果 gNB 认为 PRS 与 PDSCH 之间的干扰是一个问题，gNB 通过调度以避免 PRS 与 PDSCH 之间的冲突。

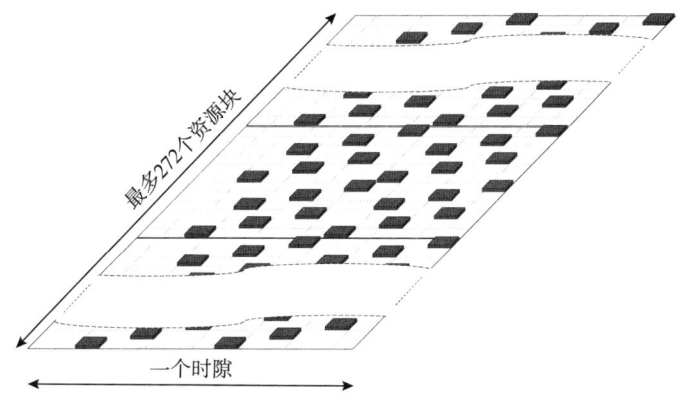

图 27-3　PRS 资源置换梳状错开示例

与基于 LTE 的定位相比，NR 标准的 PRS 设计明显更优。首先 NR 标准允许更宽的 PRS 带宽，这将提供更精确的测量。在不同波束中使用不同 PRS 资源（具有不同标识）的结构，可用于估计相对于终端的到达角。

请注意，一些定位参考信号配置与 TRS 相同。这允许 TRS 可以重用于定位目的。尽管与非重用的 PRS 配置相比性能有所降低，这却可以作为一种减少开销的配置方法。

PRS 通过 5000 系列的天线端口传输。可以为 PRS 配置准共址，比如 PRS 可以与其他 PRS 或 SSB 配置为准共址。

一次 PRS 时机可能无法获得足够准确的测量结果。因此，如图 27-4 所示，PRS 资源可以在时间上重复。最多可配置 32 次重复。重复模式不仅由重复因子（图中示例为 4）指定，而且由时间间隔（图中为 8 和 1）指定。结合不同的时间起点，可以在使用波束扫描的多天线系统中配置"扫描然后重复"以及"重复然后扫描"模式。这为处理不同的波束赋形策略提供了灵活性。

这里所描述的正交梳状映射的使用允许通过使用不同的正交梳状映射来复用多个定位参考信号。然而，由于终端也需要收听来自较远站点的定位参考信号，因此必须考虑远近问题。无论是否使用不同的频域资源，如果终端接收没有足够的动态范围来处理这两个信号，同时接收从远处基站来的相对较弱的信号与近处基站来的较强信号可能是有问题的。因此，需要一种机制来确保近处的基站在测量远处基站时保持静默。这是通过使用位图指定不同的静音模式来实现的。指定静音模式有多种实现方法，图 27-5 中提供了一个示例。当位图中的某一位为零时，不发送相应时刻的定位参考信号。如果同时从该站点不传输数据，合并的效应就是来自特定站点的静默，这允许终端对来自较远基站的定位参考信号进行测量。

在引入定位参考信号的同时，还引入了新的测量方法来支持基于下行的定位。定义了定位参考信号的三种测量：定位参考信号接收功率（Positioning Reference Signal Received Power, PRS-RSRP）、相对信号时间差（Relative-Signal-Time-Difference，RSTD）测量和 Rx-Tx 时间差。测量可以在连接态进行，从 Release 17 开始在非激活态也可以进行。

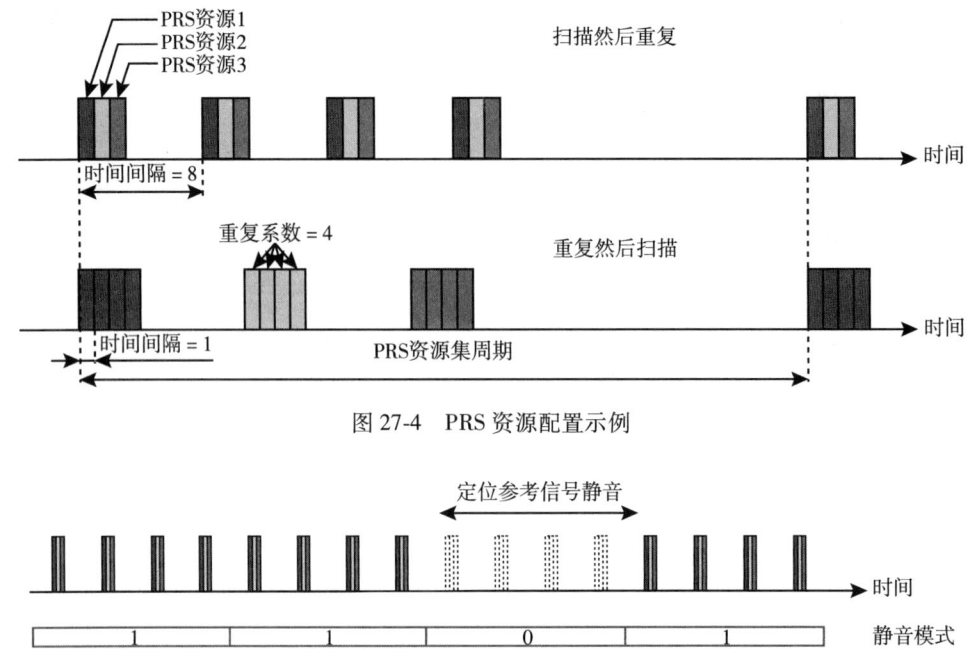

图 27-4 PRS 资源配置示例

图 27-5 PRS 静音

顾名思义,定位参考信号接收功率(PRS-RSRP)是定位参考信号的接收功率。PRS-RSRP 的主要用途是与其他定位技术结合使用。例如,在评估其他 PRS 相关测量的准确性时,它可以作为指纹识别的一部分或作为补充输入。在 Release 17 中,不仅可以报告合成的 PRS-RSRP,还可以报告各个传播路径的接收功率。还可以报告于终端估计的测量是否从直视径获得。这可以被网络用来区分视距传播和非视距传播,从而提供更好的定位估计。此外,网络可以向终端提供与波束相关的出射角信息,以帮助进行更精确的 RSRP 测量。

相对信号时间差测量是对由两个不同节点发送的两个定位参考信号的接收时间差的测量。这是一个对于定位非常有用的信号,例如用于三角测量。

Rx-Tx 时间差是来自终端上报的下行帧起始和相应上行帧起始之间的时间差。这种测量不局限于服务小区,在这种情况下,测量原则上对应于定时提前,但是可以测量相对于 PRS 配置的时间差,包括从其他小区发送的时间差。在基于往返时间(RTT)的定位方案中,LPP 可以使用时间差,根据估计的 RTT 来确定基站和终端之间的距离。通过组合不同基站的多个 RTT 测量,可以确定终端位置。

还有其他测量(最初是为诸如切换之类的其他目的而定义的)可以用作定位算法的输入。比如基于 SSB 或 CSI-RS 的 RSRP 测量,就能以 PRS-RSRP 类似的方式进行使用。

## 27.2 基于上行的定位

基于上行的定位是根据终端发送的探测参考信号 SRS。为了更好地支持定位,SRS 结构以多种方式扩展。

首先，持续时间延长，最多可达 12 个 OFDM 符号而不是 4 个 OFDM 符号。这样做的原因是为了确保足够好的信噪比，以便在 gNB 中进行精确的测量。考虑到持续时间的增加，起始点也更加灵活。SRS 可以在时隙内的任何地方传输，而不仅仅是 Release 15 中定义的只能在最后 6 个 OFDM 符号中传输。请注意，时域上的灵活性也是为了更好地支持非授权频谱，如第 20 章所述。这并不是 NR 标准唯一的某个功能扩展可用于多种用途的示例。这种示例强调了一个事实，即 NR 标准实际上是一组通用的"工具"，而不是对用于何种场景的描述。

其次，在频域中，SRS 的最大梳状间隔增加到 8。这允许多路复用更多的终端。与下行 PRS 类似，"置换"梳子用于定位目的，示例如图 27-6 所示。基于 SRS 的定位不支持跳频。

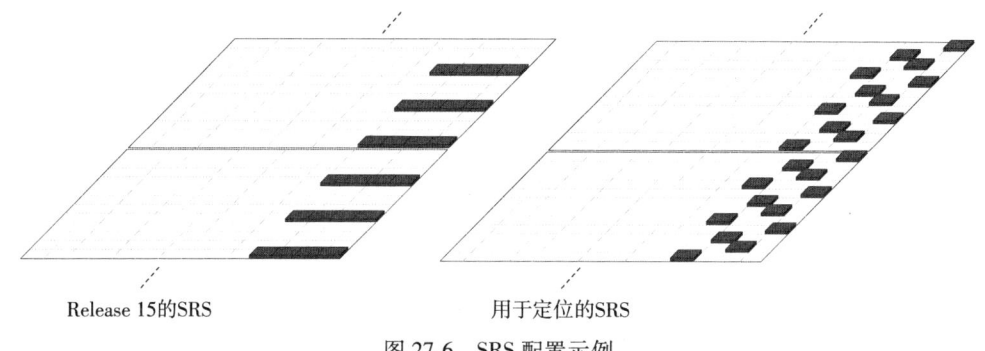

图 27-6　SRS 配置示例

出于与下行相同的原因，规范新增了额外的测量以支持基于上行的定位。定义了四种新的 gNB 测量：相对到达时间、Rx-Tx 时间差、到达角和 SRS 接收功率（SRS-RSRP）。

相对到达时间测量 SRS 的到达时间相对于可配置的时间基准。Rx-Tx 时间差类似，但以子帧边界作为参考。因此，它报告 SRS 的到达时间相对于最近的下行子帧的边界。

到达角是终端发送的信号相对于全球参考或地理北极和天顶，或相对于局部坐标系的到达角。在固定波束系统中，这实际上对应的是接收信号的波束方向。

SRS 接收功率（SRS-RSRP）与其下行对应的功率相似。该功率测量可以用于基于指纹的定位方案。在 Release 17 中，可以按照检测到的传播路径来报告 SRS-RSRP，类似于下行 PRS-RSRP 的情况。

# 第 28 章

# 射频特性

NR 的射频特性与第 3 章中所述的 5G 可用频谱，以及频谱的灵活性紧密相关。频谱灵活性已经成为前几代移动系统的基石，对于 NR 作用则更加突出。频谱灵活性包括几方面：允许运营商灵活地在不同的带宽和不同的频率范围部署，可以灵活地在对称和非对称频段部署，以及通过频段内和频段间的聚合来灵活扩充 NR 容量。NR 还能够在同一无线载波下支持混合的参数集，相比于 LTE 的频域调度和基站无线载波内多终端的复用，灵活性更高。NR 使用 OFDM 带来了灵活性，可以按需分配频谱大小，以及调整瞬时传输带宽，即在频域上能够进行灵活调度。

LTE 中已经使用了有源天线系统（Active Antenna Systems，AAS）和多天线的终端，但 NR 向前更进一步，在已有频段和新的毫米波频段上支持大规模 MIMO 和波束赋形。除了物理层受到影响，射频的实现也受到影响，包括滤波器、放大器，以及其他所有用于收发信号的射频器件组件，在定义时都要考虑频谱的灵活性。这些会在第 29 章中作进一步讨论。

请注意，为了定义射频特性，gNB 的物理实现被称为基站（Base Station，BS）。基站定义有接口，规定了射频要求，这些要求要么是在一个或多个天线端口的传导要求，要么是在空口（Over-The-Air，OTA）的辐射要求。

## 28.1 频谱灵活性的影响

频谱灵活性是 LTE 的基本要求，对于如何定义 LTE 有很大影响。由于 NR 工作频谱的多样性，以及为了满足 5G 关键特性的物理层设计方式，对于 NR 的频谱灵活性要求更高。下面列出了影响射频特性定义的一些重要方面：

- 变化多样的频谱分配：3G 和 4G 所用的频谱已经变化多样，包括工作频段、分配的带宽、频率的组织形式（对称和非对称），以及相关的监管条例。对于 NR 变化会更多，Release 16 中最基本的频率从 600MHz 到 71GHz，目前 ITU-R 的 IMT 确定的最高频率为 71GHz。NR 部署的频段大小也从 5MHz 到 14GHz 不等，包括对称和非对称频谱，目的是使用某些补充的下行或上行作为对称频段的补充。第 3 章中介绍了 5G 将要使用和正在调研的频谱以及 NR 定义的工作频段。

- 不同的频谱块定义：在多种频谱分配情况下，会分配频谱块用于部署 NR，一般是通过向运营商发放许可的形式。不同国家和地区之间频谱块的精确频率边界可以不同,但 RF 载波必须放置在合适的位置,以便有效利用频谱块,不会造成频谱的浪费。这对于放置载波的信道栅格有特定的要求。

- LTE-NR 共存:LTE/NR 在同一频谱上共存,使得可以在已部署 LTE 的上行和下行载波内部署 NR。进一步描述请见第 18 章。由于共存的 NR 和 LTE 载波需要对齐子载波,为了对齐放置 NR 和 LTE 载波,对 NR 的信道栅格就造成了限制。
- 多参数集和混合参数集:如 7.1 节所述,NR 的传输机制具有高度灵活性,支持子载波间隔从 15kHz 到 960kHz 多种参数集,对时域和频域结构产生了直接影响。子载波间隔对发射频谱的滚降产生影响,影响的结果是发送的资源块之间需要保护频带。保护频带定义了无线载波的边界,用作射频要求的参考点(见 28.3 节)。NR 还支持同一载波上混合的参数集,这进一步对射频产生影响,因为无线载波的两边所需的保护频带可能不同。
- 独立信道带宽定义:通常情况下 NR 的终端不会使用基站的全部带宽进行接收或发送,但是可以给终端分配部分带宽(见 7.4 节)。虽然部分带宽的概念对射频没有直接影响,但需要注意的是,基站和终端的信道带宽是分别定义的,终端的带宽能力不必匹配基站的信道带宽。
- 双工方式的变化:如 7.2 节所示,NR 只定义了一种帧结构,可以支持 TDD、FDD 和半双工 FDD。在第 3 章中对 NR 每个工作频段定义了具体的双工方式。还有一些频段定义为用于 FDD 的补充下行(SDL)或补充上行(SUL)。进一步的描述见 7.7 节。

确定用于 NR 部署的频段大多是 IMT 目前已指派的频段(见第 3 章),这些频段上可能已经部署了 2G、3G 或者 4G 系统。在一些地区很多频段是以"技术中立"方式规定的,这意味着不同技术的共存是必需的。任何具备宽频工作能力的移动系统(包括 NR),为了支持如下几项,都会对射频要求以及如何定义射频要求有直接影响:

- 同一地理区域内不同运营商共存:运营商可能会在不同频段部署 NR 或其他 IMT 技术,如 LTE、UTRA 或 GSM/EDGE。某些情况下还可能有其他非 IMT 的技术。3GPP 里已经充分讨论了不同技术在相同频段或不同频段的共存要求,但在某些特定情况下也可能有监管机构定义的区域性要求。
- 不同运营商的基站设备共址:很多情况下基站设备部署位置受限。因此,经常会出现不同运营商共享站点或一个运营商在一个站点部署多种技术的情况。当基站工作距离其他基站很近时,就对基站接收机和发射机提出了额外的要求,尽管工作频段可能不同。
- 跨国界相邻频段的业务共存:无线频谱的使用受复杂的国际条约所管制,其中涉及许多利益。因此,对不同国家的运营商之间协调,以及相邻频段上业务的共存都提出了要求。这类要求大多由不同的监管机构制定。某些情况下,监管机构要求 3GPP 标准里包含这类共存的限制。
- 不同运营商的 TDD 系统共存:工作在同一频段内不同频率的 TDD 系统通常需要运营商之间保持同步,以避免不同运营商上下行之间产生干扰。这意味着所有运营商的上下行配置和帧同步都要相同,这本身并不是射频要求,但在 3GPP 标准中已经隐含假定为射频要求。对于非同步系统的射频要求更为严苛,但是未在 3GPP 中规定。
- 频段与版本无关原则:一些区域性定义的频段,以及每一代移动系统持续添加的新频段，都意味着 3GPP 标准的每个新版本都会增加新的频段。通过"与版本无关"原则，基于 3GPP 标准的早期版本设计的终端，可以支持后续版本新增的频段。Release 15 定义了 NR 频段的第一个集合（见第 3 章），新增频段会以与版本无关的方式添加到后续版本里。

- **分配频谱的聚合**：移动系统运营商的频谱分配多种多样，很多情况下不能恰好组成适合一个载波的频谱块。频谱分配甚至可能是不连续的，多个频谱块散落在一个或者多个频段内。对于这些情况，NR 标准支持载波聚合，一个频段内或多个频段内的多个载波可以合并构成更大的传输带宽。

## 28.2 不同频率范围的射频要求

如上文以及第 3 章所讨论，NR 的工作频谱分布范围变化多样。所分配的频谱块大小、信道带宽及支持的双工间隔都可以不同，但 NR 与前面几代技术的真正区别是支持更为广阔的频率范围，对于要定义的要求而言，不仅要求的限值，而且要求的定义和一致性测试等方面也会随着频率不同而有很大差别。高频段的测量仪器，例如频谱分析仪，会更为复杂和昂贵，考虑到最高频率及其谐波，甚至无法以合理的方式对射频要求进行测试。

因此，对终端和基站的射频要求按频率范围（Frequency Range，FR）进行了划分，3GPP Release 17 定义了三个频率范围，见表 28-1。频率范围的概念不是静态的。如果新增的 NR 频段在已有的频率范围之外，如果与已有的频率范围要求一致，可以扩展已有的频率范围来包含新的频段。如果与现有频率范围存在巨大差异，则会为新的频段定义新的频率范围。3GPP Release 16 定义了两个频率范围（FR1 和 FR2），在 Release 17 扩展 FR2 到更高频率，同时引入了 FR2-2 来标识新的频率范围。

表 28-1 3GPP Release 17 定义的频率范围

| 频率范围名称 | 对应的频率范围/MHz |
| --- | --- |
| 频率范围 1（FR1） | 410~7125 |
| 频率范围 2-1（FR2-1） | 24250~52600 |
| 频率范围 2-2（FR2-2） | 52600~71000 |

频率范围以对数坐标展示在图 28-1 中，其中列出了 IMT 标识（至少在一个地区）的频段。在 IMT 第一次分配时 FR1 从 410MHz 起，终止于 7.125GHz。最初 FR1 定义为从 450MHz 到 6000MHz，但从标准角度考虑，随后将频率范围扩展到相邻范围。

Release 16 FR2 涵盖了当前 ITU-R 中确定作为 IMT 毫米波范围新频段的子集（见 3.1 节），最高到 52.6GHz。Release 17 引入了更高频段，将 FR2 扩展到 71GHz，同时分成 FR2-1 和 FR2-2。原因是新的高频段某些方面需要在标准中用新的频率范围单独描述，而其他大多数方面仍然保持一致。因此，使用 FR2 来描述从 24.25GHz 到 71GHz 全频率范围的公共部分。

对介于 FR1 和 FR2-1 的频率范围（7125~24250MHz），3GPP 研究了用于 NR 的可行性及其如何影响标准[106]。结果可能会将 FR1 和 FR2 进一步扩展到新的范围，也可能定义新的 FR3。如果选择定义 FR3，对于标准的影响更为深远，不仅对于射频标准，对物理层、无线资源控制和无线资源管理的标准也有影响。在 WRC-23 上 ITU-R 有一项议程将 10.0~10.5GHz

频段考虑用 IMT 标识。IMT 还可能在 FR1 和 FR2 之间的频率范围引入地区性或国家性频段。

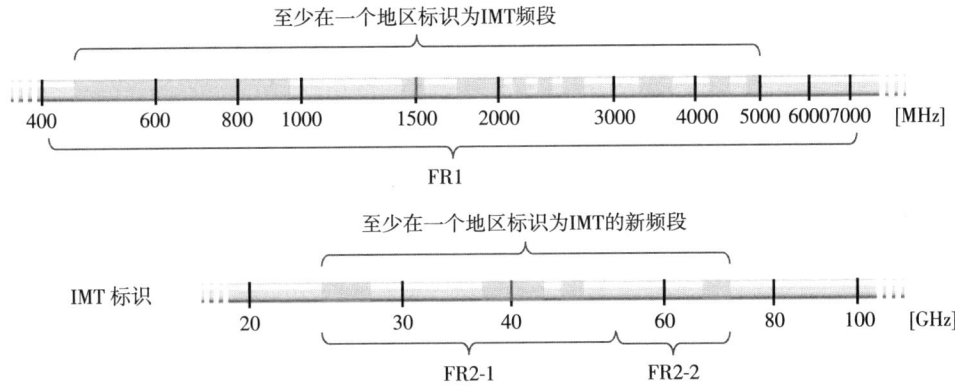

图 28-1　频率范围 FR1 和 FR2 及相应的 IMT 标识(浅灰色)。请注意频率以对数坐标表示

对高于 52.6GHz 的 FR2-2 频率，3GPP 研究了可行性，在 Release 17 的一个工作项目中完成了 NR 工作在 52.6~71GHz 的研究，请注意，WRC-19 确定了在某些地区 66~71GHz 用于 IMT。WRC-19 的结果和 WRC-23 将要考虑的新频段都在 3.1.1 节进行了详细描述。

现存的 LTE 频段全部位于 FR1，因此在很多 FR1 频段里 NR 需要与 LTE 和前几代系统共存。3.5GHz 附近经常被称作"中频段"(实际上跨度为 3.3~5GHz)，NR 大多会部署在这段"新"频谱，即之前没有为移动业务所利用过的频谱。FR2 涵盖了经常被称作毫米波的频段(严格来说，毫米波起始于 10mm 波长的 30GHz)。相比于 FR1，高频段 FR2 传播特性不同，绕射较少、穿透损耗较高、路损较大。可以通过发射机和接收机增加天线单元数目，形成具有更高增益的更窄天线波束和大规模 MIMO 来补偿传播损耗。这造成了不同的共存特性，进而导致对共存的射频有不同的要求。相比于 FR1 频段，FR2 频段毫米波射频的实现复杂度和性能不同，对全部器件都有影响，包括 A/D 和 D/A 转换器、本振生成、功放效率、滤波器等。这些会在第 29 章进一步讨论。

## 28.3　信道带宽和频谱利用率

如第 3 章所述，NR 工作频段带宽变化巨大。在一些 LTE 重耕的频段，上行或下行可用频谱可小到 5MHz，而在 NR FR1 的"新"频段可高达 900MHz，在 FR2 则可到几个吉赫兹。一个运营商可用的频谱块一般会小于这个带宽。而且，将目前用于其他无线接入技术如 LTE 的工作频段迁移到 NR 必须逐步进行，以确保有足够的频谱支持现存用户。因此，最初可以迁移到 NR 的频谱数量相对较小，但是后续会逐步增加。频谱块大小的变化和不同的分配场景意味着对 NR 频谱灵活性(即支持的传输带宽)的有很高要求。

一个 NR 载波的基本带宽被称为信道带宽(Channel Bandwidth，$BW_{Channel}$)，也是定义大多数 NR 射频要求的基本参数。NR 的频谱灵活性要求在频域上能够大范围伸缩。为了限制实现的复杂度，在射频规范里只定义了带宽的一个有限集合。FR1 支持的信道带宽为 5~100MHz，

FR2 为 100~2000MHz。

载波带宽与频谱利用率相关(即物理资源块占据信道带宽的比例)。LTE 里频谱利用率最大为 90%,但 NR 的目标是要实现更高的频谱效率。必须考虑到参数集(子载波间隔)的因素,子载波间隔会影响 OFDM 波形的滚降;还要考虑滤波和加窗方案的实现。此外,频谱效率还与能够达到的误差矢量幅度(Error Vector Magnitude,EVM)、发射机的无用发射,以及邻道选择性(Adjacent Channel Selectivity,ACS)等接收机的性能相关。频谱利用率定义为最大的物理资源块数目 $N_{RB}$,即最大可能的传输带宽配置,对每个可能的信道带宽单独定义。

频谱利用率根本上定义的是射频载波两边的保护频带,如图 28-2 所示。"外部"射频要求定义了无用发射,这里外部是指保护频带外,即射频信道带宽之外,而内部实际的射频载波只定义 EVM 的要求。对于信道带宽 $BW_{Channel}$,保护频带为

$$W_{Guard} = \frac{BW_{Channel} - N_{RB} \cdot 12 \cdot \Delta f - \Delta f}{2} \tag{28-1}$$

式中,$N_{RB}$ 为资源块的最大数目;$\Delta f$ 为子载波间隔。载波两边每一侧有额外 $\Delta f/2$ 的保护是由于无线信道的栅格是以子载波为粒度,而与实际的频谱块无关。因此,可能无法把载波恰好放置于频谱块的中心,传输带宽每边会需要额外 $\Delta f/2$ 的保护频带来保证可以满足射频要求。

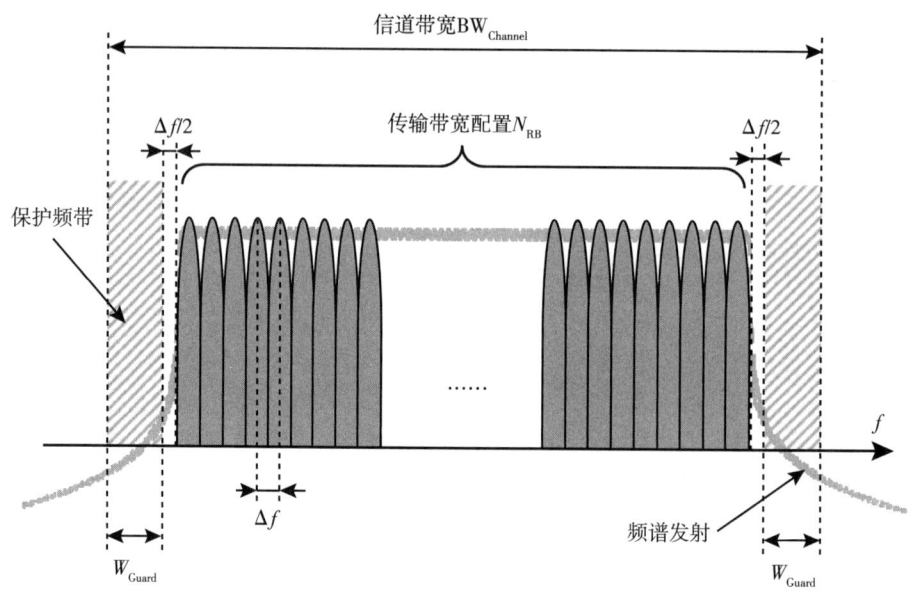

图 28-2 一个射频载波的信道带宽以及相应的传输带宽配置

如式(28-1)所示,保护频带和频谱利用率取决于所用的参数集。如 7.3 节所述,根据参数集的子载波间隔不同,带宽也会不同,因为 $N_{RB}$ 的最大值为 275。为了得到合理的频谱利用率,小于 11 的 $N_{RB}$ 是不用的,由此得到了 NR 定义的信道带宽的范围和相应频谱利用率数值,见表 28-2。请注意,FR1 和 FR2 所用的子载波间隔不同。频谱利用率用分数来表示,在最大信道带宽下最高利用率为 98%。除去一些较小的带宽($N_{RB} \leq 25$)之外,所有情况下利用率都在 90% 以上。

表 28-2  Release 17 不同参数集不同频率范围下的信道带宽和频谱利用率范围

| 频率范围 | 频率范围里所用的 $BW_{Channel}$ 集合/MHz | 子载波间隔/kHz | 每种子载波间隔的 $BW_{Channel}$ 范围/MHz | 相应的频谱利用率范围($N_{RB}$) |
|---|---|---|---|---|
| FR1 | 5, 10, 15, 20, 25, 30, 40, 50, 60, 70, 80, 90, 100 | 15 | 5~50 | 25~270 |
| | | 30 | 5~100 | 11~273 |
| | | 60 | 10~100 | 11~135 |
| FR2-1 | 50, 100, 200, 400 | 60 | 50~200 | 66~264 |
| | | 120 | 50~400 | 32~264 |
| FR2-2 | 100, 400, 800, 1600, 2000 | 120 | 100~400 | 66~264 |
| | | 480 | 400~1600 | 66~248 |
| | | 960 | 400~2000 | 33~148 |

因为信道带宽是基站和终端独立定义的(见上文及 7.4 节),基站和终端标准所支持的实际信道带宽也会不同。对某个特定的带宽,如果基站和终端都支持相同的带宽和子载波间隔的组合,那么频谱利用率是相同的。

## 28.4 终端射频要求的总体结构

FR1 和 FR2 的共存特性和实现不同,也就意味着 NR 终端的射频要求对于 FR1 和 FR2 是分别定义的。对于 FR2 上使用毫米波技术的终端和基站的实现,更详细的讨论请见第 29 章。

对于 LTE 及前几代技术,一般是通过定义和测量天线连接器的传导要求来规定射频要求。很多基本的监管条例也是按照这种方式来撰写的。由于终端天线一般不可拆卸,就作为天线测试端口。FR1 的终端要求就是通过这种方式定义的。

由于 FR2 采用了大量天线单元,以及毫米波技术的高度集成化,传导要求不再具有可行性。因此 FR2 规定了辐射要求,并且测试必须通过 OTA 完成。这对于要求的定义(尤其是测试要求)是额外的挑战,而对于 FR2 又是必需的。

同一终端内与其他无线交互也有一组终端要求,主要涉及在非独立组网模式(Non-Standalone,NSA)下与 LTE 的交互,以及载波聚合下 FR1 和 FR2 无线之间的交互。

最后,还有一组终端性能要求,定义了在一系列条件下(包括不同的传播环境),终端接收机物理信道的基带解调性能。

由于不同类型的要求之间有差别,所以终端射频特性的规范分为四部分,在 3GPP 标准中终端被称为用户设备(User Equipment,UE):
- TS38.101-1[5]:UE 无线发射和接收,FR1。
- TS38.101-2[6]:UE 无线发射和接收,FR2。
- TS38.101-3[7]:UE 无线发射和接收,与其他无线的交互。
- TS38.101-4[8]:UE 无线发射和接收,性能要求。

FR1 的射频传导要求在 28.6 节~28.11 节中描述。

## 28.5 基站射频要求的总体结构

### 28.5.1 NR 基站射频传导要求和辐射要求

随着移动系统的持续演进，AAS 变得越来越重要。虽然很多年来对于开发和部署无源天线阵列的基站做过一些尝试，但针对这类天线系统并没有特定的射频要求。一般的射频要求都是在基站射频天线连接器处定义的，至少从标准化的观点看天线不被视为基站的一部分。

在天线连接器处规定的要求被称为传导要求（conducted requirement），通常定义为天线连接器处测量的（绝对或相对）功率电平。监管条例中的发射限制大多定义为传导要求。而另一种方式是定义辐射要求（radiated requirement），评估的时候包含天线在内，通常考虑某个特定方向的天线增益。辐射要求需要更为复杂的 OTA 测试过程，例如使用吸波暗室。通过 OTA 测试，可以评估整个基站包括天线系统的空间特性。

对于 AAS 的基站，发射机和接收机的有源部分可能集成在天线系统里，按照传统定义在天线连接器处的要求不再合适。为此，3GPP 在 Release 13 为 AAS 基站开发了射频要求，定义了一套单独的射频规范，适用于 LTE 和 UTRA 设备。

对于 NR，标准从一开始就包括了对 FR1 和 FR2 的射频辐射要求和 OTA 测试。因此 AAS 的很多工作直接被纳入 NR 标准。AAS 这一术语在 NR 基站射频规范中不再使用[4]，转而定义了不同基站类型的要求。在 Release 15 最初的 AAS 规范中包括了 NR 以及 LTE 和 UTRA。

AAS 基站要求是基于通用的 AAS 基站无线架构，如图 28-3 所示。该架构由连接到组合天线的收发机单元阵列组成，组合天线包括一个无线分发网络和一个天线阵列。收发机单元阵列包括多个发射机和接收机单元。这些单元通过收发机阵列边界（Transceiver Array Boundary，TAB）的多个连接器连接到组合天线。在非 AAS 基站上这些 TAB 连接器对应于天线连接器，并作为传导要求的参考点。无线分发网络是无源的，它将发射机的输出分发到相应的天线单元；反之亦然，对接收机的输入也进行分发。请注意，AAS 基站的具体实现可能看起来不同，包括不同部件所处的物理位置、天线阵列的几何形状、所用天线单元的类型等。

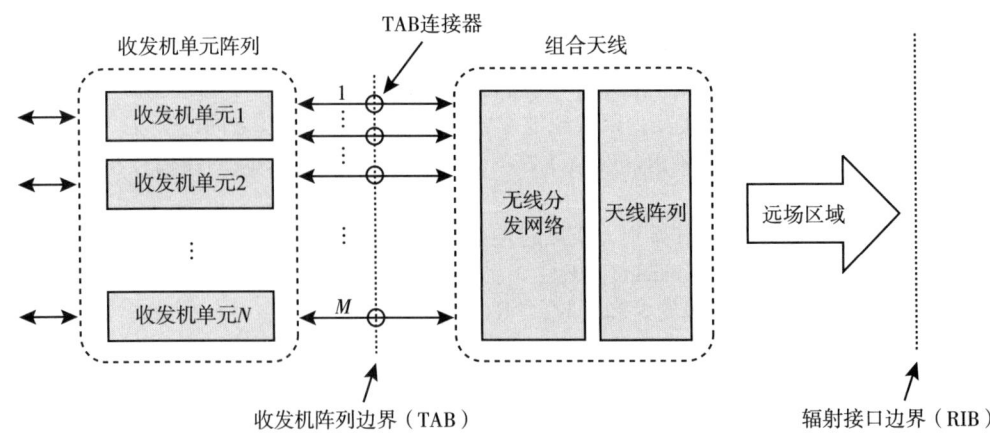

图 28-3 有源天线系统（AAS）的通用射频架构，也用于 NR 辐射要求

基于图 28-3 的架构，定义了两种类型的要求：
- 传导要求定义为一个单独的或一组 TAB 连接器上每个射频特性。用这种方式来定义传导要求在某种意义上即"等同于"非 AAS 基站的传导要求，因此系统的性能或对其他系统的影响应该是相同的。
- 辐射要求定义为天线系统远场 OTA 的要求。由于在这种情况下更关注空间方向，每个要求的适用范围都要详细说明。辐射要求是参考处于远场区域的辐射接口边界（Radiated Interface Boundary，RIB）来定义的。

### 28.5.2 NR 不同频率范围的基站类型

射频要求需要考虑到基站可能有许多不同的设计。在 FR1，基站的构建方式类似于"传统的"3G 和 4G 基站，通过天线连接器连接到外部天线。对于 AAS 的基站，仍然可以通过天线连接器来定义和测试某些射频要求。对于具有高集成度天线系统的基站，由于没有天线连接器，所有的要求必须要在 OTA 评估。假定 FR2 天线系统的实现采用了毫米波技术，那么只需要定义这一基站类型。

基于上述假定，参考图 28-3 里定义的架构，3GPP 定义了四种基站类型：
- 基站类型 1-C：NR 基站工作在 FR1，只定义单个天线连接器处的传导要求。
- 基站类型 1-O：NR 基站工作在 FR1，只定义 RIB 处的（OTA）传导要求。
- 基站类型 1-H：NR 基站工作在 FR1，是一个"混合的"要求集合，包括定义单个 TAB 连接器处的传导要求和 RIB 处的一些 OTA 要求。
- 基站类型 2-O：NR 基站工作在 FR2，只定义了 RIB 处的（OTA）传导要求。

基站类型 1-C 要求的定义方式与 UTRA 或 LTE 传导要求的定义方式相同，见 28.6 节~28.11 节描述。

基站类型 1-H 对应于 3GPP Release 13 里定义的第一种类型 LTE/UTRA AAS 基站，其中定义了两个辐射要求（辐射发射功率和 OTA 灵敏度），其他要求都定义为传导要求，如 28.6 节~28.11 节所述。很多基站类型 1-H 的传导要求（如无用发射限制）的定义分为两步。首先定义一个基本限制（basic limit），与基站类型 1-C 单个天线连接器处的传导限制相同，因此等效于基站类型 1-H 在 TAB 连接器处的限制。第二步，通过基于有源发射单元数目的比例因子将基本限制转换为 RIB 处的辐射限制。比例因子的上限为 8（9dB），8 是用于定义监管限制的最大天线单元个数。请注意，根据地区监管条例不同，最大比例因子可能会不同。

28.12 节概述了基站类型 1-O 和 2-O 的辐射要求，以及基站类型 1-H 的部分要求。

## 28.6 NR 射频传导要求概述

射频要求定义了基站或终端的接收机和发射机的射频特性。基站作为物理节点，在一个或多个天线连接器上发射和接收无线信号。请注意，NR 的基站并不等同于 gNB，gNB 对应于无线接入网的逻辑节点（见第 6 章）。在所有的射频规范里终端都用 UE 来表示。射频传导要求是为 FR1 的工作频段定义的，而只有辐射（OTA）要求是为 FR2 的工作频段定义的（见 28.12 节）。

NR 定义的射频传导要求集合与 LTE 或其他无线系统基本相同。某些要求也是基于监管机构的要求,更关注于工作的频段以及系统部署的地点,而非哪种类型的系统。

NR 系统特有的灵活信道带宽和多个参数集,使得在定义某些要求时变得更为复杂。这些特性对于发射机的无用发射要求有着特殊影响,在国际监管条例中无用发射的限制取决于信道带宽。基站可能工作在多个信道带宽上,而终端的工作带宽也可能变化多样,对于这样的系统很难定义这类限制。OFDM 物理层的灵活性也影响了定义发射机的调制质量,以及如何定义接收机选择性和阻塞要求。请注意,一般情况下基站和终端的信道带宽是不同的,如 28.3 节所述。

终端发射机要求的类型定义与基站非常类似,而且要求的定义也非常类似。但是,由于终端的输出功率电平相当低,因此终端实现的限制条件更高。所有的电信设备都面临着成本和复杂度的巨大压力,但对于终端来说更加明显,因为每年有接近二十亿部的终端市场规模。如果终端和基站要求定义存在不同之处,本章将分开处理。

在参考文献[70,71]中描述了 NR 射频传导要求的详细背景。参考文献[4]中规定了基站的射频传导要求,参考文献[5]中规定了终端的射频传导要求。射频要求分为发射机特性和接收机特性。基站和终端的性能特性定义了在不同传播条件下所有物理信道上的接收机基带性能。这些性能并非严格意义上的射频要求,尽管在某种程度上性能也是取决于射频的。

NR 基站和终端的测试规范中为每个射频要求定义了相应的测试。这些规范定义了测试设置、测试过程、测试信号、测试容差等需要体现射频和性能要求的一致性。

### 28.6.1 发射机传导特性

发射机特性定义了终端和基站发射有用信号的射频要求,也定义了发射载波带外不可避免的无用发射。射频要求基本分为三部分:

- **输出功率电平**要求限制了当功率电平动态变化时的最大允许发射功率,也限制了某些情况下发射机关闭状态的最大允许发射功率。
- **发射信号质量**要求定义了发射信号的"纯度",以及多个发射通路之间的相关性。
- **无用发射**要求限制了发射载波带外的所有发射,与监管要求以及与其他系统共存紧密相关。

根据上面定义的三部分,表 28-3 列出了终端和基站的发射机特性。特定要求的详细描述可见本章后续部分。

表 28-3 NR 发射机特性概述

| | 基站要求 | 终端要求 |
|---|---|---|
| 输出功率电平 | 最大输出功率<br>输出功率动态<br>开启/关闭功率(只有 TDD) | 发射功率<br>输出功率动态<br>功率控制 |
| 发射信号质量 | 频率误差<br>误差矢量幅度(EVM)<br>发射通路之间的时间对齐 | 频率误差<br>发射调制质量<br>带内发射 |

(续)

| | 基站要求 | 终端要求 |
|---|---|---|
| 无用发射 | 工作频段的无用发射<br>邻道泄漏比（ACLR 和 CACLR）<br>杂散发射<br>占用带宽<br>发射机互调 | 频谱发射模板<br>邻道泄漏比（ACLR 和 CACLR）<br>杂散发射<br>占用带宽<br>发射机互调 |

## 28.6.2 接收机传导特性

NR 接收机要求的集合与 LTE 和 UTRA 等其他系统定义的要求集非常相似。接收机特性基本分为三部分：
- 接收有用信号的**灵敏度和动态范围**要求。
- **接收机对干扰信号的敏感度**定义了接收机对位于不同频率偏移的不同类型干扰信号的敏感度。
- 接收机**无用发射**限制。

根据上面定义的三部分，表 28-4 列出了终端和基站的接收机特性。每个要求的详细描述可见本章后续部分。

表 28-4　NR 接收机特性概述

| | 基站要求 | 终端要求 |
|---|---|---|
| 灵敏度和动态范围 | 参考灵敏度<br>动态范围<br>信道内选择性 | 参考灵敏度功率电平<br>最大输入电平 |
| 接收机对干扰信号的敏感度 | 带外阻塞<br>带内阻塞<br>窄带阻塞<br>邻道选择性<br>接收机互调 | 带外阻塞<br>杂散响应<br>带内阻塞<br>窄带阻塞<br>邻道选择性<br>互调特性 |
| 无用发射 | 接收机杂散发射 | 接收机杂散发射 |

## 28.6.3 区域性要求

射频要求及其适用范围存在很多区域性差异，原因在于不同的区域和地方规定的频谱及其用途不同。如第 3 章所述，最明显的区域性变化就是不同的频段及其用途，因此很多区域性的射频要求也与特定的频段相关联。

当存在某个区域性要求（例如杂散发射），这类要求应当体现在 3GPP 标准中。对于基站该要求是作为可选要求，并标记为"区域性"。对于终端，由于可能在不同地区间漫游，所以不能采用相同的方式处理，因此终端需要满足与使用该工作频段相关联的全部区域性要求。对于 NR（以及 LTE），情况相比于 UTRA 变得更为复杂，因为发射机和接收机所用带宽的变化，使得某些区域性要求很难作为基本要求来满足。因此 NR 中引入了射频要求网络信令（network signaling）的概念，即当终端连接到网络时，在呼叫建立阶段通知终端采用某些特定的射频要求。

## 28.6.4 通过网络信令通知特定频段的终端要求

NR 终端所支持的信道带宽与 NR 工作频段有关，也与发射机和接收机的射频要求相关。原因是在最大发射功率以及发送/接收大量资源块的情况下，某些射频要求可能很难满足。

在 NR 和 LTE 中，当小区切换或广播信息中发送一个特定的网络信令值（$NS\_x$）给终端时，对终端会应用一些额外的射频要求。出于实现的原因，这些要求与射频参数的限制和变化相关，例如终端输出功率、最大信道带宽，以及发送资源块数目。终端射频规范里定义了这些不同的要求以及 $NS\_x$，其中每个值对应一种特定的情况。$NS\_01$ 是针对所有频段的默认值。$NS\_x$ 对应于允许的功率回退，称为额外最大功率回退（Additional Maximum Power Reduction，A-MPR），适用于使用某个最小数目资源块进行传输的情况，也取决于信道带宽。

## 28.6.5 基站类型 1-C 和 1-H 的基站等级

为了适用于不同的部署场景，NR 基站有多个射频要求集合，每个集合适用于一种基站等级。在定义 NR 射频要求时，引入了基站等级来划分宏蜂窝、微蜂窝和微微蜂窝的场景。这里宏、微和微微与部署场景相关，3GPP 并未用此来确定基站等级，而是采用了下列术语：

- 宏覆盖基站：这种类型的基站用于宏蜂窝场景，基站与终端之间的最小耦合损耗为 70dB。典型部署场景为大小区，采用高塔或屋顶安装，提供广域的室外覆盖，也提供室内覆盖。
- 中等覆盖基站：这种类型的基站用于微蜂窝场景，基站与终端之间的最小耦合损耗为 53dB。典型部署为室外屋顶下安装，提供室外的热点覆盖，以及室外到室内的穿墙覆盖。
- 局部覆盖基站：这种类型的基站适用于微微蜂窝场景，基站与终端之间的最小耦合损耗为 45dB。典型部署为墙壁或天花板安装，提供室内的办公环境覆盖，以及室内/室外的热点覆盖。

还有一种为高空平台站（High Altitude Platform Station，HAPS）场景定义的基站等级，基站到地面终端的最小距离通常为 20m。HAPS 基站的要求通常与宏覆盖基站相同。

局部覆盖和中等覆盖基站等级相比于宏覆盖基站，由于最小耦合损耗的减少，所以要求有一些改动：

- 对于中等覆盖基站，基站最大输出功率限制为 38dBm，而对于局部覆盖基站则限制为 24dBm。最大功率是按照每天线每载波来定义的。而对于宏覆盖基站，没有定义最大功率。
- 对于中等覆盖和局部覆盖基站，频率误差要求更为宽松。
- 对于中等覆盖和局部覆盖基站，频谱模板（工作频段无用发射）的限制更低，这是与较低的最大功率电平相一致。
- 对于中等覆盖和局部覆盖基站，接收机参考灵敏度限制提高（更为宽松）。接收机动态范围和信道内选择性（ICS）也要相应调整。
- 相比于宏覆盖基站，中等覆盖和局部覆盖基站的共站限制更为宽松，对应于宽松的基站参考灵敏度。
- 对于中等覆盖和局部覆盖基站，考虑到更高的接收机灵敏度限制和更低的（基站到终端）最小耦合损耗，调整了接收机对干扰信号敏感度的限制。

## 28.7 传导输出功率电平要求

### 28.7.1 基站输出功率和动态范围

对于基站一般没有最大输出功率的要求。但是如上文所提到的基站等级，中等覆盖基站最大输出功率限制为38dBm，局部覆盖基站最大输出功率的限制为24dBm。除此之外，还定义了一个容差，即实际的最大功率和制造商宣称的功率电平之间的偏差。

基站规范确定了一个资源单元总功率控制的动态范围，定义了可能配置的功率范围。对于基站的总功率也有动态范围的要求。

对于TDD模式，基站输出功率的功率模板定义了上行子帧期间的关断功率电平，以及发射机开启和关断状态转换之间发射机过渡期的最大时间。

### 28.7.2 终端输出功率和动态范围

终端输出功率电平的定义分为三步：
- UE功率等级定义了QPSK调制下的标称（nominal）最大输出功率。该功率在不同工作频段上可能会不同，但目前所有频段主要的终端功率等级设为23dBm。
- 最大功率回退（Maximum Power Reduction，MPR）定义了在调制方式和资源块的特定组合情况下允许的最大功率回退。对载波聚合、SUL、上行MIMO、V2X和频谱共享也定义了MPR值。
- 额外最大功率回退（Additional Maximum Power Reduction，A-MPR）可能在某些地区适用，A-MPR通常与特定的发射机要求（例如区域性发射限制）以及与特定的载波配置相关。对于每种要求集合，有关联的网络信令值NS_$x$来标明允许的A-MPR以及关联的条件，如28.6.4节所述。

最小输出功率电平设置定义了终端的动态范围。发射机关断功率电平的定义适用于终端不允许发射的情况。还定义了通用的开启/关断时间模板，以及PRACH、PUCCH、SRS和PUCCH/PUSCH/SRS转换的特定时间模板。对CA、NR-DC、SUL、上行MIMO、V2X、共享频谱接入和有上行MIMO的CA分别定义了动态范围要求。

终端发射功率控制，是通过这几种功率容差要求来定义的，分别是初始功率设置的绝对功率容差，两个子帧之间的相对功率容差，以及一系列功率控制命令的聚合功率容差。

## 28.8 发射信号质量

发射信号质量要求定义了基站或终端的发射信号在符号域和频域与"理想"调制信号偏离的程度。发射机的射频器件对发射信号产生损伤，其中主要是由功率放大器的非线性特性导致的。基站和终端的信号质量是通过 EVM 和频率误差的要求来评估的。对于终端，还有一个终端带内发射的额外要求。

### 28.8.1 EVM 和频率误差

虽然信号质量测量的理论定义非常简单，但实际的评估却是一个非常细致的过程，在 3GPP 标准中极为详细地进行了描述。原因在于这是一个多维优化的问题，需要找到时间、频率和信号星座图上最匹配的点。

EVM 用于测量调制信号星座图上的误差，是在激活子载波上所有采用该调制方式符号的矢量误差均方根。EVM 表示为相对于理想信号功率的百分比值。从本质上来说，如果发射机和接收机之间对信号没有额外的损伤，EVM 就定义了接收机能够获得的最大 SINR。

由于接收机可以消除某些发射信号的损伤，诸如多径效应等，因此要在移除循环前缀和均衡之后评估 EVM。通过这种方式，EVM 的评估包含了接收机的标准化模型。EVM 评估产生的频率偏移进行平均后用于测量发射信号的频率误差。

### 28.8.2 终端带内发射

带内发射是信道带宽内的发射。带内发射要求限制了终端在信道带宽内未分配资源块上的发射水平。与带外（Out-Of-Band，OOB）发射不同，带内发射是在移除循环前缀和 FFT 之后测量的，因为这是终端发射机影响实际的基站接收机的方式。

### 28.8.3 基站时间对齐

NR 的一些特性要求基站从两个或者多个天线上发射，例如发射分集和 MIMO。对于载波聚合，基站也可以在不同天线上发射载波。为了使终端能够正确接收来自多个天线的信号，用发射通路之间的最大时间对齐误差来规定任意两个发射通路之间的定时关系。最大允许的误差取决于发射通路的特性或特性组合。

## 28.9 无用发射要求

按照 ITU-R 建议书[40]，发射机的无用发射可分为带外发射和杂散发射。带外发射定义为靠近射频载波频率上的发射，产生于调制过程中。杂散发射是射频载波外的发射，可以被削减而不影响信息传输。杂散发射的例子有谐波发射、互调产物和变频产物。带外发射的频率范围一般称为带外域，而杂散发射的限制一般在杂散域定义。

ITU-R 还定义了带外域和杂散域之间的边界，频点位于距离载波中心 2.5 倍必要带宽，相当于 NR 信道带宽的 2.5 倍。这种划分要求对于固定信道带宽的系统很容易定义，但是对于 NR 这种灵活带宽的系统会很困难，这意味着要求适用的频率范围会随着信道带宽而变化。在 3GPP 中定义基站和终端要求边界的方法稍有不同。

在带外发射和杂散发射的推荐边界设置为 2.5 倍信道带宽的情况下，带外域覆盖的频率范围为载波两侧每侧两倍信道带宽，因此载波的三阶和五阶互调产物会落入带外域内。对于带外域，基站和终端都定义了两种互相重叠的要求：频谱发射模板（Spectrum Emissions Mask，SEM）和邻道泄漏比（Adjacent Channel Leakage Ratio，ACLR）。详细说明见下文。

### 28.9.1 实现因素

OFDM 信号的频谱在配置的发射带宽之外衰减非常缓慢。由于 NR 的发射信号最多占据 98% 的信道带宽，因此无法通过"纯粹"的 OFDM 信号满足信道带宽之外无用发射的限制。不过 NR 标准并未指定或强制要求为了达到发射机要求所要采用的技术。OFDM 系统中用来控制频谱发射通常采用的一种方法是时域加窗。滤波也是经常采用的方法，包括在时域对基带信号进行数字滤波，以及对射频信号进行模拟滤波。

功率放大器（Power Amplifier，PA）在放大射频信号时的非线性特性也必须要考虑，因为这是信道带宽外互调产物的来源。可以通过功率回退获得 PA 更线性的工作，但这是以降低功率效率为代价的。因此功率回退应当保持在最小限度。出于这个原因，可采用额外的线性化方案。这些对于基站尤其重要，因为对于实现复杂度的限制较少，并且采用先进的线性化方案是控制频谱发射的基本。这类技术包括前馈、反馈、预失真和后失真。

### 28.9.2 带外域的发射模板

发射模板定义了必要带宽之外允许的带外频谱发射。如上所述，在定义带外发射和杂散发射之间的频率边界时需要考虑灵活的信道带宽，因此对 NR 基站和终端是分别定义的。从而发射模板也要基于不同的原则。

#### 1. 基站工作频段无用发射限制

对于 NR 基站，由于信道带宽的变化，使得带外域和杂散域之间的边界也跟着变化，因此无法定义一个明确的边界。解决方案是用 NR 基站工作频段无用发射（Operating Band Unwanted Emission，OBUE）的统一概念来替代通常定义的带外发射频谱模板。工作频段无用发射要求适用于基站发射机的整个工作频段，每侧额外加上 10~100MHz，如图 28-4 所示。根据 ITU-R 建议书[40]，该范围外的所有要求都通过监管机构的杂散发射限制来设置。由图 28-4 可以看出，大部分工作频段无用发射定义的频率范围，对于较小的信道带宽可以在杂散域和带外域里。这意味着对于可能位于杂散域的频率范围的限制也要符合 ITU-R 的监管限制。所有信道带宽的模板形状是通用的，因此模板要根据基站类型和工作频段的带宽，从信道边缘开始的 10~100MHz 与 ITU-R 的限制保持一致。工作频段无用发射是以 100kHz 测量带宽来定义的，与 LTE 的模板在很大程度上保持一致。

基站载波聚合的情况下，OBUE 要求（同其他射频要求）对于多载波传输同样适用，此时

OBUE 以射频带宽边缘的载波来定义。在非连续载波聚合的情况下,子块间隔的 OBUE 累加起来作为总的 OBUE。

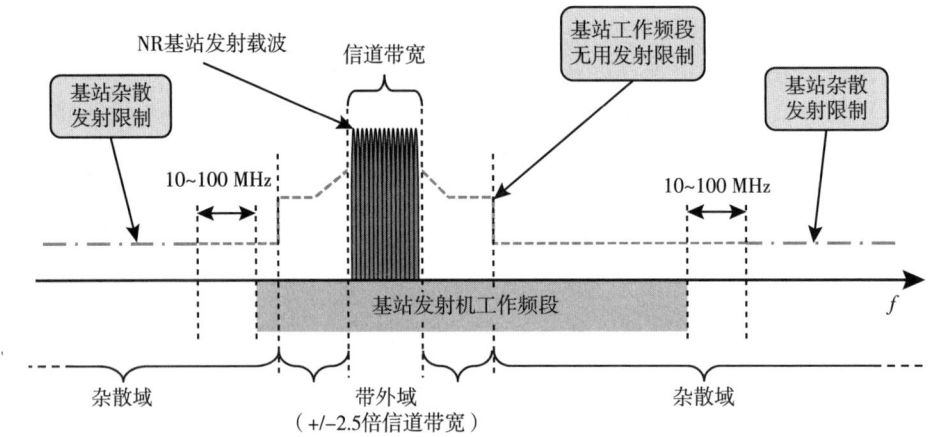

图 28-4　NR 基站(FR1)工作频段无用发射和杂散发射的频率范围

有些特殊的限制是为了满足特定地区的监管条例而定义的。例如,美国联邦通信委员会(Federal Communications Commission,FCC)法规 47 对于美国所使用的工作频段,以及 ECC 对于一些欧洲频段都有特殊限制。这些是作为工作频段无用发射限制之外的单独限制来规定的。

2. 终端频谱发射模板

出于实现的原因,无法定义一个不随信道带宽变化的通用终端频谱模板,因此终端带外限制和杂散发射限制的频率范围不会遵循与基站相同的原则。如图 28-5 所示,SEM 从信道边缘延伸出 $\Delta f_{OOB}$。对于 5MHz 的信道带宽,按照 ITU-R 的建议,这个点对应于 250% 的必要带宽,但是对于更大的信道带宽,$\Delta f_{OOB}$ 设置为略大于 250%。

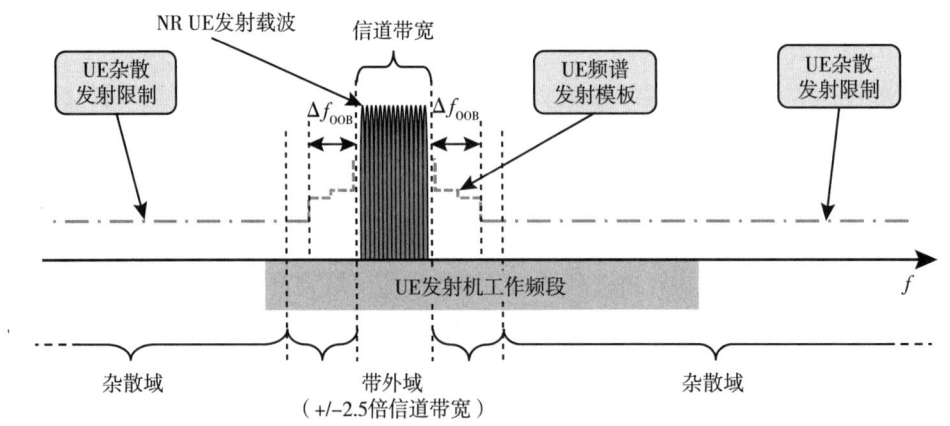

图 28-5　NR 终端频谱发射模板和杂散发射的频率范围

SEM 定义为一个通用模板和一组附加模板，附加模板体现了不同区域的要求。每个附加的区域性模板与一个特定的网络信令值 NS_x 相关联。SEM 还有一些变体，适用于定义 CA、V2X、共享频谱信道接入和有上行 MIMO 的 CA。

## 28.9.3 邻道泄漏比

除了频谱发射模板之外，带外发射还通过 ACLR 要求来定义。ACLR 的概念对于分析工作在相邻频点的两个系统之间的共存很有帮助。ACLR 定义为分配的信道带宽内的发射功率和相邻信道上的无用发射功率之比。对于接收机，对应的要求叫 ACS，它定义了接收机对相邻信道信号的抑制能力。

对于有用信号和相邻信道上的干扰信号，ACLR 和 ACS 的定义如图 28-6 所示。ACLR 定义了有用信号的接收机接收到无用发射泄漏产生的干扰信号，ACS 则定义了有用信号的接收机对相邻信道干扰信号的抑制能力。这两个参数组合起来，定义了相邻信道上两个发射之间的总泄漏。这个比值称作邻道干扰比（Adjacent Channel Interference Ratio，ACIR），定义为一个信道上的发射功率与相邻信道上接收机收到的全部干扰的比值。这是由于发射机（ACLR）和接收机（ACS）的缺陷造成的。

邻道参数之间的关系如下[11]：

$$\text{ACIR} = \frac{1}{\left(\dfrac{1}{\text{ACLR}}\right) + \left(\dfrac{1}{\text{ACS}}\right)} \tag{28-2}$$

由于 NR 的带宽灵活性同 NR 某些要求集情况一样，ACLR 和 ACS 可以用不同的信道带宽进行定义。式(28-2)也适用于不同信道带宽的场景，但只有两个信道带宽相同时才用公式定义三个参数：ACIR、ACLR 和 ACS。

基于 NR 与相邻载波上的 NR 或者其他系统共存的大量分析[11]，得到了 NR 终端和基站的 ACLR 限制。

对于 NR 基站，在相邻信道为相同带宽的 NR 接收机，以及相邻信道为 LTE 接收机，都有 ACLR 要求。NR 基站的 ACLR 要求为 45dB，这比终端的 ACS 要求更为严格，根据式(28-2)，在下行终端接收机的性能会限制 ACIR，也会限制基站和终端之间的共存。从系统的角度看，这种选择是合算的，因为这样把实现的复杂度转移到基站，而不是要求所有终端都具备高性能的射频。

载波聚合情况下，基站的 ACLR（同其他射频要求一样）适用于多载波传输，ACLR 要求要根据射频带宽边缘的载波来定义。在非连续载波聚合的情况下，子块之间的间隔较小，间隔边缘的 ACLR 要求会"互相重叠"，因此对于间隔定义了一个特殊的累积 ACLR（Cumulative ACLR，CACLR）要求。CACLR 限制考虑了子块间隔两侧载波的贡献。基站的 CACLR 限制与 ACLR 一样，都是 45dB。

终端 ACLR 限制是在假设 NR 相邻信道上为 UTRA 接收机的情况下设定的。载波聚合情况下终端的 ACLR 要求是针对聚合的信道带宽，而非每个载波信道带宽。NR 终端的 ACLR 限制为 30dB。相比于基站的 ACS 要求，这一限制相当宽松，根据式(28-2)，这意味着在上行，终端发射机的性能会限制 ACIR，因此也会限制基站和终端之间的共存。

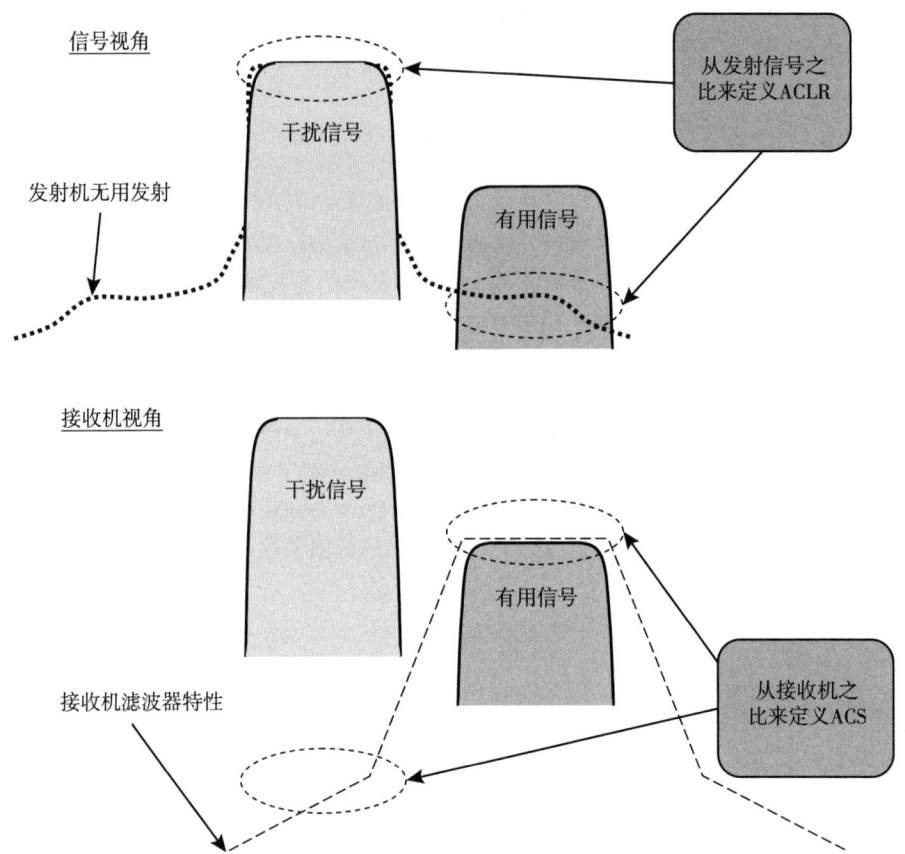

图 28-6 ACLR 和 ACS,"施扰方"干扰信号和"受扰方"接收机有用信号的特性示例

## 28.9.4 杂散发射

NR 基站的杂散发射限制取自国际建议书[40],但只对工作频段无用发射限制的频率范围以外的区域进行了定义,如图 28-4 所示,即在距离基站发射机工作频段至少 10~100MHz 的频率处。由于 OBUE(会覆盖部分杂散域)的定义,杂散发射要求的频率范围与国际性监管条例里"杂散域"定义的范围并不完全一致。但是限制是完全一致的。

由于 NR 可能与其他系统共存甚至共站,还会有额外的区域性或可选性限制来保护其他系统。需要考虑这些额外的杂散发射要求的其他系统有 GSM、UTRA FDD/TDD、LTE 和 PHS。

终端杂散发射限制的定义考虑了 SEM 覆盖的频率范围之外的所有频率范围。这些限制一般是基于国际性监管条例[40],但是当终端漫游时,还会有与其他频段共存的额外要求。额外的杂散发射限制可以关联到网络信令值。

此外,还定义了基站和终端接收机的辐射限制。由于接收机的辐射主要是发射信号,因此接收机的杂散发射限制仅适用于发射机未激活的时刻,以及有单独接收机天线连接器的 NR FDD 基站的发射机激活的时刻。

### 28.9.5 占用带宽

占用带宽是某些地区(例如日本和美国)的监管机构对终端规定的监管要求。最初由 ITU-R 定义为最大带宽,最大带宽之外的发射不能超过总发射一个特定的百分比。NR 的占用带宽等于信道带宽,占用带宽之外允许的最大发射为 1%(每侧 0.5%)。

### 28.9.6 发射机互调

射频发射机还有一个额外的实现因素,就是发射信号与附近基站或终端发射的强信号之间可能存在互调。出于这个原因,提出了发射机互调要求。

对于基站,互调要求是基于静态场景,该场景下基站与其他基站的发射机共站,规定其他基站发射的信号在当前基站天线连接器处衰减 30dB。由于是静态场景,因此不允许额外的无用发射,意味着在有干扰源的情况下也必须满足全部的无用发射限制。

对于终端也有类似的互调要求,规定在终端天线连接器处另一个终端的发射信号衰减 40dB。互调要求规定了所产生的互调产物相对于发射信号的最小衰减。

## 28.10 传导灵敏度和动态范围

参考灵敏度要求的主要目的是验证接收机的噪声系数(Noise Figure,NF),噪声系数是衡量接收机射频信号通路对接收信号 SNR 降低的程度。为此,选择低 SNR 下采用 QPSK 传输来作为接收灵敏度测试的参考信道。参考灵敏度定义为当参考信道吞吐量为 95%最大吞吐量时接收机的输入电平。

对于终端,参考灵敏度是针对满带宽的信号,并且在所有资源块都分配给有用信号的情况下定义的。

动态范围要求是为了确保在接收信号电平远高于参考灵敏度的情况下接收机可以工作。基站动态范围的场景假定干扰增加且有用信号电平也相应升高,从而测试接收机不同损伤的影响。为了对接收机施加压力,采用了更高 SINR 的 16QAM 传输来进行测试。为了进一步对接收机施加更高的信号电平,对接收信号加上高出本底噪声 20dB 的 AWGN 干扰信号。终端动态范围要求规定为满足吞吐量要求的最大信号电平(maximum signal level)。

## 28.11 接收机对干扰信号的敏感度

对于基站和终端,有一系列要求来定义接收机在强干扰信号存在的情况下接收有用信号的能力。定义多种要求的原因在于,干扰信号对有用信号的频率偏移不同,使得干扰场景可能看起来非常不同,对接收机损伤的不同类型会影响性能。将干扰信号进行不同组合,目的在于尽可能对不同带宽干扰信号的可能场景进行建模,这些干扰信号可能在基站和终端接收机工作频段之内,也可能在工作频段之外。

虽然基站和终端的要求类型非常相似,但是信号电平不同,因为基站和终端的干扰场景非常不同。此外，对于基站的 ICS 要求，没有对应的终端要求。

下面定义的 NR 基站和终端要求，从频率间隔较大的干扰开始，然后逐渐接近（见图 28-7）。对于干扰信号是一个 NR 信号的所有情况，干扰信号带宽等于或小于有用信号带宽，但最大为 20MHz。

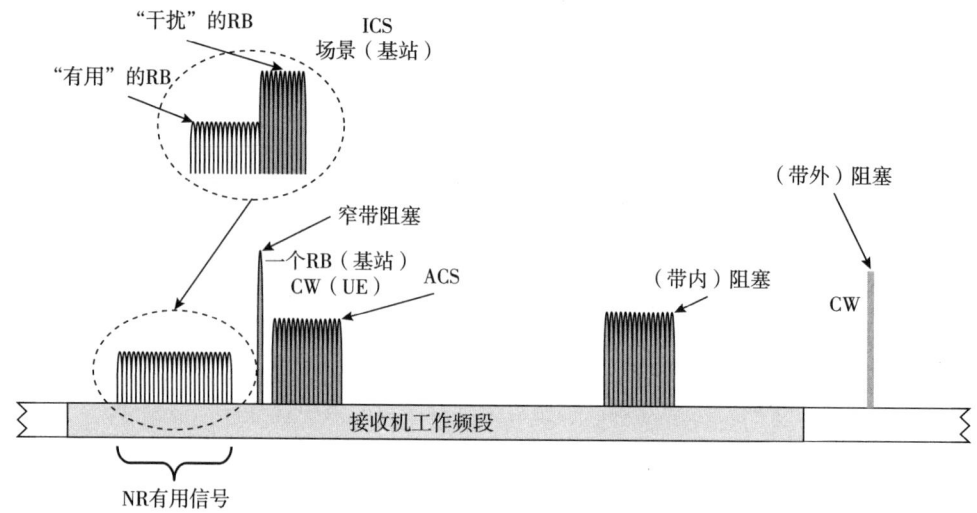

图 28-7 基站和终端接收机对干扰信号的敏感度要求，包括阻塞、ACS、窄带阻塞和 ICS（只有基站）

- 阻塞（Blocking）：对应于工作频带外（带外阻塞）或者工作频带内（带内阻塞）接收到强干扰信号的场景，但强干扰与有用信号并不相邻。对于基站，带内阻塞包括工作频带外紧邻的 20MHz~100MHz 范围内的干扰，对于终端则是紧邻的 15MHz 范围内。带外是用连续波（Continuous Wave，CW）信号建模，带内是用 NR 信号建模。对于基站与不同工作频段的其他基站共站的场景，还有额外（可选）的基站阻塞要求。对于终端，对每个分配的频率信道以及在各自的杂散响应频点上，带外阻塞要求允许有固定数量的例外。在这些频点，终端必须遵从更宽松的杂散响应要求。
- 邻道选择性（Adjacent Channel Selectivity，ACS）：ACS 的场景是在有用信号的相邻信道上有一个强信号，该场景与相应的 ACLR 要求紧密相关（见 28.9.3 节的讨论）。这个相邻的干扰是一个 NR 信号。对于终端，ACS 对低信号电平和高信号电平两种情况做出规定。
- 窄带阻塞（Narrowband blocking）：该场景为一个相邻的窄带强干扰，在要求里对基站用一个资源块的 NR 信号进行建模，对终端用一个 CW 信号进行建模。
- 带内选择性（In-Channel Selectivity，ICS）：该场景为信道带宽内有多个接收功率电平各不相同的接收信号，在较强"干扰"信号存在的情况下验证较弱"有用"信号的性能。ICS 只针对基站定义。
- 接收机互调（Receiver intermodulation）：该场景为靠近有用信号存在两个干扰信号，一个是 CW 信号，另一个是 NR 信号（图 28-7 中没有显示）。该要求是为了测试接收机的线性度。这些干扰所处的频率位置使得互调主产物落入有用信号的信道带宽内。对于基站还有一个窄带互调要求,其中 CW 信号非常靠近有用信号,而 NR 干扰是单个 RB 的信号。

对于除 ICS 之外的所有要求而言,有用信号都采用了与参考灵敏度要求相同的参考信道。加上干扰后,同参考灵敏度一样满足 95% 相对吞吐量,但这是在一个"不敏感"的更高有用信号电平上。

## 28.12　NR 的射频辐射要求

为基站和终端定义的射频辐射要求大多从相应的射频传导要求直接推导得来。不同于传导要求,辐射要求还会考虑天线的因素。在定义诸如基站输出功率和无用发射的发射电平时,可以合并天线增益,用有效全向辐射功率(Effective Isotropic Radiated Power,EIRP)作为方向性要求,或者使用总辐射功率(Total Radiated Power,TRP)来定义限制。这两个新的辐射要求作为基站方向性的定义(见 28.12.3 节),不过 NR 终端和基站的辐射要求大多是通过 TRP 的限制来定义的。

TRP 和 EIRP 与发射天线单元的个数直接相关,也依赖于基站的特定实现,需要考虑天线阵列的几何形状以及不同天线端口间无用发射信号的相关性。这意味着根据实现,EIRP 限制会导致辐射无用发射的总功率电平不同。因此 EIRP 限制不会控制网络的干扰总量,而 TRP 要求限制了注入网络的干扰总量,无论基站如何实现。

3GPP 选择 TRP 来定义无用发射的另一个背后因素是,TRP 在无源和有源天线系统的行为不同。对于无源系统,天线增益在有用信号和无用发射之间不会变化太多。因此,EIRP 与 TRP 直接成正比,可以作为替代。而对于诸如 NR 的有源系统,在有用信号和无用发射之间,以及不同的实现之间,EIRP 的变化取决于有用和无用发射之间的相关性有多强,相关性体现在无用发射的来源以及有用和无用发射之间的频率间隔等。这意味着 EIRP 通常与 TRP 不成正比,用 EIRP 来代替 TRP 是不正确的。

终端和基站的射频辐射要求描述如下。

### 28.12.1　基站类型 1-O 和 2-O 的基站等级

由于辐射要求的定义没有假定天线连接器作为参考,因此也无法像定义传导要求(见 28.6.5 节)那样基于耦合损耗来定义基站等级。取而代之的是基于基站到终端的最短距离来定义基站等级,但其他方面是相同的:

- 宏覆盖基站:这种类型的基站用于宏蜂窝场景,基站到终端的最短地面距离为 35m。
- 中等覆盖基站:这种类型的基站用于微蜂窝场景,基站到终端最短地面距离为 5m。
- 局部覆盖基站:这种类型的基站适用于微微蜂窝场景,基站到终端的最短地面距离为 2m。

局部覆盖和中等覆盖基站等级相比于宏覆盖基站,由于基站到终端的最短距离减少,带来最小耦合损耗的减少,所以修改了一些要求。这些要求修改的方式与基站类型 1-C 和 1-H (见 28.6.5 节)的传导要求相同,有下列区别:

- 对于中等覆盖基站,最大载波 TRP 限制为 47dBm,对于局部覆盖基站为 33dBm。这个功率限制是按照每天线每载波来定义的。对于宏覆盖基站没有定义基站最大 TRP。

## 28.12.2　FR2 的终端辐射要求

如 28.4 节所述,因为在 FR2 工作的大量天线单元,以及毫米波技术的高度集成,所以工作频段在 FR2 的终端的射频要求在一本单独的规范[6]里描述。对于工作频段在 FR1 没有定义终端辐射要求。FR2 的要求集大多对应于工作频段 FR1 定义的射频传导要求,但很多要求的限制不同。毫米波频率下共存的差异会导致如 ACLR 和频谱模板的要求更低。3GPP 的共存研究和参考文献[11]中的记录已经证明了这一点。学术界[69]也已经证明了不同限制的可能性。

相比于 6GHz 以下(FR1)的频段采用更为成熟技术的实现,毫米波技术的实现更具挑战性。毫米波射频的实现将在第 29 章进一步讨论。

还应当注意到,FR2 定义的信道带宽和参数集一般不同于 FR1,这使得无法比较二者的要求水平,尤其是对接收机的要求。

相比于 FR1 的射频辐射要求,以下是 FR2 射频辐射要求概述:

- 输出功率电平要求:最大输出功率与 FR1 数量级相同,但是用 TRP 和 EIRP 来表示。最小输出功率和发射机关断功率电平高于 FR1。辐射发射功率是一个额外的辐射要求,与最大输出功率的不同是具有方向性。还有一个不同方向 EIRP 变化的球面覆盖要求,是基于围绕 UE 的整个球体测量的辐射功率分布,使用功率分布第 85 百分位处的最小 EIRP。
- 发射信号质量:频率误差和 EVM 要求的定义与 FR1 类似,并且限制也大多相同。
- 辐射无用发射要求:占用带宽、ACLR、频谱模板和杂散发射与 FR1 的定义方式相同。频谱模板和杂散发射基于 TRP。很多限制不如 FR1 严格。由于在高频共存更为有利,ACLR 比 FR1 宽松 10dB。
- 波束一致性:在 12.2 节已经简要提及,与上行波束扫描相关,是对 FR1 UE 不存在的新要求。UE 最小 EIRP 峰值和球形覆盖构成了波束一致性要求的基础。UE 可以通过自主选择的上行波束或者使用波束扫描来支持这些要求。对于宣称通过上行波束扫描支持 EIRP 峰值和球形覆盖要求的 UE,定义了波束一致性容差要求。
- 参考灵敏度和动态范围:是基于等效全向灵敏度(Equivalent Isotropic Sensitivity,EIS)来定义的辐射要求,可以看作接收机测量的 EIRP,与 FR1 的电平不具可比性。
- 接收机对干扰信号的敏感度:ACS、带内和带外阻塞与 FR1 定义类似,但是用 EIS 作为测试度量来定义的辐射要求。因为 FR2 只有宽带系统,所以没有窄带阻塞的场景。由于共存更为有利,ACS 比 FR1 宽松 10dB。

## 28.12.3　FR1 的基站辐射要求

如 28.5 节所述,对于基站类型 1-O 的射频要求只包括辐射(OTA)要求。这些要求一般是基于相应的传导要求直接或按比例缩放得来。NR 还定义了两个额外的辐射要求,辐射发射功率和 OTA 灵敏度,如下所述。

基站类型 1-H 通过"混合"的要求集来定义,主要由传导要求组成,再加上两个与基站类型 1-O 相同的辐射要求，即：
- 辐射发射功率的定义描述的是一个特定方向上天线阵列的波束赋形方向图，即基站宣称发射的每个波束的 EIRP。与基站输出功率类似，实际的要求针对宣称 EIRP 电平的准确性。
- OTA 灵敏度是一个基于非常详细声明的方向性要求，由制造商声明一个或多个 OTA 灵敏度方向声明（OTA Sensitivity Direction Declaration，OSDD）。以这种方式定义的灵敏度描述了一个特定方向上天线阵列的波束赋形方向图，即朝向一个接收机目标的等效全向灵敏度水平。不仅要在一个方向上满足 EIS 限制，在接收机目标方向的到达角范围（Range of Angle of Arrival，RoAoA）内都要满足。根据 AAS 基站自适应的级别，有两种声明可作选择：
  ○ 如果接收机对方向能够自适应，也就是说可以重定向接收机目标，那么声明包括了在一个特定接收机目标方向的接收机目标重定向范围。在重定向范围内需要满足 EIS 限制，通过范围内五个声明的 RoAoA 灵敏度来测试 EIS 限制。
  ○ 如果接收机对方向不能自适应，也就不能重定向接收机目标，那么声明是在一个特定接收机目标方向的单一 RoAoA 灵敏度，在该方向上需要满足 EIS 限制。

请注意，OTA 灵敏度是在参考灵敏度要求之外定义的，对基站类型 1-H 是作为传导要求，对基站类型 1-O 是作为辐射要求。

### 28.12.4　FR2 的基站辐射要求

如 28.5 节所述，对于工作频段在 FR2 的基站，基站类型 2-O 的射频要求是辐射要求。这些要求和基站类型 1-O 的辐射要求在同一篇规范[4]中分别进行描述，基站射频传导要求也是如此。

这一系列要求与上述工作频段在 FR1 的射频辐射要求相同，但是很多要求的限制不同。对于终端，毫米波频段共存的差异导致诸如 ACLR、ACS 的要求更低，如 3GPP 共存研究[11]中所示。毫米波技术的实现比在 7GHz 以下（FR1）频段采用更为成熟技术的实现更具挑战性，将在第 29 章进一步讨论。

以下是 FR2 射频辐射要求的概述：
- 输出功率电平要求：FR1 和 FR2 的最大输出功率相同，但 FR2 是从传导要求按比例缩放得来，用 TRP 表示。此外还有一个方向性的辐射发射功率要求。动态范围要求的定义与 FR1 类似。
- 发射信号质量：频率误差、EVM 和时间对齐要求的定义与 FR1 类似，并且限制也大多相同。
- 辐射无用发射要求：占用带宽、频谱模板、ACLR 和杂散发射与 FR1 的定义方式相同。频谱模板、ACLR 和杂散发射基于 TRP，限制不如 FR1 严格。由于共存更为有利，ACLR 比 FR1 宽松 15dB。
- 参考灵敏度和动态范围：与 FR1 的定义方式相同，但是要求的电平不具可比性。此外还有一个方向性的 OTA 灵敏度要求。
- 接收机对干扰信号的敏感度：ACS、带内和带外阻塞与 FR1 的定义相同，但是因为 FR2 只有宽带系统，所以没有窄带阻塞的场景。由于共存更为有利，ACS 比 FR1 更为宽松。

## 28.13 多标准无线基站

传统意义上来说,射频规范是针对不同的 3GPP 无线接入技术 GSM/EDGE、UTRA、LTE 和 NR 分别制定的。移动无线通信的快速演进,以及在已有部署同时部署新技术的需要,要在同一站点实现不同无线接入技术(Radio-Access Technology, RAT),共用天线和其他部分装置。此外,多个 RAT 的操作经常在同一基站设备里完成。技术的演进促成了向多 RAT 基站的演进。虽然传统上多个 RAT 已经共享了站点部件(如天线、馈线、回传或者电源),但数字基带和射频技术的进步使其集成更为紧密。

3GPP 定义多标准无线(MSR)基站为:接收机和发射机能够同时在共用的有源射频器件上处理不同 RAT 多个载波的基站。如此严格定义的原因是多 RAT 基站的真正潜能和实现复杂度的挑战在于共用一套射频。原理如图 28-8 所示,以具备 NR 和 LTE 能力的基站为例。NR 和 LTE 的某些基带功能在基站可能是分开的,但可能在同一硬件上实现。而且射频必须在同一有源器件上实现,如图所示。

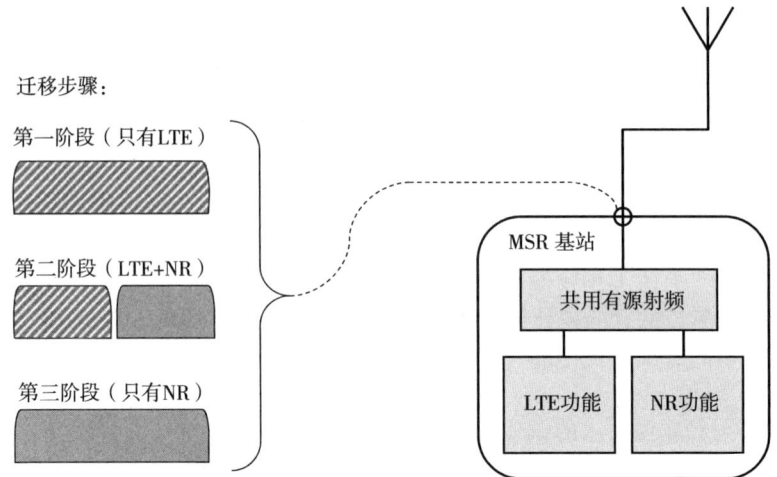

图 28-8 采用 MSR 基站从 LTE 迁移到 NR 的全部迁移阶段示例

支持 NR 的 MSR 基站规范的制定从 3GPP Release 15 开始,只支持 FR1 频段(FR2 频段不支持多 RAT)。支持 NR 的 MSR 基站的实现有两个主要的优点:

- 部署时不同 RAT 之间的迁移,可以使用相同的基站硬件从前几代移动技术迁移到 NR。随着时间的推移,当前几代技术所使用的部分频谱释放给 NR 后,就可以逐渐引入 NR。
- 出于部署场景的需要,在不同环境下 MSR 基站可以部署为支持多 RAT 中的单一 RAT 工作,或者多 RAT 工作。这与市场近来所见到的技术趋势相符合,即采用更为简化通用的基站设计。基站种类减少对基站供应商和运营商都有好处,因为可以开发和实现用于多种场景的单一解决方案。

MSR 的概念对于很多要求有重大影响,而其余的要求则完全保持不变。MSR 基站引入了射频带宽的基本概念,定义为发送和接收载波集合的总带宽。很多接收机和发射机要求通常相对于载波中心或信道边缘来定义。而对于 MSR 基站，这些要求是相对于射频带宽边缘来定义，与载波聚合的方式类似。通过引入射频带宽的概念以及引入通用限制，MSR 的要求从以载波为中心转移到以频谱块为中心，因此在技术上保持中立，与接入技术或工作模式无关。

NR、LTE 和 UTRA 载波在带宽和功率谱密度方面的射频特性非常相似，而 GSM/EDGE 载波则非常不同。因此将工作频段在 FR1 的 MSR 基站划分为三种频段类别（Band Category，BC）：

- BC1——NR、LTE 和 UTRA 的全部对称频段可用于 FDD 部署。
- BC2——NR、LTE 和 UTRA 的全部对称频段加上 GSM/EDGE 的全部对称频段，可用于 FDD 部署。
- BC3——NR、LTE 和 UTRA 全部的非对称频段可用于 TDD 部署。

由于不同 RAT 的载波并非独立发送和接收，就必须在多个 RAT 载波激活的情况下对 MSR 基站进行部分测试。测试通过参考文献[2]中定义的一组多 RAT 测试配置来进行，其中特别强调发射机和接收机的特性。这些测试配置对于发射机的无用发射要求和接收机对干扰信号的敏感度（例如阻塞等）测试尤为重要。多 RAT 测试配置的优势在于可以同时测试多个 RAT 的射频性能，从而避免每个 RAT 重复测试用例。这对于工作频段之外整个频率范围的要求测试至关重要，因为这类测试非常耗时。

MSR 对射频要求的最大影响是频谱模板，或者称为工作频段无用发射要求。MSR 基站的频谱模板要求适用于多 RAT 工作，在射频带宽边缘的载波可能是 GSM/EDGE、UTRA、LTE 或不同带宽的 NR 载波。模板是通用的，适用于所有场景，并且覆盖基站的整个工作频段。

MSR 基站的另外一个重要概念是所支持的能力集（Capability Set，CS），这是供应商声明的基站能力的一部分。每个能力集定义了基站支持的 RAT 及其组合方式。目前在 MSR 基站测试规范[2]中定义了 19 个能力集（CS1~CS19），其中 CS1 和 CS2 分别定义了支持 UTRA 和 LTE 的单 RAT，CS3~CS19 定义了所有 RAT 中单 RAT 和多 RAT 的不同组合。Release 16 的能力集中包含 NR 的是 CS16~CS19。表 28-5 列出了 CS16~CS19 的 RAT 组合。请注意基站能力（由制造厂商声明）和基站能够工作的配置之间的差别。具有多 RAT 能力的基站是通过能力集来定义的，但在某个特定时刻只能在一种支持的 RAT 配置下工作。

表 28-5　MSR 基站定义的能力集（CSx），包括 NR 和其他 RAT 配置

| 基站支持的能力集（CSx） | 适用的频段类别 | 支持的 RAT 配置 | |
|---|---|---|---|
| CS16 | BC1、BC2 或 BC3 | 单 RAT | NR 或 LTE |
| | | 多 RAT | LTE+NR |
| CS17 | BC1、BC2 或 BC3 | 单 RAT | NR、LTE 或 NB-IoT 独立模式 |
| | | 多 RAT | LTE+NR<br>LTE+NB-IoT 独立模式<br>NR+NB-IoT 独立模式<br>LTE+NR+NB-IoT 独立模式 |
| CS18 | BC2 | 单 RAT | NR 或 LTE |
| | | 多 RAT | GSM+LTE<br>GSM+NR<br>LTE+NR<br>GSM+LTE+NR |

（续）

| 基站支持的能力集（CSx） | 适用的频段类别 | 支持的 RAT 配置 | |
|---|---|---|---|
| CS19 | BC2 | 单 RAT | NR、LTE 或 UTRA |
| | | 多 RAT | UTRA+LTE |
| | | | UTRA+NR |
| | | | LTE+NR |
| | | | UTRA+LTE+NR |

载波聚合也适用于 MSR 基站。因此 MSR 规范已经包含了定义多载波射频要求所需的绝大部分概念和定义，无论聚合与否，MSR 的要求相比于非聚合载波的要求区别都很小。

## 28.14 工作在非连续频谱

出于不同的原因，一些频谱分配是由频谱碎片组成的。这些频谱可能从 2G 频谱回收而来，原先授权的频谱在运营商之间是"交织"的。这在早先的 GSM 部署中很常见，是出于实现的原因（当频谱分配扩展时，原先使用的合路滤波器不易调谐）。在一些地区，运营商拍卖竞得了频谱授权，但出于不同的原因，最终在同一频段内有多个不相邻的频谱分配。

对于非连续分配的频谱部署，有如下一些影响：
- 如果一个频段内的所有频谱分配用于一个基站，那么基站必须能够工作在非连续频谱。
- 如果要使用比每个频谱碎片可用带宽更大的传输带宽，终端和基站都必须在该频段上具备带内非连续载波聚合的能力。

请注意，基站具备非连续频谱工作的能力并不需要与载波聚合的能力直接绑定。从射频角度看，基站需要能够在分裂为两个（或更多）分离的子块，且子块之间存在间隔的射频带宽上接收和发送，如图 28-9 所示。子块间隔的频谱可以用于其他运营商的部署，这意味着基站在子块间隔的射频要求要基于非协调工作模式下的共存。这也对基站工作频段内的某些射频要求有一些影响。

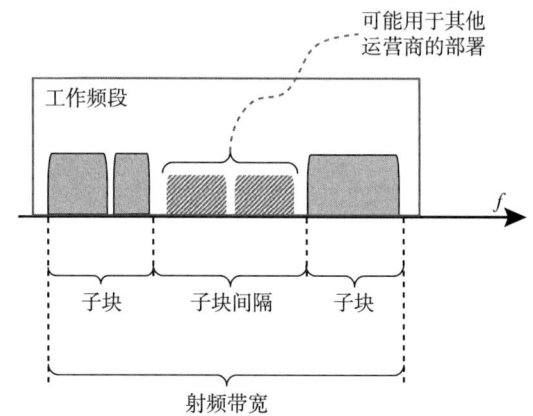

图 28-9 非连续频谱工作示例，说明了射频带宽、子块和子块间隔的定义

工作在非连续频谱的基站对要求有一些附加条款和修改。非连续发送由两个或多个子块组成，子块之间有子块间隔。工作频段无用发射要求和 ACLR 这两项发射机要求适用于射频带宽边缘之外，但同时也适用于子块间隔，如下所述：

- **工作频段无用发射模板**（Operating Band Unwanted Emissions mask，OBUE）：针对间隔的 OBUE 限制是用相邻子块每侧间隔的贡献累加起来计算得出。
- **ACLR**：对于非连续工作的情况，针对间隔的 ACLR 假定第一个和第二个相邻信道与相邻子块的第一个或者第二个信道不重叠。对于子块间隔较小的情况，两个子块的相邻信道互相重叠，对于间隔会采用累积的 ACLR（CACLR），统计所有频段的贡献（见28.9.3 节）。

终端的非连续工作与载波聚合紧密绑定，因为除非载波聚合的情况，否则一个频段内不会下行多载波接收或者上行多载波发送。这也意味着终端的非连续工作定义与基站不同。对于终端，带内非连续载波聚合假定两个载波之间的间隔大于标称的信道间隔。

相比于基站，处理非连续载波同时接收或发送的情况有一些额外的影响和限制。对于单个分量载波，如果载波内分配的资源块是非连续的，已经定义了发送所允许的最大功率回退（Maximum Power Reduction，MPR）。对于非连续载波聚合，聚合载波之间的子块间隔最高为 35MHz，也定义了所允许的 MPR。MPR 取决于分配的资源块数目。

## 28.15 多频段能力基站

3GPP 标准持续发展，通过多载波、多 RAT、频段内载波聚合以及每次为一个频段定义要求，可支持用更大射频带宽进行发送和接收。随着射频技术的演进，支持更大带宽的发射机和接收机成为可能。从 3GPP Release 11 开始，在 LTE 和 MSR 基站规范中就支持了通过共用的射频在两个频段上同时发送和接收。这类多频段基站涵盖了频率范围为几百 MHz 的多个频段。从 3GPP Release 14 起可以支持多于两个频段。NR 基站规范从 Release 15 起支持基站类型 1-C、1-H 和 1-O 在多频段工作。

一个显而易见的多频段基站的应用是频段间载波聚合。但是要注意到，支持多个频段的基站在 3GPP Release 11 引入载波聚合之前很早就存在了。GSM 已经有双频段基站，能够在站点更紧密地部署设备，但基站实际上有两套独立的发射机和接收机，分别用于两个频段，只是集成在同一个设备机柜里。"真正"具有多频段能力基站的区别在于各个频段从基站共用的有源射频发送和接收信号。

多频段基站的实现和部署有几种设想的场景。多频段能力可能有如下几种：
- 多频段发射机+多频段接收机。
- 多频段发射机+单频段接收机。
- 单频段发射机+多频段接收机。

第一种情况的多频段基站示例如图 28-10 所示，基站两个工作频段 $X$ 和 $Y$ 的发射机和接收机共用一套射频。发射机和接收机通过双工滤波器连接到共用的天线连接器及共用的天线。这个例子中的基站也是一个支持多 RAT 的 MB-MSR 基站，频段 $X$ 配置了 NR 和 GSM，频段 $Y$ 配置了 NR。请注意，这里只用一张图显示了两个频段的频率范围，可能是接收机的频率也可能是发射机的频率。

图 28-10 还说明了多频段基站定义的一些参数。
- **射频带宽**与多标准基站定义相同，但针对每个频段分别定义。
- **射频带宽之间的间隔**是两个频段射频带宽之间的间隔。请注意，射频带宽之间的间隔可能扩展到其他运营商在频段 $X$ 和 $Y$ 部署的频率范围，也就是说两个频段之间的频率范围可能用于其他业务。
- **无线带宽**是基站支持的全带宽，覆盖两个频段多个载波。

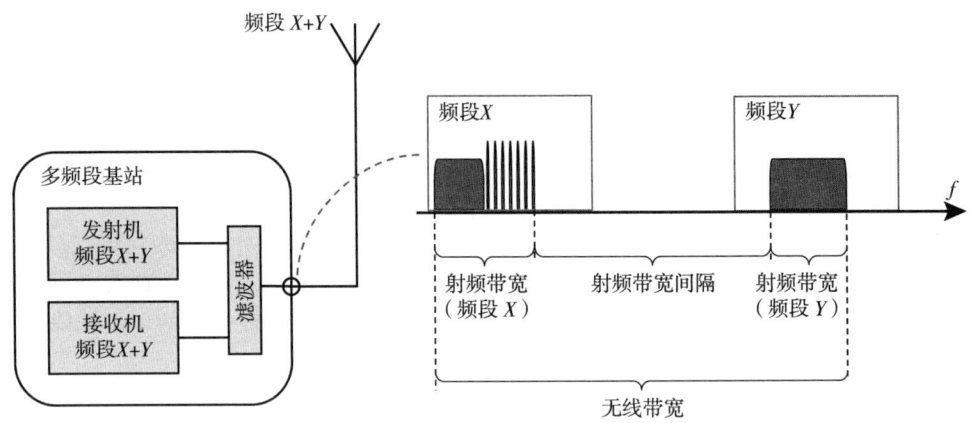

图 28-10 多频段基站示例，两个频段发射机和接收机共用一个天线连接器

原则上一个多频段基站能够工作在多于两个频段上。

为了减少站点所需设备的数量，期望只用一个天线连接器和共用的馈线连接到共用天线，但这并不总是可行的。也可能每个频段有各自的天线连接器、馈线和天线。如图 28-11 所示，多频段基站的两个工作频段 $X$ 和 $Y$ 分别有各自的连接器。请注意，虽然两个频段的天线连接器是分开的，但这种情况下发射机和接收机的射频实现对于两个频段是共用的。两个频段的射频信号在天线连接器之前分别经过频段 $X$ 和 $Y$ 各自的通路进入滤波器。对于共用天线连接器的多频段基站，也有可能是发射机或接收机二者之一采用单频段实现，而另一个是多频段的。

为了在接收机和发射机通路之间提供更好的隔离度，基站实现可以进一步将接收机和发射机的天线连接器分离。考虑到射频总带宽很大时，多频段基站接收机和发射机实际上会互相重叠，这样的分离对多频段基站是期望的。

对于多频段基站，可能具备在多个 RAT 工作的能力，以及一些可选的实现，包括频段共用或分离天线连接器，收发机共用或分离天线连接器，这使得基站能力的声明变得极为复杂。对于这类基站适用哪些要求，以及如何对这些要求进行测试，也取决于这些声明的能力。

大多数多频段基站射频要求与单频段实现保持相同，但是仍然有一些值得注意的例外：

- **发射机杂散发射**：对于 NR 基站，要求排除了工作频段，再加上工作频段两边额外各 "排除" 10~40MHz 的频率，是因为该频率范围是由 OBUE 限制来覆盖的。对于多频段基站，对所有的工作频段两边都排除 10~40MHz，且只有 OBUE 限制适用于这些频率范围。称之为 "联合排除频段"。
- **工作频段无用发射模板（OBUE）**：对于多频段工作，当射频带宽之间的间隔小于杂散 "排除" 的两倍时，OBUE 限制作为所有频段统计的累积限制来应用，与非连续频谱的工作方式类似。
- **ACLR**：对于多频段工作，ACLR 适用于射频带宽之间的间隔。当射频带宽间隔太小，使得两个射频带宽的相邻信道互相重叠时，会对间隔应用累积 ACLR（CACLR），考虑两个频段的贡献，与非连续频谱的工作方式类似。

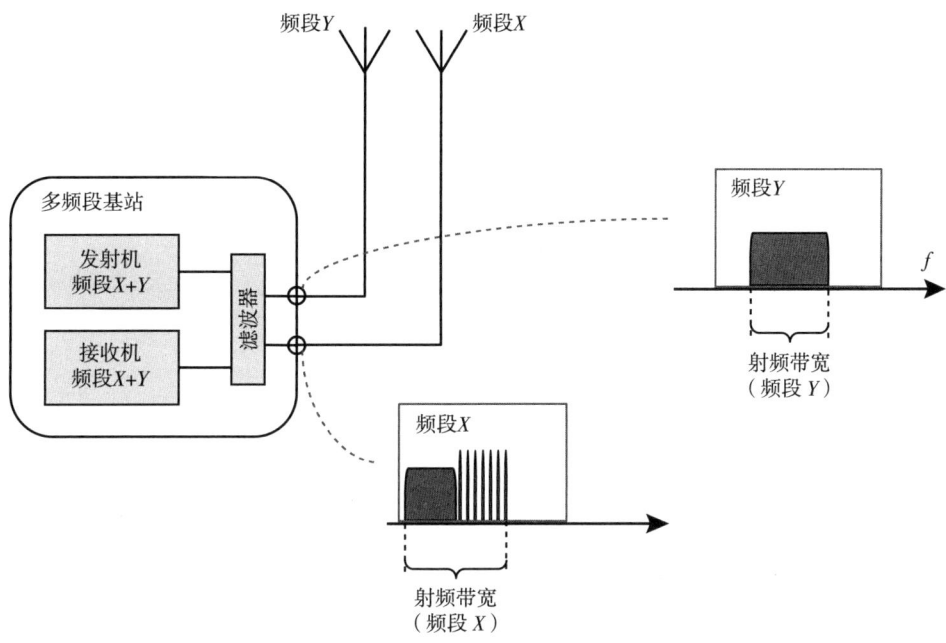

图 28-11　多频段基站，两个频段的发射机和接收机分别有各自频段的天线连接器

- **发射机互调**：对于多频段基站，当射频带宽之间的间隔很小时，该要求仅在干扰信号落入间隔的情况下适用。
- **阻塞要求**：对于多频段基站，带内阻塞限制适用于两个工作频段频率范围的带内。这可以看作是"联合排除"，类似于杂散发射的联合排除。阻塞和接收机互调要求也适用于射频带宽之间的间隔。
- **接收机杂散发射**：对于多频段基站，"联合排除频段"类似于发射机杂散发射，适用于所有工作频段。

在如图 28-11 所示的情况下，即两个工作频段分别映射到各自的天线连接器，上述的发射机/接收机杂散发射、OBUE、ACLR 和发射机互调这些例外并不适用。这些限制将用每个天线连接器单频段工作的相同要求替代。此外，如果这类每个频段有各自的天线连接器的多频段基站只有一个频段工作，而其他频段（和其他天线连接器）未激活，从要求的角度看，基站可以看作是单频段基站。这种情况下所有的要求要采用单频段要求。

# 第 29 章

# 毫米波射频技术

现有的 3GPP 中 2G、3G 和 4G 的无线通信标准都是针对小于 6GHz 的载波频率,因此也只针对小于 6GHz 的载波提出相应的射频要求。NR 当然也支持小于 6GHz 的频点(称为频率范围 1),但 NR 还需要支持大于 24.45GHz 的频点(频率范围 2,或者称为毫米波)。因此需要为毫米波的 NR 终端和 NR 基站定义射频性能和射频要求。本章会对毫米波实现技术进行描述,这样会有助于读者更好地理解毫米波实现技术能提供什么样的性能以及对应的性能瓶颈在哪里。

在本章中,通过介绍模数/数模转换器(Analog-to-Digital/Digital-to-Analog converter)和功率放大器,讨论最大发射功率和效率以及线性度的关系。还会讨论接收机的关键指标,诸如噪声系数、带宽、动态范围、耗散功率,以及这些指标之间的关系,同时会涉及频率发生和相位噪声等方面。除此之外,毫米波的滤波器设计也是本章描述的一个重要方面,它将指出不同的技术可达到的性能,以及把滤波器集成到 NR 中的实现可行性。

本章使用了一些具体数据,来表明现有技术的能力。这些数据都是来自公开发表的资料,或者是在讨论 NR 标准[11]的时候通过 3GPP 公开的。需要注意的是,3GPP 定义的 NR 标准或者相关讨论,都不会限定频率范围 2 产品模型或者具体实现细节。这里的讨论只是指出或者说分析了各种毫米波收发机射频实现的可能性。

频率范围 2 的另外一个设计挑战是,在该频率范围内,网络侧的 AAS 基站通常会使用大规模天线阵列,终端也会普遍采用多天线技术。这主要得益于毫米波频率高,使得天线的物理尺寸相应减小。但是小尺寸的天线会增加设计难度。在一个较小的物理尺寸内集成多个收发机和天线,设计时需要谨慎考虑能效和散热,而这些反过来最终都会直接影响射频性能及指标。在这一点上,NR 的终端和基站都面临同样的挑战,注意毫米波终端的实现和基站收发器的实现之间的差异并没有在 6GHz 以下频率区别那么大。

## 29.1 ADC 和 DAC

毫米波通信引入了更大的带宽,而更大的带宽就会对数字域和模拟域之间的转换发起更高的挑战。业内广泛使用基于信号噪声失真比(Signal-to-Noise-and-Distortion Ratio,SNDR)的 Schreier 品质因数(Figure-of-Merit,FoM)作为模数转换器的度量,见参考文献[58]:

$$\text{FoM} = \text{SNDR} + 10\log_{10}\left(\frac{f_s/2}{P}\right) \tag{29-1}$$

这里，SNDR 的单位是 dB，功耗 P 的单位是 W，奈奎斯特抽样频率 $f_s$ 的单位是 Hz。图 29-1 选自参考文献[59]，展示了大量商业 ADC 的 Schreier 品质因数和对应奈奎斯特抽样频率（对绝大多数 ADC 就是 2 倍的带宽）的关系。图中的虚线标明了 FoM 的包络，在 100 MHz 的抽样频率以下基本上恒定在约 185dB。对于恒定的品质因数，SNDR 每增加 3dB 或者带宽增加一倍，都会导致功耗翻倍。对 100MHz 以上的抽样频率，会有一个额外的 10dB/dec 的损失，意味着带宽增加一倍，功耗是原先的 4 倍。

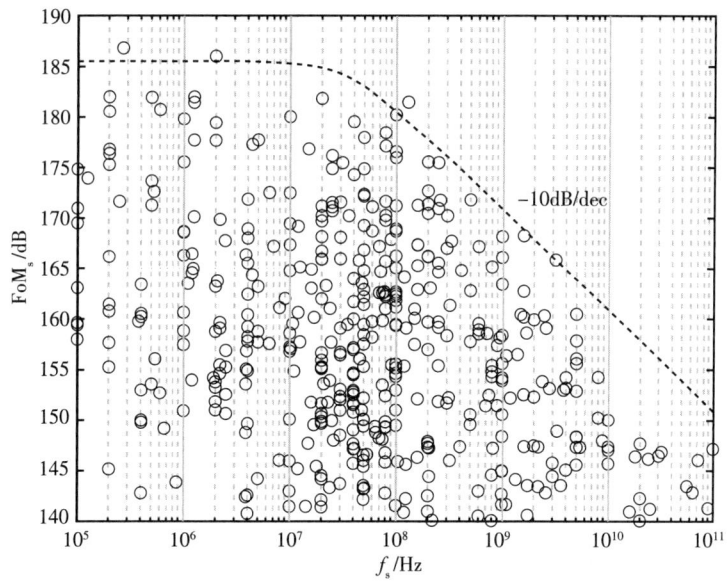

图 29-1 ADC 的 Schreier 品质因数[62]

尽管随着集成电路技术的持续发展，未来的高频 ADC 品质因数包络会缓慢地推高。但是带宽在吉赫兹范围的 ADC 依然无法避免功率效率低下的问题。NR 毫米波引入的大带宽以及天线阵列配置都会引入很大的 ADC 功耗。因此对基站和终端都需要考虑如何降低 SNDR 的要求。

在同样的精度和速度要求下 DAC 相比 ADC 较为简单。而且 ADC 一般会引入循环处理而 DAC 不会。因此 DAC 在研究领域的关注度较低。尽管 DAC 结构和 ADC 有很大不同，DAC 也可以用品质因数来描述。类似于 ADC 的情况，大带宽和对发射机的不必要的苛刻的 SNDR 要求，会导致更高的 DAC 功耗。

## 29.2 本振和相位噪声

本振（Local Oscillator，LO）是现代通信系统一个必不可少的组成部分。一个描述本振性能的参数是相位噪声。简单地说，相位噪声就是本振产生的信号在频域上的稳定程度的衡量。

相位噪声的定义是在一个给定频率偏移 $\Delta f$ 处的 dBc/Hz 值，描述的是本振产生信号和期望频率之间偏差 $\Delta f$ 的可能性。

本振的相位噪声会显著影响系统性能。如图 29-2 所示，以单载波为例，在加入了加性高斯白噪声（Additive White Gaussian Noise，AWGN）建模的热噪声之后，比较了有相位噪声和没有相位噪声两种情况下的 16QAM 星座图。对一个给定的符号错误率阈值，相位噪声会限制最高的调制阶数，如图 29-2 所示。换句话说，不同的调制阶数会对本振的相位噪声提出不同的要求。

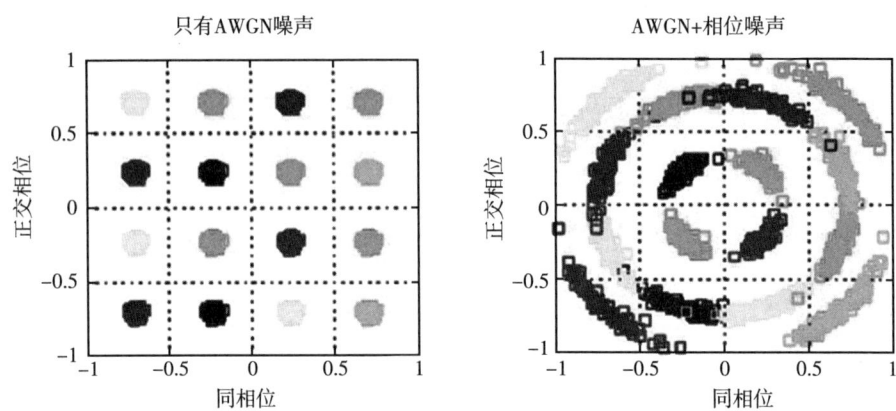

图 29-2 有相位噪声（左）和无相位噪声（右）的单载波 16QAM 信号

## 29.2.1 自由振荡器和锁相环的相位噪声特性

生成频率最常用的电路是压控振荡器（Voltage-Controlled Oscillator，VCO）。图 29-3 通过一个模型，来建模自由振荡的 VCO 对不同频率偏移的特性。
式中，$k$ 是玻尔兹曼常数；$T$ 是绝对温度；$P_s$ 是信号强度；$Q$ 是谐振器的加载品质因子；$F$ 是经验拟合参数（对应的物理意义是噪声系数）；而是 $\Delta f_{1/f^3}$ 是有源设备 $1/f$ 噪声的拐点频率[54]。

根据图 29-3 所示公式，可以得出：

1）振荡器频率 $f_0$ 加倍，则相位噪声增加 6dB。

2）相位噪声和信号强度 $P_s$ 成反比。

3）相位噪声和谐振器加载品质因子 $Q$ 的平方成反比。

4）$1/f$ 噪声上变频提升了临近载波频点位置的相位噪声（即小频率偏移）。

因此在设计 VCO 的时候，需要平衡几个相关参数。为了比较不同半导体技术和电路拓扑下 VCO 的性能，往往使用品质因数（考虑了功耗的影响）来进行公平的比较[95]：

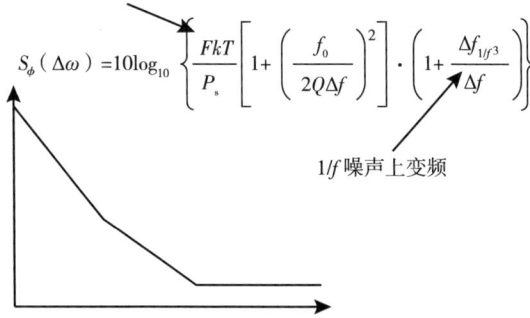

图 29-3 一个典型的自由振荡 VCO 相位噪声特性[57]：相位噪声 dBc/Hz（$y$ 轴）和频率偏移 Hz（$x$ 轴，对数）

$$\text{FoM} = \text{PN}_{\text{VCO}}(\Delta f) - 20\log_{10}\left(\frac{f_0}{\Delta f}\right) + 10\log_{10}(P_{\text{DC}}/1\text{mW}) \tag{29-2}$$

式中，$\text{PN}_{\text{VCO}}(\Delta f)$ 是 VCO 的相位噪声，单位为 dBc/Hz；$P_{\text{DC}}$ 是功耗，单位为 W。这个公式值得注意的一点是相位噪声和功耗（线性值）都与 $f_0^2$ 成正比。因此为了保持一定的相位噪声，频率 $f_0$ 增加 $N$ 倍则意味着功耗需要增加 $N^2$ 倍（假定品质因数一定）。

抑制相位噪声的一个通常的做法是使用锁相环（Phase Locked Loop，PLL）[18]。基本结构包括 VCO、分频器（frequency divider）、相位检测器（phase detector）、环路滤波器（loop filter）和一个高稳定性低频参考源（比如晶振）。锁相环输出的相位噪声来源包括：
- 在环路滤波器带宽之外的 VCO 相位噪声部分。
- 环路之内的参考振荡器产生的相位噪声。
- 相位检测器和分频器的相位噪声。

图 29-4 提供了一个典型的毫米波本振的特性，显示了一个 28GHz 本振相位噪声的测量结果。该本振在低频使用了锁相环然后倍频到 28GHz。可以观察到有 4 个不同特点的区间：
1) 频率偏移小于 10kHz：大致按照 30dB/decade 的速率下降，主要来自 1/$f$ 噪声上变频。
2) 频率偏移从大于 10kHz 到在锁相环带宽（大约 350kHz）：相对平坦并包含多种噪声来源。
3) 频率偏移从大于锁相环带宽到 10MHz：大致按照 20dB/decade 的速率下降，主要来自 VCO 相位噪声。
4) 频率偏移大于 10MHz：平坦，主要来自白噪底。

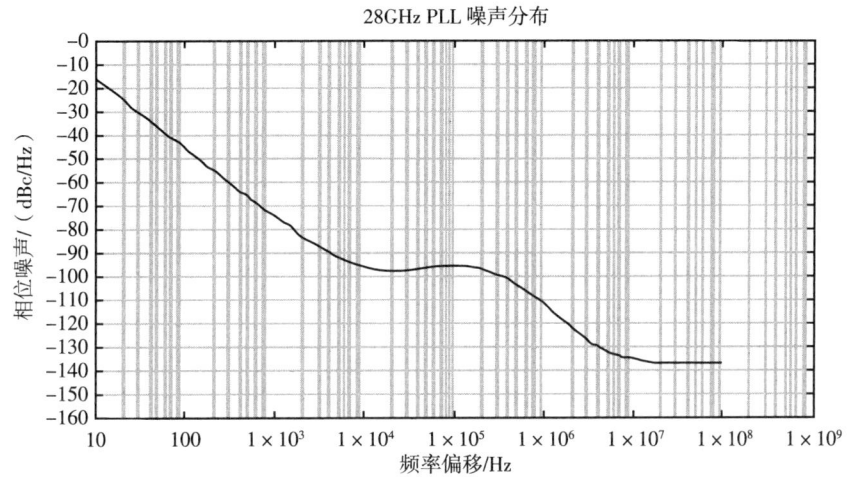

图 29-4 使用锁相环的倍频至 28GHz 的 VCO 的本振相位噪声测量（Ericsson AB，经许可使用）

## 29.2.2 毫米波信号生成的挑战

当振荡器频率从 3GHz 提升到 30GHz，相位噪声也会随之提升。对特定频率偏移，相位噪声会恶化 20dB 这个数量级。这显然会限制毫米波可用调制模式的最高阶，最终限制毫米波的最高频谱效率。

毫米波本振同样受限于品质因子 $Q$ 和信号强度 $P_s$。Lesson 方程指出，为了获得较低的相位噪声，必须提高品质因子 $Q$ 和信号强度 $P_s$，同时降低有源器件的噪声系数。不幸的是，当本振频率提高的时候，上述三个方面往往朝着不好的方向变化：

- 对单片压控振荡器（monolithic VCO），振荡器的品质因子 Q 会随着频率增加而快速降低。主要的原因是：①寄生损耗（parasitic loss）增加，诸如金属损耗（metal loss）或衬底损耗（substrate loss）增加；②变容二极管 Q 降低。
- 信号强度受限。这主要因为高频操作需要更加先进的半导体设备，其击穿电压也会随着尺寸的降低而降低。这些因素的影响在 29.3 节里介绍的功放部分也能观察到，功放也会随着频率的增加而导致功放能力的下降（-20dB/decade）。

基于这些原因，在实现毫米波本振的时候，一般都是利用一个相对低频的锁相环，然后倍频到目标频点上。

除了上述的挑战，$1/f$ 噪声上变频也提升了临近载波相位噪声。当然 $1/f$ 噪声和实现技术非常相关，相比于垂直双极器件（vertical bipolar device）如 SiGe HBT，一些平面器件诸如 CMOS 和高电子迁移率晶体管（High Electron Mobility Transistor，HEMT）会产生更高的 $1/f$ 噪声。为了完全集成 MMIC/RFIC VCO 和锁相环，可以采用各种技术（从 CMOS 和 BiCMOS 到Ⅲ-Ⅴ族材料）。但是因为较低的 $1/f$ 噪声和较高的击穿电压，一般 InGaP HBT 是最为常用的。尽管有较为严重的 $1/f$ 噪声，少数情况下也会采用 pHEMT 设备。一些方案使用 GaN FET 结构，尽管可以获得很高的击穿电压，但是 $1/f$ 噪声甚至会比 GaAS FET 器件设备还要高。图 29-5 总结了不同的半导体技术在 100kHz 频偏范围内相位噪声性能和振荡器频率的关系。

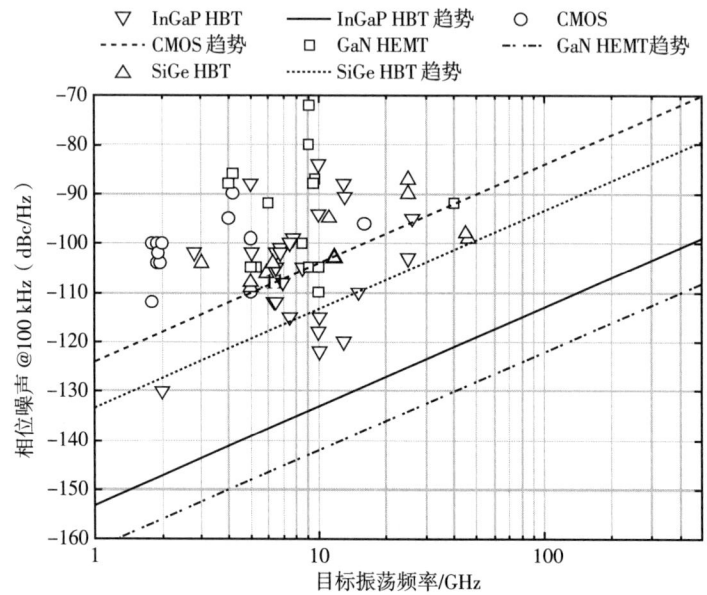

图 29-5　不同的半导体技术下 100kHz 相位噪声性能和振荡器频率的关系[36]

最近的研究成果揭示了本振噪底对宽带系统性能的影响[21]。图 29-6 显示了不同符号速率和不同的噪底水平下测量 7.5GHz 载波发射信号 EVM 的结果。在符号带宽较低（≤100MHz）的情况下，平坦噪底对系统影响不大。但是当符号带宽增加到几百兆赫兹时，比如5G NR，噪底开始升高，在噪声功率谱密度高于-135dBc/Hz时对调制后的信号EVM产生影响。这类观察意味着为宽带系统进行毫米波信号源设计的时候，需要额外关注半导体技术的选择、VCO电路拓扑、倍频系数和功耗，以达到偏移相位噪声和白噪底之间的最佳平衡。毕竟，导致系统性能恶化的是综合的相位噪声功率。

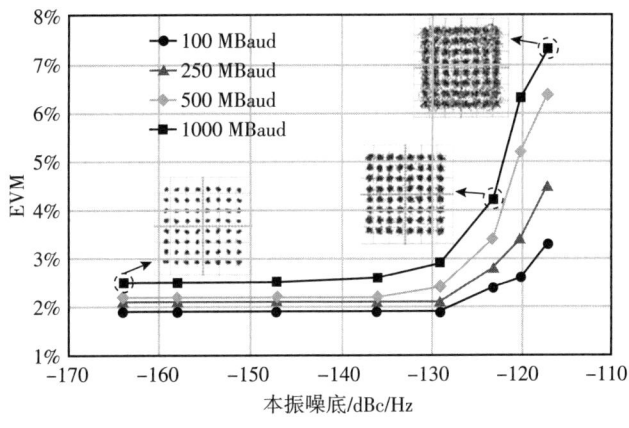

图 29-6 通过对 7.5GHz 上发射 64QAM 信号测量 EVM 得到符号速率和本振噪底的关系[23]

## 29.3 功放效率和无用发射的关系

射频性能一般都会随着频率的增加而相应降低。对于一个给定的集成电路技术，功放的功率能力大致随着频率增加以 20dB/decade 的速度下降，如图 29-7 所示的各种半导体技术下这两者的关系。根据 Johnson 限制理论[52]，提升频率和提升功率容量本质上是矛盾的。简单来说，越高的频率需要越小的结构，而为了保证增大场强时不发生介质击穿，就要求更低的功率。为了遵从摩尔定律的发展，门电路尺寸持续降低也必然带来功率容量的下降。

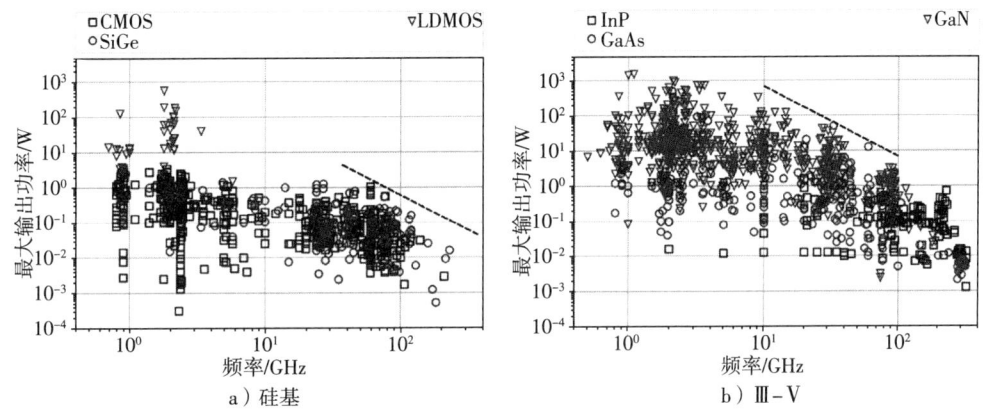

图 29-7 不同半导体技术下，功放最大输出功率和频率的关系。虚线说明了观察到的功率容量随频率的降低(-20dB/dec)。数据点来自已出版的微波和毫米波功率放大器电路的调查[96]

一个补救的办法是寻找一种更优的集成电路材料。毫米波集成电路传统上使用Ⅲ-Ⅴ材料生产，也就是元素周期表Ⅲ族和Ⅴ族的材料混合，诸如砷化镓(Gallium Arsenide，GaAs)以及氮化镓(Gallium Nitride，GaN)。基于Ⅲ-Ⅴ族材料的集成电路技术往往比传统的硅基电路技术更加昂贵，并且也不能支持过高的集成复杂度，比如无法集成移动终端的数字电路和无线调制器。但是基于 GaN 的技术正在迅速成熟,并且提供了比传统技术高一个数量级的功率等级。

有三种半导体材料参数影响功放效率:最大工作电压(maximum operating voltage)、最大工作电流密度(maximum operating current density)以及拐点电压(knee-voltage)。由于拐点电压,最大可以获得的效率会降低一定比例,比例因子可以定义为

$$\frac{1-k}{1+k} \tag{29-3}$$

这里 $k$ 等于拐点电压除以最大工作电压。对大多数晶体管技术,$k$ 的取值范围为 $0.05 \sim 0.01$,所以导致效率下降 $10\% \sim 20\%$。

最大工作电压和最大工作电流密度限制了一个晶体管单元能够输出的最大功率。为了增加输出功率,就需要合并多个晶体管的输出功率。最常见的合并方式有电压合并,即堆叠(stacking);电流合并,即并联(paralleling);功率合并,即共同合并(corporate combiner)。每一种合并的方式都有不同的合并效率。越低的功率密度就需要越多的合并级数,也就导致了更低的合并效率。对毫米波频率,电压合并或者电流合并的方法都受限于波长。晶体管单元的整体大小必须小于波长的 1/10,因此可以一定程度上使用堆叠或并联这两种方法,然后使用联合合并来得到期望的输出功率。CMOS 的最大功率密度是 100mW/mm,而 GaN 可以达到 4000mW/mm,因此,GaN 技术需要较少的合并从而可以得到更高的效率。

图 29-8 显示了饱和功率附加效率(Power-Added Efficiency, PAE)和频率的关系。在 30GHz 和 77GHz,最大 PAE 大致可以分别到 60% 和 40%。

功率附加效率定义如下:

$$PAE = 100 \times \{[P_{OUT}]_{RF} - [P_{IN}]_{RF}\} / [P_{DC}]_{TOTAL}$$

在毫米波频率上,半导体技术限制了可以得到的最大输出功率,此外效率也会随着频率的增加而下降。

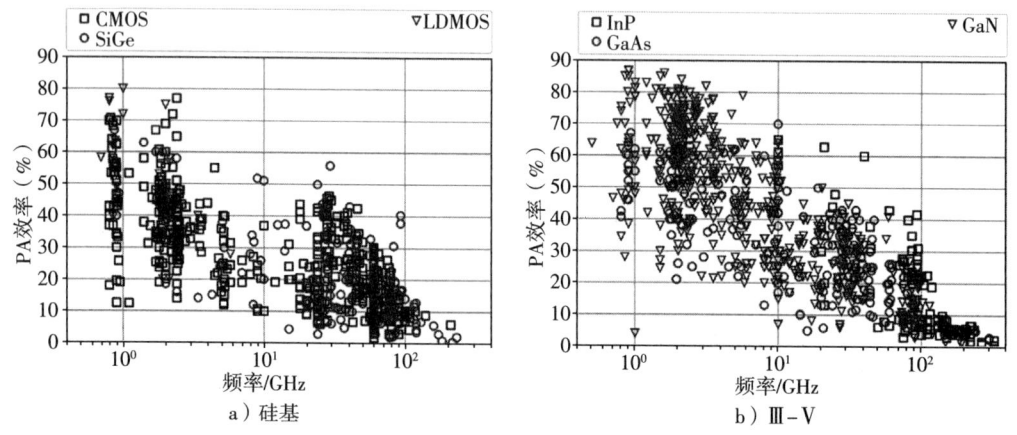

图 29-8 各种半导体技术的饱和功率增加效率与频率的关系,已发表的微波和毫米波功率放大器电路调查数据[96]

为了达到线性要求(比如发射机 ACLR 的要求,具体参考 28.9 节),除了考虑图 29-8 里显示的 PAE 特性,还需要考虑 AM-AM/AM-PM 特性的非线性行为,也许还需要引入显著的功率

回退。考虑到散热方面的影响以及毫米波产品显著压缩的面积和体积，功放的设计需要综合考虑线性度、PAE、输出功率以及散热等诸多方面。

## 29.4 滤波器

基站和终端都会使用各种类型的滤波器来满足整体射频性能要求，这一点适用于各种移动通信系统，包括毫米波和 6GHz 以下的 NR。滤波器可以降低由如互调、噪声、谐波、本振泄漏等非线性导致的无用发射。在接收机通路，滤波器可以处理对称频段上本地发射机产生的自干扰或者抑制来自相邻频点的干扰。

对不同场景，会提出不同的射频要求。比如基站端的杂散发射，有对很宽的频率范围提出的一般性要求，有对同一地理范围内提出的共存要求，还有考虑密集部署情况下提出的共站址要求。终端也有类似的情况。

考虑到毫米波设备有限的尺寸（面积或者体积）以及集成度要求，毫米波滤波器的设计挑战很大。分离的毫米波滤波器体积过大，很难把这些滤波器集成到毫米波设备中去。

### 29.4.1 模拟前端滤波器

不同的实现提供了不同性能的滤波器，为了讨论方便，这里归为两大类：
- 低成本、一体化集成（多链 CMOS/BiCMOS 核心芯片，内部集成了功放和下变频器）。由于片内滤波器的谐振器的 $Q$ 值有限，会导致滤波器性能一般。
- 高性能、与若干 CMOS/BiCMOS 核心芯片异构集成，一般都是外置功放和外置混频器。这种实现允许在射频通道之外加入滤波器，但是会导致很高的实现复杂度，并会导致尺寸增加和功耗增加。

如图 29-9 所示，与实现相关，一般设备有三处位置需要加入滤波器：
- 与天线单元集成在一起或者在天线单元之后（F0 或者 F1）。此处的损耗、尺寸、成本和宽带抑制都很重要。
- 首级功放之后（从天线端看），此处低损耗不那么关键（F2）。
- 混频器的高频端（F3），此处对模拟波束赋形或者混合波束赋形而言，信号已经合并了。

引入 F1/F0 的主要目的通常是抑制干扰和远离工作频点的带外发射，这里带外发射需要考虑一个很宽的频率范围，例如从 DC 到 60GHz。理想情况下，在此宽频率范围内不应存

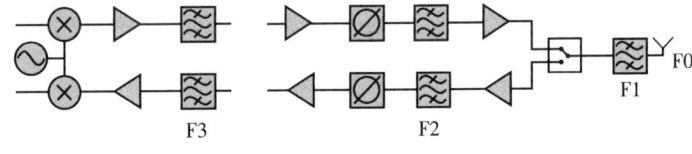

图 29-9  可能的滤波器位置

在任何无意的共振或通带（见图 29-10）。这些滤波器将缓解后续模块设计的挑战（带宽的考虑以及线性度的要求等）。滤波器插入损耗必须非常低，并有严格的尺寸和成本要求，因为每个天线子阵都必须要配置一个滤波器，如图 29-9 所示。对那些在敏感频段附近高功率输出和大带宽的设备，需要抑制功放在通带附近的互调产物。这对于毫米波阵列天线非常具有挑战性，

因为缺少合适的滤波器,也缺少功放和滤波器之间的隔离器。

引入 F2 的主要目的与引入 F1/F0 类似。F2 对尺寸的大小也有严格要求。不过损耗要求可以适度放宽(因为在首级功放之后),甚至允许一些不希望的通带(因为 F1/F0 会处理)。这就使得滤波器可以有更好的分辨率(更多极点)以及频率精度(比如使用半波谐振器)。

引入 F3 的主要目的是抑制本振、镜频、杂散和噪声发射,还需要抑制在混频器后意外落入中频信号带宽之内的干扰,以及一些有可能阻塞混频器或 ADC 的强干扰。对模拟或者混合波束赋形,因为只需要一个或者若干种滤波器,所以对滤波器尺寸和成本的要求不高。这样就可以使用更加陡峭的滤波器(有多个极点和零点),滤波器也可以有更高的 $Q$ 值和更好频率精度的谐振器。

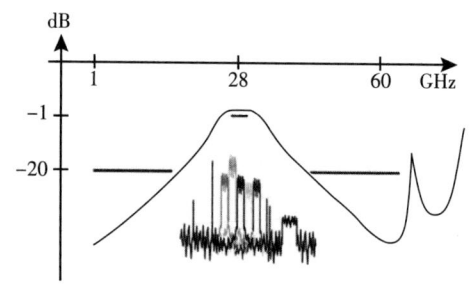

图 29-10　28GHz 滤波器示例

越往射频通路里面走(从天线单元开始),电路所获得的保护越多。对单片集成度电路,很难实现 F2 和 F3 滤波器。可以预见这样会有一定的性能损失,每个通路的输出功率也会更低。除此之外,很难获得宽频范围内较好的隔离度。比如微波就倾向于旁路滤波器,通过附近的地面结构进行传播。

#### 29.4.2　插损和带宽

每个射频通路上配置陡峭的窄带滤波器(在 F1/F0 的位置)会导致微波和毫米波频率信号的极大损耗。为了保证插损的合理水平,需要将滤波器通带设置得比信号带宽大。这种方法的缺点是会有更多的无用信号通过滤波器。为了选择一个最优的插损-带宽平衡点,需要考虑下列依赖关系:

- 带宽增加会导致插损下降(对固定的中心频点)。
- 频率升高会增加插损(对固定的带宽)。
- 增加 $Q$ 值会降低插损。
- 增加阶数会增加插损。

为了说明这种寻找平衡点的设计,这里举一个 3 极点 LC 滤波器($Q = 20$, 100, 500 和 5000)的例子,设置 800MHz 和 4×800MHz 的 3dB 带宽。调至 15dB 的回波损耗($Q = 5000$),如图 29-11 所示。从这个例子中可以观察到:

- 800MHz 或者更小的带宽,$Q$ 值需要达到 500 乃至更高才能使插损在 1.5dB 以内。考虑到尺寸/集成度和成本的因素,这么高的 $Q$ 值是很难实现的。
- 如果放宽要求到 4×800MHz,这样 $Q$ 值在 100 左右就可以得到 2dB 的插损。这可以通过低损耗印刷电路板(PCB)实现,并且带宽增加也有助于放松对 PCB 的容错要求。

#### 29.4.3　滤波器实现示例

5G 阵列射频有多种滤波器实现方法。关键的比较因素有:$Q$ 值、分辨率、尺寸和集成可能性。表 29-1 大致比较了一下各种技术,下面给出两种具体示例。

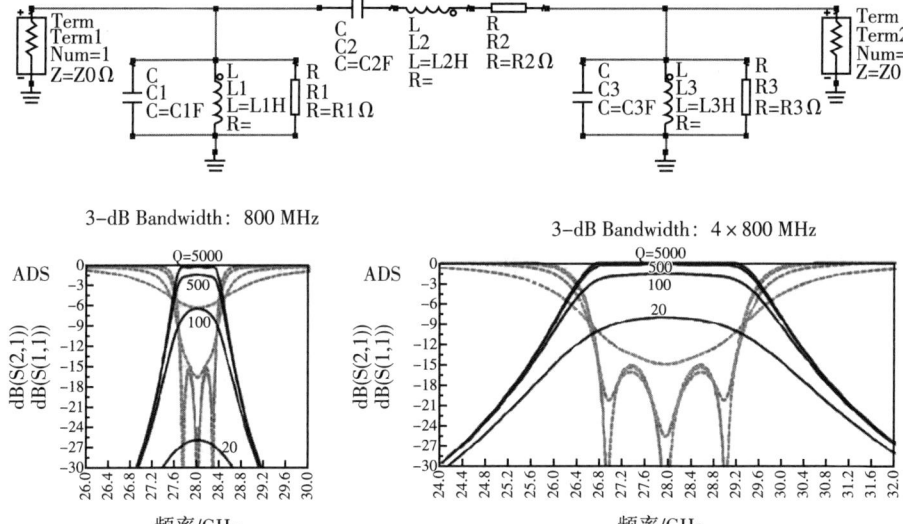

图 29-11　不同 $Q$ 值下，3 极点 LC 滤波器 800MHz 和 4×800MHz 带宽示例

表 29-1　不同滤波器实现技术

| 技术 | 谐振器 $Q$ 因子 | 尺寸 | 集成度 |
| --- | --- | --- | --- |
| 芯片上(Si) | 20 | 小 | 可集成 |
| PCB(低损耗) | 100~150 | 中 | 可集成 |
| 陶瓷(薄膜，LTCC) | 200~300 | 中 | 集成困难 |
| 高级微型滤波器 | 500 | 中 | 集成困难 |
| 波导(充气) | 5000 | 大 | 集成非常困难 |

### 1. PCB 集成实现示例

一个简单的方法是通过带状线或者微带线滤波器来实现天线滤波器(F1)。这样可以集成到 PCB 上靠近天线的位置。这需要一个低损耗、高精度的 PCB。生产容错(如介电常数、制版以及过孔定位等)将会限制最终性能，生产误差主要会导致通带偏移以及增加不匹配度。考虑到这一点，在绝大多数实现中通带都会大于工作频带(增加一个足够大的余量)。

图 29-12 为这种滤波器一个典型示例的 PCB 的布线：
- 5 个极点，耦合线，带状线滤波器。
- 介电常数：3.4。
- 介电厚度：500μm(地到地)。
- 空载谐振器 $Q$：130(假设低通微波介质)。

这个滤波器可以实现 24GHz 上 20dB 的抑制，通带 24.25~27.5GHz(17dB 的回波损耗)。考虑到大规模生产 PCB 的影响，通带带宽需要加入一个足够的余量。

下面通过蒙特卡洛分析分析了生产过程中波动对滤波器的影响。这里考虑较为激进的 PCB 容错假设：

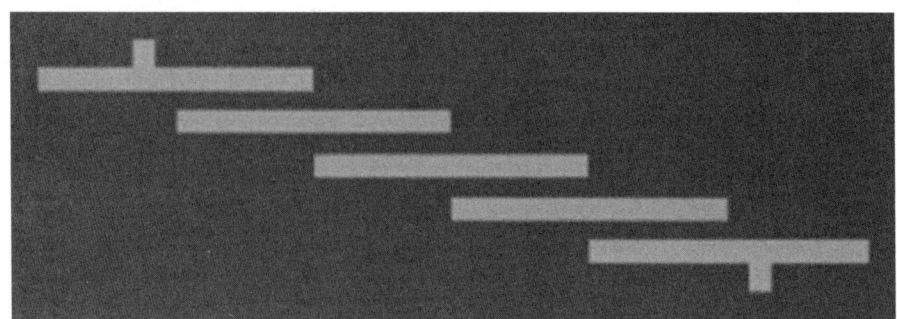

图 29-12 带状线滤波器的 PCB 布线

- 介电常数标准方差：0.02。
- 线宽标准方差：8μm。
- 介电厚度标准方差：15μm。

按照这样的假设，仿真了 1000 个实例。图 29-13 中深色实线显示这 1000 个实例下滤波器性能（S21），中间的白色线显示无误差的性能，虚线描述用这个滤波器能够满足的性能要求水平。

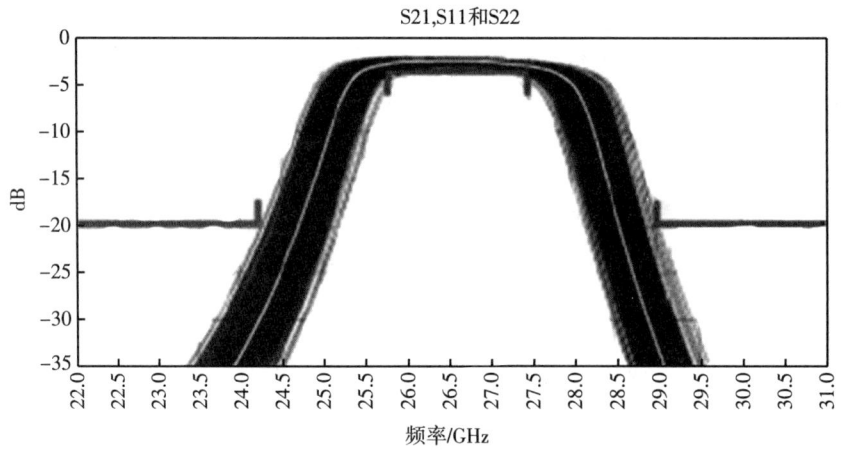

图 29-13 生产容错对 PCB 微带线滤波器性能的影响仿真

从上面的设计举例的角度，一个 PCB 滤波器大致实现如下：
- 3~4dB 的插损。
- 20dB 的抑制（如果减去插损，则为 17dB 的抑制）。
- 1.5GHz 的过渡区间（考虑了余量）。
- 面积 25mm$^2$，这个尺寸很难适配独立馈线或者连接双极化天线单元。
- 如果目标是 3dB 的插损，会使射频指标产生显著损失，特别是对靠近通带边缘的信道。

2. LTCC 滤波器实现示例

滤波器另一个实现方法是通过表面贴装组件（Surface Mount Technology，SMT），将天线和滤波器集成在一起,滤波器可以使用低温共烧陶瓷(low temperature co-fired ceramic),参考文献[29]中描述了一种LTCC元器件原型,如图29-14所示。

图29-15展示了无天线的LTCC元器件的测量性能。可以看出对于3GHz的通带,LTCC滤波器引入大致2.5dB的插损,同时为通带边缘0.75GHz的位置提供了20dB的额外衰减。

 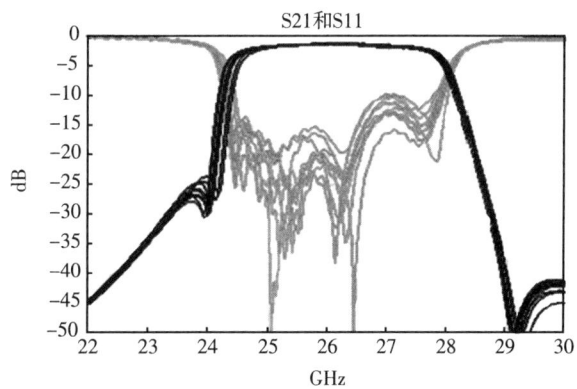

图29-14　LTCC元器件原型,包含天线单元和滤波器(源自TDK公司,经许可使用)

图29-15　无天线时基于LTCC的滤波器性能测量结果(TDK公司,经许可使用)

必须考虑额外的余量以解决大量生产容错、温度灵敏度,以及S11改进和天线集成带来的恶化。考虑余量之后,LTCC滤波器可以假设大致再增加3dB的插损以达到在通带边缘1~1.25GHz的位置提供20~25dB的抑制(减去插损)。

本质上,考虑到上述两个实现示例以及与尺寸、集成可能性、$Q$值、制造公差、缺乏调谐、辐射模式退化、阻抗匹配、成本等相关的挑战,结论是依赖于距离通带边缘小于1~1.25GHz的滤波是不现实的。

## 29.5　接收机噪声系数、动态范围和带宽的影响

### 29.5.1　接收机和噪声系数模型

图29-16显示了一个接收机的模型。接收机的动态范围(Dynamic Range,DR)总体上说取决于前端插损、接收机的低噪放(Low Noise Amplifier,LNA)、ADC噪声以及线性特性。

一般来说$DR_{LNA} \gg DR_{ADC}$,因此接收机在LNA和ADC之间使用自动增益控制(Automatic Gain Control,AGC)和(分布式)选择性,以优化有用信号和干扰到$DR_{ADC}$的映射。为了描述简单,这里使用一个固定增益的设置。

接收机模型可以进一步简化为前端(FE)、接收和ADC三个模块的级联,如图29-17所示。这个模型不能用于一些严格的分析,但是可以演示主要参数的相互关系。

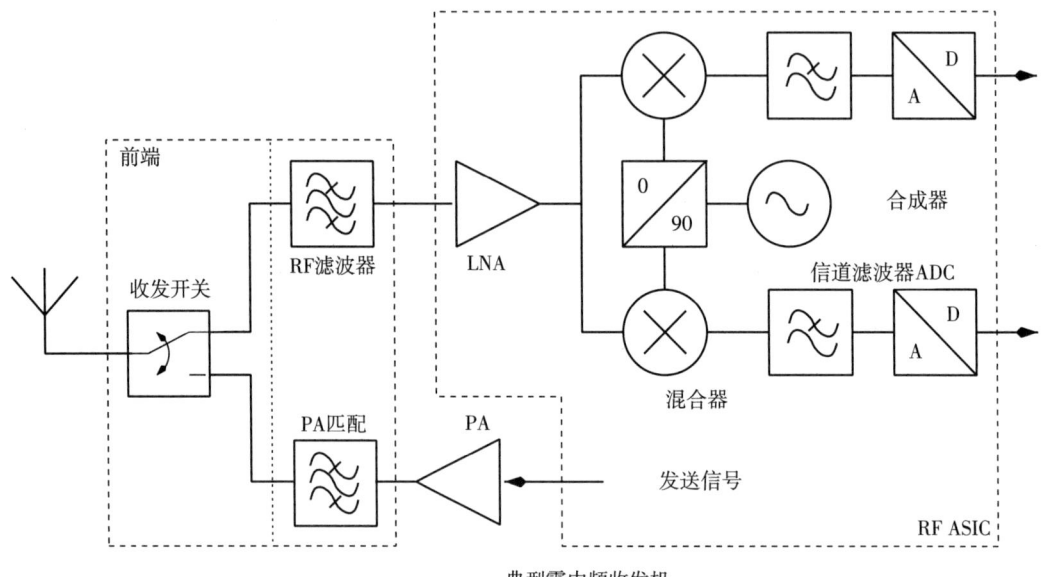

图 29-16　典型的零中频收发机

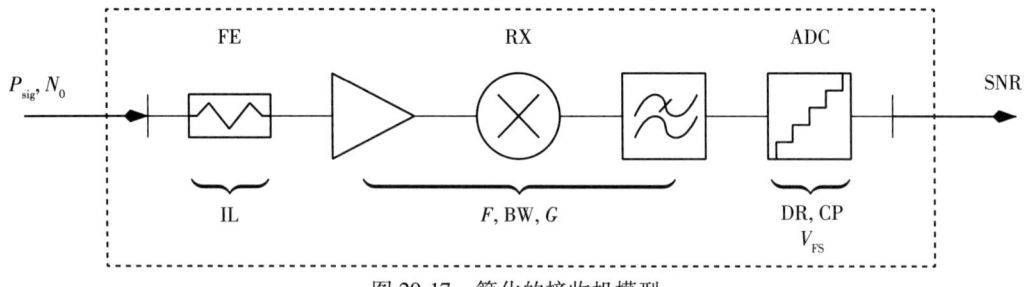

图 29-17　简化的接收机模型

关于小信号的共信道(co-channel)噪底，研究表明各种信号和非线性的影响可以统一描述为一个噪声因子或者说噪声系数。

## 29.5.2　噪声因子和噪底

在匹配的情况下，可以用 Friis 公式来表示接收机输入端的噪声因子(除非特殊标明，默认使用线性单位)：

$$F_{\mathrm{RX}} = 1 + (F_{\mathrm{LNA}} - 1) + \frac{F_{\mathrm{ADC}} - 1}{G} \tag{29-4}$$

RX 输入所参考的小信号共信道噪底就等于

$$N_{\mathrm{RX}} = F_{\mathrm{LNA}} \cdot N_0 + \frac{N_{\mathrm{ADC}}}{G} \tag{29-5}$$

这里，$N_0$ 是信道带宽内的噪声功率，且 $N_0 = k \cdot T \cdot BW$，其中 $k$ 是玻尔兹曼常数，$T$ 是绝对温度，BW 是带宽。$N_{ADC}$ 是信道带宽内的有效噪底。ADC 噪底是量化噪声、热噪声和互调噪声的混合。但这里假定 ADC 噪底是一个平坦的，并由 ADC 有效比特数决定的噪底。

从 LNA 的输入到 ADC 的输入的有效增益 G 依赖于小信号增益、AGC 设置、选择性及脱敏（饱和现象）等。这里假定设置的有效增益恰好使得天线参考输入压缩点（$CP_i$）对应到 ADC 削波电平，即 ADC 满量程输入电压（$V_{FS}$）。

对于弱非线性，在压缩点 CP 和三阶截取点（$IP_3$）之间的关系为 $IP_3 \approx CP+10dB$。对高阶非线性，其差值可以大于 10dB，但 CP 依然可以很好地估计最大信号电平，只不过较低信号的互调电平可能被高估。

### 29.5.3 压缩点和增益

前端位于天线和接收机之间，会引入一定插损（IL>1）。插损来自收发开关、可能的 RF 滤波器以及 PCB/基质损耗。这些损耗也应该被考虑在增益和噪声的表达式里面。已知插损 IL，则压缩点 $CP_i$（对应 ADC 削波）为：

$$CP_i = \frac{IL \cdot N_{ADC} \cdot DR_{ADC}}{G} \tag{29-6}$$

以天线为参照的噪声因子以及噪声系数就会表示为：

$$F_i = IL \cdot F_{RX} = IL \cdot F_{LNA} + \frac{CP_i}{N_0 \cdot DR_{ADC}} \tag{29-7}$$

以及

$$NF_i = 10\log_{10}(F_i) \tag{29-8}$$

比较两种设计，比如针对载波频率 2GHz 和 30GHz 的两种设计，30GHz 的插损会明显高于 2GHz。因此从 $F_i$ 表达式看来，为了保持相同的噪声系数 $NF_i$，30GHz 系统必须通过改善 RX 噪声因子来弥补其较高的前端的损失。从上面的公式可知，弥补的办法有：

1）使用更好的 LNA。
2）降低输入压缩点，提高 G。
3）增加 $DR_{ADC}$。

一般 2GHz 硬件都会使用一个足够好的 LNA 来获得较低的 $NF_i$，因此方法 1 并没有太大的提升空间。降低 $CP_i$ 是一个方法，但是其后果是降低 $IP_3$ 和线性度性能。第 3 种增加 $DR_{ADC}$ 的方法问题在于 ADC 会导致功耗损失（每增加一个比特会引入 4 倍的功耗）。特别是宽带 ADC 会有非常高的功耗。对于带宽在 100MHz 以下的 ADC，功耗和带宽成正比，但是对于更宽的带宽，功耗和带宽的平方成正比（见 29.1 节）。因此增加 $DR_{ADC}$ 也不是一个非常好的办法。综上所述，30GHz 系统相比于 2GHz 的接收机会无法避免地会引入更高的噪声系数 $NF_i$。

### 29.5.4 功率谱密度和动态范围

包含多个相似子载波的信号在信号带宽之内一般会拥有恒定的功率谱密度（Power-Spectral

Density，PSD)，其整体信号功率可以表示为：P=PSD·BW。

当带宽不同但是功率相近的多个信号被同时接收的时候，每个信号的功率谱密度就和信号带宽成反比。而天线参考噪底就和带宽和 $F_i$ 成正比，或者如上所述，$N_i = F_i \cdot k \cdot T \cdot BW$。因为 $CP_i$ 固定，因此对于给定的 G 和 ADC 限幅，系统动态范围或者说最大 SNR 就会随着信号带宽的增大而减小，即 $SNR_{max} \propto \frac{1}{BW}$。

假设信号可以建模为加性高斯白噪声(AWGN)，其中天线参考平均功率是 $P_S$，方差为 $\sigma$。基于这个假设，信号的峰均比 $PAPR = 20 \cdot \log_{10}(k)$，也就是说最大功率可以定义为 $P_S + k\sigma$，即在平均功率电平和削峰电平之间有 $k$ 个标准差。对于削峰之前的 OFDM 信号，典型的 PAPR 是 10dB(即 $3\sigma$)。因此这些余量都需要从 $CP_i$ 中扣除以避免信号的削峰。对一个平均功率电平低于削峰电平 $3\sigma$ 典型的 OFDM 信号，$3\sigma$ 的余量意味着小于 0.2% 的削峰。

## 29.5.5 载波频率和毫米波技术

举例，设计一个频点为 30GHz、信号带宽为 1GHz 的接收机，设计余量会比一个 2GHz 频点 50MHz 信号带宽的接收机少很多。两个设计的集成电路技术类似，但设计余量和性能取决于每种技术比所需的信号处理速度高多少，这意味着 2GHz 的设计会有更高的性能。

图 29-18 是一个由国际半导体技术发展蓝图(International Technology Roadmap for Semiconductors，ITRS)发布的一个关于晶体管参数的演进预测。这个预测对毫米波 IC 设计非常有意义。ITRS 2007[37] 发布的关于 CMOS 和双极化射频技术演进目标里，就描述了 $f_t$、$f_{max}$ 和 $V_{dd}/BV_{ceo}$ 数据随着时间的演化。其中：

- $f_t$ 是晶体管传输频率，此时 RF 器件的电流增益是 0dB。
- $f_{max}$ 是振荡器的最大频率，此时外推功率增益是 0dB。
- $V_{dd}$ 是 RF 或者高性能 CMOS 电源电压。
- $BV_{ceo}$ 是双极晶体管的集电极-发射极(collector-emitter)开路击穿电压限制。

例如，RF CMOS 器件预期最大 $V_{dd}$ 可以在 2024 年达到 700mV(其他技术的电源电压也可以达到这个水平，但相对进展速度较慢)。

ITRS 最近被国际设备和系统路线图(International Roadmap for Devices and Systems，IRDS) 所取代。IRDS 外部系统连接 2018 年更新[97] 中列出了高速双极 NPN 晶体管的预期性能数据，如图 29-19 所示。

30GHz 的自由空间波长只有 1cm，这只有 3GPP 已定义的 6GHz 以下载波波长的十分之一。天线尺寸以及路损都与波长和载波频率有关，因此为了弥补单个天线单元物理尺寸的减小，系统就会使用天线阵列。由于波束赋形的天线单元之间的尺寸依然和波长有关，因此波长会限制 FE 和 RX 的尺寸。这些频率和尺寸大小的限制则意味着：

- 相较于小于 6GHz 的频点，毫米波 $f_t/f_{carrier}$ 以及 $f_{max}/f_{carrier}$ 的比例都会变小。当比例小于 10 倍的时候，接收机增益会随着工作频点增加而迅速减小。而毫米波接收机增益下降则意味着设备的噪声因子 $F_i$ 会变得更大(类似于 Friis 公式应用于晶体管内部的噪声源)。
- 根据 Johnson 极限理论，半导体材料的击穿电压 $E_{br}$ 和载荷子饱和速度 $V_{sat}$ 成反比。用数学公式可以表述为：$V_{sat} \cdot E_{br} = $ 恒定值，或者 $f_{max} \cdot V_{dd} = $ 恒定值。因此毫米波设备的电源电压会比低频设备的低很多。这也会限制 $CP_i$ 和最大动态范围。

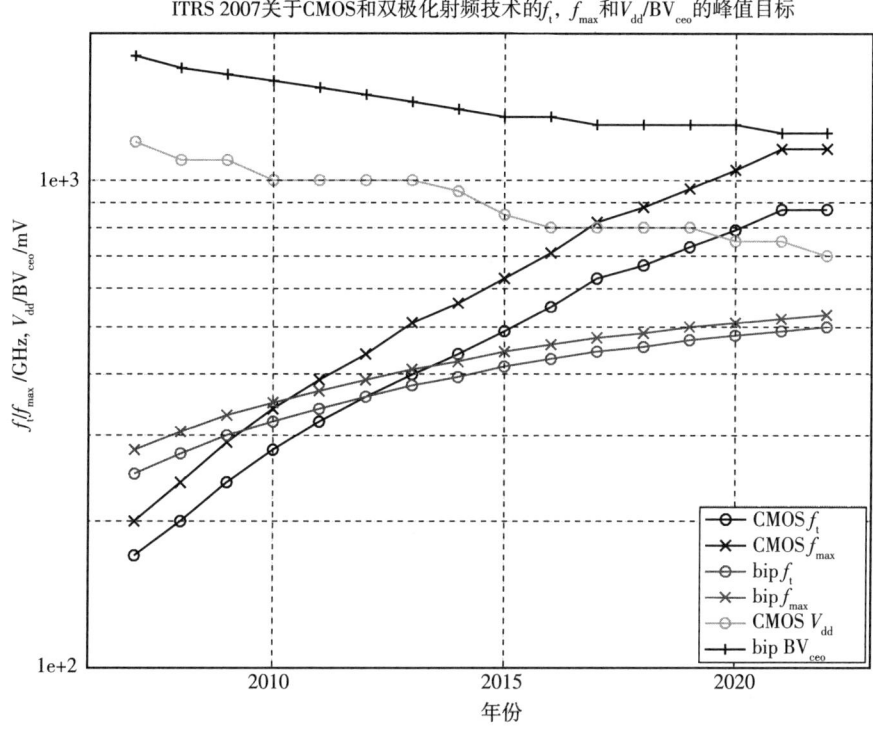

图 29-18　晶体管参数随着时间的演进：$f_t$，$f_{max}$ 和 $V_{dd}/BV_{ceo}$ [37]

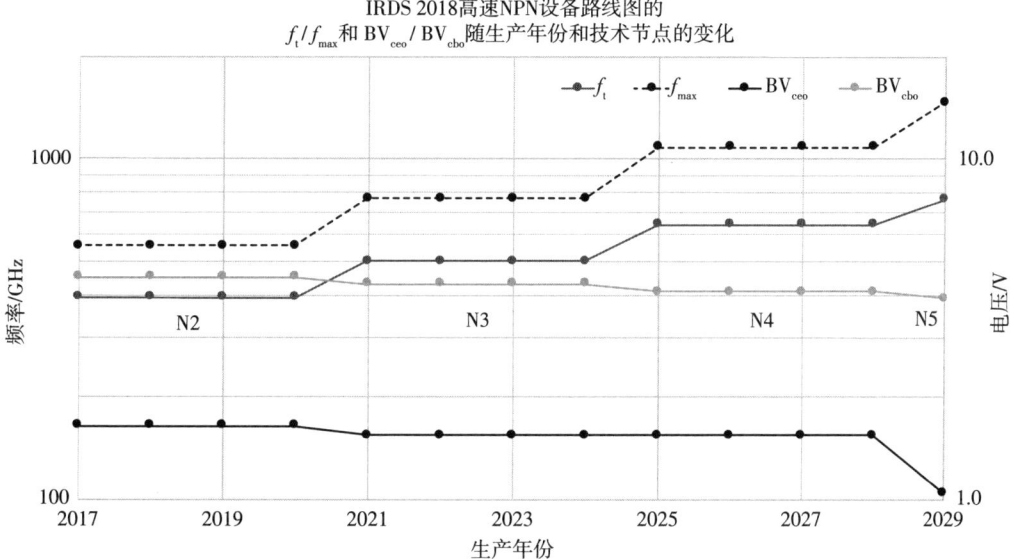

图 29-19　双极高速 NPN 参数（$f_t$、$f_{max}$、$BV_{ceo}$ 和 $BV_{cbo}$）相对于技术节点（N2~N5）和生产年份的预期演进[97]

- 为了节省空间，需要更高的收发机集成度，这意味着需要实现片上系统(System-on-Chip，SoC)或系统级封装(System-in-Package，SiP)。这将限制可以使用的技术以及限制 $F_{RX}$。
- 射频滤波器必须靠近天线并适合天线阵列的尺寸。因此滤波器必须足够小，这样就会对滤波器物理尺寸有较高要求，有可能会牺牲插损以及阻带衰减，就是说插损和选择性会变差。毫米波滤波的相关介绍参考 29.4 节。
- 载波频率会从 2GHz 增加到 30GHz，这对电路设计和射频性能都会产生显著影响。比如现代高速 CMOS 器件会速度饱和，其最大工作频率和最小沟道长度(或者说特征尺寸)成反比。根据摩尔定律，设备尺寸大致 4 年减半(摩尔定律揭示晶体管密度，每两年翻一番)。对于较小的特征尺寸，必须降低内部电压以保证电场达到安全水平。因此，30GHz 的射频接收机对应的低压技术大致相当于用 15 年前的 2GHz 射频接收机(也就是今天的击穿电压水平，但 15 年前的 $f_t$，见图 29-18，ITRS 设备目标)。正是由于设备性能和设计余量方面存在这种不匹配，30GHz 设备很难保持 2GHz 设备同样的性能和功耗。

频点在毫米波的信号带宽往往会显著大于频点在 2GHz 的信号带宽。而对一个有源设备或者电路，信号的波动受限于一端的电源电压和另一端的热噪声。器件的热噪声功率和 $BW/g_m$ 成正比。这里固有器件增益，即 $g_m$ 是设备跨导(trans-conductance)，它和偏置电流成正比。这样动态范围可以看成：

$$\mathrm{DR} \propto \frac{V_{dd}^2 \cdot I_{bias}}{BW} = \frac{V_{dd} \cdot P}{BW} \tag{29-9}$$

或者

$$P \propto \frac{BW \cdot DR}{V_{dd}} \tag{29-10}$$

这里 $P$ 是耗散功率。

因为毫米波的信号带宽比 2GHz 的信号带宽要高，毫米波接收机会随着接收带宽的增加而增加功耗。相比于 2GHz 的接收机，30GHz 设备更加依赖于低压技术的演进速度。因此，受限于毫米波产品的面积、体积显著减小带来的热挑战，系统设计应该考虑线性度、NF、带宽、功耗的动态范围等方面复杂的相互关系。

## 29.6 总结

本章概述了毫米波技术能够提供什么样的射频性能。毫米波系统往往需要将许多收发器和天线高度集成在一起，因此需要仔细地考虑功率效率、小面积/体积的散热等影响性能的因素。

本章重点介绍了 DA/AD 转换器、功率放大器，以及可实现的发射功率与效率和线性度的关系。接收机基本度量是噪声系数、带宽、动态范围和功耗，同时这些因素之间具有复杂的相互依赖性。本章还讨论了频率产生机制以及相位噪声相关方面。在新的 NR 毫米波频段，各种滤波器的实现技术，以及对应的集成可行性在定义射频要求的时候都需要被考虑到。所有这些方面的考虑都贯穿整个 NR 在频率范围 2 的射频特性开发过程。

# 第 30 章

# 5G 持续演进及迈向 6G 的第一步

5G/NR 标准第一个版本(Release 15)主要专注于 eMBB 业务以及一定程度上的 URLLC。后续版本在这些领域进一步增强，还引入了针对前面章节讨论过的新部署场景和新垂直领域的新特性。Release 18 即将完成，3GPP 发起了下一版本的讨论，即 Release 19(见图 30-1)。

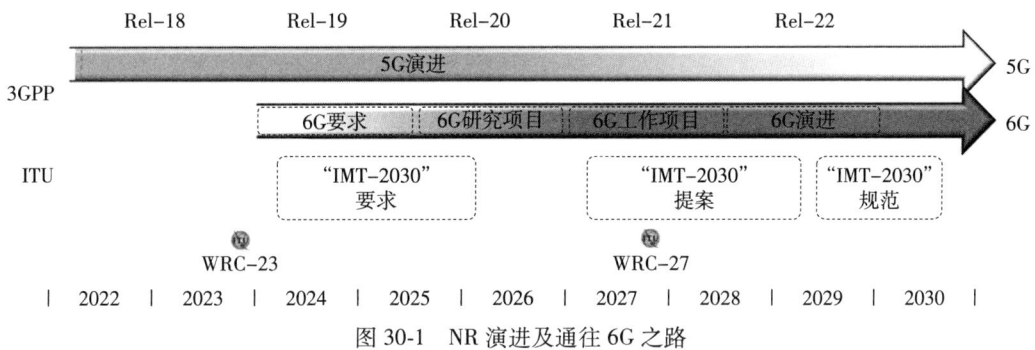

图 30-1　NR 演进及通往 6G 之路

在撰写本书时，Release 19 的内容还未确定，但很可能会包含对现有特性的增强以及新特性。Release 18 进行的研究，例如网络能效和双工增强，可能构成 Release 19 工作项目的基础。尽管 NR 会持续演进很多年，但 Release 19 也可能是下一代蜂窝网络(通常称之为 6G)的讨论起点，在 Release 19 中研究 6G 的基本要求。遵循这一发展方向，期望 Release 20 开展 6G 研究项目，Release 21 开展实际的标准化工作。这是为了符合 ITU 的 IMT-2030 时间计划，并确保在 2030 年 6G 系统的商用部署。

下面会讨论即将到来的 3GPP 版本中一些潜在的技术组件。这些组件集绝非详尽无遗，也不保证这些技术会列入 3GPP 标准。尽管如此，还是提供了关于未来蜂窝技术可能演进方向的一些见解。

## 30.1　NR 一般增强

一般来说，某个版本所包含的新增内容大多是对于之前版本特性的增强，这一方面 Release 19 并无不同。尽管某些增强可能相对较小，且范围有限，但不应低估这种逐步改进的好处，因为是这些增强使得 NR 成为更高效的系统。

多天线从一开始就是 NR 的组成部分，每个版本持续演进。例如采用更大阵列来增强覆盖，是一个要考虑的重要方面，尤其是针对 FR2 以及 FR1 的高频部分，尽管天线单元数量增加，物理天线仍可以保持在适当尺寸。大多数情况下采用混合波束赋形方案，否则无线通路和 AD/DA 转换器的数量会大到令人望而却步。获取大量天线单元的 CSI 是具有挑战性的，对 CSI 上报的增强可能很有价值。

FR2 天线单元的数量增加意味着波束数量的增加。结合波束管理增强可以进一步加快高频段连接建立速度，这对于从更为稀缺的低频段上分流业务非常有用。为了避免大量波束导致 RRC 重配增加，采用 DCI 的方案可能更为有用，例如动态切换 QCL 关系以及进一步改进 SRS 的动态处理。其他可能还有 Multi-TRP 增强，例如天线校准和相干联合发送。

一个特性在多个版本都有增强的另一个示例是移动性。Release 18 引入了层 1/层 2 触发的移动性，尽管是限制属于同一个 gNB 的小区之间（或者更具体地说是同一 CU）的移动性。可以自然想到 Release 19 的一个领域是考虑 gNB 之间由层 1/层 2 触发的移动性。

上行性能增强是 Release 18 的重要组成部分。但是由于时间不够，未明确规定 PRACH 波束扫描的波束指示给消息 3。这可以作为未来 NR 演进的一个目标。

## 30.2 双工演进

双工增强是 Release 18 备受争议的主题之一，尤其是子带全双工。Release 18 进行了一项研究[119]以调查全双工的可行性及潜在优势，重点关注 gNB 侧的子带全双工及终端侧传统的时域分离。子带全双工中，非对称频谱的上行传输可以在部分下行时隙上发送，如图 30-2 所示。这可能给上行时延带来好处，因为数据可以在"需要时"发送而无须等到上行时隙再发送。因此，从时延角度看，子带全双工尽管工作在非对称频谱，但性能接近于 FDD 部署。但是交叉链路干扰，尤其是站间和扇区间干扰会带来极大挑战。在低功率、非扇区化的部署场景下也许能够处理干扰，而对于高功率三扇区宏站部署场景极具挑战性。

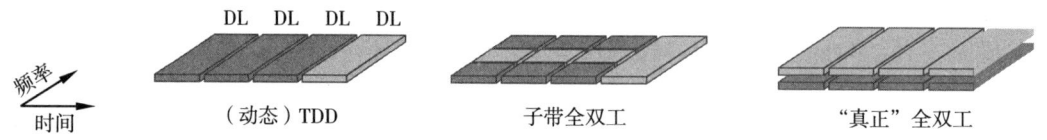

图 30-2  TDD、子带全双工及"真正"全双工

Release 18 的研究项目尚未对子带全双工的性能增益和可行性得出确切结论。未来可能在这一领域继续开展工作。需要注意的是处理站间干扰问题的方案将使动态 TDD 能够适用于比今天更为广泛的场景，即带来与全双工类似的增益，而且无须处理自干扰。

## 30.3 AI/ML

近年来很多领域都在高度关注 AI/ML，无线通信网络也不例外。目前，很多蜂窝系统可以并且已经以私有而非标准化显式支持的方式使用 AI/ML 技术实现了许多功能。换言之，AI/ML

技术只是整体实现工具箱里的一个工具集。能够受益于 AI/ML 的问题集仍在讨论中。但一般来说，基于 AI/ML 的方案更适用于复杂问题，即缺乏对真实世界相对简单但仍然准确的建模，预期通过这些非线性方案和基于海量数据的训练一起带来重大增益。

如第 5 章所述，3GPP 在 Release 18 中研究了如何将 AI/ML 应用于蜂窝通信[121,125]，重点关注三个领域：

- CSI 反馈，例如减少开销及提高准确性。
- 波束管理，例如波束预测以减少开销及提高波束选择的准确性。
- 定位，例如在不同（非视距）场景下提高准确性的方法。

这些研究可能会构成将来版本中标准工作的基础。

## 30.4 网络能效

网络能效对于运营商而言无论是从成本角度还是从环境角度（减少二氧化碳排放）都非常重要。这在 5G 设计的早期就已经确定，也是 NR 极简设计原则（见 5.1.2 节）的主要驱动之一。但是，根据 Release 18 的研究[126]还可以进一步增强。其中一些增强，诸如按需发送 SSB、SCell 的 SSB 优化以及 PRACH 时机的动态自适应，都可能成为未来 NR 的演进方向。

## 30.5 零能耗终端和环境物联网

目前海量机器类型通信是通过 NB-IoT 及 eMTC 技术来支持的。尽管终端的功耗很低，但通常仍会依赖于普通的可充电电池作为能源。对于真正海量的传感器，这种方案可能不具有可行性，从终端用户角度可能要求设备能够在没有普通电池的情况下工作。

"零能耗"终端本质上是一种无须显式充电或者更换电池即可运行的终端。取而代之的是，运行所需的能量是获取自周围环境，例如振动、温度梯度或者自身的射频能量。由于获取的能量可能极少，所能发送的数据量也会很小，可能需要重新考虑很多现存的协议和流程。性能方面，数据速率和能力通常会低于 NB-IoT/eMTC，如图 30-3 所示。这是未来 6G 系统中一个有趣的领域，3GPP 已经开始初步讨论，使用术语"环境物联网"（ambient IoT）来称呼这类终端，旨在 5G-Advanced 里部分支持。

## 30.6 通信感知一体化

蜂窝系统的若干版本都已经支持定位，并将继续作为网络提供的一项重要业务。通感一体化在此基础上更进一步。由于已经安装了大量用于通信的蜂窝节点，这些节点能否在不增加或者增加很少成本的情况下用于感知呢？这将开辟更广泛的新用例，

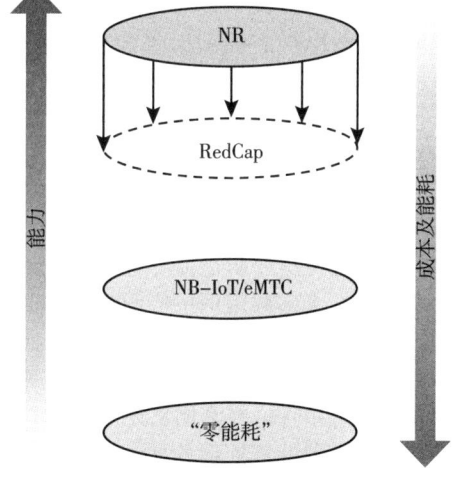

图 30-3 "零能耗"终端/环境物联网与 NB-IoT/eMTC 和 RedCap 的关系

例如收集数字孪生信息、实时更新地图,以及在通信网络中使用感知来进行无线资源管理。感知能力是以类似于"雷达"的方式感知周围环境构建地图,也可以感知其他感兴趣的数值,例如降水量,如图 30-4 所示。

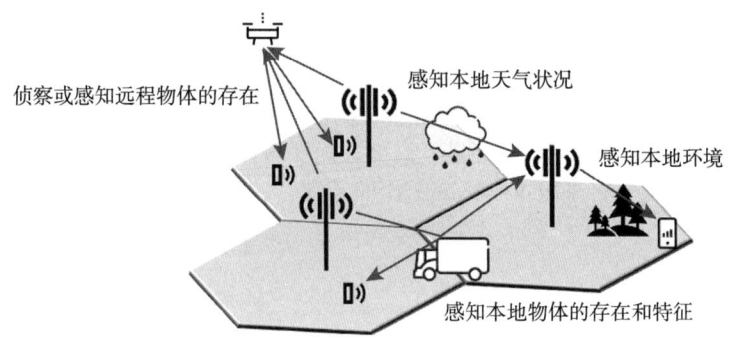

图 30-4　感知场景示例

感知在很大程度上仍处于研究阶段,存在波形设计、多天线技术、通信和感知共存以及隐私等方面的问题。预期感知会成为未来 6G 系统的一部分,但 Release 19 可能会开始初步研究,例如适合用于感知研究的信道模型。

## 30.7　通往 6G 之路

如前所述,Release 19 可能会讨论下一代蜂窝系统 6G 的要求。考虑到 5G 网络仍在快速部署,在 Release 19 开始 6G 讨论,这听起来可能有点早。但是对于 2028 年左右开始部署 6G,并且 2030 年广泛部署的目标来说,开发 6G 规范工作需要时间,就需要从 Release 19 开始讨论要求,如图 30-1 所示。

6G 不止能满足当前用例不断扩展的需求,还需要满足尚未预见到的新用例和新部署场景。预测未来的用例非常困难,但这样的演练很有价值,可以扩展要求的空间。在参考文献 [128] 中可以找到一些关于可能用例的讨论。

考虑到这些潜在用例,可以确定未来 6G 系统的要求集,如图 30-5 所示。其中一些要求,如移动性、覆盖和容量,在前几代蜂窝技术中就已识别出,尽管数值可能会不同。数据速率和时延这两个要求在前几代也常见。但需要强调的是,简单扩展 5G 的要求并不是正确的方式。例如,提升 5G 峰值速率到 Tbit/s 范围,这是非常少见的要求,并且随之带来的是覆盖很小。相反,更重要的是提升可达(achievable)速率,即典型用户期望的速率。类似的推理也适用于时延,大多数用例中降低时延抖动比减少空口的最小时延更有意义。

除了一些更为熟知的要求之外,6G 还应面向新的领域,如图 30-5 外圈所示。例如弹性和业务可用性针对社会对于互联互通越来越依赖的实际情况,即使发生自然灾害、事故和人为失误等意外事件。蜂窝网络还可以用于感知,可以视为 5G 定位业务的扩展。图中的终端多样性指的是需要能够处理各种各样的终端,从简单的零能耗传感器到非常高端的智能手机和通信设备。业务多功能性指的是可以快速地以简单方式引入新的业务。另一个领域是可信计算,在前几代没有进行过讨论。这是因为很多任务需要的不仅是通信服务,还需要计算能力,计算资源必须以可预测的方式来提供。这一要求也说明 6G 的范围比仅仅面向通信的 5G 更为广阔。

图 30-5　6G 一些要求的说明

最后但并非不重要的一点，6G 必须能够满足经济高效、可持续和安全性的要求，如图 30-5 的中心所示。

频谱方面，预期 6G 的频率范围比 5G 更为广阔，从大约 450MHz 到亚太赫兹（sub-THz），包括用于 5G 的频段以及新的频段（见图 30-6）。sub-THz 范围可以提供大量频谱及很高的速率，但是考虑到传播条件，覆盖会非常受限，sub-THz 频率更多是在特定场景发挥补充作用而非在一般场景广泛使用。而且，目前毫米波频谱已经提供了相当数量的频谱用于更密集的部署。

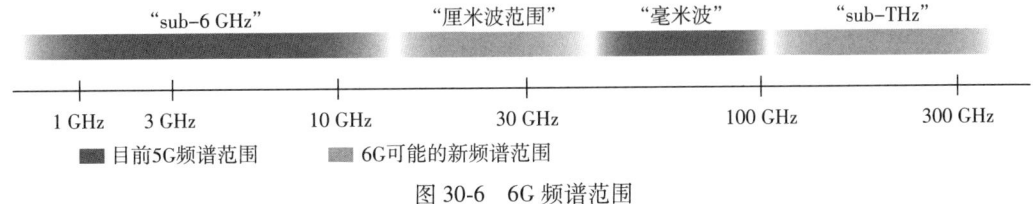

图 30-6　6G 频谱范围

6G 还对另一段"新"频率范围也感兴趣——7~24GHz 的厘米波，尤其是低频段 7~15GHz，能够在可用频谱数量和覆盖之间得到很好的平衡。目前这段频率范围用于其他非蜂窝系统，因此共存机制尤为重要。

从覆盖角度考虑，低于 6GHz 的低频段仍将发挥重要作用，尽管预期该频谱范围内新频谱的数量极其有限。为了可以平滑引入6G,与5G的动态频谱共享至关重要,也会影响波形的选择。

一旦Release 19定义了要求并达成一致,Release 20就可以进行技术方案的讨论。如前所述,6G可以利用非常广泛的频段。可以预见6G会是独立组网技术,可以不依赖同一地理区域部署的5G系统独立运行。结合动态频谱共享,独立组网系统可以简化6G总体架构,避免架构复杂的双连接方案。

显然,现阶段详细列出6G技术的全部组件还为时过早,但可能会基于5G部署的经验,对很多5G技术组件进行改进和重用。NR Release 19开发的一些技术可认为是完整6G解决方案的前身,例如零能耗终端(见30.5节)和感知(见30.6节)。关于6G潜在技术组件的讨论,请参考文献[128,129]。

## 30.8　结束语

上面概述了Release 19某些在5G演进中也可能发挥重要作用的技术。显然,后续版本会继续演进NR,与即将到来的6G标准化同时进行。一如既往,在试图对未来进行预测时会有很多不确定性,新的尚不为人所知的要求或技术可能将演进推向未曾讨论的方向。但很明确,NR是一个非常灵活的平台,支持在很多不同的方向上演进,在接下来的许多年是一条充满吸引力的通往未来无线通信之路。

# 参 考 文 献

[1] 3GPP RP-172290, New SID Proposal: Study on Integrated Access and Backhaul for NR.
[2] 3GPP TS 37.141, E-UTRA, UTRA and GSM/EDGE; Multi-Standard Radio (MSR) Base Station (BS) Conformance Testing.
[3] 3GPP R1-163961, Final Report of 3GPP TSG RAN WG1 #84bis.
[4] 3GPP TS 38.104, NR; Base Station (BS) Radio Transmission and Reception.
[5] 3GPP TS 38.101-1, NR; User Equipment (UE) Radio Transmission and Reception. Part 1. Range 1 Standalone.
[6] 3GPP TS 38.101-2, NR; User Equipment (UE) Radio Transmission and Reception. Part 2. Range 2 Standalone.
[7] 3GPP TS 38.101-3, NR; User Equipment (UE) Radio Transmission and Reception. Part 3. Range 1and Range 2 Interworking Operation with Other Radios.
[8] 3GPP TS 38.101-4, NR; User Equipment (UE) Radio Transmission and Reception. Part 4. Performance Requirements.
[9] 3GPP RP-172021, Study on NR-Based Access to Unlicensed Spectrum.
[10] 3GPP TR 36.913, Requirements for Further Advancements for Evolved Universal Terrestrial Radio Access (E-UTRA) (LTE-Advanced) (Release 9).
[11] 3GPPTR38.803, Study on New Radio Access Technology: Radio Frequency (RF) and Coexistence Aspects (Release 14).
[12] 3GPP TS 23.402, Architecture Enhancements for Non-3GPP Accesses.
[13] 3GPP TS 23.501, System Architecture for the 5G System.
[14] 3GPP TS 36.211, Evolved Universal Terrestrial Radio Access (E-UTRA); Physical Channels and Modulation.
[15] 3GPP TS 38.331, NR; Radio Resource Control (RRC) Protocol Specification (Release 15).
[16] 3GPP TR 36.913, Requirements for Further Advancements for Evolved Universal Terrestrial Radio Access (E-UTRA) (LTE-Advanced).
[17] E. Arikan, Channel polarization: a method for constructing capacity-achieving codes for symmetric binary input memoryless channels, IEEE Trans. Inf. Theory 55 (7) (2009) 3051–3073.
[18] R.E. Best, Phases Locked Loops: Design, Simulation and Applications, sixth ed., McGraw-Hill Professional, 2007.
[19] T. Chapman, E. Larsson, P. von Wrycza, E. Dahlman, S. Parkvall, J. Sköld, HSPA Evolution: The Fundamentals for Mobile Broadband, Academic Press, 2014.
[20] D. Chase, Code combining—a maximum-likelihood decoding approach for combining and arbitrary number of noisy packets, IEEE Trans. Commun. 33 (1985) 385–393.
[21] J. Chen, Does LO noise floor limit performance in multi-gigabit mm-wave communication? IEEE Microwave Wireless Compon. Lett. 27 (8) (2017) 769–771.
[22] J.-F. Cheng, Coding performance of hybrid ARQ schemes, IEEE Trans. Commun. 54 (2006) 1017–1029.
[23] D.C. Chu, Polyphase codes with good periodic correlation properties, IEEE Trans. Inf. Theory 18 (4) (1972) 531–532.
[24] S.T. Chung, A.J. Goldsmith, Degrees of freedom in adaptive modulation: a unified view, IEEE Trans. Commun. 49 (9) (2001) 1561–1571.
[25] D. Colombi, B. Thors, C. Törnevik, Implications of EMF exposure limits on output power levels for 5G devices above 6 GHz, IEEE Antennas Wirel. Propag. Lett. 14 (2015) 1247–1249.

[26] E. Dahlman, S. Parkvall, J. Sköld, 4G LTE-Advanced Pro and the Road to 5G, Elsevier, 2016.
[27] DIGITALEUROPE, 5G Spectrum Options for Europe, (October 2017).
[28] Ericsson, Ericsson Mobility Report, November 2022.
[29] 3GPP R4-1712718, On mm-wave Filters and Requirement Impact, TSGRAN WG4 Meeting #85, Ericsson (December 2017).
[30] Federal Communications Commission, Title 47 of the Code of Federal Regulations (CFR).
[31] P. Frenger, S. Parkvall, E. Dahlman, Performance comparison of HARQ with chase combining and incremental redundancy for HSDPA, in: Proceedings of the IEEE Vehicular Technology Conference, Atlantic City, NJ, USA, October 2001, pp. 1829–1833.
[32] R.G. Gallager, Low Density Parity Check Codes, Monograph, M.I.T. Press, 1963.
[33] Global mobile Suppliers Association (GSA), The future of IMT in the 3300—4200 MHz frequency range, (June 2017).
[34] M. Hörberg, Low Phase Noise GaN HEMT Oscillator Design Based on High-Q Resonators (Ph.D. thesis), Chalmers University of Technology, 2017.
[35] IEEE, IEEE Standard for Local and metropolitan area networks Part 16: Air Interface for Broadband Wireless Access Systems Amendment 3: Advanced AirInterface, IEEE Std 802.16m-2011 (Amendment to IEEE Std 802.16-2009).
[36] IETF, Robust header compression (ROHC): framework and four profiles: RTP, UDP, ESP, and Uncompressed, RFC 3095.
[37] ITRS, Radio Frequency and Analog/Mixed-Signal Technologies for Wireless Communications, Edition International Technology Roadmap for Semiconductors (ITRS), 2007.
[38] ITU-R, Workplan, timeline, process and deliverables for the future development of IMT, ITU-R Document 5D/1297, Attachment 2.12 (July 2019).
[39] ITU-R, Framework and overall objectives of the future development of IMT-2000 and systems beyond IMT-2000, Recommendation ITU-R M.1645, June 2003.
[40] ITU-R, Unwanted emissions in the spurious domain, Recommendation ITU-R SM.329-12, September 2012.
[41] ITU-R, Future technology trends of terrestrial IMT systems, Report ITU-R M.2320, November 2014.
[42] ITU-R, Technical feasibility of IMT in bands above 6 GHz, Report ITU-R M.2376, July 2015.
[43] ITU-R, Detailed specifications of the terrestrial radio interfaces of International Mobile Telecommunications Advanced (IMT-Advanced), Recommendation ITU-R M.2012-5, February 2022.
[44] ITU-R, Frequency arrangements for implementation of the terrestrial component of International Mobile Telecommunications (IMT) in the bands identified for IMT in the Radio Regulations, Recommendation ITU-R M.1036-6, October 2019.
[45] ITU-R, IMT Vision—Framework and overall objectives of the future development of IMT for 2020 and beyond, Recommendation ITU-R M.2083, September 2015.
[46] ITU-R, Radio regulations, Edition of 2020.
[47] ITU-R, Detailed specifications of the terrestrial radio interfaces of International Mobile Telecommunications-2000 (IMT-2000), Recommendation ITU-R M.1457-15, October 2020.
[48] ITU-R, Guidelines for evaluation of radio interface technologies for IMT-2020, Report ITU-R M.2412, November 2017.
[49] ITU-R, Minimum requirements related to technical performance for IMT-2020 radio interface(s), Report ITU-R M.2410, November 2017.
[50] ITU-R, Requirements, evaluation criteria and submission templates for the development of IMT-2020, Report ITU-R M.2411, November 2017.
[51] M. Jain, et al., Practical, real-time, full-duplex wireless, in: MobiCom'11, Las Vegas, NV, USA, September, 2011.
[52] E.O. Johnson, Physical limitations on frequency and power parameters of transistors, RCA Rev. 26 (1965) 163–177.
[53] E.G. Larsson, O. Edfors, F. Tufvesson, T.L. Marzetta, Massive MIMO for next generation wireless systems, IEEE Commun. Mag. 52 (2) (2014) 186–195.
[54] D.B. Leeson, A simple model of feedback oscillator noise spectrum, Proc. IEEE 54 (2) (1966) 329–330.

[55] O. Liberg, M. Sundberg, E. Wang, J. Bergman, J. Sachs, Cellular Internet of Things: Technologies, Standards, and Performance, Academic Press, 2017.
[56] D.J.C. MacKay, R.M. Neal, Near Shannon limit performance of low density parity check codes, Electron. Lett. 33 (6) (1996) 1645–1646.
[57] 3GPP R1-040642, Comparison of PAR and Cubic Metric for Power De-rating, Motorola.
[58] B. Murmann, The race for the extra decibel: a brief review of current ADC performance trajectories, IEEE Solid-State Circuits Mag. 7 (3) (2015) 58–66.
[59] B. Murmann, ADC Performance Survey 1997-2019, Available from: http://web.stanford.edu/murmann/adcsurvey.html.
[60] M. Olsson, S. Sultana, S. Rommer, L. Frid, C. Mulligan, SAE and the Evolved Packet Core—Driving the Mobile Broadband Revolution, Academic Press, 2009.
[61] J. Padhye, V. Firoiu, D.F. Towsley, J.F. Kurose, Modelling, TCP reno performance: a simple model and its empirical validation, ACM/IEEE Trans. Netw. 8 (2) (2000) 133–145.
[62] S. Parkvall, E. Dahlman, A. Furuskär, M. Frenne, NR: the new 5G radio access technology, IEEE Commun. Stand. Mag. 1 (4) (2017) 24–30.
[63] M.B. Pursley, S.D. Sandberg, Incremental-redundancy transmission for meteor burst communications, IEEE Trans. Commun. 39 (1991) 689–702.
[64] T. Richardson, R. Urbanke, Modern Coding Theory, Cambridge University Press, 2008.
[65] C.E. Shannon, A mathematical theory of communication, Bell Syst. Tech. J. 27 (1948). 379–423, 623–656.
[66] L.A. Gerhardt, R.C. Dixon, Special issue on spread spectrum, IEEE Trans. Commun. 25 (1977) 745–869.
[67] S.B. Wicker, M. Bartz, Type-I hybrid ARQ protocols using punctured MDS codes, IEEE Trans. Commun. 42 (1994) 1431–1440.
[68] J.M. Wozencraft, M. Horstein, Digitalised communication over two-way channels, in: Fourth London Symposium on Information Theory, London, UK, September 1960.
[69] C. Mollen, E.G. Larsson, U. Gustavsson, T. Eriksson, R.W. Heath, Out-of-band radiation from large antenna arrays, IEEE Commun. Mag. 56 (4) (2018) 196–203.
[70] 3GPP TR 38.817-01, NR; General aspects for UE RF for NR (Release 15).
[71] 3GPP TR 38.817-02, NR; General aspects for BS RF for NR (Release 15).
[72] K. Zetterberg, P. Ramachandra, F. Gunnarsson, M. Amirijoo, S. Wager, T. Dudda, On heterogeneous networks mobility robustness, in: 2013 IEEE 77th Vehicular Technology Conference (VTC Spring), 2013.
[73] 3GPP RP-193229, New WID on Extending current NR operation to 71 GHz.
[74] 3GPP RP-193251, New WID on Enhancements to Integrated Access and Backhaul.
[75] 3GPP RP-193252, Work Item on NR small data transmission in INACTIVE state.
[76] 3GPP RP-133231, New WID on NR sidelink enhancements.
[77] 3GPP RP-193260, New WID on NR Dynamic spectrum sharing.
[78] 3GPP RP-193133, New WID: Further enhancements on MIMO for NR.
[79] 3GPP RP-193239, New WID: UE Power Saving Enhancements.
[80] 3GPP TR 38.811, Study on New Radio (NR) to support non-terrestrial networks (release 15).
[81] 3GPP RP-193234, Solutions for NR to support non-terrestrial networks (NTN).
[82] 3GPP RP-193248, New work Item on NR support of Multicast and Broadcast Services.
[83] 3GPP RP-133237, New SID on NR positioning Enhancements.
[84] S. Rommer, P. Hedman, M. Olsson, L. Frid, S. Sultana, C. Mulligan, 5G Core Networks: Powering Digitalization, Academic Press, 2019.
[85] 3GPP TR 38.866, Study on remote interference management for NR (Release 16).
[86] 3GPP TR 38.889, Study on NR-based access to unlicensed spectrum (Release 16).
[87] ETSI EN 301 893, 5 GHz RLAN; Harmonised Standard covering the essential requirements of article 3.2 of Directive 2014/53/EU.
[88] 3GPP TS 37.213, Physical layer procedures for shared spectrum channel access.
[89] 3GPP TR 38.855, Study on NR positioning support (Release16).
[90] 3GPP TS 38.212, NR; Multiplexing and channel coding.
[91] P. Groves, Principles of GNSS, Inertial, and Multisensor Integrated Navigation Systems, second ed., Artech House, 2013.

[92] ITU-R Working party 5D, Document IMT-2020/2-E, Revision 2, Submission, evaluation process and consensus building for IMT-2020.
[93] 3GPP TR 37.910, Study on self evaluation towards IMT-2020 submission (Release 16).
[94] 3GPP TR 38.913 V15, Study on Scenarios and Requirements for Next Generation Access Technologies; (Release 15).
[95] P. Kinget, Integrated GHz voltage controlled oscillators, in: W. Sansen, J. Huijsing, R. van de Plassche (Eds.), Analog Circuit Design, Springer, Boston, MA, 1999.
[96] H. Wang, et al., Power Amplifiers Performance Survey 2000-Present, Available from: https://gems.ece.gatech.edu/PA_survey.html.
[97] International Roadmap for Devices and Systems (IRDS), 2018 update, Outside system connectivity, IEEE 2018.
[98] 3GPP RP-140955, Revised Work Item Description: LTE Device to Device Proximity Services.
[99] 3GPP RP-193238, New SID on support of reduced-capability devices.
[100] P. Butovitsch, et al., Advanced Antenna Systems for 5G Network Deployments: Bridging the Gap Between Theory and Practice, Associated Press, 2020.
[101] 3GPP RP-162519, Revised WI proposal: LTE-based V2X Services.
[102] 3GPP RP-190984, 5G V2X with NR Sidelink.
[103] 3GPP TS 22.186, Enhancement of 3GPP support for V2X scenarios.
[104] 3GPP TS 38.133, Requirements for support of radio resource management.
[105] 3GPP TR 38.470, F1 general aspects and principles (Release 15).
[106] 3GPP TR 38.820, Study on the 7 to 24 GHz frequency range for NR (Release 16).
[107] 3GPP TR 38.840, Study on User Equipment (UE) power saving in NR.
[108] 3GPP TR 38.858, Study on Evolution of NR Duplex Operation.
[109] 3GPP RP-211574, Revised WID on support of reduced capability NR devices.
[110] Ericsson, RedCap—expanding the 5G device ecosystem for consumers and industries, https://www.ericsson.com/en/reports-and-papers/white-papers/redcap-expanding-the-5g-device-ecosystem-for-consumers-and-industries.
[111] 3GPP TR 38.875, Study on support of reduced capability NR devices.
[112] 3GPP R1-2202535, RAN1 agreements for Rel-17 NR RedCap.
[113] 3GPP RP-230796, New WID on Channel raster enhancement.
[114] 3GPP TR 38.835, Study on XR enhancements for NR.
[115] 3GPP RP-223502, New WID on XR Enhancements for NR.
[116] 3GPP RP-223545, Revised WID: NR Support for UAV (Uncrewed Aerial Vehicles).
[117] J.M.B. da Silva, G. Wikström, R.K. Mungara, C. Fischione, Full duplex and dynamic TDD: pushing the limits of spectrum reuse in multi-cell communications, IEEE Wirel. Commun. 28 (1) (2021).
[118] 3GPP R4-2218839, Additional simulation results related to SBFD adjacent channel co-existence evaluation.
[119] 3GPP RP-223041, Revised SID: Study on evolution of NR duplex operation.
[120] 3GPP RP-223540, New WID: Network energy savings for NR.
[121] 3GPP RP-221348, Revised SID: Study on Artificial Intelligence (AI)/Machine Learning (ML) for NR Air Interface.
[122] ITU-R, Future technology trends of terrestrial IMT systems towards 2030 and beyond, Report ITU-R M.2516, November 2022.
[123] ITU-R, Detailed specifications of the terrestrial radio interfaces of International Mobile Telecommunications-2020 (IMT-2020), Recommendation ITU-R M.2150-1, February 2022.
[124] ITU-R, Work plan, timeline, process and deliverables for the future development of IMT, ITU-R Document 5D/1668, Attachment 2.12 (February 2023).
[125] 3GPP TR 38.843, Study on Artificial Intelligence (AI)/Machine Learning (ML) for NR air interface.
[126] 3GPP TR 38.864, Study on network energy savings for NR.
[127] 3GPP TR 36.869, Study on low-power wake up signal and receiver for NR.
[128] 6G—Connecting a cyber-physical world, Ericsson, https://www.ericsson.com/en/reports-and-papers/white-papers/a-research-outlook-towards-6g.
[129] What to expect from 6G: Here are nine important takeaways from early global research, Ericsson, https://www.ericsson.com/en/blog/2023/2/6g-early-research-global-takeaways.
[130] 3GPP TR 38.821, Solutions for NR to support non-terrestrial networks (NTN).

[131] Ericsson, Microwave https://www.ericsson.com/en/portfolio/networks/ericsson-radio-system/mobile-transport/microwave.
[132] 3GPP RP-222671. Revised WID: Mobile IAB (Integrated Access and Backhaul) for NR.
[133] 3GPP RP-193257, New WID on NR sidelink enhancements.
[134] 3GPP RP-210904, New WID on NR Sidelink Relay.
[135] 3GPP RP-220300, WID revision: NR sidelink evolution.

# 附 录

## 技术术语表

| 英文缩略语 | 英文全称 | 中文说明 |
|---|---|---|
| 3GPP | Third-Generation Partnership Project | 第三代合作伙伴项目 |
| 5GCN | 5G Core Network | 5G 核心网 |
| AAS | Active Antenna System | 有源天线系统 |
| ACIR | Adjacent Channel Interference Ratio | 邻道干扰比 |
| ACK | Acknowledgment（in ARQ protocols） | 确认应答（在 ARQ 协议中） |
| ACLR | Adjacent Channel Leakage Ratio | 邻道泄漏比 |
| ACS | Adjacent Channel Selectivity | 邻道选择性 |
| ADC | Analog-to-Digital Converter | 模数转换器 |
| AF | Application Function | 应用功能 |
| AGC | Automatic Gain Control | 自动增益控制 |
| AI | Artificial Intelligence | 人工智能 |
| AM | Acknowledged Mode（RLC configuration） | 确认模式（RLC 配置） |
| AM | Amplitude Modulation | 幅度调制 |
| AMF | Access and Mobility Management Function | 接入和移动性管理功能 |
| A-MPR | Additional Maximum Power Reduction | 额外最大功率回退 |
| AMPS | Advanced Mobile Phone System | 高级移动电话系统 |
| AoA | Angle of Arrival | 到达角 |
| AP | Application Protocol | 应用协议 |
| AR | Augmented Reality | 增强现实 |
| ARI | Acknowledgment Resource Indicator | 确认资源指示 |
| ARIB | Association of Radio Industries and Businesses | 无线工业及商贸联合会 |
| ARQ | Automatic Repeat-reQuest | 自动重传请求 |

(续)

| 英文缩略语 | 英文全称 | 中文说明 |
|---|---|---|
| AS | Access Stratum | 接入层 |
| ATIS | Alliance for Telecommunications Industry Solutions | 电信行业解决方案联盟 |
| AUSF | Authentication Server Function | 鉴权服务器功能 |
| AWGN | Additive White Gaussian Noise | 加性高斯白噪声 |
| BAP | Backhaul Adaptation Protocol | 回传适配协议 |
| BC | Band Category | 频段类别 |
| BCCH | Broadcast Control Channel | 广播控制信道 |
| BCH | Broadcast Channel | 广播信道 |
| BiCMOS | Bipolar Complementary Metal Oxide Semiconductor | 双极互补金属氧化物半导体 |
| BPSK | Binary Phase-Shift Keying | 二进制相移键控 |
| BS | Base Station | 基站 |
| BW | Band Width | 带宽 |
| BWP | Band Width Part | 部分带宽 |
| CA | Carrier Aggregation | 载波聚合 |
| CACLR | Cumulative Adjacent Channel Leakage Ratio | 累积邻道泄漏比 |
| CBG | CodeBlock Group | 码块组 |
| CBGFI | CBG Flushing out Information | 码块组刷新信息 |
| CBGTI | CBG Transmission Information | 码块组传输信息 |
| CC | Component Carrier | 分量载波 |
| CCCH | Common Control Channel | 公共控制信道 |
| CCE | Control Channel Element | 控制信道单元 |
| CCSA | China Communications Standards Association | 中国通信标准化协会 |
| CDM | Code-Division Multiplexing | 码分复用 |
| CDMA | Code-Division Multiple Access | 码分多址 |
| CEPT | European Conference of Postal and Telecommunications Administration | 欧洲邮电管理大会 |
| CFR | Common MBS Frequency Resource | 公共 MBS 频率资源 |
| CITEL | Inter-American Telecommunication Commission | 美洲国家电信委员会 |
| CHO | Conditional Handover | 条件切换 |
| CLI | Crosslink Interference | 交叉链路干扰 |

(续)

| 英文缩略语 | 英文全称 | 中文说明 |
|---|---|---|
| C-MTC | Critical Machine-Type Communications | 关键机器类型通信 |
| CMAS | Commercial Mobile Alert Service | 商业移动预警服务 |
| CMOS | Complementary Metal Oxide Semiconductor | 互补金属氧化物半导体 |
| CN | Core Network | 核心网 |
| CoMP | Coordinated Multi-Point Transmission/Reception | 多点协同发送/接收 |
| COREST | Control resource set | 控制资源集 |
| COT | Channel Occupancy Time | 信道占用时间 |
| CP | Compression Point | 压缩点 |
| CP | Cyclic Prefix | 循环前缀 |
| CQI | Channel-Quality Indicator | 信道质量指示 |
| CRB | Common resource block | 公共资源块 |
| CRC | Cyclic Redundancy Check | 循环冗余校验 |
| C-RNTI | Cell Radio-Network Temporary Identifier | 小区无线网络临时标识符 |
| CS | Capability Set (for MSR base stations) | 能力集(关于MSR基站) |
| CSI | Channel-State Information | 信道状态信息 |
| CSI-IM | CSI Interference Measurement | CSI干扰测量 |
| CSI-RS | CSI Reference Signals | CSI参考信号 |
| CS-RNTI | Configured Scheduling RNTI | 配置调度的无线网络临时标识符 |
| CSS | Common Search Space | 公共搜索空间 |
| CU | Centralized Unit | 集中单元 |
| CW | Continuous Wave | 连续波 |
| D2D | Device-to-Device | 设备到设备 |
| DAC | Digital-to-Analog Converter | 数模转换器 |
| DAI | Downlink Assignment Index | 下行分配索引 |
| D-AMPS | Digital AMPS | 数字AMPS |
| DAPS | Dual Active Protocol Stack | 双激活协议栈 |
| DC | Direct Current | 直流电 |
| DC | Dual Connectivity | 双连接 |
| DCCH | Dedicated Control Channel | 专用控制信道 |

(续)

| 英文缩略语 | 英文全称 | 中文说明 |
|---|---|---|
| DCH | Dedicated Channel | 专用信道 |
| DCI | Downlink Control Information | 下行控制信息 |
| DECT | Digital Enhanced Cordless Telecommunications | 数字增强无绳通信 |
| DFT | Discrete Fourier Transform | 离散傅里叶变换 |
| DFTS-OFDM | DFT-Spread OFDM (DFT-precoded OFDM, see also SC-FDMA) | DFT 扩展的 OFDM (DFT 预编码的 OFDM, 另见 SC-FDMA) |
| DL | Downlink | 下行链路 |
| DL-SCH | Downlink Shared Channel | 下行共享信道 |
| DM-RS | Demodulation Reference Signal | 解调参考信号 |
| DR | Dynamic Range | 动态范围 |
| DRB | Data Radio Bearer | 数据无线承载 |
| DRX | Discontinuous Reception | 不连续接收 |
| DTX | Discontinuous Transmission | 不连续发送 |
| DU | Distributed Unit | 分布单元 |
| ECC | Electronic Communications Committee (of CEPT) | 电子通信委员会(CEPT) |
| EDGE | Enhanced Data Rates for GSM Evolution, Enhanced Data Rates for Global Evolution | 增强型数据速率 GSM 演进, 全球演进的增强数据速率 |
| EESS | Earth Exploration Satellite Systems | 地球探测卫星系统 |
| eIMTA | Enhanced Interference Mitigation and Traffic Adaptation | 增强的干扰抑制和业务自适应 |
| EIRP | Effective Isotropic Radiated Power | 等效全向辐射功率 |
| EIS | Equivalent Isotropic Sensitivity | 等效全向灵敏度 |
| eMBB | enhanced MBB | 增强 MBB, 增强移动宽带通信 |
| EMF | Electro Magnetic Field | 电磁场 |
| eMTC | Enhanced Machine Type Communication support, see LTE-M | 增强型机器类型通信支持, 见 LTE-M |
| eNB | eNodeB | LTE 基站 |
| EN-DC | E-UTRA NR Dual-Connectivity | E-UTRA 和 NR 双连接 |
| eNodeB | E-UTRAN NodeB | E-UTRAN 基站 |

(续)

| 英文缩略语 | 英文全称 | 中文说明 |
| --- | --- | --- |
| EPC | Evolved Packet Core | 演进的分组核心网 |
| ETSI | European Telecommunications Standards Institute | 欧洲电信标准化协会 |
| ETWS | Earthquake and Tsunami Warning System | 地震海啸预警系统 |
| EUHT | Enhanced Ultra High Throughput | 增强型超高吞吐量 |
| E-UTRA | Evolved UTRA | UTRA 演进 |
| EVM | Error Vector Magnitude | 误差矢量幅度 |
| FBE | Frame Based Equipment | 基于帧的设备 |
| FCC | Federal Communications Commission | 美国联邦通信委员会 |
| FD | Frequency Domain | 频域 |
| FDD | Frequency Division Duplex | 频分双工 |
| FDM | Frequency Division Multiplexing | 频分复用 |
| FDMA | Frequency-Division Multiple Access | 频分多址 |
| FET | Field-Effect Transistor | 场效应管 |
| FFT | Fast Fourier Transform | 快速傅里叶变换 |
| FoM | Figure-of-Merit | 品质因子 |
| FPLMTS | Future Public Land Mobile Telecommunications Systems | 未来公共陆地移动电信系统 |
| FR1 | Frequency Range 1 | 频率范围 1 |
| FR2 | Frequency Range 2 | 频率范围 2 |
| FR2-1 | Frequency Range 2-1 | 频率范围 2-1 |
| FR2-2 | Frequency Range 2-2 | 频率范围 2-2 |
| GaAs | Gallium Arsenide | 砷化镓 |
| GaN | Gallium Nitride | 氮化镓 |
| GEO | Geostationary Equatorial Orbit | 地球静止赤道轨道 |
| GERAN | GSM/EDGE Radio Access Network | GSM/EDGE 无线接入网 |
| gNB | gNodeB | NR 基站 |
| gNodeB | generalized NodeB | 广义 NodeB |
| GNSS | Global Navigation Satellite System | 全球导航卫星系统 |
| GPS | Global Positioning System | 全球定位系统 |
| GSA | Global mobile Suppliers Association | 全球移动供应商协会 |

(续)

| 英文缩略语 | 英文全称 | 中文说明 |
| --- | --- | --- |
| GSM | Global System for Mobile Communications | 全球移动通信系统 |
| GSMA | GSM Association | GSM 协会 |
| GSO | GeoStationary Orbit | 地球静止轨道 |
| GTP | GPRS Tunneling Protocol | GPRS 隧道协议 |
| HAP | High-Altitude Platform | 高空平台 |
| HAPS | High-Altitude Platform Station/System | 高空平台站/系统 |
| HIBS | High-altitude IMT Base Station | 高空 IMT 基站 |
| HARQ | Hybrid ARQ | 混合 ARQ |
| HBT | Heterojunction Bipolar Transistor | 异质结双极晶体管 |
| HEMT | High Electron-Mobility Transistor | 高电子迁移率晶体管 |
| HFN | HyperFrame Number | 超帧号 |
| HRNN | Human Readable Network Name | 可读网络名称 |
| HSPA | High-Speed Packet Access | 高速分组接入 |
| IAB | Integrated Access Backhaul | 接入回传一体化 |
| IC | Integrated Circuit | 集成电路 |
| ICNIRP | International Commission on Non-Ionizing Radiation Protection | 国际非电离辐射防护委员会 |
| ICS | In-Channel Selectivity | 信道内选择性 |
| IEEE | Institute of Electrical and Electronics Engineers | 电气和电子工程师学会 |
| IFFT | Inverse Fast Fourier Transform | 快速傅里叶逆变换 |
| IIoT | Industrial IoT | 工业物联网 |
| IL | Insertion Loss | 插入损耗 |
| IMD | Inter Modulation Distortion | 互调失真 |
| IMT-2000 | International Mobile Telecommunications 2000（ITU's name for the family of 3G standards） | IMT-2000（国际电联的 3G 标准系列名称） |
| IMT-2020 | International Mobile Telecommunications 2020（ITU's name for the family of 5G standards） | IMT-2020（国际电联 5G 标准系列的名称） |
| IMT-Advanced | International Mobile Telecommunications Advanced（ITU's name for the family of 4G standards） | IMT-Advanced（国际电联 4G 标准系列的名称） |
| InGaP | Indium Gallium Phosphide | 铟镓磷化物 |

(续)

| 英文缩略语 | 英文全称 | 中文说明 |
|---|---|---|
| IoT | Internet of Things | 物联网 |
| IP | Internet Protocol | 互联网协议 |
| IP3 | 3rd order Intercept Point | 三阶截取点 |
| IR | Incremental Redundancy | 增量冗余 |
| IRDS | International Roadmap for Devices and Systems | 国际终端和系统发展路线图 |
| ITRS | International Telecom Roadmap for Semiconductors | 国际电信半导体发展路线图 |
| ITU | International Telecommunications Union | 国际电信联盟 |
| ITU-R | International Telecommunications Union-Radiocommunications Sector | 国际电信联盟 – 无线通信部门 |
| ITS | Intelligent Transportation Systems | 智能运输系统 |
| KPI | Key Performance Indicator | 关键性能指标 |
| L1-RSRP | Layer 1 Reference Signal Received Power | 层1参考信号接收功率 |
| LAA | License-Assisted Access | 授权辅助接入 |
| LBE | Load-Based Equipment | 基于负载的设备 |
| LBT | Listen Before Talk | 先听后说 |
| LC | Inductor(L)-Capacitor | 电感(L)-电容 |
| LCID | Logical Channel Index | 逻辑信道索引 |
| LDPC | Low-Density Parity Check Code | 低密度奇偶校验码 |
| LEO | Low Earth Orbit | 近地轨道 |
| LNA | Low-Noise Amplifier | 低噪声放大器 |
| LO | Local Oscillator | 本地振荡器 |
| LPWA | Lower Power Wide Area | 低功率广域 |
| LTCC | Low Temperature Co-fired Ceramic | 低温共烧陶瓷 |
| LTE | Long-Term Evolution | 长期演进 |
| LTE-M | See eMTC | 参见 eMTC |
| LTM | L1/L2-Triggered Mobility | 层1/层2触发的移动性 |
| MAC | Medium Access Control | 媒体接入控制 |
| MAC-CE | MAC Control Element | MAC 控制信元 |
| MAN | Metropolitan Area Network | 城域网 |
| MBB | Mobile Broadband | 移动宽带 |

(续)

| 英文缩略语 | 英文全称 | 中文说明 |
| --- | --- | --- |
| MB-MSR | Multi-Band Multi Standard Radio (base station) | 多频段多标准无线(基站) |
| MBS | Multicast and Broadcast Services | 多播和广播业务 |
| MCCH | Multicast Control CHannel | 多播控制信道 |
| MCG | Master Cell Group | 主小区组 |
| MCS | Modulation and Coding Scheme | 调制编码方式 |
| MIB | Master Information Block | 主信息块 |
| MIMO | Multiple-Input Multiple-Output | 多入多出 |
| ML | Machine Learning | 机器学习 |
| ML | Maximum Likelihood | 最大似然 |
| MMIC | Monolithic Microwave Integrated Circuit | 单片微波集成电路 |
| mMTC | massive Machine Type Communication | 大规模机器类型通信 |
| MPR | Maximum Power Reduction | 最大功率回退 |
| MSR | Multi-Standard Radio | 多标准无线 |
| MT | Mobile Terminal (in IAB context) | 移动终端(在IAB语境里) |
| MTC | Machine-Type Communication | 机器类型通信 |
| MTCH | Multicast Traffic CHannel | 多播业务信道 |
| MU-MIMO | Multi-User MIMO | 多用户MIMO |
| NAK | Negative Acknowledgment (in ARQ protocols) | 否定确认(在ARQ协议中) |
| NB-IoT | Narrow-Band Internet-of-Things | 窄带物联网 |
| NCJT | Non-Coherent Joint Transmission | 非相干联合传输 |
| NCR | Network Controlled Repeater | 网络控制直放站 |
| NCR-Fwd | Forwarding unit of NCR | NCR的转发单元 |
| NCR-MT | control unit ("Mobile Terminal") of NCR | NCR的控制单元("移动终端") |
| NDI | New-Data Indicator | 新数据指示 |
| NEF | Network Exposure Function | 网络能力开放功能 |
| NF | Noise Figure | 噪声系数 |
| NG | The interface between the gNB and the 5G CN | gNB与5G CN之间的接口 |
| NG-c | The control-plane part of NG | NG的控制平面部分 |
| NGMN | Next Generation Mobile Networks | 下一代移动网络 |

(续)

| 英文缩略语 | 英文全称 | 中文说明 |
|---|---|---|
| NG-u | The user-plane part of NG | NG 的用户平面部分 |
| NMT | Nordisk Mobil Telefon（Nordic Mobile Telephony） | 北欧移动电话 |
| NodeB | a logical node handling transmission/reception in multiple cells. Commonly, but not necessarily, corresponding to a base station | 处理多个小区中的发送和接收的逻辑节点。通常（但不是必须）对应于基站 |
| NOMA | Nonorthogonal Multiple Access | 非正交多址 |
| NPN | Non-Public Networks | 非公共网络 |
| NR | New Radio | 新空口 |
| NRF | NR Repository Function | NR 存储功能 |
| NS | Network Signaling | 网络信令 |
| NSA | Non-StandAlone | 非独立组网 |
| NTN | Non-Terrestrial Network | 非地面网络 |
| NZP-CSI-RS | Non-Zero-Power CSI-RS | 非零功率 CSI-RS |
| OAM | Operation and Maintenance | 操作管理维护 |
| OBUE | Operating Band Unwanted Emissions | 工作频段无用发射 |
| OCC | Orthogonal Cover Code | 正交覆盖码 |
| OFDM | Orthogonal Frequency-Division Multiplexing | 正交频分复用 |
| OOB | Out-Of-Band（emissions） | 带外（发射） |
| OSDD | OTA Sensitivity Direction Declarations | OTA 灵敏度方向声明 |
| OTA | OTA | 空口 |
| OTDOA | Observed Time Difference Of Arrival | 观测到达时间差 |
| PA | Power Amplifier | 功率放大器 |
| PAE | Power-Added Efficiency | 功率增加效率 |
| PAPR | Peak-to-Average Power Ratio | 峰均比 |
| PAR | Peak-to-Average Ratio（same as PAPR） | 峰均比（与 PAPR 相同） |
| PBCH | Physical Broadcast Channel | 物理广播信道 |
| PCB | Printed Circuit Board | 印制电路板 |
| PCCH | Paging Control Channel | 寻呼控制信道 |
| PCell | Primary Cell | 主小区 |
| PCF | Policy Control Function | 策略控制功能 |

(续)

| 英文缩略语 | 英文全称 | 中文说明 |
| --- | --- | --- |
| PCG | Project Coordination Group (in 3GPP) | 项目协调组(在 3GPP 中) |
| PCH | Paging Channel | 寻呼信道 |
| PCI | Physical Cell Identity | 物理小区标识 |
| PDC | Personal Digital Cellular | 个人数字蜂窝 |
| PDCCH | Physical Downlink Control Channel | 物理下行控制信道 |
| PDCP | Packet Data Convergence Protocol | 分组数据汇聚协议 |
| PDSCH | Physical Downlink Shared Channel | 物理下行共享信道 |
| PDU | Protocol Data Unit | 协议数据单元 |
| PEI | Paging Early Indicator | 寻呼提前指示 |
| PHS | Personal Handy-phone System | 个人手持电话系统(小灵通) |
| PHY | Physical Layer | 物理层 |
| PLL | Phase-Locked Loop | 锁相环 |
| PM | Phase Modulation | 相位调制 |
| PMI | Precoding-Matrix Indicator | 预编码矩阵指示 |
| PN | Phase Noise | 相位噪声 |
| PRACH | Physical Random-Access Channel | 物理随机接入信道 |
| PRB | Physical Resource Block | 物理资源块 |
| P-RNTI | Paging RNTI | 寻呼无线网络临时标识符 |
| PRS | Positioning Reference Signal | 定位参考信号 |
| PSBCH | Physical Sidelink Broadcast Channel | 物理直通链路广播信道 |
| PSCCH | Physical Sidelink Control Channel | 物理直通链路控制信道 |
| PSD | Power Spectral Density | 功率谱密度 |
| PSFCH | Physical Sidelink Feedback Channel | 物理直通链路反馈信道 |
| PSS | Primary Synchronization Signal | 主同步信号 |
| PSSCH | Physical Sidelink Shared Channel | 物理直通链路共享信道 |
| PTM | Point-To-Multipoint | 点对多点 |
| PTP | Point-To-Point | 点对点 |
| PUCCH | Physical Uplink Control Channel | 物理上行控制信道 |
| PUCCH-sCell | PUCCH switching Cell | PUCCH 切换小区 |
| PUSCH | Physical Uplink Shared Channel | 物理上行共享信道 |

(续)

| 英文缩略语 | 英文全称 | 中文说明 |
| --- | --- | --- |
| QAM | Quadrature Amplitude Modulation | 正交幅度调制 |
| QCL | Quasi Co-Location | 准共址 |
| QoS | Quality-of-Service | 服务质量 |
| QPSK | Quadrature Phase-Shift Keying | 正交相移键控 |
| RACH | Random Access Channel | 随机接入信道 |
| RAN | Radio Access Network | 无线接入网 |
| RA-RNTI | Random Access RNTI | 随机接入无线网络临时标识符 |
| RAT | Radio Access Technology | 无线接入技术 |
| RB | Resource Block | 资源块 |
| RE | Resource Element | 资源单元 |
| RedCap | Reduced Capability | 降低能力 |
| RF | Radio Frequency | 射频 |
| RFIC | Radio Frequency Integrated Circuit | 射频集成电路 |
| RI | Rank Indicator | 秩指示 |
| RIB | Radiated Interface Boundary | 辐射接口边界 |
| RIT | Radio Interface Technology | 无线接口技术 |
| RIM | Remote Interference Management | 远程干扰管理 |
| RLC | Radio Link Control | 无线链路控制 |
| RLF | Radio Link Failure | 无线链路失败 |
| RMSI | Remaining Minimum System Information | 剩余最小系统信息 |
| RNTI | Radio-Network Temporary Identifier | 无线网络临时标识符 |
| RoAoA | Range of Angle of Arrival | 到达角范围 |
| ROHC | Robust Header Compression | 鲁棒性报头压缩 |
| RRC | Radio Resource Control | 无线资源控制 |
| RRM | Radio Resource Management | 无线资源管理 |
| RS | Reference Symbol | 参考符号 |
| RSPC | Radio Interface Specifications | 无线接口规范 |
| RSRP | Reference Signal Received Power | 参考信号接收功率 |
| RTT | Round Trip Time | 往返时间 |

(续)

| 英文缩略语 | 英文全称 | 中文说明 |
| --- | --- | --- |
| RV | Redundancy Version | 冗余版本 |
| RX | Receiver | 接收机 |
| SA | Stand Alone | 独立组网 |
| SAI | Sidelink Assignment Index | 直通链路分配索引 |
| SBCCH | Sidelink Broadcast Control Channel | 直通链路广播控制信道 |
| SCCH | Sidelink Control Channel | 直通链路控制信道 |
| SCell | Secondary Cell | 辅小区 |
| SCI | Sidelink Control Information | 直通链路控制信息 |
| SCG | Secondary Cell Group | 辅小区组 |
| SCS | Sub-Carrier Spacing | 子载波间隔 |
| SCTP | Stream Control Transmission Protocol | 流控传输协议 |
| SDAP | Service Data Application Protocol | 业务数据应用协议 |
| SDL | Supplementary DownLink | 补充下行 |
| SDMA | Spatial Division Multiple Access | 空分多址 |
| SDO | Standards Developing Organization | 标准化组织 |
| SDT | Small Data Transmission | 小数据传输 |
| SDU | Service Data Unit | 服务数据单元 |
| SEM | Spectrum Emissions Mask | 频谱发射模板 |
| SFI | Slot Format Indicator | 时隙格式指示 |
| SFI-RNTI | Slot Format Indicator RNTI | 时隙格式指示无线网络临时标识符 |
| SFN | System Frame Number (in 3GPP) | 系统帧号(3GPP) |
| SI | System Information Message | 系统信息消息 |
| SIB | System Information Block | 系统信息块 |
| SIBn | System Information Block n | 系统信息块 $n$ |
| SiGe | Silicon Germanium | 硅锗 |
| SINR | Signal-to-Interference-and-Noise Ratio | 信号与干扰噪声比 |
| SiP | System-in-Package | 系统级封装 |
| SIR | Signal-to-Interference Ratio | 信号干扰比 |

(续)

| 英文缩略语 | 英文全称 | 中文说明 |
| --- | --- | --- |
| SI-RNTI | System Information RNTI | 系统信息无线网络临时标识符 |
| SL-BCH | Sidelink Broadcast Channel | 直通链路广播信道 |
| SL-SCH | Sidelink Shared Channel | 直通链路共享信道 |
| SL-SSB | Sidelink SSB | 直通链路同步信号块 |
| SMF | Session Management Function | 会话管理功能 |
| SMT | Surface-Mount Technology | 表面贴装组件 |
| SNDR | Signal to Noise-and-Distortion Ratio | 信号与噪声和失真比 |
| SNR | Signal-to-Noise Ratio | 信噪比 |
| SoC | System-on-Chip | 片上系统 |
| SPSS | Sidelink Primary Synchronization Signal | 直通链路主同步信号 |
| SR | Scheduling Request | 调度请求 |
| SRB | Signaling Radio Bearer | 信令无线承载 |
| SRI | SRS Resource Indicator | SRS 资源指示 |
| SRIT | Set of Radio Interface Technologies | 无线接口技术集 |
| SRS | Sounding Reference Signal | 探测参考信号 |
| SS | Synchronization Signal | 同步信号 |
| SSB | Synchronization Signal Block | 同步信号块 |
| SSS | Secondary Synchronization Signal | 辅同步信号 |
| SSSG | Search-Space-Set Group | 搜索空间集合组 |
| S-SSS | Sidelink Secondary Synchronization Signal | 直通链路辅同步信号 |
| STCH | Sidelink Traffic Channel | 直通链路业务信道 |
| SUL | Supplementary UpLink | 补充上行 |
| SU-MIMO | Single-User MIMO | 单用户 MIMO |
| TAB | Transceiver-Array Boundary | 收发器阵列边界 |
| TACS | Total Access Communication System | 全接入通信系统 |
| TBoMS | Transport Block over Multiple Slots | 跨多时隙的传输块 |
| TCI | Transmission Configuration Indication | 传输配置指示 |
| TCP | Transmission Control Protocol | 传输控制协议 |

(续)

| 英文缩略语 | 英文全称 | 中文说明 |
| --- | --- | --- |
| TC-RNTI | Temporary C-RNTI | 临时小区无线网络临时标识符 |
| TDD | Time-Division Duplex | 时分双工 |
| TDM | Time Division Multiplexing | 时分复用 |
| TDMA | Time-Division Multiple Access | 时分多址 |
| TD-SCDMA | Time-Division-Synchronous Code-Division Multiple Access | 时分同步码分多址 |
| TIA | Telecommunication Industry Association | 电信行业协会 |
| TMGI | Temporary Mobile Group Identity | 临时移动组标识 |
| TR | Technical Report | 技术报告 |
| TRP | Total Radiated Power | 总辐射功率 |
| TRS | Tracking Reference Signal | 跟踪参考信号 |
| TS | Technical Specification | 技术规范 |
| TSDSI | Telecommunications Standards Development Society, India | 电信标准开发协会，印度 |
| TSG | Technical Specification Group | 技术规范组 |
| TSN | Time-sensitive networks | 时间敏感网络 |
| TTA | Telecommunications Technology Association | 韩国电信技术协会 |
| TTC | Telecommunications Technology Committee | 日本电信技术委员会 |
| TTI | Transmission Time Interval | 传输时间间隔 |
| TX | Transmitter | 发射机 |
| UAV | Unmanned Aerial Vehicle | 无人机 |
| UCI | Uplink Control Information | 上行控制信息 |
| UDM | Unified Data Management | 统一数据管理 |
| UE | User Equipment, the 3GPP name for the mobile terminal | 3GPP对移动终端的称呼 |
| UL | UpLink | 上行链路 |
| UMTS | Universal Mobile Telecommunications System | 通用移动电信系统 |
| UPF | User Plane Function | 用户平面功能 |
| URLLC | Ultra-Reliable Low-Latency Communication | 超可靠低时延通信 |

(续)

| 英文缩略语 | 英文全称 | 中文说明 |
|---|---|---|
| USS | User-specific Search Space | 用户特定搜索空间 |
| UTC | Coordinated Universal Time | 协调世界时 |
| UTRA | Universal Terrestrial Radio Access | 通用地面无线接入 |
| V2V | Vehicular-to-Vehicular | 车辆到车辆 |
| V2X | Vehicular-to-Anything | 车联网 |
| VCO | Voltage-Controlled Oscillator | 压控振荡器 |
| VR | Virtual Reality | 虚拟现实 |
| WARC | World Administrative Radio Congress | 世界无线电管理大会 |
| WCDMA | Wideband Code-Division Multiple Access | 宽带码分多址 |
| WG | Working Group | 工作组 |
| WHO | World Health Organization | 世界卫生组织 |
| WiMAX | Worldwide Interoperability for Microwave Access | 全球微波互联接入 |
| WP5D | Working Party 5D | 5D 工作组 |
| WRC | World Radiocommunication Conference | 世界无线电通信大会 |
| Xn | The interface between gNBs | gNB 之间的接口 |
| XR | refers to all of AR, VR, and MR | 扩展现实(包括 AR、VR 和 MR) |
| ZC | Zadoff-Chu | Zadoff-Chu 序列 |
| ZP-CSI-RS | Zero-power CSI-RS | 零功率信道状态信息参考信号 |

# 推荐阅读

### 5G NR标准：下一代无线通信技术（原书第2版）

作者：埃里克·达尔曼 等 ISBN：978-7-111-68459 定价：149.00元

- ◎ 《5GNR标准》畅销书的R16标准升级版
- ◎ IMT-2020（5G）推进组组长王志勤作序

### 5G核心网：赋能数字化时代

作者：斯特凡·罗默 等 ISBN：978-7-111-66810 定价：139.00元

- ◎ 详解3GPP R16核心网技术规范，细说5G核心网操作流程和安全机理
- ◎ 爱立信5G标准专家撰写，爱立信中国研发团队翻译，行业专家作序

### 蜂窝物联网：从大规模商业部署到5G关键应用（原书第2版）

作者：奥洛夫·利贝格 等 ISBN：978-7-111-67723 定价：149.00元

- ◎ 以蜂窝物联网技术规范为核心，详解蜂窝物联网mMTC和cMTC应用场景与技术实现
- ◎ 爱立信5G物联网标准化专家倾力撰写，爱立信中国研发团队翻译，行业专家推荐

### 5G网络规划设计与优化

作者：克里斯托弗·拉尔森 ISBN：978-7-111-65859 定价：129.00元

- ◎ 通过网络数学建模、大数据分析和贝叶斯方法解决网络规划设计和优化中的工程问题
- ◎ 资深网络规划设计与优化专家撰写，爱立信中国研发团队翻译

### 5G NR物理层技术详解：原理、模型和组件

作者：阿里·扎伊迪 等 ISBN：978-7-111-63187 定价：139.00元

- ◎ 详解5G NR物理层技术（波形、编码调制、信道仿真和多天线技术等），及其背后的成因
- ◎ 5G专家与学者共同撰写，爱立信中国研发团队翻译，行业专家联袂推荐

### 6G无线通信新征程：跨越人联、物联，迈向万物智联

作者：[加] 童文 等 ISBN：978-7-68884 定价：149.00元

- ◎ 系统性呈现6G愿景、应用场景、关键性能指标，以及空口技术和网络架构创新
- ◎ 中文版由华为轮值董事长徐直军作序，IMT-2030（6G）推进组组长王志勤推荐

# 推荐阅读

## 6G无线通信新征程:跨越人联、物联,迈向万物智联

作者:[加]童文(Wen Tong) [加]朱佩英(Peiying Zhu) 译者:华为翻译中心
书号:978-7-111-68884-6

　　本书是关于6G无线网络的系统性著作,展现了万物智能时代的6G总体愿景,阐述了6G的驱动因素、关键能力、应用场景、关键性能指标,以及相关的技术创新。6G创新包含以人为中心的沉浸式通信、感知、定位、成像、分布式机器学习、互联AI、基于智慧联接的后工业4.0、智慧城市与智慧生活,以及用于3D全球无线覆盖的超级星座卫星等技术。本书还介绍了新的空口和组网技术、通信感知一体化技术,以及地面与非地面一体化网络技术,并探讨了用以实现互联AI、以用户为中心的网络、原生可信等功能的新型网络架构。本书可作为学术界和业内人士在B5G移动通信(Beyond 5G)方面的基础书目。